Zu diesem Buch

Ist das Leben auf der Erde das Ergebnis einer unglaublichen Kette von Zufällen? Oder gibt es Kräfte im Universum, die seine Entstehung unausweichlich machen? Wo liegt der Schlüssel zur Evolution immer komplexerer Lebensformen? Dies sind einige der faszinierenden Fragen, denen sich Christian de Duve in seinem neuen Buch widmet. Vier Milliarden Jahre chemischer und biologischer Evolution breiten sich zu einem atemberaubenden Panorama der kleinen Schritte und großen Sprünge aus. In gewohnt mitreißendem Stil schlägt der Autor den Bogen von der Entstehung des Universums bis zum menschlichen Geist, von der Erdgeschichte bis zur Kultur. «Souverän und klar stellt de Duve selbst komplizierteste Sachverhalte dar. Dabei wird das Buch an keiner Stelle langweilig, denn der Autor doziert nicht, er erzählt.» – *Universitas*

Christian de Duve ist Professor emeritus an der Rockefeller University in New York und an der Katholischen Universität von Leuven (Louvain) in Belgien. Lange Jahre hat er das von ihm gegründete Internationale Institut für Zell- und Molekularpathologie in Brüssel geleitet. 1974 erhielt er den Nobelpreis für Medizin (gemeinsam mit Albert Claude und George Palade). Weitere Buchveröffentlichungen: «Die Zelle» (1992) und «Ursprung des Lebens» (1994).

Christian de Duve

Aus Staub geboren

Leben als kosmische Zwangsläufigkeit

Deutsch von Sebastian Vogel

Rowohlt

rororo science
Lektorat Jens Petersen

Veröffentlicht im Rowohlt Taschenbuch Verlag GmbH,
Reinbek bei Hamburg, November 1997
Die Originalausgabe erschien 1995 unter dem Titel
«Vital Dust. Life as a Cosmic Imperative» im Verlag
Basic Books/HarperCollins Publishers, Inc., New York
Copyright © 1995 by Christian René de Duve Trust
Copyright © 1995 der deutschen Ausgabe by
Spektrum Akademischer Verlag GmbH,
Heidelberg/Berlin/Oxford
Umschlaggestaltung Barbara Hanke
(Foto: G + J Fotoservice, D. van Ravenswaay;
Mauritius – Phototake)
Gesamtherstellung Clausen & Bosse, Leck
Printed in Germany
2490-ISBN 3 499 60160 5

Dem Leben gewidmet

Inhalt

Vorwort

Es genügt mir, das Geheimnis des bewußten Lebens zu betrachten, das sich in alle Ewigkeit fortpflanzt, über die erstaunliche Struktur des Universums nachzudenken, die wir kaum begreifen können, und demütig zu versuchen, einen unendlich kleinen Teil der Intelligenz zu verstehen, die sich in der Natur offenbart.

Albert Einstein

Es gibt schon viele Bücher über den Ursprung des Lebens, über Gene, Zellen, Evolution, biologische Vielfalt, die Entstehung der Menschheit, über Gehirn, Bewußtsein, Gesellschaft, Umwelt, über die Zukunft des Lebens, seine Bedeutung oder seine Bedeutungslosigkeit. Niemand war so kühn, alle diese Themen gleichzeitig zu behandeln, und zwar aus dem einfachen Grund, daß niemand mehr als eines oder zwei davon beherrschen kann, geschweige denn alle. Obwohl auch ich keine Ausnahme von dieser Regel bin, habe ich es gewagt, die Grenzen meines Fachgebiets zu überschreiten, denn nach meiner Überzeugung müssen wir diesen Versuch unternehmen, wenn wir das Universum und unseren Platz darin verstehen wollen. Leben ist das komplexeste Phänomen, das wir kennen, und wir sind die komplexesten Geschöpfe, die das Leben bisher hervorgebracht hat.

Dieses Buch ist mein Versuch, das «große Ganze» zu betrachten. Es geht auf einen naiven Traum zurück, den ich vor fast 60 Jahren hatte; ich war damals ein junger Medizinstudent und begab mich gerade zum ersten Mal auf das Gebiet der Naturwissenschaften. Was mich ins Labor lockte, war einerseits der Spaß an der Bearbeitung von Problemen und andererseits der Drang zu verstehen. Die Naturwissenschaften, so schien es mir, boten mit ihrem Beharren auf Vernunft und Objektivität den besten Weg, sich der Wahrheit zu nähern. Besonders vielversprechend war für mich die Erforschung des Lebendigen. Das sollte mein Weg zur Wahrheit werden: *per vivum ad verum*.

Der Traum verblaßte schon bald. Die Anforderungen von Studium und Ausbildung – erst in Medizin, dann in Chemie und schließlich in Biochemie –, die Schwierigkeiten beim Aufbau einer Forschungsgruppe im Belgien der Nachkriegszeit, die aufregenden Entdeckungen, die mich zur kleinen Gruppe derer stoßen ließen, die lebende Zellen mit modernen Methoden untersuchten, eine Berufung im Jahre 1962, aufgrund derer ich meine Zeit zwischen meiner belgischen Alma mater und dem Rockefeller Institute (heute Rockefeller University) in New York zu teilen begann, die Pflichten und Anforderungen des akademischen Lebens, die zusätzliche Last der Gründung eines biologisch-medizinischen Forschungsinstituts in Brüssel und mittendrin 1974 eine aufrüttelnde Reise nach Stockholm – all das sorgte dafür, daß ich ständig mit Alltagsproblemen eines Wissenschaftlers beschäftigt war und für größere Themen kaum mehr Zeit fand. Aktive wissenschaftliche Arbeit führt öfter zu einer Einengung als zu einer Erweiterung der Gedanken, weil Befunde, Theorien und Methoden immer spezieller werden. Je tiefer wir graben, desto kleiner wird der Blickwinkel.

Eine Einladung, 1976 an der Rockefeller University die Alfred-E.-Mirsky-Weihnachtsvorlesungen zu halten, holte mich zum ersten Mal aus dem Loch heraus. Die Vorlesungen richteten sich an ein Publikum von etwa 550 ausgewählten Oberstufenschülern aus New York und Umgebung. Ich entschloß mich, meine jungen Zuhörer um einen Faktor von einer Million «schrumpfen» zu lassen, sie mit einer geeigneten Ausrüstung als «Cytonauten» zu versehen und sie auf eine Reise zu den wichtigsten Schauplätzen im Inneren einer Zelle mitzunehmen. Durch verschiedene Umstände wurde aus dem vierstündigen Ausflug eine vierjährige Expedition, die schließlich 1984 unter dem Titel *A Guided Tour of the Living Cell* (deutsch: *Die Zelle: Expedition in die Grundstruktur des Lebens*) in Druck ging. Um dieses Buch zu schreiben und mit Abbildungen zu versehen, mußte ich mich zunächst selbst in einen Cytonauten verwandeln, die Grenzen meines engeren Fachgebiets überschreiten und auch diejenigen Teile der Zelle erforschen, mit denen ich bis dahin nur am Rande Bekanntschaft gemacht hatte. Es war ein erfreuliches Erlebnis und der erste Schritt auf einer Entdeckungsreise, die mich die folgenden zehn Jahre beschäftigen sollte.

Der nächste Schritt bestand darin, daß ich über den Ursprung der Zellen nachdachte, die ich gerade bereist hatte. Zunächst beschäftigte ich mich mit ihrer Entstehung aus primitiven Bakterien – zu dieser Frage gab es bereits eine Reihe aufschlußreicher Befunde –, und das führte mich weiter zurück bis zum Ursprung der ersten Bakterien selbst. In dieser zweiten Frage hatte ich – wie die meisten Biologen – immer unkritisch die übliche Vorstellung hingenommen, wonach sich präbiotische Verbindungen in einer immer dicker werdenden Ursuppe irgendwie von selbst zu Zellen zusammenlagerten. Nun sah ich genauer hin, und schon bald hatte mich das Thema gepackt. Es wurde zu meinem neuen Forschungsgebiet, und 1991 ging daraus das Buch *Blueprint for a Cell* (deutsch: *Ursprung des Lebens*) hervor, in dem ich den Ursprung des Lebens auf neue Art betrachtete. Es endete mit einer Feststellung – Leben ist ein zwangsläufiger Ausdruck der Kombinationseigenschaften von Materie – und mit einigen Fragen: Wie steht es mit der zukünftigen Evolution des Lebens? Und was ist mit uns Menschen?

Mit diesen Fragen war mein weiterer Weg vorgezeichnet. Die Reise verlief eiliger und episodenhafter, als ich es mir gewünscht hätte – aber meine Zeit wird knapp –, doch stellt sie die größte Annäherung an meinen Jugendtraum dar, die ich erreichen kann. Ich lege diesen Bericht mit Zweifeln vor und bin mir seiner Unzulänglichkeiten bewußt, aber ich hoffe, er wird andere zum Weiterdenken anregen. Selbst zu zeigen, wo ich unrecht hatte, wäre eine Hilfe.

Eine Warnung: Ich bin in diesem Buch stets von der Hypothese ausgegangen, daß das Leben, sein Ursprung, seine Evolution und seine Erscheinungsformen bis hin zur Spezies Mensch als natürliche Vorgänge anzusehen sind, die den gleichen Gesetzmäßigkeiten unterliegen wie unbelebte Prozesse. Damit schließe ich drei «Ismen» aus: den Vitalismus, demzufolge die Materie der Lebewesen von einem «Lebensgeist» beseelt ist; den Finalismus, auch Teleologie genannt, der in biologischen Abläufen die Wirkung zielgerichteter Ursachen erkennt; und den Kreationismus, der den biblischen Schöpfungsbericht wörtlich nimmt. In meiner Vorgehensweise erklärt sich jeder Schritt in der Entstehung und Entwicklung des Lebens auf der Erde aus dem Vorhergehenden und aus den unmittelbaren physikalischen und chemischen Ursachen, aber nicht aus irgendeinem Ergebnis, das wir heute kennen, das aber zu der Zeit, da sich ein Ereignis abspielte, noch in der Zukunft verborgen lag.

Vor diesem Hintergrund versuche ich in *Aus Staub geboren*, die vier Milliarden Jahre dauernde Geschichte des Lebens auf der

Erde nachzuzeichnen, von den ersten Biomolekülen bis zum menschlichen Geist und darüber hinaus. Ich führe den Leser dabei durch sieben aufeinanderfolgende «Zeitalter», die sieben Komplexitätsebenen entsprechen: das Zeitalter der Chemie, das Zeitalter der Information, das Zeitalter der Protozelle, das Zeitalter der Einzeller, das Zeitalter der Vielzeller, das Zeitalter des Geistes und, als Herausforderung an unsere Vorstellungskraft, das Zeitalter des Unbekannten, das Zukünftiges und Zeitloses umfaßt.

Das Zeitalter der Chemie führt uns unmittelbar zum Wesentlichen des Lebens, zu seinem universellen Aspekt. Leben als chemischen Prozeß muß man unter chemischen Gesichtspunkten verstehen. Es begann mit der spontanen Entstehung und Wechselwirkung kleiner organischer Moleküle, die im Universum weit verbreitet sind. Unter den physikalisch-chemischen Bedingungen, die auf der Urerde herrschten, gerieten diese Moleküle in eine immer komplexer werdende «Reaktionsspirale», bis schließlich die Nucleinsäuren (RNA und DNA), Proteine und andere kompliziert gebaute Moleküle entstanden waren, die heute das Leben beherrschen. Dieses Netzwerk chemischer Reaktionen, das sich vor fast vier Milliarden Jahren ausbildete, stellt bis heute die Grundlage für alle Lebensformen dar.

Obwohl sich die Chemie durch das ganze Buch zieht, wird der Leser darin keine kompliziertere chemische Formel als H_2O oder CO_2 finden. Ich konzentriere mich auf Prinzipien, die allen Lebensformen der Erde gemeinsam sind. Aus dieser Überlegung ergibt sich eine wichtige Schlußfolgerung: Es muß Übereinstimmung bestehen zwischen dem Protostoffwechsel, also den chemischen Reaktionen, die das Leben zu Anfang in Gang setzten, und dem Stoffwechsel, jenen Reaktionen, die das Leben heute ausmachen. Unsere Kenntnis des heutigen Stoffwechsels liefert also Einblicke in die Anfänge des Lebens.

Weiterhin lehrt uns das Zeitalter der Chemie, daß Leben das Ergebnis deterministischer Kräfte ist. Es mußte unter den herrschenden Bedingungen zwangsläufig entstehen und wird sich immer wieder entwickeln, wenn sich irgendwann und irgendwo erneut diese Bedingungen einstellen. Für «glückliche Zufälle» bleibt kaum Raum in dem langsam fortschreitenden, vielstufigen Prozeß, durch den das Leben entstand. Diese Schlußfolgerung ergibt sich unausweichlich, wenn man die Entwicklung des Lebens als chemischen Vorgang betrachtet.

Im Zeitalter der Information kommt die molekulare Komplementarität hinzu, das Schlüssel-Schloß-Prinzip als universeller biologischer Erkennungsmechanismus, der so unterschiedliche Phänomene wie Enzymspezifität, Selbstorganisation, Kommunikation zwischen Zellen, Immunität, hormonelle Einflüsse, Medikamentenwirkung und viele andere biologische Vorgänge möglich macht. Ihre grundlegendste Ausdrucksform ist die Basenpaarung, die Zwei-und-zwei-Verbindung der Nucleinsäurebausteine, die von Watson und Crick entdeckt wurde; sie ist die Voraussetzung für die Doppelhelixstruktur der DNA, auf der, wie wir heute wissen, alle Formen der genetischen Informationsübertragung basieren.

Bei der Beschreibung dieses entscheidenden Stadiums in der Entwicklung des Lebens betone ich die zugrundeliegenden Mechanismen. Die Basenpaarung entstand aus chemischen Abläufen, die nichts mit Informationsübertragung zu tun hatten. Die Molekülverdoppelung (Replikation), eine Folgeerscheinung der Basenpaarung, war ein Vorteil, der sich nebenbei aus der präbiotischen Chemie ergab. Nachdem die Replikation aber einmal entstanden war, eröffnete sie den Weg zu einer Kontinuität auf erblicher Basis, die auf dem genauen Kopieren der genetischen Botschaften beruhte, und zur Evolution durch Mutationen, die von der natürlichen Selektion ausgesiebt wurden. Dazu mußte sich aber zunächst ein Apparat zusammenfinden, der die Information so aufbereitete, daß die natürliche Selektion darauf einwirken konnte. Jeder Schritt beim Aufbau dieses Apparats war die Folge deterministischer chemischer Prozesse, die durch die natürliche Selektion abgewandelt wurden.

Ein entscheidender Faktor kam mit dem Zeitalter der Information zum ersten Mal ins Spiel kam: der Zufall. Mutationen sind Zufallsereignisse, und das verleitet oft zu der Behauptung, man müsse den Zufall als beherrschendes Element der Evolution betrachten. Ich leugne zwar nicht, daß Zufall in der Evolution von Bedeutung ist, aber ich weise nachdrücklich darauf hin, daß er innerhalb bestimmter physikalischer, chemischer, biologischer und umweltbedingter Grenzen wirkt, die seinen Spielraum einschränken. Diese Vorstellung vom eingeschränkten Zufall zieht sich als Leitmotiv durch meine gesamte Rekonstruktion des Lebens auf der Erde.

Das Zeitalter der Protozelle war eine lange Periode, in deren Verlauf sich nach und nach die wichtigsten Zellbestandteile zusammenfanden. Das Ergebnis war ein Organismus, der den Vorfahren aller heutigen Lebensformen auf der Erde darstellt. Die Überzeugung, daß alle Lebewesen auf einen gemeinsamen Urahnen zurückgehen, gründet sich auf eine überwältigende Fülle von Belegen. Dieser Organismus entstand vor etwa 3,8 bis 3,7 Milliarden Jahren.

Das Zeitalter der Einzeller war von zwei entscheidenden Vorgängen geprägt. Das eine war die Evolution und Aufspaltung der Bakterien oder Prokaryoten, die heute fast alle denkbaren ökologischen Nischen der Erde besiedeln. Als folgenschwer erwies sich in dieser Entwicklung das Auftauchen von Organismen, die mit Hilfe der Energie aus dem Sonnenlicht dem Wasser den Wasserstoff entziehen konnten, den sie für den Aufbau der Zellsubstanz brauchten, und dabei molekularen Sauerstoff freisetzten. Dieses Ereignis war die Ursache für den Anstieg der Menge an atmosphärischem Sauerstoff vor 2,0 bis 1,5 Milliarden Jahren. Es stellte eine große Bedrohung für die anaeroben Lebensformen dar, die damals die Erde besiedelten. Nachdem diese Organismen immer größeren Mengen des für sie giftigen Sauerstoffs ausgesetzt waren, mußten sie sich entweder anpassen oder aussterben. Viele Bakterienarten fielen der «Sauerstoffkatastrophe» zum Opfer. Die Überlebenden hatten Neuerungen entwickelt, die für die weitere Evolution entscheidende Bedeutung erlangen sollten.

Das zweite wichtige Ereignis im Zeitalter der Einzeller war der Übergang von den Pro- zu den Eukaryoten, also die Umwandlung der Urbakterienzelle in die viel größeren, komplizierter gebauten Zellen der Algen, Amöben, Hefen und vieler anderer Einzeller, aber auch aller Pflanzen, Pilze und Tiere einschließlich des Menschen. Dieser epochemachende Vorgang, der bis zu einer Milliarde Jahre gedauert haben könnte, führte zur Entstehung eines primitiven Phagocyten (einer «Freßzelle»), einer großen, hochentwickelten Zelle, die Bakterien und andere sperrige Dinge umschließen und verdauen konnte. Gelegentlich gingen solche Zellen eine für beide Seiten vorteilhafte Verbindung mit den aufgenommenen Bakterien ein, die als Dauergäste oder Endosymbionten erhalten blieben; aus ihnen wurden dann mit der Zeit funktionstragende Zellbestandteile wie Mitochondrien und Chloroplasten. Auslöser für diese Entwicklung war möglicherweise durch die Notwendigkeit, sich an Sauerstoff anzupassen.

Mit dem Zeitalter der Vielzeller hatte das Leben die Phase erreicht, die uns am vertrautesten ist. Die Erde, auf der sich etwa drei Milliarden Jahre lang nur unsichtbare Mikroorganismen getummelt hatten, wurde nun, zuerst im Wasser und später auch an Land, von einer Fülle immer komplizierterer Pflanzen und Tiere besiedelt. Diese Entwicklung war gekennzeichnet von einer fortschreitenden Verbesserung der Fortpflanzungsmechanismen, die sich an veränderliche Umweltbedingungen anpaßten. Ein wichtiger Schritt war die Entstehung der sexuellen Fortpflanzung. In der Pflanzenwelt verlief diese Entwicklung von den Sporen zu Samen, Blüten und Früchten. Bei den Tieren trat die Kopulation an die Stelle der unsicheren Befruchtung im Wasser. Die befruchteten Eizellen wurden anfangs im Wasser abgelegt und entwickelten sich dort; später, an Land, wurden sie von einer schützenden Eihülle umschlossen, und schließlich entwickelten sie sich im Mutterleib – während einer kurzen Entwicklungsphase bei den Beuteltieren und für einen längeren Zeitraum bei den Plazentatieren.

Das beherrschende Prinzip dieser Evolution ist offenbar die biologische Vielfalt, eine große Mannigfaltigkeit von Arten, die dadurch entstanden, daß zufällige Mutationen ihren Trägern in einer bestimmten Umgebung einen Vorteil verliehen. Innerhalb dieser Vielfalt gibt es aber einen Trend zu immer höherer Komplexität. Das sind die beiden Merkmale, die die Form des Lebensstammbaums bestimmen: Zunächst gibt es den Stamm, der seine Form durch die Abfolge der Arten an den Verzweigungspunkten erhält; jede dieser Arten zeichnet sich durch eine Mutation aus, die den Körperbauplan deutlich in Richtung größerer Komplexität veränderte. Dann kommen die immer weiter verzweigten Äste, in denen sich immer geringfügigere Abwandlungen der Grundbaupläne verkörpern und die innerhalb der einzelnen Hauptgruppen die wichtigste Ursache der Vielfalt sind. Eine solche Einteilung vereinigt zwei Sichtweisen für das Leben, die früher oft als Gegensätze galten: Zufall und Notwendigkeit werden hier ins richtige Verhältnis gesetzt. Wichtig war für die Entwicklung des Baums auch das wachsende Geflecht der Beziehungen, durch die die Lebenwesen untereinander und mit der Umwelt zu immer komplexeren Ökosystemen verbunden wurden.

Eine Begleiterscheinung bei der Evolution der Tiere war die Entwicklung des Gehirns. Als es erst einmal Neuronen gab – sie tauchten schon sehr früh auf –, verbanden sie sich zu immer raffinierteren Netzen; Motor eines jeden Schritts waren die Evolutionsvorteile, die sich daraus ergaben. Aus dem Gehirn erwuchs das Bewußtsein, das auf eine Art, die sich unserem Begriffsvermögen entzieht, das Zeitalter des Geistes einläutete. Die letzten Stadien dieser Evolution liefen mit atemberaubendem Tempo ab und führten in wenigen Millionen Jahren von den Primaten zum Menschen.

Dieses Ereignis gab der Geschichte des Lebens auf der Erde eine dramatische Wende. In vielen Bereichen trat die schnelle, von Menschen gelenkte kulturelle Evolution an die Stelle der langsamen, Darwinschen Evolution durch natürliche Selektion. Kunst, Wissenschaft, Philosophie, Ethik und Religion sind Produkte dieses neuen Zeitalters, aber auch Medizin und Technologie, die das Antlitz der Erde innerhalb weniger Jahrhunderte verwandelt und gewaltige Probleme geschaffen haben, so daß Erfindungsreichtum und Weisheit der Menschen heute dringend gefordert sind. Wenn wir diese Probleme nicht in allernächster Zukunft in den Griff bekommen, insbesondere die Bevölkerungsexplosion, die die Wurzel der meisten Übel ist, wird die natürliche Selektion das für uns erledigen, aber dann mit tragischen Folgen für die Menschheit und für große Teile der übrigen Welt des Lebendigen. Zu dieser Erkenntnis gelangen wir, wenn wir unsere Kenntnisse über die Geschichte des Lebens nutzen, um einen Blick in das Zeitalter des Unbekannten zu werfen.

Gleichgültig, was geschieht – das Leben wird sich erholen, wie schon so viele Male in der Vergangenheit nach größeren weltweiten Katastrophen. Höchstwahrscheinlich wird es sich weiterhin in Richtung zunehmender Komplexität entwickeln. Es besteht kein Grund, uns selbst als den Endpunkt eines Vorgangs zu betrachten, der noch weitere fünf Milliarden Jahre andauern wird. Wie der nächste Schritt aussieht, wann und wo er sich abspielt und welche heute lebende Art beteiligt sein wird, läßt sich nicht voraussagen. Was man morgen als Organismus am Verzweigungspunkt erkennen wird, ist heute ein kleiner Zweig am Ende eines Astes des Lebensstammbaums.

Im letzten Kapitel versuche ich, alles zusammenzuführen. Unter dem Gesichtspunkt von Determinismus und eingeschränktem Zufall, der in meiner Rekonstruktion die Geschichte des Lebens durchzieht, entstehen Leben und Geist nicht als exotische Unfälle, sondern als natürliche Erscheinungsformen der Materie, die der Struktur des Universums innewohnen. Für mich ist dieses Universum kein «kosmischer Gag», sondern ein bedeutungstragendes Gebilde, das so beschaffen ist, daß es Leben und Geist hervorbringt; es muß zwangsläufig denkende Wesen entstehen lassen, die Wahrheit erkennen, Schönheit schätzen, Liebe empfinden, sich nach dem Guten sehnen, das Böse verachten und Geheimnisse erleben. Ich erwähne Gott nicht ausdrücklich, weil dieser Begriff mit vielfältigen Interpretationen besetzt ist, die mit verschiedenen Arten zu glauben zusammenhängen. Als Wissenschaftler habe ich mich dazu entschlossen, die verfügbaren Befunde zusammenzufassen und meine persönliche Betrachtungsweise für diese Befunde mitzuteilen, wobei ich es dem Leser überlasse, seine eigenen Schlußfolgerungen zu ziehen. Damit ich nicht mißverstanden werde, möchte ich es noch einmal betonen: Entscheidend ist die *Chemie* und nicht irgendeine vorgefaßte Vorstellung davon, wie die Dinge sein sollten.

An wen richtet sich dieses Buch? An alle. Das Thema – unser Wesen, unsere Herkunft, unsere Vergangenheit und unser Platz im Universum – ist für jeden von Interesse. Angesichts brennender Fragen über die Zukunft des Lebens auf der Erde, die vielleicht sogar das Überleben der Menschheit betreffen, ist es unabdingbar, daß wir über solche Probleme in ihrem natürlichen Zusammenhang nachdenken. Wir müssen lernen, «biologisch zu denken» und entsprechend zu handeln.

Wie die meisten geschichtlichen Bücher, so enthält auch *Aus Staub geboren* wahrscheinlich Teile, die manche Leser mehr und andere weniger interessieren. Zwar zieht sich ein einziger roter Faden durch alle sieben Teile, doch wurden sie so geschrieben, daß sie auch zum Blättern ermutigen sollen.

Zum größten Teil ist dieses Buch das Produkt meines eigenen Lesens und Nachdenkens. Großen Dank schulde ich den vielen Autoren, die mir mit durchdachten, gut belegten und aufschlußreichen Darstellungen ihrer Fachgebiete geholfen haben. Ich habe mein Bestes getan, um ihnen in den Anmerkungen und Literaturangaben am Ende des Buches gerecht zu werden.

Von großem Nutzen waren auch Unterhaltungen und Diskussionen mit einer Reihe von Kollegen und Freunden. Wenn ich ihre Namen dankbar erwähne, bedeutet das keineswegs, daß sie sich für meine Darstellung der wissenschaftlichen Tatsachen verbürgen oder daß sie gar meinen Interpretationen zustimmen oder meine Ideen teilen. Ich denke da an meinen langjährigen Mitarbeiter, Freund und derzeitigen «Chef» Miklós Müller, der mir mit seinem umfassenden Wissen über Mikroorganismen sehr geholfen hat; an meine neugewonnenen Freunde auf dem Gebiet der Entstehung des Lebens, wie Gustaf Arrhenius, Manfred Eigen, Albert Eschenmoser, Stanley Miller, Leslie Orgel, William Schopf, Arthur Weber und viele andere; Stuart Kauffman führte mich in die Feinheiten des «künstlichen Lebens» ein; Francis Crick und Gerald Edelman schließlich taten ihr Bestes – größtenteils vergeblich, wie ich leider feststellen muß –, um mich zur richtigen Ansicht über das Gehirn zu bekehren. Meinem Sohn Thierry schulde ich Dank, weil er mich durch die schwierigen Gedankengänge von Kant führte.

Mein größter Dank aber gilt meinem früheren Verleger und Lektor, meinem vertrauten Freund Neil Patterson, der endlose Stunden seiner kostbaren Zeit opferte, um dieses Buch in eine annehmbare Form zu bringen. Er beseitigte nicht nur blumige Adjektive, schwatzhafte Abschweifungen, unwichtige Anmerkungen, schwerfällige Satzkonstruktionen und andere Ungeschicklichkeiten, sondern er lenkte meine Aufmerksamkeit auch auf eine Reihe von Fehlern und Zweideutigkeiten und strich einige übertriebene oder unvorsichtige Behauptungen. Mein Dank erstreckt sich auch auf Ippy Patterson für die schöne Zeichnung des Lebensbaums, der so etwas wie das Symbol des Buches wurde.

Weiterhin danke ich dem Verlag Basic Books und dort insbesondere Susan Rabiner, die einige wichtige Vorschläge zur Gliederung des Buches machte, sowie Suzanne Wagner, der Redakteurin, und Michael Mueller, dem Cheflektor; sie alle trugen dazu bei, dem Buch seine endgültige Gestalt zu verleihen.

Und schließlich möchte ich meinen Kindern Thierry, Anna, Françoise und Alain danken, die mir zu meinem 70. Geburtstag einen Computer schenkten. Dieses beängstigende Geschenk – zuvor hatte ich in meinem ganzen Leben noch nicht einmal eine Schreibmaschine bedient – wurde zu einem vertrauenswürdigen und geschätzten Helfer. Allerdings verminderte es nicht den ständigen Ruf nach der Unterstützung zweier kompetenter und engagierter Helferinnen aus Fleisch und Blut: Anna Polowetzki (Karrie) in New York und Monique Van de Maele in Brüssel. Nur meine Frau Janine kann ermessen, wieviel sie erdulden mußte, während ich mich mit diesem widerspenstigen Projekt herumschlug. Ihr danke ich mit meiner Liebe.

Nethen und New York
31. Januar 1994

Einleitung

Dieses Buch handelt von der Geschichte des Lebens auf der Erde – von seiner Geburt, die in den Tiefen der Vergangenheit verborgen ist, bis zur schillernden Vielfalt der Lebewesen, die heute unseren Planeten bevölkern. Leben ist das außergewöhnlichste Wagnis im bekannten Universum, und dieses Wagnis hat eine Spezies hervorgebracht, welche die zukünftige Entfaltung der Naturvorgänge, aus denen sie hervorgegangen ist, gezielt beeinflussen kann.

Die Geschichte des Lebens ist durch eine Serie von Neuerungen gekennzeichnet; jedesmal entstand dabei eine neue Ebene der Komplexität, und jedesmal läßt sie sich mit den Naturgesetzen der Physik und Chemie erklären. Bevor wir uns auf diese Entdeckungsreise begeben, möchte ich einige allgemeine Begriffe definieren, die uns auf dem ganzen Weg begleiten werden.

Die Einheit des Lebendigen

Es gibt nur ein Leben. Diese Tatsache spiegelt sich eigentlich schon darin wider, daß wir mit einem einzigen Wort so unterschiedliche Gebilde wie Bäume, Pilze, Fische und Menschen bezeichnen, aber heute ist sie ohne jeden Zweifel erwiesen. Alle Fortschritte im Auflösungsvermögen unserer Hilfsmittel, von den zögerlichen Anfängen der Mikroskopie vor wenig mehr als drei Jahrhunderten bis zu den ausgefeilten Methoden der Molekularbiologie, haben immer mehr zu der Überzeugung beigetragen, daß alle heute lebenden Organismen aus den gleichen Materialien aufgebaut sind, nach den gleichen Prinzipien funktionieren und sogar tatsächlich verwandt sind. Sie alle sind die Nachkommen einer einzigen Urform des Lebens.

Daß diese Tatsache heute erwiesen ist, verdanken wir der vergleichenden Sequenzanalyse bei Proteinen und Nucleinsäuren. Die Verbindungen dieser beiden Klassen, die wichtigsten Bestandteile aller

Lebensformen, sind chemisch ganz unterschiedlich gebaut, aber beide sind lange Molekülketten, die durch die Verknüpfung vieler Molekülbausteine entstehen – bei Proteinen sind es bis zu ein paar hundert, bei den Nucleinsäuren oft noch bedeutend mehr. Man kann sie sich wie Ketten aus verschiedenfarbigen Perlen vorstellen oder wie Eisenbahnzüge mit verschiedenartigen Waggons oder – eigentlich zutreffender – als sehr lange Worte aus verschiedenen Buchstaben. Die Perlen, Waggons oder Buchstaben, aus denen sich die Proteine zusammensetzen, nennt man Aminosäuren; die Bausteine der Nucleinsäuren heißen Nucleotide. Die «Worte» der Proteine bestehen aus zwanzig verschiedenen Aminosäure-«Buchstaben»; das Alphabet der Nucleinsäure-«Worte» umfaßt vier Nucleotid-«Buchstaben».

Man kann heute mit sehr leistungsfähigen Methoden die genaue Reihenfolge der Bausteine dieser natürlichen Makromoleküle in einer bestimmten Molekülkette ermitteln. Mit solchen Verfahren ermitteln die Wissenschaftler sehr exakt die Reihenfolge (Sequenz) der Aminosäuren in den Proteinen und der Nucleotide in den Nucleinsäuren: Sie «buchstabieren» gewissermaßen die molekularen Worte. So können wir heute das Kleingedruckte im Buch des Lebens lesen.

Aus dieser neugewonnenen Fähigkeit, molekular zu lesen, erwuchs eine Erkenntnis von gewaltiger Bedeutung: Die unterschiedlichsten Lebewesen – beispielsweise Mikroorganismen, Maispflanzen, Schmetterlinge und Menschen – enthalten ähnliche Proteine und Nucleinsäuren. Diese Ähnlichkeiten sind viel zu groß, als daß man sie allein mit dem Zufall erklären könnte. Sie zwingen unausweichlich zu der Schlußfolgerung, daß alle diese Moleküle und damit auch alle Lebewesen miteinander verwandt sind und von einem gemeinsamen Vorfahren abstammen. Ein analoges Beispiel ist der Vergleich des englischen Wortes *garden* und des deutschen Begriffs *Garten*, die das gleiche bedeuten. Offensichtlich sind diese Worte in den beiden Sprachen nicht unabhängig voneinander entstanden, sondern sie sind verwandt, weil sie beide von einem gemeinsamen früheren Wort abstammen. Dennoch sind sie nicht genau gleich, denn seit sie sich von ihrem gemeinsamen Vorläufer getrennt haben, wurden sie in unterschiedlicher Weise verändert. Das gleiche gilt für verwandte Makromoleküle. Ihre Sequenzen unterscheiden sich, denn sie haben Veränderungen – Mutationen – durchgemacht, die von Generation zu Generation weitergegeben werden, und auf diese Weise entwickelten sich nach der Trennung von dem gemeinsamen Vorfahren die unterschiedlichen Lebewesen.

Diese Einheit in der Vielfalt macht unser Vorhaben einfacher. Wir versuchen, die Geschichte des Lebens nachzuzeichnen, nicht die einzelner Lebewesen. Der gemeinsame Vorfahre teilt unseren Weg in zwei Etappen. Als erstes müssen wir rekonstruieren, wie dieser Urahn aus den Stoffen entstand, die vor dem Beginn des Lebens auf der Erde vorhanden waren. Und zweitens müssen wir herausfinden, wie alle heute lebenden Organismen aus dem gemeinsamen Vorfahren hervorgehen konnten.

Der Baum des Lebens

Wie allgemein bekannt ist, hat das Leben versteinerte Zeugen seiner Vergangenheit hinterlassen. Durch geduldiges Entschlüsseln dieser Überreste konnten die Paläontologen die Geister früherer Pflanzen und Tiere aus der entfernten Vergangenheit heraufbeschwören und in groben Umrissen die Geschichte der Lebewesen herauslesen, die heute die Erde bevölkern. Aber die Fossilfunde sind sehr unvollständig. Oft hat man nur einen einzigen Knochen oder Zahn, den Abdruck eines Blattes oder die Hohlform eines Wurms, um daraus einen ganzen Organismus zu rekonstruieren. Außerdem reichen die allermeisten Fossilfunde gerade einmal 600 Millionen Jahre zurück; aus früherer Zeit gibt es nur sehr spärliche Überreste. Es müssen zahllose Arten gelebt haben, von denen keinerlei Spuren zurückgeblieben sind oder deren Spuren wir noch nicht ausgegraben haben. Allein auf der Grundlage von Fossilien, so zahlreich und gut erhalten sie auch sein mögen, könnte man keine vollständige Geschichte des Lebens schreiben, ja man könnte sie sich nicht einmal ausdenken. Unsere heutigen Kenntnisse verdanken wir zum größten Teil nicht toten Überresten, sondern lebenden Geschöpfen. Die gesamte Geschichte des Lebens ist in den heutigen Lebewesen niedergeschrieben. Um diese Geschichte zu rekonstruieren, müssen wir nur in der Lage sein, den Text zu lesen.

Zu diesem Zweck können wir die Sequenzen verwandter Makromoleküle aus verschiedenen biologischen Arten vergleichen. Mit sol-

chen Analysen kann man abschätzen, wie weit zwei Arten entwicklungsgeschichtlich voneinander entfernt sind – ob es sich um Geschwister, Vettern ersten Grades oder Cousins um zehn Ecken handelt.
Der Maßstab ist dabei die Zahl der Unterschiede zwischen den
Sequenzen, die man vergleicht. Je mehr es sind – so jedenfalls die
Annahme, die allerdings nur mit Vorsicht zu genießen ist und einer
ganzen Reihe von Einschränkungen unterliegt – desto länger ist der
Zeitraum, in dem sich die Moleküle getrennt entwickelt haben, das
heißt, desto länger liegt der Zeitpunkt zurück, seit sich die Arten, die
diese Moleküle besitzen, von ihrem letzten gemeinsamen Vorfahren
auseinanderentwickelt haben. Wenn man über genügend derartige
Befunde verfügt, kann man im Prinzip anhand der Eigenschaften heutiger Lebewesen den gesamten Baum des Lebens rekonstruieren.

In Analogie zur Linguistik könnte man dieses Verfahren als
molekulare Etymologie bezeichnen. Man stelle sich einen Sprachwis-
senschaftler vor, der nur zeitgenössische Texte in Französisch, Italie-
nisch, Spanisch und Rumänisch vor sich hat. Auch ohne etwas über
die Vergangenheit zu wissen, würde dieser Forscher die Ähnlichkeit
vieler Worte mit gleicher Bedeutung erkennen und daraus schließen,
daß die vier Sprachen verwandt sind. Durch sorgfältige vergleichende
Untersuchungen unter der Annahme, daß sich Worte im Laufe der
Zeit nur allmählich verändern, könnte es ihm sogar gelingen, das klassische Latein zu rekonstruieren und die Wege nachzuzeichnen, auf
denen sich daraus diese vier Sprachen entwickelt haben. Eine solche
Rekonstruktion wäre anfangs recht ungenau, fehlgeleitet durch zufällige Ähnlichkeiten, Lehnworte aus anderen Sprachen und was der
Fallstricke mehr sind. Je mehr Worte man aber untersucht, analysiert
und vergleicht, desto sicherer wird das Bild.

Eines der ersten Beispiele für diese molekulare Etymologie ist
heute schon ein Klassiker. Es geht um das Cytochrom c, ein kleines
Protein aus etwa 100 Aminosäuren, das bei vielen Lebewesen an der
Sauerstoffverwertung beteiligt ist.[1] Die beim Menschen vorkom-
mende Form des Cytochrom c unterscheidet sich nur in einer einzigen
Aminosäure von der des Rhesusaffen, und zu den entsprechenden
Proteinen von Hund, Klapperschlange, Ochsenfrosch, Thunfisch,
Seidenraupe, Weizen und Hefe beträgt der Unterschied (in der glei-
chen Reihenfolge) 11, 14, 18, 21, 31, 43 und 45 Aminosäuren. Solche
Zahlen ermöglichen eine Abschätzung der immer weiter zurücklie-
genden Zeitpunkte, seit sich diese verschiedenen Arten von dem letz-

ten Vorfahren trennten, den sie mit uns gemeinsam haben. Solche Schätzungen stimmen für die Tiere gut mit den Fossilfunden überein, aber sie reichen weiter zurück, bis zu Verwandtschaftsbeziehungen, für die es aus den Fossilien keine Anhaltspunkte gibt. Es ist schon bemerkenswert: Selbst die Cytochrom-c-Moleküle von Weizen und Hefe haben untereinander und mit dem Molekül des Menschen noch über 50 Aminosäuren gemeinsam – ein unwiderlegbarer Beweis, daß diese drei höchst unterschiedlichen Arten einen gemeinsamen Vorfahren haben.

Die vergleichende Sequenzanalyse des Cytochrom c wurde vor über 20 Jahren vorgenommen. In ähnlicher Weise hat man seither viele Proteine und auch Nucleinsäuren verglichen, und tagtäglich werden weitere analysiert. Solche Daten sind nicht leicht zu interpretieren. Es bleiben noch viele Unsicherheiten und strittige Fragen, aber langsam erkennen wir ein wenig genauer und mit einer gewissen Verläßlichkeit, wie die heutigen Lebensformen durch immer weitere Verzweigungen des Lebensbaums aus dem gemeinsamen Vorfahren hervorgegangen sind. In seinem oberen Teil stimmt der molekulare Baum mit dem überein, den die Paläontologen anhand der Fossilfunde gezeichnet haben, abgesehen von etlichen Einzelheiten, die mit Hilfe der neuen Befunde hinzugefügt oder richtiggestellt wurden. Der untere Teil des Baums aber ist neu für uns, und er birgt etliche Überraschungen.

Wie alt ist das Leben?

Die Form des Baums wird allmählich klar, aber wie sieht es mit dem Zeitrahmen aus? In der paläontologischen Forschung ergibt sich der zeitliche Zusammenhang aus umfassenden geologischen und geochemischen Untersuchungen, mit denen man das Alter einer Gesteinsformation abschätzen kann. Wenn man ein Fossil in einem Gebiet findet, das nach Einschätzung der Geologen 200 Millionen Jahre alt ist, dann wissen wir, daß der Organismus, dessen Überreste wir vor uns haben, vor 200 Millionen Jahren lebte, mit einer Schwankungsbreite von ein paar Millionen Jahren. Bei den molekularen Stammbäumen ist die Maßeinheit nicht die Zeit, sondern die Zahl der Mutationen, jener Veränderungen, die die Moleküle im Verlauf der

Evolution durchgemacht haben und die von Generation zu Generation weitervererbt werden. Oder genauer gesagt: die Zahl der Mutationen, die mit Überleben und Fortpflanzung vereinbar sind (der tolerierbaren» Mutationen), denn andere Veränderungen werden von der natürlichen Selektion[2] ausgemerzt und hinterlassen in den verbleibenden Molekülen keine Spuren. Um diese Maßeinheit in Zeiträume umzurechnen, muß man die Häufigkeit tolerierbarer Mutationen kennen. Die Zeitachse des Stammbaums wird sehr unterschiedlich aussehen, wenn man annimmt, daß tolerierbare Mutationen zum Beispiel alle Million, alle zwei Millionen oder alle zehn Millionen Jahre stattfinden. Dies ist eine der größten Unsicherheiten der molekularen Methode. Am besten löst man das Problem, indem man molekulare und paläontologische Stammbäume vergleicht. Das klappt beim oberen Teil des Baums, für den es paläontologische Befunde gibt. Aber wie steht es mit dem unteren Abschnitt? Die Lösung erwuchs gerade in den letzten Jahrzehnten aus Fossilien von Bakterien.

Bakterien sind sehr kleine Geschöpfe, meist nicht größer als ein paar zehntausendstel Millimeter; das Formenspektrum reicht von kugel- bis fadenförmig, und sehen kann man sie nur mit einem guten Mikroskop. Heute gibt es auf der Erde eine Fülle von Bakterien. Für die meisten Menschen beschwört das Wort «Bakterien» die Gespenster von Pest, Cholera, Tuberkulose, Lepra, Diphtherie und anderen bedrohlichen Leiden herauf. Die krankheitserzeugenden Bakterien sind aber nur eine kleine Minderheit in der Vielfalt harmloser oder nützlicher Formen, die praktisch alle nur denkbaren Lebensräume besiedeln, von der geschützten Wärme des menschlichen Darms über die Salzlake austrocknender Meere bis zum kochenden Wasser der Vulkanquellen. Das reichhaltigste Reservoir für Bakterien ist der Boden: Dort sorgen diese unsichtbaren Organismen für die überaus wichtige Zersetzung abgestorbener Pflanzen und Tiere, so daß die Bausteine des Lebens der Wiederverwendung zugeführt werden.

Bakterien sind die einfachsten Lebensformen, und was man lange vermutet hatte, ist inzwischen Gewißheit: Sie sind auch die ältesten. Versteinerte Spuren dieser Organismen wären also von unschätzbarem Wert, um den unteren Abschnitt im Lebensbaum zu rekonstruieren und zeitlich einzuordnen. In den letzten Jahrzehnten hat man solche Spuren tatsächlich gefunden.[3] Es gibt sie in zwei verschiedenen Größenordnungen. Die mit bloßem Auge sichtbaren Indizien sind besondere Schichtgesteine, Stromatolithen genannt. Diese Formationen sind durch Versteinerung großer Bakterienkolonien entstanden und setzen sich aus übereinandergelagerten Schichten zusammen, die jeweils aus einer anderen Bakterienart bestehen. In den obersten Schichten einer solchen Kolonie leben Bakterien, die man als «phototroph» bezeichnet, weil sie ihre Zellbestandteile mit Hilfe des Sonnenlichts aufbauen; wenn sie später absterben, dienen sie den darunterliegenden Schichten als Nahrung. Solche Kolonien überziehen in manchen Küstenabschnitten große Flächen, so zum Beispiel auf der Halbinsel Baja California im Nordwesten Mexikos. Im Laufe der Zeit versteinern die Kolonien zu Stromatolithen, ein Vorgang, der in allen Stadien durch entsprechende Gesteinsformen belegt ist. Man hat Stromatolithen in sehr unterschiedlichem Gelände und in vielen Teilen der Erde gefunden. Sie decken alle geologischen Epochen ab: Manche reichen in ihrem Alter fast 3,5 Milliarden Jahre zurück, also in eine Zeit, die unter praktischen Gesichtspunkten die Grenze für brauchbare geologische Befunde darstellt. Möglicherweise gab es Kolonien, die zu Stromatolithen wurden, sogar noch früher, aber ihre Spuren können die geologischen Umwandlungen nicht überlebt haben.

Zur zweiten Gruppe gehören die mikroskopischen Indizien. Die meisten Bakterien sind in eine feste Kapsel eingehüllt, die Zellwand. Sie war der Grund, daß Bakterien früherer Zeiten im Schlamm ihre Spuren hinterlassen konnten; diese Spuren verfestigten sich später im Gestein, genau wie längst ausgestorbene Farne zarte Abdrücke zurückließen, nur mit dem Unterschied, daß man raffinierte technische Mittel und eine gesunde Dosis kritischen Urteilsvermögens braucht, um ein echtes bakterielles Mikrofossil von falschen Spuren und Verunreinigungen aus späterer Zeit zu unterscheiden. Man kennt heute eine Reihe echter Abdrücke. Interessanterweise findet man diese Hinterlassenschaften der Bakterien oft in Stromatolithen – ein weiterer, eigentlich aber nicht mehr erforderlicher Beweis für den bakteriellen Ursprung dieser Gesteine. Einige solche Mikrofossilien gehen ebenfalls auf Zeiten vor bis zu 3,5 Milliarden Jahren zurück.

Das Leben ist also mindestens 3,5 Milliarden Jahre alt – diese verblüffende Erkenntnis liefern die Stromatolithen und die Mikrofossilien. Vergleicht man diesen Zeitraum mit den 600 Millionen Jahren, jenseits derer man praktisch keine Spuren von Pflanzen oder Tieren gefunden hat, dann kann man ermessen, welche gewaltige Größe der verborgene untere Teil des Lebensbaums hat: Er ist etwa vier- bis fünfmal so groß wie der obere, der die gesamte Entwicklungsgeschichte der Pflanzen und Tiere umfaßt. In der unglaublich langen Zeit von drei Milliarden Jahren, die dem Auftauchen der ersten aus Fossilien bekannten Pflanzen und Tiere vorausgingen, scheint das Leben fast auf der Stelle getreten zu haben. Stromatolithen und Mikrofossilien sehen nicht sehr unterschiedlich aus, ob sie nun eine oder drei Milliarden Jahre alt sind. Aber dieser Eindruck von Stillstand ist irreführend. Im Schatten der Stromatolithen spielten sich Ereignisse von grundlegender Bedeutung ab; sie bereiteten die große, explosionsartige Vermehrung der Lebensformen vor, die vor 600 Millionen Jahren eintrat.

Nach den versteinerten Spuren zu schließen, waren die Bakterien vor 3,5 Milliarden Jahren vielgestaltig und hoch entwickelt. Möglicherweise gehörten zu ihnen schon Vertreter der vollkommensten phototrophen Organismen, die wir heute kennen. Diesen frühen Lebensformen gingen sicher andere, einfachere voraus, und noch früher gab es den gemeinsamen Vorläufer allen Lebens. Wann entstand dieses Urlebewesen? Vielleicht schon vor 3,8 Milliarden Jahren – diese Vermutung ergibt sich aus physikalischen Analysen versteinerter Kohlenstoffablagerungen (Kerogen), die sich auf diese Zeit datieren lassen. Solche Ablagerungen zeigen eine Anreicherung von Kohlenstoffatomen mit der Atommasse 12 (das heißt, mit der zwölffachen Masse eines Wasserstoffatoms) im Vergleich zu den Atomen mit der Masse 13. Diese Anreicherung des leichteren Isotops[4] im Vergleich zu der schwereren Variante ist ein charakteristisches Merkmal biologischer Kohlenstoffaufnahme. Eine Obergrenze von vier Milliarden Jahren für das Alter der ersten Lebensformen ergibt sich aus den Bedingungen, die vermutlich auf der Erde zu Beginn ihrer Geschichte herrschten. Nach Aussagen der Fachleute kondensierte die Erde vor etwa 4,5 Milliarden Jahren aus einer Gas- und Staubwolke. Während der dann folgenden 500 Millionen Jahre eignete sich der junge Planet, der von Asteroideneinschlägen erschüttert und von gewaltigen Vulkanausbrüchen zerrissen wurde, noch nicht als Heimat für Leben.[5]

Der gemeinsame Vorfahre aller Lebewesen tauchte wahrscheinlich vor etwa 4,0 bis 3,8 Milliarden Jahren auf der Erde auf. Auch wenn wir wissen, daß solche Zahlen unsicher sind, wollen wir sie übernehmen, denn es sind die besten Schätzungen, die man nach dem derzeitigen Stand des Wissens abgeben kann.

Die Wiege des Lebens

Wo nahm das Leben seinen Anfang? Die naheliegende Antwort, daß das Leben auf der Erde entstanden ist, ist nicht unumstritten, vor allem aus Zeitgründen. Nach den gerade beschriebenen Befunden sieht es so aus, als hätten höchstens 200 Millionen Jahre zur Verfügung gestanden, damit der gemeinsame Vorfahre der Lebewesen aus den Materialien entstehen konnte, die der zuvor leblose Planet anzubieten hatte. Das ist zwar wenig im Vergleich zur gesamten Geschichte des Lebens auf der Erde, aber absolut gesehen ist es dennoch ein langer Zeitraum. Wenn man die ganze christliche Epoche von 2000 Jahren als einen Zentimeter darstellt, dann ist die Zeit, die für die Entstehung des Lebens zur Verfügung stand, einen Kilometer lang. Dennoch ist dies in den Augen mancher Menschen zu wenig für die Entstehung eines so komplexen Gebildes wie einer Bakterienzelle. Diese Ansicht geht auf eine frühere Überzeugung zurück, die die meisten Fachleute heute nicht mehr teilen: Danach entstand das Leben in einem äußerst langwierigen und langsamen Prozeß, vielleicht zu langwierig und zu langsam für unseren Planeten. Diese Meinung ist einer der Gründe für die Vermutung, das Leben könne aus dem Weltraum auf die Erde gekommen sein.

Die Möglichkeit, das Leben könne außerirdischen Ursprungs sein, wurde immer wieder durchgespielt.[6] Aufgestellt und mit fast fanatischem Eifer vertreten wurde die Theorie um die Jahrhundertwende von Svante Arrhenius, einem schwedischen Chemie-Nobelpreisträger; er prägte den Begriff «Panspermie» für seine Überzeugung, daß Samen des Lebens überall im Weltraum vorhanden sind und ständig auf die Erde regnen. Ebenso energisch traten Fred Hoyle, ein berühmter britischer Astronom, und sein Kollege Chandra Wickramasinghe, ein Astronom aus Sri Lanka, in jüngerer Zeit für eine abgewandelte Form dieser Theorie ein; sie behaupteten, Viren und Bakterien entstünden ständig in den Schweifen der Kometen und fielen mit den Teilchen des Kometenstaubes auf die Erde.[7] Manche dieser Keime sind danach Krankheitserreger und können Epidemien auslösen, die nach Ansicht der beiden Wissenschaftler entscheidend zur Entwicklung der Menschheitsgeschichte beigetragen haben. Sie spekulierten sogar, die Nase könne in der Evolution des Menschen als Schutz gegen solche Krankheiten entstanden sein, deren außerirdische Erreger mit Regentropfen eingeatmet werden. Eine andere

Theorie mit der Bezeichnung «gerichtete Panspermie» stammt von Francis Crick, der mit der Doppelhelix berühmt wurde, und Leslie Orgel, einem Pionier der präbiotischen Chemie. Die beiden in Großbritannien geborenen amerikanischen Wissenschaftler, die heute am Salk Institute for Biological Studies im kalifornischen La Jolla arbeiten, äußerten die Vermutung, die ersten Keime des Lebens könnten mit einem Raumschiff auf die Erde gelangt sein, das von einer weit entfernten Zivilisation geschickt wurde.[8]

Angesichts derart angesehener Befürworter kann man die Panspermie kaum abtun, ohne diese wenigstens anzuhören. Die Kritiker der Theorie führten an, Lebewesen könnten unmöglich der starken Strahlung widerstehen, der sie im Weltraum ausgesetzt wären. Aber diese Behauptung ist umstritten. Nach Ansicht der Befürworter kann das Leben aus Zeitmangel nicht auf der Erde entstanden sein. Wie sie allerdings zu der Einschätzung gelangen, daß 200 Millionen Jahre für die Entwicklung von Leben nicht ausreichen, ist nicht ganz klar. Die eigentliche Frage lautet: Haben wir handfeste Indizien, auf die sich eine solche Vermutung gründen könnte? Für ein Raumschiff oder seine Entsender gibt es solche Indizien nicht. Anders sieht es bei Kometen und anderen Himmelskörpern, wie Meteoriten, aus. Solche Objekte enthalten organische Moleküle, wie man sie auch in Lebewesen findet. Nach Ansicht der meisten Fachleute entstehen diese Verbindungen durch einfache chemische Reaktionen, die sich «da draußen» abspielen. Sie stammen nicht von Lebewesen. Bisher gibt es keine auch nur annähernd überzeugenden Hinweise, daß solche Lebewesen existieren.

Fairerweise müssen wir die Frage offenlassen, bis die Meinungsverschiedenheiten beigelegt sind. Gesunder Menschenverstand und begrenzter Platz legen allerdings nahe, sie in der weiteren Erörterung zu übergehen. Die beste Begründung dafür lautet: Selbst wenn man annimmt, daß das Leben aus dem Weltraum auf die Erde kam, bleibt immer noch die Frage, wie es entstanden ist. Deshalb gehe ich davon aus, daß das Leben genau da geboren wurde, wo es sich auch heute befindet: auf der Erde.

Wie wahrscheinlich ist das Leben?

Wie ist das Leben entstanden? Würde es wieder geschehen, wenn es gelänge, die Zeit zurückzudrehen, so daß die Ereignisse vor dem gleichen Hintergrund noch einmal ablaufen könnten, oder wenn die gleichen Voraussetzungen auf einem anderen Planeten noch einmal gegeben wären? Und wenn ja, wäre es dann Leben, wie wir es kennen, oder wäre es ganz anders? Auf diese Fragen hat die Wissenschaft bisher keine Antwort gefunden. Statt dessen gibt es eine Fülle von Theorien, die geprägt sind von den wissenschaftlichen Spezialgebieten, philosophischen Einstellungen oder ideologischen Vorurteilen ihrer Urheber. Zwei Denkschulen gehen sogar soweit zu behaupten, der Ursprung des Lebens sei keine echte Frage, die man wissenschaftlich untersuchen könne. Sie führen für diese Meinung sehr unterschiedliche Gründe an, aber in beiden Fällen wurzelt die Begründung in der Überzeugung, daß Leben ein äußerst unwahrscheinliches Phänomen ist. In den Augen der Kreationisten ist es so unwahrscheinlich, daß nichts außer unmittelbarem göttlichem Eingreifen auch nur die Entstehung der einfachsten Lebewesen erklären könnte. Die vernunftbetonteren Fachleute, die von der Unwahrscheinlichkeit des Lebens überzeugt sind, lehnen diese Behauptung ab und weisen darauf hin, daß der Zufall ständig sehr unwahrscheinliche Ereignisse hervorbringt. Aber gerade weil solche Ereignisse sehr unwahrscheinlich sind, sind sie auch einzigartig und nicht wiederholbar, und deshalb entziehen sie sich der wissenschaftlichen Untersuchung. Zur Erklärung dieser Ansicht möchte ich ein Beispiel aus dem Bridgespiel heranziehen.

Bridge ist ein Kartenspiel für vier Spieler; man spielt es mit einem Blatt von 52 Karten, jeweils 13 Pik, Herz, Karo und Kreuz. Die Karten werden gemischt und einzeln rund um den Tisch verteilt. Angenommen, ein Spieler bekommt alle 13 Pik-Karten. Das würde er natürlich als unglaubliches Glück bezeichnen, zu Recht. Die Wahrscheinlichkeit, alle 13 Pik-Karten zu erhalten, beträgt eins zu 635 Milliarden. Ganze Heerscharen von Bridgespielern könnten jahrhundertelang Tag und Nacht spielen, ohne daß auch nur ein einziges Mal alle Pik-Karten bei einem Spieler landen. Soweit ich weiß, ist dieser Fall in den gesamten Annalen des Bridgespiels nicht verzeichnet.[9] Der erste, dem ein solcher erstaunlicher Zufall widerfährt, wird Weltruhm erlangen. Sein Name wird in jeder Bridgespalte und in jedem

Bridgebuch erscheinen. Das ist alles sehr richtig und verständlich, nur besteht für jede andere Kartenkombination genau die gleiche Wahrscheinlichkeit – eins zu 635 Milliarden. Meist ist das Blatt nur nicht so aufsehenerregend, daß es in die Geschichte eingeht.

Dabei gilt es zu beachten, daß ich in meine Schätzung noch nicht die Karten der anderen Spieler einbezogen habe. Wenn es um die gesamte Kartenverteilung geht, liegt die Wahrscheinlichkeit für eine bestimmte Kombination bei 50 Milliarden Milliarden Milliarden (5×10^{28}). Selbst wenn alle Menschen, die es jemals gegeben hat, während ihres ganzen Leben nichts anderes getan hätten, als Tag und Nacht Bridge zu spielen, wäre die Wahrscheinlichkeit, daß die Verteilung von heute abend schon einmal vorgekommen ist, sehr gering. Dennoch geraten die Spieler in keinem Bridgeclub in Aufregung über das außerordentlich unwahrscheinliche Ereignis, das sie bei jedem Austeilen der Karten miterleben.

Dieses Beispiel macht eine einfache Tatsache deutlich, derer man sich nicht immer bewußt ist: Einzelne höchst unwahrscheinliche Ereignisse finden ständig statt, und niemand schenkt ihnen Beachtung, es sei denn, an dem Ereignis ist etwas Besonderes. Die Entstehung des Lebens, so wurde gesagt, war ein solches Ereignis, ein unglaublicher Zufall, so als wenn man alle 13 Pik-Karten bekommt, aber die Gesetze der Wahrscheinlichkeit verletzt es nicht.

Wäre das der Fall, würden wir unsere Zeit verschwenden, wenn wir versuchen, den Ursprung des Lebens wissenschaftlich zu erklären. Eine ganze Reihe anerkannter Fachleute hat diese Behauptung erhoben. Manche haben sie bis zur logischen Schlußfolgerung weitergetrieben: Wenn Leben ein höchst unwahrscheinliches Zufallsprodukt ist, dann hat es in keiner wie auch immer gearteten kosmologischen Sichtweise einen Platz. Dann könnten Milliarden Planeten die gleiche Geschichte durchmachen wie die Erde, ja es könnten sogar Milliarden Urknalle Milliarden Universen wie unseres entstehen lassen, und nirgendwo gäbe es Leben. Seine Entstehung wäre ein *lusus naturae*, eine Laune der Natur. Oder mit den Worten Jacques Monods, eines der größten französischen Biologen: ‹Das Universum trug das Leben nicht in sich.›[10]

Diese Aussage hat tiefgreifende philosophische Folgen, mit denen ich mich später befassen werde. Im Augenblick möchte ich nur die wissenschaftliche Haltbarkeit des Wahrscheinlichkeitsarguments untersuchen. Seine Logik ist nicht zu widerlegen, vorausgesetzt, wir haben es wirklich mit einem Einzelereignis zu tun. Aber das Auftauchen des Lebens kann vermutlich kein Einzelereignis gewesen sein. Um diese Aussage zu verdeutlichen, verwendet Hoyle den Vergleich mit einer Boeing 747, die flugfertig aus einem vom Sturm verwüsteten Schrottplatz entsteht.[11] Die Möglichkeit, daß eine lebende Zelle in einem Schritt zusammenkommt, ist noch unendlich viel weniger wahrscheinlich als die Selbstmontage einer Boeing 747 – wenn man bei Unmöglichem überhaupt noch von Abstufungen reden kann. Nur durch Spontanentstehung – also ein Wunder – könnte so etwas zustande kommen, und Wunder liegen definitionsgemäß außerhalb des Bereichs wissenschaftlicher Untersuchungen. Sie sind die letzte Rettung, wenn alle Versuche einer vernünftigen Erklärung fehlgeschlagen sind – und ob das der Fall ist, kann man meist nicht sicher sagen, denn vielleicht fehlen für eine Erklärung nur die Kenntnisse, wie so oft in der Vergangenheit. Aber was den Ursprung des Lebens angeht, sind wir noch weit von diesem Punkt entfernt. Auf diesem Gebiet blüht eine Fülle, ja fast sogar ein Übermaß, an aufschlußreichen Erkenntnissen und reizvollen Ideen.

Eine Boeing 747 wird Stück für Stück in sehr vielen Schritten zusammengesetzt. Zuerst werden die Rohstoffe veredelt oder synthetisch hergestellt und zu einer Vielzahl von Teilen verarbeitet. Diese Teile werden dann zu Baugruppen zusammengefügt, so daß Triebwerke, Rumpf und Tragflächen, Leitwerk, Fahrwerk, elektronische Schaltkreise und alle anderen Teile des Flugzeugs entstehen. Erst in der Endmontage setzt man schließlich alle Teile zusammen. Beim Aufbau einer lebenden Zelle laufen andere Schritte ab, aber das Prinzip ist das gleiche. Da das Endprodukt ein höchst komplexes Gebilde ist, muß es notwendigerweise in einer ganzen Reihe von Schritten entstehen, und vielfach verläuft der Zusammenbau über Baugruppen.

Diese Überlegung läßt die Wahrscheinlichkeitsabschätzung völlig anders aussehen. Wir bekommen die 13 Pik-Karten nicht einmal, sondern Tausende von Malen hintereinander! Das ist schlicht unmöglich, es sei denn, die Karten sind gezinkt. Und Zinken bedeutet im Zusammenhang mit dem Aufbau der ersten Zelle, daß für die meisten Schritte *unter den jeweils herrschenden Bedingungen eine sehr hohe Wahrscheinlichkeit bestanden haben muß*. Würden sie nur mäßig unwahrscheinlich, müßte der Vorgang abbrechen, gleichgültig wie oft er beginnt, einfach aufgrund der Zahl der beteiligten Einzelschritte. Mit anderen Worten: Im Gegensatz zu Monods Behauptung trug das Universum doch das Leben in sich – und tut es wahrscheinlich immer noch.

Für mich ist diese Schlußfolgerung unausweichlich. Sie gründet sich auf Logik und nicht auf eine vorgefaßte philosophische Lehrmeinung. Das heißt aber nicht, daß die Entstehung des Lebens einen festen, vorgezeichneten Verlauf nahm. Und noch weniger bedeutet es, daß nur eine Art von Leben möglich war oder ist. Auch ein deterministischer Weg hat Raum für Abzweigungen, Umleitungen, Unfälle und sogar für Chaos, genau wie Regenwasser auf vielen Wegen einen Berg hinunterfließen kann. Was zählt, sind die Gegebenheiten des Geländes. Eine glatte Oberfläche kann in viele Richtungen führen. Schon ein Kiesel kann den Verlauf eines Rinnsals ändern. Eine Felswand dagegen, die in eine Schlucht führt, zwingt das Wasser, in eine einzige Richtung zu fließen.

Vorsehung ausgeschlossen

Beim Bau einer Boeing 747 ist jeder einzelne Schritt nach einem genauen Entwurf des fertigen Produkts beabsichtigt, vorgeplant und organisiert. So kann es bei der Entstehung der ersten Zelle nicht gewesen sein. Damals mußte jeder Schritt für sich allein sinnvoll sein – als Vorbereitung auf Kommendes kann man ihn nicht ansehen. Diese Objektivität läßt sich nur schwer durchhalten, denn wir kennen das Endergebnis, und unser ganzes Nachdenken über das Leben ist durch das Zweckprinzip bestimmt. Zellen sind offenkundig dazu vorgesehen, sich auf bestimmten Wegen zu entwickeln, Organe haben sich an bestimmte Funktionen angepaßt, und Lebewesen eignen sich für bestimmte Umweltbedingungen – da drängt sich der Gedanke an einen Plan förmlich auf. Diese scheinbare Planmäßigkeit ließ eine ganze Denkschule entstehen, die behauptete, Lebewesen würden von einer letzten Ursache im aristotelischen Sinne des Wortes geprägt. Diese Lehre, der Finalismus, ähnelt dem Vitalismus, der glaubte, Lebewesen seien von einem Lebensprinzip beseelt. Beide Ansichten sind heute im wesentlichen verworfen. Die Planung hat der natürlichen Selektion Platz gemacht, und das Lebensprinzip liegt neben Äther und Phlogiston auf dem Friedhof der überholten Vorstellungen.

Heute erklärt man das Leben streng *nach den Gesetzen von Physik und Chemie*. Und unter ähnlichen Gesichtspunkten muß man auch seine Entstehung beschreiben.

Die Zeitalter des Lebens

Geschichte ist ein ununterbrochener Ablauf, den wir im nachhinein in Epochen, wie Stein-, Bronze- und Eisenzeit, unterteilen; jedes dieser Zeitalter war von einer wichtigen Neuerung geprägt, die zu den zuvor erworbenen Errungenschaften hinzukam. Das gleiche Prinzip gilt auch für die Geschichte des Lebens, die bisher sechs immer höhere Komplexitätsebenen durchlaufen hat (Tabelle E.1).

Tabelle E 1: Die sieben Zeitalter des Lebens auf der Erde

Zeitalter	Millionen Jahre
Entstehung der Erde	4550 vor heute
Chemie	
Information	4000–3800 vor heute
Protozelle	
Einzeller	3800–3700 vor heute
Vielzeller	700–600 vor heute
Geist	6 vor heute
Unbekannt	heute
Ende der Erde	5000 nach heute

Am Anfang stand das Zeitalter der Chemie. Es umfaßte die Entstehung mehrerer wichtiger Bausteine des Lebens bis hin zu den ersten Nucleinsäuren und wurde ausschließlich von den allgemeingültigen Prinzipien beherrscht, die über das Verhalten der Atome und Moleküle bestimmen.

   Als nächstes folgte das Zeitalter der Information. Jetzt entwickelten sich die besonderen, informationstragenden Moleküle, die die neuen Vorgänge der Darwinschen Evolution und der natürlichen Selektion in Gang setzten, zwei Mechanismen, die es ausschließlich in der Welt des Lebendigen gibt.

Die dritte Epoche in der Geschichte des Lebens war das Zeitalter der Protozelle, jenes ersten lebenden Gebildes, das von einer Membran umgeben war und im Zusammenhang mit diesem Merkmal mehrere weitere wichtige Eigenschaften erwerben konnte. Dieses Zeitalter endete mit dem Auftauchen des gemeinsamen Vorfahren aller Lebewesen der Erde.

Anschließend kam das Zeitalter der Einzeller, das mehr als zwei Milliarden Jahre dauerte. Es läßt sich in zwei große Phasen unterteilen, eine prokaryotische, die zu den heutigen Bakterien führte, und eine eukaryotische, die von einem viel höheren Organisationsgrad gekennzeichnet war und heute durch die Protisten vertreten ist, eine vielgestaltige Gruppe von Mikroorganismen.

Die eukaryotische Zelle läutete das Zeitalter der Vielzeller ein: Als neue Prinzipien kamen jetzt Zellverbände, Differenzierung, Musterbildung, Kommunikation und Zusammenarbeit hinzu. In dieses Zeitalter gehören alle Pflanzen, Pilze und Tiere auch der Mensch; jede Gruppe ist dabei wiederum in einer aufsteigenden Komplexitätsreihe gegliedert, und für alle Stufen gibt es Beispiele unter den heute lebenden Organismen.

Zuletzt schließlich folgte das Zeitalter des Geistes, mit allen gesellschaftlichen und kulturellen Folgen sowie den zugehörigen moralischen Verantwortlichkeiten.

In den folgenden Kapiteln möchte ich den Leser nacheinander durch diese Epochen führen. Ich schließe mit dem Zeitalter des Unbekannten, das die Zukunft des Lebens und seine zeitlosen Gesichtspunkte umfaßt.

Teil I:
Das Zeitalter der Chemie

1 Die Suche nach den Ursprüngen

Man kann praktisch die gesamte organische Materie in der Welt des Lebendigen symbolisch mit der allerdings nicht sehr wohlklingenden Formel CHNOPS zusammenfassen. Darin steht C für Kohlenstoff, H für Wasserstoff, N für Stickstoff, O für Sauerstoff, P für Phosphor und S für Schwefel. Diese sechs Elemente machen, in unzähligen Kombinationen zu Molekülen zusammengesetzt, den allergrößten Teil der lebenden Materie aus. Und sie waren auch die Hauptbeteiligten bei der chemischen Geburt des Lebens.

Um dieses folgenschwere Ereignis zu rekonstruieren, müssen wir herausfinden, in welcher Form die sechs lebenerzeugenden Elemente auf der Urerde vorlagen und wie sie, getrieben von den damals herrschenden physikalischen und chemischen Verhältnissen, in jene Spirale immer größerer Komplexität gerieten, aus der das Leben hervorging. Zunächst einmal stellt sich also die Frage: Was wissen wir über das Umfeld, in dem das Leben entstand?

Die Bühne

Vor vier Milliarden Jahren ließ auf der Erde allmählich das Bombardement der Himmelskörper nach, das ihre turbulente Geburt begleitet hatte.[1] Sie hatte sich soweit abgekühlt, daß Wasser an ihrer Oberfläche kondensieren konnte. Aus den Urozeanen stiegen Inseln auf, aus denen allmählich Kontinente wurden. Das Land war öde, und auch im Wasser gab es kein Leben, aber die Szenerie war dennoch alles andere als ruhig. Die junge Erde, noch immer erschüttert von heftiger Vulkantätigkeit, war mit rotglühenden Kratern übersät, die dichte Staub- und Dampfwolken ausstießen. Über ihre Oberfläche zogen sich tiefe Spalten, durch die das Wasser hinunter bis in den geschmolzenen Kern sickerte, um später überhitzt, unter hohem Druck und gesättigt mit Dämpfen aus der siedenden Lava wieder

hervorzubrechen. Man braucht nur an den Yellowstone-National-
park, die Solfatare Siziliens, das Hekla-Gebiet in Island, die Flanken
des Fujiyama in Japan oder die heißen Quellen von Rotorua in Neuseeland zu denken, dann fällt einem stets das gleiche auf: der Geruch!
Der durchdringende Gestank nach faulen Eiern, der für Schwefelwasserstoff charakteristisch ist. Mit großer Wahrscheinlichkeit stank die
Wiege des Lebens tatsächlich nach faulen Eiern. Diese Tatsache wird
in Szenarien für den Ursprung des Lebens kaum beachtet. Zu Unrecht.

In der Atmosphäre, die die Erde vor vier Milliarden Jahren ein-
hüllte, gab es keinen Sauerstoff. Freier Sauerstoff ist ein Produkt der
Lebewesen. Das ist so sicher, wie überhaupt etwas in der Wissenschaft sicher sein kann. Deshalb lagen viele Mineralien in einem ganz
anderen Zustand vor als heute. Ganz besonders gilt das für das Eisen:
Wenn man einen eisernen Gegenstand eine Zeitlang im Freien liegen-
läßt, rostet er, weil sich das Metall im Feuchten mit Sauerstoff verbindet. Vor der Entstehung des Lebens gab es auf der Erde keinen Rost,
also kein Eisenoxid. Eisen war vielmehr in den Ozeanen in großer
Menge in zweiwertiger Form vorhanden, die es heute nicht mehr gibt,
weil sie sofort mit dem Sauerstoff der Atmosphäre reagieren würde.

Die Zusammensetzung der Uratmosphäre ist auch heute noch umstritten. Lange Zeit herrschte eine Ansicht vor, die durch das berühmte Experiment von Urey und Miller (siehe Seite 48) populär
wurde: Danach bestand die Atmosphäre aus Wasserstoff (H_2), Methan (CH_4), Ammoniak (NH_3) und Wasserdampf (H_2O), das heißt,
sie war sehr reich an Wasserstoff. Heute wird diese Theorie ernstlich
angezweifelt. Nach Ansicht vieler Fachleute war der Kohlenstoff
nicht mit Wasserstoff zu Methan verbunden, sondern mit Sauerstoff,
vorwiegend in Form von Kohlendioxid (CO_2). Stickstoff war wahrscheinlich in molekularer Form (N_2) oder in einer oder mehreren
Verbindungen mit Sauerstoff vorhanden, aber nicht als Ammoniak.
Molekularer Wasserstoff kam höchstens in Spuren vor. Wenn diese
neueren Vermutungen stimmen, stellt sich die Frage, woher der Wasserstoff für die Entstehung der ersten Biomoleküle stammte (siehe
Kapitel 3, «Das Rätsel des fehlenden Wasserstoffs»).

Auf ein weiteres Problem stoßen wir, wenn wir uns auf der präbiotischen Erde nach Phosphor umsehen. Dieses Element ist in Form von
Phosphat ein auffälliger Bestandteil vieler Biomoleküle, vor allem
der Nucleinsäuren. Das ist eigentlich verwunderlich, denn heute ist

Phosphat, zumindest in gelöster Form, auf der Erde kaum zu finden. Es gibt zwar viel Phosphat auf der Erde, aber es liegt in Form des unlöslichen Calciumphosphats vor, aus dem das Mineral Apatit besteht. Im Meer- und Süßwasser ist die Konzentration des Phosphats sehr niedrig; seine Verfügbarkeit ist dort sogar oft der begrenzende Faktor für die Erhaltung von Leben. Das zeigte sich, als man den Waschmitteln Phosphat zusetzte. Die Belastung der Seen mit phosphathaltigem Abwasser führte zur Eutrophierung, einer übermäßigen Vermehrung der Algen, die sich von dem auf einmal reichlich vorhandenen Phosphat ernährten; das veränderte die Nahrungsketten so, daß der Sauerstoff knapp und das tierische Leben stark beeinträchtigt wurde.

Wie die seltenen Phosphatmoleküle ihre zentrale biologische Funktion erlangten, ist eine spannende Frage. Eine mögliche Antwort liegt im Säuregehalt; diese physikalische Eigenschaft kann sich in milder Form äußern, zum Beispiel bei Essig oder Zitronensaft, aber auch sehr heftig und mit zersetzender Wirkung – man denke nur an das Scheidewasser (Salpetersäure), das zur Herstellung von Radierungen verwendet wird, oder an das Vitriol (Schwefelsäure), die Lieblingswaffe betrogener viktorianischer Ehefrauen. Apatit setzt leicht Phosphat frei, selbst wenn die Umgebung nur schwach sauer reagiert. Vielleicht hatte das Wasser, in dem das Leben entstand, diese Eigenschaft.[2]

Welche Temperatur herrschte in der präbiotischen Welt? Darüber gibt es wenig handfeste Erkenntnisse. Das ist schade, denn die Temperatur ist ein entscheidender Faktor, der die Lebensdauer der recht empfindlichen Biomoleküle – der Proteine, Nucleinsäuren und vieler ihrer Bausteine – stark beeinflußt. Angesichts dieser Tatsache haben sich viele Chemiker, die sich mit dem Ursprung des Lebens beschäftigen, für eine kalte Urerde entschieden, deren Temperatur vielleicht sogar unter dem Gefrierpunkt lag.[3]

Die Geochemiker dagegen teilen die Vorstellung von einer kalten präbiotischen Welt nicht. Ihre Schätzungen liegen im oberen Bereich, ungefähr bei der Temperatur kochenden Wassers oder noch darüber; zum Ausgleich nehmen sie einen hohen Luftdruck an, der verhinderte, daß die Ozeane zu sieden begannen. Hoher Druck und hohe Temperaturen sind typische Merkmale unterseeischer hydrothermaler Schlote, wie sie an mehreren sehr tiefen Stellen der heutigen Ozeane entdeckt wurden; auf der jungen, von Vulkanen erschütterten jungen Erde waren sie zweifellos wesentlich häufiger.[4] Für die Vorstellung von einer heißen Wiege des Lebens spricht auch die Entdeckung, daß die meisten sehr alten Lebensformen nach vergleichenden Sequenzanalysen Bakterien sind, die in solchen Schloten oder in vulkanischen Quellen bei Temperaturen bis zu 110 °C leben.

Wie steht es mit dem Sonnenlicht? Die Sonne war vor vier Milliarden Jahren kühler als heute und strahlte etwa 25 Prozent weniger Energie zur Erde. Das wurde aber vermutlich durch den Treibhauseffekt des Kohlendioxids ausgeglichen, das damals in der Atmosphäre wahrscheinlich in hundertmal größerer Menge vorhanden war als jetzt. Trotz der kühleren Sonne war die UV-Strahlung wahrscheinlich kräftig, denn ohne Sauerstoff gab es auch keine schützende Ozonschicht (ein Ozonmolekül besteht aus drei Sauerstoffatomen).

Noch eine weitere Eigenschaft der präbiotischen Umwelt verdient Erwähnung: Sie enthielt kein Leben. Das sieht nach einer Doppelaussage aus, aber daraus ergeben sich wichtige Folgerungen, die schon Charles Darwin vor über einem Jahrhundert erkannte. In einem häufig zitierten Brief an einen Freund schrieb er: ‹Man sagt oft, die Bedingungen für die Entstehung eines Lebewesens seien heute ebenso gegeben, wie sie vielleicht immer gegeben waren. Aber wenn (oh welch ein großes Wenn) wir erreichen könnten, daß in einem kleinen, warmen Teich, in dem alle Arten von Ammonium- und Phosphorsalzen, Licht, Wärme, Elektrizität usw. vorhanden sind, auf chemischem Wege eine Proteinverbindung entsteht, die dann noch kompliziertere Veränderungen durchlaufen könnte, dann würde eine solche Substanz heute sofort gefressen oder absorbiert werden; das wäre aber vor der Entstehung der Lebewesen nicht geschehen.›[5] In der Regel wird diese Passage wegen der Erwähnung des «kleinen warmen Teichs» zitiert, aber Darwin trifft darin eine höchst bedeutsame Feststellung: In der präbiotischen Welt gab es nichts, was organische Moleküle «biologisch abbauen» konnte. Sie konnten überleben und sich über lange Zeiträume hinweg ansammeln, wobei sie nur der viel langsameren physikalischen und chemischen Zersetzung unterlagen.

Zusammenfassend können wir festhalten, daß Wasser auf der Erde bei der Entstehung des Lebens im Überfluß vorhanden war. Anders hätte es auch kaum sein können, denn Wasser ist das wichtigste Lebenselement überhaupt. Wer in der Wüste nach einem nächtlichen Regenschauer erwacht, wird Zeuge des Wunders, das Wasser vollbringt. Überall erwachen Samen in bunter Farbenpracht zu Leben, die trocken im öden Boden lagen. Das heißt nicht, daß die Gewässer der präbiotischen Zeit zu einem Südseeurlaub eingeladen hätten. Sie waren vermutlich kochend heiß, vielleicht mit einem hohen Gehalt an ätzender Säure, und beladen mit zweiwertigem Eisen, Phosphat und anderen Mineralien aus dem Erdinneren. Die Atmosphäre über dem Wasser war angefüllt mit Kohlendioxid, Stickstoff, Schwefelwasserstoff und Wasserdampf, aber höchstwahrscheinlich enthielt sie kaum Wasserstoff. Das Sonnenlicht drang blaß, aber ungehindert hindurch und tauchte die Oberflächengewässer in ultraviolette Strahlung, Licht und wärmendes Infrarot, die von der Kohlendioxidschicht festgehalten wurden.

Auf einem solchen Planeten gab es zwei Orte, an denen sich das Leben entfalten konnte: seichte Oberflächengewässer, in denen sich die «Ursuppe» immer mehr eindicken und im Sonnenlicht «kochen» konnte, und dunkle, in den Meerestiefen gelegene heiße Quellen mit seltsamen chemischen Verhältnissen. Vielleicht gab es zwischen diesen beiden Gebieten auch Strömungen, so daß sich hier der eine und dort der andere Schritt in der Entstehung des Lebens abspielen konnte.

Chemiker nehmen die Fährte auf

Nachdem man erste Erkenntnisse über die physikalischen und chemischen Verhältnisse bei der Entstehung des Lebens gewonnen hatte, lag der nächste Schritt nahe: Man wollte diese Bedingungen im Labor künstlich herstellen und so die ersten Schritte auf dem Weg zum Leben nachvollziehen. Als erster, der sich mit diesem neuen Forschungsgebiet beschäftigte, gilt im allgemeinen der sowjetische Biochemiker Alexander Oparin. Er veröffentlichte 1924 eine kleine Schrift über den Ursprung des Lebens; später erweiterte er sie zu einem richtigen Buch, das in mehreren überarbeiteten Auflagen erschien; einige davon wurden auch in andere Sprachen übersetzt.[6] Oparins Vorstellungen von der Entstehung des Lebens, die vor allem durch die Zelltheorie und die damaligen Kenntnisse über Kolloide angeregt wurden, erscheinen uns heute naiv. Ihm gebührt aber das große Verdienst, daß er seine Ideen im Labor überprüfte: Er stellte eine Reihe von Moleküeaggregaten her, die in seinen Augen als Vorläufer der ersten Zellen in Frage kamen, und untersuchte sie genau.

Lange Zeit fand Oparin so gut wie keine Mitstreiter. Allgemein herrschte die Auffassung – die ich zu jener Zeit sicherlich geteilt hätte –, es habe nicht viel Sinn, nach dem Ursprung eines so wenig erforschten Phänomens zu suchen. Das änderte sich Anfang der fünfziger Jahre. Am 23. April 1953 erschien in der englischen Wissenschaftszeitschrift *Nature* ein kurzer Aufsatz mit dem Titel *A Structure for Deoxyribose Nucleic Acid* («Eine Struktur für Desoxyribonucleinsäure»). Die Autoren waren der Amerikaner James D. Watson und der Engländer Francis Crick.[7] Dieser historische Artikel, der seinen Verfassern neun Jahre später den Nobelpreis einbrachte, enthielt die erste Beschreibung der berühmten Doppelhelix, die zum Symbol für die nun folgenden umwälzenden Fortschritte bei der Erforschung des Lebens wurde. Drei Wochen später, am 15. März 1953, brachte die Zeitschrift *Science* eine ebenso kurze und gleichermaßen bedeutsame Notiz mit dem Titel *A Production of Amino Acids under Possible Primitive Earth Conditions* («Produktion von Aminosäuren unter möglichen Bedingungen der präbiotischen Erde»). Dieser Artikel des jungen Doktoranden Stanley L. Miller war der Ausgangspunkt für die moderne Forschung über die Entstehung des Lebens.[8]

Miller arbeitete in Chicago im Labor von Harold Urey, einem Physiker, der 1934 den Chemie-Nobelpreis für die Entdeckung des schweren Wasserstoffs (Deuterium) erhalten hatte. In späteren Jahren interessierte sich Urey für die Entstehung der Planeten.[9] Er vertrat nachdrücklich die Vorstellung, die Atmosphäre der jungen Erde sei eine wasserstoffreiche Mischung aus molekularem Wasserstoff, Methan, Ammoniak und Wasserdampf gewesen.

Miller wollte herausfinden, wie sich Blitze in einer solchen Atmosphäre ausgewirkt haben könnten. Mit dem widerstrebenden Einverständnis seines Doktorvaters, dem das Projekt für eine Doktorarbeit zu unsicher erschien, ahmte er die Gewitter der Urerde nach; dazu erzeugte er elektrische Entladungen in einem luftdicht verschlossenen Gefäß, das eine Gasmischung aus Methan, Ammoniak und Wasserstoff enthielt. Wasser wanderte in dem Gefäß durch ständiges Verdampfen und Kondensieren im Kreis, wie es auch in einem Urozean geschehen sein dürfte. Man stelle sich nur die Überraschung des jungen Miller vor, als der «Ozean» innerhalb weniger Tage einen rosafarbenen Schimmer annahm; seinen Eifer, als er den Behälter öffnete und den Inhalt für die chemische Analyse entnahm; und seine Begeisterung, als sich in der Analyse mehrere Aminosäuren und andere organische Moleküle nachweisen ließen, die für Lebewesen charakteristisch sind. Das Ergebnis übertraf seine kühnsten Erwartungen und katapultierte ihn sofort auf den Olymp der Berühmtheiten.

Dieses historische Experiment stieß die organischen Chemiker darauf, daß es sich bei der Entstehung des Lebens um eine chemische Frage handelt. Es ließ ein neues Wissenschaftsgebiet entstehen, die abiotische (ohne Leben) oder präbiotische (vor dem Leben) Chemie; ihr Gegenstand war die spontane Entstehung biologischer Verbindungen unter den Bedingungen, die vor vier Milliarden Jahren auf der Erde geherrscht haben könnten. Man konnte auf diese Weise tatsächlich viele wichtige Moleküle erzeugen, häufig allerdings unter Bedingungen, die etwas gezielter geschaffen worden waren als bei einem wirklich abiotischen Vorgang.[10] Unter diesen vielen Arbeiten blieb Millers Experiment das Musterbeispiel: Es war praktisch das einzige, in dem tatsächlich das Ziel verfolgt wurde, die mutmaßlichen präbiotischen Verhältnisse nachzuahmen, ohne daß es auf ein bestimmtes Endprodukt ausgerichtet war.

Ironischerweise wird heute ernstlich bezweifelt, ob es sich in dem Experiment wirklich um die richtigen Bedingungen handelte. Die präbiotische Atmosphäre dürfte sehr viel weniger Wasserstoff enthalten haben, als Urey annahm. Miller fand selbst heraus, was geschieht, wenn das Gasgemisch seines berühmten Experiments nach den heutigen Erkenntnissen zusammengesetzt ist und Kohlendioxid statt Methan, molekularen Stickstoff statt Ammoniak und keinen molekularen Wasserstoff enthält: Unter diesen Bedingungen ist die Ausbeute an organischen Substanzen praktisch gleich Null. Die Frage ist aber noch nicht eindeutig entschieden. Vermutungen über die Zusammensetzung der Uratmosphäre sind höchst unsicher und werden vielleicht irgendwann wieder revidiert. Inzwischen gab es unerwartete Unterstützung – wenn auch nicht für Millers experimentelle Bedingungen, so doch für seine Ergebnisse –, und zwar aus dem Weltraum.

Suche am Himmel

Eine der nützlichsten Methoden bei der Erforschung des Weltraums ist die Spektroskopie. Einfach ausgedrückt, analysiert man dabei das einfallende Licht, nachdem man es mit Hilfe eines Prismas in seine

verschiedenen Wellenlängen zerlegt hat – ganz ähnlich wie Sonnenlicht durch Wassertröpfchen zu einem Regenbogen von Farben (das
heißt Wellenlängen) aufgefächert wird. Mit geeigneten Geräten zum
Zerlegen und Verstärken kann man die gleiche Methode auch auf
unsichtbare elektromagnetische Wellen ausdehnen, beispielsweise
auf UV-Strahlung, Infrarot und Radiowellen, und zwar selbst dann,
wenn sie nur sehr schwach sind. Substanzen im Weltraum wirken als
Filter, die Strahlung mit bestimmten Wellenlängen (Farben oder ihren Entsprechungen) absorbieren. In den aufgezeichneten Spektren
ist die absorbierte Strahlung deshalb nicht oder nur abgeschwächt
vorhanden, das heißt, der Regenbogen hat gewissermaßen dunkle
Streifen. Umgekehrt können bestimmte Wellenlängen auch verstärkt
werden, wenn sie von energetisch angeregten Substanzen ausgesandt
werden. In vielen Fällen kann man aus dem Spektralmuster auf die
Substanzen schließen, die für die Absorption oder die Verstärkung
verantwortlich sind – das Spektrum ist sozusagen ein Fingerabdruck
dieser Verbindungen. Als besonders nützlich hat sich in dieser Hinsicht die Mikrowellenstrahlung erwiesen, die – in viel höherer Intensität – auf der Erde zum Kochen verwendet wird.

Wie sich durch spektroskopische Untersuchungen herausstellte, ist
der Weltraum von einer hauchdünnen Wolke mikroskopisch kleiner
Teilchen durchzogen. Dieser interstellare Staub enthält eine Reihe
potentiell lebenerzeugender Moleküle, vor allem sehr reaktionsfreudige Verbindungen von Kohlenstoff, Wasserstoff, Stickstoff, Sauerstoff, manchmal auch Schwefel und Silizium; unter Erdbedingungen
würden sich diese Moleküle kaum halten, aber sie könnten biologisch
wichtige Verbindungen hervorbringen.[11] Diese Moleküle entstehen
wahrscheinlich bei der Bildung von Kometen. Lange hielt man die
Kometen für feurige Himmelskörper, die durch den Weltraum rasen
und einen Schweif aus Leuchtstreifen hinter sich herziehen; in Wirklichkeit bestehen sie aber vorwiegend aus Staub und Eis, angereichert mit den verschiedensten organischen Verbindungen. Dies
stellte man durch Spektralanalysen fest, und als der Komet, den der
englische Astronom Edmund Halley 1681 entdeckte, vor nicht allzu
langer Zeit in Erdnähe war, konnte man es mit den Instrumenten
einer Raumsonde durch unmittelbare chemische Analysen bestätigen.

Noch handfester sind die Erkenntnisse, die uns Meteoriten bringen. Der Murchinson-Meteorit, der 1969 bei Murchinson in Austra-

lien niederging, enthielt zum Beispiel eine Reihe von Aminosäuren, die in Art und Mengenverhältnissen bemerkenswert denjenigen in Millers Experiment ähnelten. Solche Befunde sprechen stark für die große Bedeutung von Millers Ergebnissen und zeigen außerdem, daß organische Moleküle auch die starke Erhitzung beim Eindringen der Himmelskörper in die Atmosphäre überstehen können.

Es gibt also zahlreiche Hinweise, daß sich unter den Bedingungen der Urerde, im Weltraum sowie auf den Kometen und Meteoriten mehrere lebenerzeugende Verbindungen von selbst bilden können. Höchstwahrscheinlich waren solche Verbindungen die ersten Keimzellen des Lebens. Wie viele davon an Ort und Stelle entstanden und welcher Anteil aus dem Weltraum stammte, ist noch heftig umstritten. Nach Ansicht des in Belgien geborenen amerikanischen Astrophysikers Armand Delsamme von der University of Toledo sind fast alle Bausteine des Lebens und alles Wasser mit Kometen zur Erde gelangt, die zur endgültigen Zusammensetzung unseres Planeten beitrugen.[12] Miller zufolge dagegen sind die chemischen Vorläufer des Lebens überwiegend auf der Erde selbst entstanden.

Die ersten Schritte

Vor dem Hintergrund der Simulationsversuche auf der Erde und der Analyse von Objekten aus dem Weltraum sowie mit Ergänzungen durch plausible Annahmen kann man folgendes Bild von der Geburt des Lebens vor vier Milliarden Jahren zeichnen. Die Keimzellen des Lebens entstanden im Weltraum und in der Atmosphäre in Form verschiedener Verbindungen aus Kohlenstoff, Stickstoff, Wasserstoff, Sauerstoff und, wie wir noch sehen werden, Schwefel. Unter dem Einfluß elektrischer Entladungen, verschiedener Strahlungen und anderer Energiequellen wurden die Atome in diesen Verbindungen so umgeordnet, daß Aminosäuren und andere biologische Grundbausteine entstanden.

Die Produkte dieser chemischen Umlagerungen gelangten mit dem Regen sowie durch Kometen und Meteoriten zur Erde und bildeten auf der leblosen Oberfläche des jungen Planeten eine organische Schicht. Alles war von einem kohlenstoffreichen Film überzogen, der den verschiedensten Einflüssen ausgesetzt war: den Einschlägen von

Himmelskörpern, den Stoßwellen der Erdbeben, den Dämpfen und Flammen der Vulkanausbrüche, den Unwägbarkeiten des Klimas und – jeden Tag aufs Neue – einer starken ultravioletten Strahlung. Flüsse und Bäche trugen das organische Material in die Meere, wo es sich ansammelte, bis ‹die Urozeane die Zusammensetzung einer heißen, dünnen Suppe hatten›, so eine berühmte Formulierung des britischen Genetikers J. B. S. Haldane.[13] In den schnell verdunstenden Binnenseen und Lagunen verdickte sich die Suppe zu einem gesättigten Püree. In manchen Bereichen sickerte sie ins Erdinnere, um als dampfspeiender Geysir oder heiße Unterwasserströmung sehr heftig wieder hervorzubrechen. Alle diese Einflüsse bewirkten vielfältige chemische Veränderungen und Reaktionen der ursprünglichen Bestandteile, die vom Himmel herabgeregnet waren.

Das wichtigste Endprodukt dieses geologischen Hexenkessels war wahrscheinlich eine ziemlich klebrige, braune, wasserunlösliche Schmiere, die der organische Chemiker nur allzu gut kennt: Er findet sie unausweichlich an den Wänden seiner Flaschen, wenn bei seiner Kocherei irgendetwas schiefgeht. Sie war auch in Millers Gefäß vorhanden, aber sie schien ihm kaum der Erwähnung wert, denn Leben konnte aus solchem Material doch wohl nicht hervorgegangen sein. Irgendwo auf der Urerde entkamen die Keimzellen des Lebens jedoch dem Schicksal, zu Schmiere zu werden, und statt dessen wurden sie in Richtung steigender und sich steigernder chemischer Komplexität gedrängt. Welche Richtung war das? Heute gibt man auf diese Frage meist eine Antwort, die man zunächst nicht erwarten würde.

Betrachten wir einmal die drei folgenden Aussagen, die zufällig alle drei zutreffen: 1. Aminosäuren sind sowohl auf der Erde als auch im Weltraum die auffälligsten Produkte der abiotischen Chemie. 2. Aminosäuren sind die Bausteine der Proteine. 3. Proteine sind als biologische Bausteine von entscheidender Bedeutung. Am wichtigsten ist für unseren Zusammenhang, daß die Enzyme, die als Katalysatoren für die chemischen Reaktionen in den Lebewesen verantwortlich sind, in ihrer übergroßen Mehrheit aus Proteinen bestehen. Welche Schlußfolgerung ziehen wir daraus? Ich kann schon hören, wie die ganze Klasse im Brustton der Überzeugung antwortet: Der nächste Schritt auf dem Weg zum Leben war die Entstehung von Proteinen, und die wiederum bildeten die ersten Enzyme, die die Entstehung des Lebens weiter vorantrieben. Richtig? – Falsch! Jedenfalls nach der derzeitigen Mehrheitsmeinung. Vor den Proteinen, so das Argument, muß es

die Ribonucleinsäure (RNA) gegeben haben. Der wichtigste Grund
für diese Annahme: RNA-Moleküle liefern sowohl den katalytischen
Apparat als auch die Information – die, wie wir noch sehen werden,
von der Desoxyribonucleinsäure (DNA) stammt – für den Zusammenbau der Aminosäuren zu Proteinen. Diejenigen in der Klasse mit
ein wenig biochemischem Sachverstand werden zweifellos sofort den
Schwachpunkt dieses Arguments erkennen. In der heutigen Welt des
Lebendigen entsteht kein RNA-Molekül ohne die Hilfe von Enzym-
proteinen. Mit anderen Worten: Protein macht RNA, die Protein
macht, das RNA macht ... und so weiter. Was war zuerst da: Protein
oder RNA? Es ist die Frage nach Henne oder Ei, über die ein chinesi-
scher Mandarin sein ganzes Leben lang vergeblich nachgegrübelt
haben soll.

Diesem traurigen Schicksal entgingen die Molekularbiologen
durch Cricks «zentrales Dogma», das natürlich kein echtes Dogma
ist, sondern ein logisch abgeleitetes Postulat; der Mitentdecker der
Doppelhelix formulierte es schon 1957, als es von den empirischen
Befunden, die es heute überwältigend stützen, noch kaum welche
gab. Nach diesem Postulat fließt die Information ausschließlich von
den Nucleinsäuren zu den Proteinen, aber niemals umgekehrt.[14]
Demnach kam die RNA vor dem Protein. Ganz erheblich verstärkte
sich diese Überzeugung Anfang 1980: Damals stellten die amerikanischen Wissenschaftler Thomas Cech von der University of Colorado
in Boulder und Sidney Altman von der Yale University unabhängig
voneinander fest, daß manche RNA-Moleküle katalytische Eigenschaften haben[15] – eine Entdeckung, die 1991 mit dem Nobelpreis
belohnt wurde. Demnach konnte man vermuten, daß RNA-Enzyme
– Cech nannte sie Ribozyme – die katalytischen Aufgaben der Proteine erfüllt haben könnten. Walter Gilbert, ein Chemiker der Harvard University, prägte dafür 1986 den Ausdruck von der «RNA-
Welt».[16] Gilbert, der für seine Methode zur DNA-Sequenzierung
1980 den Nobelpreis erhalten hatte, beschreibt die RNA-Welt als
Zwischenstufe in der Frühgeschichte des Lebens, bei der ‹RNA-
Moleküle und Cofaktoren als Enzymausstattung ausreichten, um alle
chemischen Reaktionen auszuführen, die für die ersten zellartigen
Strukturen erforderlich waren›.[17]

Ich werde auf dieses Thema später zurückkommen. Einstweilen
wollen wir es als gegeben hinnehmen, daß die Vorläufermoleküle der
heutigen Proteine erst nach der RNA kamen, gleichgültig, was es viel-

leicht vor der RNA gab. Die Indizien für eine wichtige Funktion der RNA bei der Entstehung dieser Moleküle lassen, wie wir in Teil II noch sehen werden, kaum Raum für Zweifel. Wenn wir von dieser Voraussetzung ausgehen, müssen wir uns jetzt mit den chemischen Problemen auseinandersetzen, die bei der abiotischen Synthese eines RNA-Moleküls auftreten. Und diese Probleme sind alles andere als unbedeutend.

Der Weg zur RNA

RNA-Moleküle sind lange, kettenförmige Gebilde aus vielen – manchmal mehreren tausend – Einzeleinheiten, den Nucleotiden. Jedes Nucleotid besteht aus drei Teilen: Phosphat, Ribose (einem Zucker mit fünf Kohlenstoffatomen) und einer Base. Von den Basen gibt es vier verschiedene Typen: Adenin, Guanin, Cytosin und Uracil. Alle vier sind flache, relativ kompliziert gebaute Ringmoleküle aus Kohlenstoff-, Stickstoff-, Wasserstoff- und (mit Ausnahme des Adenins) Sauerstoffatomen. Adenin und Guanin gehören zur Verbindungsklasse der Purine, die aus zwei verknüpften Molekülringen bestehen. Cytosin und Uracil sind Pyrimidine; ihre Struktur ist einfacher und besteht nur aus einem Ring.

In der RNA sind die Nucleotide durch Bindungen zwischen der Ribose des einen Nucleotids und dem Phosphat des nächsten verknüpft. Deshalb haben alle RNA-Moleküle das gleiche Rückgrat (abgesehen von der Länge) mit abwechselnd angeordneten Phosphat- und Ribosegruppen. Wie man im Schema unten erkennt, hängt an jeder Riboseeinheit dieses Rückgrats eine Base; die Kästen umschließen jeweils ein Nucleotid:

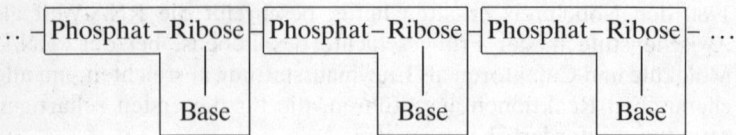

Den Chemikern ist es zwar gelungen, alle fünf organischen Bestandteile der RNA herzustellen, aber nur mit geringer Ausbeute und unter

Bedingungen, die weit von den vermutlichen Verhältnissen auf der präbiotischen Erde entfernt und außerdem für jede Verbindung anders sind. Beim richtigen Zusammenkoppeln der Einzelbausteine ergeben sich weitere Probleme, die so schwerwiegend sind, daß niemand dies bisher unter präbiotischen Bedingungen versucht hat.

Die Basen dienen in allen RNA-Molekülen als Informationsträger. Sie sind die vier Buchstaben, aus denen sich die «Worte» der RNA zusammensetzen. Das Phosphat-Ribose-Gerüst hat dagegen ausschließlich Strukturaufgaben. Eine ganze Forschungsrichtung bemühte sich darum, einfachere Gerüststrukturen zu finden, die die gleichen Basen tragen und für die gleiche Art von Informationen sorgen. Besonders nachdrücklich und scharfsinnig verfolgten Orgel und seine Mitarbeiter am Salk Institute solche Untersuchungen. Sie stellten eine Reihe interessanter Moleküle her, aber bisher haben sie das Problem nicht zu ihrer eigenen Zufriedenheit gelöst.[18] In jüngster Zeit erregte Peter Nielsen, ein junger dänischer Wissenschaftler, einiges Aufsehen mit einer Verbindung, die er Peptid-Nucleinsäure (PNA) nannte; ihre Moleküle bestehen aus Aminosäurederivaten, die wie in einem Protein verknüpft sind.[19] Noch hat man aber keine Anhaltspunkte dafür, wie dieser verblüffende Weg, das Huhn mit dem Ei zu verbinden, zu bewerten ist.

Wenn solche Moleküle jemals existierten, dann haben sie in den heute lebenden Organismen keinerlei Spuren hinterlassen. Außerdem ist keineswegs geklärt, wie sie entstanden sein könnten und auf welche Weise später richtige RNA-Moleküle an ihre Stelle traten. Man muß offen zugeben, daß man bisher keinen Mechanismus kennt, mit dem sich die präbiotische Synthese von RNA befriedigend erklären ließe, trotz erheblicher Anstrengungen von einigen der weltbesten Chemiker. Selbst die überzeugtesten Verfechter der RNA-Welt haben sich, was die Zukunftsaussichten dieser Forschungsrichtung angeht, eher mutlos geäußert.[20]

Könnte Zufall die Lösung sein? Alle 13 Pik in derselben Hand? Ein einmaliges, höchst unwahrscheinliches Zusammentreffen von Umständen, das irgendwo in der präbiotischen Welt zur Entstehung einiger RNA-Moleküle führte? Diese Möglichkeit hat man in Betracht gezogen, weil später die Selbstreplikation für die Verbreitung der RNA gesorgt haben könnte. Demnach wäre die RNA-Welt aus einem einzigen molekularen Samen hervorgegangen, der seinerseits das Ergebnis eines Zufallsereignisses war. Aber diese Erklärung ist nicht stichhaltig. Die heute vorhandene RNA liefert bei der Replikation nur die Information. Die Herstellung neuer RNA-Moleküle erfordert die gleiche chemische Komplexität wie die Entstehung der ersten. Wir brauchen die 13 Pik-Karten viele Male hintereinander.

Das gilt umso mehr, als die RNA-Welt kein flüchtiger, vorübergehender Augenblick in der Geschichte des Lebens war. Sie zog sich vielmehr über einen Zeitraum hin, der so lange andauerte, bis ein Proteinsyntheseapparat entstanden war, der die verschiedenen Proteinenzyme hervorbrachte, so daß diese schließlich die Aufgabe übernehmen konnten, das Leben katalytisch zu erhalten. Ob dafür ein paar Wochen oder viele Jahrtausende benötigt wurden, wissen wir nicht, aber die Zeit war mit Sicherheit so lang, daß der Vorgang nur mit einem stabilen chemischen Unterbau ablaufen konnte.

Was uns der Stoffwechsel lehrt

Daraus ergibt sich eine klare Schlußfolgerung. Wir brauchen einen Reaktionsweg, eine Abfolge chemischer Schritte, die von den ersten Bausteinen des Lebens zur RNA-Welt führt. Der Chemie ist es aber bisher nicht gelungen, diesen Weg aufzuklären. Daß die dazu erforderlichen chemischen Vorgänge von selbst ablaufen, erscheint auf den ersten Blick so unwahrscheinlich, daß man versucht sein könnte, eine übernatürliche Macht zu Hilfe zu rufen, wie es viele Menschen getan haben und manche auch heute noch tun. Wissenschaftler sind aber von Berufs wegen dazu verdammt, nach natürlichen Erklärungen zu suchen, auch wenn das Ereignis noch so unnatürlich erscheinen mag. In diesem Fall müssen sie sich sogar, wie ich hoffentlich deutlich gemacht habe, den bequemen Rückgriff auf den Zufall versagen.

Der Weg zum Leben muß immer *bergab* verlaufen sein, höchstens mit ein paar leichten Buckeln, die mit Hilfe der einmal gewonnenen Schubkraft überwunden werden konnten. Man sollte annehmen, daß ein solcher Weg leicht zu erkennen ist. Und doch hat er sich bisher (wie ein kunstvoll versteckter Urwaldpfad) jeder Entdeckung entzogen – trotz umfangreicher Experimente und vieler phantasievoller Theorien und Spekulationen. Ermutigt von den bereits erzielten positiven Ergebnissen, glauben viele Vertreter der abiotischen Chemie weiterhin, daß man mit immer neuen Versuchen, die ersten Synthese-reaktionen nachzuvollziehen, den Weg schließlich aufklären wird. Andere jedoch sind – angesichts der vielen komplexen Molekülan-sammlungen, die schon für das reibungslose Funktionieren einer sehr einfachen RNA-Welt benötigt würden – weitaus zurückhaltender.

Einen Weg gibt es natürlich, und er ist auch für jeden zu erkennen. Ihn beschreiten Milliarden und Abermilliarden Zellen in allen Win-keln der Erde. Die grünen Zellen der Pflanzen und viele Bakterien tun das sogar ohne das himmlische Manna, das das Leben auf die Erde brachte. Diese Zellen bauen alle Bestandteile aus einfachen Aus-gangsmaterialien auf – aus Kohlendioxid, Wasser, Nitrat, Sulfat und Spuren einiger anderer Mineralsalze. Diese Reaktionswege bilden den Stoffwechsel. Man kennt sie heute in vielen Einzelheiten. Warum sollen wir uns anderswo umsehen, wenn die Natur uns den Weg weist?

Dafür gibt es keinen Grund, wenn man einmal davon absieht, wie seltsam und verschlungen die Wege der Natur dem chemisch ausgebil-deten Geist erscheinen; man kann sich einfach des Gefühls nicht er-wehren, es müsse zuvor einen einfacheren, geraderen Weg gegeben haben. Aber Eindrücke können täuschen. Wenn das Leben auf We-gen begann, die nichts mit dem heutigen Stoffwechsel zu tun haben, warum wurden diese alten Wege dann später durch neue ersetzt? Und vor allem: wie? Auf die erste Frage haben die Biologen eine wohlfeile Antwort. Sie unterstellen einfach, die neuen Wege seien besser als die alten, und berufen sich auf die natürliche Selektion, die allumfas-sende Triebkraft von Evolution und biologischem Fortschritt, die den Wechsel bewirkt habe.

Die zweite Frage läßt sich nicht so einfach beantworten. Man kann sich einfach kein völlig neues System von Reaktionswegen vorstellen, das sich unabhängig vom alten entwickelt und erst dann in Aktion tritt, wenn es fertig ist. So handeln wir, wenn wir eine neue Eisen-bahnstrecke oder ein Schnellstraßensystem anstelle einfacherer Ver-kehrswege bauen, aber wir benutzen dazu die Voraussicht und die Planung, die dem Vorgang der Lebensentstehung nach übereinstim-mender Ansicht nicht zu eigen ist. Wenn die heutigen Reaktionswege an die Stelle präbiotischer Vorgänge getreten sind, muß das allmäh-lich, Schritt für Schritt, geschehen sein. Das erfordert eine gewisse *Übereinstimmung* zwischen den frühen und den späteren Reaktions-wegen.[21]

Wenn man dieses Argument verstehen will, kann man sich eine alte Straßenkarte aus der Zeit der Pferdekutschen ansehen. Sie zeigt ein Straßennetz, das die verschiedenen Städte und Dörfer eines Landes verbindet. Nehmen wir nun einmal an, ein wohlwollender Unternehmer baut eine bessere Straße von A nach B. Natürlich wäre sein Unterfangen nutzlos, wenn A und B nicht zu dem alten Straßennetz gehören. Welchen Sinn hätte eine Straßenverbindung zwischen zwei Punkten, die im Nirgendwo liegen? Auf der Karte des (Proto-)Stoffwechsels sind die Städte und Dörfer chemische Zwischenprodukte, und die Straßen zwischen ihnen, die als Pfeile dargestellt werden, sind die chemischen Reaktionen, durch die diese Substanzen ineinander umgewandelt werden. In den meisten Fällen zeigen die Pfeile, daß ein Katalysator, das heißt ein Enzym, für die Umwandlung verantwortlich ist. Die neue Straße, die der wohlmeinende Unternehmer baut, entspricht hier einem neuen Enzym, das beispielsweise die Umwandlung des Stoffwechselprodukts A in die Verbindung B katalysiert und durch Zufall bei der Tätigkeit des Proteinsyntheseapparats der RNA-Welt entsteht. Dieses Enzym gehört zu einem neuen Netz von Stoffwechselwegen, welches das alte Protostoffwechselnetz ersetzt, aber es ist nutzlos und wird deshalb von der natürlichen Selektion nicht beibehalten, wenn es nicht zum alten Netz paßt, das heißt, wenn die Substanzen A und B nicht auf der Karte des Protostoffwechsels stehen. Das ist die Begründung für mein Argument, es müsse Übereinstimmung geben. Es wird noch klarer werden, wenn wir im Teil II den Mechanismus der Selektion erörtert haben.

2 Die ersten Katalysatoren des Lebens

Von den ersten Bausteinen des Lebens bis weit in die RNA-Welt – so verläuft der verborgene Weg, den wir aufdecken müssen. Das Ergebnis kennen wir: komplexe organische Verbindungen aus Kohlenstoff-, Stickstoff-, Sauerstoff-, Wasserstoff- und Phosphoratomen, die zu genau bekannten Molekülstrukturen verknüpft sind. Wir haben die Aufgabe herauszufinden, wie solche Strukturen auf natürlichem Wege aus den einfacheren Anordnungen der gleichen Atome entstehen konnten, die in der präbiotischen Umwelt vorhanden waren. Der wichtigste Hinweis ergibt sich aus der Notwendigkeit der Übereinstimmung. Die Stoffwechselkarten, die man in allen Biochemie-Lehrbüchern findet, sind modernisierte Formen dieser alten Netze von Stoffwechselwegen; sie sollen uns bei unserer Aufgabe eine Hilfe sein.

Die Wegweiser der Stoffwechselkarten sind die Enzyme. Praktisch jede der vielen tausend chemischen Reaktionen, die in jeder lebenden Zelle ablaufen, wird von einem Enzym katalysiert. Das bezeugen Hunderte von tödlichen oder zu Behinderungen führende genetische Krankheiten, die jeweils durch den Defekt eines einzigen Enzyms gekennzeichnet sind. Daß der Urstoffwechsel ohne Katalysatoren auskam, ist höchst unwahrscheinlich. Wenn diese Katalysatoren keine Proteine waren, was waren sie dann?

Katalyse ohne Proteine

Stoffwechsel kann ohne Enzyme nicht funktionieren, und ebensowenig konnte der Protostoffwechsel ohne Katalysatoren auskommen, unabhängig davon, auf welchen Reaktionswegen er ablief. Nach der üblichen Lehrbuchdefinition ist ein Katalysator eine Substanz, die dazu beiträgt, daß ganz bestimmte Moleküle in Kontakt treten und reagieren, ohne daß sie selbst dabei verbraucht wird; ein Katalysator kann also unzählige Male nacheinander wirken. Warum brauchte das entstehende Leben Katalysatoren? Chemische Reaktionen finden in der Umwelt doch auch ohne sie ständig statt.

Katalysatoren sind aus zwei Gründen nötig: Geschwindigkeit und Ausbeute. Unkatalysierte Reaktionen laufen oft sehr langsam ab. Im präbiotischen Umfeld bedeutet das, daß wichtige Reaktionsprodukte vielleicht fast ebenso schnell zerstört wurden, wie sie entstanden, so daß sie nie die Konzentration erreichten, die für den nächsten Schritt erforderlich war. Ohne Katalysatoren, die die Reaktionen beschleunigen, wäre der Protostoffwechsel in der gleichen traurigen Lage gewesen wie die fünfzig Danaidenschwestern, die dazu verdammt waren, in alle Ewigkeit Wasser in ein bodenloses Faß zu schöpfen.

Ein ebenso widriges Problem ist die geringe Ausbeute. Betrachten wir einmal folgenden Fall: Wie der in Katalonien geborene amerikanische Chemiker Juan Oró 1960 entdeckte, kann Adenin, einer der RNA-Bausteine, in einem chemischen Schritt aus Ammoniumcyanid entstehen, einer Verbindung, die es auf der präbiotischen Erde wahrscheinlich gab.[1] Dieser bedeutende Befund, daß ein äußerst wichtiges Biomolekül auf so einfache Weise entstehen kann, wurde fast mit Millers bahnbrechendem Experiment auf eine Stufe gestellt und gilt seither als Lehrbuchbeispiel für die Möglichkeiten der präbiotischen Chemie. Die höchste Ausbeute an Adenin lag in dieser Reaktion jedoch bei 0,5 Prozent, das heißt, das Reaktionsgemisch bestand zu 99,5 Prozent aus anderen Substanzen. Ein weiteres Beispiel ist die Synthese der Ribose, eines anderen Bausteins der RNA, aus Formaldehyd – ebenfalls ein klassischer Fall in der abiotischen Chemie. Hier beträgt die Ausbeute 0,1 Prozent, und das Gemisch enthält außerdem mindestens 40 andere Zucker.[2]

Eine derart geringe Ausbeute ist typisch für viele Reaktionen der organischen Chemie, wenn sie nicht den strikten Bedingungen unterworfen worden, die die Chemiker im Labor anwenden. Nebenreaktionen gibt es immer, und sie sind umso zahlreicher, je lockerer die Bedingungen sind. Derartige Probleme addieren sich, wenn ein chemischer Ablauf aus mehreren Schritten besteht. Stellen wir uns eine kurze Abfolge von nur drei Schritten vor – von A nach B, von B nach C und von C nach D –, die jeweils mit der (für präbiotische Verhältnisse hohen) Ausbeute von einem Prozent ablaufen. Im Verhältnis zu *A* beträgt dann die Ausbeute an *B* 0,01, die von *C* 0,0001, und die von *D* 0,000001 oder eins zu einer Million. Gegen diesen Vorgang des Verschwindens müssen die Chemiker auch unter den besten Voraussetzungen ankämpfen. Oft reinigen sie ein wichtiges Zwischenprodukt zwischen zwei Reaktionsschritten und ändern die Bedingungen in jedem Schritt, um die Ausbeute zu steigern. Dieser Schwierigkeit sind sich alle, die auf dem Gebiet der präbiotischen Chemie arbeiten, schmerzlich bewußt, und man hat eine ganze Reihe mehr oder weniger plausibler Mechanismen vorgeschlagen, durch die sich wichtige Zwischenprodukte in der präbiotischen Suppe gezielt angereichert haben könnten. Wenden wir einmal die Regel von der Übereinstimmung an und betrachten wir, wie die Natur mit diesem Problem fertig wird.

Die Lösung, die die Natur gefunden hat, heißt Enzymspezifität. Biologische Katalysatoren sind in dieser Hinsicht wirklich bemerkenswert. Sie sind darin den besten Katalysatoren, die menschlicher Erfindungsgeist ersonnen hat, weit überlegen; deshalb ist die großindustrielle Herstellung und Konstruktion von Enzymen für industrielle Zwecke zu einem wichtigen Zweig der modernen Biotechnologie geworden. Viele Enzyme katalysieren nur eine einzige Reaktion oder eine Gruppe sehr ähnlicher Reaktionen, die ohne Katalysator kaum ablaufen würden.

Enzyme sind Proteine oder in Ausnahmefällen RNA-Moleküle (Ribozyme); in einer Vor-RNA-Welt, in der sich der auf RNA basierende Proteinsyntheseapparat noch nicht entwickelt hatte, kann es sie nicht gegeben haben. Wir müssen also an anderer Stelle nach den Katalysatoren des Protostoffwechsels suchen. «An anderer Stelle» heißt für die meisten Fachleute: in der anorganischen Welt der Mineralien, denn wir sprechen von einer Zeit, als die organische Chemie noch in den Kinderschuhen steckte. In der heutigen Biochemie wirken viele Enzyme mit der Unterstützung einer anorganischen Hilfssubstanz, meist eines Metallatoms wie Eisen, Kupfer, Calcium, Magnesium, Zink, Molybdän, Kobalt oder Mangan.

Metalle werfen aber ein Problem auf: Sie brauchen meist eine Trägerstruktur – in der Regel ein Proteingerüst –, damit sie mit den Molekülen in Wechselwirkung treten können, deren Reaktion sie katalytisch unterstützen. Deshalb richtete sich große Aufmerksamkeit auf mineralische Oberflächen, die das notwendige Gerüst bilden können und vielleicht selbst als Katalysatoren wirken. Besonders gute

Kandidaten sind dabei Tonpartikel; sie wurden bereits vor über 50 Jahren von dem britischen Physikochemiker John Desmond Bernal ins Gespräch gebracht, einem der Pioniere bei der Erforschung der Ursprünge des Lebens.[3] Ton gibt es in vielen verschiedenen mikrokristallinen Formen, und manche davon zeigen tatsächlich katalytische Aktivität. Montmorillonit zum Beispiel, der seinen Namen der französischen Kleinstadt Montmorillon verdankt und in ihrer Nähe abgebaut wird, erleichtert nachgewiesenermaßen die Zusammenlagerung geeignet vorbereiteter Nucleotide zu kurzen RNA-Ketten.[4] Im Gegensatz zu den Metallen haben aber die Tone – chemisch handelt es sich um Aluminiumsilikate – bei den heutigen Lebensformen keine Spuren hinterlassen, die auf eine Katalysatorrolle im Protostoffwechsel schließen lassen.

Als Alternative zu den Tonen nahm Gustav Arrhenius vom Scripps Institute in La Jolla in Kalifornien eine Katalysatorrolle für Substanzen an, die er als «positiv geladene Doppelschicht-Hydroxidmineralien» bezeichnete; sie sollen vor allem für die Synthese von Zuckerphosphat-Molekülen von Bedeutung gewesen sein.[5]

Der deutsche Chemiker und Patentanwalt Günter Wächtershäuser entwickelte ein raffiniertes Modell dafür, wie ein Protostoffwechsel auf der Oberfläche von Pyritkristallen entstanden sein könnte – es ist bisher das genaueste Modell, das für einen solchen Vorgang vorgeschlagen wurde.[6] Der Pyrit, wegen seines goldenen Glanzes auch als Katzengold bezeichnet, ist ein Mineral aus Eisen und Schwefel. Seine Katalysatorfunktion verdankt er in Wächtershäusers Modell der Tatsache, daß Gegenstände einander anziehen, wenn sie elektrisch entgegengesetzt geladen sind (gleiche Ladungen dagegen stoßen sich ab). Der positiv geladene Pyrit stellt eine Oberfläche zur Verfügung, an die sich nach den Vorstellungen des deutschen Autors negativ geladene Moleküle durch elektrostatischen Anziehung binden, so daß sie dann in verschiedenartige Wechselwirkungen treten können. Nebenbei erklärt Wächtershäuser mit seinem Modell auch, warum Phosphat im Stoffwechsel so wichtig ist. Phosphat ist negativ geladen, so daß sich Moleküle, mit denen es verbunden ist, an die Pyritoberfläche heften können.

Chemisch geht Wächtershäusers Modell im wesentlichen vom heutigen Stoffwechsel aus; es entspricht damit der Regel von der Übereinstimmung. Er fordert aber einige Mechanismen, die bisher nur Spekulation sind und noch experimentell bestätigt werden müssen.

Außerdem fehlt seinen Katalysatoren die Spezifität, abgesehen von der sehr weitgefaßten Fähigkeit, alle negativ geladenen Stoffe mit unterschiedlicher Stärke zu binden. Das Modell beruht stark auf Autokatalyse. Bei einer Reihe anderer Fachleute fand dieses Modell Zustimmung als Lösung für das Problem der präbiotischen Katalyse.[7] Zur Autokatalyse kommt es, wenn das Produkt einer chemischen Reaktion als Katalysator die Reaktion unterstützt: B katalysiert die Umwandlung von A in B. Auf diese Weise könnte sich eine Reaktion, die langsam beginnt, allmählich immer mehr beschleunigen, manchmal bis hin zu einer Explosion. Das bedeutet natürlich nicht, daß das entstehende Leben irgendwann explodiert wäre, aber nach dieser Vorstellung könnte sich ein Prozeß, der zunächst nur schwer in Gang kommt, später von selbst fortsetzen. Auf diese Weise werden Zufallsereignisse «festgehalten» und zu «Selbstläufern» gemacht.

Für den Protostoffwechsel könnten alle bisher erwähnten Mechanismen eine Rolle gespielt haben. Aber konnten sie auch alle Aufgaben erfüllen, ohne daß Proteine dabei mitwirkten? Mehrere Fachleute haben ernste Zweifel an dieser Vorstellung geäußert und darauf bestanden, daß schon frühzeitig Proteinkatalysatoren vorhanden gewesen sein mußten, selbst auf die Gefahr hin, daß sie damit dem zentralen Dogma widersprachen.[8] Diese Meinung hat viel für sich, vor allem wenn man nicht von Proteinen, sondern von Peptiden spricht; als «Peptid» definiert man jede kettenförmige Verbindung aus Aminosäuren, im Gegensatz zu dem Molekültyp, der von einem RNA-abhängigen Apparat aus zwanzig festgelegten Aminosäuren aufgebaut wird.

Argumente für präbiotische Peptide

Aminosäuren, die Bausteine der Peptide, gehörten in der präbiotischen Welt wahrscheinlich zu den ersten organischen Molekülen. Mehr als zwölf Aminosäuren entstanden in nennenswerten Mengen in Millers Kolben, und die gleichen Verbindungen konnte man auch aus Meteoriten gewinnen. Einige von diesen Aminosäuren findet man in den heutigen Proteinen, andere nicht. Aber das ist gleichgültig, denn alle besitzen die wesentlichen Merkmale, deretwegen die Aminosäuren sich zu Peptiden verbinden können: die Carboxylgruppe (—COOH), die für den Säurecharakter der Verbindungen verantwortlich ist, und die vom Ammoniak abgeleitete Aminogruppe (—NH$_2$). In Peptiden und Proteinen verbinden sich diese beiden Gruppen durch eine Peptidbindung (—CO—NH—), wobei ein Wassermolekül frei wird.

Könnten sich die ersten Aminosäuren unter präbiotischen Bedingungen zu Peptiden verbunden haben? Eine scheinbar einfache Antwort fand 1958 der amerikanische Biochemiker Sidney Fox, der heute der University of South Alabama angehört.[9] Sein Rezept: Man erhitze ein trockenes Gemisch von Aminosäuren drei Stunden lang auf 170°C, dann wird Wasser abgespalten, und es entsteht eine kunststoffähnliche Masse; wenn man sie zerstößt und mit Wasser mischt, erhält man bis zu 15 Prozent ihres Gewichts in Form eines wasserlöslichen Produkts, dessen Moleküle aus durchschnittlich 50 verknüpften Aminosäuren bestehen. Dieses Produkt taufte Fox auf den Namen Proteinoid, eine vorsichtige Bezeichnung, denn Proteinoide haben bei weitem nicht die regelmäßige Kettenform der Peptide.

Diese Entdeckung wurde für Fox zum Ausgangspunkt für lebenslange Forschungen. Wie er feststellte, bilden Proteinoide von selbst mikroskopisch kleine Bläschen, sogenannte «Mikrosphären», in denen er die ersten Zellen sah, und diese Studien verfolgte er während seines gesamten Berufslebens weiter. Was die Bedeutung seiner Ergebnisse angeht, sind nur wenige Fachleute für den Ursprung des Lebens so begeistert wie Fox selbst. Es gab mehrere Einwände: Die Bedingungen, die für die Entstehung der Proteinoide erforderlich sind, herrschten auf der präbiotischen Erde wahrscheinlich nicht, das dabei entstehende Material ähnelt eher einem «Urschmier» als Proteinen, und die Mikrosphären sind weit entfernt von allem, was man im weitesten Sinne als Zelle bezeichnen könnte. Ich neige dazu, diese Zweifel zu teilen, aber zwei Befunde von Fox halte ich für möglicherweise bedeutsam: Proteinoide besitzen ein paar schwache, enzymähnliche katalytische Eigenschaften, und ihre Aminosäurezusammensetzung ist spezifisch und reproduzierbar, trotz der ungeordneten Verhältnisse bei ihrer Entstehung. Das bedeutet, daß sich die Bindungen zwischen den Aminosäuren nicht ausschließlich nach dem Zufallsprinzip bilden, sondern daß bestimmte Kombinationen bevorzugt und andere ausgeschlossen werden.

Eine weniger exotische Methode zur Herstellung von Peptiden entwickelte der deutsche Chemiker Theodor Wieland 1951, noch vor den

Befunden von Fox.[10] Zu jener Zeit hatten die Biochemiker gerade die
Thioesterbindung entdeckt, die, wie sich herausstellen sollte, für alle
heutigen Lebewesen und vermutlich auch für die Entstehung des Lebens von zentraler Bedeutung ist. Diese außergewöhnliche Tatsache
erfordert einen kurzen Ausflug in die Biochemie.

Die Thioester

Ein Ester entsteht durch die Verbindung einer Hydroxylgruppe
(—OH), die für Alkohole charakteristisch ist, mit einer Carboxylgruppe (—COOH), die man bei organischen Säuren findet. Bei dem
Vorgang wird ein Wassermolekül abgespalten, und die beiden Moleküle werden durch eine Esterbindung (—O—CO—) verknüpft.
Ganz ähnlich entsteht ein Thioester unter Wasserabspaltung aus
einem Thiol und einer Säure. Thiole (von griechisch *theion* = Schwefel) entsprechen den Alkoholen, nur steht hier ein Schwefel- anstelle
des Sauerstoffatoms. Ihr Kennzeichen ist die Thiolgruppe (—SH).
Thioesterbindungen haben die Struktur —S—CO—.

Als Wieland sich für Thioester zu interessieren begann, war er Stu-
dent bei Feodor Lynen, der den ersten natürlichen Thioester entdeckt
hatte, eine Verbindung aus Essigsäure und einem Thiol, das im Bio-
chemikerjargon Coenzym A heißt.[11] Das Coenzym A, ein Molekül
von entscheidender Bedeutung, war 1947 von dem in Deutschland
geborenen amerikanischen Biochemiker Fritz Lipmann entdeckt
worden, dem «Vater der Bioenergetik», der für seine Entdeckung
1953 den Medizin-Nobelpreis erhielt. Lynen, der 1964 mit der gleichen Auszeichnung geehrt wurde, stellte fest, daß Thioester die natürlichen Zwischenprodukte bei der Synthese von Estern aus Säuren
und Alkoholen sind.

Das Hauptproblem bei der Herstellung von Estern aus Säure und
Alkohol besteht darin, daß ein Molekül Wasser entzogen werden
muß. Eine solche Reaktion – das Schließen einer Bindung unter Wasserabspaltung – bezeichnet man als Kondensation. Kondensationsreaktionen finden in wäßriger Umgebung nicht von selbst statt, weil die
Moleküle von zuviel Wasser umgeben sind. Die spontane Reaktion,
die keine Energie erfordert, sondern im Gegenteil Energie liefert, ist
die umgekehrte Umsetzung: die Hydrolyse, bei der eine Bindung mit

Hilfe von Wasser gespalten wird. Ester werden zum Beispiel in Gegenwart eines geeigneten Enzyms zu Alkohol und Säure hydrolysiert. Damit der umgekehrte Vorgang abläuft, die Kondensation von Alkohol und Säure zum Ester, muß Energie aufgewendet werden, um das Wassermolekül gewaltsam herauszuziehen. Chemiker setzen zu diesem Zweck besondere Kondensationsreagenzien ein. Die Natur bedient sich eines anderen Mittels. Sie wendet zunächst Energie auf, um die Säure mit einem Thiol (dem Coenzym A) zu einem Thioester kondensieren zu lassen. Bei diesem Schritt, der Energie erfordert, wird das Wasser entzogen. In einer zweiten Reaktion wird die Säure vom Coenzym A auf einen Alkohol übertragen, und das Coenzym A wird wieder frei, so daß es sich an einer weiteren Reaktionsrunde beteiligen kann. Derartige Gruppenübertragungsreaktionen sind von grundlegender Bedeutung für die unzähligen Kondensationsreaktionen, die der Biosynthese aller Biomoleküle zugrunde liegen, nicht nur bei Proteinen und Nucleinsäuren, sondern auch bei Kohlenhydraten, Fetten und vielen anderen Verbindungen.[12]

Aber zurück zu Wieland. Er hatte unmittelbar miterlebt, wie die biologische Esterbildung durch Gruppenübertragung von einem Thioester entdeckt worden war, und nun wollte er herausfinden, ob das gleiche Prinzip auch für Peptide gilt, die ebenfalls durch Kondensationsreaktionen entstehen, allerdings aus Aminosäuren. Also synthetisierte er Aminosäure-Thioester und warf sie einfach alle zusammen in Wasser. Und verblüffenderweise funktionierte es. Es bildeten sich Peptide, obwohl kein Katalysator beteiligt war.[13]

Im Zusammenhang mit dieser Entdeckung gab es eine amüsante historische Wendung: Als man Ende der fünfziger und Anfang der sechziger Jahre die Mechanismen der Proteinsynthese aufklärte, erwiesen sich Wielands Befunde als bedeutungslos. Proteine entstehen zwar tatsächlich durch Gruppenübertragung, das stimmte weiterhin, aber nicht aus Thioestern, sondern aus Estern zwischen Aminosäuren und RNA-Molekülen. Ein paar Jahre später wurde Wieland jedoch rehabilitiert, denn Lipman machte die überraschende Entdeckung, daß manche Bakterienpeptide, zum Beispiel das Antibiotikum Gramicidin S, in der Natur von Thioestern gebildet werden.[14] Das an diesem Vorgang beteiligte Thiol war, wie sich herausstellte, das Pantethein, und dieses Molekül ist der entscheidende Teil des Coenzyms A, jenes wichtigen Thiols, das Lipmann 20 Jahre zuvor entdeckt hatte. So dreht sich das rätselhafte Räderwerk der Wissenschaft.

In Diskussionen über seine Befunde äußerte Lipman die Vermutung, der thioesterabhängige Mechanismus der Peptidbildung könne in der Entwicklung des Lebens der Vorgänger der RNA-abhängigen Proteinsynthese gewesen sein. Ich habe diese Vermutung aufgegriffen und auf die ersten Schritte der Entstehung des Lebens übertragen. Aus Gründen, die ich später noch genauer erläutern werde, bin ich der Ansicht, daß die Thioester für die Entwicklung des Lebens eine entscheidende Rolle spielten. Diese Auffassung paßt zu zwei entscheidenden Erfordernissen des Weges, den wir aufklären wollen: 1) Übereinstimmung – Thioester sind für den heutigen Stoffwechsel äußerst wichtig – und 2) die physikochemischen Verhältnisse in der Wiege des Lebens – die Thiolgruppe stammt vom Schwefelwasserstoff (H_2S) ab, dem stinkenden, aber lebenspendenden Gas, das die präbiotische Welt durchzog.

Nach meiner Vermutung gehörten die Thiole zu den ersten organischen Molekülen, die die Entwicklung des Lebens auf der präbiotischen Erde in Gang brachten. Angesichts des Umfeldes auf der Urerde scheint diese Theorie höchst plausibel, aber lange Zeit gab es keine Möglichkeit, sie zu überprüfen, denn die Experten für abiotische Chemie schreckten aus den verschiedensten Gründen meist vor der Schwefelchemie zurück. Diese Lücke wurde aber inzwischen geschlossen. Eine neuere Veröffentlichung aus Millers Labor beschreibt einen plausiblen Weg für die präbiotische Synthese zweier natürlicher Thiole.[15] Das eine ist das Coenzym M, ein Stoffwechsel-Cofaktor bei besonders altertümlichen, methanproduzierenden Bakterien beziehungsweise Archaebakterien, die man als Methanogene bezeichnet. Der zweite ist das Cysteamin, ein Bestandteil des Pantetheins, das, wie wir gesehen haben, die wichtigste Komponente des Coenzyms A darstellt; als natürlicher Cofaktor ist Cysteamin an der Synthese bakterieller Peptide beteiligt. Millers Gruppe ist es sogar gelungen, das gesamte Pantethein-Molekül unter den vermutlichen präbiotischen Bedingungen herzustellen.

Ich habe noch eine weitere, stärker umstrittene Annahme geäußert: Danach begünstigten die Bedingungen auf der präbiotischen Erde die Entstehung von Thioestern aus den ursprünglichen Thiolen und den Amino- und anderen Säuren, die vermutlich ebenfalls in großen Mengen vorhanden waren. Diese Möglichkeit ist deshalb fraglich, weil sie eine spontane, energieverbrauchende Kondensationsreaktion voraussetzt. Ich werde das Thema im nächsten Kapi-

tel erörtern, wenn wir uns mit den Energiequellen des Protostoffwechsels beschäftigen. Zunächst einmal wollen wir sie als Arbeitshy-
pothese betrachten.

Katalytische Multimere kommen zu Hilfe

Unter der Voraussetzung, daß Thioester von Aminosäuren vorhanden waren, wissen wir aus Wielands Befunden, daß Peptide sich aus
diesen Molekülen spontan bilden können, sogar ohne Katalysator.
Neben Peptidbindungen könnten solche Aggregate auch Esterbindungen enthalten haben, denn Hydroxysäuren (mit Alkoholgruppen)
waren, glaubt man Millers Ergebnissen, in der Ursuppe wahrscheinlich ebenfalls in großen Mengen vorhanden. Ich habe mich deshalb
entschlossen, die so entstehenden Moleküle als Multimere zu bezeichnen, im Gegensatz zu den Peptiden, die ausschließlich aus
Aminosäuren bestehen.[16]

Wozu dieses Wortungetüm aus dem lateinischen *multus* (viel) und
dem griechischen *meros* (Teil) statt des geläufigeren *Polymer* (von
griechisch *polys* = viele) oder *Oligomer* (griechisch *oligos* = wenige)?
Der Grund: «Polymer» klingt zu lang und «Oligomer» zu kurz, zumindest in meinen Ohren. Außerdem rufen beide Begriffe eine Vorstellung von Regelmäßigkeit und Gleichförmigkeit hervor, die ich
vermeiden möchte. Die Multimere meines Modells sind eine bunt gemischte Masse, die mehr als nur ein paar Bausteine enthalten, aber
weniger als ein durchschnittliches Polymer.

Meine letzte Vermutung dürfte vielen als die fragwürdigste erscheinen: Danach enthielt schon das Multimergemisch Katalysatoren, die,
wenn auch in grober Form, die wichtigsten Aktivitäten ausführten,
für die im heutigen Stoffwechsel die Enzyme verantwortlich sind; sie
waren die Protoenzyme des Protostoffwechsels. Für diese Behauptung habe ich keinen Beweis, sondern nur ein paar Annahmen.

Nach meiner Hypothese entstanden die Multimere durch zufällige
Wechselwirkungen zwischen allen Thioestern, die gerade vorhanden
waren. Das bedeutet nicht, daß das dabei entstehende Gemisch zufällig war in dem Sinne, daß es alle möglichen Verbindungen in völlig
ungeordneter Zusammensetzung enthielt, ohne daß es Regeln oder
Reproduzierbarkeit gegeben hätte. Im Gegenteil: Solange die Bedin-

gungen gleich blieben, kann man davon ausgehen, daß das Gemisch eine konstante, reproduzierbare Zusammensetzung aufwies; diese Zusammensetzung entspricht nur einem winzigen Teil aller denkbaren Verbindungen, die aus den verfügbaren Bausteinen entstehen können. Viele solcher Verbindungen werden entweder schon auf der Ebene ihrer Entstehung ausgeschlossen – sie entstanden zu langsam oder gar nicht –, oder aber auf der Ebene des Abbaus – sie wurden zu schnell zerstört. Ein weiteres Auswahlkriterium könnte die Wasserlöslichkeit sein, obwohl man sich vorstellen kann, daß manche Moleküle auch in unlöslicher Form katalytisch aktiv sind. Und schließlich besteht die Möglichkeit, daß Moleküle mit Katalysatoraktivität von den Molekülen, auf die sie wirkten, gegen Abbau geschützt wurden, wie viele heutige Enzyme von ihren Substraten. Nur Moleküle, die diese mehrfache Auswahl überstanden, konnten in nennenswertem Umfang zu dem entstehenden Gemisch beitragen. Da bei der Auswahl ausschließlich physikalische und chemische Faktoren wirksam waren, blieb die Zusammensetzung der Mischung gleich, solange sich die äußeren Bedingungen nicht änderten. Das ist ein wichtiges Argument. Es hat zur Folge, daß dieser Schritt in der Entstehung des Lebens reproduzierbar und deterministisch ist, obwohl er auf zufälligen Wechselwirkungen beruht.

Daß dieses reproduzierbare Gemisch die für den Protostoffwechsel erforderlichen Protoenzyme enthielt, ist nur eine Vermutung, allerdings eine plausible. Dafür gibt es mehrere Gründe. Erstens wissen wir, daß Fox' Proteinoide und sogar einzelne Aminosäuren oder Aminosäuremischungen eine grobe katalytische Aktivität besitzen können.[17] Das dürfte auch für die von mir postulierten Multimere gelten. Zweitens sind die Moleküleigenschaften, die erfahrungsgemäß Stabilität verleihen, wie ausreichende Molekülgröße und ein kompakter oder zyklischer Bauplan, gleichzeitig auch die Eigenschaften, die ein Proteinchemiker am ehesten bei katalytischer Aktivität erwarten würde. Drittens müssen die heutigen Enzyme, wie ich in Kapitel 7 noch genauer erklären werde, aus relativ kurzen Peptiden hervorgegangen sein, die vielleicht nur aus 20 bis 30 oder noch weniger Aminosäuren bestanden. Diese Annahme läßt es noch wahrscheinlicher erscheinen, daß das Multimergemisch Katalysatormoleküle enthielt. Und schließlich die Regel von der Übereinstimmung: Wir suchen nach Aktivitäten, die in den heute lebenden Organismen von Proteinmolekülen ausgeführt werden, nicht von Ton- oder Mine-

raloberflächen. Mangels richtiger, proteinähnlicher Peptide, deren
Entstehung und originalgetreue Reproduktion unter präbiotischen
Bedingungen höchst unwahrscheinlich ist, erscheinen die Multimere
meines hypothetischen Gemisches als zweitbeste Moleküle zum Aufbau der Raumstrukturen, die für die Katalyse durch Enzyme verantwortlich sind. Das schließt keineswegs aus, daß Metalle und andere
Cofaktoren am Protostoffwechsel mitwirkten, ganz im Gegenteil.
Reizvoll ist in diesem Zusammenhang die Vorstellung, daß Moleküle
wie Pantethein vermutlich in dem Multimergemisch enthalten waren.

3 Der Treibstoff des entstehenden Lebens

Der Protostoffwechsel konnte sich nicht ohne Energieversorgung entwickeln; dazu gehörten auch die Mittel, um diese Energie produktiv zu nutzen. Der Weg zu immer größerer Komplexität und damit zum Leben verlief ständig bergauf. Um daraus eine von selbst ablaufende Bergabbewegung zu machen, war ausreichende Energiezufuhr unabdingbar. Auf der präbiotischen Erde gab es eine Fülle von Energiequellen in Form von Sonnenlicht, ultravioletter Strahlung, elektrischen Entladungen, Druckwellen, Wärme und den verschiedensten chemischen Umsetzungen. Welche dieser verschiedenen Energiequellen zapfte das entstehende Leben an? Und vor allem: Wie wurde die rohe Kraft aus der präbiotischen Umgebung in produktive, lebenschaffende Vorgänge umgesetzt?

Das Problem der Urmembranen

Wenn wir entsprechend der Übereinstimmungsregel beim heutigen Leben nach Hinweisen im Zusammenhang mit solchen Fragen suchen, stoßen wir sofort auf ein Problem. Die wichtigsten Energieerzeuger der heutigen Lebewesen sind auf höchst komplexe Substanzen angewiesen, die in eine raffinierte, filmähnliche Struktur eingebettet sind: die Membran. Können solche Gebilde so früh entstanden sein, daß sie in der Lage waren, den Energiebedarf des entstehenden Lebens zu decken?

Mehrere Autoren glauben das. In einem Buch über Bioenergetik hat Franklin Harold, ein Biochemiker der University of Colorado, keine Bedenken, ein wichtiges Kapitel mit der Behauptung zu beginnen: «Am Anfang war die Membran.»[1] Nach Vermutungen von Clair Folsom von der University of Hawaii könnten sich einfache Mem-

branbläschen aus einem fettigen «Schaum» gebildet haben – ich habe
ihn in Kapitel 1 «Schmier» genannt –, der in der präbiotischen Welt in
großer Menge vorhanden gewesen sein muß, und diese Bläschen
könnten sich dann mit lichteinfangenden Molekülen zu photochemi-
schen «Protobionten» zusammengelagert haben.[2] Man kann diese
und andere Ideen nicht einfach verwerfen, aber nach meinem Eindruck passen sie nicht zu dem zwangsläufig bruchstückhaften Wesen
der ersten Energieversorgungssysteme. Selbst wenn man unterstellt,
daß es ein membrangebundenes System gab, das Licht einfing, bleibt
immer noch zu erklären, wie die festgehaltene Energie in produktive
chemische Vorgänge umgeleitet wurde, statt nutzlos als Wärme verlo-
renzugehen.

Könnte das Leben zu Anfang ohne Membranen ausgekommen
sein? Das ist die Frage, um die es in diesem Kapitel geht. Wie wir noch
sehen werden, gibt es stichhaltige Gründe für die Annahme, daß dies
tatsächlich möglich war. Wenn wir die richtigen Fragen stellen, erfahren wir sogar, wie. Ein guter Einstieg in das Thema ergibt sich durch
das vermutlich erste Hindernis, welches das entstehende Leben im
Zusmmanhang mit der Energie überwinden mußte.

Das Rätsel des fehlenden Wasserstoffs

Das Problem läßt sich am leichtesten mit Begriffen aus der heutigen
Welt beschreiben. Angenommen, man hat eine Schüssel voller Spi-
natblätter und trocknet sie so sorgfältig, daß alles Wasser entzogen
wird, aber kein anderer flüchtiger Bestandteil. Wie jeder Koch weiß,
bleibt dabei nicht viel übrig, denn Spinat besteht «fast nur aus Wasser». Der Rest ist aber das, was Popeye seine Superkraft verlieh. Gibt
man es einem Chemiker zur Elementaranalyse, so wird er herausfinden, daß das Material vorwiegend aus Kohlenstoff, Sauerstoff, Stickstoff und Wasserstoff besteht. Was die Zahl der Atome angeht, lautet
das Verhältnis ungefähr: 60 C, 40 O, 2 N und 100 H. Betrachten wir
nun einmal die «Nährstoffe», aus denen der Spinat seine Bausteine
herstellt. Der Kohlenstoff stammt aus dem Kohlendioxid (CO_2) der
Atmosphäre, der Stickstoff kommt aus dem Nitrat (NO_3^-) im Boden,
und der Wasserstoff aus dem Wasser (H_2O). Wenn man nun versucht, aus diesen Ausgangssubstanzen trockenen Spinat herzustellen,

ergibt sich ein großer Sauerstoffüberschuß: 120 Atome (2×60) bringt das Kohlendioxid mit, sechs kommen vom Nitrat (2×3), und 50 vom Wasser; insgesamt sind das 176 Sauerstoffatome, 136 mehr als die 40, die gebraucht werden. Man kann diesen Überschuß auch als die Wasserstoffmenge ausdrücken, die nötig ist, um den Sauerstoff zu Wasser zu machen; das wären in dem genannten Beispiel 272 Wasserstoffatome, zwei für jedes überschüssige Sauerstoffatom. Daraus kann man folgern, daß das heutige autotrophe (sich selbst aufbauende) Leben eine Wasserstoffquelle braucht. Wie steht es aber mit dem entstehenden Leben?

Wäre die Atmosphäre so gewesen, wie Urey sie sich vorstellte, hätte es keine Probleme gegeben. Wenn der Kohlenstoff aus dem Methan (CH_4), der Stickstoff aus dem Ammoniak (NH_3) und der Sauerstoff aus dem Wasser stammt, ergibt sich bereits ein großer Wasserstoffüberschuß (326 Atome statt der erforderlichen 100), und dabei ist der molekulare Wasserstoff, den Urey außerdem noch zusetzte, nicht einmal mitgerechnet. Nimmt man jedoch Kohlendioxid als Kohlenstoffquelle an, ergeben sich Schwierigkeiten, wie Miller in seinen Experimenten feststellte. Selbst wenn Urey am Ende recht hätte, wäre das böse Erwachen nur hinausgeschoben. Früher oder später – wahrscheinlich eher früher als später – würde der Wasserstoff fehlen, so wie er heute fehlt. Wo war er?

Ein naiver Detektiv, den man mit den Fall des fehlenden Wasserstoffs beauftragt, würde möglicherweise erwidern: «Wo ist das Problem? In den Ozeanen gab es mehr Wasserstoff, als jemals gebraucht wurde.» Das ist nur allzu wahr, nur stand er dort nicht ohne weiteres zur Verfügung. Unser Detektiv hat die goldene Regel vergessen, wonach «man nicht auf zwei Hochzeiten tanzen kann». In der Chemie und sogar im ganzen Universum bedeutet das: «Es geht nicht in beiden Richtungen.» Man kann nicht Wasserstoff aus dem Wasser nehmen und ihn dann dazu benutzen, um Sauerstoff wieder zu Wasser umzusetzen. Wäre das möglich, hätten wir das Perpetuum mobile erfunden, den Traum vieler Generationen von Tüftlern, der immer unerfüllbar blieb, weil er einem der grundlegendsten Naturgesetze widerspricht: Für jeden Vorgang in der Natur gibt es eine erlaubte und eine verbotene Richtung. Ein Apfel fällt vom Baum, aber er springt nicht vom Boden an den Ast; Zuckerstücke lösen sich im Kaffee auf, aber sie bilden sich in einer Tasse mit gesüßtem Kaffee nicht neu; Wasserstoff verbindet sich mit Sauerstoff zu Wasser, aber Wasser zerfällt nicht von selbst zu einem Gemisch von Wasserstoff und Sauerstoff. Alle Wege der Natur sind *Einbahnstraßen*. Man kann sie natürlich in der falschen Richtung beschreiten, aber das erfordert *Arbeit* oder *Energie*: Man muß den Apfel hochheben, dem Kaffee den Zucker entziehen oder den Wasserstoff, zum Beispiel mit elektrischem Strom, aus dem Wasser freisetzen.

Dieses fundamentale Naturgesetz ist in einem Satz beschrieben, den die Naturwissenschaftler den zweiten Hauptsatz der Thermodynamik nennen: *Wenn man für etwas Arbeit aufwenden muß, bewegt man sich in der falschen Richtung.* In der erlaubten Richtung dagegen kann der Vorgang, richtig nutzbar gemacht, Arbeit leisten, allerdings nie so viel, wie man aufwenden muß, um ihn umzukehren. Mit Seil und Rolle kann man den fallenden Apfel dazu nutzen, einen anderen Apfel in die Höhe zu heben, aber nur wenn dieser zweite Apfel leichter ist. In einem einfachen Vergleich bezeichnet man die erlaubte Richtung als «bergab» und die verbotene als «bergauf». Genau waagerecht bedeutet, daß in keiner Richtung Arbeit aufgewendet wird. Das ist der Zustand des ausbalancierten Gleichgewichts.

Kehren wir nun zum Rätsel des fehlenden Wasserstoffs zurück und fragen wir uns, wie die heutigen Lebewesen es gelöst haben. Woher bezieht der Spinat den zusätzlichen Wasserstoff, den er zum Wachsen braucht? Die Antwort: Unser Detektiv hatte recht, er stammt aus dem Wasser. Aber wie es der zweite Hauptsatz der Thermodynamik verlangt, muß der Spinat dafür Arbeit aufwenden. Das heißt, eigentlich läßt er die Sonne für sich arbeiten. Genau das ist die Aufgabe des grünen Pflanzenfarbstoffs Chlorophyll. Er nutzt die Energie des Sonnenlichts, um Wasserstoff vom Wasser abzutrennen und auf ein so hohes Energieniveau zu heben, daß dieser Wasserstoff nun seinerseits den Sauerstoff aus dem Kohlendioxid und dem Nitrat abtrennen und seine Stelle einnehmen kann; das alles tut er mit seiner eigenen Energie, das heißt, der Vorgang verläuft bergab. Es ist schwierig, sich das Energieniveau vorzustellen. Man kann es sich am Beispiel der Schwerkraft verdeutlichen, obwohl wir es hier natürlich mit chemischer Energie zu tun haben. Je schwerer ein Gegenstand ist, desto mehr Arbeit kann er verrichten, wenn er herunterfällt. Und wenn ein Gewicht höher liegt, wird bei seinem Fall ebenfalls mehr Energie frei. An die Stelle der Höhe treten in der Chemie andere Größen, zum Beispiel Druck, Konzentration, Potential und ähnliches. Wir wollen uns diese Einzelheiten ersparen und bleiben bei der weniger genauen, aber besser verständlichen Vorstellung vom Energieniveau.

Das Chlorophyllmolekül ist sehr komplex und kann seine Aufgabe nur erfüllen, wenn es zusammen mit anderen komplexen Molekülen in eine Membran eingebettet ist. Daß ein solches System in der präbiotischen Frühphase von selbst entstanden ist, ist höchst unwahrscheinlich. Nach der präbiotischen Wasserstoffquelle müssen wir also an anderer Stelle suchen. Dazu sehen wir uns das Wasserstoffatom zunächst etwas genauer an.

Wasserstoff ist das kleinste aller Atome. Es besteht aus einem einzigen, positiv geladenen Elementarteilchen, dem Proton, das den Atomkern bildet und den größten Teil der Atommasse ausmacht, und einer «Hülle» aus einem einzigen Elektron, einem negativ geladenen Teilchen mit einem Tausendstel der Masse des Protons. In einem vereinfachten Bild, das den Namen des großen dänischen Physikers Niels Bohr trägt, kreist das Elektron um das Proton wie ein Planet um die Sonne. Ein genaueres, aber weniger anschauliches Bild liefert die Quantenmechanik. Für unsere Zwecke reicht das Bohrsche Atommodell aus.

Wie es so geht, kommen freie Protonen in geringer Menge im Wasser vor. Sie entstehen durch spontanen Zerfall von Wasseratomen zu positiv geladenen Wasserstoffionen (H^+), die nichts anderes sind als Protonen, und negativen Hydroxylionen (OH^-). In reinem Wasser ist nur eines unter zehn Millionen Molekülen in dieser Weise dissoziiert (was immer noch mehr als eine Million Milliarden Protonen und Hydroxylionen in einem Teelöffel voll Wasser bedeutet). Bei steigendem Säuregehalt oder abnehmender Basizität nimmt die Zahl der freien Protonen im Wasser zu, während die der Hydroxylionen zurückgeht, und umgekehrt. Säuren sind definitionsgemäß Verbindungen, die in wäßriger Lösung Protonen freisetzen. Alkalische Substanzen, auch Basen oder Laugen genannt, nehmen dagegen Protonen auf.

Dieser kleine Ausflug in die physikalische Chemie war notwendig, damit eine Tatsache von grundlegender Bedeutung klar wird: *Man kann Wasserstoff aus Wasser gewinnen, wenn man Elektronen liefert.* Die Elektronen verbinden sich mit Protonen, die durch die Dissoziation der Wassermoleküle entstanden sind, zu Wasserstoffatomen. Dabei darf man aber den zweiten Hauptsatz nicht vergessen. Wenn der Wasserstoff die Aufgabe erfüllen soll, die wir ihm zugedacht haben, nämlich Sauerstoff aus Kohlendioxid und Nitrat abzuspalten, muß er sich auf einem so hohen Energieniveau befinden, daß er sich von nun an ständig bergab bewegen kann. Daraus folgt, daß auch die Elektronen mit einem entsprechend hohen Energieniveau angeliefert werden müssen; nur dann können sie die Wasserstoffatome, die sie durch die Verbindung mit den Protonen bilden, auf die Energiestufe heben, die für das Abspalten des Sauerstoffs aus Kohlendioxid und Nitrat erforderlich ist.

Das Fazit lautet also: In Gegenwart von Wasser, das Protonen aufnehmen oder abgeben kann, sind freie Wasserstoffatome und Elektronen austauschbar. In der biochemischen Fachsprache setzt man die Beteiligung von Protonen oft voraus, das heißt, man spricht nur von Elektronen. Die Aufnahme von Elektronen (oder Wasserstoff) durch eine Verbindung bezeichnet man als Reduktion; der Verlust von Elektronen (oder Wasserstoff) heißt Oxidation. Die beiden Reaktionstypen sind immer gekoppelt. Damit eine Substanz reduziert werden kann, muß eine andere oxidiert werden und die erforderlichen Elektronen (oder Wasserstoffatome) zur Verfügung stellen. Wir haben es also stets mit Oxidations-Reduktions-Reaktionen (oder kurz Redoxreaktionen) zu tun, die heute auch häufig als Elektronenübertragung bezeichnet werden. Dabei muß man die Vorstellung vom Energieniveau im Hinterkopf behalten. Wenn Elektronen übertragen werden, ist der Elektronenspender oder Donor definitionsgemäß die Verbindung, in der sich die Elektronen auf dem höheren Energieniveau befinden, und im Elektronenempfänger (auch Akzeptor genannt) besetzen die Elektronen im reduzierten Zustand eine niedrigere Energieebene. Die Elektronen wandern vom Donor zum Akzeptor bergab, wie alle anderen Vorgänge auf der Welt.

Mit dieser Information ausgestattet, können wir nun in der präbiotischen Umwelt nach einer geeigneten Elektronenquelle suchen, welche die erforderlichen Reaktionen in Gang setzen könnte; solche Reaktionen sollen ab sofort als biosynthetische Reduktionen bezeichnet werden. Man hat mehrere Antworten für diese Frage vorgeschlagen. Ich möchte nur zwei davon erwähnen, und zufällig ist an beiden Eisen beteiligt. Im ersten Mechanismus wird der Wasserstoff mit Hilfe der Energie des Sonnenlichts aus dem Wasser abgespalten, wie in pflanzlichen Systemen, nur mit dem gewaltigen Vorteil, daß hier kein hochentwickelter Katalysator zu wirken braucht. Die Reaktion spielt sich in einer einfachen wäßrigen Lösung ab und erfordert nur Eisenatome in Form zweiwertiger Ionen (Fe^{2+}), die zwei positive Ladungen tragen.[3] (Ionen sind elektrisch geladene Atome oder Moleküle.) Wie wir gesehen haben, enthielten die präbiotischen Ozeane diese Substanz in beträchtlichen Mengen. Die Energiequelle war nicht das sichtbare Licht, sondern Ultraviolettstrahlung (UV), aber das stellte kein Problem dar, denn die präbiotische Erde war starker UV-Strahlung ausgesetzt. Wenn ein zweiwertiges Eisenion von einem Photon des UV-Lichts angeregt wird, gibt es ein Elektron ab und geht in die dreiwertige Form (Fe^{3+}) über, die drei positive Ladungen trägt. Das Elektron verbindet sich mit einem Proton zu einem Wasserstoffatom. Bei diesem Vorgang werden Elektronen vom zweiwertigen Eisen (dem Donor) auf Protonen (den Akzeptor) übertragen. In umgekehrter Richtung wäre Wasserstoff der Donor und dreiwertiges Eisen der Akzeptor. Ohne UV-Licht wäre diese zweite Reaktion der bergab verlaufende Vorgang. Durch die Energie aus dem UV-Licht kehrt sich die Richtung der spontan ablaufenden Reaktion um, und die Elektronen, die das zweiwertige Eisen freisetzt, werden auf eine so hohe Energiestufe gehoben, daß sie zu präbiotischen Reduktionen dienen können.

Ein Zeichen, daß solche Reaktionen stattgefunden haben könnten, findet man in Lagerstätten des Minerals Magnetit, eines Mischoxids aus zwei- und dreiwertigem Eisen; es kommt in eisenreichen geologischen Schichten vor, die man wegen ihres gestreiften Aussehens als Bändereisenerz bezeichnet.[4] Das Alter der Bändereisenerze reicht von 1,5 bis 3,5 Milliarden Jahre. Man nimmt an, daß diese Formationen durch Wechselwirkungen zwischen zweiwertigem Eisen und dem von lichtverwertenden Bakterien produzierten Sauerstoff entstanden, aber das schließt die Möglichkeit nicht aus, daß auch die gerade beschriebene UV-gestützte Reaktion zu ihrer Entstehung beigetragen hat.

Eine andere mögliche Elektronenquelle in der präbiotischen Welt ist der Schwefelwasserstoff, ein typischer Bestandteil der präbiotischen Umwelt. In einer von Wächtershäuser angenommenen Reaktion werden zwei Sulfidionen (SH^-) – die in wäßriger Lösung Schwefelwasserstoff bilden – in Gegenwart von zweiwertigem Eisen unter Freisetzung von Wasserstoff zu einem Disulfidion (S_2^{2-}) umgesetzt. In diesem Fall gibt das Eisen kein Elektron ab, sondern es treibt die Reaktion voran, weil es sich mit dem entstehenden Disulfid zu dem praktisch unlöslichen Eisendisulfid (FeS_2) verbindet; auf diese Weise verschwindet das Reaktionsprodukt aus der Lösung, so daß es ständig nachgebildet werden kann. Dieses Modell wurde experimentell bestätigt.[5] Eisendisulfid ist der Hauptbestandteil des Pyrits, und dieses Mineral stellte nach Wächtershäusers Modell des Protostoffwechsels, das im vorigen Kapitel erörtert wurde, eine katalytische Oberfläche zur Verfügung.

Wir haben also zwei Modellsysteme, nach denen der fehlende Wasserstoff theoretisch entstehen konnte. Sie schließen sich gegenseitig nicht aus. Die beiden Reaktionen könnten nebeneinander oder in verschiedenen Umgebungen abgelaufen sein. Die UV-abhängige Reaktion konnte definitionsgemäß nur in den obersten Wasserschichten stattfinden, der Pyrit könnte dagegen auch in den dunklen Tiefen der Ozeane entstanden sein.

Zusammenfassend können wir sagen: Wie die präbiotische Atmosphäre auch im einzelnen zusammengesetzt gewesen sein mag, in jedem Fall können wir es als sehr wahrscheinlich betrachten, daß unser junger Planet, reichlich ausgestattet mit zweiwertigem Eisen, eingehüllt in Schwefelwasserstoffdämpfe und bestrahlt von starkem UV-Licht, aus jeder Pore Wasserstoff ausschwitzte, während sich Eisenverbindungen, die später zu den Mineralien Magnetit und Pyrit werden sollten, auf dem Meeresboden ablagerten. Elektronen mit ausreichend hohem Energieniveau standen tatsächlich zur Verfügung und konnten die ersten biosynthetischen Reduktionen antreiben.

Interessanterweise sind Eisen und Schwefel wichtige Bestandteile von Katalysatoren, die in den heutigen Lebewesen an Elektronenübertragungsreaktionen beteiligt sind. Die ältesten dieser Katalysatoren könnten durchaus sogenannte Eisen-Schwefel-Proteine gewesen sein,[6] bei denen im katalytischen Zentrum ein Eisenatom steht, das von Schwefelatomen umgeben ist und das zwischen zwei- und dreiwertigem Zustand hin- und herspringt – ein unübersehbares Indiz.

Das überschüssige Wasser

Mit ausreichendem Elektronennachschub ist das Energieproblem der präbiotischen Welt aber erst zur Hälfte gelöst. Die andere Hälfte betrifft die Verknüpfung von Molekülen in einer wäßrigen Umgebung. Beispiele für solche Reaktionen haben wir bereits kennengelernt: die

Bildung von Estern aus Alkoholen und Säuren, von Thioestern aus Thiolen und Säuren, von Peptiden aus Aminosäuren, von Nucleotiden aus Phosphat, Ribose und einer Base sowie von RNA aus Nucleotiden. In Lebewesen gibt es noch viele weitere derartige Kondensationsreaktionen, die immer mit dem Entzug von Wasser verbunden sind. In wäßriger Lösung ist das, wie in Kapitel 2 erläutert wurde, die verbotene Richtung.

Die Antwort der Natur auf dieses Problem heißt schlicht ATP. Diese Abkürzung, die fast ebenso berühmt ist wie das Kürzel DNA, bedeutet Adenosintriphosphat. Adenosin ist eine Verbindung aus der Purinbase Adenin und Ribose. Durch Zusammenlagerung mit einem Phosphatmolekül bildet Adenosin das Adenosinmonophosphat (AMP), eines der vier Nucleotide, aus denen sich die RNA zusammensetzt. Durch Anheftung einer zweiten Phosphatgruppe wird daraus das Adenosindiphosphat (ADP), und wenn an das endständige Phosphat des ADP noch eine dritte Phosphatgruppe angekoppelt wird, entsteht ATP.

Die beiden Bindungen zwischen den drei Phosphatgruppen des ATP nennt man Pyrophosphatbindungen, nach dem anorganischen Pyrophosphat (PP_i) einem Molekül aus zwei Phosphatgruppen, das entsteht, wenn man anorganisches Phosphat (P_i) erhitzt (griechisch *pyros* = Feuer). Die Ausbildung der Pyrophosphatbindungen ist eine typische Kondensationsreaktion. In ihrem Verlauf wird ein Wassermolekül abgespalten. In der umgekehrten Reaktion werden die Bindungen mit Hilfe von Wasser gespalten (Hydrolyse). Wie bei allen derartigen Bindungen geht die Hydrolyse in wäßriger Umgebung bergab, die Kondensation dagegen bergauf.

ATP ist der universelle biologische Kondensationsförderer, das heißt, es entzieht Wasser. Seine Hydrolyse, entweder zu ADP und P_i oder zu AMP und PP_i, dient der Abspaltung des Wassers, das beim Schließen einer Bindung entfernt werden muß. Für diesen Zweck gibt es besondere Reaktionsmechanismen, die sequentiellen Gruppenübertragungen; sie sorgen dafür, daß das Wassermolekül unmittelbar von den Molekülen, die sich verbinden, auf das ATP-Molekül übertragen wird, das hydrolytisch gespalten wird; es liegt nie in freier Form vor, und deshalb mischt es sich auch nicht mit dem umgebenden Wasser. Das Wassermolekül geht bei der Übertragungsreaktion den Weg des geringsten Widerstandes (das heißt bergab). Wenn zum Schließen einer Bindung zwischen X und Y weniger Energie erforderlich ist als für die Bindung zwischen ADP und P_i oder zwischen AMP und PP_i – das heißt, wenn durch die Hydrolyse des ATP mehr Energie frei wird, als die Bindung zwischen X und Y benötigt –, dann entsteht X—Y, und eine Pyrophosphatbindung des ATP wird gespalten. Andernfalls läuft der umgekehrte Vorgang ab. Erfordert die Bildung beider Bindungen genau gleichviel Energie, ist die Reaktion ungehindert umzukehren, und es findet nach den Regeln des chemischen Gleichgewichts ein teilweiser Austausch statt.

Für die Bildung der meisten Bindungen in biologischen Substanzen wird weniger Energie gebraucht als für die Pyrophosphatbindungen im ATP; das erklärt, warum ATP die Kondensation sehr wirksam fördert. Und deshalb bezeichnete der Biochemiker Fritz Lipmann die Pyrophosphatbindungen des ATP als energiereiche Bindungen.[7] Die Bindungen in Proteinen und anderen natürlichen Stoffen, die mit Hilfe der ATP-Hydrolyse geschlossen werden, sind dagegen energiearm.

ATP ist nicht die ursprüngliche Energiequelle für Kondensationsreaktionen. Wir nehmen mit der Nahrung kein ATP auf, und unsere Zellen enthalten diese lebenswichtige Verbindung nur in sehr geringen Mengen. Würde ATP nicht ständig aus den Produkten seiner Hydrolyse wieder zusammengesetzt, käme das Leben schnell zum Erliegen – ein Problem, mit dem wir uns später in diesem Kapitel noch genauer befassen werden. Fragen wir uns zunächst einmal, ob eine Verbindung wie das ATP dem entstehenden Leben schon zur Verfügung stand.

Mit Sicherheit nicht das ATP selbst. Seine Moleküle sind für die erste Phase der präbiotischen Vorgänge viel zu kompliziert gebaut. Mit dem ATP sind wir schon weit in der RNA-Welt und nicht beim Einsetzen des Protostoffwechsels. Aber wie steht es mit dem einfacheren anorganischen Pyrophosphatmolekül?

Die Pyrophosphatbindung des anorganischen Pyrophosphats ist nicht so stark wie die entsprechende Bindung im ATP, aber sie ist immerhin so energiereich, daß sie in vielen Prozessen an die Stelle des ATP treten kann. In der heutigen Welt des Lebendigen finden sich zahlreiche Hinweise, daß anorganisches Phosphat die gleichen grundlegenden Aufgaben erfüllen kann wie das ATP. Nach Ansicht der meisten Fachleute war Pyrophosphat der Vorläufer des ATP als Träger energiereicher Bindungen.[8] Die gleiche Funktion könnten auch Polyphosphate gehabt haben, Verbindungen aus zahlreichen Phosphatgruppen, die durch Pyrophosphatbindungen verknüpft sind – solche Moleküle findet man ebenfalls bei einer Reihe von Lebewesen. Deshalb haben viele Wissenschaftler in den geologischen Schichten nach Anzeichen dafür gesucht, daß diese Substanzen in der präbiotischen Welt vorkamen.

Die Ergebnisse dieser Suche sind alles andere als ermutigend. In Kapitel 1 habe ich erwähnt, wie knapp anorganisches Phosphat war und welche Schwierigkeiten sich angesichts der zentralen biologischen Bedeutung dieser Verbindung ergeben. Im Fall der Pyrophosphate und Polyphosphate verstärkt sich dieses Problem noch, denn beide Verbindungen liegen in viel geringerer Menge vor als Phosphat und sind außerdem in wasserunlöslichen Substanzen eingeschlossen. Allerdings könnten Säuren, die ich als mögliches Lösungsmittel für Phosphat bereits erwähnt habe, die gleiche Wirkung auch beim Pyrophosphat entfaltet haben. Wie außerdem kürzlich entdeckt wurde, entsteht Pyrophosphat auch aus vulkanischer Aktivität, und diese Quelle könnte unter präbiotischen Bedingungen besonders ergiebig gewesen sein.[9]

Alternativ wäre es auch möglich, daß Thioester die erste Energiequelle für die Kondensationsreaktionen waren.[10] Thioester kommen in zahlreichen ATP-getriebenen Kondensationsreaktionen als Zwischenprodukte vor, wenn einer der Reaktionspartner eine Säure ist. In solchen Reaktionen ist der Schritt, den das ATP antreibt, die Kondensation der Säure mit einem Thiol (meist Pantetheinphosphat oder Coenzym A), bei der der entsprechende Thioester entsteht. Anschließend wird die Säuregruppe vom Thioester auf ihren Akzeptor übertragen. Wie solche Gruppenübertragungsreaktionen an der Bildung der Ester und mancher Peptide beteiligt sind, haben wir in Kapitel 2 gesehen. Auch viele andere wichtige biologische Bestandteile werden auf dem Weg über die Thioester gebildet, unter anderem eine große Zahl fettartiger Verbindungen, Cholesterin, mehrere Vitamine, Teile des Chlorophylls und viele Stoffwechselzwischenprodukte.

Die Thioester sind vor allem deshalb so interessant, weil sie energetisch dem ATP äquivalent sind. Die Thioesterbindung ist energiereich. Deshalb können Thioester gleichermaßen die Bildung von ATP begünstigen oder sich unter ATP-Hydrolyse zusammenlagern. Der amerikanische Chemiker Arthur Weber, der früher dem Salk Institute in San Diego angehörte und heute am NASA Ames Research Center in Moffett Field in Kalifornien arbeitet, untersuchte als erster die präbiotischen Schwefelverbindungen. Wie er zeigte, können Thioester unter sehr einfachen Bedingungen die Bildung anorganischen Pyrophosphats aus anorganischem Phosphat in Gang setzen; der Mechanismus ähnelt dabei dem heutigen, an Thioester gekoppelten Vorgang, durch den ADP und P_i zu ATP verknüpft werden.[11]

Wir haben also die Wahl zwischen zwei Möglichkeiten, die beide der Übereinstimmungsregel entsprechen. Pyrophosphat stammte aus der präbiotischen Umgebung und förderte die Kondensation der Thioester. Oder es war umgekehrt: Zuerst gab es die Thioester, die dann die Zusammenlagerung von Pyrophosphat begünstigten. Natürlich könnten beide Vorgänge auch unabhängig voneinander entstanden und später in Wechselwirkung getreten sein. Bevor wir irgendwelche Schlußfolgerungen ziehen, müssen wir uns ansehen, durch welche Mechanismen das ATP in den heutigen Lebewesen aus seinen Bestandteilen ständig neu gebildet wird.

Was die Räder in Bewegung hält

ATP wird in lebenden Zellen sehr schnell umgeschlagen. Es wird ständig verbraucht – das heißt, hydrolytisch gespalten – und leistet dabei chemische Arbeit (und viele andere Arten von Arbeit, wie wir noch sehen werden). Ebenso schnell wird es aus den Hydrolyseprodukten wieder neu gebildet. Woher stammt die Energie, die für den Neuaufbau erforderlich ist? Mit der Antwort auf diese entscheidende Frage sind wir wieder beim Rätsel des fehlenden Wasserstoffs. Die Energie für die ATP-Bildung stammt von fließenden Elektronen.

Zu Beginn dieses Kapitels wurde beschrieben, wie Elektronen von einem reduzierten Donor, der sich auf einer höheren Energieebene befindet, zu einem oxidierten Akzeptor auf einer niedrigeren Ebene fließen können. Bei einer solchen Übertragung wird Energie frei, und zwar (je übertragenes Elektron) in einer Menge, die dem Unterschied zwischen den beiden Ebenen proportional ist. Als einfachen Vergleich kann man sich einen Wasserfall vorstellen. Die Energie, die durch das Herabfallen einer festgelegten Wassermenge frei wird, ist proportional zur Höhe des Wasserfalls.

In lebenden Zellen sind wichtige «Elektronenfälle» mit dem Aufbau von ATP aus ADP und P_i gekoppelt, ganz ähnlich wie Wasserfälle, die man als Antrieb für eine Mühle oder zur Stromerzeugung nutzbar macht. Diesen allgemeinen Mechanismus nennt man oxidative Phosphorylierung – oxidativ, weil der Elektronendonor in der gekoppelten Reaktion oxidiert wird, und Phosphorylierung, weil das ADP phosphoryliert, das heißt heißt mit einer zusätzlichen Phosphatgruppe ausgestattet wird. Dazu sind drei Dinge erforderlich: 1. eine geeignete Elektronenquelle, 2. ein Empfänger für die Elektronen, der sich auf einem so niedrigen Energieniveau befindet, daß die durch die Elektronenübertragung freigesetzte Energie für den Aufbau von ATP ausreicht (in der Regel läßt jeweils die Übertragung eines Elektronenpaars ein ATP-Molekül entstehen), und 3. ein Kopplungssystem, das dem Wasserrad oder der Turbine im Beispiel mit dem Wasserfall entspricht und die Bildung des ATP an den Elektronenfluß koppelt.

In der Natur dienen viele verschiedene Verbindungen als Elektronendonoren und -akzeptoren für solche Reaktionen. Im Menschen und vielen anderen Lebewesen liefern beispielsweise die Nährstoffe die Elektronen, und der letzte Elektronenakzeptor ist Sauerstoff. Nichts anderes geschieht, wenn wir unsere Nahrung «verbrennen». Wegen dieses Mechanismus wird die bei der Verbrennung freigesetzte Energie nur teilweise in Wärme umgewandelt. Ein großer Teil bleibt in Form des neu zusammengesetzten ATP erhalten. In Grünpflanzen, die im Licht stehen, liefern angeregte Chlorophyllmoleküle Elektronen auf einem hohen Energieniveau, die dann auf einer niedrigeren Energiestufe von denselben Molekülen wieder aufgenommen werden. Auf dem Weg dorthin fallen die Elektronen genau wie in unserem Gewebe durch gekoppelte Phosphorylierungsreaktionen. Die Donoren und Akzeptoren für die Elektronen sind unterschiedlich, aber der Mechanismus der Energiegewinnung ist immer der gleiche.

Die wichtigsten derartigen Vorgänge laufen in Membranen ab. Wir werden ihnen später begegnen, wenn wir uns mit den ersten Zellen beschäftigen. In diesem Frühstadium der Entstehung des Lebens, darüber waren wir uns einig, wollen wir sie noch nicht in Betracht ziehen. Einige gekoppelte Phosphorylierungsreaktionen sind nicht auf Membranen angewiesen, sondern finden im Zellsaft statt, dem löslichen Anteil der lebenden Zellen. Diese Mechanismen, die man mit dem Fachausdruck als Substratkettenphosphorylierung bezeichnet, kämen als präbiotische Reaktionen in Frage (wobei nicht ATP, sondern Pyrophosphat gebildet würde). Interessanterweise sind Thioester an ihnen als wichtige Zwischenprodukte beteiligt. Bei der Reaktion, die unmittelbar an die energieliefernde Elektronenübertragung gekoppelt ist, handelt es sich um die Bildung eines Thioesters, der dann in der bereits beschriebenen Weise für den Aufbau von ATP sorgt.

Die Thioester nehmen also im Stoffwechsel eine einzigartige Stellung ein: Sie *bilden die Brücke zwischen den beiden Hauptformen biologischer Energie*, von denen die eine mit der Elektronenübertragung und die andere mit der Gruppenübertragung verknüpft ist. Und wie wir im vorigen Kapitel gesehen haben, könnten die Thioester außerdem in der Entstehung des Lebens eine entscheidende Rolle für die Bildung der ersten Katalysatoren gespielt haben. Diese Tatsachen sprechen ebenso wie die vermutlich große Menge an Säuren und Thiolen auf der präbiotischen Erde stark dafür, daß Thioester die ersten Energielieferanten auf dem Weg zum Leben waren, möglicherweise noch vor dem anorganischen Pyrophosphat. Aber es gibt ein Wenn – und oh welch ein großes Wenn (um Darwin zu zitieren)![12] Der Aufbau der ersten Thioester hätte ebenfalls Energie erfordert. Und damit sind wir genauso schlau wie vorher.

Auf die Frage, wie Thioester unter präbiotischen Bedingungen entstanden sein könnten, gibt es mehrere mögliche Antworten. Thermodynamischen Befunden zufolge können sie sich in wäßriger Lösung spontan aus freien Säuren und Thiolen bilden, wenn das Gemisch sehr heiß und stark sauer ist. Aber auch dann ist die Ausbeute nur gering. Dennoch lohnt es sich, diese Möglichkeit in Erwägung zu ziehen. Kochende Säure ist nicht das, was wir uns unter einem lauschigen Plätzchen vorstellen, und sie ist auch kein besonders geeignetes Lösungsmittel für viele empfindliche Biomoleküle. Dennoch ist sie der Lebensraum bestimmter Bakterienarten, der sogenannten Thermoacidophilen, die erdgeschichtlich besonders alt sind.[13] Mehrere Autoren vertreten die Ansicht, daß das Leben in einer heißen Umgebung seinen Anfang nahm. Besondere Aufmerksamkeit hat man in diesem Zusammenhang dem ständigen Kreislauf von Wasser durch heiße unterseeische Quellen gewidmet. Man könnte sich vorstellen, wie Thioester in den heißen, sauren, schwefelhaltigen Tiefen entstehen und von dort ständig in die Ursuppe gelangen, wo mildere Bedingungen herrschen, so daß die energiereichen Thioester ihre Aufgabe erfüllen können.

Aber das ist nicht die einzige Möglichkeit. Weber hat andere plausible Mechanismen für die Bildung von Thioestern beschrieben.[14] Es besteht auch die – bisher nicht genau erforschte – Möglichkeit, daß Thioester in der Atmosphäre aus flüchtigen Thiolen und Säuren entstanden sind. Und am einfachsten schließlich ist vielleicht der Rückgriff auf den gekoppelten Elektronentransport als Energiequelle, wie er heute im Stoffwechsel abläuft.

Was wir über diese Reaktion wissen, deutet darauf hin, daß sie unter präbiotischen Bedingungen stattgefunden haben könnte. Die erforderlichen Materialien waren wahrscheinlich vorhanden, und einfache Komplexe aus Eisen und Schwefel, die Vorläufer der Eisen-Schwefel-Proteine, könnten solche Reaktionen katalysiert haben. Bei manchen sehr alten Bakterienarten wirkt tatsächlich ein Eisen-Schwefel-Protein als Katalysator für einen Vorgang dieses Typs.[15]

Was den Elektronenakzeptor angeht, der für die Entstehung der Thioester ebenfalls erforderlich ist, scheint das dreiwertige Eisenion ein interessanter Kandidat zu sein, das Produkt jener Reaktion, bei der zweiwertiges Eisen mit Hilfe von UV-Licht Wasserstoff aus Protonen erzeugt. Wenn das dreiwertige Eisen als Elektronenakzeptor wirkt, kehrt es in der zweiwertigen Zustand zurück, so daß der Kreislauf geschlossen ist: Elektronen werden unter dem Einfluß von UV-Licht aus dem zweiwertigen Eisen freigesetzt und kehren auf einem komplizierten Weg zurück, in dessen Verlauf Thioesterbindungen geknüpft werden. Das Gesamtergebnis wäre die Ausbildung von Thioesterbindungen mit der Energie aus dem UV-Licht; die Thioesterbindungen könnten dann ihrerseits den gesamten Energiebedarf des entstehenden Lebens decken. Ein solcher Zyklus entspräche genau dem Kreislauf von Wasser und Sauerstoff, der sich heute fast durch die ganze Biosphäre zieht – Pflanzen setzen mit Hilfe des sichtbaren Lichts Sauerstoff aus dem Wasser frei, und Tiere sowie andere aerobe Organismen nutzen den Sauerstoff als letzten Elektronenakzeptor und setzen ihn wieder zu Wasser um. Der entscheidende Unterschied ist aber, daß der Wasser-Sauerstoff-Kreislauf komplizierte Strukturen erfordert, was beim Eisenzyklus nicht der Fall ist. Das Zusammenwirken von Eisen und Schwefel in einem solchen Kreislauf könnte der erste Ansatz für die äußerst nützliche Allianz sein, die diese beiden biologisch wichtigen Elemente heute miteinander verbindet.[16]

Die Welt der Thioester

Den verborgenen Weg des Protostoffwechsels haben wir noch nicht freigelegt, aber immerhin haben wir einige aufschlußreiche Spuren gefunden. Diese Spuren wurden in diesem und dem vorangegangenen Kapitel im einzelnen beschrieben. Lassen Sie uns kurz zusammenfassen, was sie uns gezeigt haben. Die wichtigste Erkenntnis heißt dabei eindeutig: Schwefel.

Quantitativ betrachtet, macht dieses Element nur einen kleinen Teil der lebenden Materie aus, aber unter qualitativen Gesichtspunkten ist es ausgesprochen wichtig. Zwei der 20 Aminosäuren in den Proteinen, nämlich Cystein und Methionin, enthalten Schwefel. Das gleiche gilt für mehrere Coenzyme. Schwefelatome liegen häufig mitten im katalytischen Zentrum von Enzymen. Und auch einige strukturgebende Makromoleküle enthalten Schwefel, so zum Beispiel die Hauptbestandteile des Knorpels. Unter den ältesten Bakterienarten sind viele, die Schwefelverbindungen in ihrem Stoffwechsel umsetzen. Die präbiotische Welt war von Schwefel durchtränkt. Das alles fügt sich zu einer sehr stichhaltigen Argumentation zusammen.

Bei den heutigen Lebewesen stammt der Schwefel meist aus dem vollständig oxidierten Sulfation (SO_4^{2-}), das in manchen Substanzen unverändert erhalten bleibt; meist handelt es sich dabei um Strukturbausteine, in denen es vor allem die Aufgabe hat, den Molekülen eine negative Ladung zu verleihen. Für einige der wichtigsten biologischen Funktionen des Schwefels muß das Sulfat jedoch zu Schwefelwasserstoff (H_2S) reduziert und in organische Moleküle eingebaut werden, vor allem in Thiole und ihre Derivate. Schwefelwasserstoff war auch die vorherrschende Form des Schwefels in der präbiotischen Welt. Die Spuren, die wir entdeckt haben, weisen unmißverständlich auf die Thiole hin.

In der Ursuppe lagen die Thiole höchstwahrscheinlich zusammen mit verschiedenen Aminosäuren und anderen organischen Molekülen vor, den wichtigsten Produkten in Experimenten des Miller-Typs, die sich aber auch in Meteoriten finden. Thiole und Säuren verbinden sich leicht zu Thioestern, vorausgesetzt, es steht ein Hilfsmittel zur Entfernung des Wassermoleküls zur Verfügung, das bei der Bildung der Thioesterbindung entzogen werden muß. Es gibt mehrere Mechanismen, nach denen dieser Vorgang abgelaufen sein könnte. Nach meiner wichtigsten Hypothese herrschten irgendwo in der präbiotischen Welt die Bedingungen, unter denen Thioester von selbst entstehen konnten. Geht man von dieser unbewiesenen, aber durchaus plausiblen Annahme aus, eröffnet sich der Weg zu einem stoffwechselähnlichen Protostoffwechsel, der von Thioestern in Gang gehalten wurde.

Die Thioester lieferten dem Protostoffwechsel zwei wichtige Komponenten: Katalyse und Energie. Die Katalysatoren waren Peptide und peptidähnliche Substanzen, die zum Vorbild für die heutigen Enzyme wurden und die ersten Bausteine des Lebens im wesentlichen in die gleichen Richtungen lenkten wie im heutigen Stoffwechsel. Die Energie hatte eine Form, die zu solchen Reaktionswegen paßte, und könnte dazu gedient haben, das anorganische Phosphat und die überaus wichtige Pyrophosphatbindung nutzbar zu machen.

Die energiereichen Elektronen, die für die ersten Biosynthesereaktionen gebraucht wurden, könnte zweiwertiges Eisen mit Hilfe von UV-Licht oder Schwefelwasserstoff mit Hilfe des zweiwertigen Eisens geliefert haben. Durch den ersten Mechanismus wären dreiwertige Eisenionen entstanden; diese könnten die ersten Elektronenakzeptoren in energieliefernden Elektronenübertragungsreaktionen gewesen sein, die an die Synthese von Thioestern und im weiteren Verlauf auch von anorganischem Pyrophosphat gekoppelt waren. Zusammen hätten die beiden Vorgänge einen geschlossenen Eisenkreislauf gebildet, in dem UV-Licht den Aufbau von Thioestern und über die Spaltung der Thioester den gesamten Protostoffwechsel ermöglichte. Zusätzlich könnte Eisen, das mit Schwefel verbunden war, der erste Katalysator für die Elektronenübertragung gewesen sein.

Diese «Thioester-Welt», oder eigentlich «Thioester-Eisen-Welt» ist meine hypothetische Konstruktion; sie gründet sich auf die wenigen Spuren, die sie hinterlassen hat, und beschreibt den verborgenen Weg von den ersten Produkten der präbiotischen Chemie zur RNA-Welt, einen Weg, dem die RNA-Welt weiterhin folgte, bis sich das entstehende Leben von der RNA-Welt zur RNA-Protein-Welt weiterentwickelt hatte. Diese Vorstellung des Wegs ist eine reine Vermutung. Es ist durchaus möglich, daß neue Befunde später einmal in eine ganz andere Richtung weisen, die wir uns heute noch nicht träumen lassen. Es würde mich allerdings sehr wundern, wenn diese ersten Reaktionswege nicht Andeutungen des heutigen Stoffwechsels aufweisen würden.

4 Die RNA betritt die Bühne

Auch wenn wir die Thioesterwelt als gegeben hinnehmen, sind wir dem chemischen Reaktionsweg, der von den ersten Molekülbausteinen des Lebens zur RNA führte, noch keinen Schritt nähergekommen. Natürlich drängt sich eine Idee auf, wie das Problem im Labor anzugehen wäre: Man könnte die Multimer-Ursuppe zusammenstellen und dann darin nach wichtigen katalytischen Aktivitäten suchen. Nach meinem Modell liegt dort der Kern des Problems. Der Protostoffwechsel muß von den ersten Katalysatoren auf ganz ähnliche Weise gesteuert worden sein wie der heutige Stoffwechsel von den Enzymen.

Es gibt heute mehrere Methoden, um Peptide mit zufälliger Zusammensetzung herzustellen. Man könnte sogar auf das alte Verfahren von Wieland zurückgreifen, das den Vorteil hat, daß es tatsächlich mit Thioestern arbeitet. In solchen Experimenten herrschen zwar unter Umständen nicht die Auswahlbedingungen, die zu der besonderen, in dem Modell angenommenen Multimermischung führten, aber sie wären ein Schritt in die richtige Richtung. Andererseits könnte die Übereinstimmungsregel dazu beitragen, daß man nach den richtigen katalytischen Aktivitäten sucht. Leider bin ich selbst auf meinem Lebensweg so weit vorangeschritten, daß ich diesen Versuch nicht mehr unternehmen kann, aber allmählich interessieren sich andere Labors dafür.

In der Zwischenzeit sind wir auf Vermutungen angewiesen, bei denen uns der heutige Stoffwechsel als Leitfaden dient. Einen Hinweis liefert möglicherweise das ATP.

Die ATP-Connection

ATP spielt im Stoffwechsel eine Schlüsselrolle. Außerdem ist es eines der vier Vorläufermoleküle in der Synthese der RNA. Hier liegt die Verbindung. RNA-Moleküle bestehen aus Nucleotiden, Molekülen aus Phosphat, Ribose und einer von vier Basen: Adenin, Guanin, Cytosin und Uracil. Eines dieser Nucleotide ist das AMP, aus dem das ATP entsteht. Die anderen drei sind die ganz ähnlich aufgebauten Verbindungen GMP, CMP und UMP. Genau wie AMP zu ADP und ATP phosphoryliert werden kann, so können aus den anderen Nucleotiden auch GDP und GTP, CDP und CTP sowie UDP und UTP werden. Die Pyrophosphatbindungen im GTP, CTP und UTP haben die gleichen Eigenschaften wie im ATP; sie können in ganz ähnlicher Weise energieverbrauchende Vorgänge antreiben und tun das in manchen Fällen auch. Aber selbst dann bleibt die wichtigste Funktion dem ATP vorbehalten. Wenn ein anderer Energieträger beteiligt ist, wird er immer durch die Spaltung von ATP regeneriert.

Wie kam das ATP zu dieser Sonderrolle? Eine mögliche Antwort lautet: Vielleicht war das Adenin zufällig früher da als die anderen Basen. Es ist sicher von allen vieren am leichtesten abiotisch herzustellen. Orós berühmte Synthese des Adenins aus Ammoniumcyanid wurde in Kapitel 2 bereits erwähnt.[1] Auch wenn nicht erwiesen ist, daß diese Entdeckung eine Bedeutung hat, legt sie doch den Verdacht nahe, daß Adenin zu der Gruppe leicht herstellbarer Moleküle gehört, die die ersten Bausteine des Lebens ausmachten. Gestützt wird diese Hypothese auch durch den Nachweis geringer Adeninmengen auf Meteoriten.[2]

Woher die Ribose, ein Zucker mit fünf Kohlenstoffatomen, stammt, ist ein Rätsel. Zucker bilden sich in alkalischer Lösung leicht aus Formaldehyd, aber dabei entsteht ein kompliziertes Gemisch verschiedener Moleküle. Im Stoffwechsel geht die Ribose aus der Glucose hervor, einem Zucker mit sechs Kohlenstoffatomen, und zwar auf einem umständlichen Weg, der phosphatgekoppelte Zwischenprodukte umfaßt. Wie der Schweizer Chemiker Albert Eschenmoser von der Eidgenössischen Technischen Hochschule in Zürich zeigen konnte, üben Phosphatgruppen auch ohne Katalysator starke selektive Einflüsse auf die Reaktionsfähigkeit von Zuckermolekülen aus.[3] Phosphatgruppen sind auch an dem biologischen Vorgang beteiligt, durch den die Ribose mit den Basen verknüpft wird, und außerdem bilden sie den Phosphatanteil der Nucleotide. Vielleicht lenkte das früh aufgetauchte anorganische Pyrophosphat, das entweder aus natürlichen Quellen stammte oder durch die Thioester meines Modells entstand, den Protostoffwechsel in Richtung der AMP-Bildung. Derzeit kann man darüber nur spekulieren.

Sobald das AMP auf der Bildfläche erschienen ist, eröffnet die Thioester-Theorie eine interessante Möglichkeit. Die Thioester- und die Pyrophosphatbindung sind bekanntermaßen gleichwertig, was den Energiegehalt angeht; die Hydrolyse der einen kann die Knüpfung der anderen unter Wasserabspaltung bewirken. In einer solchen Reaktion dient die Hydrolyse von ATP zu AMP und anorganischem Pyrophosphat (PP_i) zur Kondensation von Säuren mit Coenzym A oder Pantetheinphosphat (zwei wichtigen Thiol-Cofaktoren im heutigen Stoffwechsel). Auf diese Weise entstehen die Thioester, die an der Biosynthese der Ester und vieler anderer wichtiger biologischer Verbindungen beteiligt sind. Die Reaktion läßt sich ohne weiteres umkehren. Stellen wir uns nun einmal eine Thioesterwelt mit Thioestern und PP_i vor, in der die ersten AMP-Moleküle auftauchen. Durch die Umkehrung der gerade erwähnten Reaktion könnte sich AMP mit PP_i verbunden haben, wobei die Hydrolyse von Thioestern die Energie lieferte.[4] Hätte es uns damals schon gegeben, wären wir Zeugen eines der wichtigsten Ereignisse in der chemischen Entstehung des Lebens geworden: Wir hätten die Geburt des ATP miterlebt, des universellen biologischen Energieträgers, der schließlich in allen wichtigen Funktionen an die Stelle des Pyrophosphats treten sollte, aus dem er hervorgegangen war.

Nun ergibt sich die interessante Möglichkeit, daß das ATP im Gegenzug die RNA entstehen ließ. Mit anderen Worten: *Der Weg zur Information könnte über die Energie geführt haben*. Möglicherweise sind zwei ATP-Moleküle zu ATP-AMP kondensiert, wobei anorganisches Pyrophosphat freigesetzt wurde. In dieser Reaktion koppelt sich das AMP aus einem ATP-Molekül an ein zweites ATP, und die Bindung zwischen beiden wird auf Kosten der Bindung zwischen AMP und Pyrophosphat in dem ersten Molekül geschlossen. Wenn nun ein weiteres ATP-Molekül ein AMP zur Verfügung stellt, entsteht ATP–AMP–AMP. diese Reaktion kann sich beliebig oft wiederholen, so daß eine Kette der Form ATP–AMP–AMP–AMP... entsteht, die man Poly-A nennt. Das ist keine Science-fiction. Derartige Reaktionen kommen tatsächlich in vielen lebenden Zellen vor und lassen dort an zahlreichen RNA-Molekülen Poly-A-Schwänze von bis zu 250 Nucleotiden entstehen. Anders als die eigentliche RNA wird Poly-A ohne Mitwirkung von Information gebildet; es ist nichts weiter als eine «stupide», sich ständig wiederholende Anordnung.

Im Zusammenhang mit dem Protostoffwechsel war Poly-A wahrscheinlich einfach nur eine Speicherform der AMP-Moleküle, die automatisch die Mengenverhältnisse an freiem ATP und PP_i regulierte. Stellen wir uns beispielsweise vor, ATP sei reichlich vorhanden und PP_i sei knapp. Durch die Gesetze des chemischen Gleichgewichts würde das ATP dazu getrieben, Poly-A zu bilden, und die Menge an PP_i würde steigen. Im umgekehrten Fall sorgt das überschüssige PP_i dafür, daß ATP aus dem Poly-A freigesetzt wird. Es dürfte ein «stupider» Vorgang gewesen sein, genau wie der gesamte Protostoffwechsel vor dem Auftauchen der RNA. Aber sein Ergebnis war alles andere als nutzlos: AMP wurde jetzt gespeichert, und die verfügbaren Mengen der beiden Formen energiereicher Pyrophosphatbindungen – PP_i und ATP – wurden je nach Verbrauch gesteuert.

Wie die anderen drei Basen in die RNA gelangten, ist nicht bekannt. Es gibt mehrere Vorschläge, wie sie abiotisch entstanden sein könnten.[5] Möglicherweise sind sie aus dem Adenin hervorgegangen. Nachdem es sie gab, könnte das ATP dafür gesorgt haben, daß sie in Nucleotide eingebaut wurden. Man kennt Reaktionen, bei denen eine Base in einem Nucleotid gegen eine andere ausgetauscht wird. Guanin könnte also das Adenin im AMP ersetzen, so daß GMP entsteht; in ähnlicher Weise könnte Cytosin zum CMP und Uracil zum UMP führen. Diese Nucleotide könnten dann wie im heutigen Stoffwechsel Phosphatgruppen vom AMP übernehmen, so daß GTP, CTP und UTP entstehen. Schließlich könnte die gleiche «stupide» Reaktion, die für die Bildung von Poly-A aus ATP sorgte, auch GMP, CMP und UMP in ähnliche Anordnungen einbezogen haben, und diese Anordnungen wären die ersten RNA-Moleküle gewesen, allerdings noch ohne Informationsgehalt, ein reiner Buchstabensalat. Dieses Bild ist hypothetisch, aber nicht unwahrscheinlich. Die Annahme scheint vernünftig, daß die Chemie ohne Information zuerst da war und daß die Information später hinzukam.

In der heutigen Welt wird die RNA in der beschriebenen Weise aus ATP, GTP, CTP und UTP zusammengesetzt, wobei die AMP-, GMP-, CMP- und UMP-Bausteine in eine wachsende Kette eingefügt werden, die mit ATP oder GTP beginnt. Zusätzlich hat der biologische Vorgang aber eine Eigenschaft, die dem präbiotischen Ablauf wahrscheinlich fehlte: Er besitzt einen Mechanismus, der auswählt, welches der vier Nucleotide in jedem einzelnen Reaktionsschritt eingebaut wird. Die Entstehung dieses Mechanismus, der auf einfachen Wechselwirkungen zwischen den Molekülen beruht, ist ein echter Meilenstein in der Entwicklung des Lebens auf der Erde. Er kennzeichnet den Übergang vom Zeitalter der Chemie zur Epoche der Information.

Bevor wir diesen Übergang nachvollziehen, müssen wir uns noch mit einer wichtigen Gruppe von katalytisch wirksamen Bestandteilen beschäftigen: mit den Coenzymen, von denen viele auf das chemische Zeitalter zurückgehen dürften. Die Tatsache, daß es sie gibt, eröffnet interessante Denkmöglichkeiten hinsichtlich der Funktionsweise der RNA-Welt und der Entstehung der RNA.

Coenzyme: Kinder der RNA-Welt?

Enzyme werden im Stoffwechsel oft von besonderen Molekülen unterstützt, die man Coenzyme nennt. Meist dienen sie in Übertragungsreaktionen als vorübergehende Träger für andere Moleküle. Stellen wir uns beispielsweise vor, die Gruppe X werde von einem Donor X—Y auf einen Akzeptor Z übertragen, so daß X—Z und Y entstehen. Solche Übertragungen werden vielfach von einem Träger K vermittelt: X geht zunächst von X—Y auf K über, wobei sich X—K bildet, und diese Anordnung gibt X dann an Z weiter, so daß X—Z entsteht, während K für die nächste Reaktionsrunde zur Verfügung steht. Dieser Umweg hat mehrere Vorteile. Einer der wichtigsten ist die Zentralisierung und Vereinfachung bei der Übertragung der gleichen Gruppe. Wenn X zum Beispiel zwischen zehn verschiedenen Donoren und zehn Akzeptoren ausgetauscht werden kann, sind 100 Einzelreaktionen notwendig, damit alle möglichen Austauschvorgänge stattfinden können. Mit K als gemeinsamer Zwischenstufe werden nur 20 Reaktionen gebraucht. Es ist ein ähnlicher Unterschied wie zwischen Geldwährung und Tauschhandel.

Bei Übertragungsreaktionen können Elektronen oder chemische Gruppen ausgetauscht werden. Wie wichtig die Elektronenübertragung ist, haben wir bei den biosynthetischen Reduktionen und der

Energiegewinnung bereits gesehen. Gruppenübertragungen dagegen sind der wichtigste Mechanismus der Biosynthesereaktionen. In den Kapiteln 2 und 3 wurden bereits mehrere Beispiele erwähnt. Ein weiteres ist die RNA-Synthese. Beim Wachstum einer RNA-Kette ist beispielsweise die Anheftung eines AMP nichts anderes als die Übertragung der AMP-Gruppe vom ATP auf die länger werdende RNA. Fast alle biologischen Kondensationsreaktionen sind Gruppenübertragungen. Belegt wird die Bedeutung der Übertragungsreaktionen auch durch die Tatsache, daß über 90 Prozent aller Reaktionen, die in Lebewesen ablaufen, entweder Elektronen- oder Gruppenübertragungen sind. Die meisten von ihnen laufen mit Hilfe eines Coenzyms ab, das als Träger wirkt. Demnach gibt es zwei Hauptgruppen von Coenzymen: Elektronenüberträger und Gruppenüberträger.

Manche Coenzyme gehen wahrscheinlich bis in die präbiotische Zeit zurück. Wir sind bereits den Eisen-Schwefel-Komplexen begegnet, die vermutlich primitive Elektronenüberträger waren. Zu den ersten Gruppenüberträgern dürften einige Thiole gehören, beispielsweise Coenzym M oder Pantetheinphosphat. Viele andere Coenzyme könnten Kinder der RNA-Welt sein. Auffälligerweise sind alle vier Nucleotide wichtige Gruppenüberträger, die bei der Synthese bestimmter Kohlenhydrate (die sich von den Zuckern ableiten) und Lipide (Fette) mitwirken. Außerdem ist AMP Bestandteil mehrerer anderer Coenzyme – unter anderem des Coenzyms A, wo es mit Pantetheinphosphat gekoppelt ist – und mehrerer wichtiger Elektronenüberträger.

Der aktive Teil vieler Coenzyme ist ein flaches, ringförmiges Molekül, das Stickstoff enthält und chemisch mit den Basen in den vier RNA-Nucleotiden verwandt ist. Vielfach handelt es sich bei diesen besonderen Molekülen um Vitamine, unentbehrliche Substanzen, die der menschliche Organismus nicht selbst herstellen kann, so daß sie mit der Nahrung zugeführt werden müssen. Interessanterweise liegen manche dieser Stoffe in Verbindungen vor, die den Nucleotiden stark ähneln. Das gilt zum Beispiel für das Nicotinamid (auch Niacin genannt), ein wichtiges Vitamin, dessen Mangel zur Pellagra führt. Diese Mangelkrankheit war früher in vielen Teilen Lateinamerikas verbreitet und kommt dort in abgelegenen Gebieten auch heute noch vor. Im Organismus ist das Nicotinamid mit Ribose und Phosphat zu einem typischen Nucleotid verbunden, dem Nicotinamid-Mononucleotid oder NMN. Mit AMP verbunden, bildet NMN die beiden wichtigen Elektronenüberträger NAD (Nicotinamid-Adenin-Dinucleotid) und NADP (Nicotinamid-Adenin-Dinucleotidphosphat).

Auch das Vitamin B_2 oder Riboflavin wird in eine nucleotidähnliche Verbindung eingebaut, die statt der Ribose ein verwandtes Molekül enthält; diese Verbindung, das Flavinmononucleotid (FMN), lagert sich mit AMP zum Flavin-Adenin-Dinucleotid (FAD) zusammen. Sowohl FMN als auch FAD sind ebenfalls wichtige Elektronenüberträger.

Die Tatsache, daß so viele Coenzyme Nucleotide sind, wird oft als Argument für die Theorie von der RNA-Welt angeführt. Demnach gehen diese Moleküle auf eine RNA-Welt zurück, in der ausschließlich Ribozyme wirkten, die eng mit den Nucleotid-Coenzymen verknüpft waren. Oder, um es mit einer Formulierung des amerikanischen Biochemikers Harold White III zu sagen: Die Nucleotid-Coenzyme könnten ‹die Fossilien eines früheren Stoffwechselzustandes› sein.[6]

Aus der Tatsache, daß es Moleküle wie NMN und FMN gibt, läßt sich schließen, daß die ersten RNA-Moleküle möglicherweise mehr als vier verschiedene Nucleotide enthielten. Die Bedingungen, die zur abiotischen Synthese von Purinen (Adenin und Guanin) und Pyrimidinen (Cytosin und Uracil) führten, könnten auch die Bildung einer ganzen Reihe weiterer, ähnlicher stickstoffhaltiger Basen bewirkt haben. Manche davon könnten zu Bestandteilen von Nucleotiden geworden sein, die dann ihrerseits in RNA-artige Verbindungen eingebaut wurden. Die vier heutigen RNA-Bausteine wären dann später übriggeblieben, weil sie die einzigartige Fähigkeit zur Informationsübertragung besitzen. Von dieser spannenden Eigenschaft wird im nächsten Kapitel noch ausführlich die Rede sein.

Der chemische Ursprung des Lebens

Die wichtigste Vorstellung, der wir bei unserem Versuch zur Rekonstruktion des Weges von der abiotischen Chemie zur RNA-Welt gefolgt sind, ist die von der Übereinstimmung zwischen Protostoffwechsel und Stoffwechsel. Diese Idee widerspricht den Theorien, die auf diesem Gebiet allgemein anerkannt sind. Miller und Orgel, zwei Pioniere in der Erforschung der Ursprünge des Lebens, faßten ihre Ansichten zu diesem Thema 1973 in einem Fachartikel zusammen. Über die Möglichkeit, ‹daß die Stoffwechselwege parallel zu den entsprechenden präbiotischen Synthesewegen verlaufen, die sich vor Beginn des Lebens auf der Erde abspielten›, schreiben sie: ‹Es läßt sich unschwer zeigen, daß diese Hypothese in der Mehrheit der Fälle nicht richtig sein kann. Das vielleicht stärkste Argument ergibt sich aus dem unmittelbaren Vergleich zwischen den heutigen Biosynthesewegen und plausiblen präbiotischen Reaktionen – sie stimmen in der Regel überhaupt nicht überein.›[7]

Was ist eine «plausible» präbiotische Reaktion? Zweifellos sind die allerersten Reaktionen, wie sie sich bekanntermaßen auf Kometen und Meteoriten sowie wahrscheinlich auch auf der Erde abgespielt haben, grundlegende Abläufe der organischen Chemie, die Miller als «robust»[8] bezeichnet, weil sie nur sehr einfache Voraussetzungen erfordern. Manche Aminosäuren, vielleicht Adenin und einige andere stickstoffhaltige Basen, und vermutlich auch wenige Zucker (was allerdings problematischer ist) könnten sich auf diesem Weg gebildet haben. Es sind die Substanzen, die ich Bausteine des Lebens nenne.

Der Weg von diesen einfachen Molekülen zu der chemischen Komplexität, die zur Entstehung und Erhaltung einer RNA-Welt erforderlich ist, steht aber auf einem ganz anderen Blatt. Es gibt keine «robuste» Reaktion zur Herstellung von ATP, ganz zu schweigen von RNA-Molekülen Das allein ist schon ein stichhaltiges Argument für einen katalysatorvermittelten Protostoffwechsel.

Für zwingend halte ich auch die Schlußfolgerung, daß der Protostoffwechsel den Stoffwechsel vorgezeichnet haben muß. Ich kann nicht erkennen, wie die RNA-Welt durch allmählichen Aufbau von Proteinenzymen ein System chemischer Reaktionen hervorgebracht haben soll, das mit den Abläufen, von denen es in Gang gebracht und erhalten wurde, keine Ähnlichkeit mehr aufweist. Der Stoffwechsel muß in Übereinstimmung mit dem Protostoffwechsel entstanden sein.

Die grundlegenden chemischen Abläufe, die für alle Lebensformen gelten, waren also von Anfang an angelegt – eine Abfolge einzelner Schritte, die von den deterministischen Faktoren, die alle chemischen Prozesse steuern, gelenkt wurden. Das gilt nicht nur für das von mir vorgeschlagene Modell, sondern für alle Modelle. Welchen Weg zur RNA-Welt das entstehende Leben auch eingeschlagen haben mag, immer war es eine lange Reihe von Einzelereignissen, und das schließt eine nennenswerte Beteiligung unwahrscheinlicher Vorgänge aus. Der Weg zum Leben verlief über Reaktionen, die unter den jeweils herrschenden Bedingungen zwingend stattfinden mußten.

Eine weitere Erkenntnis lautet: Die erste Phase des Weges zum Leben muß schnell abgelaufen sein, ganz im Gegensatz zu der allgemein anerkannten Vorstellung, daß die Entstehung des Lebens sehr lange gedauert hat.[9] Da am Aufbau des Lebens sehr empfindliche Moleküle beteiligt waren, kann nur ein schneller Ablauf der Zerstörung durch spontanen Zerfall zuvorkommen. In einer Ursuppe, die ausreichend mit Bausteinen, Energiequellen und Katalysatoren ausgestattet war, könnte es bis zur RNA nur einige Jahre gedauert haben, vielleicht sogar noch weniger. In verschiedenen Gegenden der Erde und zu verschiedenen Zeitpunkten könnten zahlreiche derartige Entwicklungen begonnen haben, von denen viele aus diesem oder jenem Grund im Sande verliefen. Sogar die Möglichkeit, den ganzen Vorgang eines Tages im Labor nachzuvollziehen, gehört nicht mehr allein in den Bereich der Science-fiction.

Teil II:
Das Zeitalter der Information

5 Der Aufstieg der RNA

Von Information war bisher noch kaum die Rede, und zwar aus einem ganz bestimmten Grund: Was auch zum Auftauchen der ersten RNA-Moleküle geführt haben mag, es geschah nicht im Hinblick auf ihre informationstragende Funktion. Zunächst war die RNA das Produkt chemischer Gesetzmäßigkeiten, die Information erwuchs später als zusätzliche Eigenschaft. Bevor wir fortfahren, sollten wir ein paar Worte über diese Eigenschaft verlieren.

Ein kleiner Blick voraus

Alle Lebewesen sind nach einem Bauplan konstruiert, der von einer Generation zur nächsten weitergegeben wird. Pestbazillen bringen Pestbazillen hervor, Orchideen lassen Orchideen entstehen, die Nachkommen von Milben sind Milben, und Menschen zeugen Menschen. Deshalb bezeichnet man den Bauplan als genetisch (die Wurzel *gen*, wie in *Genesis*, kommt von dem griechischen Verb für «geboren werden»). Der genetische Bauplan besteht aus Einheiten, den Genen, die zusammen das Genom oder den Genotyp des Lebewesens bilden. Gene haben zwei Hauptmerkmale: Erstens können sie *kopiert* werden, was die Voraussetzung für die Vererbung ist, und zweitens können sie als Eigenschaften des Lebewesens ausgeprägt oder *exprimiert* werden; diese Eigenschaften bilden zusammen den Phänotyp. Beide Vorgänge beruhen ausschließlich auf chemischen Prozessen.

Bei allen heutigen Lebensformen ist der genetische Bauplan in Molekülen der Desoxyribonucleinsäure (DNA) niedergelegt, einer Verbindung, die eng mit der RNA verwandt ist und ebenfalls aus vier verschiedenen Nucleotidtypen besteht. Die Reihenfolge oder Sequenz der Nucleotide bestimmt den Informationsgehalt der Moleküle, genau wie die Reihenfolge der Buchstaben bestimmt, was ein Wort bedeutet.

Die DNA ist der Stoff, aus dem die Gene sind, und deshalb nimmt sie als Symbol für das Leben zu Recht eine herausragende Stellung ein. Ihre Funktion beschränkt sich aber ausschließlich auf die Speicherung der genetischen Information (und auf die Verdoppelung dieser Information bei der Zellteilung, damit jede Tochterzelle wieder eine Kopie erhält). Wenn es um die Expression der Information geht, wird die DNA ausnahmslos zunächst in RNA umkopiert (transkribiert). Die Transkription unterscheidet sich nicht sehr stark von der DNA-Verdoppelung (Replikation), denn die RNA ist der DNA chemisch recht ähnlich und enthält, mit einer einzigen kleinen Ausnahme, die gleichen Basen.

Die RNA ist ein wesentlich vielseitigeres Molekül als die DNA. Sie kann katalytische Eigenschaften haben, wie in den Ribozymen, und exprimiert die von der DNA übernommene Information dann, indem sie chemische Reaktionen ausführt. Zu diesen Reaktionen gehören Veränderungen von RNA-Molekülen und – im Zusammenspiel mit Ribosomen, komplexen Strukturen im Zellinneren, die aus mehreren RNA- und Proteinmolekülen bestehen – das Zusammenfügen von Aminosäuren zu Proteinen, ein Vorgang, der in allen Lebewesen von überragender Bedeutung ist.

Solche funktionstragenden RNA-Moleküle repräsentieren aber nur wenige Gene der DNA. Die meisten Gene codieren Proteine, die strukturelle, regulatorische und vor allem katalytische Funktion (das heißt also Enzyme) haben und somit die wichtigsten Träger der Phänotypausprägung sind. Zellen und die von ihnen gebildeten Organismen sind im großen und ganzen der Ausdruck ihrer Proteine. Die Aminosäuresequenzen der Proteine werden durch die Nucleotidsequenz der DNA festgelegt, allerdings nicht direkt, sondern über RNA-Moleküle, die bei diesem Vorgang die Informations-«Boten» (engl. *messenger*) sind. Da die Proteine aus einem «Alphabet» von 20 Aminosäuren bestehen, während das Nucleotidalphabet der DNA und RNA nur vier Buchstaben umfaßt, bezeichnet man die Informationsübertragung von der RNA zu den Proteinen auch als Translation («Übersetzung»). Die Entsprechungsregeln, nach denen die Translation abläuft, bilden den genetischen Code.

Die genannten Zusammenhänge lassen sich in einem einfachen Schema zusammenfassen:

$$\text{DNA} \xrightarrow{\text{(Transkription)}} \text{RNA} \xrightarrow{\text{(Translation)}} \text{Protein}$$

(Replikation)

wobei die Pfeile die Richtung des Informationsflusses andeuten. Cricks zentrales Dogma[1] beschreibt die immer wieder bestätigte Beobachtung, daß der letzte Pfeil (die Translation) ausschließlich in eine Richtung weist – eine umgekehrte Translation gibt es nicht. Diese Tatsache erklärt im Zusammenhang mit der wichtigen Katalysatorfunktion der RNA-Moleküle in der Proteinsynthese, warum die meisten Fachleute der Ansicht sind, daß die RNA vor den Proteinen da war. Aber warum die RNA und nicht die DNA?

Der Grund: Die DNA ist theoretisch entbehrlich, die RNA aber nicht. Dazu muß die RNA sich nur verdoppeln können:

$$\text{RNA} \xrightarrow{\text{(Translation)}} \text{Protein}$$

(Replikation)

Ein solcher Vorgang läuft in normalen Zellen nicht ab, aber er kommt in Zellen vor, die mit bestimmten Viren infiziert sind. Solche Viren – beispielsweise die Erreger der Kinderlähmung – haben ein Genom aus RNA; sie ist bei ihnen der verdoppelungsfähige Speicher der genetischen Information. DNA spielt hier keine Rolle. Eines der in der Virus-RNA codierten Proteine ist die RNA-Replikase, ein Enzym, das die Verdoppelung von RNA katalysiert.

Nach dieser Einführung können wir jetzt versuchen, die historischen Ereignisse zu rekonstruieren, die zur Entwicklung von Replikation, Proteinsynthese und Translation führten; dabei müssen wir daran denken, daß alle derartigen Entwicklungen ausschließlich auf chemische Vorgänge zurückgehen. Die Information war nicht einfach da. Sie rutschte irgendwie dazwischen. Doch nachdem das geschehen war, wurde sie zur zentralen Triebkraft des Lebens, denn sie machte die Darwinsche Selektion möglich.

Die magische Chiffre

Die ersten RNA-Moleküle waren wahrscheinlich Zufallsanordnungen aus Nucleotiden, die neben Adenin, Guanin, Cytosin und Uracil durchaus auch andere Basen enthalten haben könnten. Die vier genannten Basen werden in der Regel mit ihren Anfangsbuchstaben bezeichnet. (In biochemischen Kürzeln wie ATP oder UMP stehen *A*, *G*, *C* und *U* für die Moleküle aus der jeweiligen Base und Ribose; in der verkürzten Schreibweise der Molekularbiologie, in der es nur um die Information geht, verzichtet man auf solche chemischen Einzelheiten.)

Ein möglicher Grund dafür, daß das AGCU-Alphabet für die Informationsübertragung übrigblieb, sind die besonderen chemischen Wechselwirkungen zwischen den Basen: A und U beziehungsweise G und C sind einander komplementär. Diese Beziehungen (anstelle des U steht in der DNA das Thymin oder T) beherrschen heute den gesamten Informationsfluß zwischen den Nucleinsäuren sowie die Raumstruktur dieser Moleküle.

Ende der vierziger Jahre analysierte der in Österreich geborene amerikanische Biochemiker Erwin Chargaff von der Columbia University in New York, angeregt von dem wachsenden Interesse an der DNA, Proben dieser Nucleinsäure aus sehr unterschiedlichen Quellen auf ihren Gehalt an den vier Basen. Dabei fiel ihm etwas Überraschendes auf: Innerhalb der experimentellen Fehlergrenzen war Adenin immer in der gleichen Menge vorhanden wie Thymin, und der Guaningehalt war genauso hoch wie der Gehalt an Cytosin.[2]

Watson und Crick blieb es vorbehalten, die grundlegende Bedeutung dieser Mengenverhältnisse zu entdecken. In der Doppelhelix sind die beiden Stränge durch Bindungen zwischen A und T sowie zwischen G und C verknüpft. Die Stränge sind also komplementär: Einem A steht immer ein T gegenüber, und wo in einem Strang ein G steht, befindet sich im anderen ein C. Wenn man die Sequenz des einen Stranges kennt, kann man die des anderen daraus ableiten. Watson und Crick bemerkten auch, daß diese Basenpaarung das Prinzip der Replikation sein könnte.

Diese brillante Idee wurde später durch Experimente in vollem Umfang bestätigt und auf die RNA ausgeweitet, in der Uracil an die Stelle des Thymins tritt. In der allgemeingültigen Form schreibt man die «Chargaff-Regel» deshalb heute so:

$$A = T \text{ (oder } U) \text{ und } G = C$$

In dieser Gleichung drückt sich die Fähigkeit der Basen – beides flache Moleküle – aus, sich an den Kanten ihrer Molekülstrukturen zu verbinden wie die Teile eines Puzzles; stabilisiert werden die so entstehenden, ebenfalls flachen Doppelmoleküle durch Wasserstoffbrücken, eine besondere Art chemischer Bindungen. Wasserstoffbrücken bestimmen viele wichtige Wechselwirkungen in und zwischen Biomolekülen. Besonders wichtig sind sie für die Basenpaarung in den Nucleinsäuren.

Zwischen A und U (beziehungsweise T) liegen zwei Wasserstoffbrücken; zwischen G und C sind es drei, so daß diese Bindung fester ist. Insgesamt sind Wasserstoffbrücken jedoch recht schwache Bindungen im Verhältnis zu den Kräften, die der Stabilisierung der Paare entgegenwirken, wie thermische Bewegung und die elektrostatische Abstoßung zwischen den negativ geladenen Phosphatgruppen der beiden Ketten. Die Verbindungen werden aber in dem Maße stärker, je mehr benachbarte Basen an der Paarung beteiligt sind. Zwei Nucleotidketten, die komplementäre Abschnitte von drei oder mehr Nucleotiden enthalten, können deshalb durch Basenpaarung relativ stabile Anordnungen ausbilden.

In jeder derartigen Anordnung müssen die Basen der beiden Ketten einander gegenüberstehen; dazu müssen die Ketten antiparallel liegen, daß heißt, das Phosphatende der einen muß sich neben dem Riboseende der anderen befinden (siehe Abbildung Seite 54). Wegen der besonderen Molekülstruktur der Polynucleotidketten sind die gepaarten Abschnitte zu einer Spirale gewunden, die einer Wendeltreppe ähnelt. Die Stufen dieser Treppe sind die Basen, die mit ihrer Molekülebene rechtwinklig zur Spiralachse liegen und gegeneinander waagerecht verdreht sind. Die Phosphat-Ribose-Gerüste der Ketten bilden die Geländer der Wendeltreppe.

Wenn zwei Polynucleotidketten über ihre gesamte Länge komplementär sind, verbinden sie sich zu einem langen, regelmäßigen, spiralförmigen Doppelstrangfaden, der durch Basenpaarungen stabilisiert wird. Diese Anordnung wurde erstmals bei der DNA entdeckt, die in der Natur meist als Doppelstrang vorkommt und die berühmte Doppelhelix bildet. Im Gegensatz zu Watson und Crick entdeckte die Natur jedoch zuerst die RNA-Doppelhelix. Anders als bei der DNA sind die meisten RNA-Moleküle Einzelstränge – eine Ausnahme machen hier nur die Genome mancher Viren. Die einzelsträngigen RNA-Moleküle enthalten aber viele kurze Nucleotidsequenzen, die in antiparalleler Anordnung komplementär sind. Diese Abschnitte können sich durch Basenpaarung verbinden, so daß sich die biegsamen RNA-Ketten zu unterschiedlich komplizierten Schleifen falten; die so entstehenden Strukturen hat man als Kleeblätter, Blüten und ähnliches bezeichnet, aber in Wirklichkeit sehen sie eher wie schrecklich verworrene Knoten aus. Unabhängig vom ästhetischen Wert spielen diese Gebilde aber eine wichtige Rolle für die Funktionseigenschaften der Moleküle.

Wahrscheinlich enthielten die ersten RNA-Moleküle rein zufällig solche komplementären Abschnitte, die sich in den Ketten zu Schleifen legten. Auf diese Weise könnte die Replikation entstanden sein.

Der Beginn der Replikation

Stellen wir uns einmal ein zufällig entstandenes RNA-Ende vor, beispielsweise mit der Sequenz GACU. Im Hauptteil der Molekülkette folgen auf ein A zufällig – im Durchschnitt jedes 64. Mal – die Basen GUC. Diese Sequenz (AGUC) ist, wenn man sie antiparallel schreibt, komplementär zu der endständigen Sequenz, so daß sich in der Kette ein Stück Doppelstrang bildet:

Nehmen wir nun an, daß diese gefaltete Kette von rechts nach links länger wird, weil sich an das endständige U weitere Nucleotide anlagern. Da neben dem A, das mit diesem U gepaart ist, ein G steht, ist die Anheftung des komplementären C wahrscheinlicher als die der drei anderen Nucleotide. Wiederholt sich das Ganze, wird gegenüber dem A ein U, gegenüber dem C ein G und gegenüber dem nächsten C

wieder ein G angelagert, und so weiter. Das Ergebnis ist ein Molekül-
abschnitt, der auf seiner gesamten Länge dem gegenüberliegenden
Molekülteil komplementär ist:

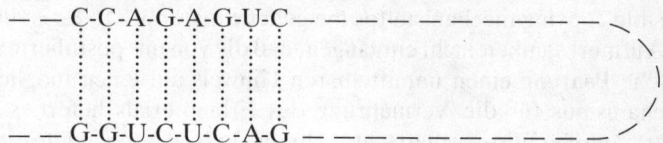

— — C-C-A-G-A-G-U-C— — — — — — — — — —

— — G-G-U-C-U-C-A-G — — — — — — — — — —

Schneidet man nun noch die Schleife rechts von dem letzten GC-Paar
ab, hat man zwei völlig komplementäre Ketten. Das gleiche geschieht
auch, wenn ein kurzer GACU-Abschnitt als Startstück (die Molekularbiologen sprechen vom «Primer») dient, das an einem mit AGUC
endenden «Matrizen»molekül verlängert wird (ohne daß eine verbin-
dende Schleife vorhanden ist). Genau das geschieht bei der biologischen Replikation der RNA (und der DNA): Eine Polynucleotid-
kette wird zusammengesetzt, wobei eine antiparallele, vollständige
Kette als Matrize dient. Bei jedem Reaktionsschritt wird unter den
vier verfügbaren Nucleotiden dasjenige ausgesucht, das mit dem gegenüberliegenden Nucleotid der Matrize die Basenpaarung eingehen
kann. Es ist ein höchst einfacher Mechanismus: Von vier Puzzlestei-
nen nimmt man schlicht denjenigen, der ins Bild paßt – kinderleicht.
Die Moleküle bewegen sich solange blind durcheinander, bis zufällig
eines paßt und festgehalten wird – auf diese Weise erreicht die Natur das gleiche Ziel ohne die Beobachtungsgabe eines Kindes. Das
Endergebnis ist eine Kette, die zur Matrize vollständig komplementär ist.

Nun könnte man einwenden, dies sei doch keine Verdoppelung.
Man muß aber lediglich den Vorgang mit der neu gebildeten Kette als
Matrize wiederholen, um eine Kopie der ersten Matrize herzustellen.
Mit anderen Worten: Die Replikation von RNA (und DNA) läuft
nach dem gleichen Prinzip ab wie das Kopieren von Fotos: Vom Negativ wird ein Positiv und vom Positiv ein Negativ hergestellt. Doppelsträngige Nucleinsäuren enthalten die gleiche Information (Molekül-
sequenz) in doppelter Ausfertigung, einmal als Positiv und einmal als
Negativ. Die Replikation ist ein wechselseitiger Vorgang: Das Positiv
dient als Vorlage für das Negativ und umgekehrt, so daß schließlich
zwei identische Doppelstränge vorliegen.

Dieses Prinzip ist das wirklich Bedeutsame an der Entdeckung von Watson und Crick. Es steht in ihrem kurzen *Nature*-Artikel von 1953 ganz am Ende in einem einzigen Satz: ‹It has not escaped our notice that the specific pairing we have postulated immediately suggests a possible copying mechanism for the genetic material.›[3] (‹Es ist unserer Aufmerksamkeit nicht entgangen, daß die von uns postulierte spezifische Paarung einen unmittelbaren Hinweis auf einen möglichen Mechanismus für die Vermehrung des Erbmaterials liefert.›) Der amerikanische Wissenschaftsautor Horace Judson bezeichnete diesen Satz einmal als ‹eine der bescheidensten Behauptungen in der wissenschaftlichen Literatur›[4]. Er soll von Francis Crick stammen, dem Engländer im Team, und man könnte ihn auch als eines der berühmtesten Beispiele für britisches Understatement anführen. Man stelle sich nur die innere Erregung der beiden jungen Männer vor, die sich zweifellos sehr ‹wohl bewußt waren, daß sie gerade eines der bestgehüteten Geheimnisse der Natur gelüftet hatten.

Die wirklich bahnbrechende Neuerung in der Entstehung des Lebens war das Auftauchen der RNA. Sie eröffnete den Weg zur Verdoppelung von Molekülen und ermöglichte damit erstmals einen Mechanismus der entwicklungsgeschichtlichen Verbesserung durch Variation, Konkurrenz und Selektion. Von jetzt an muß der Forscher, der den Weg des Lebens rekonstruieren will, neben chemischen Notwendigkeiten neue Erklärungen heranziehen. Ein neues Prinzip begann ins Geschehen einzugreifen: die Darwinsche Selektion.

Darwin spielt mit Molekülen

Stellen wir uns noch einmal die Szenerie vor. Die präbiotische Suppe hat – mit Hilfe des Protostoffwechsels – so lange «gekocht», bis ATP, GTP, CTP und UTP (und vielleicht andere, ähnliche Moleküle) entstanden sind und sich zu den verschiedensten Polynucleotidketten zusammengelagert haben. Einige dieser Ketten enthalten zufällig geeignete Komplementärsequenzen, mit deren Hilfe sie Doppelstränge bilden oder sich anderweitig so verbinden können, daß eine Replikation durch Kettenverlängerung möglich wird. Solche vorteilhaften Sequenzen verdoppeln sich und sind bald in größerer Zahl vorhanden als andere. Mit der Replikation ist zum ersten Mal ein Mechanismus der *Selektion durch Vervielfältigung* entstanden. Aber das ist noch nicht alles.

Die Replikation der RNA muß anfangs eine ziemliche Pfuscherei gewesen sein. Dabei kam es zwangsläufig zu vielen Fehlern, so daß zahlreiche ungenaue Kopien der Matrizensequenzen entstanden. Da diese Varianten selbst wieder als Matrizen dienen konnten, war eine weitere Auseinanderentwicklung der Sequenzen die Folge. Aber nicht alle Varianten brachten die gleiche Anzahl von Kopien hervor. Manche verdoppelten sich aufgrund besonderer Sequenzeigenschaften schneller als andere, so daß sie einen Vorteil besaßen. Ein weiterer nützlicher Faktor war unter den herrschenden Umweltbedingungen die Stabilität. Moleküle, die diese beiden Eigenschaften – schnelle Vermehrung und Stabilität – in sich vereinigten, brachten die meisten Nachkommen hervor, die dann, mit den gleichen Vorteilen ausgestattet, die weniger günstigen Sequenzen allmählich verdrängten. Am Ende des Vorganges muß eine Sequenz in dem ganzen Gemisch vorgeherrscht haben, unabhängig von der anfänglichen Vielfalt.

Dieses Szenario ist nicht nur eine theoretische Konstruktion. Es wurde im Labor vielfach nachvollzogen, zum ersten Mal 1967 von dem inzwischen verstorbenen amerikanischen Biochemiker Sol Spiegelman von der Columbia University, der auf diesem Gebiet Pionierarbeit leistete.[5] Spiegelman mischte im Reagenzglas die RNA aus einem kleinen Virus namens Qβ, das RNA-Replikationsenzym (Replikase) desselben Virus, und die vier Bausteine der RNA-Replikation (ATP, GTP, CTP und UTP). Er ließ die RNA-Replikation kurze Zeit laufen und brachte die neu gebildete RNA dann in einen zweiten, ähnlichen Reaktionsansatz. Diesen Vorgang wiederholte er mehrmals. Am Ende war die entstandene RNA ganz anders als die Virus-RNA, die er zu Beginn zugesetzt hatte: Sie enthielt nur noch die Molekülteile, die für eine wirksame Umsetzung mit dem Replikationsenzym und zur Erhaltung der Stabilität erforderlich waren. Ein völlig anderes Endprodukt entstand, wenn das Reaktionsgemisch einen Hemmstoff enthielt, der die Bedingungen für optimale Wechselwirkungen mit dem Enzym veränderte. Diese historischen Experimente wurden in der Folgezeit verschiedentlich wiederholt, insbesondere von Orgel[6] sowie von dem deutschen Nobelpreisträger Manfred Eigen und seinen Mitarbeitern am Max-Planck-Institut für Physikalische Chemie in Göttingen, die das System auch theoretisch eingehend untersucht haben.[7]

Was man hier beobachtet, ist nichts Geringeres als echte Darwinsche Evolution auf molekularer Ebene. Ein Gen, ein RNA-Molekül mit festgelegter Sequenz, kann sich replizieren. Dieses Gen macht Mutationen durch. Die Mutanten konkurrieren um die verfügbaren Ressourcen, in diesem Fall um die Nucleotide, die für die Replikation nur in begrenztem Umfang zur Verfügung stehen. Gewinner sind diejenigen Moleküle, die sich am schnellsten vermehren. Wichtig ist dabei, daß sich dieses Ergebnis ohne Planung oder Voraussicht einstellt. Die Mutationen entstehen durch Fehler bei der Replikation, Zufallsereignisse, die in keinem Zusammenhang mit der Herstellung besser replikationsfähiger Moleküle stehen. Dies ist das Wesentliche an Darwins Theorie. Die natürliche Selektion wirkt blind auf das Material, das ihr der Zufall anbietet.

Am Ende des gerade beschriebenen Optimierungsvorganges kommt das System im sogenannten Fließgleichgewicht zur Ruhe, einem Zustand scheinbarer Stabilität, in dem Replikation und Abbau einander die Waage halten, wobei die optimierte Sequenz dank ständiger Selektion ihre beherrschende Rolle behält. Aber auch im optimierten Fließgleichgewicht sind nicht alle RNA-Moleküle genau gleich. Da bei der Replikation weiterhin Fehler vorkommen, ist das Ergebnis eine sich ständig wandelne Molekülpopulation, die Eigen als «Quasispezies» bezeichnete. Diese Population besteht aus genauen Kopien der optimalen Sequenz (der «Vorbildsequenz») sowie aus Varianten, die durch Replikationsfehler entstanden sind. Bei der Entstehung des Lebens stellte die Vorbildsequenz der ersten RNA-Quasispezies wahrscheinlich das erste Gen dar, ein ausgesprochen «egoistisches» Gen – um einen Ausdruck des britischen Biologen Richard Dawkins zu benutzen [8] –, das nur auf seine eigene Replikation aus war.

Eigen versuchte, dieses Urgen aufgrund aller verfügbaren experimentellen und theoretischen Befunde zu rekonstruieren, ungefähr so, wie die Zeichner bei der Polizei aufgrund von Zeugenaussagen ein Bild des gesuchten Verbrechers anfertigen.[9] Das «Phantombild» des ersten Gens zeigt eine verblüffende Ähnlichkeit mit dem Bild, das man aus Sequenzvergleichen für den gemeinsamen Vorläufer aller heutigen Typen der Transfer-RNA ableiten kann, einer besonderen Klasse kleiner RNA-Moleküle, die für die Proteinsynthese unentbehrlich sind. Wegen der vielen Unsicherheiten bei beiden Rekonstruktionen würde kein Richter aufgrund dieser Identifikation ein Urteil sprechen, aber ein Verdacht liegt sehr nahe. Die Möglichkeit, daß das Urgen der Vorläufer der Transfer-RNA gewesen sein könnte, eröffnet höchst interessante und wichtige Folgerungen im Hinblick auf die Frage, wie die RNA-Moleküle anfangs beim Zusammenfügen der Peptide mitwirkten.

Die erste Folge der gerade beschriebenen molekularen Selektion dürfte die Auswahl der vier Basen gewesen sein, aus denen die RNA heute besteht. Moleküle, die ausschließlich aus A, G, U und C zusammengesetzt waren, hatten den Vorteil, daß sie sich durch Basenpaarung verdoppeln konnten. Moleküle mit anderen Basen, die solche Paarungen nicht eingehen konnten, wurden auf diese Weise ausgemerzt.

Die Geburt der Proteine

Mit dem Urgen hatte das entstehende Leben die Möglichkeiten der molekularen Verbesserung durch Darwinsche Selektion ausgeschöpft und sich damit entwicklungsgeschichtlich in eine Art Sackgasse manövriert, aus der ein Entkommen nur durch eine Veränderung der äußeren Umstände möglich war. Aber auch diese Freiheit hätte nicht lange gedauert. Der Selektionsdruck wäre ein anderer gewesen, aber schon bald wäre das System – mit einer neuen Optimierung und an neue Bedingungen angepaßt – wieder am Endpunkt angelangt. Und so wäre es immer weitergegangen, wenn es nicht Reaktionen eines neuen Typs gegeben hätte, die weiteren Fortschritt ermöglichten.

Nach der wahrscheinlichsten Vorstellung begann alles mit einer oder mehreren neuen RNA-Varianten, die *mit Aminosäuren in Wechselwirkung traten*, und zwar so, daß die Aminosäure an das Ribose-Ende eines RNA-Moleküls angekoppelt wurde. Auf diese Weise begab sich das Urgen auf seine lange Reise, die schließlich zu den Transfer-RNAs führen sollte, nach Eigens Analyse seinen nächsten noch existierenden Nachkommen. Genau das tun die Transfer-RNAs nämlich heute: Sie verbinden sich mit Aminosäuren, und diese Reaktion ist der erste Schritt der Proteinsynthese.

Das entstehende Leben «wußte» nicht, daß diese Wechselwirkung den Weg zu einer der folgenreichsten Entwicklungen eröffnen sollte: zur RNA-abhängigen Proteinsynthese. Es muß einen unmittelbaren

Vorteil gegeben haben, dessentwegen RNAs, die sich mit Aminosäuren verbinden konnten, bevorzugt verdoppelt wurden. Möglicherweise gibt es dafür eine einfache Erklärung. RNAs mit angehefteten Aminosäuren konnten sich wahrscheinlich zu einer kompakteren Form zusammenfalten, so daß sie besser gegen Abbau geschützt waren. Oder sie dienten wirksamer als Replikationsmatrize – eine durchaus plausible Möglichkeit, denn die Aminosäuren waren an das Ende der RNA gebunden, an dem das Ablesen der Matrize beginnt. Die Aminosäure könnte dafür gesorgt haben, daß die Replikation an der richtigen Stelle beginnt, oder vielleicht begünstigte sie auch auf andere Weise die Wechselwirkungen zwischen der Matrize und dem Katalysatorsystem. Einfache Darwinsche Selektion könnte also die treibende Kraft nicht nur bei der Evolution der RNA gewesen sein, sondern auch hinter der Beteiligung der RNA an der Proteinsynthese, einem der bedeutsamsten Vorgänge in der Geschichte des Lebens.

Die Anheftung der Aminosäuren an die Transfer-RNAs erfordert Energie, die in der Natur vom ATP geliefert wird. Nach meinem Modell könnte sie aus Thioesterbindungen gestammt haben, wenn die Aminosäuren zu Thioestern reagiert hatten. Es gibt auch andere Möglichkeiten: Vielleicht spielte ATP eine Rolle, das zu jener Zeit in dem System bereits vorhanden war, oder vielleicht traten RNAs und freie Aminosäuren sogar unmittelbar in Wechselwirkung.[10]

Interessant ist die Frage, ob es sich um spezifische Wechselwirkungen handelte. Verband sich ein bestimmter RNA-Typ spezifisch mit einer bestimmten Aminosäure? Oder reagierte die gleiche RNA mit verschiedenen Aminosäuren, oder die gleiche Aminosäure mit verschiedenen RNAs? Bei der heutigen Proteinsynthese sind die Wechselwirkungen der Transfer-RNA hochspezifisch, aber für diese Spezifität sorgen im wesentlichen die Enzyme, welche die Verbindung katalysieren. Die Bindungsstellen dieser Enzyme erkennen eine bestimmte Aminosäure sowie die zugehörige Transfer-RNA und richten die beiden Moleküle so zueinander aus, daß sie sich mit Hilfe von ATP verbinden können. Es gibt so gut wie keine Hinweise, daß sich Transfer-RNA und Aminosäuren unmittelbar und ohne Mitwirkung solcher Enzyme erkennen können; ausschließen kann man diese Möglichkeit allerdings nicht: Man hat gewisse unmittelbare Wechselwirkungen zwischen RNA und Aminosäuren beobachtet.[11]

Man ist leicht versucht anzunehmen, daß der primitive Prozeß eine gewisse Spezifität besaß, entweder durch unmittelbare Wechselwir-

kungen oder durch eine vermittelnde katalytische Oberfläche. Das
würde die verblüffende Selektivität der Proteinsynthese erklären:
Nur 20 Aminosäuren werden verwendet, viele andere dagegen nicht,
obwohl sie ebenfalls verfügbar wären. Einige dieser zusätzlichen
Aminosäuren waren in der Ursuppe wahrscheinlich sogar in recht
großer Menge enthalten. Hinzu kommt die verblüffende Tatsache,
daß 19 der 20 Aminosäuren in den Proteinen (die zwanzigste, das
Glycin, existiert nur in einer Form) «linkshändig» sind. Die «Händig-
keit» – der Fachausdruck lautet Chiralität (von griechisch *cheir* =
Hand) – ist eine Eigenschaft von Molekülpaaren, die wie Hände
gleich aufgebaut sind, nur mit dem Unterschied, daß das eine gewissermaßen das Spiegelbild des anderen darstellt. Diese beiden Formen
bezeichnet man mit D und L, den Anfangsbuchstaben der lateinischen Worte für rechts (*dexter*) und links (*laevus*). Proteine enthalten
ausschließlich L-Aminosäuren. Diese seltsame Vorliebe der Natur
für linkshändige Aminosäuren gehört für viele Wissenschaftler zu den
spannendsten Rätseln bei der Entstehung des Lebens. Man könnte
sich vorstellen, daß die ersten Transfer-RNAs mit ihrer Spezifität dafür sorgten, daß ganz bestimmte Aminosäuren für die Proteinsynthese ausgewählt wurden.[12] Auch die Entstehung der Translation und
des genetischen Codes läßt sich nur schwer erklären, wenn man nicht
annimmt, daß die chemische Verknüpfung zwischen Aminosäuren
und RNA-Molekülen mit einer gewissen Spezifität erfolgte.

Nachdem mit Aminosäuren beladene RNA-Moleküle in immer
größerer Zahl in der Ursuppe herumschwammen, kann man davon
ausgehen, daß sie untereinander in Wechselwirkung traten. Das gleiche geschieht heute zwischen den aminosäuretragenden Transfer-
RNAs. In einem ersten Schritt legen sich zwei derartige Moleküle so
nebeneinander, daß sich die beiden Aminosäuren zu einem Dipeptid
verbinden können. Durch ähnliche Wechselwirkungen liefert eine
weitere Transfer-RNA eine dritte Aminosäure, so daß ein Tripeptid
entsteht. Das gleiche wiederholt sich viele Male, bis eine bestimmte
Polypeptidkette fertig ist. In der gesamten Welt des Lebendigen werden die Proteine auf diese Weise zusammengefügt. Am Anfang der
Peptidsynthese standen höchstwahrscheinlich die ersten mit Aminosäuren verknüpften RNA-Moleküle; auf diese Weise kam die RNA-
abhängige Proteinsynthese auf die Welt.

In der Natur findet die Peptidsynthese an den Ribosomen statt,
kompakten Teilchen aus mehreren RNA-Molekülen (ribosomale

RNAs) und über 50 verschiedenen Proteinen. Vervollständigt wird der Proteinsyntheseapparat durch einen Faden Messenger-RNA, der darüber bestimmt, welche Aminosäure in jedem einzelnen Reaktionsschritt eingebaut wird. Dieser zuletzt genannte Mechanismus braucht uns aber hier noch nicht zu interessieren, denn den Code, nach dem er funktioniert, gab es noch nicht. Wir haben es zunächst mit einer ungesteuerten Form der Proteinsynthese zu tun.

Selbst wenn wir den Gesichtspunkt der Information beiseite lassen, sticht die herausragende Rolle der RNA bei der heutigen Proteinsynthese ins Auge. Unter dem Eindruck dieser Tatsache äußerte Crick 1968 die Vermutung, der erste Proteinsyntheseapparat könne ausschließlich aus RNA-Molekülen ohne Proteine bestanden haben.[13] Das war keine unvernünftige Idee, denn Proteine dürften anfangs für den Apparat, der sich zu ihrer Herstellung entwickelte, kaum zur Verfügung gestanden haben. Als man später RNAs mit katalytischen Eigenschaften entdeckte, erhielt Cricks Theorie großen Auftrieb, und heute ist sie einer der wichtigsten Bestandteile des Modells von der RNA-Welt. Nach der Vorstellung von der Thioesterwelt wäre es zwar möglich, daß katalytische Multimere beim Zusammenbau der ersten Peptide mitwirkten, aber die beredte Botschaft der Natur können wir nicht übergehen. Höchstwahrscheinlich waren RNA-Moleküle, aus denen später die ribosomale RNA und vielleicht auch die Messenger-RNA hervorgingen, als Struktur- und Katalysatorbestandteile an dem ersten primitiven Peptidsyntheseapparat beteiligt. Ein weiteres stichhaltiges Argument für diese Hypothese liefert die Entdeckung des amerikanischen Wissenschaftlers Harry Noller von der University of California in Santa Cruz, daß der Katalysator, der in den Ribosomen für das Knüpfen der Peptidbindungen sorgt, wahrscheinlich selbst ein RNA-Molekül ist.[14]

Ungeklärt ist allerdings, wie die RNAs ausgewählt wurden, die bei der Peptidsynthese als Katalysatoren wirksam sind. Vielleicht begünstigte die Beteiligung an diesem Vorgang in irgendeiner Form die Vermehrungsfähigkeit oder Stabilität der betreffenden Moleküle. Aber das ist keine sehr überzeugende Erklärung. Jedenfalls wurde schon bald darauf ein neuer Selektionsmechanismus gebraucht, der auf der Nützlichkeit der zusammengesetzten Peptide beruhte. Von ihm wird im nächsten Kapitel die Rede sein.

6 Der Code

Wir sind jetzt mit unserer hypothetischen Rekonstruktion des Informationszeitalters an dem Punkt angelangt, an dem ein RNA-Apparat die ersten Peptide zusammensetzte. Was als nächstes kam, wissen wir: die Translation und der genetische Code. Für den Historiker stellen sich dabei zwei Fragen. Erstens: Durch welche Abfolge von Ereignissen entstanden die Translation und der genetische Code? Und zweitens: Welche Triebkraft sorgte für diese außergewöhnliche Entwicklung? Beide Fragen hängen eng zusammen, denn man kann sich keinen Reaktionsweg ausdenken, ohne gleichzeitig zu erklären, wie er spontan entstanden ist. Bevor wir versuchen, diese Fragen zu beantworten, müssen wir ein neues Element einführen: den Entwurf einer Urzelle.

Darwin braucht Zellen

Die Zelle ist die Grundeinheit des Lebendigen und kommt in allen Rekonstruktionsversuchen für die Entstehung des Lebens an irgendeiner Stelle vor. In manchen Szenarien sind die Zellen schon sehr früh oder sogar von Anfang an vorhanden. Andere beginnen mit einer strukturlosen Suppe und nehmen erst später eine Aufteilung in Zellen an, in einigen Fällen erst im letzten Augenblick, wenn sie für die weitere Entwicklung unentbehrlich wird. Aus Gründen, die ich in einem späteren Kapitel erläutern werde, habe ich mich der zweiten Vorstellung angeschlossen. In jedem Fall ist jetzt eine Grenze erreicht.

Mit dem Beginn der RNA-abhängigen Peptidsynthese (oder vielleicht auch schon früher) hatte das entstehende Leben die Möglichkeiten der molekularen Evolution praktisch ausgeschöpft. Damit die Evolution sich fortsetzen konnte, mußten weniger egoistische – oder besser gesagt, weniger grob egoistische – Selektionskriterien ins Spiel kommen. Der Selektionswert der RNA-Moleküle durfte nicht mehr allein von ihrer Fähigkeit, zu überleben und sich selbst zu vermehren, abhängen, sondern er mußte auch daran orientiert sein, ob sie *etwas tun konnten*, das ihr Überleben und ihre Vermehrung indirekt begünstigte. Damit eine solche Selektion wirksam werden konnte, mußte das entstehende Leben in eine Reihe, getrennter, halbselbständiger, sich selbst vermehrender Einheiten aufgeteilt werden, die jeweils ein eigenes Genom enthielten; wir wollen diese Einheiten als Protozellen bezeichnen. Eine nützliche Mutation kommt dann nur noch der Protozelle zugute, in der sie sich ereignet: Sie bewirkt, daß sich diese Protozelle einschließlich ihres verbesserten Genoms schneller als andere Protozellen vermehren kann, so daß die ständig wachsende Menge ihrer ähnlich vorteilhaft ausgestatteten Nachkommen die Konkurrenten allmählich verdrängt.

Um meinen Erzählfluß nicht zu unterbrechen, werde ich die Mechanismen, die zum Auftauchen der ersten Protozellen führten, in einem späteren Kapitel behandeln. Nehmen wir jetzt einmal an, die Aufteilung in Zellen habe stattgefunden, und die Ereignisse, die wir hier betrachten wollen, spielten sich in einer Population von Protozellen ab, die einzeln wachsen und sich durch Teilung fortpflanzen konnten.

Nachdem es die Protozellen gab, konnte die Selektion auf einer umfassenderen Grundlage tätig werden und jede vermehrungsfähige RNA begünstigen, die – auf welche Weise auch immer – die Wachstums- und Reproduktionsfähigkeit ihrer Protozelle verbesserte. Erst in diesem Stadium, und nicht früher, konnte die katalytisch aktive RNA erhalten bleiben und durch Selektion verbessert werden, und zwar in dem Maße, in dem ihre Aktivität für die betreffenden Protozellen nützlich war. Insbesondere mußte es einen starken Selektionsdruck zugunsten wirksamerer Teile des Peptidsyntheseapparats gegeben haben, vorausgesetzt – und diese Annahme erscheint gerechtfertigt –, die Fähigkeit zur Herstellung von Peptiden war als solche von Vorteil.

Einen weiteren beträchtlichen Vorteil müßte alles gebracht haben, was zur Herstellung nützlicher Peptide beitrug, im Unterschied zu nutzlosen oder gefährlichen. Aber dafür wurde eine *Rückkopplungsschleife* gebraucht, bei der die nützlichen Peptide gezielt ihre eigene Vermehrung förderten.[1] Das könnte vermutlich durch unmittelbares Kopieren der nützlichen Peptide geschehen sein, aber es gibt triftige Gründe, die dagegen sprechen. Der beste lautet vielleicht (solange das Gegenteil nicht bewiesen ist): Das Kopieren von Proteinen ist keine Lösung, denn dann bleibt immer noch das Problem, die Translation zu erklären.

Die Einheiten der Translation

Auch hier stammt der Fingerzeig unmittelbar aus dem heutigen Leben. Der Proteinsyntheseapparat besteht aus mehreren Teilen. Zunächst einmal ist da das Ribosom, die katalytische Montagewerkbank. Es ist ein kleines, dichtes Partikel von etwa zwei millionstel Millimetern Größe; aufgebaut ist es aus einer kleinen und einer großen Untereinheit, die jeweils aus RNA- und Proteinbausteinen in etwa gleichen Gewichtsanteilen bestehen. Das Ribosom fügt an eine wachsende Peptidkette (oder am Anfang an eine einzelne Aminosäure) automatisch eine Aminosäure an, wenn ihm die beiden Moleküle in geeigneter Weise angeboten werden. Das Ribosom kann keine Information lesen: Es wirkt blind bei zwei beliebigen Reaktionspartnern, sofern sie die richtige chemische Struktur besitzen und in bezug auf sein katalytisches Zentrum richtig angeordnet sind.

Ein zweiter Teil des Syntheseapparats ist die Messenger-RNA. Sie läuft wie ein Faden zwischen den beiden Ribosomenuntereinheiten hindurch, trägt damit zu ihrem Zusammenhalt bei und liefert die Information für die Reihenfolge, in der die Aminosäuren bei der Peptidsynthese zusammengefügt werden sollen. Bei dieser Übersetzung («Translation») aus der Nucleinsäure- in die Proteinsprache legt die Nucleotidsequenz der Messenger-RNA die Aminosäuresequenz des zugehörigen Peptids fest. Die beiden Sequenzen sind kolinear: Die aufeinanderfolgenden Basentripletts (Codons) in der Messenger-RNA bestimmen in der gleichen Reihenfolge die Aminosäuren der Polypeptidkette. Aus den vier Basen lassen sich 64 verschiedene Codons konstruieren; 61 davon legen die 20 Aminosäuren fest, aus denen die Proteine bestehen, und drei sind Stopcodons, die das Ende des Zusammenbaus signalisieren. Ein besonderes Aminosäurecodon wirkt zugleich auch als Startcodon. Diese eindeutige Beziehung zwischen den einzelnen Basentripletts und den jeweils zugehörigen Aminosäuren bildet den genetischen Code. Er gilt nahezu in der gesamten Welt des Lebendigen. Er ist ein universelles Wörterbuch.

Zusammen mit seiner angelagerten Messenger-RNA wird das Ribosom zum Montageband *für einen einzigen Polypeptidtyp*. In der Regel folgen an einem Strang der Messenger-RNA zehn oder mehr Ribosomen aufeinander, alle eifrig damit beschäftigt, die Information abzulesen und eine entsprechende Poplypeptidkette herzustellen. Solche Ketten nennt man auch Polysomen. In jeder Zelle befinden sich zu jedem Zeitpunkt Zehntausende von Polysomen, die Tausende von verschiedenen Proteinen zusammensetzen.

Die Aminosäuren werden von der Transfer-RNA zu diesem Apparat transportiert. Zwei mit Aminosäuren beladene Transfer-RNAs werden an der Ribosomenoberfläche in die richtige Position gebracht und treten dann so in Wechselwirkung, daß die eine Transfer-RNA ihre Aminosäure an die Aminosäure der zweiten abgibt, so daß diese nun ein Dipeptid trägt. Die weitere Verlängerung der Kette erfolgt nach einem Mechanismus, den der verstorbene deutschstämmige amerikanische Biochemiker Fritz Lipmann als «Kopf-Wachstum» bezeichnet hat.[2] In jedem Schritt wird die ganze wachsende Kette auf die nächste Aminosäure übertragen, die von der zugehörigen Transfer-RNA herantransportiert wird (siehe Abbildung 6.1). Man kann es sich wie einen Eisenbahnzug vorstellen, der nicht durch Ankoppeln einzelner Wagen ans Hinterende verlängert wird, sondern indem man jedesmal den ganzen wachsenden Zug an den nächsten vorderen Wagen und zuletzt an die Lokomotive anhängt. Auf diese Weise bleibt die entstehende Peptidkette immer über die zuletzt angefügte Aminosäure mit der Transfer-RNA verbunden, bis die Synthese beendet ist; an diesem Punkt sorgt dann ein Stopsignal dafür, daß sich die fertige Polypeptidkette von ihrem letzten Trägermolekül löst.

6.1   Die wichtigsten Schritte der Proteinsynthese.
1. Eine mit der Aminosäure **E** beladene Transfer-RNA (tRNA) lagert sich am Ribosom neben einer Transfer-RNA an, die das wachsende Peptid trägt.
2. Das wachsende Peptid wird von seiner Transfer-RNA (die sich vom Ribosom löst) auf die Aminosäure **E** übertragen, die ihm die benachbarte Transfer-RNA anbietet.
3. Das Ribosom rückt auf der Messenger-RNA (mRNA) weiter, und eine Transfer-RNA mit einem komplementären Anticodon bietet die nächste Aminosäure (**P**) an.
Man beachte, daß das Peptid durch Kopf-Wachstum länger wird.

```
                    (Ribosom)
--A-C-U-C-C-G-G-A-A-C-C-G--          (mRNA)
         • • •   • • •
         G-G-C   C-U-U              (tRNAs)
         |         |
       (P)   X   (E)        ( X = katalytisches Zentrum)
        (T)
         (I)(D)
```

```
--A-C-U-C-C-G-G-A-A-C-C-G--
                 • • •
                 C-U-U
                   |
G-G-C
  |
              (E)
             (P)(T)(I)(D)
```

```
--A-C-U-C-C-G-G-A-A-C-C-G--
             • • •   • • •
             C-U-U   G-G-C
               |       |
            (E)   X   (P)
           (P)(T)(I)(D)
```

Die Stellen am Ribosom, an denen sich die mit Aminosäuren beladenen Transfer-RNAs anheften, erkennen gemeinsame Merkmale aller Transfer-RNAs, und das katalytische Zentrum verbindet chemische Gruppen, die allen Aminosäuren gemeinsam sind. Für die Unterscheidung ist ausschließlich die Messenger-RNA zuständig, die aber die Aminosäuren nicht «sehen» kann. Sie sieht vielmehr nur die Transfer-RNAs, oder genauer gesagt, einen kleinen Teil davon: das Anticodon, ein Basentriplett, das zum Codon komplementär ist. Das Anticodon ist im Transfer-RNA-Molekül so angeordnet, daß es in die richtige antiparallele Stellung zu dem in der Messenger-RNA freiliegenden Codon gelangt, wenn die Transfer-RNA eine Bindungsstelle des Ribosoms besetzt. Die Verbindung zwischen Codon und Anticodon erfolgt nach den Regeln der Basenpaarung, allerdings mit einem gewissen Spielraum («Wobble») an der dritten Base des Codons, so daß sich ein bestimmtes Anticodon manchmal mit mehreren Codons paaren kann. (Es gibt etwa 40 Transfer-RNAs für die 61 aminosäurecodierenden Codons.) In jedem Syntheseschritt stellen Ribosom und Messenger-RNA gemeinsam eine neue freie Bindungsstelle zur Verfügung, in die jeweils nur eine der etwas über 40 beteiligten Transfer-RNA-Moleküle mit seiner angehefteten Aminosäure hineinpaßt. Auf diese Weise wird die Information abgelesen. Es ist wieder das Puzzlespiel, diesmal allerdings mit 40 Teilen und nicht nur mit vier wie bei der RNA-Replikation. Ein fünfjähriges Kind könnte es vielleicht zusammensetzen.

Charakteristisch für diesen Vorgang ist, daß das Lesen *ausschließlich in der RNA-Sprache erfolgt*, also durch die Basenpaarung zwischen Codons und Anticodons. Die eigentliche Übersetzung findet vorher statt, und zwar mit Hilfe der Enzyme, *welche die Aminosäuren an die Transfer-RNAs heften*. Diese Enzyme erkennen sowohl die Aminosäure als auch die zugehörige Transfer-RNA. Sie sind die einzigen Teile des Translationsapparats, die sowohl «Proteinesisch» als auch «RNAesisch» verstehen, allerdings pro Enzym nur ein einziges Wort aus jeder Sprache. Wenn eines dieser Enzyme eine falsche Aminosäure an eine Transfer-RNA koppelt, kann der übrige Mechanismus den Schaden nicht mehr beheben. Er befolgt sklavisch die Anordnung aus dem Anticodon dieser falsch beladenen Transfer-RNA und baut die falsche Aminosäure in die wachsende Kette ein.

Erstaunlicherweise erkennt nur etwa die Hälfte der «zweisprachigen» Enzyme, die die Aminosäuren an die richtigen Transfer-RNAs heften, die Anticodons dieser Transfer-RNAs.[3] Die andere Hälfte spricht auf andere Strukturmerkmale der Transfer-RNAs an, die von Veränderungen des Anticodons oft selbst dann nicht beeinflußt werden, wenn man es völlig entfernt. Sie sind sozusagen nur indirekt zweisprachig – ihre RNA-Spezifität ergibt sich nicht unmittelbar aus dem genetischen Wörterbuch. Sie hat vielmehr mit Strukturelementen der Transfer-RNA zu tun, die nichts mit dem Anticodon zu tun haben und oft sogar ein ganzes Stück von ihm entfernt liegen. Das ist eine recht verwirrende Tatsache, denn damit erhält die Informationskette ein weiteres Glied, das die Fehlerwahrscheinlichkeit steigen läßt. Es ist schwer zu verstehen, warum die Evolution ein solches, unnötig schwaches Glied eingebaut hat – wahrscheinlich ist es ein Überbleibsel früherer Zusammenhänge, das bisher in der Evolution noch nicht verschwunden ist. Sehen wir uns aber zunächst einmal die Entwicklung der eigentlichen Translation an.

Die Entstehung der Translation

Um zu verstehen, wie ein derart komplizierter Apparat zur Proteinsynthese überhaupt entstehen konnte, wollen wir uns zunächst eine Situation ohne Code vorstellen, in der Peptide nach dem Zufallsprinzip zusammengestellt wurden. Man könnte nun denken, die Messenger-RNA, die ja keine Bedeutung trug, werde unter solchen Umständen nicht gebraucht. Aber das stimmt nicht. Selbst in dem heutigen Syntheseapparat würde die Messenger-RNA oder ein entsprechendes Molekül in jedem Fall gebraucht, weil sie nicht nur für die Informationsübertragung, sondern auch für die *Konformation* von Bedeutung ist. Sie trägt dazu bei, daß die beiden beladenen Transfer-RNAs an die beiden Ribosomenuntereinheiten in der Position andocken, die für die Übertragung der wachsenden Peptidkette an die nächste Aminosäure erforderlich ist.

Diese Tatsache erklärt nach meiner Vermutung den Auftritt der Messenger-RNA auf der Bühne der Peptidsynthese. Ihr Vorläufer war ein Teil des ursprünglichen, katalytisch aktiven RNA-Gerüstes, an dem sich die ersten Peptide zusammenlagerten. In diesem Gerüst bildete die primitive RNA, aus der später die ribosomale RNA hervorging, den katalytischen Anteil, und der Vorläufer der Messenger-

RNA sorgte dafür, daß die mit Aminosäure und Peptid beladenen Transfer-RNAs in die richtige Position gebracht wurden; zu diesem Zweck dienten die gleichen Wechselwirkungen zwischen Tripletts, die man heute von Codon und Anticodon kennt. Einfachheitshalber werde ich diese Tripletts als «Codon» und «Anticodon» bezeichnen, und auch für die drei beteiligten RNA-Spezies werde ich die Namen ihrer heutigen Nachkommen benutzen: ribosomale RNA, Messenger-RNA und Transfer-RNA.

Diese drei RNA-Typen bauten zusammen die ersten Peptide auf; die Reihenfolge der Aminosäuren war dabei vielleicht nicht völlig vom Zufall bestimmt, aber sie war bei weitem nicht so streng festgelegt, wie wir es von den heutigen RNAs kennen. Manche der so entstandenen Peptide erwiesen sich als nützlich. *Die reine Fähigkeit, Peptide herzustellen*, war also für die betreffenden Protozellen ein Vorteil, und jede Mutation der RNAs, die diese Fähigkeit verbesserte, verlieh den Protozellen einen Selektionsvorteil. Die verschiedenen RNAs unterlagen also gemeinsam der Darwinschen Evolution und Selektion, wobei die Effektivität der Peptidsynthese das Auswahlkriterium derstellte. Auf diese Weise konnte sich zwar der Apparat verbessern, nicht aber seine Produkte. Und ein gutes Produkt war nicht in der Lage, seine eigene Produktion durch einen Rückkopplungseffekt steigern.

Die Anfänge für eine solche Rückkopplung sind aber in den Wechselwirkungen zwischen Codon und Anticodon zu sehen, die dazu führten, daß die Messenger-RNA die beladenen Transfer-RNAs in der richtigen Position für die Peptidsynthese festhielt. Die Messenger-RNAs *wählten also von Anfang an in jedem Schritt zwischen den Transfer-RNAs aus*; die Spezifität dieser Auswahl war dabei abhängig von der Zahl der Transfer-RNA-Moleküle, die das gleiche Anticodon trugen. Unter diesen Voraussetzungen kann man damit rechnen, daß die natürliche Selektion Zweideutigkeiten beseitigte und eine Situation herbeiführte, in der jede Aminosäure an eine Transfer-RNA mit einem spezifischen Anticodon gebunden war.

Stellen wir uns beispielsweise zwei Transfer-RNAs vor, die die Aminosäuren Glycin und Alanin tragen und das gleiche Anticodon GGC enthalten, also die Sequenz Guanin-Guanin-Cytosin. Jedesmal wenn in der Messenger-RNA das Codon GCC (das in antiparalleler Anordnung zu GGC komplementär ist) auftaucht, wird in das entstehende Peptid nach dem Zufallsprinzip entweder Glycin oder Alanin eingebaut. Stellen wir uns nun vor, eine Mutation machte aus dem mittleren G im Anticodon der Transfer-RNA für Alanin ein C. Jetzt wird gegenüber dem Codon GCC nur noch Glycin eingebaut, und Alanin wird von dem Codon GGC festgelegt. Damit hat die Spezifität des Systems zugenommen. Wenn die neuen Peptide sich als nützlich erweisen, besitzen Protozellen mit der mutierten Transfer-RNA einen Selektionsvorteil: Sie bringen mehr Nachkommen hervor, die alle die spezifischeren Transfer-RNAs besitzen.

Betrifft die gleiche Mutation stattdessen die Transfer-RNA für Glycin, ergibt sich eine ähnliche Spezifitätszunahme, aber die beiden Aminosäuren liegen in den Peptiden in umgekehrten Positionen. Solche Protozellen können ebenfalls im Vorteil sein. Das Endergebnis hängt letztlich davon ab, welche Peptidausstattung den größten Selektionsvorteil verschafft. Nach dem genetischen Code zu urteilen, war die erste Mutation besser: Heute ist GCC das Codon für Glycin, und GGC codiert Alanin.

Der gleiche Vorgang könnte sich mit anderen Aminosäuren und Transfer-RNAs wiederholt haben. Schließlich bezog das System alle 20 Aminosäuren der Proteine mit ein. In einem Evolutionsschritt nach dem anderen *entstanden die Translation und der genetische Code parallel als Produkte der natürlichen Selektion*. Der angenommene Mechanismus erfordert, daß jede Transfer-RNA für eine bestimmte Aminosäure spezifisch ist. Das stimmt mit der Vorstellung überein, daß die Transfer-RNA die proteinbildenden Aminosäuren «herausfischten». Selbst wenn ursprünglich nur eine recht schwache Spezifität vorhanden war, wäre sie durch die natürliche Selektion allmählich immer genauer geworden.

Das vorgeschlagene Modell hat unter anderem die interessante Eigenschaft, daß die natürliche Selektion auf die Peptide einwirkte, sobald ein primitiver Peptidsyntheseapparat seine Arbeit aufgenommen hatte. Anfangs spielten diejenigen Mutationen eine wichtige Rolle, die *die Anticodons der Transfer-RNA betrafen* und damit die Sequenz aller Peptide veränderten, die die mit der mutierten Transfer-RNA verbundene Aminosäure enthielten. Auf diese Weise wurden ganze Gruppen von Peptiden, bei denen eine Position jeweils von einer bestimmten Aminosäure besetzt war, der natürlichen Selektion unterworfen. Als sich später allmählich die Translation und ein eindeutiger Code herausbildeten, waren Mutationen der Transfer-RNA fast immer tödlich, weil ihre Folgen unerträglich breit gestreut waren.

Unter den vielen Peptiden, die sich durch eine solche Mutation veränderten, waren fast immer einige, die dabei einen Defekt bekamen. Zur neuen Triebkraft der Evolution wurden jetzt *Mutationen der Messenger-RNA*. Durch diese Mutationen wurde nur ein einziges verändertes Peptid produziert, das dann seine Nützlichkeit unter Beweis stellen konnte. In den meisten Fällen war das derart abgewandelte Peptid seinem Vorgänger unterlegen, so daß die betreffenden Protozellen in der Konkurrenz nicht überlebten. Gelegentlich brachte eine Mutation aber einen größeren Nutzen mit sich, so daß die jeweilige Protozelle einen Selektionsvorteil hatte. Dieser Mechanismus (bei dem schließlich die DNA als mutierbarer Informationsspeicher an die Stelle der RNA trat) wurde zur entscheidenden Triebkraft der Evolution.

Es gibt noch eine dritte Möglichkeit: Manchmal war das veränderte Peptid weder besser noch schlechter als sein Vorgänger. Die Mutation war neutral und brachte passiv einen Vorgang mit sich, den man als Gendrift bezeichnet. Anhand solcher Mutationen können wir durch vergleichende Sequenzanalyse den Stammbaum des Lebens rekonstruieren.

Der Aufbau des Codes

Eine zentrale und bisher unbeantwortete Frage lautet: Ist die Struktur des genetischen Codes ein Zufallsprodukt oder wurde sie von deterministischen Faktoren geprägt? Oder, anders gefragt: Wenn es andernorts Lebewesen gäbe, die denen auf der Erde ähnelten, hätten diese Organismen dann den gleichen Code oder einen anderen?

Auf diese Frage gäbe es eine einfache Antwort, wenn ein unmittelbarer Strukturzusammenhang zwischen Aminosäuren und ihren Anticodons bestünde, daß heißt, wenn die ersten Transfer-RNAs bei Herausfischen der zugehörigen Aminosäuren ihr Anticodon als Haken benutzt hätten. Dann wäre der Code streng deterministisch. Man hat viele Versuche unternommen, solche Zusammenhänge nachzuweisen, aber es gelang nie. Die Aussichten für diese Forschungsrichtung sind zwar nicht völlig hoffnungslos, aber doch wenig ermutigend.

Was bleibt, ist die Tatsache, daß die ersten RNAs und die Aminosäuren einander aus irgendeinem Grund «gesehen» haben müssen.

Warum hätten sie sich sonst verbinden sollen? Außerdem muß jede
Kombination aus Aminosäure und Transfer-RNA etwas anders gewesen sein, denn ohne eine solche Spezifität ließe sich die Entstehung der Translation wohl nur schwer erklären.[4] Einer reizvollen,
aber bisher unbestätigten Hypothese zufolge könnten die Strukturmerkmale der Transfer-RNAs, die bei dieser ersten Erkennung eine
Rolle spielten, denen ähneln, die heute von Enzymen erkannt werden, die Aminosäuren an die Transfer-RNAs koppeln, ohne sich um
das Anticodon zu kümmern. Das würde erklären, warum solche
Merkmale in der Evolution in einigen Fällen erhalten blieben, während sie in anderen verschwanden, so daß nun das Anticodon erkannt wird.

Wie dem auch sei: Da zwischen den primitiven Transfer-RNAs
und den Aminosäuren eine Erkennung stattgefunden haben muß,
war die Ausgangssituation sicher alles andere als zufällig, das heißt,
sie könnte sich durchaus wiederholen, wenn der ganze Vorgang anderswo noch einmal abliefe. Die weitere Evolution durch Mutationen, die die Anticodons beeinflussen, müßte sich dann innerhalb
dieser Beschränkungen abspielen. Vielleicht würden die Aminosäuren letztlich wieder von den Anticodons codiert, die sie heute
festlegen, aber das ist alles andere als gesichert.

Ein weiteres wichtiges Element ist der historische Ablauf.
Höchstwahrscheinlich waren anfangs nicht alle 20 Aminosäuren
vorhanden, die heute in den Proteinen vorkommen. Der Code muß
also von weniger Aminosäuren ausgegangen sein – nach Schätzungen waren es zwischen vier und acht – und sich dann nach und nach
erweitert haben, als immer mehr Aminosäuren hinzukamen. Für
diese Entwicklung wurden mehrere verschiedene Modelle vorgeschlagen.

Gemeinsam ist allen diese Modellen, daß sie Grenzen dafür aufstellen, welche Anticodons bestimmte Aminosäuren codieren konnten. Nehmen wir ein einfaches Beispiel: Der deutsche Chemiker
Manfred Eigen[5] spekulierte aus Gründen, die wir hier nicht näher
beleuchten brauchen, die primitiven Transfer-RNAs könnten aus
sich wiederholenden GXC-Tripletts bestanden haben, wobei X jede
der vier Basen (G, C, A oder U) sein kann. In einer solchen Struktur
sind vier Anticodons möglich: GGC, GCC, GAC und GUC, die in
antiparalleler Anordnung den Codons GCC, GGC, GUC und GAC
entsprechen. Heute codieren diese Codons die Aminosäuren

Alanin, Glycin, Valin und Asparaginsäure, und diese Verbindungen waren unter allen Aminosäuren der Proteine diejenigen, die in Millers Simulation und auch in Meteoriten in den größten Mengen vorkommen. Ein solches Zusammentreffen kann schwerlich Zufall sein.

Unabhängig davon, ob Eigens Szenario oder ein anderes richtig ist, bleibt eine wichtige Aussage: Zufall und Selektion mußten innerhalb eines sehr begrenzten historischen Zusammenhangs wirken. Die Aminosäuren wurden in der Reihenfolge codiert, in der sie für die Peptidsynthese verfügbar wurden, und die Reihenfolge, in der die einzelnen Codons zugeordnet wurden, war wahrscheinlich nicht vom Zufall bestimmt, sondern von den Erfordernissen der beteiligten RNAs. Mit anderen Worten: Die Codons wurden zwischen den Aminosäuren – oder die Aminosäuren zwischen den Codons – nach dem Prinzip eines gegenseitigen «wer zuerst kommt, mahlt zuerst» aufgeteilt. Wie eng diese Beschränkungen waren, kann man unmöglich abschätzen, aber da es sie gab, ist die Struktur des Codes höchstwahrscheinlich kein reines Zufallsprodukt, wie manchmal behauptet wird.

Es gibt am Code noch einen anderen Gesichtspunkt, der auf eine nicht zufällige Entstehung schließen läßt. Seine Struktur ist bemerkenswert regelmäßig. Codons, welche die gleichen Aminosäuren oder solche mit ähnlichen Eigenschaften codieren, sind so zu Gruppen zusammengefaßt, daß sich Mutationen (durch zufälligen Austausch einer Base in einem Triplett), die ja gefährlich werden können, so wenig wie möglich auswirken. In vielen Fällen codiert das veränderte Codon die gleiche Aminosäure oder aber eine andere, die der ersten so ähnlich ist, daß sich die Eigenschaften des betroffenen Peptids nicht nennenswert ändern. Diese Regelmäßigkeit legt die Vermutung nahe, daß der Code von der natürlichen Selektion in jener langen Periode gestaltet wurde, als die Protozellen mit verschiedenen Codonzuordnungen experimentierten und untereinander um den ersten Platz im Evolutionswettlauf konkurrierten.

Zusammenfassend kann man folgendes festhalten: Ob Außerirdische unsere genetische Sprache verstehen würden, ist nicht sicher, aber es erscheint nicht unwahrscheinlich. Es stimmt zwar, daß die Evolution mit dem Code einige Winkelzüge vollführt hat, seit er sich erstmals durchsetzte – zum Beispiel in den Mitochondrien, charakteristischen Bestandteilen eukaryotischer Zellen. Aber das war ein sehr spätes Ereignis: Es fand erst statt, als in den Mitochondrien nur noch ein knappes Dutzend Gene übrig war, auf die sich die Veränderung auswirkte. Es liefert keine Aufschlüsse über die historischen Beschränkungen, die den Code in der Frühphase der Evolution gestaltet haben.

Der Stoffwechsel ersetzt den Protostoffwechsel

Die Entwicklung der Translation und des genetischen Codes eröffnete den Weg aus der RNA-Welt heraus. In der nun folgenden langen Phase erwarben die Protozellen allmählich immer mehr Peptide. Überlegen wir einmal, wie das ablief. Der erste Schritt war stets eine Zufallsmutation in irgendeinem RNA-Molekül. Erinnern wir uns: In der RNA-Welt dienten RNA-Moleküle sowohl als vermehrungsfähige Gene als auch als translatierbare Messenger-RNA. Eine solche Mutation wurde also weitervererbt und in Form eines neuen Peptids exprimiert. Wenn dieses Peptid der Protozelle, in der es auftauchte, im Darwinschen «Kampf ums Überleben» einen Vorteil verschaffte, vermehrten sich diese Protozelle und ihre Nachkommen schneller als die anderen, so daß sie allmählich die Vorherrschaft erlangten. Dieser Ablauf muß sich viele hundert Male wiederholt haben, bevor eine Protozelle entstand, die ohne weiteres in der Lage war, zu überleben und sich mit Hilfe ihres neu erworbenen Peptidinstrumentariums zu vermehren. Erst jetzt war diese Protozelle völlig unabhängig von allem, was ihre Vorfahren in der RNA-Welt zur Erhaltung gebraucht hatten.

Welche Eigenschaften neuer Peptide konnten für die Protozellen so nützlich sein, daß sie von der Selektion ausgewählt wurden? In der Mehrheit der Fälle muß es sich dabei um katalytische Eigenschaften gehandelt haben, die zur Selektion einzelner Peptide führten. Diese Eigenschaften mußten sich im Rahmen des bestehenden Protostoffwechsels bewähren. Wenn ein katalytisches Peptid, selbst eines von hoher Aktivität und Spezifität, kein Substrat fand, auf das es wirken konnte, oder wenn es ein nutzloses Produkt entstehen ließ, brachte es der Protozelle, in der es auftauchte, nichts, und dann blieb es in der Selektion auch nicht erhalten. Ein Katalysator dagegen, der in das bestehende Schema paßte, war ein gutes Material für die Selektion, insbesondere wenn er seine Aufgabe besser erfüllte als ein vorhandener Katalysator oder wenn er das Geflecht der Stoffwechselwege in eine neue Richtung erweiterte, die zu einem Selektionsvorteil führte.

Damit sind wir bei einem wichtigen Punkt, auf den ich schon in Teil I hingewiesen habe: Zwischen dem Protostoffwechsel und dem heutigen Stoffwechsel muß es Übereinstimmung gegeben haben. Das System der chemischen Zwischenprodukte, die am Protostoffwechsel beteiligt waren, diente als höchst wirksames Sieb, das unter den entstehenden Peptiden die geeigneten Enzyme heraussuchte. Der Protostoffwechsel konnte sich allmählich zum Stoffwechsel entwickeln, und die Multimere machten den Enzymen Platz, ohne daß das hochheilige zentrale Dogma verletzt wurde. Es war nicht erforderlich, daß sich Peptide verdoppelten oder daß primitive Peptide durch umgekehrte Translation in die zugehörigen RNAs umgeschrieben wurden. Die erforderliche Information war im Stoffwechselsystem vorhanden. Die Autobahnen des Stoffwechsels entstanden nicht unabhängig von den vorhandenen Landstraßen, sondern durch allmähliche Erweiterung und Einebnung dieser holprigen ersten Verkehrswege.

Parallel zur schrittweisen Entwicklung der Translation und des genetischen Codes übernahmen die vom RNA-Apparat hergestellten Enzyme – oder besser gesagt, ihre Vorläuferpeptide – nach und nach jene Aufgaben, die zuvor von den ersten Katalysatoren ausgeführt worden waren. Es war ein allmählicher Übergang, denn die Translation erreichte erst nach langer Zeit ein Stadium, in dem Peptide nach genau definierten, vermehrungsfähigen RNA-Bauplänen reproduzierbar geworden waren. Viel Zeit verging auch, bis die Protozellen Hunderte von Enzymen besaßen, die sie einzeln und jedesmal durch Mutation und Selektion erworben hatten. In dieser Phase machte der Protostoffwechsel nach und nach dem Stoffwechsel Platz, aber vollständig war der Funktionsübergang erst, als das letzte lebenswichtige Enzym seinen Platz eingenommen hatte.

Während dieses Übergangs wurden meine hypothetischen Multimere, falls es sie jemals gab, immer entbehrlicher. Die Fähigkeit, Multimere aus Thioestern herzustellen, muß aber nicht zwangsläufig verschwunden sein. Sie könnte sich vielmehr erhalten haben und durch Mutation und Selektion vervollkommnet worden sein, falls manche Multimere nützliche Funktionen ausführten, zu denen die neuen Peptide nicht in der Lage waren. Die Synthese des Gramicidin S und anderer seltsamer Peptide aus Thioestern durch bestimmte Bakterien könnte ein Erbe dieses alten Vorläufermechanismus sein. Ebensogut kann es sich aber um eine neue Erfindung der Evolution handeln. Thioester erfüllen in allen Lebewesen so wichtige Aufgaben, daß ihre Funktion für die Peptidsynthese ohne weiteres mehrmals entstanden sein könnte.

7 Vom Werden der Gene

Zwischen dem Auftauchen des ersten Peptids, das interagierende RNA-Moleküle aufs Geratewohl zusammensetzte, und dem ersten voll ausgebildeten Translationsapparat mit eindeutigem genetischem Code und einer verläßlichen Ausstattung an RNAs und Enzymen zu seiner Umsetzung machte das entstehende Leben eine lange Reihe winziger Evolutionssprünge durch, die von mehr oder minder ausgedehnten Phasen des wahllosen Herumtastens unterbrochen waren. Mir fällt das Bild von Wasser ein, das sich langsam auf einer unregelmäßig geformten Fläche verteilt. Hier und da strecken sich Wasserfinger aus, wenn lokale Anziehungskräfte gegen die Oberflächenspannung kämpfen, und plötzlich gibt es in einer bestimmten Richtung einen kleinen Durchbruch, so daß sich der gesamte Druck auf einmal auf ein kleines Rinnsal konzentriert. Danach beginnt wieder das Herumtasten, das Aussenden von Fühlern, bis zum nächsten Durchbruch.

In der Evolution bestand das Herumtasten in zufälligen Mutationen, die zur Synthese veränderter Peptidmoleküle führten; Ursache der größeren Sprünge war ein gelegentlich auftauchendes abgewandeltes Peptid, das der jeweiligen Protozelle einen Selektionsvorteil verschaffte. Wie bei der Ausbreitung von Wasser, so hängt das Ergebnis eines solchen Vorgangs von der Beschaffenheit des Untergrundes ab. Solange wir die präbiotische Umwelt nicht genauer kennen, können wir diese Phase der Evolution nicht im einzelnen rekonstruieren, aber das Endergebnis können wir mit einer gewissen Sicherheit erahnen. Als diese Phase zu Ende ging, waren die meisten, wenn nicht sogar alle heute in den Proteinen vorkommenden Aminosäuren an der Peptidsynthese beteiligt, der genetische Code hatte, von kleineren Anpassungen abgesehen, seine heutige Struktur, und die Translation der RNA-Information in Peptide erfolgte praktisch eindeutig und zuverlässig. Wie sahen nun die nächsten Schritte aus?

Das Spiel mit den Modulen

Die Gene bestanden in diesem Stadium höchstwahrscheinlich noch aus RNA. Diese frühen RNA-Gene waren kurz: Sie umfaßten nicht mehr als 70 bis 100 Nucleotide (das ist die Länge der heutigen Transfer-RNAs). Diese Schätzung ergibt sich aus einer von Eigen formulierten Regel[1], wonach die Zahl der Bausteine in einem vermehrungsfähigen Makromolekül nicht höher sein kann als die reziproke Fehlerhäufigkeit des Replikationsvorgangs. Anderenfalls würde der Informationsgehalt des Moleküls bei wiederholter Replikation unwiderruflich verlorengehen. Den Schätzungen zufolge lag die Fehlerquote bei der primitiven RNA-Replikation bei einem falsch eingebauten Nucleotid je 70 bis 100 Einheiten, je nach der Basenzusammensetzung des RNA-Moleküls. So ergibt sich die Schätzung von 70 bis 100 Nucleotiden für die maximale Länge der ersten Gene.

Das heißt, daß die Peptidprodukte der ersten Gene aus nicht mehr als 20 bis 30 Aminosäuren bestanden – eine Aminosäure je Nucleotidtriplett –, wobei einige Teile der Gene keine Aminosäuren codierten. Diese Peptide blieben durch die natürliche Selektion erhalten und erfüllten demnach eine nützliche Funktion, meist wahrscheinlich als Katalysatoren. Daraus folgt zweierlei: Erstens können derart kurze Peptide Katalysatoreigenschaften haben – eine wichtige Erkenntnis im Hinblick auf die Multimere meines Modells. Und zweitens waren die Enzyme anfangs tatsächlich relativ kurze Peptide.

Diese Tatsache widerlegt ein Argument, das die Kreationisten oft anführen und das angeblich beweist, daß das Leben nicht durch natürliche Vorgänge entstanden sein kann. Es lautet: Man stelle sich ein Protein wie das Cytochrom c vor, das aus 100 Aminosäuren besteht. Man stelle sich weiterhin vor, bei der Synthese dieses Proteins würde die nächste anzufügende Aminosäure jeweils durch den Wurf eines zwanzigflächigen Würfels bestimmt (eine Fläche für jede der 20 in den Proteinen vorkommenden Aminosäuren). Die Wahrscheinlichkeit, daß dabei die richtige Aminosäure ausgewählt wird, beträgt also in jedem Schritt eins zu zwanzig. Die Wahrscheinlichkeit, daß die ganze richtige Sequenz aus 100 Aminosäuren entsteht, ist demnach eins zu 20^{100} oder eins zu 10^{130} – also für alle praktischen Überlegungen gleich Null. Und das Cytochrom c ist unter den vielen tausend Proteinen, die jede Zelle enthält, eines der kürzesten. Deshalb, so die Schlußfolgerung, kann das Leben nicht auf natürlichem Wege entstanden sein.

Stellen wir aber nun einmal die gleiche Berechnung für ein Peptid von 20 Aminosäuren an, und unterstellen wir außerdem, daß bei seiner Entstehung nur acht verschiedene Aminosäuren zur Verfügung standen, wie es in jenem frühen Stadium der Evolution durchaus der Fall gewesen sein könnte. Jede mögliche Sequenz hat dann eine Wahrscheinlichkeit von eins zu 8^{20} oder eins zu 10^{18}. Um alle möglichen Sequenzen auszuprobieren, wären etwa eine Milliarde Milliarden Protozellen erforderlich, und die würden gut in einen kleinen Tümpel passen, wenn sie die Größe von Bakterien hätten. Selbst wenn man alle 20 heute in Proteinen vorkommenden Aminosäuren einbezieht, liegt die Zahl der Protozellen, die für das vollständige Ausprobieren gebraucht werden, erst bei etwa 10^{26}, und diese Zellen hätten immer noch in einem kleinen See Platz. Mit anderen Worten: Wenn die Proteine aus kleinen Peptiden hervorgegangen sind, könnte das entstehende Leben den ganzen sogenannten Sequenzraum erforscht haben, so daß nichts dem Zufall überlassen blieb.

Der aufmerksame Leser hat vielleicht den Schwachpunkt dieser Überlegung entdeckt. Selbst wenn die Zahl der Möglichkeiten für die ersten 20 Aminosäuren sich noch in plausiblen Grenzen bewegt, bleiben noch 80 weitere Aminosäuren anzufügen, damit das Cytochrom *c* entsteht. Der ursprüngliche Einwand scheint also nach wie vor stichhaltig zu sein. Das Cytochrom *c* kann nicht durch Zufall entstanden sein.

Das wäre richtig, wenn die nächsten 80 Aminosäuren eine nach der anderen hinzugekommen wären. Aber so war es nicht. In der nächsten Phase der Evolution der Proteine fand höchstwahrscheinlich eine Art Baukastenspiel statt, in dem die vorhandenen Peptide (über ihre Gene) als Bausteine oder *Module* dienten. Diese Tatsache stellt die Wahrscheinlichkeitsüberlegungen auf eine ganz andere Grundlage. Nehmen wir beispielsweise an, in der ersten Phase der Proteinevolution wurden 1000 Peptide von jeweils 20 Aminosäuren herausselektioniert. Mit diesen Peptiden als Bausteinen könnte man 1000^2 oder eine Million verschiedener Peptide aus 40 Aminosäuren konstruieren. Alle möglichen Kombinationen können also leicht ausprobiert und der natürlichen Selektion unterworfen werden. Wenn schließlich 1000 solcher Peptide entstanden sind, können wieder alle Kombinationen aus 60 und 80 Aminosäuren getestet werden. Offensichtlich kann also die ganze Vielfalt der heutigen Proteine durch erschöpfende Erforschung des Sequenzraumes entstanden sein, vorausgesetzt, die Ausdehnung des Raumes durch die längeren Sequenzen wurde von der natürlichen Selektion in geeigneter Form beschnitten.

Der historische Faktor muß bei diesen Vorgängen besonders betont werden. Die Evolution *kann in jedem Stadium nur mit dem Material arbeiten, das die früheren Versuche überlebt hat*. Selbst wenn sich eine anfangs ausgemerzte Kombination in einem späteren Stadium als höchst wünschenswert erweisen sollte, läßt sie sich unter keinen Umständen zurückholen, außer durch Zufallsmutationen vorhandener Kombinationen. Die historische Dimension des Evolutionsprozesses ist von grundlegender Bedeutung. Wir werden ihr in späteren Kapiteln noch oft begegnen. Wenn die Evolution in einer bestimmten Richtung voranschreitet, wird das Spektrum der Wahlmöglichkeiten immer enger, die Entwicklung wird immer gezielter und immer weniger umkehrbar.

In den heutigen Proteinen finden sich deutliche Hinweise auf eine Modulstruktur. Man hat die Zahl der Moduleinheiten geschätzt, aus denen alle existierenden Proteine zusammengesetzt sind. Dabei kommt man, wenn auch noch mit vielerlei Unsicherheiten behaftet, auf eine Zahl in der Größenordnung von wenigen tausend. Wenn sich diese Zahl bestätigt, wäre sie höchst aufschlußreich: Die ganze Vielfalt des Lebens, hervorgegangen aus ein paar tausend bunt zusammengewürfelten Bausteinen! In Kapitel 24 habe ich noch mehr zu diesem Thema zu sagen.

Das Spleißen der RNA

Die Teilnehmer des Baukastenspiels waren nicht die Peptide, sondern die Gene, die sie codierten und die höchstwahrscheinlich aus RNA bestanden. Dazu war eine neue katalytische Ausrüstung erforderlich. Vor allem wurde ein Katalysator gebraucht, der zwei RNA-Ketten zu einer einzigen verbinden («zusammenspleißen») konnte. In der modernen Fachsprache bezeichnet man diesen Vorgang als *trans*-Spleißen (*trans* ist das lateinische Wort für «jenseits»). Allein erzeugte diese Aktivität oft keine zusammenhängende Information, weil die codierenden Teile der beteiligten RNAs nicht im gleichen «Takt» verknüpft wurden: Ihre Codons wurden unterbrochen, so daß sie nicht kontinuierlich abgelesen werden konnten, oder die codierenden Sequenzen waren von einem nichtcodierenden Abschnitt unterbrochen. Zur Korrektur solcher Defekte war eine zweite Katalysatoraktivität erforderlich, die ein Stück zwischen den beiden informationstragenden Abschnitten herausschneiden und die so entstehenden Enden wieder verbinden konnte. Dieses Spleißen eines einzigen Moleküls nennt man *cis*-Spleißen (lateinisch *cis* = diesseits). Damit die Messenger-RNA schließlich richtig in den Translationsapparat eingeschleust werden konnte, mußte sie möglicherweise an den Enden zurechtgeschnitten werden (die Enden des Bandes mußten abgeschnitten werden, damit es richtig paßte).

Alle drei Vorgänge laufen auch in den heutigen Lebewesen ab, allerdings nicht beim Zusammenfügen von RNA-Genen – die RNA-Gene verschwanden, lange bevor der erste gemeinsame Urahn aller Lebewesen auf der Erde auftauchte; sie beseitigen vielmehr auf der RNA-Ebene eine rätselhafte Zerstückelung der Gene auf der RNA-Ebene. Ich werde auf dieses Thema in Kapitel 24 noch ausführlich zu sprechen kommen. Hier sei nur gesagt, daß viele Gene, vor allem bei Eukaryoten, in Abschnitte aufgeteilt sind; manche davon werden exprimiert und heißen deshalb Exons, andere liegen als «intervenierende» Sequenzen dazwischen und werden Introns genannt. Diese gestückelten DNA-Sequenzen werden als Ganzes transkribiert und die dabei entstehenden RNA-Moleküle anschließend so weiterverarbeitet, daß die Introns verschwinden und die Exons zusammengespleißt werden. Das Endergebnis des ganzen Vorgangs, der manchmal auch das Zurechtschneiden der Enden einschließt, sind die fertigen RNA-Moleküle. Diese Moleküle gehen dann entweder in einen Zellbestandteil wie den Proteinsyntheseapparat ein, oder sie dienen – was der häufigere Fall ist – als Messenger-RNAs, die in Protein translatiert werden.

Bakterien besitzen praktisch keine gestückelten Gene; bei niederen Eukaryoten sind sie selten, bei höheren Eukaryoten kommen sie dagegen häufiger vor, und ihre Zahl scheint mit fortschreitender Evolution zuzunehmen. Die Weiterverarbeitung der RNA nach der Transkription könnte also in der Evolution eine späte Errungenschaft gewesen sein. Ob das stimmt oder nicht – wie wir noch sehen werden, ist diese Frage umstritten –, die Weiterverarbeitungsenzyme könnten ein sehr altes Erbe sein, das auf die RNA-Welt zurückgeht. Bemerkenswerterweise können alle drei Aktivitäten – *trans*-Spleißen, *cis*-Spleißen und Zurechtschneiden der Enden – von besonderen

RNA-Molekülen ohne Mitwirkung von Proteinen katalysiert werden. Die katalytischen RNA-Moleküle (Ribozyme) wurden bei der Aufklärung dieser Vorgänge entdeckt. Heute sind dabei zwar immer auch Proteine beteiligt, aber die Tatsache, daß sie entbehrlich sind, gilt als außerordentlich bedeutsam. Sie läßt vermuten, daß die betreffenden Tätigkeiten anfangs ausschließlich von Ribozymen ausgeführt wurden. Aus den Wechselwirkungen zwischen den RNA-Molekülen entstand also neben dem Translationsapparat ein zweites wichtiges Katalysatorsystem – ein weiteres stichhaltiges Argument für die Theorie von der RNA-Welt.

Das Wechselspiel zwischen den RNA-Molekülen, das schließlich zum RNA-Spleißen führte, verlief wahrscheinlich über die übliche Kombination aus Zufallsmutation und Auswahl durch natürliche Selektion. Höchstwahrscheinlich hatten die Protozellen, die mit der Fähigkeit zum Spleißen ausgestattet waren, einen Selektionsvorteil durch einige der längeren Peptide, die mit der Translation der gespleißten RNA-Gene gebildet wurden. Bei der Replikation der gespleißten Gene muß es allerdings zu Schwierigkeiten gekommen sein, denn ihre Länge lag jenseits der Grenze von 70 bis 100 Nucleotiden, die sich aus der Fehlerquote der Replikation ergab. Die Lösung dieses Problems war die Entwicklung genauerer Replikationsenzyme – wiederum ein gefundenes Fressen für die Selektion. Bis es soweit war, mußte die Replikation an kürzeren Matrizenmolekülen stattfinden, das heißt, die Protozellen waren, wenn sie die längeren, nützlichen Peptidprodukte beibehalten wollten, weiterhin auf das Spleißen angewiesen. Jede Verbesserung von Spezifität, Genauigkeit und Reproduzierbarkeit des RNA-Spleißens war also von Vorteil. Das Spleißen ist auch heute vor allem bei höheren Eukaryoten ein äußerst wichtiger Vorgang, obwohl es nach dem Auftauchen der DNA nicht mehr der wichtigste Mechanismus zur Herstellung von Varianten für das Kombinationsspiel der Evolution ist.

Die DNA erscheint auf der Bildfläche

Als die genetische Vielfalt und Komplexität der Protozellen zunahm, müssen sich wachsende logistische Probleme ergeben haben. Man braucht sich nur einmal ein paar hundert komplementäre «Minigene» aus RNA und ihre Spleißprodukte vorzustellen, die um Basenpaarung, Replikation, Spleißen und Translation konkurrieren, dann wird sofort klar, welches Durcheinander in den Protozellen mit zunehmender Entwicklung geherrscht haben muß. Aus dieser Situation gab es nur einen Ausweg: Arbeitsteilung. Die Replikation mußte von der Translation getrennt werden – die DNA mußte entstehen. Wann diese entscheidende Entwicklung stattfand, weiß niemand, aber höchstwahrscheinlich ereignete sie sich zu einer Zeit, als die Bildung größerer RNA-Gene schon recht weit forgeschritten war.

Chemisch betrachtet, ist die DNA ein kettenförmiges Makromolekül, das stark der RNA ähnelt. Sie besteht ebenfalls aus vielen Nucleotiden vier verschiedener Typen. Es gibt aber zwei Unterschiede. Anstelle des Zuckers Ribose enthält die DNA Desoxyribose, eine Ribose mit einem Sauerstoffatom weniger – daher die Vorsilbe «Desoxy-» und der Name «Desoxyribonucleinsäure» oder kurz DNA (nach dem englischen *deoxyribonucleic acid*). Der zweite Unterschied betrifft eine der vier Basen: Das Uracil ist in der DNA durch Thymin ersetzt, ein Uracilmolekül mit einer zusätzlichen Methylgruppe (CH_3). Diese Abwandlung hat auf die Basenpaarung keinen Einfluß: Das Paar AT in der DNA entspricht der RNA-Kombination AU. Das GC-Paar ist in beiden Molekülen gleich.

Im Stoffwechsel waren nur geringfügige Neuentwicklungen erforderlich, damit die Bausteine der DNA – dATP, dGTP, dCTP und dTTP (das d steht für «Desoxy») – zur Verfügung standen. Als diese Moleküle auf der Bildfläche erschienen, wurden drei entscheidende Reaktionen möglich, die alle, wie die RNA-Replikation, auf der Basenpaarung beruhten.

Die erste war die umgekehrte Transkription, der Zusammenbau von DNA an einer RNA-Matrize. Man nennt sie umgekehrt oder «revers», weil sie erst nach der Transkription entdeckt wurde, jenem Vorgang des Aufbaus von RNA an einer DNA-Matrize, der heute das wichtigste Bindeglied zwischen diesen beiden informationstragenden Molekülen darstellt. Historisch gesehen, entstand aber die reverse Transkription zuerst. Sie war von entscheidender Bedeutung, weil die in den RNA-Molekülen gespeicherte Information mit ihrer Hilfe auf DNA-Moleküle übertragen werden konnte.

Speicherung ist nutzlos, wenn die Information nicht abgerufen werden kann. Deshalb wurde die Transkription gebraucht, die die gespeicherte Information wieder in eine für die Translation geeignete Form überführt. Dieses Hin und Her der Information zwischen der DNA, die für den Translationsapparat nicht erreichbar ist, und der RNA, die in diesem Apparat wirksam werden kann, eröffnete einen wichtigen Weg, die Expression der genetischen Information zu steuern.

Schließlich vervollständigte die DNA-Replikation, die Synthese neuer DNA an vorhandenen DNA-Matrizen, den Aufbau dieses neuen genetischen Apparats; die Verdoppelung der Information war nun völlig von ihrer Expression getrennt.

Wahrscheinlich wurden alle drei Funktionen anfangs von einem einzigen Enzym ausgeführt, dem gleichen, das auch die RNA-Replikation katalysierte. Substrate und Matrizen waren in allen vier Reaktionen so ähnlich, daß ein grober Katalysator nicht wirksam zwischen ihnen unterscheiden konnte. Sobald die DNA jedoch als Speicherform für die genetische Information einen Selektionsvorteil schuf, griff die Evolution in der üblichen Weise ein: Sie unterzog Mutationen einem Test, und durch die natürliche Selektion blieb alles erhalten, was zufällig nützlich war. Durch Mutationen des Gens, das anfangs den Vielzweck-Katalysator der Nucleinsäuresynthese codierte, entstanden immer spezifischere Enzyme. Schließlich gab es vier verschiedene Enzyme, die jeweils für eine bestimmte Reaktion zuständig waren. Nach der heutigen Terminologie heißen sie RNA-Replikase, DNA-Replikase (häufiger DNA-Polymerase genannt), Transkriptase und Reverse Transkriptase. (Die Endung -ase bezeichnet ein Enzym.)

Nachdem sich das DNA-System durchgesetzt hatte, wurden die beiden Enzyme, die RNA als Matrize benutzten, nutzlos oder sogar gefährlich, denn sie konnten einiges durcheinanderbringen. Für die Protozellen war es vorteilhafter, wenn es eine eindeutige Befehlskette gab, die von der DNA über die RNA zum Protein verlief, während die Replikation der DNA vorbehalten blieb. Es bestand also ein erheblicher Selektionsdruck, der das Verschwinden der Gene für RNA-Replikase und Reverse Transkriptase begünstigte. Heute sind diese Gene, von einigen Viren abgesehen, in der Welt des Lebendigen nicht mehr vorhanden.

Viren sind infektiöse Gebilde, die sich nur mit Hilfe des chemischen Apparats einer lebenden Zelle fortpflanzen können. Kinderlähmung, Tollwut, Pocken und Masern werden von Viren hervorgerufen, die sich in den Zellen von Tieren oder Menschen vermehren. Es gibt auch Viren, die Pflanzenzellen, Bakterien oder Protisten infizieren. Alle Viren besitzen ein Genom, das ihren Bauplan enthält, und die Hilfs-

mittel, mit denen sie dieses Genom so in eine Zelle einschleusen können, daß diese für die Vervielfachung des Virus sorgt. Bei manchen
Viren besteht das Genom aus DNA, wie bei allen anderen Lebewesen, bei anderen ist es aus RNA aufgebaut. Unter den RNA-Viren
gibt es zwei Typen.

Bei den Viren der einen Gruppe (in die zum Beispiel das Poliovirus
gehört) vermehrt sich die Virus-RNA durch unmittelbare Replikation, und zwar mit Hilfe einer RNA-Replikase, die in einem viruseı-
genen Gen (aus RNA) codiert ist. Gleichzeitig dient die Virus-RNA
(oder ihre komplementäre Kopie) als Messenger-RNA für die Expression des Virusgenoms.

Wenn ein RNA-Virus aus der zweiten Gruppe eine Zelle infiziert,
wird die RNA zunächst mittels reverser Transkription in DNA umgeschrieben; dazu dient eine Reverse Transkriptase, die in einem Virus-
gen codiert ist. Durch Transkription der DNA kommt es dann zur
Expression und Replikation des Virusgenoms. Solche Viren nennt
man Retroviren. Zu ihnen gehören eine Reihe krebserzeugender Viren sowie das gefürchtete menschliche Immunschwächevirus (HIV),
der Erreger der erworbenen Immunschwäche AIDS, der Pest der modernen Welt.

Man hat vermutet, Viren seien die Nachkommen sehr alter Lebensformen, die es schon vor den Zellen gab. Aber das ist nicht möglich,
denn Viren können sich ohne Zellen nicht vermehren. Heute hält
man sie für informationstragende Überreste oder Bruchstücke von
Zellen, die nur noch das Minimum dessen enthalten, was sie zur Fortpflanzung mit Hilfe anderer Zellen brauchen. Viren sind Gen-Noma-
den, die sich von ihrem Ursprungsort gelöst haben, für die Wanderung von Zelle zu Zelle gerüstet sind und ihre Vorräte bei jedem
Übergang wieder aufstocken können. Manche Viren fingen möglicherweise schon in einem sehr frühen Stadium der Entwicklung des
Lebens an zu wandern. Insbesondere die RNA-Viren könnten auf
eine Zeit zurückgehen, als sich die Protozellen der RNA-Replikase
und der Reversen Transkriptase entledigten. Vielleicht haben die Viren diese Enzyme vor dem völligen Aussterben bewahrt. Es wäre aber
auch denkbar, daß diese Enzyme später «neu erfunden» wurden, zum
Beispiel durch Mutation eines Gens für eine DNA-Replikase oder
-Transkriptase. Die vergleichende molekulare Etymologie wird uns
möglicherweise eines Tages eine Antwort auf diese fesselnde Frage
liefern.

Ordnung im Genom

Nachdem die DNA in den Dienst genommen war, wurden viele wichtige Verbesserungen der genetischen Organisation möglich. Erstens konnten Gene als Einzelkopien gespeichert werden oder aber in der Mindestzahl an Kopien, die zur Bedarfsdeckung während des Wachstums erforderlich war. Solche Mehrfachkopien waren vor allem bei Genen notwendig, die strukturgebende oder funktionstragende RNA-Moleküle codierten, wie zum Beispiel die ribosomale RNA und die Transfer-RNA. Messenger-RNAs konnten dagegen an einzelnen Kopien der DNA gebildet werden, weil die Translation die weitere Vervielfältigung in ausreichendem Umfang erlaubte.

Der zweite Vorteil war, daß alle Gene jetzt als stabile Doppelstrangfäden aufbewahrt wurden; an einem dieser Stränge (oder manchmal auch an beiden) fand die Transkription statt, in Gang gesetzt von besonderen, strategisch günstig gelegenen DNA-Sequenzen, den Promotoren, die die Wechselwirkungen zwischen den Genen und dem Transkriptionsapparat steuerten. Im weiteren Verlauf der Evolution wurden diese Sequenzen zum Ansatzpunkt vieler Regulationsmechanismen, die die Transkription bestimmter Gene an- und abschalteten. Auf diese Weise entstand die Steuerung der Genexpression auf der Ebene der Transkription, die für Anpassung und Entwicklung noch höchst bedeutsam werden sollte. Wir werden diesem Mechanismus in den folgenden Kapiteln bei verschiedenen Gelegenheiten wieder begegnen.

Da die Gene nicht mehr als Informationsüberträger dienen mußten, konnten sie sich zu immer längeren Ketten verbinden, und damit wiederum eröffnete sich die Möglichkeit, alle Gene eines solchen Fadens gleichzeitig und zur richtigen Zeit zu verdoppeln. Eine Voraussetzung für diese Entwicklung waren weitere Verbesserungen in der Genauigkeit der Replikation. Bemerkenswerterweise wurde für die DNA letztlich eine viel höhere Replikationsgenauigkeit erreicht als bei der RNA. Die niedrigste Fehlerquote liegt für die RNA-Replikation in der Größenordnung von eins zu ein paar Zehntausend, was mit der Höchstlänge von 20000 bis 30000 Nucleotiden für Virus-RNAs übereinstimmt; bei der DNA-Replikation kann sie dagegen eins zu einer Milliarde betragen. Hochentwickelte «Korrekturlesemechanismen» entfernen falsch eingebaute Nucleotide aus der DNA-Kette, bevor das nächste Nucleotid angefügt wird; aufgrund dieser bemerkenswerten Genauigkeit konnten sich alle Gene einer Bakterienzelle, insgesamt viele Millionen Nucleotide, zu einem einzigen ringförmigen Chromosom verbinden. Angeschaltet wird ihre Replikation an einer einzigen Kommandostelle, die auch Replikationsursprung genannt wird.

Die Evolution mußte viele große Schritte machen, um vom Gewirr kleiner RNA-Gene zur majestätischen Ordnung eines Bakterienchromosoms zu gelangen. Aber von dem Augenblick an, da der erste DNA-Abschnitt aufgebaut war, bot jeder Schritt einen weiteren Selektionsvorteil. Das ganze Geschehen folgte dem charakteristischen Wechsel von Mutation und Selektion, der die gesamte Evolution beherrscht.

8 Freiräume und Einschränkungen

Mit dem Erscheinen der ersten RNA-Moleküle trat das entstehende Leben in das Zeitalter der molekular codierten Information ein, und allmählich baute sich die Dreiheit aus DNA, RNA und Protein auf, die heute die gesamte Biosphäre beherrscht. Im Gefolge der informationstragenden Moleküle kristallisieren sich drei Prinzipien heraus: Komplementarität, Zufall und das Zusammenfügen von Modulen.

Komplementarität

Die biologische Informationsübertragung gründet sich auf Komplementarität, auf die Beziehung zwischen zwei Molekülstrukturen, die genau zusammenpassen. Zur Verdeutlichung dieser Beziehung werden oft die Bilder von Schloß und Schlüssel oder von Gußform und Statue herangezogen. In der Chemie ist Komplementarität aber ein dynamischeres Phänomen, als solche Vergleiche glauben machen. Die beiden Partner sind nicht starr. Wenn sie sich einander nähern, verformen sie sich gegenseitig in einem gewissen Ausmaß. Außerdem führt die Annäherung zur Bindung. Sie ist so innig, daß elektrostatische Wechselwirkungen und andere physikalische Kräfte, die nur auf sehr kurze Entfernungen wirken, ein Aufbrechen der Verbindung durch thermische Bewegungen verhindern.

Der auffälligste Ausdruck für die chemische Komplementarität in der Biologie ist die Basenpaarung, die Grundlage der genetischen Sprache. Aber das ist nur einer von vielen Fällen. Das Leben ist in allen seinen Facetten von Molekülen abhängig, die einander «erkennen». Das Phänomen der Selbstorganisation, durch die aus mehreren Einzelteilen eine komplexe Struktur entsteht, beruht ebenso auf Komplementaritätsbeziehungen zwischen den Teilen wie der Zusammenbau von Möbeln, nur mit dem Unterschied, daß die chemischen Einzelteile sogar den Leim mitbringen.

Nehmen wir zum Beispiel das Immunsystem mit seiner erstaunlichen Vielseitigkeit und Spezifität. Was uns – nach einer Erkrankung oder Impfung – gegen Kinderlähmung oder Diphtherie immun macht, sind besondere Proteinmoleküle im Blut, die Antikörper, die sich spezifisch an einen Bestandteil (das Antigen) der Polioviren oder der Diphtheriebakterien heften. Die Zellen, die ein transplantiertes Herz als fremd erkennen und abstoßen, bedienen sich zu diesem Zweck besonderer Moleküle an ihrer Oberfläche, die sich mit einem charakteristischen Oberflächenbestandteil des fremden Gewebes verbinden. Und durch einen ähnlichen Mechanismus erkennen auch die weißen Blutzellen ihre Beute, wenn sie eingedrungene Mikroorganismen verfolgen und verschlingen.

Hormone, Medikamente, Gifte und alle anderen Chemikalien, die biologische Wirkungen ausüben, verdanken diese Eigenschaft ihrer Fähigkeit, an ihrem Ziel mit einem Rezeptormolekül in Wechselwirkung zu treten. Derartige Beziehungen macht man sich heute auch in der Forschung in großem Umfang zunutze. Die Endorphine, die natürlichen Auslöser angenehmer Gefühle, wurden beispielsweise über den Morphiumrezeptor entdeckt.

Ein weiteres wichtiges Beispiel für die Komplementarität findet man bei den Enzymen. Die meisten enzymkatalysierten Reaktion laufen in drei miteinander verbundenen Schritten ab. Erstens findet an besonderen Bindungsstellen an der Enzymoberfläche die Anlagerung eines oder mehrerer Moleküle (Substrate) statt, die reagieren sollen. Die Moleküle sind dabei so orientiert, daß sie in der richtigen Position zum aktiven Zentrum des Enzyms stehen. Der zweite Schritt ist die eigentliche Katalyse, und im dritten lösen sich die Produkte vom Enzym, so daß der Kreislauf von vorn beginnen kann. Als einfachen Vergleich kann man sich einen Schweißer vorstellen, der zwei Metallstücke in einem Schraubstock befestigt, die Teile zusammenschweißt und das fertige Produkt dann beiseite legt, um den nächsten Arbeitsgang zu beginnen. Umgekehrt kann es sich auch um ein einzelnes Stück Metall handeln, das vor dem Zersägen oder Feilen befestigt wird.

Bei Enzymreaktionen gibt es keinen Arbeiter, der das Material aussucht. Der Vorgang läuft von selbst, angetrieben von den molekularen Anziehungskräften zwischen Bindungsstellen und Substraten.

Dank dieser Affinitäten können die Enzyme ihr Substrat auch aus einem sehr komplexen Gemisch «herausfischen». In einer lebenden Zelle liegen Hunderte oder sogar Tausende verschiedener Substrate in sehr niedriger Konzentration vor, vielleicht ganz ähnlich wie in der präbiotischen Mischung. Die chemischen Reaktionswege, welche die Moleküle durchlaufen, bestimmt die Spezifität der Enzyme, die sich aus der Affinität ihrer Substratbindungsstellen ergibt.

Dieser Zusammenhang kann sich in beiden Richtungen auswirken. Genau wie Rezeptoren Hormone herausfischen, können sich auch Substrate ihre Enzyme aussuchen, entweder unmittelbar durch eine schützende Bindung – viele Enzyme widerstehen dem Abbau besser, wenn sie mit ihrem Substrat verbunden sind – oder indirekt durch die Aktivität der Enzyme. Genau das geschah nach meiner Überzeugung, als der RNA-Apparat die ersten Peptide lieferte. Katalytische Peptide, die in das System des Protostoffwechsels paßten, blieben erhalten. In diesem Sinne enthielt der Protostoffwechsel bereits Information. Er bildete über den Mechanismus der Enzymauswahl den Bauplan für den Stoffwechsel.

Zufall

Der Zufall spielt für die Evolution auf der Erde eine Rolle, seit es die Replikation gibt und mit ihr die Mutationen, die sie stören. Auf diese Weise wurde die Darwinsche Evolution in Gang gesetzt, die die Geschichte des Lebens auf der Erde bestimmt hat. Genetische Information verändert sich durch Zufälle. Die abgewandelte Information wird repliziert und exprimiert. Ob der veränderte Phänotyp in der Lage ist, den veränderten Genotyp durch die Nachkommen zu erhalten, entscheidet sich durch die natürliche Selektion: Sie beseitigt schädliche Mutationen, die zu geringem Fortpflanzungserfolg führen, begünstigt nützliche Veränderungen, die Überlebensfähigkeit und Fortpflanzung verstärken, und läßt neutrale Mutationen einfach mitlaufen. Sobald die Replikation begann, setzte auch dieser Vorgang ein, zunächst auf molekularer Ebene, später auf der Ebene der Protozellen.

Da Mutationen zufällig stattfinden, können zwei RNA-Welten selbst unter einer Milliarde oder mehr nie genau die gleiche Mikrovergangenheit haben. Aber wie sieht es mit der makroskopischen Vergangenheit aus? Zwei Bäche nehmen an einem Berghang niemals genau den gleichen Verlauf, und doch enden sie vielleicht in demselben Tal.

Es gibt keine Möglichkeit, diese Frage mit Sicherheit zu beantworten, aber es besteht die große Wahrscheinlichkeit, daß eine anfängliche RNA-Welt in vielen Fällen schließlich in eine RNA-Protein-Welt münden wird, die der unseren ähnelt. Der Hauptgrund, warum ich das behaupte, ist die Strenge der Selektionsfaktoren, die in den einzelnen Stadien wirksam wurden. Hinter diesen Faktoren steckt eine Menge chemischer Vorbestimmung, häufig auf der Grundlage der Komplementarität.

Wenn meine theoretische Rekonstruktion stimmt, wurden die vier Basen der RNA unter einer ganzen Anzahl ähnlicher Verbindungen wegen ihrer starken Paarungsfähigkeit ausgewählt, die die Vermehrung der RNA durch Replikation ermöglichte. Die molekulare Selektion aufgrund optimaler Vermehrungsfähigkeit und Stabilität ließ im nächsten Schritt eine reproduzierbare Vorbildsequenz entstehen, wie in den Experimenten von Spiegelman und Eigen. Chemische Wechselwirkungen zwischen RNA und Aminosäuremolekülen führten dann, wiederum unter dem Einfluß chemischer Komplementarität, zur Auswahl der heute in den Proteinen vorkommenden Aminosäuren und der zugehörigen Transfer-RNAs. Das alles ist sehr gut reproduzierbar – dem Zufall bleibt kaum etwas überlassen.

Ebenso wichtig war der historische Faktor, der die Entwicklung des genetischen Codes und der Translation stark beeinflußte und der selbst der Bedingung unterworfen war, daß Mutationen dem Organismus möglichst wenig schaden sollen. Schließlich wirkte der vorhandene Protostoffwechsel als einheitliches Auswahlraster für die ersten Enzyme, die der Apparat produzierte. In welcher Reihenfolge die Enzyme auftauchten, könnte von den Unwägbarkeiten der Mutationen abhängig gewesen sein, aber das Endergebnis war in jedem Fall ein Stoffwechsel, der im wesentlichen ein Abbild des Protostoffwechsels war.

Auch die späteren Stadien der Evolution könnten stärker von deterministischen Faktoren gelenkt worden sein, als man oft glaubt, und das trotz der zunehmenden Bedeutung des Zufalls. Als die DNA aus der RNA hervorging – angetrieben vom Vorteil einer eigenen Speicherform für die genetische Information –, gab es wahrscheinlich nicht sehr viele mögliche Varianten des RNA-Moleküls, die die Spezifität sicherstellen und gleichzeitig die Informationsübertragung zwischen den beiden Molekülen aufrechterhalten konnten.

Baukastenprinzip

Noch eine dritte Erkenntnis können wir aus unserer Rekonstruktion gewinnen: Der Zusammenbau aus Modulen ist äußerst wichtig. Dieses Thema kehrt in der Geschichte des Lebens immer wieder. Die Evolution arbeitet mit vorhandenen Modulen – in der bisherigen Betrachtung waren es die RNA-Minigene –, die abgewandelt und in immer neuer Kombination zu größeren Einheiten zusammengesetzt werden. Auf diese Einheiten wirkt dann die natürliche Selektion. Dieser Mechanismus eröffnet die Möglichkeit, den verfügbaren Sequenzraum in jedem Schritt umfassend auszuloten, was die Bedeutung des Zufalls weiter vermindert.

Fassen wir noch einmal zusammen: Eine Reihe von RNA-Welten ging möglicherweise auf der Erde zugrunde, weil der Zufall nicht die notwendige Mutation lieferte. Wenn aber eine RNA-Welt heranreift, wird sie vermutlich immer zu einer Lebensform mit den gleichen Grundgesetzen des Stoffwechsels werden, beherrscht von der gleichen Dreiheit aus DNA, RNA und Protein, und vielleicht auch mit dem gleichen genetischen Code wie bei uns. Und wegen der begrenzten Größe des Sequenzraumes, der dem beginnenden Leben zur Verfügung stand, ist die Erfolgsquote dabei wahrscheinlich recht hoch.

Teil III:
Das Zeitalter der Protozelle

9 Das Leben wird eingehüllt

Um ein voll funktionsfähiges genetisches System zu entwickeln, mußte sich das entstehende Leben in eine Population von Protozellen aufteilen, die sich durch Teilung vermehrten; von da an waren nicht mehr einzelne Moleküle, sondern Protozellen der natürlichen Selektion unterworfen. Bisher haben wir uns mit der Annahme zufriedengegeben, daß diese Aufteilung stattgefunden hat. Wir wollen nun noch einmal in der Zeit zurückgehen und uns ansehen, wie sich die Zellen bilden konnten und welche neuen Eigenschaften die Eingrenzung des Lebens einerseits ermöglichte und andererseits erforderte.

Wann war es Zeit für die Zelle?

Darüber, wann sich die ersten Zellstrukturen bildeten, gibt es zwei unterschiedliche Ansichten. Ausgehend von der Tatsache, daß man schon unter recht einfachen Bedingungen im Mikroskop die Entstehung verschiedenartiger Molekülaggregate beobachten kann, die entfernt lebenden Zellen ähneln, glauben manche Wissenschaftler, daß das Auftreten primitiver Zellen der Ausgangspunkt für die Entstehung des Lebens war. Umfangreiche Laboruntersuchungen – beispielsweise von Alexander Oparin in Rußland[1], Alphonse Herrera in Mexiko[2] und Sidney Fox in den Vereinigten Staaten[3], um nur die bekanntesten zu nennen – widmeten sich solchen künstlichen «Zellen», ohne daß sich dadurch aber ein plausibler Weg für die «Belebung» dieser Gebilde erschlossen hätte. Andere Fachleute vertraten die Theorie von der frühen Zellbildung, weil eine Membranstruktur zum Einfangen des Sonnenlichts notwendig sei.[4] Wieder andere halten die Vorstellung, das Leben könne in einer strukturlosen «Suppe» entstanden sein, aus theoretischen Gründen für unannehmbar.[5]

Vielfach wird aber auch die entgegengesetzte Meinung geäußert. Man wies darauf hin, daß die «Ursuppe» nicht alle Ozeane füllen mußte. Küstennahe Gebiete, Lagunen, Teiche, sogar Pfützen wären geeignete Orte gewesen, an denen sich die Suppe eindicken und chemisch weiterentwickeln konnte. Ein anderer Einwand gegen die Theorie der frühen Zellentstehung betrifft die Hindernisse, die eine Membranstruktur für den Austausch lebenerzeugender Substanzen geboten hätten. Eigen glaubt beispielsweise aus diesem Grund, die Organisation in Zellen sei so lange wie möglich hinausgeschoben worden.[6]

Das von mir vorgeschlagene Modell eines auf Thioester gegründeten Stoffwechsels ist mit einer frühen Aufteilung in Zellen ebenfalls nicht ohne weiteres vereinbar; es paßt besser zu der Vorstellung von einer anfangs strukturlosen Suppe. In diesem Zusammenhang gibt es eine besonders aufschlußreiche Beobachtung: Stoffwechselsysteme, die allgemein als besonders alt gelten, wie zum Beispiel das System zur Vergärung von Zucker zu Alkohol, bei dem die Energiegewinnung über Thioester verläuft, sind im Cytosol angesiedelt, dem unstrukturierten Teil der Zelle. Man könnte sich also vorstellen, daß sich die Ursuppe, die ihre Energie aus Thioestern bezog, allmählich zu einer Art weitläufigem Protocytosol entwickelte.

In den ersten Stadien war das nicht aufgeteilte Protocytosol wegen der Notwendigkeit des freien Stoffaustausches sicher im Vorteil gegenüber abgeschlossenen Gebilden, die durch eine Umhüllung eingeschränkt waren. Damit zellähnliche Strukturen die Vorherrschaft übernehmen konnten, mußten die Vorteile der Abgrenzung gegenüber ihren Nachteilen überwiegen. Die isolierten Systeme mußten also soweit autonom sein, daß sie durch relativ einfachen Stoffaustausch mit der Umgebung überleben konnten, und sie mußten von dem umhüllten Zustand deutlich profitieren. Diese Situation war spätestens dann erreicht, als sich allmählich der RNA-Apparat zur Peptidsynthese ausbildete, denn für die weitere Evolution dieses Apparats war eine große Zahl konkurrierender Protozellen unentbehrlich. Wie und aus welchem Material entstanden die ersten Zellabgrenzungen? Nach Indizien zur Beantwortung dieser Frage wollen wir wieder einmal bei den heutigen Lebewesen suchen.

Zellgrenzen

Jede lebende Zelle ist von einer durchgehenden, hauchdünnen Hülle umschlossen, der Plasmamembran. Viele Zellen sind auch in ihrem Inneren durch Membranen unterteilt. Das Grundmaterial aller biologischen Membranen ist die Lipiddoppelschicht, ein elastisches, doppeltes Molekülhäutchen, das nur wenige millionstel Millimeter dick ist und in der Regel vorwiegend aus Phospholipiden besteht. Diese Moleküle, die man als amphiphil oder amphipathisch (wörtlich «doppelt liebend») bezeichnet, setzen sich aus zwei Teilen mit entgegengesetzter Affinität zusammen: einem hydrophilen (wasserliebenden) Kopf und einem hydrophoben (wasserfürchtenden) Schwanz, den man auch lipophil (fettliebend) nennt.

Die hydrophile Eigenschaft beruht auf Anziehungskräften zwischen entgegengesetzten elektrischen Ladungen. Das Wassermolekül trägt keine Gesamtladung, aber es ist elektrisch polarisiert. Der negative Pol liegt auf der Seite des Sauerstoffatoms, der mehr als seinen eigentlichen Anteil an Elektronen anzieht, und ein positiver Doppelpol entsteht durch die beiden Wasserstoffatome, die als teilweise nackte Protonen auf ihrer Seite aus dem Molekül ragen. Wegen dieser Ladungsverteilung binden Wassermoleküle mit ihrem negativen oder positiven Pol an alle entgegengesetzt geladenen oder polarisierten Moleküle oder Molekülgruppen. Aus dem gleichen Grund lagern sich Wassermoleküle auch untereinander zusammen. Wäre es anders, läge das Wasser nur bei sehr niedrigen Temperaturen im flüssigen Zustand vor, und die Erde wäre trocken, leblos und für alle Zeiten öde.

Kohlenwasserstoffe, die den Hauptbestandteil des Erdöls bilden, und alle anderen Verbindungen, die vorwiegend aus Kohlenstoff und Wasserstoff bestehen, sind nicht geladen, unpolar und deshalb hydrophob. In der Welt des Lebendigen gibt es viele solcher Substanzen. Man faßt sie unter der Bezeichnung «Lipide» zusammen, die sich von dem griechischen Wort für Fett herleitet. Hydrophobe Moleküle hassen das Wasser eigentlich nicht und stoßen es auch nicht ab. Sie werden vielmehr vom Wasser ausgeschlossen, dessen Moleküle das starke Bestreben haben, sich untereinander durch elektrostatische Anziehungskräfte zu verbinden. In Gegenwart von Wasser werden hydrophobe Moleküle also durch die geballten Wassermoleküle zusammengedrückt. Erleichtert wird diese Verteilung durch die hydrophoben Wechselwirkungen, die durch Kräfte mit geringer Reichweite entstehen; sie sind schwächer als die elektrostatischen Kräfte und werden nach dem niederländischen Chemiker, der sie entdeckte, auch Van-der-Waals-Kräfte genannt.[7] Gleiches verbindet sich also mit Gleichem. Öl und Wasser mischen sich nicht.

Die Köpfe der Phospholipidmoleküle verdanken ihren hydrophilen Charakter einer positiv geladenen Phosphatgruppe, die oft mit anderen geladenen oder polaren Gruppen verbunden ist. Der hydrophobe Schwanz der Moleküle besteht aus zwei langen Kohlenwasserstoffketten. In Gegenwart von Wasser befriedigen die Phospholipide ihre entgegengesetzten Vorlieben, indem sie eine Doppelschicht bilden. In dieser Struktur besteht jede der beiden Schichten aus eng nebeneinanderliegenden Molekülen, die im Verhältnis zur Ebene der Schicht rechtwinklig angeordnet sind wie die Borsten einer Bürste; sie sind dabei so ausgerichtet, daß alle hydrophoben Köpfe in eine Richtung und alle hydrophilen Schwänze in die andere weisen. Jede Schicht ist also eine Moleküllänge dick und hat eine hydrophobe und eine hydrophile Seite. In der Doppelschicht sind die beiden hydrophoben Seiten einander zugewandt und werden von Van-der-Waals-Kräften zusammengehalten, während die hydrophilen Seiten nach außen zum Wasser weisen. Eine solche Doppelschicht bildet einen öligen Film zwischen zwei wäßrigen Lösungen.

Phospholipid-Doppelschichten sind sehr geschmeidig. Sie bilden eine Art zweidimensionaler Flüssigkeit, deren Moleküle in der Schichtebene leicht aneinander vorbeigleiten. Wegen dieser Eigenschaft können sich Doppelschichten an jede Oberfläche anschmiegen und sich an Formveränderungen, wie sie bei Zellen häufig vorkommen, leicht anpassen. Phospholipid-Doppelschichten sind «nahtlos» und dichten sich selbst ab, so daß sie stets geschlossene Bläschen bilden. In dieser Hinsicht ähneln sie Seifenblasen, mit denen sie auch eine Reihe physikalischer Eigenschaften gemeinsam haben. Insbesondere können sie sich verbinden (verschmelzen) oder aufteilen, ohne daß sie Löcher bekommen. Zwei Phospholipidbläschen können zu einem Gebilde verschmelzen, wie zwei Seifenblasen, die zusammenstoßen. Umgekehrt kann sich ein einziges solches Vesikel auch zweiteilen, wie es manchmal geschieht, wenn Seifenblasen in einen Luftzug geraten.

Eine letzte wichtige Eigenschaft der Phospholipid-Doppelschichten ist die Tatsache, daß sie sich sehr leicht bilden. Damit aus einer

Mischung von Phospholipiden und Wasser eine Suspension kleiner Doppelschichtbläschen wird, ist nur heftige mechanische Bewegung nötig, die man zum Beispiel mit Ultraschall erzeugen kann. Um dieses Phänomen herum ist eine ganze Industrie entstanden. Künstliche Phospholipid-Vesikel, auch Liposomen genannt, dienen heute als Träger für Kosmetika, Medikamente, Impfstoffe, Gene und anderes.

Phospholipid-Doppelschichten sind für die meisten wasserlöslichen (hydrophilen) Moleküle undurchlässig. Wegen dieser Eigenschaft eignen sie sich hervorragend als Abgrenzung, denn sie ermöglichen es den Zellen, in ihrem Inneren eine Zusammensetzung aufrechtzuerhalten, die sich von der des umgebenden Mediums unterscheidet. Aber Zellen können nicht abgeschlossen von ihrer Umgebung überleben. Sie müssen Nährstoffe aufnehmen, Abfallprodukte ausscheiden und auf Signale aus der Umwelt reagieren. Diese Funktionen werden von Proteinen ausgeübt, die in die Doppelschicht eingelagert sind.

In den Sequenzen solcher «integraler» Membranproteine (Transmembranproteine) finden sich ein oder mehrere in der Membran liegende Abschnitte aus 20 bis 30 stark hydrophoben Aminosäuren, die in der Regel zu einem spiraligen Stab gewunden sind, der α-Helix. Diese Stäbe durchspannen die Doppelschicht und stehen in engem Kontakt mit deren hydrophoben Teilen; die Bindungen, die sie mit diesen Bereichen ausbilden, werden durch Van-der-Waals-Kräfte stabilisiert und dienen dazu, das Protein richtig in der Membran zu positionieren. Die anderen Teile des Proteins ragen beiderseits aus der Membran heraus.

Sowohl in der eu- wie in der prokaryotischen Welt sind die meisten Zellen außerhalb ihrer Plasmamembran von weiteren Strukturen umgeben, von lockerem Flaum bis zu dicken, starren Wänden. Diese Gebilde haben den Zweck, die Zelle zu stützen und zu schützen. Sie dienen als Molekülfilter und umschließen manchmal einen Zwischenraum, den periplasmatischen Raum, zwischen der eigentlichen Zelle und ihrer Umgebung. Am Aufbau solcher Außenstrukturen sind die verschiedensten Substanzen beteiligt, unter anderem Proteine, Lipide, kompliziert gebaute Kohlenhydrate und besondere Bestandteile mit ungewöhnlichen chemischen Zusammensetzungen.

Mechanismen der Zellbildung

Phospholipide sind kompliziert gebaute Moleküle, die in der Ursuppe anfangs wohl kaum zur Verfügung standen. Sie könnten aber im Zuge der Entwicklung des Protostoffwechsels entstanden sein und waren vielleicht in der Suppe enthalten, als das Einhüllen zu einem Vorteil wurde. Alles, was dann noch fehlte, war ein kräftiger Sturm, damit sich in dem Gemisch Doppelschichtbläschen bildeten – genau wie heute die Liposomen entstehen, wenn man ein Gemisch aus Phospholipiden und Wasser den Schwingungen des Ultraschalls aussetzt. Auf diese Weise könnten die ersten primitiven Zellen das Licht der Welt erblickt haben. Sie wären aber sofort verhungert, weil ihre Phospholipidhülle nicht einmal die einfachsten Nährstoffe durchließ.

Man kann sich aber durchaus vorstellen, daß die leeren Hüllen solcher totgeborenen Zellen als Verankerungspunkte für Stoffwechselsysteme dienten und einen Speicher für hydrophobe Peptide darstellten. Durch immer stärkeres Biegen einer solchen Struktur könnte ein Becher mit einer Doppelmembran entstanden sein, der sich dann zu einem Doppelmembranbeutel schloß, nachdem das Gebilde die erforderlichen Systeme für die Kommunikation durch die Membran aufgenommen hatte. Nach diesem Modell, das der deutschstämmige amerikanische Zellbiologe Günter Blobel von der Rockefeller University in New York vorgeschlagen hat, waren die ersten Zellen von einer Doppelmembran eingeschlossen.[8] Die gleiche Eigenschaft haben heute die gramnegativen Bakterien (die so genannt werden, weil sie in einem Test, den der dänische Bakteriologe Gram entwickelte, negativ reagieren). Man hat tatsächlich vermutet, die gramnegativen Bakterien könnten die Vorläufer der grampositiven Arten sein, die nur eine einfache Membran besitzen. Der britische Biologe Thomas Cavalier-Smith, der diese Vorstellung vertritt, übernahm deshalb auch Blobels Modell in seine Theorie.[9] Die Außenmembran der gramnegativen Bakterien unterscheidet sich allerdings in ihrer Struktur stark von der Innenmembran, die die eigentliche Begrenzung der Zelle, also die Plasmamembran, darstellt.

Andererseits wäre es auch möglich, daß die erste Zellabgrenzung nicht aus Phospholipiden bestand, sondern aus Peptiden und anderen Multimeren mit weitgehend hydrophobem Charakter, die ein lockereres und stärker durchlässiges Geflecht bildeten als die Lipiddoppelschicht. Diese Möglichkeit ist durchaus plausibel, denn hydrophobe

Multimere müssen, wenn man viele der verfügbaren Bausteine betrachtet, von Anfang an reichlich vorhanden gewesen sein. Die Phospholipide könnten später hinzugekommen sein, um die Löcher in der Abgrenzung zu stopfen und daraus eine biegsamere, vielseitigere Membran zu machen, als die erforderlichen Kommunikationswege eingerichtet wurden.

Wie die Mechanismen auch ausgesehen haben mögen, die zur Einhüllung der ersten Protozellen führten, in jedem Fall müssen sie eng mit der Entstehung der erforderlichen Transportwege verknüpft gewesen sein, die den unentbehrlichen Molekülaustausch zwischen der Protozelle und ihrer Umgebung ermöglichten. Leider gibt es keinerlei Indizien für die lange Reihe molekularer Abläufe, die zu diesen immer dichteren Barrieren und immer raffinierten Mitteln zu ihrer Durchquerung führten. Wir können uns nur das fertige Produkt ansehen und über seine Entstehung spekulieren. Betrachten wir erst einmal seinen Aufbau.

Aufbau von Membranen

Membranen wachsen durch das Anfügen neuer Bausteine an eine bereits vorhandene Membran.[10] Die Neusynthese von Membranen brauchte also in der Geschichte des Lebens nur einmal stattzufinden; alle späteren Membranen könnten dann durch Wachstum und Teilung aus dieser Urmembran hervorgegangen sein. Ob es wirklich so war, wissen wir nicht, aber es ist ein reizvoller Gedanke. Zumindest entstehen Membranen in der heutigen Welt des Lebendigen auf diesem Weg.

Nachdem die ersten Membranen vorhanden waren, war jede Neuerung von Vorteil, die die Einlagerung neuer Bausteine erleichterte. Bei den Lipiden bestand die einfachste und effizienteste Weiterentwicklung darin, daß sie unmittelbar in den Membranen synthetisiert wurden; dort herrschte ein ausgezeichnetes Umfeld zur Speicherung der hydrophoben Bausteine. Deshalb wurden an die Membranen mehrere Enzymsysteme angeheftet, die an Synthese und Zusammenbau von Lipiden und insbesondere von Phospholipiden beteiligt waren. Heute spielt CMP, der cytosinhaltige RNA-Bestandteil, als Überträger entscheidender Bausteine eine wichtige Rolle bei diesen

Vorgängen. Wenn das historisch von Bedeutung ist, dann liegt die Vermutung nahe, daß sich Phospholipidmembranen mit der RNA-Welt oder danach entwickelten, was mit der Hypothese von einer späten Entstehung der Zellen übereinstimmt.

Was die Proteine angeht, waren die Anpassungen subtiler, denn die Ribosomen, an denen die Proteinsynthese stattfand, befanden sich im wäßrigen Teil der Protozellen. Für die Verankerung von Proteinen in Membranen sorgten bestimmte Aminosäuresequenzen, die man auch Signalsequenzen nennt und die in der Regel in den Membranproteinen vorkommen. Erkannt und gebunden wurden diese Sequenzen von besonderen Membranbestandteilen, die als Anlegestellen für Proteine mit dem richtigen «Adreßetikett» dienten. Im Anschluß an diese Bindung – die ein weiteres typisches Beispiel für Komplementarität darstellt – wurden die Proteine ins Geflecht der Membran eingefügt. Dabei entwickelten sich zwei wichtige Varianten. Im einen Fall liegt die Signalsequenz am Vorderende der entstehenden Polypeptidkette und verbindet sich mit der Membran, sobald dieses Ende aus dem Ribosom herauskommt. Einen solchen Transfer bezeichnet man auch als cotranslational, weil er stattfindet, während die Translation noch läuft; er zeigt sich an Ribosomen, die in Bakterienzellen in unmittelbarer Nähe der Plasmamembran liegen. Die zweite Art des Proteintransports, posttranslational genannt, erfolgt nach Fertigstellung des Polypeptids und wird von Signalsequenzen gesteuert, die irgendwo im Inneren der Molekülkette liegen.

Schutzhüllen

Die bisher beschriebenen Konstruktionselemente waren von großer Bedeutung für die Funktionserweiterung der ersten Membranen, aber zu ihrer mechanischen Stärke trugen sie kaum bei. Eine Phospholipid-Doppelschicht ist ein zartes Gewebe, auch wenn sie durch Proteine verstärkt wird. Sie kann leicht reißen oder durch chemische und physikalische Einflüsse beschädigt werden, und sie bietet praktisch keinen Widerstand gegenüber dem osmotischen Anschwellen durch einströmendes Wasser. Dieser Vorgang findet statt, wenn die Konzentration gelöster Substanzen im umgebenden Medium geringer ist als im Zellinneren. Die Verletzlichkeit dieser äußeren Hülle beeinträchtigte die Fähigkeit der Protozellen schwer, Angriffen von außen zu widerstehen und sich an verschiedene Umweltbedingungen anzupassen. Aber dann ereignete sich etwas, das den weiteren Verlauf des Lebens auf der Erde tiefgreifend beeinflußte: Die Protozellen «lernten», aus Kohlenhydratmolekülen starre äußere Strukturen aufzubauen.

Am Anfang dieser historischen Entwicklung stand wahrscheinlich ein neuer Mechanismus, der Zuckermoleküle zu Ketten verknüpfen konnte, den Sacchariden, die unterschiedlich lang sind und vor allem als Speicherstoffe dienten. Was wir umgangssprachlich als Zucker bezeichnen, ist ein Disaccharid aus den beiden Zucker-Grundmolekülen Glucose und Fructose. Stärke ist ein Polysaccharid, das ausschließlich aus Glucose besteht. Große Moleküle können durch die Zellhülle nicht entweichen, und es leuchtet ein, daß die Fähigkeit, energiereiche Nährstoffe in Form solcher Moleküle zu speichern, den Protozellen ausreichende Vorteile für eine günstige Selektion verschaffte. Interessant und möglicherweise aufschlußreich ist, daß die wichtigsten Trägermoleküle in der heutigen Saccharidsynthese Derivate des UMP oder gelegentlich auch des AMP oder des GMP sind, also typischer RNA-Bausteine. Wie die Phospholipide, so könnten also auch die Polysaccharide ein Produkt der RNA-Welt oder der Zeit danach sein.

Der nächste entscheidende Schritt war die Bildung eines neuen Trägermoleküls für Zucker; es stammt vom Dolichol ab, einer Verbindung, die mit einem langen hydrophoben Schwanz in der Membran verankert ist. Die Zucker oder Saccharidketten wurden von ihren Nucleotid-Trägermolekülen auf den membrangebundenen Träger übertragen, so daß sie fest an der Innenseite der Membran hafteten. Durch einen raffinierten Umklappmechanismus ließen sich diese sperrigen, sehr hydrophilen Gebilde dann durch die hydrophobe Barriere der Phospholipid-Doppelschicht schleusen und ragten jetzt nach außen aus der Membran heraus. Dort konnten sie mit Proteinmolekülen oder anderen Verbindungen in Kontakt treten. Auf diese Weise wurde die Oberfläche der Protozellen nach und nach immer stärker mit Kohlenhydraten gepolstert und abgeschirmt, was die Überlebenschancen erheblich steigerte.

Am Aufbau der äußeren Schutzschicht war ein bemerkenswertes Molekül beteiligt, das auch heute noch in der Welt der Bakterien weit verbreitet ist und alle Kennzeichen eines lebenden Fossils besitzt. Es heißt Murein und besteht sowohl aus Zuckermolekülen wie auch aus kurzen, unterschiedlichen Peptiden, die nach ihrer Struktur und ihrem Gehalt an D- und L-Aminosäuren unmittelbar aus dem anfänglichen Multimergemisch stammen könnten. Die Bausteine sind zu einem einzigen großen, netzartigen Molekül verbunden, das die Zelle wie eine Art organisches Panzerhemd umgibt. Diese Struktur, die sogenannte Zellwand, ist bemerkenswert widerstandsfähig und gleichzeitig so porös, daß sie den Durchtritt von Molekülen nicht behindert.

Murein wird von Lysozym abgebaut, einem Enzym, das für die Verteidigung der Organismen gegen eingedrungene Bakterien von großer Bedeutung ist. Die nackten Zellen oder Protoplasten, die durch Lysozym ihrer Zellwand beraubt werden, platzen meist durch Osmose, es sei denn, das umgebende Medium verhindert mit seiner Zusammensetzung, daß Wasser einströmt. Andererseits erlangt das Wundermedikament Penicillin seinen therapeutischen Wert, weil es die Bildung von Murein verhindert und so Wachstum und Vermehrung entsprechend empfindlicher Bakterien zum Stillstand bringt. Zufällig wurden Penicillin und Lysozym von demselben Wissenschaftler entdeckt, nämlich von dem schottischen Mikrobiologen Alexander Fleming; über chemische Zusammensetzung und Synthese der Bakterienzellwand wußte man aber zu seiner Zeit noch nichts.[11]

Weiter verstärkt wurde die Zellwand durch eine Verdickung der Mureinschicht oder durch eine Membranhaut aus besonderen Lipopolysaccharidmolekülen, die sich über das Murein legte und eingelagerte Porine enthielt; das sind tunnelartige Proteine, die die Membranschicht für kleine Moleküle durchlässig machten, nicht jedoch für Proteine. Wie bereits erwähnt, ist diese zweite Membran, das Kennzeichen der gramnegativen Bakterien, möglicherweise das Überbleibsel eines frühen Stadiums der Zellbildung, in dem die Protozellen von einer Doppelmembran eingehüllt waren.

Zu- und Abflüsse

Für das Überleben in einer Umhüllung war die erste, unabdingbare
Voraussetzung, daß die Protozellen Nahrung aus der Umgebung aufnehmen und Abfallstoffe ausscheiden konnten. Am einfachsten
konnte eine vollständig eingehüllte Protozelle das mit Hilfe von Poren
bewerkstelligen, einfachen Löchern in der Lipiddoppelschicht, die
durch ein eingelagertes Proteingerüst offengehalten wurden. Ein Beispiel für solche Proteine sind die zuvor erwähnten Porine.

Der nächste Schritt waren Membranproteine, die den Transport
erleichterten, weil sie für bestimmte Substanzen als molekulare Dreh-
türen dienten. Sie sind passive Systeme, die sich in beide Richtungen
öffnen können, je nachdem, auf welcher Seite der größere Druck
herrscht. Sie lassen Substanzen also von der höheren zur niedrigeren
Konzentration fließen, allerdings mit einer gewissen chemischen Un-
terscheidungsfähigkeit. Viele Zellen enthalten zum Beispiel ein Protein, das spezifisch den Transport von Glucosemolekülen erleichtert.

Eine raffiniertere Form der molekularen Drehtür ist der gesteuerte
Kanal, der einer Einrichtung mit Zugangskontrolle entspricht. Wie
die passiven Transportproteine, so lassen auch die kontrollierten Kanäle im wesentlichen Substanzen mit einer bestimmten chemischen
Zusammensetzung passieren, aber nur in einer Richtung; außerdem
werden sie reguliert, das heißt, sie öffnen sich nur auf ein besonderes
chemisches oder elektrisches Signal hin.

Die nächste Verbesserung der Molekültransportsysteme war der
aktive Transport; er ist mit einer Energiequelle (in der Regel ATP)
gekoppelt, so daß die Strömungsrichtung umgekehrt werden kann:
Die Moleküle fließen gewissermaßen bergauf, von der niedrigeren
zur höheren Konzentration. Diese Errungenschaft bedeutete, daß die
betreffende Protozelle nun seltene, lebenswichtige Substanzen aus ihrer Umwelt herausfischen konnte; umgekehrt war sie in der Lage,
giftigen Abfall auch in einer stark verschmutzten Umwelt loszuwerden. Dafür mußte sie zwar mit Energie bezahlen, aber der Zugewinn
an Überlebensfähigkeit reichte aus, um die Richtung der natürlichen
Selektion entsprechend zu verschieben.

Ein Teil der Substanzen, die aktiv in die Protozellen hinein oder aus
ihnen heraus transportiert wurden, waren Ionen, elektrisch geladene
Teilchen. Die Verschiebung von Ionen ist in vielen Fällen mit einer
gleich großen Verschiebung von Ionen entgegengesetzter Ladung in

der gleichen Richtung verbunden, oder Ionen mit der gleichen Ladung werden in der entgegengesetzten Richtung transportiert. Die Membran selbst bleibt elektrisch neutral. Manchmal findet jedoch kein solcher Ausgleich statt; dann entsteht durch den erzwungenen Ionentransport ein Ladungsungleichgewicht, das sogenannte Membranpotential, zwischen den beiden Räumen, die durch die Membran getrennt sind. Diese Art von Ionentransportsystem heißt auch Ionenpumpe.

Eine besonders wichtige Ionenpumpe befördert mit der Energie aus der Spaltung von ATP positiv geladene Natriumionen aus den Zellen hinaus und ersetzt sie teilweise (zwei gegen drei) durch die ebenfalls positiv geladenen Kaliumionen; die Folge ist ein Membranpotential, das auf der Außenseite positiv ist. In Eukaryotenzellen erlangte dieses Potential eine außergewöhnliche Bedeutung, denn es bildet die Grundlage aller bioelektrischen Erscheinungen einschließlich der Funktion des Nervensystems der Tiere.

Woher die Natrium-Kalium-Pumpe stammt, liegt im Dunkeln. Von Bedeutung ist möglicherweise die Tatsache, daß Natrium das wichtigste positiv geladene Ion im Meerwasser und auch im Blut der Tiere ist. Es wäre durchaus denkbar, daß sich die eingekapselten Lebensformen schon sehr früh gegen zuviel Natrium schützen mußten. Interessanterweise werden einige der ältesten Bakterienarten, die sogenannten Halophilen, besonders gut mit Natrium in der Umgebung fertig. Auf diese Weise können sie in konzentrierter Salzlake nicht nur überleben, sondern sogar prächtig gedeihen.

Eine andere Ionenpumpe, die ebenfalls von entscheidender Bedeutung ist, schiebt Protonen durch Membranen. Protonenpumpen, die durch die Hydrolyse von ATP angetrieben werden, dienen in mehreren Fällen zur Steigerung der Protonenkonzentration, das heißt des Säuregehalts, in bestimmten Bereichen innerhalb und außerhalb von Zellen (man denke nur an die Säure, die im menschlichen Magen gebildet wird). Die weitaus wichtigste Funktion der Protonenpumpen ist der Energietransport, mit dem ich mich im nächsten Kapitel beschäftigen werde.

Zellteilung

Auf welche Weise die Umhüllung auch entstanden sein mag, sie mußte in jedem Fall die Möglichkeit bieten, Wachstum in Teilung umzumünzen. Ohne eine solche Verbindung hätten nützliche Mutationen nicht zu Selektionsvorteilen werden können, sondern sie hätten sich selbst zunichte gemacht. Das ist leicht zu verstehen: Man stelle sich eine kugelförmige Zelle vor. Wenn sie wächst, nimmt der Bedarf an Erhaltungs- und Reparaturaufwand mit der dritten Potenz des Radius zu. Die Oberfläche, die für den Nährstofftransport zur Verfügung steht, vergrößert sich aber nur mit der zweiten Potenz des Radius. Eine solche Zelle muß mit ihrem Wachstum zwangsläufig einen Punkt erreichen, an dem die Zufuhr von Nährstoffen gerade noch für Erhaltung und Reparatur ausreicht. Weiteres Wachstum wird jedoch unmöglich, es sei denn, die Zelle nimmt eine asymmetrische Form an und bildet beispielsweise eine Knospe. Wenn diese Ausstülpung weiter wächst, kann sie schließlich als selbständiges Gebilde abfallen, insbesondere wenn das Ganze von einer sich selbst abdichtenden Membran umgeben ist. Jede Oberflächeneigenschaft, die bei den ersten Protozellen das asymmetrische Wachstum und die Knospenbildung begünstigte, wäre also, sofern sie erblich war, automatisch von der Selektion ausgewählt worden.

Mit der Entwicklung der äußeren Strukturen wurde die Teilung zu einem komplizierteren Vorgang, während dem sich die Zellwand in einer immer tiefer werdenden Furche einschnüren mußte. Über die Mechanismen, die diesen Vorgang steuern, weiß man kaum etwas, aber es besteht eine Verbindung zwischen Membran und Zellwand. Bakterien, die mit Penicillin behandelt wurden und deshalb keine Zellwand mehr bilden können, werden, wenn man sie vor dem Platzen schützt, immer größer, aber sie teilen sich nicht.

Damit die Teilung einen Nutzen brachte, mußte jede Tochter-Protozelle wieder alles enthalten, was zum selbständigen Überleben und für die weitere Vermehrung erforderlich war, insbesondere die vollständige Genausstattung. Zunächst wurde diese Bedingung wahrscheinlich durch statistische Verteilung erfüllt, weil sich die Bestandteile der Protozelle in der Membranhülle wahllos mischten. Nachdem das genetische Material zu einem einzigen, ringförmigen Chromosom zusammengefunden hatte, stellte sich ein Zusammenhang zwischen DNA-Replikation und Zellteilung ein, so daß jede Tochterzelle ein

Chromosom erbte. Erleichtert wurde die Verteilung der DNA durch die Anheftung des Chromosoms an der Plasmamembran. Wenn die DNA-Replikation einsetzte, lagerte sich der dazu erforderliche Komplex aus Enzymen und Hilfsfaktoren an der Verankerungsstelle zusammen; anschließend wurde das Chromosom durch den Komplex hindurchgeschleust, um ihn in verdoppelter Form zu verlassen. Nachdem sich die beiden so entstandenen Chromosomen entwirrt hatten, waren sie schließlich an verschiedenen Stellen mit der Membran verbunden. Zwischen ihnen bildete sich die Teilungsfurche, so daß jede Tochterzelle eines der beiden Chromosomen erhielt.

10 Die Membran wird zum Funktionsträger

Das Einhüllen der Protozelle war ein langsamer, schrittweiser Vorgang, gekennzeichnet durch viele entwicklungsgeschichtliche Neuerungen. Zu den ersten derartigen Neuentwicklungen mußten notwendigerweise die Einrichtungen gehören, die für den lebenswichtigen Stoffaustausch mit der Umgebung sorgten. Schon bald verbreiterte sich aber das Spektrum. Nachdem sich die Phospholipid-Doppelschichten gebildet hatten, stellte sich heraus, daß diese neue Struktur mehr war als nur eine angenehme Abgrenzung. Sie bot dem heranreifenden Leben zahlreiche Gelegenheiten für nützliche Neuentwicklungen. Eine ganz neue Klasse von Proteinen entstand, die sich – ausgestattet mit einer oder mehreren hydrophoben Sequenzen – mit diesen in die Membranen einlagern konnten. Die verankerten Proteine konnten an verschiedenen neuen Funktionen mitwirken, die in der entwicklungsgeschichtlichen Selektion so vorteilhaft waren, daß die mutierten Protozellen, die diese Proteine herstellten, begünstigt wurden. Die bei weitem wichtigste derartige Entwicklung war ein Apparat, der den bergab verlaufenden Elektronentransport reversibel an das Ausschleusen von Protonen koppelte. Dieser Apparat war in der Tat ein umwälzender Fortschritt in der Fähigkeit des Lebens, Energiequellen in seiner Umwelt anzuzapfen.

Protonenmotorischer Elektronentransfer

Das im folgenden beschriebene Szenario muß sich nicht so abgespielt haben, wie es hier dargestellt wird, aber es ist plausibel und erklärt auf einfache Weise, wie das entstehende Leben auf jene Erfindung gestoßen sein könnte, die seine Zukunft veränderte, die diese Zukunft eigentlich überhaupt erst möglich machte.

Durch ein Mutationsereignis erwirbt eine Protozelle ein Molekül, das Elektronen übertragen kann und so aufgebaut ist, daß es in das Gefüge der Membran paßt. Dieser Elektronenüberträger hat eine nützliche Eigenschaft, die ihn in der Selektion begünstigt: Er kann als Tunnel für Elektronen dienen, von einem Donor im Inneren zu einem Akzeptor auf der Außenseite; denn für beide ist die Membran undurchlässig. Der Nutzen, den die Protozelle aus der Mutation zieht, ist also der Zugang zu dem Akzeptor.

Aber nichts ist umsonst. Die Protozelle muß für den Vorteil einen Preis zahlen: Das Trägermolekül transportiert Elektronen in Form von Wasserstoffatomen. Das heißt, wenn zwischen dem Donor im Inneren und dem äußeren Akzeptor nackte Elektronen verschoben werden sollen, findet zwangsläufig auch ein Transport von Protonen statt. Der Überträger muß die Protonen – eines für jedes Elektron – im Inneren der Protozelle aufnehmen, damit er die Elektronen als Wasserstoffatome transportieren kann, und die gleiche Anzahl Protonen muß er auf der Außenseite wieder freisetzen, wenn er die Elektronen dort an den Akzeptor übergibt. *Der Elektronentransfer ist also obligatorisch mit einem Protonentransfer gekoppelt*, und umgekehrt. Das eine kann ohne das andere nicht ablaufen. Das Ganze bildet also eine elektronengetriebene Protonenpumpe, die in beiden Richtungen arbeiten kann.

Damit eine solche Pumpe Sinn macht, muß die Membran für Protonen undurchlässig sein, denn sonst würden die transportierten Protonen sofort wieder zurück ins Zellinnere diffundieren. Wird ihnen der Durchtritt verwehrt, kommt zur Kopplung von Elektronentransfer und Protonentransport noch ein energetisches Bindeglied. Wenn Elektronen durch die Membran befördert werden, erzeugen die zugehörigen Protonen ein wachsendes Ungleichgewicht, den sogenannten Protonengradienten, der sich je nach den sonstigen Umständen in unterschiedlicher Form zeigen kann: als eine im Vergleich zum Zellinneren erhöhte äußere Protonenkonzentration, als außen positives Membranpotential oder als Kombination aus beiden. Unabhängig von seiner physikalischen Form wirkt der Protonengradient aber dem weiteren Transport von Protonen entgegen. Der gekoppelte Prozeß kommt zum Stillstand, wenn zum weiteren Protonentransport gegen den Protonengradienten die gleiche Energiemenge erforderlich ist, die durch den Elektronentransfer freigesetzt wird. Diese Energiemenge ist ihrerseits abhängig vom Unterschied im Energieniveau zwischen dem Donor, der die Elektronen abgibt, und dem Akzeptor, der sie aufnimmt.

Könnte ein solcher Zusammenhang zu einem Vorteil werden? Ja, und zwar in mehrfacher Hinsicht. In einem sauren Milieu überleben zu können, ist eine sehr attraktive Möglichkeit. Säuren sind definitionsgemäß wasserstoffhaltige Substanzen, die in wäßriger Lösung Protonen freisetzen, während das übrige Molekül als negativ geladenes Ion zurück bleibt. Je höher die auf diese Weise entstehende Protonenkonzentration ist, desto höher ist der Säuregehalt, und desto niedriger ist der sogenannte pH-Wert. Vom sauren Geschmack des Zitronensafts (Zitronensäure) und des Essigs (Essigsäure) bis hin zur metallzerfressenden Ätzwirkung der Salpetersäure ist alles nur eine Frage der Protonenkonzentration.

Wie bereits erwähnt wurde, besteht Grund zu der Annahme, daß das Leben in einer sauren Umgebung oder in räumlicher Nähe dazu seinen Anfang nahm. Einige der ältesten Mikroorganismenarten gehören zur Gruppe der Thermoacidophilen, die sehr heiße und saure Lebensräume besiedeln. Wie wir in Kapitel 3 gesehen haben, könnte eine solche Umgebung der Bildung der ersten Thioester förderlich gewesen sein. Dort wäre auch anorganisches Phosphat (oder Pyrophosphat) aus seinen unlöslichen Verbindungen freigesetzt worden, so daß dieser unverzichtbare Bestandteil vieler Bimoleküle in den primitiven Stoffwechsel eintreten konnte. Dennoch ergibt sich bei der Annahme, das beginnende Leben habe sich in einem solchen Umfeld entwickelt, eine Schwierigkeit: Mehrere Stoffwechselzwischenprodukte, darunter einige entscheidende Phosphatverbindungen, sind äußerst empfindlich gegenüber heißer Säure. Einen Ausweg aus diesem Dilemma bieten vulkanische Quellen und die in jüngster Zeit entdeckten heißen Tiefseequellen. Vielleicht spielten sich die Entstehung der Thioester und die Freisetzung des Phosphats in heißen, sauren, unterirdischen Gewässern ab; sie gelangten dann durch Geysire an die Oberfläche und in mildere Bedingungen. Protozellen, die sich am Rand einer solchen Quelle entwickelten, könnten langsam in immer saureres Wasser vorgedrungen sein, nachdem sie die Einrichtungen zum Ausschleusen der Protonen besaßen und in ihrem Inneren ein geeignetes Milieu aufrecht erhalten konnten. Dabei mußten sie gegen den Druck eines starken Protonengradienten ankämpfen, der jede Schwachstelle der Membranen ausgenutzt hätte, um Protonen ins Zellinnere zu schieben.

Die Kopplung des bergab verlaufenden Elektronentransfers mit dem Ausschleusen von Protonen könnte auch anders genutzt worden sein, wenn das äußere Protonenpotential so stark war, daß die Elektronen in umgekehrter Richtung durch die Membran flossen. Dann wären die Elektronen gezwungen gewesen, «bergauf» zu fließen, von dem reduzierten Akzeptor auf der Außenseite, der damit zum Donor wurde, zu dem oxidierten Donor im Zellinneren, der jetzt als Akzeptor fungierte. Dazu brauchten die Protozellen einen Protonen«abfluß», ein Stoffwechselsystem, das die von der umgekehrt laufenden Pumpe eingeschleusten Protonen verbrauchen konnte.

Die gleichen entwicklungsgeschichtlichen Vorteile hätten sich auch mit einer ATP-getriebenen Protonenpumpe ergeben (siehe das vorherige Kapitel). Gleichgültig, welche Pumpe zuerst da war – jede hätte den Protozellen in einer sauren Umgebung einen beträchtlichen Vorteil verschafft. Reizvoll, allerdings zugegebenermaßen spekulativ, ist der Gedanke, daß das Auftreten der Protonenpumpen ein weiteres Indiz für eine saure Wiege des Lebens darstellt.

Eine dramatische Veränderung, die nichts mehr mit dem Säuregehalt der Umgebung zu tun hatte, ergab sich, als beide Protonenpumpen, die eine von Elektronen, die andere von ATP angetrieben, zusammen in der Membran derselben Protozelle auftauchten. Man stelle sich folgendes vor: Die beiden Pumpen arbeiten zusammen und bauen gemeinsam einen schnell wachsenden Protonengradienten auf. Da sie wahrscheinlich nicht gleich stark sind, ist irgendwann der Punkt erreicht, wo die schwächere Pumpe zum Stillstand kommt, während die stärkere weiterhin Protonen nach außen befördert, so daß der Protonengradient über die Leistungsgrenze der schwächeren Pumpe ansteigt. Nun sorgt das Protonenpotential, das mit der einen Energiequelle aufgebaut wurde, für die Regeneration der anderen. Ist die elektronengetriebene Protonenpumpe stärker, bewirkt der bergab verlaufende Elektronentransport den Aufbau von ATP aus ADP und P_i. Ist dagegen die ATP-getriebene Pumpe die stärkere, ermöglich die Hydrolyse des ATP den bergauf verlaufenden Elektronentransport von einem niedrigeren auf ein höheres Energieniveau. Damit ist eine neue Form der reversiblen Kopplung zwischen Elektronentransfer und ATP-Synthese entstanden, die sich auf die protonenmotorische Kraft gründet.

Die Bedeutung dieses Ereignisses kann man nicht hoch genug einschätzen. Zuvor erfolgte der Aufbau von ATP (oder Pyrophosphat) durch die Energie aus Elektronentransporten ausschließlich mit Hilfe des thioesterabhängigen Mechanismus der Substratkettenphosphorylierung (siehe Kapitel 3). Heute entsteht wahrscheinlich noch nicht einmal eines unter einer Million ATP-Molekülen auf diesem Weg (der dennoch nach wie vor universell verbreitet und lebenswichtig ist). Der beherrschende Mechanismus zur Energiegewinnung ist die Phosphorylierung durch membrangebundene Elektronenüberträger. Ohne ihn könnten wir unseren Energiebedarf nicht durch die Verbrennung von Nährstoffen decken, und Pflanzen wären nicht in der Lage, die Sonnenenergie nutzbar zu machen.

Der neue Energiegewinnungsmechanismus bedeutete für die Evolution einen enormen Vorteil. Sobald er auch nur in einfachster Form funktionierte, wurde jede weitere Verbesserung in Effizienz und Vielseitigkeit der protonenmotorischen Kopplung von der natürlichen Selektion stark begünstigt. Der krönende Abschluß dieser langen Entwicklungsgeschichte ist die Elektronentransportkette; man nennt sie auch Atmungskette, weil die Elektronen an ihrem Ende bei allen aeroben Lebewesen auf molekularen Sauerstoff übertragen werden, der durch die Atmung in den Organismus gelangt. Eine solche Kette besteht aus mehreren Elektronenüberträgern, die in das Gefüge der Membran eingelagert sind. Man hat sie mit einer Eimerkette verglichen oder als Elektronenkaskade bezeichnet. Das Bild von der Eimerkette betont, daß an der Kette mehrere Elektronenüberträger beteiligt sind, der Begriff der Kaskade dagegen macht deutlich, daß der Weg der Elektronen bergab verläuft und mehrere Schritte umfaßt, bei denen die Elektronen stufenweise auf immer niedrigere Energieniveaus fallen. Einer dieser Schritte oder auch mehrere – in den meisten hochentwickelten Systemen drei – sind untrennbar mit dem Ausschleusen von Protonen gekoppelt und können dazu dienen, mit Hilfe der protonenmotorischen Kraft ATP aufzubauen. Wenn Elektronen also in der Kaskade hinunterfallen, entsteht ATP. Umgekehrt können Elektronen in der Kaskade nach oben befördert werden, entweder unter ATP-Verbrauch oder durch die protonenmotorische Kraft, die durch den Elektronenfluß im unteren Teil der Kette entsteht.

Am Aufbau der Elektronentransportkette war eine ganze Reihe wichtiger, in die Membran eingelagerter Moleküle beteiligt. Wir sind in Kapitel 3 bereits den Eisen-Schwefel-Proteinen begegnet, die um Anordnungen von Eisen- und Schwefelatomen aufgebaut sind und durch das Hin- und Herwechseln zwischen zwei- und dreiwertigem

Eisen wirken. Auf den gleichen Wechsel sind auch die Cytochrome angewiesen, membrangebundene, rot gefärbte Substanzen, die zur großen Gruppe der Häm-Proteine gehören; der bekannteste Vertreter dieser Proteinklasse ist der rote Blutfarbstoff Hämoglobin (von griechisch *haima* = Blut). Der aktive Teil der Häm-Proteine ist ein kompliziert gebautes, flaches, schalenförmiges Molekül aus Kohlenstoff-, Stickstoff- und Wasserstoffatomen, das in die organische Verbindungsklasse der Porphyrine gehört. In der Mitte der Schale befindet sich ein Loch, in dem ein Eisenatom liegt. In den Cytochromen wechselt dieses Eisen zwischen dem zwei- und dem dreiwertigen Zustand hin und her; auf diese Weise kann das Molekül als Elektronenüberträger fungieren. Cytochrome findet man in den Membranen als Bestandteile der Elektronentransportketten. Zu den Häm-Proteinen gehört auch eine ganze Reihe löslicher Substanzen, in denen das Eisen ständig in der zwei- oder der dreiwertigen Form vorliegt. Die zweiwertigen Häm-Proteine dienen, wie beispielsweise das Hämoglobin im Blut, vorwiegend dem Sauerstofftransport. Dreiwertige Typen besitzen häufig Enzymaktivität und katalysieren Reaktionen, an denen Wasserstoffperoxid beteiligt ist.

Neben eisenhaltigen Proteinen aus diesen beiden Gruppen gehören zu den Elektronentransportketten auch solche mit Kupfer als Elektronenüberträger, die Flavoproteine, bei denen FMN oder FAD die Elektronen transportiert (siehe Kapitel 4), und die elektronenübertragenden Chinone, sehr hydrophobe organische Moleküle aus Kohlenstoff-, Wasserstoff- und Sauerstoffatomen. Insgesamt sind an einer einzigen Kette oft bis zu 15 verschiedene Überträger beteiligt, die nach Energieniveaus (in absteigender Reihenfolge) angeordnet sind, so daß jeder Überträger in einer günstigen Position zu den Molekülen steht, mit denen er die Elektronen beim Transport unmittelbar austauscht.

Der Weg zur Autonomie

Nach allgemeiner Überzeugung bezog das Leben seine Bausteine anfangs aus vorhandenen organischen Produkten der abiotischen Synthese. Den Energiebedarf könnten zuvor gebildete energiereiche Moleküle gedeckt haben, beispielsweise anorganisches Pyrophosphat, Polyphosphate oder, nach meinem Modell, die Thioester. Andererseits könnte aber auch der Abbau vorhandener organischer Moleküle über irgendeinen gekoppelten Vorgang die notwendige Energie geliefert haben, zum Beispiel der in meinem Modell vorgeschlagene Elektronentransportprozeß, bei dem Thioester entstehen.

Wenn das stimmt, war das Leben anfangs heterotroph. Dieser Begriff (griechisch *heteros* = anders und *trophae* = Nahrung) bezeichnet Lebewesen wie uns Menschen, die sich von den Produkten anderer Lebewesen ernähren, im Gegensatz zu den autotrophen Arten (griechisch *autos* = selbst), die – wie die Pflanzen – ihre Zellbestandteile aus mineralischem Ausgangsmaterial aufbauen. Anfangs war die Heterotrophie natürlich nicht auf autotrophe Lebenwesen angewiesen, sondern auf das himmlische Manna der abiotischen Chemie.

Als das Manna allmählich ausging, mußte sich irgendeine Form der Autotrophie entwickeln. Das geschah vermutlich erst nach dem Auftauchen der ersten Protozellen, es sei denn, irgendein unbekannter Mechanismus spielte dabei noch eine Rolle. Alle bekannten autotrophen Zellen sind auf membrangebundene Elektronentransportketten angewiesen. Wahrscheinlich unterstützten solche Ketten also anfangs heterotrophe Vorgänge, und später wurden sie autotroph. Wie vollzog sich dieser Übergang?

Um diese Frage zu beantworten, müssen wir uns den Aufbau der biologischen Elektronenkaskade ansehen. Sie besteht aus vier «Stromschnellen», die durch fünf Energieniveaus getrennt sind – nennen wir sie in absteigender Reihenfolge einmal A, B, C, D und E. Jede Stromschnelle ist so hoch, daß sie den Aufbau von ATP aus ADP und P_i ermöglicht, und zwar mit einer Rate von einem Molekül ATP je herabfallendem Elektronenpaar. Am ältesten ist die Stufe von A nach B; sie enthält wasserlösliche Bestandteile und beruht auf thioestergekoppelter Substratkettenphosphorylierung. Für die Stufen B–C, C–D und D–E sind in die Membran eingelagerte Substanzen zuständig, die sich der protonenmotorischen Phosphorylierung durch Trägermoleküle bedienen. Damit die Kaskade funktioniert, müssen oben Elektronen zugeführt werden, die sie unten wieder verlassen. Idealerweise erfolgt die Zufuhr auf der Ebene A und der Abfluß auf der Stufe E, aber auch auf den Zwischenniveaus gibt es Zu- und Abflüsse für Elektronen.

Diese Kaskade ist kein von vornherein angelegtes Gebilde, sondern ein Produkt der Evolution, das, von der natürlichen Selektion gelenkt, den Energieunterschied zwischen A und E optimal ausnutzt; Grenzen setzt nur der Energiebedarf des ATP-Aufbaus. Kurz gesagt, wird durch das Herabfallen eines Elektronenpaars von A nach E insgesamt soviel Energie freigesetzt, daß damit vier ATP-Moleküle aufgebaut werden können. Die Kaskade mit ihren vier Stromschnellen, die jeweils einen eigenen Apparat antreiben, nutzt diese Möglichkeit in vollem Umfang aus. Nun stellt sich die Frage, wie dieses Meisterwerk der natürlichen Selektion entstanden ist und wie es den Weg zur Autotrophie eröffnete.

Auf diese Frage gibt es eine einfache Antwort. Sie stimmt vielleicht nicht ganz, aber für unsere Zwecke reicht sie aus. Im Zusammenhang mit dem Bild von der Elektronenkaskade kann man sie folgendermaßen zusammenfassen: Das Leben begann am oberen Ende der Kaskade und nutzte zuerst das Fallen der Elektronen von A nach B oder tiefer aus. Das geschah mit Hilfe der Thioester, und der Vorgang entwickelte sich zum Mechanismus der Substratkettenphosphorylierung. Durch abiotische Synthese und vielleicht durch eine Quelle energiereicher Elektronen (siehe Kapitel 3, «Das Rätsel des fehlenden Wasserstoffs») standen die erforderlichen Elektronendonoren zur Verfügung, von denen manche diese Funktion auch 3,8 Milliarden Jahre später noch erfüllen. Die Brenztraubensäure zum Beispiel, die leicht aus Milchsäure oder Alanin entsteht, zwei charakteristischen Produkten abiotischer Chemie, ist heute ein wichtiger Elektronendonor der Substratkettenphosphorylierung. Was den Abfluß angeht, kann man wohl annehmen, daß die präbiotische Welt unterhalb der Ebene B eine ganze Reihe mineralischer Elektronenakzeptoren bereithielt. Auch organische Moleküle, die durch abiotische Synthese oder den Protostoffwechsel entstanden waren, könnten diese Aufgabe erfüllt haben, wie man am heutigen Stoffwechsel ablesen kann.[1]

In meinem Szenario wurde das entstehende Leben auf diese Weise versorgt, bis es die ersten unabhängigen Protozellen gab, die Proteine herstellen und untereinander mit der Nützlichkeit ihrer Neuerungen konkurrieren konnten. Den Wendepunkt brachte der erste in die Membran eingebettete Apparat aus zwei Pumpen, der die von den fallenden Elektronen freigesetzte Energie über die protonenmotorische Kraft zum Aufbau von ATP nutzen konnte.

Höchstwahrscheinlich nahm dieser Apparat die Elektronen auf der Ebene B auf; dort führen im heutigen Stoffwechsel die meisten Elektronendonoren den Transportketten die Elektronen zu, vor allem auf dem Weg über NAD (siehe Kapitel 4). Daß sie auf der Ebene C zuflossen, ist ebenfalls nicht auszuschließen, denn manche Stoffwechselzwischenprodukte (von heute), wie beispielsweise Bernsteinsäure (damals ein typisches Produkt abiotischer Synthese), liefern dort die Elektronen an. Sauerstoff, der universelle letzte Elektronenakzeptor der heutigen Lebewesen, stand in der präbiotischen Welt noch nicht zur Verfügung; am anderen Ende der Kaskade müssen also andere Akzeptoren gestanden haben, beispielsweise dreiwertiges Eisen (siehe Kapitel 3), das wie der Sauerstoff die Elektronen auf der Ebene E aufnimmt.

Als Mittel zur Deckung des Energiebedarfs war der neue Apparat den zuvor vorhandenen thioesterabhängigen Mechanismen weit überlegen, denn Elektronendonoren für die Ebene B sind viel zahlreicher als solche für die Stufe A. Aber dieser Vorteil ist nur geringfügig im Vergleich zu einer anderen, wirklich lebensrettenden Eigenschaft der neuen Entwicklung: Der Thioester-Apparat konnte jetzt auch in umgekehrter Richtung arbeiten, angetrieben von dem ATP aus dem protonenmotorischen Mechanismus. Die Elektronen konnten von der Ebene B zur Ebene A aufsteigen, dem entscheidenden Niveau für biosynthetische Reduktionsreaktionen. Die Assimilation von Kohlendioxid erfordert beispielsweise Elektronen, die auf der Ebene A zugeführt werden. Das energieverbrauchende Heben der Elektronen von einer niedrigeren auf eine höhere Energiestufe bezeichnet man als «umgekehrten Elektronentransfer».

Nachdem diese Art des Elektronenflusses einmal in Gang gekommen war, konnte sie ausgebaut werden. Eine zweite protonenmotorische Stromschnelle könnte aufgetaucht sein, deren Elektronen auf der Ebene C zugeführt und bei D oder tiefer abgegeben wurden, so daß sie nun auch von der Ebene C zur Ebene A angehoben werden konnten – erst von C nach B durch die Umkehr des ersten protonenmotorischen Vorgangs und dann von B nach A durch den rückwärts arbeitenden thioesterabhängigen Apparat. In allen diesen Fällen liefert der untere Teil der Kaskade die Energie, um die Elektronen an ihrem oberen Ende anzuheben.

Das war nach meiner Vermutung der Weg zur Autotrophie, die das entstehende Leben aus der Abhängigkeit von der abiotischen Chemie befreite. Für die echte Autotrophie war jetzt nur noch eine Umwelt mit einem geeigneten mineralischen Elektronendonor erforderlich, der die Elektronen irgendwo zwischen den Ebenen B und C zuführte.

In Gegenwart eines Akzeptors auf der Ebene D oder tiefer (heute Sauerstoff, in präbiotischer Zeit vielleicht dreiwertiges Eisen) konnte der bergab gerichtete Elektronenfluß im unteren Teil der Kaskade nun den gesamten ATP-Bedarf decken, während der bergauf gerichtete (umgekehrte) Elektronenfluß in ihrem oberen Abschnitt, angetrieben von dem im unteren Teil erzeugten ATP, die energiereichen Elektronen bereitstellte, die zur Reduktion mineralischer Bausteine, wie Kohlendioxid, Nitrat, Sulfat und so weiter, gebraucht wurden. Eine solche Lebensweise ist heute charakteristisch für manche autotrophen Bakterien: die chemoautotrophen Arten, die vor allem elementaren Schwefel oder Schwefelverbindungen wie Schwefelwasserstoff – auch sie vermutlich Bestandteile der präbiotischen Umwelt – als Elektronendonoren benutzen.

Nachdem die Autotrophie in ihren Grundzügen entstanden war, ergaben sich nach und nach weitere Verbesserungen, bis hin zur vollständigen protonenmotorischen Elektronenkaskade B–C–D–E mit drei Stromschnellen, wie man sie heute in den meisten hochentwickelten auto- und heterotrophen Lebewesen findet.

Die letzte Verbesserung der Elektronentransportketten fand statt, als eine Porphyrinvariante entstand, bei der ein Magnesiumatom statt des Eisens das Loch in der Mitte der Schale besetzte. Das war vermutlich die Geburtsstunde des Chlorophylls (griechisch *chloros* = grün und *phyllon* = Blatt), des grünen Farbstoffs der photoautotrophen oder kurz phototrophen Lebewesen (griechisch *phos* = Licht).

Der unmittelbare Nutzen des Chlorophylls lag in seiner Fähigkeit, Energie aus dem Sonnenlicht zu beziehen und dabei etwas durchzumachen, was man als Elektronenverschiebung bezeichnen könnte: Eines der Elektronen im Chlorophyllmolekül wird von der absorbierten Lichtenergie vom Ruheniveau auf ein höheres Energieniveau gehoben. Man spricht auch davon, daß das Molekül vom Licht angeregt wird. Dieses Phänomen tritt bei vielen farbigen Verbindungen auf (die Farbe haben sie gerade deshalb, weil sie einen Teil des auftreffenden Lichts absorbieren), aber oft ist es nur kurzlebig. Das verschobene Elektron fällt sofort wieder auf das Ruheniveau zurück, und die absorbierte Energie wird als Wärme frei – die aber nicht immer die übliche nutzlose Form hat, sondern auch zu biologischer Arbeit genutzt werden kann.

Beim Chlorophyll wird dieses Entweichen der Lichtenergie verhindert. Dank der engen Verbindung des Moleküls mit einer in die Membran eingelagerten Elektronentransportkette – das Chlorophyll ging ja, wie erwähnt, aus einer solchen Kette hervor – wird das verschobene Elektron so umgeleitet, daß es durch die Kette fällt und dabei Arbeit leistet. Die Lichtenergie sorgt also für die Entstehung von protonenmotorischer Kraft und damit auch für die Bildung von ATP.

Nachdem die angeregten Elektronen für den Zusammenbau von ATP gesorgt haben, kehren sie schließlich auf dem Ruheniveau wieder zum Chlorophyll zurück, wo sie für das nächste lichtgetriebene Anheben zur Verfügung stehen. Sie durchlaufen also einen endlosen Kreislauf – mit dem Licht nach oben und über die Kaskade nach unten – und treiben dabei die ATP-Bildung an (zyklische Photophosphorylierung). Neben diesem Kreislauf gibt es auch einen nichtzyklischen Prozeß, bei dem die Elektronen zu vielen für das autotrophe Leben erforderlichen Biosynthesereaktionen verwendet werden. In diesem Fall erhält das Chlorophyll die verlorenen Elektronen aus äußeren Quellen zurück.

In der Evolution der Phototrophie gab es zwei wichtige Stadien. Zuerst bildete sich das Photosystem I, das Elektronen von mineralischen Donoren aufnahm, beispielsweise von bestimmten Schwefelverbindungen; es hob die Elektronen mit oder ohne Unterstützung durch den thioesterabhängigen umgekehrten Elektronentransfer auf die Energiestufe A, die für Biosynthesereaktionen erforderlich war. Später kam das Photosystem II hinzu, das Wassermolekülen die Elektronen entziehen kann, wobei molekularer Sauerstoff frei wird. Das Photosystem II hebt die Elektronen auf ein mittleres Energieniveau, wo das Photosystem I sie aufnehmen und ans obere Ende der Kaskade befördern kann. Diese Entwicklung machte das autotrophe Leben unabhängig von einem äußeren Elektronendonor. Von nun an brauchte das Leben nur noch Licht und Wasser, um aus Luft und ein paar im Wasser gelösten Mineralstoffen einen üppigen grünen Mantel zu schaffen, der seinerseits die Existenz vieler heterotropher Lebensformen ermögliche. Dieses bedeutsame Ereignis kündigt auch das Auftreten von molekularem Sauerstoff auf der Erde an, das langfristig gewaltige Folgen hatte (siehe Kapitel 14).

11 Anpassung an ein Leben in der Hülle

Nachdem es Zellen gab, wurde das Leben zum ersten Mal zu einer Eigenschaft abgegrenzter, selbständiger Einheiten, die sich auseinanderentwickeln konnten. Die unmittelbare Folge dieser Neuerung und auch die wichtigste Triebkraft ihrer weiteren Evolution war der Darwinsche Wettbewerb. Außerdem ermöglichte die Zellbildung eine Reihe neuer Entwicklungen, die die Fähigkeit der Protozellen, als getrennte Gebilde zu überleben und sich zu vermehren, weiter verstärkten und deshalb zu einem Spielball der natürlichen Selektion wurden. In den meisten Fällen ergaben sich solche Anpassungen aus Abwandlungen der Zellmembran, die nun neben ihren Aufgaben der Abgrenzung, des kontrollierten Stofftransports und der Erzeugung protonenmotorischer Kraft weitere Funktionen übernahm: Sie entwickelte sich zu einer höchst empfindlichen Schnittstelle, die viele Signale mit der Umgebung austauschen und geeignete Reaktionen in Gang setzen konnte. Die folgenden Abschnitte geben einen kurzen und nicht unbedingt chronologischen Überblick über diese nützlichen Hilfen für das Leben der Protozellen.

Wahrnehmung

Anfangs «lernten» die Protozellen wahrscheinlich, ihre Umwelt chemisch wahrzunehmen, sie also sozusagen zu «schmecken». Das könnte sich folgendermaßen abgespielt haben: Membranproteine ragen bekanntermaßen häufig mit ihren Enden beiderseits aus der Membran, während der hydrophobe Mittelabschnitt in die Lipiddoppelschicht eingebettet ist. Stellen wir uns nun einmal vor, der nach außen ragende Teil eines solchen Proteins besäße eine Stelle, die zu einer bestimmten Substanz komplementär ist und sie deshalb binden kann. Nehmen wir weiterhin an, daß diese Bindung eine Konformationsänderung – beispielsweise ein stärkeres Zusammen- oder Auseinanderwinden – des in der Membran befindlichen Abschnitts bewirkt, so daß auch der Teil des Proteins auf der Membraninnenseite eine Konformationsänderung durchmacht. Und schließlich kann man sich vorstellen, daß diese Veränderung des Proteins im Zellinneren eine spezifische Wirkung hervorruft, zum Beispiel das Öffnen oder Schließen eines Kanals oder die Aktivierung oder Hemmung eines Enzyms. Wenn ein solches Protein auftaucht, schafft es also eine Verbindung, über die eine chemische Substanz von außen die Vorgänge im Inneren beeinflussen kann, ohne daß sie dazu in die Protozelle eindringen muß – mit Sicherheit eine nützliche Neuerung, wenn die Reaktion der Zelle darauf deren Anpassung verbessert –, und ob das der Fall ist, entscheidet wieder einmal die natürliche Selektion.

Man kann sich ein solches Protein wie einen Schalter vorstellen, der von einem chemischen Auslöser gesteuert wird. Die auslösende chemische Verbindung nennt man auch Agonist oder aktive Substanz. Den äußeren Teil des Schalters, der den Agonisten bindet, bezeichnet man als Rezeptor, und der Teil im Zellinneren, der die Reaktion bewirkt, heißt Effektor. Ist der Rezeptor nicht besetzt, befindet sich der Schalter in der Stellung «Aus» (das heißt, der Effektor ist inaktiv); er wird eingeschaltet (der Effektor wird aktiviert), wenn ein Agonist den Rezeptor besetzt. Gewöhnlich befinden sich auf der Oberfläche jeder einzelnen Zelle viele Schalter eines bestimmten Typs, so daß die Reaktion zwischen «alle Schalter an» und «alle Schalter aus» abgestuft werden kann. Die Stärke der Reaktion hängt davon ab, wieviele der vorhandenen Rezeptorstellen durch Moleküle des Agonisten besetzt sind, und das hängt wiederum davon ab, wieviele Moleküle des Agonisten in der Umgebung vorhanden sind und mit welcher Affinität die Rezeptoren sie an sich binden. Ist das System richtig abgestimmt, paßt sich die Reaktion genau der jeweils vorhandenen Menge des Agonisten an.

Ein einfaches Beispiel: Man stelle sich vor, eine Protozelle ist mit einem Kanal für den Eintritt einer Substanz ausgestattet, die in sehr geringer Menge nützlich oder sogar lebensnotwendig ist, in zu hoher Konzentration aber Schaden anrichtet. Eine solche Protozelle würde ein Leben auf des Messers Schneide führen, denn sie muß immer eine Umgebung finden, in der die Substanz genau in der richtigen Menge vorhanden ist. Angenommen, eine solche Protozelle erwirbt nun einen Rezeptor, der die Substanz bindet und dessen gekoppelter Effektor den Kanal schließt, wenn der Rezeptor besetzt ist. Steigt die Konzentration der Substanz im umgebenden Medium, nimmt die Zahl der besetzten Rezeptorstellen und damit auch die der geschlossenen Kanäle zu. Jetzt sind weniger Kanäle geöffnet, aber durch jeden fließen pro Zeiteinheit mehr Moleküle der Substanz, so daß die gesamte einströmende Menge über einen weiten Konzentrationsbereich hinweg ungefähr gleich bleibt. Für die Protozellen bedeutet ein solches Protein die Fähigkeit, sich an beträchtliche Konzentrationsschwankungen der betreffenden Verbindung in der Umgebung anzupassen, was einen wichtigen Selektionsvorteil darstellt.

Die membranüberschreitende Kombination aus Rezeptor und Effektor war in der Evolution höchst erfolgreich: Heute ist eine enorme Vielfalt von Substanzen auf diese Weise mit den unterschiedlichsten Reaktionen gekoppelt, unter anderem mit dem Suchen und Einfangen von Nahrung, dem Vermeiden schädlicher Substanzen, dem Beginn der Zellteilung, der Anregung von Sekretion und vielen anderen. Besonders spannend ist es, wenn der Agonist von einer anderen Zelle produziert wird. Der Rezeptor ermöglicht es dann einer solchen Zelle, durch die Produktion des Agonisten die Vorgänge in der rezeptortragenden Zelle zu beeinflussen. Hier findet also *Kommunikation zwischen Zellen mit Hilfe chemischer Signale* statt, ein Phänomen, das in späteren Stadien der Evolution und vor allem bei den Eukaryoten eine enorme Bedeutung gewinnen sollte. Wenn man beispielsweise dieses Buch liest, kommunizieren viele Milliarden Zellen im Gehirn über chemische Signale miteinander, um die Anordnung gedruckter Symbole verständlich zu machen.

Man kann unmöglich herausfinden, wann die Protozellen zum ersten Mal Membranproteine mit sinnvollen Kombinationen aus Rezeptor und Effektor erwarben oder um welche Membranproteine es sich dabei handelte. Wahrscheinlich stellten sich solche Neuerungen aber ein, sobald es der Entwicklungsstand von Struktur und Funktion der Protozellen zuließ, denn sie brachten beträchtliche Selektionsvorteile mit sich.

Beweglichkeit

Membranproteine können auch dazu dienen, chemische Signale aus dem Zellinneren an die Oberfläche zu übertragen. Bei einem besonders ausgefallenen derartigen Molekül ist ein energieverbrauchender innerer Teil so mit einem beweglichen Abschnitt auf der Außenseite verbunden, daß die im Zellinneren aufgewandte Energie draußen in Bewegung umgesetzt wird, wie bei einem Arm, der ein Ruder bewegt, oder wie bei einem Motor mit einem Propeller. Die Energie könnte aus der Spaltung von ATP oder auch aus der protonenmotorischen Kraft stammen. Die am höchsten entwickelte Maschine dieses Typs findet man in der Welt der Bakterien: Es ist die Geißel oder Flagelle (lateinisch *flagella* = Peitsche), ein rotierender, helical aufgebauter Stab, der aus der Zelloberfläche ragt und im Inneren der Zelle mit einer «Turbine» verbunden ist, die von der protonenmotorischen Kraft angetrieben wird. Der Schaft des Stabes durchdringt die Zellmembran und die Zellwand in besonders ausgebildeten, eng anliegenden «Lagern». Sicher gingen diesem Apparat einfachere Motoren voraus; vermutlich waren daran Proteine beteiligt, die ATP spalten konnten und sich bogen, wenn sie das ATP gebunden hatten; war es gespalten, streckten sie sich wieder. Die Bewegungssysteme der Eukaryoten einschließlich unserer eigenen Muskeln sind stets aus Proteinen mit dieser Fähigkeit aufgebaut.

Richtig auf der Zelloberfläche angeordnet, konnten solche Proteine die Zelle durch das umgebende Wasser bewegen. Die Richtung dieser Bewegung wurde anfangs vom Zufall bestimmt. Die Zellen schwammen eine Zeitlang in einer Richtung und «taumelten» dann, um anschließend eine andere Richtung einzuschlagen. Diese Eigenschaft brachte kaum Vorteile mit sich, denn die Zelle konnte damit ebensogut in eine ungünstigere wie in eine vorteilhaftere Umgebung gelangen. Das änderte sich, als die Antriebssysteme mit chemischen Rezeptoren gekoppelt wurden. Es war eine primitive Kopplung, durch die vor allem die Häufigkeit des Richtungswechsels beeinflußt wurde. Rezeptoren für nützliche Substanzen hemmten das «Taumeln», so daß sich die Zellen über längere Zeit hinweg in Richtung dieser Substanz bewegten. Umgekehrt bewirkten Rezeptoren für gefährliche Stoffe häufigere Richtungswechsel, so daß die Zeit, in der die Zellen in die falsche Richtung schwammen, verkürzt wurde. Diesen Mechanismus, nützliche Substanzen zu suchen und schädliche zu meiden, nennt man positive beziehungsweise negative Chemotaxis; es gibt ihn, zumindest in der Welt der Bakterien, bis heute. Er wirkte zwar einfach – über die Abwandlung von Zufallsereignissen – und beeinflußte einzelne Zellen nur geringfügig, aber auf der Ebene der Populationen war er äußerst wirksam. Für die Evolution stellte er eine bedeutsame Errungenschaft dar.

Proteinausschleusung und Verdauung

Auf ihren Wanderungen ließen die Protozellen häufig Spuren in Form ausgeschiedener Abfallstoffe und anderer Verbindungen zurück. Solche Hinterlassenschaften konnten Protozellen vermutlich dazu veranlassen, sich voneinander fernzuhalten oder sich zusammenzufinden. Eine gezieltere Form der Ausscheidung entstand durch die Abwandlung eines Mechanismus, mit dem die neugebildeten Proteine zu den Membranen dirigiert wurden (siehe Kapitel 9). Durch die Unwägbarkeiten bei der Umordnung von Genen wurden solche Zielsequenzen nicht nur an Proteine mit den hydrophoben Sequenzen angeheftet, die für die Einlagerung in Lipiddoppelschichten erforderlich sind, sondern auch an andere Proteine. Mehrere lösliche Proteine erhielten das entsprechende «Etikett» und wurden während oder nach der Translation mit den Membranen verknüpft. Nun brauchte sich der Mechanismus für die Einlagerung in die Membran nur noch geringfügig zu verändern, damit die Proteine ganz durch die Membran hindurch transportiert wurden. Das Ergebnis war das Ausschleusen von Proteinen: die Sekretion.

Unter den Proteinen, die auf diese Weise aus den Protozellen freigesetzt wurden, war eine besonders nützliche Gruppe: Enzyme, die mit Hilfe des Wassers die chemischen Bindungen zwischen den Bausteinen der natürlich vorkommenden Makromoleküle spalteten. Solche hydolytischen Enzyme, auch Hydrolasen genannt, zerlegen Proteine in Aminosäuren, Nucleinsäuren in Nucleotide, Nucleotide in Zucker, Basen und Phosphatmoleküle, Saccharide in die einzelnen Zucker, Phospholipide in ihre Bestandteile und so weiter. Hydrolasen zerstören lebenswichtige Substanzen, und ihre Entstehung muß mit erheblichen Risiken verbunden gewesen sein. Protozellen, in denen solche Enzyme in vollständig aktiver Form auftauchten, gingen sofort zugrunde, bis die schädlichen Proteine zufällig mit einem Etikett versehen wurden, das sofort nach ihrer Synthese für die Ausscheidung aus der Zelle sorgte. Nun verwandelte sich der Selektionsnachteil plötzlich in einen Vorteil: Enzyme, die eine lebende Protozelle in ihre Umgebung abgab, waren in der Lage, die organischen Überreste abgestorbener Protozellen zu zersetzen; die dabei entstehenden kleinen Moleküle konnten zur Deckung des Nährstoffbedarfs der Protozelle beitragen, die die Enzyme produziert hatte. Die Verdauung war geboren und mit ihr die Möglichkeit, daß ein Lebewesen die Syntheseaktivität eines anderen ausnutzte – mit anderen Worten, die Möglichkeit der Heterotrophie auf Kosten der Autotrophie. Dieser Vorgang hatte weitreichende Folgen. Er befreite die Organismen von der schweren Last der Herstellung ihrer eigenen Bausteine und verlieh ihnen einen größeren Spielraum für Neuerungen. Insbesondere war es ein entscheidender Schritt zur Entstehung der gesamten Tierwelt, einschließlich des Menschen. Wir leben direkt oder indirekt von den Produkten der pflanzlichen Photosynthese und verdauen sie in Magen und Darm mit Enzymen, die aus den Zellen ausgeschieden werden.

Protozellen mit einer einfachen Zellwand aus Murein, die für Proteinmoleküle durchlässig war – solche Protozellen entsprechen den heutigen grampositiven Bakterien –, mußten sich in einer gleichbleibenden, begrenzten Umgebung aufhalten, damit sie von der Ausscheidung der Verdauungsenzyme profitieren konnten. Anderenfalls wären die Enzyme weggespült worden, bevor sie wirken konnten. Protozellen dagegen, die wie die heutigen gramnegativen Bakterien mit einer zweiten Membran ausgestattet waren, hielten die ausgeschiedenen Enzyme im periplasmatischen Raum zwischen den beiden Membranen fest. Dort konnten sie auf Moleküle einwirken, die von den Porinen in der Außenmembran durchgelassen wurden.

Ob nun membranumhüllt oder nicht, in jedem Fall kann man die Umgebung der primitiven heterotrophen Zellen als den ersten Verdauungsraum in der Geschichte des Lebens ansehen. Sie war sozusagen der erste Magen, nur daß er sich nicht im Inneren eines Lebewesens befand, sondern außerhalb. Wie wir später noch sehen werden, war die Verlagerung des Magens ins Körperinnere wahrscheinlich von entscheidender Bedeutung für die Umwandlung eines frühen Prokaryoten in den ersten Eukaryoten.

Ein Hauch von Sex

Noch eine letzte neue Errungenschaft der Zelloberfläche muß erwähnt werden: lange, dünne Filamente, manchmal mehrfach so lang wie die Zelle selbst, mit denen die Oberfläche vieler Bakterien besetzt ist. Sie heißen sehr zutreffend Pili (Einzahl *pilus*, lateinisch für Haar) und dienen vor allem als Anker, mit denen sich die Zellen an einer Unterlage festheften können. Sie sind weder beweglich noch mit Effektoren gekoppelt, aber sie besitzen eine gewisse chemische Spezifität und können deshalb als Rezeptoren wirken. Pili mit der richtigen Spezifität könnten zum Beispiel wandernde Zellen in der Nähe einer reichhaltigen Nährstoffquelle festhalten oder dafür sorgen, daß sich Zellen zu Kolonien zusammenlagern. Wie die Selektion Pili mit nützlichen Spezifitäten begünstigte, kann man sich leicht ausmalen.

Manche Pili sind spezifisch für bestimmte Bestandteile der Zelloberfläche und ermöglichen es den Zellen, sich auf besondere Weise zu verbinden. Solche Kontakte zwischen Bakterien als Liebkosung zu bezeichnen, wäre sicher zu anthropozentrisch, aber es bleibt die Tatsache, daß die Entwicklung derartiger Pili zur Sexualität führte und damit eine der stärksten Kräfte – vielleicht sogar die stärkste überhaupt – der Auseinanderentwicklung (Diversifizierung) in der Evolution freisetzte. Zellen mit Sexpili bezeichnet man als männlich; die Filamente sind für sie ein Art molekularer Penis, den sie zur Kopulation mit weiblichen Zellen benutzen, die keine Sexpili besitzen. Im Verlauf einer solchen Konjugation, wie man den Vorgang nennt, überträgt die männliche Zelle der weiblichen ein kleines, ringförmiges Stück DNA, ein sogenanntes Plasmid, auf dem sich unter anderem die Gene für die Proteine des Sexpilus befinden. Gar nicht so selten geht zusammen mit dem Plasmid auch eine Kopie von einem mehr oder weniger großen Teil des männlichen Chromosoms in die weibliche Zelle über. Durch anschließende Rekombination zwischen der eingeschleusten DNA und der DNA der Empfängerzelle entstehen dann Hybridchromosomen, die Gene beider Eltern enthalten.

Bis zu dieser Entwicklung handelte es sich bei den Mutationen, die der natürlichen Selektion das Material zum Auswählen lieferten, meist um den Austausch von Basen durch Replikationsfehler oder chemische Angriffe, oder aber um Insertionen, Deletionen, Inversionen und Verdoppelungen bestimmter DNA- oder RNA-Abschnitte. Durch Konjugation und Rekombination stand der Selektion nun eine

len, die allen heutigen Lebewesen gemeinsam sind. In der Praxis
wird die Angelegenheit etwas komplizierter, und zwar aus drei
Gründen. Erstens muß man aus einem solchen Bild diejenigen
Eigenschaften weglassen, die in den einzelnen Gruppen unabhängig
voneinander aufgetreten sein könnten, nachdem der Baum des
Lebens die ersten Verzweigungen hinter sich hatte. Zweitens gehören auch die Eigenschaften nicht dazu, die zunächst nur in einem
Zweig auftraten und später durch Genübertragung auf andere
Zweige übergingen. Und drittens schließlich gehören in das Bild
auch solche Eigenschaften hinein, die manchen oder vielleicht sogar
allen heutigen Lebewesen fehlen, weil sie im Laufe der Evolution
verlorengegangen sind.

Die erste Einschränkung hat mit der sogenannten entwicklungsgeschichtlichen Konvergenz zu tun, einem Phänomen, das in den
späteren Stadien der Evolution von großer Bedeutung war: Beispielsweise entwickelte sich die Fähigkeit zum Fliegen unabhängig
bei Insekten, Pterosauriern, Vögeln und Fledermäusen. Für die molekulare Evolution, mit der wir es hier vor allem zu tun haben, dürfte
sie allerdings weniger wichtig gewesen sein. Es ist zum Beispiel sehr
unwahrscheinlich, daß ein Molekül wie Cytochrom c, von dessen
etwa 100 Aminosäuren über 50 bei allen bisher untersuchten Arten
gleich sind, in zwei oder mehr Zweigen des Stammbaums unabhängig entstanden ist.

Der zweite Einwand wiegt schwerer. Der horizontale Gentransfer[1] – so genannt im Gegensatz zur «vertikalen» Genübertragung
von einer Generation zur nächsten – ist nach allgemeiner Meinung in
der Welt der Bakterien sehr verbreitet. Wahrscheinlich konnten die
primitiven Lebewesen ihre Gene mindestens ebenso leicht austauschen wie die heutigen Bakterien. Wenn man auf diese Weise das
Auftauchen des gleichen Gens bei *allen* heutigen Arten erklären
will, muß der horizontale Gentransfer sehr früh in der Evolution
stattgefunden haben, als es erst sehr wenige Zweige (höchstwahrscheinlich nur zwei) gab, die in eng verbundenen ökologischen
Nischen oder sogar in der gleichen existierten. Außerdem müßten
diejenigen Angehörigen des Empfängerzweiges, die das Gen nicht
erhielten, später ausgestorben sein.

Auch der dritte Einwand ist ganz offenkundig von Bedeutung und
muß mit kritischer Sorgfalt behandelt werden. Glücklicherweise sind
genügend gemeinsame Merkmale erhalten geblieben, so daß das Ge-

samtbild recht deutlich wird. Die Unsicherheiten betreffen einige zusätzliche Eigenschaften, die man nicht bei allen Lebensformen findet, obwohl sie vermutlich bei dem gemeinsamen Vorfahren vorhanden waren und später bei manchen seiner Nachkommen verlorengingen.

Heute hat sich eine solche Fülle biochemischer Erkenntnisse über alle wichtigen Lebensformen angesammelt, daß man die Rekonstruktion des gemeinsamen Vorfahren trotz dieser Einschränkungen für eine recht einfache Aufgabe halten könnte. Das wäre auch so, gäbe es nicht das Problem der ersten Aufspaltung.

Ende der siebziger Jahre ließ der amerikanische Mikrobiologe Carl Woese[2] in der wissenschaftlichen Welt zwei Bomben hochgehen. Erstens gab er bekannt, was er aus vergleichenden Sequenzanalysen der RNA-Moleküle herausgefunden hatte, die bei allen Lebewesen in den Ribosomen vorkommen: Danach gehören die heutigen Bakterien nicht, wie man bis dahin angenommen hatte, zu einer einzigen Familie, sondern sie gliedern sich in zwei Gruppen, die sich schon ganz zu Beginn des zellförmigen Lebens getrennt haben müssen. Er erhob diese beiden Gruppen in den Rang von Organismenreichen und bezeichnete die eine als Archaebakterien, weil er eine Reihe ihrer Eigenschaften für besonders altertümlich hielt (griechisch *archaios* = alt), und die andere als Eubakterien (griechisch *eu* = gut). Beide Reiche faßt man unter dem Oberbegriff Prokaryoten zusammen (von griechisch *karyon* = Kern), der anzeigt, daß sie keinen echten Zellkern besitzen – im Gegensatz zu den Eukaryoten, zu denen alle Protisten, Pflanzen, Pilze und Tiere gehören. In jüngerer Zeit erhob Woese die beiden Gruppen sogar in einen noch höheren Rang[3], für den er die Bezeichnung «Domäne» vorschlug, und um die Unterschiede zu betonen, nannte er sie nun Archaea und Bacteria. Dieser Vorschlag hat sich allerdings bisher nicht allgemein durchgesetzt. Ich habe ihn in diesem Buch nicht übernommen, denn der vertraute Begriff «Bakterium» ist so sehr in die Umgangssprache eingegangen, daß eine neue Definition wohl für die meisten Leser zu verwirrend wäre. Andererseits folge ich aber Woeses ursprünglicher Einteilung; sie wurde zwar anfangs mit Vorbehalten aufgenommen, ist heute aber fast einhellig anerkannt.

Noch mehr Staub wirbelte Woeses zweite wissenschaftliche Bombe auf. Die Eukaryoten, die nach allgemeiner Meinung vor etwa einer Milliarde Jahren aus dem (einheitlichen) prokaryotischen Stamm gesprossen sein sollten, sind in Wirklichkeit fast drei Milliarden Jahre älter. Sie gingen aus einer Abstammungslinie hervor, die vom Baum des Lebens praktisch zur gleichen Zeit abzweigte, als sich auch Archae- und Eubakterien trennten.

Der gemeinsame Urahn steht also an der Wurzel einer Dreiteilung. Die Entwicklung eines Evolutionsstammbaums ist aber nicht von Drei-, sondern von Zweiteilungen geprägt. Demnach gibt es drei Möglichkeiten: 1. In der ersten Zweiteilung trennten sich Archaebakterien und Eubakterien, und die Eukaryoten spalteten sich später von der Linie der Archaebakterien ab; 2. Die Prokaryoten trennten sich wiederum zuerst, und die Eukaryoten gingen aus der Abstammungslinie der Eubakterien hervor; und 3. in der ersten Verzweigung spalteten sich die Eukaryoten von den Prokaryoten ab, die sich später in Archae- und Eubakterien aufteilten. Das ist das Problem der ersten Aufspaltung: In den ersten beiden Möglichkeiten muß der gemeinsame Urahn ein Prokaryot gewesen sein, aus dem im ersten Fall über die Archaebakterien und im zweiten über die Eubakterien schließlich die Eukaryoten hervorgingen. Nach dem dritten Modell war der gemeinsame Vorfahr eine Zwischenform zwischen Pro- und Eukaryoten.

Leider war es mit den verfügbaren Sequenzdaten nicht nur unmöglich, das Problem der ersten Aufspaltung eindeutig zu lösen, im Gegenteil man gelangte sogar zu widersprüchlichen Antworten. Dabei geht es um technische Einzelheiten, die für die Interpretation der Befunde von mindestens ebenso großer Bedeutung sind wie die Daten selbst. Um die verwickelte Lage kurz zusammenzufassen: Die meisten Autoren glauben eher an einen prokaryotischen Vorläufer. Woeses Gedanke, wonach der gemeinsame Vorfahr ein Verwandter der meisten thermophilen (hitzeliebenden) Archaebakterien war, ist weiterhin anerkannt. Auch wenn der Urahn eher den Eubakterien geähnelt haben sollte, dürfte er nach allgemeiner Meinung an hohe Temperaturen angepaßt gewesen sein, denn die meisten thermophilen Eubakterien gehören ebenfalls zu den ältesten Arten in dieser Gruppe.[4] Der Ursprung der Eukaryotenlinie bleibt ungewiß. Eukaryoten haben viele Eigenschaften mit den Archaebakterien gemeinsam, einige aber auch mit den Eubakterien. In Kapitel 14 wird davon die Rede sein, welche Erklärungen für diese Unterschiede vorgeschlagen wurden.

Die Vorstellung vom thermophilen, prokaryotischen Vorfahren teilen aber nicht alle Fachleute. Der französische Wissenschaftler

Patrick Forterre[5] vertrat nachdrücklich die Ansicht, thermophile Eigenschaften könnten nicht bis zu dem gemeinsamen Vorfahren zurückreichen, denn ein primitives System habe höchstwahrscheinlich nicht den widrigen Bedingungen widerstehen können, die mit der hohen Temperatur verbunden sind. Seiner Ansicht nach ist die Anpassung an hohe Temperaturen eine spätere Entwicklung, die durch Vereinfachung erreicht wurde. Nach Forterres Theorie war der gemeinsame Vorfahr ein primitiver Eukaryot, aus dem durch «stromlinienförmige Vereinfachung» die Prokaryoten hervorgingen, die dann in immer heißere Lebensräume eindrangen. Danach wäre die prokaryotische Lebensweise nicht, wie man sonst allgemein annimmt, primitiver, sondern sie hätte sich im nachhinein als Anpassung an die Wärme entwickelt. Und nachdem es diese Organisationsform einmal gab, erwies sie sich als höchst erfolgreich, so daß die Bakterien alle ihre heutigen Nischen besetzen konnten.

Eine noch seltsamere Hypothese formulierte Mitchell Sogin[6], ein Fachmann für vergleichende Sequenzanalyse des Marine Biological Laboratory in Woods Hole, Massachusetts. Danach war der gemeinsame Urahn eine primitive Zelle – ein Progenot, um einen Ausdruck von Woese zu gebrauchen –, die unmittelbar aus der RNA-Welt stammte; die DNA wäre demnach erst nach der ersten Aufspaltung des Stammbaums aufgetaucht, und zwar in der Linie, die später zu den Prokaryoten führen sollte. Die RNA-Abstammungslinie entwickelte sich zu einer großen Zelle weiter, die in mancherlei Hinsicht den Eukaryoten ähnelte; sie besaß aber noch keinen Zellkern, und ebenso fehlte ihr der gesamte Apparat für die Replikation und die Transkription der DNA. Ihren Zellkern und den zugehörigen Enzymapparat hätte diese Zelle dann erworben, indem sie einen Prokaryoten umschloß, der vermutlich zur Linie der Archaebakterien gehörte.

Ich werde auf diese Ideen später zurückkommen, wenn ich mich mit dem Frühstadium der Evolution von Pro- und Eukaryoten beschäftige. Vorerst werde ich bei der allgemein anerkannten Hypothese bleiben.

Porträt eines Vorfahren

Der gemeinsame Vorfahre aller Lebewesen war ein prokaryotischer Einzeller, das heißt, er ähnelte den heutigen Bakterien: Ihm fehlte ein abgegrenzter Zellkern, und sein Inneres war höchstens ansatzweise strukturiert. Nach dem augenblicklichen Wissensstand ist dies die wahrscheinlichste Möglichkeit; es wurden jedoch auch andere Beschreibungen vorgeschlagen.

Wie sah dieser Organismus aus? Die stäbchenförmige *Escherichia coli*-Zelle, der wichtigste Bewohner unseres Darms und die bestuntersuchte Bakterienart der Welt, kann nicht als Musterbeispiel dienen. Bakterien gibt es in allen Formen – kugelig, zylindrisch und fadenförmig. Manche Mikroorganismen, die kürzlich aus heißen Tiefseequellen isoliert wurden, sehen sogar aus wie winzige, flache, rechteckige Ziegelsteine mit scharfen, rechtwinkligen Kanten. Manche sehr alten Mikrofossilien sind lange, dünne, fadenförmige Gebilde. Aber das sind nur Anhaltspunkte. Welche Form der Urahn hatte, ist völlig offen.

Es gibt zwar heute einige wenige Bakterienarten, die keine Zellwand besitzen, aber die Urzelle war höchstwahrscheinlich von einer festen Wand umgeben. Die wandlosen Formen sind sehr empfindlich, und die Vorläuferzelle hätte vermutlich ohne äußere Schutzhülle nicht überlebt. Außerdem wissen wir von den Mikrofossilien, daß es schon vor 3,5 Milliarden Jahren Lebewesen gab, die von einer Wand umschlossen waren.

Aller Wahrscheinlichkeit nach war die Plasmamembran der Urzelle nach dem universellen Prinzip der Lipiddoppelschicht mit eingelagerten Membranproteinen aufgebaut. Wenn man annimmt, daß eine solche typische Membran vorhanden war, stellt sich die Frage, welche der vielen spezialisierten Systeme, die in den vorangegangenen Kapiteln erwähnt wurden, bereits dazugehörten und welche erst später hinzukamen.

Ein wertvoller Hinweis liegt in der Tatsache, daß sich die Urzelle mit ziemlicher Sicherheit der protonenmotorischen Kraft bediente. Dieser wichtige Energiegewinnungsmechanismus ist so weit verbreitet, daß er sicher kein späteres Produkt der Evolution darstellt. Das gleiche gilt auch für die wichtigsten Bestandteile der membrangebundenen Elektronentransportketten, beispielsweise für die Eisen-Schwefel-Proteine, die Häm-Proteine, die Flavoproteine und vielleicht noch andere. Die hochentwickelten Atmungsketten gab es wahrscheinlich erst später, aber einige ihrer Hauptkomponenten waren bereits an Ort und Stelle. Andererseits besaß die Urzelle wahrscheinlich noch nicht die Fähigkeit, Lichtenergie zur Erzeugung protonenmotorischer Kraft nutzbar zu machen – in diesem Punkt sind die Meinungen allerdings geteilt.

Wie dem auch sei: Die Nutzung der protonenmotorischen Kraft ist ein Hinweis, daß die Membran für Protonen und andere Ionen undurchlässig war; damit konnten auch die meisten anderen Moleküle, die zur Deckung des Stoffwechselbedarfs in die Zelle hinein und aus ihr heraus gelangen müssen, die Membran nicht ohne weiteres passieren. Demnach mußte die Membran eine Mindestzahl von Transportsystemen besitzen, damit der Stoffaustausch mit der Umgebung gewährleistet war, und diese Systeme mußten soweit entwickelt sein, daß sie arbeiten konnten, ohne daß Protonen durch die Membran drangen.

Die Urmembran besaß wohl auch die Enzyme und Einbausysteme, die zu ihrem eigenen Aufbau gebraucht wurden. Außerdem mußte sie die Transportsysteme für Ausscheidung und Zusammenbau der Zellwandbausteine enthalten. Es ist durchaus denkbar, daß die Urzelle bereits Enzyme ausscheiden und Umgebungsbestandteile verdauen konnte. Die weite Verbreitung der Mechanismen für diese Tätigkeiten und ihre große molekulare Ähnlichkeit in der gesamten Welt des Lebendigen sprechen stark für eine solche Annahme.

In welchem Umfang die Urzelle mit Oberflächenrezeptoren ausgestattet war und ob sie Bewegungs- oder Wahrnehmungsstrukturen (zum Beispiel Sexpili) besaß, wissen wir nicht. Ausgeschlossen ist es keineswegs. Es gibt kaum Zweifel, daß die Urplasmamembran und die mit ihr verbundenen Elemente bereits viele Struktur- und Funktionseigenschaften hatten, die auch heute die Zellmembranen der Bakterien kennzeichnen.

In ihrem Stoffwechsel führte die Urzelle alle Reaktionen aus, die zum Auf- und Abbau ihrer Molekülbausteine und zur Deckung ihres Energiebedarfs erforderlich waren. Dazu bediente sie sich bewährter Reaktionswege, die auch heute bei einer Vielzahl pro- und eukaryotischer Lebewesen ablaufen. Ihr standen viele Coenzyme zur Verfügung, die man ebenfalls in heutigen Zellen findet, und als wichtigster Energielieferant diente ATP. Bei manchen Einzelheiten des Stoffwechsels sind wir auf Vermutungen angewiesen, denn sie sind abhängig davon, in welcher Umwelt die Urzellen lebten. Wie wir gesehen haben, besiedeln die meisten sehr alten Bakterienarten heiße Lebensräume, und deshalb herrscht allgemein – allerdings nicht unwidersprochen – die Ansicht vor, daß auch die Urzelle in einer solchen Umgebung zu Hause war. Sie könnte, wie heutige thermophile Organismen, irgendwelche Schwefelverbindungen als letzten Elektronenakzeptor benutzt haben, oder vielleicht auch, wie ich vorgeschlagen habe, dreiwertiges Eisen.

Oft wurde die Frage aufgeworfen, ob die Urzelle sich von vorhandenen organischen Molekülen ernährte wie die heutigen heterotrophen Lebewesen oder ob sie mit den modernen autotrophen Arten die Fähigkeit gemeinsam hatte, organische Verbindungen aus anorganischen Vorläufern aufzubauen. Die Vorstellung von der Heterotrophie war beliebt, solange man die Urzelle für einen Bewohner der Ursuppe hielt. Für die erste Protozelle muß sie auch gestimmt haben. Die Urzelle dagegen hatte schon eine lange Evolutionsgeschichte hinter sich, in deren Verlauf sich komplizierte Elektronentransportketten zusammengefunden hatten, und deshalb könnte sich durchaus auch die Autotrophie entwickelt haben. Außerdem muß die abiotische Versorgung mit organischen Molekülen allmählich nachgelassen haben; möglicherweise war sie längst nicht mehr möglich, als die Urzelle auftauchte. Und schließlich kann man wegen der weiten Verbreitung der Autotrophie die Hypothese aufstellen, daß sie bereits eine Eigenschaft der Urzelle war. Ich halte es deshalb für wahrscheinlich, daß die Urzelle autotroph war, allerdings nicht unbedingt phototroph. Sie ähnelte vermutlich den heutigen chemoautotrophen Arten und war wie diese auf mineralische Elektronentransportreaktionen angewiesen, um ihren Bedarf an Energie und energiereichen Elektronen zu decken; der letzte Elektronenakzeptor war aber nicht der Sauerstoff, sondern dreiwertiges Eisen oder eine andere anorganische Substanz.

Und schlußendlich besaß die Urzelle höchstwahrscheinlich Gene aus DNA, die vermutlich zu einem einzigen, ringförmigen Molekül verknüpft waren. Diese Gene wurden in RNA transkribiert, und die meisten Transkripte (mit Ausnahme derer, die Katalysator- oder Strukturaufgaben erfüllten) wurden nach dem universellen genetischen Code in Proteine translatiert. Die Urgene und ihre zugehörigen Proteine hatten die Länge und Komplexität erreicht, die sie auch in den heute lebenden Organismen haben. Die Proteine wurden an typischen Ribosomen zusammengesetzt, und zwar mit Hilfe eines komplizierten Apparats, der mit geringfügigen Abweichungen bei allen Lebewesen der gleiche ist.

Zusammenfassend können wir festhalten, daß die Urzelle ein ziemlich typischer Prokaryot war; würden wir ihr heute begegnen, könnten wir sie ohne weiteres für eine zeitgenössische Bakterienart halten. Welchen heutigen Prokaryoten die Urzelle am stärksten ähnelte, entzieht sich unserer Kenntnis, denn das Porträt, das wir zeichnen konnten, ist noch voller weißer Flecken. Hier einige wichtige Fragen, auf die eine eindeutige Antwort noch aussteht: Bestand die Wand der Urzelle aus Murein oder aus anderen Substanzen? Gehörten die Lipide der Urmembran zur chemischen Gruppe der Etherlipide oder zu den Estern? War die Urzelle phototroph oder einfach chemoautotroph? Waren ihre Gene von Introns unterbrochen oder durchlaufend? Diese Unsicherheiten bestehen, weil wir es in jedem Fall mit tiefgreifenden und sehr alten Unterschieden zwischen heute lebenden Organismengruppen zu tun haben. Ich werde mich mit den genannten Fragen zu gegebener Zeit beschäftigen, wenn ich die frühe Evolutionsgeschichte bei den Nachkommen der Urzelle beschreibe.

Manche Leser sind vielleicht entsetzt über die vielen freien Stellen in dem Porträt, das ich gerade gezeichnet habe. Sie sollten eher darüber staunen, wieviele Einzelheiten man – sämtlich in der Lebenszeit des Autors dieser Zeilen – schon über ein winziges Gebilde zusammengetragen hat, das enorm komplex gebaut war und vor 50 Millionen Menschenleben existierte.

13 Die universellen Prinzipien des Lebens

Alle heute lebenden Organismen sind die Nachkommen einer einzigen Urlebensform, soviel ist klar. Aber warum? Auf diese Frage gibt es mehrere mögliche Antworten.

Erstens könnten wir den Vorfahren, wie die Anhänger der Theorie vom außerirdischen Ursprung des Lebens, mit dem eingewanderten Keim gleichsetzen, der vor vier Milliarden Jahren auf die Erde gelangte.

Eine zweite Erklärung lautet: Es war keine andere Vorläuferform möglich. Sie ist die einzige, weil sie einzigartig ist.

Als dritte Möglichkeit käme in Betracht, daß die Vorläuferform eine von mehreren war, die in Darwinscher Selektion konkurrierten.

Oder vielleicht gab es auch mehrere Ausgangsformen, aber alle anderen Abstammungslinien sind ausgestorben.

Und schließlich wäre es denkbar, daß von mehreren gleichermaßen möglichen Ausgangsformen durch reinen Zufall gerade diese entstand.

Nachdem wir übereingekommen sind, die erste Möglichkeit außer Betracht zu lassen, bleiben noch die anderen vier. Das zentrale Thema ist hier der alte Zwiespalt von Zufall und Notwendigkeit. Wieviel an dem gemeinsamen Vorfahren war Unwägbarkeit, und wieviel war vorbestimmt? Es gibt keine sicheren Indizien, mit denen sich diese Frage beantworten ließe; man kann nur Vermutungen anstellen, die sich auf das gründen, was wir über das Leben wissen und über seinen Ursprung annehmen.

Ist Leben einzigartig?

Unter den physikalischen und chemischen Bedingungen, die vor
3,8 Milliarden Jahren auf der Erde herrschten, mußte sich der Protostoffwechsel, der zu RNA-ähnlichen Molekülen führte, auf gut definierten, nachvollziehbaren Wegen entwickeln. Diese eindeutige
Schlußfolgerung ergibt sich für mich aus der Betrachtung der beteiligten Mechanismen. Wegen der Übereinstimmungsregel betrifft sie alle
Eigenschaften des heutigen Stoffwechsels, die bereits im Protostoffwechsel vorgezeichnet waren, darunter Schlüsselelemente, wie
Elektronentransport, Gruppenübertragung, thioesterabhängige Substratkettenphosphorylierung, die entscheidende Bedeutung der Pyrophosphatbindung – höchstwahrscheinlich einschließlich der Sonderstellung des ATP – und vielleicht auch die Mitwirkung mehrerer wichtiger Coenzyme, wie Pantetheinphosphat, Coenzym A und NAD. Das
Leben ist stark durch die chemischen Verhältnisse in seiner Frühzeit
geprägt, die selbst von deterministischen Faktoren gelenkt wurden.

Wie steht es mit anderen Arten von «Leben», die auf anderen chemischen Prinzipien beruhen, unter anderen chemisch-physikalischen
Bedingungen entstanden sind und sich an eine andere Umwelt angepaßt haben? Ich kann solche Möglichkeiten nicht rundheraus verneinen, aber ich halte es nicht für lohnend, sie unter dem Vorwand, man
wolle jeden Stein umdrehen, zur Diskussion zu stellen, solange es
nicht die leisesten Anzeichen für ihre Existenz oder auch nur für ihre
Plausibilität gibt. Die Eigenschaften, die nach unserem Verständnis
am engsten mit dem Leben zusammenhängen, beruhen auf wand-
lungsfähigen Makromolekülen, die nach übereinstimmender Meinung aller Chemiker ausschließlich mit einem Kohlenstoffgerüst aufgebaut werden können. Selbst mit Silizium, dem engsten chemischen
Verwandten des Kohlenstoffs, geht das nicht. Als Medium für das
Leben eignet sich Wasser in einzigartiger Weise. Man kennt keine
andere Flüssigkeit mit einer vergleichbaren Kombination günstiger
physikalischer Eigenschaften. Außerdem liefert Wasser mit Wasserstoff und Sauerstoff zwei unverzichtbare Elemente für den Aufbau
kohlenstoffhaltiger Moleküle. Wie unersetzlich Stickstoff, Schwefel,
Phosphor und andere Elemente für die Entstehung von Leben sind,
wurde ebenfalls bereits betont. Bezieht man in die Betrachtung auch
noch die starke Vorliebe der interstellaren Chemie für diese Elemente mit ein, gelangt man zu der schlüssig begründeten Ansicht, daß

Leben ausschließlich nach diesen Prinzipien der «organischen» Chemie aufgebaut sein kann.

Die Frage, ob bei diesen chemischen Voraussetzungen unter anderen Bedingungen eine lebenerzeugende Welt entstehen kann, die sich von der RNA-Welt unterscheidet, muß offen bleiben. In der organischen Chemie konzentrieren sich heute weite Bereiche der Forschung darauf, das Leben mit künstlichen Molekülen «nachzuahmen». Sollten solche Bemühungen eines Tages Erfolg haben, wäre die Frage, ob der künstliche Vorgang jemals unter natürlichen Bedingungen ablaufen könnte, immer noch nicht beantwortet. Bis es soweit ist – falls es überhaupt geschieht –, wollen wir uns mit dem Leben zufriedengeben, wie wir es kennen. Es ist so voller Wunder, daß gedankliche Ausflüge zu anderen, hypothetischen Leben nicht nötig sind.

Hätte das Leben in der Zwangsjacke seiner chemischen Prinzipien ein anderes genetisches System hervorbringen können? Mit dieser Frage habe ich mich in Teil II auseinandergesetzt; dabei bin ich zu der Schlußfolgerung gelangt, daß sich höchstens sekundäre Einzelheiten, wie beispielsweise der genetische Code, vielleicht anders hätten entwickeln können, und auch das ist keineswegs klar. Der Zufall war sicher von Bedeutung für die Entwicklungsgeschichte der RNA-Welt, aber die strengen Selektionsfaktoren sorgten dafür, daß das Endergebnis kaum anders ausfallen konnte, einschließlich der Bildung von Protozellen, die in einem bestimmten Stadium die unverzichtbare Voraussetzung für die weitere Evolution darstellten.

Bleibt noch der lange Weg von der Protozelle zum gemeinsamen Vorfahren. Bei jedem Schritt dieses Ablaufs spielte der Zufall eine Rolle, indem er eine geeignete Mutation entstehen ließ und so für eine enorme Vielfalt sorgte. Es gab aber ein wichtiges Nadelöhr: die Notwendigkeit, Autotrophie zu entwickeln, bevor die Versorgung mit abiotischen Produkten zur Neige ging. Zu dieser Zeit mußten alle vielleicht vorhandenen heterotrophen Abstammungslinien aussterben. Die Überlebenden hatten entweder die Möglichkeit, sich auf der Ebene A mit Elektronen aus einer anorganischen Quelle zu versorgen – was nach unserer Kenntnis der mineralischen Welt sehr unwahrscheinlich ist –, oder ihr thioesterabhängiger Apparat lief umgekehrt und transportierte Elektronen von der Ebene B zur Ebene A, wobei die erforderliche Energie aus der Hydrolyse von ATP stammte. Demnach hatten sie einen anderen Apparat zur ATP-Erzeugung entwickkelt, und ihnen stand eine geeignete anorganische Elektronenquelle zur Verfügung, die gegebenenfalls in der Lage war, die Elektronen in die Ebene B einzuschleusen.

Diese Voraussetzungen dürften wenig Spielraum für Zufälligkeiten gelassen haben, insbesondere wenn – wie ich vermute – Umstände, wie ein hoher Säuregehalt in der Umgebung, der Entwicklung des energiegetriebenen Elektronenexports einen großen Selektionsvorteil verschafften. Unter solchen Bedingungen war die Nutzung der protonenmotorischen Kraft möglicherweise das einzige Mittel, um das Nadelöhr der Autotrophie zu passieren. Und wenn das nicht zutrifft, war sie zumindest der effizienteste und vielleicht am leichten gangbare Weg, wenn man in Betracht zieht, daß die erforderlichen Cofaktoren – beispielsweise die Flavinderivate FMN und FAD sowie eventuell auch die Porphyrine – als Produkte der Stickstoff- und Kohlenstoffchemie, die die RNA-Welt hervorbrachte, bereits vorhanden waren. Auf dem Weg zum Nadelöhr mag es eine gewisse Konkurrenz gegeben haben, beim Passieren aber kaum. Wenn meine Rekonstruktion stimmt, könnte also das zwangsläufige Ergebnis der lebenerzeugenden Vorgänge, die auf der Erde vor etwa 3,8 Milliarden Jahren begannen, durchaus eine Zelle gewesen sein, die in ihren wichtigsten Eigenschaften dem gemeinsamen Vorläufer ähnelte.

In der Einleitung zu diesem Buch habe ich aus theoretischen Gründen – man erinnere sich an die 13 Pik-Karten – argumentiert, die Entstehung des Lebens müsse sich in einer sehr großen Zahl von Einzelschritten vollzogen haben, von denen die meisten unter den jeweils herrschenden Bedingungen mit großer Wahrscheinlichkeit abliefen. Ich habe aber die Möglichkeit offengelassen, daß mehrere Wege mit dieser Bedingung vereinbar sind. Nach gründlicher Betrachtung der zugrundeliegenden chemischen Vorgänge lautet meine Schlußfolgerung: Unter den gegebenen Voraussetzungen mußte die Entwicklung des Lebens mit hoher Wahrscheinlichkeit eben den Weg einschlagen, den sie tatsächlich genommen hat, zumindest in allen wesentlichen Aspekten.

Außerirdisches Leben

Gibt es Leben anderwo im Universum?[1] Die beiden Viking-Raumsonden, die 1976 gestartet wurden, führten Geräte mit, um auf dem

Mars nach Spuren von Leben zu suchen und damit diese Frage zu beantworten. Leider waren die Ergebnisse negativ oder zumindest «zweideutig». Aber Mars ist nur unser nächster Nachbarplanet. Wie steht es mit anderen Sonnensystemen? Allein in unserer Galaxis gibt es etwa 100 Milliarden Sterne, und das Universum enthält Milliarden Galaxien. Wieviele von den vielen Billionen Sternen besitzen Planeten? Und bei wievielen dieser Planeten ist die geologische Vergangenheit mit der der Erde vergleichbar? Auf wievielen von ihnen herrschen oder herrschten die physikalischen und chemischen Voraussetzungen für eine Wiederholung der Entstehung des Lebens auf der Erde? Und schließlich: Auf wievielen Planeten, die diese Voraussetzungen besitzen, entsteht tatsächlich Leben, und wie stark ähnelt es dem Leben auf der Erde?

Die Antworten auf diese Fragen kennt niemand, aber sie standen seit einem denkwürdigen Tag oft im Rampenlicht; an diesem Tag, dem 1. November 1961, trafen sich mehrere Wissenschaftler im National Radio Astronomy Observatory in Green Bank in West Virgina, um die Suche nach extraterrestrischer Intelligenz (SETI) in Gang zu setzen. Bei dieser Gelegenheit entwickelten sie die sogenannte Green-Bank-Gleichung; ihre wichtigsten Parameter sind die Zahl der Sterne im Universum, die Planeten haben könnten, und die Wahrscheinlichkeit, daß ein Planet Leben beherbergt. Einige der bekanntesten Fachleute für Kosmologie haben sich unter Berücksichtigung aller verfügbaren Befunde mit diesen Fragen beschäftigt. Die Schätzungen schwanken quantitativ erheblich, aber es besteht allgemeine Einigkeit, daß die Vergangenheit der Erde nichts Einzigartiges ist. Die Zahl von etwa einer Million «bewohnbarer» Planeten je Galaxis gilt nicht als übertrieben. Selbst wenn diese Schätzung um einige Zehnerpotenzen zu hoch läge, blieben immer noch einige Billionen mögliche Wiegen des Lebens. Wenn ich die Befunde richtig verstehe, bedeutet das, daß es Billionen Planeten gibt, die Leben hervorgebracht haben, hervorbringen oder hervorbringen werden. Das Universum ist angefüllt mit Leben.

Leider sind die Entfernungen zwischen den Sternen so groß, daß wir diese Vermutung nie werden bestätigen können, es sei denn, das extraterrestrische Leben erreicht einen so hohen Entwicklungsstand, daß es uns Botschaften schickt, die wir empfangen und entschlüsseln können. Deshalb interessierten sich die Tagungsteilnehmer von Green Bank für die Suche nach außerirdischem Leben. In der Zwischenzeit müssen wir uns mit der Botschaft zufrieden geben, die uns das Leben hier unten zukommen läßt, und die lautet: Es muß da draußen eine Menge Leben geben.

Künstliches Leben

Mit diesem Begriff meine ich nicht das Leben im Reagenzglas, auch wenn es das vielleicht eines Tages geben wird, sondern Leben im Computer.[2] Seit der ungarisch-amerikanische Mathematiker John (Johann Baron) von Neumann Ende der vierziger Jahre den ersten «zellulären Automaten» entwarf, zeigen die Theoretiker erhebliches Interesse an mathematischen Modellen für so typische Eigenschaften von Lebewesen wie Komplexität, Selbstorganisation, Entwicklung, Fortpflanzung und Evolution. Besondere Aufmerksamkeit widmeten sie dem spontanen Auftreten dieser Eigenschaften als Folge der Wechselwirkungen zwischen verschiedenen Variablen, die Katalysatoren und ihre Reaktionspartner oder Gene und ihre Produkte darstellen sollten.

Solche Modelle haben deutlich gemacht, wie aus Unordnung durch zufällige Fluktuationen Ordnung entstehen kann, bis das System schließlich in einem Geflecht von Wechselwirkungen eingefangen ist, so daß es in einer dynamisch organisierten Anordnung zur Ruhe kommt. Man stellt sich die stochastische Erforschung eines «Raumes» vor, die dazu führt, daß das System schließlich in ein «Becken» fällt. Ein Pionier auf diesem Gebiet ist Stuart Kauffman[3], dessen Arbeitsstätte, das Santa Fe Institute, zu einem Mekka für künstliches Leben wurde. Er bevorzugt das umgekehrte Bild vom «zerklüfteten Anpassungsgebirge», in dem «Anpassungsgipfel» durch «Täler» getrennt sind. Aber irgendwie empfinde ich das Bild vom Fall in ein Becken als realitätsnäher als das vom Klettern auf einen Berg.

Ungeachtet solcher Bilder haben die neuen Computermethoden gezeigt, wie ein System aus mehreren interagierenden Variablen schließlich in einem Becken (oder auf einem Gipfel) enden kann und wie es je nach der Form der Landschaft daraus entkommt und in einem anderen Becken (oder auf einem anderen Gipfel) landet. Dieser sprunghafte, nichtlineare Vorgang ähnelt in seinem Ablauf dem, was die Evolutionsforscher als unterbrochenes Gleichgewicht bezeichnen. Er umfaßt längere Phasen scheinbarer Stabilität ohne große Veränderungen, und die gelegentlichen Sprünge, die diese Gleichförmigkeit unterbrechen, werden durch Zufallsereignisse ausgelöst.

Die Voraussetzung für diesen Vorgang ist nach Kauffmans Ansicht eine Art eingeschränkter Instabilität, die das Chaos von der Unbeweglichkeit trennt. ‹Leben›, so faßt er mit einer Formulierung seiner Kollegen Norman Packard und Christopher Langton zusammen, ‹paßt sich an den Rand des Chaos an.›[4] Die Darwinsche Evolution wirkt innerhalb einer Landschaft und ist nur im Zusammenhang mit ihrer Form zu verstehen.

Studien zum «künstlichem Leben» passen zum derzeitigen Interesse an aufgelösten Strukturen, Komplexität, Chaos, Katastrophen, Turbulenzen und anderen Phänomenen, die nichtlinearen Beziehungen folgen, so daß sehr kleine Veränderungen große Ereignisse auslösen. Das ist der sogenannte Schmetterlingseffekt: Ein Schmetterling, der in Rio herumflattert, löst in Chicago einen Sturm aus. Viele Naturerscheinungen verdanken ihre geringe Vorhersagbarkeit dieser Vermischung von stochastischen und deterministischen Faktoren. Unter einem bestimmten Blickwinkel wäre Leben ein besonders verblüffendes Beispiel für dieses Prinzip. Die Möglichkeit, daß sich die spontane Entstehung und Entwicklung des Lebens sich durch das «Einfrieren» eines zufälligen Zustandes der Materie erklären läßt, hat ganz offenkundig ihren Reiz, insbesondere wenn man deterministische Erklärungen ablehnt.

Die Konstruktion von Modellen mit Hilfe eleganter mathematischer Methoden hat wertvolle Erkenntnisse über die Prinzipien der Selbstorganisation und Selbstregulation geliefert, die allen lebenden Systemen zugrunde liegen. Aber der Begriff «künstliches Leben», in Analogie zur «künstlichen Intelligenz» angewandt, könnte in die Irre führen. Leben ist ein chemischer Prozeß. Wenn es jemals künstlich geschaffen werden sollte, dann wird das ein Chemiker tun und kein Computer.

Teil IV:
Das Zeitalter der Einzeller

14 Bakterien erobern die Welt

Der gemeinsame Urahn aller Lebewesen war wahrscheinlich ein Bakterium, also ein Prokaryot. Gäbe es nicht die eine Abstammungslinie, die den langen, verschlungenen und rätselhaften Weg zu den Eukaryoten einschlug, wären seine Nachkommen heute ausschließlich Bakterien. Und obwohl die Bakterien heute nicht mehr allein sind, machen sie doch den größten Teil der Welt des Lebendigen aus. Ihre Evolution seit dem gemeinsamen Vorfahren zeigt deutlich, wie erstaunlich widerstandsfähig und vielseitig die prokaryotischen Lebensformen sind. Mit diesen beiden Eigenschaften konnten sie sich an die verschiedensten Umweltbedingungen anpassen, so daß sie heute fast alle Lebensräume besiedeln und darin gedeihen. Die Vielfalt der Bakterien ist erstaunlich und bisher nur unvollständig erforscht. Für ihren Erfolg gibt es einen einfachen Grund: Bakterien sind so konstruiert, *daß sie so schnell wachsen und sich vermehren, wie es vom Material her möglich ist.* Sie verkörpern das Leben als solches, ohne jeden Schickschnack.

Das Erfolgsgeheimnis der Bakterien

Wenn ein Bioingenieur eine Zelle konstruieren wollte, die sich so schnell wie möglich vermehrt, könnte er nichts Besseres schaffen als ein Bakterium. Das Bakteriengenom ist «stromlinienförmig», damit es sich rasch verdoppelt. Die Gene sind nicht von Introns unterbrochen und liegen zusammengedrängt im Genom, so daß für «DNA-Schrott» kaum Platz bleibt. Das Chromosom selbst hat eine lockere Struktur, die den Replikationsvorgang kaum behindert. Außerdem hören Bakterien kaum einmal auf damit, ihre DNA zu verdoppeln, und sie schaffen es, gleichzeitig auch ihre Gene zu transkribieren und alle RNAs und Proteine aufzubauen, die sie zum Wachsen brauchen. Manche setzen schon die nächste Replikationsrunde in Gang, bevor die vorherige beendet ist. Sobald das Genom in zwei Kopien vorliegt, teilen sie sich. Deshalb braucht eine durchschnittliche Bakterienzelle für einen Wachstums- und Teilungszyklus nicht länger als 20 bis 30 Minuten, im Gegensatz zu etwa 20 Stunden bei einer typischen Pflanzen- oder Tierzelle.

Der Bioingenieur, der diese meisterhafte Konstruktion bewerkstelligt hat, war die natürliche Selektion. Deshalb stellt sich die Frage, welcher Selektionsvorteil den ganzen Vorgang vorangetrieben haben könnte. Es kann nicht nur darum gegangen sein, möglichst schnell Nachkommen zu produzieren. Eine einzige Bakterienzelle, die unbeschränkt exponentiell wächst, würde innerhalb von zwei Tagen die ganze Erdoberfläche mit ihren Abkömmlingen bedecken. Eine Eukaryotenzelle könnte in etwas mehr als zwei Monaten das gleiche erreichen. Natürlich würde der mangelnde Materialnachschub die Vermehrung in beiden Fällen recht schnell bremsen. Rekordgenerationszeiten bieten offensichtlich kaum einen Vorteil.

Nein, der Hauptvorteil, den die hohe Vermehrungsgeschwindigkeit den Bakterien bietet, ist ein anderer: Sie sorgt dafür, daß der natürlichen Selektion eine gigantische Zahl von Mutanten angeboten wird. Bis aus einer Eukaryotenzelle zwei geworden sind, kann eine Bakterienzelle eine Billion Zellen hervorbringen, unter denen sich allein durch Replikationsfehler mehrere Milliarden Mutanten befinden. (Ein Bakteriengenom besteht aus etwa drei Millionen Basenpaaren, und die geringstmögliche Fehlerhäufigkeit bei der Replikation liegt bei etwa einer falsch eingebauten Base je Milliarde Nucleotide.) Viele dieser Mutationen sind neutral, das heißt, sie wirken sich auf die Vermehrungsfähigkeit der Zelle nicht aus. Viele andere sind schädlich und werden von der natürlichen Selektion ausgemerzt, weil sich die betreffenden Zellen nicht vermehren können oder zumindest langsamer verdoppeln. Aber es kommt gelegentlich vor, daß eine Mutation Vorteile bringt, insbesondere wenn sich die Umweltbedingungen ändern. Das ist der Grund, warum der Kampf gegen krankheitsauslösende Mikroorganismen niemals endet. Welches neue Antibiotikum man auch entdeckt, immer wird eine resistente Mutante entstehen, die sich in Gegenwart des Wirkstoffs bevorzugt vermehrt. Das gleiche geschah mit den Bakterien im Laufe ihrer Evolution zweifellos unzählige Male. Jedesmal, wenn sich die Umstände änderten, war irgendeine Mutante zur Stelle, die sich die neuen Verhältnisse zunutze machen konnte. Wegen dieser Wandelbarkeit konnten die Bakterien praktisch alle ökologischen Nischen besetzen. Bakterien bedecken die gesamte Erdoberfläche mit vielen Schichten blühenden Lebens. Sie sind die großen Überlebenden.

Die Evolutionsgeschichte der Bakterien verkörpert eine Form der Anpassungsfähigkeit, die unserem gefühlsmäßigen Verständnis für diesen Begriff fremd ist: die statistische Verteilung. Für uns besteht Anpassung aus individuellen Reaktionen – bewußt und absichtlich oder unbewußt und automatisch – auf veränderte Umstände. Wir reagieren auf Kälte, indem wir wärmere Kleidung anziehen. Die Pupillen in unseren Augen reagieren auf helles Licht durch Verengung. Wären wir Bakterien, würde der Einzelne nichts bedeuten. Die meisten von uns würden erfrieren oder erblinden, und der Fortbestand der Art hinge von den seltsamen Individuen ab, die zufällig warm angezogen sind oder von Natur aus kleine Pupillen haben und den Bestand mit ähnlich angepaßten Nachkommen wieder auffüllen. Falls die Temperatur wieder steigen oder das Licht sich abschwächen sollte, würde auf die gleiche Weise recht schnell wieder eine Population mit spärlicher Kleidung oder weiten Pupillen entstehen. Menschen könnten sich selbst dann nicht so verhalten, wenn sie keinerlei Achtung vor dem Einzelnen hätten, weil die Erholung der Population bei ihnen zu lange dauern würde. Bakterien ist es aufgrund ihrer schnellen Vermehrung möglich. Man sollte aber festhalten, daß auch komplizierter gebaute Lebewesen die Strategie der Bakterien verfolgen, allerdings langsamer und abgestufter und über riesige Zeitepochen hinweg; Variation, die von der natürlichen Selektion durchgesiebt wird, ist die Triebfeder der Darwinschen Evolution.

Bakterien besitzen aber durchaus auch Mechanismen für individuelle Anpassung. Manche Arten reagieren zum Beispiel, wenn sie sich in einem Medium mit Galactose (Milchzucker) als einziger Kohlenstoffquelle befinden, mit der Produktion der Enzyme, die sie zur Verwertung dieses Zuckers brauchen. Dieser Fall wurde in der Wissenschaftsgeschichte berühmt, denn er legte zum ersten Mal den Schluß nahe, daß die Galactose die Zellen irgendwie «anweist», die richtigen Enzyme herzustellen. Die französischen Wissenschaftler François Jacob und Jacques Monod erhielten den Nobelpreis für den Nachweis, daß die Bakterien jederzeit die Fähigkeit zur Produktion dieser Enzyme besitzen und sie dennoch nicht produzieren, solange der Zucker nicht vorhanden ist. Der Grund: Die zugehörigen Gene sind von einem Repressor blockiert, einem Protein, das ihre Transkription in

RNA verhindert. Ein Derivat des Zuckers legt die Gene frei, weil es so an den Repressor bindet, daß er seine Blockadefunktion nicht mehr ausüben kann.[1] Verständlich wird dieser Mechanismus im Zusammenhang der gesamten Entwicklungsgeschichte der Bakterien, die zur «Stromlinienförmigkeit» führte: Bakterien verschwenden weder Zeit noch Energie zur Herstellung von irgendetwas, solange es nicht gebraucht wird.

Ein weiteres interessantes Beispiel für einen scheinbaren «Instruktions»-Mechanismus ist die Wirkungsweise des Immunsystems bei Menschen und höheren Tieren. Wenn der Organismus mit einem fremdem Makromolekül (dem Antigen) in Kontakt kommt, reagiert er mit der Produktion der zugehörigen Antikörper – das sind Proteine, die das Antigen gezielt neutralisieren. Ist das Antigen Teil eines Virus, eines Mikroorganismus oder einer körperfremdem Zelle, beispielsweise aus einem Transplantat, umfaßt die Reaktion auch die Entwicklung von Killerzellen, die für das jeweilige Antigen spezifisch sind. Bei Krebspatienten greift das Immunsystem häufig sogar die eigenen Tumorzellen auf diese Weise an. Die Zellen, die für die Herstellung der Antikörper und das Abtöten fremder Zellen zuständig sind, nennt man Lymphocyten. Sie entstehen im Knochenmark und kreisen im Blut. Als man Anfang der fünfziger Jahre begann, diese Mechanismen aufzuklären, schien es offensichtlich, daß Antigene den Lymphocyten Anweisungen erteilen mußten. Wie konnte man sonst erklären, daß praktisch jedes Antigen eine spezifische Reaktion auslöst? Nur der australische Immunologe Macfarlane Burnet dachte etwas anderes. Er stellte eine Hypothese auf, die damals phantastisch klang, sich aber später als richtig erweisen sollte: Es gibt im Organismus von vornherein eine geringe Zahl von Lymphocyten, die praktisch alle nur denkbaren Antigene bekämpfen können, und wenn solche Zellen mit «ihrem» Antigen in Kontakt kommen, vermehren sie sich zu einem Klon (einer Population gleichartiger Zellen) aus antikörperproduzierenden Zellen oder Killerzellen, die so gestaltet sind, daß sie spezifisch das Antigen erkennen.[2]

Dieser Mechanismus, den man als klonale Selektion bezeichnet, erinnert an die Strategie der Bakterien, mit Mutanten noch ein paar Trümpfe für unerwartete Situationen in der Hinterhand zu halten. Die klonale Selektion ist aber viel raffinierter ausgestaltet. Die «Mutationen» der Lymphocyten ereignen sich nicht zufällig, sondern sind programmiert. Während ihrer Reifung durchlaufen die Lymphocyten komplizierte genetische Umordnungsvorgänge, durch die Millionen verschiedener Gene – vielleicht bis zu einer Milliarde – entstehen, und diese Gene sind die Grundlage der Antikörpervielfalt. Der Mechanismus erinnert an das Spiel der frühen Evolution mit den Genmodulen: Ein Genabschnitt – nennen wir ihn A – wird zufällig aus einer Sammlung verschiedener A-Stücke ausgewählt und mit den Segmenten B, C, D und E verknüpft, die ähnlich zufällig aus entsprechenden Gruppen entnommen werden. Durch diesen Vorgang und einige weitere Abläufe, die die Vielfalt noch weiter steigern, besitzt schließlich jeder Lymphocyt eine andere Kombination ABCDE, die jeweils in ein antigenerkennendes Protein mit anderer Spezifität translatiert wird.

Ebenfalls viel höher entwickelt als die passive Vermehrung der besser angepaßten Bakterien ist der Mechanismus, der die Lymphocyten beim Kontakt mit dem zugehörigen Antigen zur Vervielfältigung veranlaßt. Damit berühren wir das große Thema der Wachstumssteuerung und ihrer Störung bei Krebs. Wenn wir ausgewachsen sind, teilen sich die meisten Zellen unseres Organismus nicht mehr. Zu den Ausnahmen gehören Zellen, die ständig neu gebildet werden müssen, entweder weil sie – wie viele Blutzellen – nur eine kurze Lebensdauer haben, oder weil sie ständig durch Abschilfern verlorengehen, wie die Zellen auf der Außenseite von Haut und Schleimhäuten. Unsere meisten Zellen besitzen aber noch die Fähigkeit zur Vermehrung, wenn ein geeigneter Auslöser vorhanden ist, zum Beispiel, wenn eine Wunde heilen soll. In den letzten Jahren gab es gewaltige Fortschritte in der Aufklärung dieser Mechanismen: Beteiligt sind unter anderem eine ganze Reihe von Rezeptoren und zelltypspezifische «Wachstumsfaktoren», die die Rezeptoren aktivieren. Krebsartige Entartung beruht in vielen Fällen auf Veränderungen der Gene, die diese Rezeptoren und Wachstumsfaktoren codieren. Solche Gene, die man auch Onkogene (Krebsgene) nennt, sind stets Bestandteile des normalen Apparats zur Wachtumssteuerung.

Bei der klonalen Selektion der Lymphocyten löst der Kontakt mit einem bestimmten Antigen gezielt die Vermehrung derjenigen Zellen aus, die das Antigen erkennen; so entsteht eine Armee, die sich spezifisch gegen den Feind richtet. Der ganze raffinierte Mechanismus hat nur einen Nachteil: die langsame Vermehrung. Lymphocyten brauchen mehrere Wochen, um einen Klon zu bilden, der bei Bakterien in wenigen Stunden entstehen würde. Außerdem besteht die Gefahr,

daß der Wachstumskontrollapparat entgleist; dann kommt es zu tödlichen Krankheiten, wie dem Lymphom oder der Leukämie, beides
«Lymphocytenkrebse».

Die moderne Biotechnologie hat den «stromlinienförmigen» Organismus mit der superschnellen Vermehrung zwar nicht erfunden, aber
sie nutzt ihn heute in großem Umfang. Bei der Genklonierung
schleust man ein Stück fremde DNA mit gentechnischen Methoden in
eine Bakterienzelle ein und sorgt dann dafür, daß sie sich unbeschränkt klonal vermehren kann. Am nächsten Tag hat sich das eingebaute Gen, das mit der Bakterien-DNA in jeder Generation verdoppelt wurde, soweit vermehrt, daß es in ausreichender Menge für
Sequenzanalysen und andere Zwecke zur Verfügung steht. Hat man
das Gen so eingebaut, daß es exprimiert wird, kann man auch sein
Produkt in praktisch unbegrenzten Mengen gewinnen. Auf diese
Weise stellt man heute menschliches Insulin mit Hilfe von Bakterien
her. Auch Zellen, die sich langsam teilen, dienen als Chemiefabriken.
Man kloniert zum Beispiel Lymphocyten, die durch Verschmelzung
mit einer Krebszelle zu unbegrenzter Vermehrung fähig sind, und
produziert mit ihnen in großem Umfang spezifische Antikörper, die
deshalb als monoklonal bezeichnet werden.

Die erste Verzweigung

Vor etwa 3,8 bis 3,6 Milliarden Jahren trennten sich einige Mitglieder
der Urzellpopulation von der Hauptmasse; Ursache war irgendein
geologischer oder klimatischer Vorgang, durch den sie in eine andere,
weniger vorteilhafte Umgebung gelangten. Das war ihr Untergang,
außer für eine seltene Mutante – man erinnere sich an die Bakterien,
die mit einem Antibiotikum in Kontakt kommen –, die zufällig an die
neuen Umstände angepaßt war und sich vermehren konnte. Das wissen wir, weil sowohl die Ausgangslinie als auch der Nebenzweig gewachsen ist, sich weiterentwickelt hat und eine Fülle verschiedener
Varianten hervorbrachte, die man heute – oft unmittelbar nebeneinander – überall auf der Erde findet. Aber der unwiderlegliche Beweis
für ihre Zugehörigkeit zu einer der beiden Gruppen – zu den Archaebakterien oder zu den Eubakterien – und für die tiefe, sehr alte Kluft
zwischen ihnen ist eingeprägt in die Strukturen einiger entscheiden-

der Bestandteile, in bestimmte charakteristische Stoffwechselreaktionen und insbesondere in die Sequenzen der Nucleinsäuren und Proteine. Auf diesem Weg hat man verblüffenderweise Vorgänge entdeckt, die sich in entferntester Vergangenheit bei mikroskopisch kleinen Gebilden abgespielt haben, obwohl diese Gebilde selbst in den Fossilfunden keine lesbaren Spuren hinterlassen haben; dank der modernen Molekularbiologie konnte man diese Vorgänge doch ziemlich genau nachvollziehen.

Welche Veränderung der Umweltbedingungen löste die Trennung aus? Wir wissen es nicht, aber wir können eine Vermutung wagen. Wenn der gemeinsame Vorfahr ein an hohe Temperaturen angepaßter Prokaryot vom Typ der Archaebakterien war – was wahrscheinlich, aber nicht sicher ist –, dann wäre es ein plausible Hypothese, daß die abgespaltene Gruppe in ein kühleres Milieu gelangte, wo die Hitzebeständigkeit zu einem Nachteil wurde. Für diese Möglichkeit spricht einiges. Es gibt Archaebakterien, die bei Temperaturen bis zu 110 °C gedeihen, wobei der Druck so groß ist, daß das Wasser nicht kocht; thermophile Eubakterien findet man dagegen bei Temperaturen über 80 °C nicht, und nach den Befunden der vergleichenden Sequenzanalyse gehören Arten, die bei solchen Temperaturen leben, zu den ältesten.

Wenn diese Hypothese stimmt, welche Anpassung an die Wärme erwies sich dann für das Überleben in einer kühleren Umwelt als nachteilig und wurde durch eine entsprechende Mutation beseitigt? Sehr thermophile Archaebakterien überleben und vermehren sich in ihrer unwirtlichen Umgebung, weil ihre Proteine und andere Bestandteile hitzeresistent sind. Die meisten Proteine falten sich auseinander und verlieren ein für allemal ihre spezifische Konformation, wenn sie auf mehr als 50 bis 70 °C erhitzt werden. Ein Beispiel ist das Gerinnen von Eiklar. Normale Enzyme werden unter solchen Bedingungen inaktiv. Die Proteine der thermophilen Lebewesen widerstehen der Hitzedenaturierung viel besser; für diese Eigenschaft interessiert man sich heute besonders, wenn man Enzyme in der Industrie als Katalysatoren einsetzen will.

Ein weiteres charakteristisches Merkmal der thermophilen[3] und auch aller anderen Archaebakterien sind die Etherlipide, besondere Membranlipide, die eine ungewöhnlich widerstandsfähige Doppelschicht bilden. (Ether entstehen, wenn sich zwei Alkoholmoleküle unter Wasserabspaltung verbinden.) Bei den extrem thermophilen

Arten ist die Doppelschicht außerdem zu einer starren Struktur verschmolzen, weil die hydrophoben Enden der Lipide chemisch zu einer einzigen Kette verbunden sind. In den Membranlipiden der Eubakterien steht anstelle der starren Ether- eine flexiblere Esterbindung (zwischen einem Alkohol- und einem Säuremolekül), und die beiden Membranschichten können ungehindert aneinander vorbeigleiten.

Was könnte geschehen sein, als sich sehr thermophile Bakterien plötzlich in einer (etwas) kühleren Umgebung befanden? Die hitzeresistenten Proteine dürften kaum ein Nachteil gewesen sein, und wenn, dann war er nicht durch eine einzige Mutation zu beheben, es sei denn, ein ganz bestimmtes Protein wurde unterhalb einer kritischen Temperatur in einer ungünstigen Konformation «eingefroren». Die starren Etherlipide könnten dagegen ein echtes Hindernis dargestellt haben. Um das zu verstehen, stelle man sich einmal Schmalz, Butter und Salatöl vor. Alle drei Fette gehen bei irgendeiner Temperatur vom festen in den flüssigen Zustand über. Salatöl ist bei Raumtemperatur flüssig, verfestigt sich aber im Kühlschrank. Butter ist fest, schmilzt aber in der Sonne. Und Schmalz zerfließt bei noch höherer Temperatur. Alle drei natürlichen Fette bestehen aus ähnlichen Verbindungen, den Triglyceriden. Für die unterschiedliche Schmelztemperatur sind geringfügige chemische Unterschiede zwischen diesen Substanzen verantwortlich.

Das gleiche gilt für die Membranlipide. Je nach ihrer chemischen Zusammensetzung können sich ihre Schmelztemperaturen ebenso stark unterscheiden wie die von Schmalz und Salatöl. Insbesondere schmelzen Etherlipide in der Regel bei höheren Temperaturen als die entsprechenden Esterverbindungen. Außerdem besteht ein eindeutiger Zusammenhang zwischen der Schmelztemperatur der Membranlipide und der Temperatur des Lebensraumes, den die betreffende Zelle besiedelt. Das ist auch ganz verständlich. Membranen können ihre Aufgaben nur dann erfüllen, wenn die Lipiddoppelschicht flüssig bleibt. Andererseits gefährdet eine zu starke Dünnflüssigkeit die Stabilität der Zelle. Deshalb sind die Membranlipide aller Zelltypen bei der jeweiligen Umgebungstemperatur flüssig, verfestigen sich aber etwa 10 bis 15 °C darunter.

Vor dem Hintergrund dieser Kenntnisse kann man sich leicht vorstellen, wie es der stark thermophilen Archaebakterien-Vorläuferzelle erging, als ihre Umgebungstemperatur durch geologische oder klimatische Veränderungen beispielsweise von 110 auf 80 °C sank. Die

Etherlipide in der Membran verfestigten sich, die Zellen wurden schwerfällig, der Stoffaustausch mit der Umgebung kam zum Erliegen, und die Zellen erfroren buchstäblich, allerdings in Wasser, das für unsere Begriffe immer noch sehr heiß war. Nur eine Mutation, durch die die Membranlipide auch in der neuen Umgebung flüssig blieben, konnte die Zellen vor diesem traurigen Schicksal bewahren. Nach meiner Vermutung geschah genau das: Die Mutation ersetzte Etherlipide in der Zellmembran durch Esterlipide. Für ihre Rettung mußten die mutierte Zelle und ihre Nachkommen in Kauf nehmen, daß sie nicht mehr in ihre siedende Wiege zurückkehren konnten. Aber der Nutzen war bei weitem größer. Die ganze Welt stand ihnen als Siedlungsgebiet offen. Die ersten Eubakterien waren geboren.

Diese Geschichte von der Entstehung der Eubakterien ist eine Hypothese. Die andere Möglichkeit, daß der gemeinsame Urahn die Esterlipide weitervererbte, während die Archaebakterien später die Etherlipide erwarben, kann man ebenfalls nicht ausschließen. Meine Wahl gründet sich auf die Annahme, daß die Urzelle einen heißen Lebensraum bewohnte und die daran angepaßten Lipide besaß. Diese Ansicht teilen viele Fachleute, aber nicht alle.

Einige Mitglieder der Eubakterienfamilie behielten ihre Vorliebe für heiße Lebensräume bei – die allerdings nicht ganz so heiß sind wie die der extrem thermophilen Archaebakterien – oder kehrten später in solche Verhältnisse zurück. Manche von ihnen kann man im eigenen Garten im dampfenden Komposthaufen beobachten, wo sie sich mit Hilfe ihres eigenen Stoffwechsels ihre bevorzugten Umgebungsbedingungen schaffen. Die meisten Eubakterien sind jedoch an mildere Temperaturen angepaßt, manche gedeihen sogar im eisigen Wasser rund um die Polkappen. Im Gegensatz zu den Archaebakterien, die mit wenigen Ausnahmen auf ihre ursprünglichen heißen Lebensräume und einige andere spezielle ökologische Nischen beschränkt blieben, findet man Eubakterien überall; sie sind mit Abstand die vorherrschenden Prokaryoten. Zu ihnen gehören alle Bakterien, die Krankheiten hervorrufen, und die vielen ungefährlichen Arten, die wir in unserem Darm und an anderen Stellen unseres Körpers beherbergen, aber auch eine Vielzahl anderer Mikroorganismen, die ihre Gegenwart durch Gärung, Verfaulen von Lebensmitteln, Verrotten organischen Materials und andere Naturerscheinungen kundtun. Eine wichtige Rolle spielen bei solchen Vorgängen auch die Pilze, die zu den Eukaryoten gehören.

Exotische Kolonien

Während die Eubakterien den Erdball eroberten, beschränkten sich die Archaebakterien vermutlich auf die kochenden Gewässer, in denen sie geboren wurden und an die sie sich besonders gut angepaßt hatten. In diesem Stadium verloren die Lebewesen wahrscheinlich die Fähigkeit zur Synthese des charakteristischen Zellwandbestandteils Murein, das man nur bei Eubakterien findet. Murein, das sowohl D- als auch L-Aminosäuren enthält und daneben weitere Strukturbesonderheiten aufweist, hat die Eigenschaften einer sehr ursprünglichen Substanz. Deshalb ist es wahrscheinlicher, daß die Fähigkeit zu seiner Herstellung bei den Archaebakterien verlorenging und nicht bei den Eubakterien hinzukam. Die meisten Archaebakterien besitzen zwar eine Zellwand, aber sie besteht aus anderen Protein- und Kohlenhydratbausteinen und enthält kein Murein.

Schließlich wagten sich auch die Archaebakterien aus ihrem ursprünglichen Umfeld heraus und drangen in andere Lebensräume ein.[4] Eine besonders erfolgreiche Gruppe entwickelte die Fähigkeit, Kohlendioxid mit Hilfe von Wasserstoff anaerob zu Methan umzusetzen und aus dieser Reaktion ihren gesamten Energiebedarf zu decken. Es wäre auch denkbar, daß diese Fähigkeit von Angang an vorhanden war, denn es handelt sich um einen sehr ursprünglichen Stoffwechselmechanismus. Methan, ein leicht brennbares Gas, ist der flüchtigste Bestandteil im Erdgas.

Entsprechend ihrer mutmaßlichen Herkunft sind die ältesten Methanogenen, wie man diese Lebewesen nennt, thermophil. Später entstandene Formen erwarben die Fähigkeit, bei niedrigeren Temperaturen zu wachsen, obwohl sie in ihren Membranen immer noch Etherlipide besaßen. Sie besiedeln heute fast jeden Ort, an dem organisches Material anaerob unter Wasserstoffbildung zersetzt wird. Man findet sie im Verdauungstrakt von Tieren, insbesondere bei Rindern, wo sie einen beträchtlichen Anteil des atmosphärischen Methans produzieren und damit zum Treibhauseffekt beitragen (siehe Kapitel 30). In großer Zahl leben Methanogene auch in den Sedimenten von Meeren und Binnengewässern. Aus solchen schlammigen Tiefen schicken sie die Blasen nach oben, die das Schweigen der Sümpfe mit ihrem gedämpften Blubbern unterbrechen und den Brennstoff der Irrlichter enthalten, die nachts über die Moorflächen huschen.

Anderen Archaebakterien gelang es, Gewässer mit sehr hohem Salzgehalt zu besiedeln, sogar die konzentrierte Lake austrocknender Binnenmeere. Als einzige Lebewesen bewohnen sie das Tote Meer und den Großen Salzsee in Nevada. Unter diesen bemerkenswert salzliebenden Arten, den sogenannten Halophilen, findet sich das einzige bekannte phototrophe Archaebakterium: *Halobacterium halobium.* Im Gegensatz zu allen anderen phototrophen Organismen ist diese Spezies zum Einfangen des Lichts nicht auf Chlorophyll angewiesen, sondern sie bedient sich dazu einer dunkelroten Substanz, die man Bacteriorhodopsin nennt. Bacteriorhodopsin ist ein membrangebundenes Protein mit einem angekoppelten Carotinoid, einem chemischen Verwandten des Vitamin A, der den lichtsammelnden Teil des Komplexes bildet.

Carotinoide findet man überall in der Welt des Lebendigen, unter anderem auch in den spezialisierten Membranen der phototrophen Organismen. Unter allen bekannten Substanzen dieser Familie ist das Bacteriorhodopsin aber die einzige, die tatsächlich für die Umwandlung von Licht in nutzbare Energie sorgt. Auch in anderer Hinsicht ist dieser Vorgang einzigartig: Das absorbierte Licht dient unmittelbar zur Erzeugung protonenmotorischer Kraft, ohne daß Elektronen beteiligt sind. Im Gegensatz zum Chlorophyll ist das Bacteriorhodopsin keine lichtgetriebene Elektronenpumpe, sondern eine lichtgetriebene Protonenpumpe.

Für interessant und möglicherweise aufschlußreich halte ich, daß der engste chemische Verwandte des Bacteriorhodopsins der lichtempfindliche rote Farbstoff in den Augen der Tiere ist. Er ist das eigentliche Rhodopsin – in dem Namen verbinden sich die griechischen Wurzeln für «Rose» und «Sehen». Wegen ihrer Bedeutung für das Auge bezeichnet man die Carotinoide auch als Retinoide. Beim Sehen treibt das Rhodopsin aber keinen Energieumwandlungsmechanismus an, sondern es löst eine Signalkette an den Nerven aus, die vom Auge zum Gehirn führen. Allerdings liegt die Vermutung nahe, daß dieses unentbehrliche Pigment in unseren Augen von einem früheren Urbacteriorhodopsin abstammt.

Die grüne Revolution

In Kapitel 10 habe ich berichtet, wie aus einem roten Cytochrom ein grünes Chlorophyll wurde, weil in der Evolution ein abweichendes Porphyrinmolekül auftauchte, bei dem das Loch in der Mitte nicht mehr von einem Eisen-, sondern von einem Magnesiumatom besetzt war. Dieser Vorgang spielte sich höchstwahrscheinlich in der Abstammungslinie der Eubakterien ab, nachdem sie sich von der Linie der Archaebakterien abgespalten hatte, denn man kennt keine Archaebakterien, die mit Chlorophyll ausgestattet wären, und auch bei den Eubakterien sind nur wenige Arten phototroph. Aus diesen Gründen habe ich auch die Vermutung geäußert, daß die Urzelle nicht phototroph war. Die umgekehrte Möglichkeit, daß die Fähigkeit zur Chlorophyllherstellung ein sehr altes Erbe darstellt, das bei den Archaebakterien und vielen Eubakterien verlorengegangen ist, erscheint mir viel weniger wahrscheinlich. Das Auftauchen des Chlorophylls hatte äußerst wichtige Folgen, zunächst für die betreffenden Bakterien und später für die gesamte Welt des Lebendigen und die ganze Erde.

Wie ich bereits erwähnt habe, war das Photosystem I der erste Apparat, der die Sonnenenergie für das entstehende Leben nutzbar machen konnte. Wenn es von Licht angeregt wird, kann es anorganischen Verbindungen und manchmal auch organischen Substanzen Elektronen entziehen, nicht aber dem Wasser. Eine Reihe phototropher Bakterien, die man heute auf der Erde findet, arbeitet ausschließlich mit Photosystem I.

Der nächste wichtige Schritt in der grünen Revolution war die Entwicklung des wasserverbrauchenden, sauerstoffproduzierenden Photosystems II, das vermutlich durch evolutionsbedingte Abwandlung aus dem Photosystem I hervorging. Die beiden Systeme arbeiten mit ähnlichen, aber nicht genau gleichen Chlorophylltypen. Bei den heutigen phototrophen Organismen tritt das Photosystem II immer zusammen mit dem Photosystem I auf, das den vom Photosystem II angeregten Elektronen den zusätzlichen Energieschub verleiht, den sie für die Biosynthesereaktionen brauchen.

In der Welt der Bakterien findet man die Verbindung der beiden Photosysteme bei einer großen, weit verbreiteten Klasse bläulicher Mikroorganismen, die man ursprünglich als blaugrüne Algen bezeichnete, weil sie sich häufig zu vielzelligen Ketten zusammenlagern, die an primitive Meeresalgen erinnern. Echte Algen sind jedoch Eukaryoten. Um Verwirrung zu vermeiden, nennt man die phototrophen Prokaryoten, die beide Photosysteme besitzen, heute aber Cyanobakterien (von griechisch *kyanos* = blau).

Wann spielten sich diese wichtigen Vorgänge ab? Nach Ansicht vieler Fachleute vor mindestens 3,5 Milliarden, vielleicht auch schon vor 3,75 Milliarden Jahren. Die stichhaltigsten Indizien stammen von den Stromatolithen,[5] jenen Schichtgesteinen, die aus übereinanderliegenden Bakterienkolonien bestehen. Bei heutigen Kolonien dieses Typs sind die obersten Schichten von Cyanobakterien besiedelt, die für die tieferen, heterotrophen Schichten die unentbehrlichen Nährstofflieferanten darstellen. Die ältesten bekannten Stromatolithen sind 3,5 Milliarden Jahre alt. Wenn die Bakterienkolonien, aus denen dieses Gestein hervorgegangen ist, auch nur entfernt ihren heutigen Nachfolgern ähnelten, dann lagen auch bei ihnen zuoberst Organismen von der Art der Cyanobakterien; das bedeutet, daß das Photosystem II wie das Photosystem I mindestens 3,5 Milliarden Jahre alt ist.

Gestützt wird diese Schätzung auch durch Mikrofossilspuren gleichen Alters. William Schopf[6], ein international anerkannter Fachmann für Mikrofossilien an der University of California in Los Angeles, identifizierte in Gestein aus dem Nordwesten Australiens echte Überreste von mindestens sieben verschiedenen cyanobakterienartigen Organismen und datierte sie genau auf ein Alter von 3,46 bis 3,47 Milliarden Jahren. Die Spuren sehen in vielen Fällen aus wie Ketten aus bis mehreren Dutzend von einer Wand umgebenen Zellen, die morphologisch von manchen heute lebenden Cyanobakterien kaum zu unterscheiden sind.

Wenn Schopfs Bestimmung zutrifft – und er selbst räumt als erster ein, wie unsicher rein morphologische Kriterien sind –, begann die phototrophe Sauerstoffproduktion vor mindestens 3,5 Milliarden Jahren. Allen verfügbaren Hinweisen zufolge tauchte molekularer Sauerstoff aber erst vor etwa 2,0 Milliarden Jahren in der Atmosphäre auf, und eine stabile Konzentration hatte er vor 1,5 Milliarden Jahren erreicht. Für diesen Widerspruch gibt es möglicherweise eine Erklärung: Vielleicht waren so viele sauerstoffbindende Mineralien vorhanden, daß der gesamte produzierte Sauerstoff zunächst abgefangen wurde; in die Atmosphäre wäre er demnach erst aufgestiegen, nachdem diese «Sammelbecken» gefüllt waren. Ein größeres derartiges Sammelbecken könnte das zweiwertige Eisen gewesen sein, das vermutlich in den Urozeanen in riesigen Mengen vorhanden war. Durch die Reaktion des zweiwertigen Eisens mit Sauerstoff ließe sich zumindest teilweise – es gibt auch andere Möglichkeiten – erklären, wie die großen Lagerstätten aus einer Mischung von zwei- und dreiwertigem Eisen (Magnetit) entstanden sind, die den wichtigsten Bestandteil der in Kapitel 3 erwähnten Bändereisenerze darstellen. Aufschlußreich und möglicherweise bedeutsam ist die Tatsache, daß die Ablagerung der Bändereisenerze auf die Zeit vor mindestens 3,75 Milliarden Jahren zurückgeht – weiter reichen geologische Funde nicht in die Vergangenheit. Sie setzte sich ohne Unterbrechung fort, bis der erste Sauerstoff in der Atmosphäre auftauchte, und nahm dann allmählich ab, bis sie vor etwa 1,7 Milliarden Jahren zum Stillstand kam.

Wenn die Bändereisenerze also auf sauerstoffproduzierende phototrophe Organismen hinweisen, muß der gemeinsame Vorfahre vor reichlich mehr als 3,75 Milliarden Jahren entstanden sein, denn man muß ja noch mehrere Entwicklungsschritte berücksichtigen: die Trennung der Eubakterien von den Archaebakterien, das Auftauchen des Chlorophylls in Eubakterien eines bestimmten Typs, und die Evolution der Phototrophie bis zu dem Punkt, an dem Sauerstoff produziert wurde. Die Zeitspanne von der Entstehung des Lebens bis zum gemeinsamen Vorfahren beschränkt sich demnach auf etwa 200 Millionen Jahre – von der Zeit vor etwa 4 Milliarden Jahren, als die Erde bewohnbar wurde, bis zum Mindestalter des gemeinsamen Vorfahren. Dieser Abstand galt früher als zu kurz für einen so komplexen Vorgang wie die Entstehung des Lebens. Wie ich jedoch bereits deutlich gemacht habe, gibt es für diese Ansicht keine stichhaltige Begründung. Zweihundert Millionen Jahre sind eine gewaltige Zeitspanne, mehr als zwanzigmal soviel wie die Zeit der Entwicklung vom Affen zum Menschen. In einer derart langen Phase könnte das Leben, wie wir es kennen, viele Male entstehen und wieder verschwinden.

Der Beginn der Phototrophie war für die Verbreitung des Lebens auf der Erde ein schicksalsträchtiger Augenblick: Von nun an konnten die Lebewesen unmittelbar das gewaltige Energiereservoir der Sonne anzapfen, um Elektronen auf die Energieebene zu heben, die zum Aufbau von Biomolekülen aus anorganischen Bausteinen erforderlich war. Vorher taten das manche Lebensformen vermutlich durch die UV-getriebene Wasserstoffproduktion mit Hilfe der in Kapitel 3 beschriebenen Umwandlung des zweiwertigen in dreiwertiges Eisen. Dieser Mechanismus war sehr einfach – ein gewaltiger Vorteil zu einer Zeit, als das Leben die ersten zögernden Entwicklungsschritte vollzog; er konnte aber bei weitem nicht mit dem chlorophyllabhängigen Prozeß mithalten, nachdem die dazu erforderlichen, in die Membran eingelagerten Strukturen erst einmal ihren Platz gefunden hatten.

Darüber hinaus hat die Phototrophie auch den Vorteil, daß sie die autotrophen Lebensformen von der Abhängigkeit von Elektronendonoren und -akzeptoren in der Umgebung befreite. Insbesondere nachdem es das Photosystem II gab, konnte praktisch die ganze Erdoberfläche besiedelt werden. Unser Planet wurde grün, und seine Vorräte an Kohlenstoff, Stickstoff und anderen biologisch wichtigen Elementen wurden immer stärker in diesen grünen Mantel eingebunden. Das wiederum führte zu einer gewaltigen Vermehrung der heterotrophen Lebensformen, die die von anderen Organismen hergestellten Biomoleküle zur Ernährung nutzten. So entstand, ausgehend von den ersten Stromatolithen, jene große Koalition, in der wir, alle Tiere, alle Pilze und viele Bakterien, mit den grünen Pflanzen und phototrophen Mikroorganismen verbunden sind, so daß ein planetarer Überorganismus entsteht, die Biosphäre, deren Stoffwechsel sich im ständigen Recycling der wichtigsten biologischen Elemente zeigt.

Was die Evolution angeht, war die vielleicht die wichtigste Folge der Phototrophie der Anstieg der Sauerstoffkonzentration in der Atmosphäre. Unabhängig davon, wann das Photosystem II zum ersten Mal auftauchte, war die wichtigste Zeit in diesem Zusammenhang die Periode vor 2,0 bis 1,5 Milliarden Jahren, in der sich vermutlich die größte ökologische Katastrophe – und die am weitesten reichende Anpassungsreaktion der Organismen – in der Geschichte des Lebens abspielte.

Die große Sauerstoffkrise

Bis zur Entwicklung des Photosystems II war die Welt praktisch sauerstofffrei. Wir halten den Sauerstoff in der Regel für ein lebenswichtiges Element, und für uns und alle anderen aeroben («in der Luft lebenden») Organismen ist er das auch. Für die ersten Lebensformen war Sauerstoff jedoch ein schreckliches Gift. Genauso wirkt er auch heute auf die obligaten Anaerobier, jene Bakterienarten, sie nur ohne

Sauerstoff überleben können. Die Giftwirkung des Sauerstoffs beruht darauf, daß er in lebenden Systemen leicht in sehr reaktionsfreudige chemische Formen, wie Hydroxylradikale, Superoxidionen und Wasserstoffperoxid, umgewandelt wird, die lebenswichtige Zellbestandteile, wie DNA und Lipiddoppelschichten, schwer schädigen können.

Als der Sauerstoff auftauchte, besaß das Leben gegen diese Gifte keine Abwehr, so daß ein Massensterben drohte. Glücklicherweise war es ein langsamer Vorgang, und die Hauptmechanismen der Evolution hatten ausreichend Zeit, ihre Wirkung zu entfalten. Wahrscheinlich gab es unzählige Opfer, aber die wenigen Überlebenden vermehrten sich und bevölkerten die Welt mit neuen Lebensformen, so daß aus einer drohenden Katastrophe ein echter Innovationsschub wurde.

Die ersten, die sich an den Sauerstoff anpaßten, waren die, die ihn produzierten. Die entscheidende Mutation, die das Photosystem II entstehen ließ, war für sich gesehen tödlich. Vielleicht ereignete sie sich viele Male, bis sie zufällig mit einer anderen genetischen Veränderung zusammentraf, die die Zellen gegen die Giftwirkung des nun gebildeten Sauerstoffs schützte. Durch diese Veränderung könnten zum Beispiel in großer Menge Substanzen entstanden sein, die man als Antioxidantien bezeichnet: Sie nehmen die schädlichen reaktionsfreudigen Chemikalien auf, die sich aus dem Sauerstoff bilden. Zu diesen Antioxidantien gehören die Ascorbinsäure (Vitamin C), eine Reihe von Thiolen und das Tocopherol (Vitamin E). Oder die Zellen erwarben ein schützendes Enzym, beispielsweise die Superoxid-Dismutase, die Superoxidionen inaktiviert, oder die Katalase, die Wasserstoffperoxid abbaut. Die Notwendigkeit, solche schützenden Anpassungen zu entwickeln, wäre eine Erklärung dafür, warum das Photosystem II später erschien als das Photosystem I.

Als andere Lebensformen mit dem Sauerstoff in Kontakt kamen, versuchten sie zunächst, ihm aus dem Wege zu gehen. Rückzug vom Sauerstoff bedeutete aber auch Rückzug von der Mehrzahl der phototrophen Organismen, die für die heterotrophen Lebewesen die wichtigste Nahrungsquelle waren. Außerdem dringt Sauerstoff überall hin. Er wanderte in in jede Bodenspalte, und da er wasserlöslich ist, erreichte er auch die Tiefen der Ozeane. Geschützte Bereiche, in denen anaerobes Leben gedeihen konnte, wurden schon bald Mangelware. Die vorhandenen Anaerobier standen unter erheblichem Druck, Schutzmechanismen zu entwickeln, ganz ähnlich denjenigen, mit denen die ursprünglichen phototrophen Organismen Sauerstoff produzieren konnten, ohne Schaden zu nehmen. Durch Zufallsmutationen erlangten viele auto- und heterotrophe Bakterien die Fähigkeit, in Gegenwart von Sauerstoff zu überleben.

Aber meist blieb es nicht beim reinen Überleben. Durch relativ einfache Mutationsereignisse waren die Lebewesen bald auch in der Lage, die Elektronen aus ihren Elektronentransportketten auf Sauerstoff zu übertragen, wobei Wasser entstand. So begann die Reaktion, die wir heute Zellatmung nennen. Das war ein wichtiger Evolutionsschritt, denn da Sauerstoff nun wieder zu Wasser werden konnte, wurde der weltweite Wasser-Sauerstoff-Zyklus in Gang gesetzt. Der allgegenwärtige Sauerstoff trat an die Stelle der besonderen anorganischen Elektronenakzeptoren, an die die Lebewesen bis dahin gebunden waren; Elektronen, die durch Phosphorylierungsketten flossen, konnten bis auf die unterste Energieebene fallen, so daß die Energieausbeute des Prozesses optimiert wurde. Von diesen höchst nützlichen Neuerungen begünstigt, entwickelten sich viele Bakterien bis zu dem Punkt, wo sie auf ihren früheren Feind nicht mehr verzichten konnten. Manchen gelang es, die Abhängigkeit in vollem Umfang auszunutzen und Elektronentransportketten zu erwerben, bei denen die erzeugte Energiemenge in der Nähe der maximal möglichen Ausbeute lag.

Auch manche Archaebakterien entwickelten die Fähigkeit, den Sauerstoff unschädlich zu machen und zu nutzen, nachdem er in der Atmosphäre aufgetaucht war. Die halophilen Bakterien sind aerob, ebenso wie die Thermoacidophilen, die die nach unserem Verständnis lebensfeindlichsten ökologischen Nischen besiedeln: Gewässer, die sehr heiß sind, viel Säure enthalten und nach Schwefelwasserstoff stinken. Aber wenn man vom Sauerstoffgehalt einmal absieht, könnten solche Orte sehr wohl die Wiege des Lebens und die Lieblingsschlupfwinkel des gemeinsamen Vorfahren gewesen sein.

Trotz all dieser Anpassungen hat der Sauerstoff einen Rest seiner lebensbedrohlichen Eigenschaften behalten. Unsere weißen Blutzellen töten Mikroorganismen mit einem Schwall giftiger Sauerstoffderivate (freie Radikale). Die gleichen Derivate bilden sich manchmal auch in unserem Gewebe und tragen dort möglicherweise zur Alterung bei, verursachen genetische Schäden oder lösen krebsige Entartungen aus. Die Verwendung von Antioxidantien als Schutz gegen solche Schäden hat beträchtliches Interesse erregt.

Die Vorgänge, über die ich hier berichtet habe, hätten sich kaum nachzeichnen lassen, gäbe es nicht die reichhaltige Welt der Bakterien, in der man auch heute repräsentative Beispiele für fast alle Entwicklungsstufen der Phototrophie und des aeroben Lebens findet. Ihr Alter, das man mit der vergleichenden Sequenzanalyse und anderen Methoden nachweisen kann, entspricht in der Regel ihrer angenommenen Stellung im Gesamtablauf. Aber die Geschichte geht noch weiter. Einige Mitwirkende in der großen Sauerstoff-Saga spielten auch eine tragende Rolle in dem bemerkenswerten Prozeß, durch den sich ein Prokaryot in den Vorläufer aller Eukaryoten, einschließlich unserer selbst, verwandelte. Unser Ursprung hat also, wie der aller Pflanzen und Tiere um uns, seine Wurzeln in den wichtigsten Ereignissen der Evolution von Eukaryoten; dies wird in den nächsten drei Kapiteln deutlich werden.

15 Vom Werden eines Eukaryoten

Vor etwa 3,5 Milliarden Jahren, während Bakterien die Erde mit triumphalem Erfolg besiedelten, entwickelte sich eine unscheinbare Seitenlinie in einer seltsamen Richtung; ihre Vertreter hätten auf Besucher aus dem Weltraum ziemlich absonderlich gewirkt, so stark wichen sie von der damaligen Normalität des Lebens auf der Erde ab, und ihre Entwicklung schien keine Perspektive zu haben. In Wirklichkeit sollte sich diese «fehlende Perspektive» etwa zwei Milliarden Jahre später zu den unglaublich vielfältigen Gruppen der Protisten, Pflanzen, Pilze und Tiere einschließlich des Menschen auffächern – praktisch zum gesamten sichtbaren Teil der Biosphäre. Der Weg zu dieser außerordentlichen Vielfalt der Lebensformen führte über einen neuen Zelltyp, der sich von allen bekannten Bakterien der Vergangenheit und Gegenwart unterschied. Solche Zellen werden Eukaryoten genannt, weil sie einen echten Zellkern besitzen, aber sie unterscheiden sich auch in vielen anderen Eigenschaften eindeutig von den Bakterien oder Prokaryoten.

Der Übergang vom Pro- zum Eukaryoten

Von welchem Organismus die Eukaryotenlinie ausging, ist nicht im einzelnen geklärt. Die meisten Indizien deuten auf einen Prokaryoten hin, der sich nach der ersten Aufspaltung des Stammbaums vom Zweig der Archaebakterien trennte. In scheinbarem Widerspruch dazu steht die Tatsache, daß einige Eigenschaften der Eukaryoten von alten Eubakterien zu stammen scheinen. Diese Abweichungen hat man konvergenter Evolution oder horizontalem Gentransfer zugeschrieben; der deutsche Wissenschaftler Wolfram Zillig[1] nahm sogar die Verschmelzung einer Archaebakterien- und einer Eubakterienzelle an. Die scheinbar gemischte Abstammung der Eukaryoten diente auch als Argument für radikalere Theorien, wonach der primitive Vorfahre der Eukaryoten vor den Prokaryoten lebte und mit Genen aus DNA oder sogar aus RNA ausgestattet war.[2]

In diesem Kapitel gehe ich davon aus, daß sich die Eukaryotenlinie von einem prokaryotischen Vorläufer abspaltete, der vermutlich im wesentlichen einem Archaebakterium ähnelte und auf diesem oder jenem Weg ein paar Merkmale der Eubakterien erworben hatte. Diese Hypothese erfreut sich der größten Beliebtheit und stimmt mit den meisten bekannten Tatsachen überein. Damit stehen wir vor dem Problem, einen Entwicklungsweg von der prokaryotischen zur eukaryotischen Organisationsform nachzuzeichnen. Dieser Weg muß vom Ablauf her plausibel sein, mit den vorhandenen Befunden übereinstimmen und sich in seinen Ursachen durch die natürliche Selektion erklären lassen.

Auf den ersten Blick scheint das eine entmutigende Aufgabe zu sein. Man braucht nur einmal ein durchschnittliches Bakterium und eine der primitivsten Eukaryotenzellen nebeneinanderzustellen, dann erkennt man derart gewaltige Unterschiede, daß der Übergang von der einen Form in die andere unvorstellbar erscheint. Glücklicherweise verfügen wir aber über eine wichtige Erkenntnis: Wie man heute mit an Sicherheit grenzender Wahrscheinlichkeit weiß, sind bestimmte Teile der Eukaryoten, darunter die Mitochondrien, Chloroplasten und vielleicht auch die Peroxisomen (siehe Kapitel 17) – alle drei membranumhüllte Körperchen von der ungefähren Größe eines Bakteriums –, in Wirklichkeit die Nachkommen von Bakterien, die ein Vorläufer der Eukaryoten vor etwa 1,5 Milliarden Jahren in sich aufnahm und als Endosymbionten behielt (die griechischen Wurzeln, aus denen sich dieser Begriff zusammensetzt, bedeuten «im Inneren zusammenleben»).[3] Man kann die Geschichte der Eukaryotenzellen also in zwei Abschnitte einteilen: die Vor-Endosymbiontenzeit vor 3,5 bis 1,5 Milliarden Jahren und die Endosymbiontenzeit, die vor 1,5 Milliarden Jahren begann und bis heute andauert.[4]

Die Rekonstruktion der zweiten Epoche wirft keine größeren Probleme auf: Zellen nehmen ständig Bakterien auf – nichts anderes tun unsere weißen Blutzellen, wenn sie eine Infektion bekämpfen –, und die daran beteiligten Mechanismen kennen wir in vielen Einzelheiten. Sicher, die Bakterien werden nach dem Einfangen in der Regel getötet und aufgelöst, oder sie greifen die Zelle an, die sie eingefangen hat, und töten sie. Man kennt aber auch einige Fälle, in denen der Konflikt zum Stillstand kommt und durch friedliches Zusammenleben gelöst wird. Für unsere Rekonstruktion können wir also eine Fülle von Informationen heranziehen.

Rätselhafter ist der erste Abschnitt von dem prokaryotischen Vorläufer bis zu einer Zelle, die Bakterien einfangen und als Endosymbionten aufnehmen konnte. Ein paar Hinweise gibt es aber auch hier. Erstens: Wenn die Aufnahme der Bakterien in jenen fernen Zeiten auf die gleiche Weise erfolgte wie heute, können wir aufgrund unserer Kenntnissen einiges darüber aussagen, welche Eigenschaften eine Zelle im Verlaufe ihrer Entwicklung erwerben mußte, damit sie die Bakterien aufnehmen konnte. Zweitens liefern auch Sequenzanalysen und andere biochemische Befunde wichtige Hinweise, mit deren Hilfe wir eine Reihe eukaryotischer Strukturen auf prokaryotische Vorläufer zurückführen können. Und am aufschlußreichsten schließlich sind einige primitive einzellige Eukaryoten, die bekanntermaßen auf die Vor-Endosymbiontenzeit zurückgehen und uns einen Eindruck davon vermitteln, wie das eukaryotische Leben damals wohl ausgesehen haben könnte. Betrachten wir einmal ein solches «lebendes Fossil».

Giardia, ein lebendes Fossil

Die ältesten lebenden Eukaryoten, die man kennt, sind die Diplomonaden. Zu dieser Gruppe gehört *Giardia lamblia*, ein parasitisch lebender Mikroorganismus, der bei Menschen und manchen Tiere eine Reihe schwerer Darmerkrankungen hervorruft.[5] Nach den Ergebnissen der Sequenzanalyse steht *Giardia* am Ende einer Abstammungslinie, die sich schon vor über zwei Milliarden Jahren vom Hauptstamm der Eukaryoten trennte, noch bevor der Sauerstoff in der Erdatmosphäre auftauchte. Diese Lebewesen hatten also sehr viel Zeit für ihre Evolution und haben vielleicht nur wenig Ähnlichkeit mit dem Vorfahren, der sie mit den anderen Eukaryoten verbindet. Zweifellos haben sie sich verändert, aber vermutlich nicht bis zur Unkenntlichkeit. *Giardia* zeigt so viele Merkmale, die man auch bei jüngeren Eukaryoten findet, daß man die meisten davon mit ziemlicher Sicherheit einem gemeinsamen Vorfahren aus der Vor-Endosymbiontenzeit zuschreiben kann – allerdings mit der unvermeidlichen Einschränkung, daß immer die geringe Chance der konvergenten Evolution besteht.

Giardia sollte uns also nützliche Erkenntnisse über diesen Vorfahren liefern; als Lücken bleiben dabei aber die Eigenschaften, die in der Evolution verlorengegangen sind, zum Beispiel als die Art sich von der selbständigen auf die parasitische Lebensweise umstellte.

Giardia ist ein birnenförmiger Einzeller mit einer Länge von etwa einem dreihundertstel Millimeter; damit ist sein Volumen etwa 10000mal größer als das eines durchschnittlichen Prokaryoten. Im Vergleich zu den Bakterien haben wir es also eindeutig mit einer Riesenzelle zu tun. Anders als die Bakterien ist sie nicht von einer steifen Zellwand umschlossen, sondern nur von einem lockeren Material ohne jede Festigkeit. Daß die Zelle dennoch ihre charakteristische Form behält, verdankt sie einer Reihe innerer Stützstreben, die man als Cytoskelett bezeichnet. Auf einer Seite trägt sie ein scheibenförmiges Gebilde, das gewissermaßen als Saugnapf dient und der Zelle die Anheftung an die Darminnenwand ermöglicht; dieses Merkmal erwarb *Giardia* zweifellos im Verlauf ihrer Anpassung an diesen besonderen Lebensraum.

Giardia ist sehr beweglich; für den Antrieb sorgen vier Paare langer, wellenförmig schlagender Geißeln oder Flagellen.[6] Diese Organellen sind völlig anders gebaut als die Auswüchse, die bei Bakterien für Bewegung sorgen und den gleichen Namen tragen. Bei *Giardia* bestehen sie aus flexiblen Proteinröhren, den Mikrotubuli, die mit weiteren Proteinen zu einem langen, biegsamen Schaft verbunden sind. Mit Energie, die aus der Spaltung von ATP stammt, kann der Schaft eine Wellenbewegung ausführen. Diese Grundstruktur haben die Flagellen mit den Cilien («Wimpern») gemeinsam: kurzen, schnell schlagenden Auswüchsen, die auf Zellen, die sie besitzen, meist in großer Zahl vorhanden sind. Die beiden Arten von Bewegungselementen kommen nie zusammen auf derselben Zelle vor, wie auch die taxonomische Unterscheidung zwischen Flagellaten und Ciliaten belegt.

Flagellen und Cilien sind in der Welt der Eukaryoten weit verbreitet. Jeder von uns verdankt seine Existenz einer ordnungsgemäß funktionierenden Flagelle, die eine Samenzelle unseres Vaters zur Eizelle der Mutter trieb. Daß ein so kompliziertes Gebilde wie die eukaryotische Flagelle zweimal unabhängig durch konvergente Evolution entstand, ist völlig ausgeschlossen. *Giardia* lehrt uns also, daß der entfernte eukaryotische Vorfahr bereits alle wichtigen Proteine besaß, die zum Aufbau der Flagellen beitragen.

Besonders aufschlußreich ist es, wenn man *Giardia* beim Fressen zusieht. Sie umschließt dabei Gegenstände aus ihrer Umgebung.[7] Das gleiche tat bekanntermaßen auch die Vorläuferzelle, die zum ersten Mal Endosymbionten in sich aufnahm, und der Mechanismus ist praktisch der gleiche, mit dem auch unsere eigenen weißen Blutzellen und zahllose sonstige Eukaryotenzellen Bakterien und andere feste Objekte auffressen. Dieser Vorgang, Phagocytose genannt (von den griechischen Wurzeln für «essen» und «Zelle»), ist sehr komplex, und deshalb kann man wieder einmal davon ausgehen, daß es ihn schon bei dem Vorläufer in der Vor-Endosymbiontenzeit gab. Um zu verstehen, wie die Endosymbionten in ihre Wirtszellen gelangten, brauchen wir nicht weiter zu suchen. Genau wie wir es allein aufgrund unserer Kenntnis der heutigen Verhältnisse vermutet hätten, wurden diese wichtigen Gäste von einer Freßzelle (Phagocyt) aufgenommen, die die gleichen Merkmale besaß wie ähnliche heutige Zellen. Diese Erkenntnis ist von unschätzbarem Wert. Die Biologin Lynn Margulis von der University of Massachussetts, die die Endosymbiontentheorie schon zu einer Zeit vertrat, als es noch wenig stichhaltige Indizien dafür gab, versuchte das Eindringen der Endosymbionten mit einem aggressiven Angriff «wütender Räuber» zu erklären.[8] Nach meiner Überzeugung macht *Giardia* diese Hypothese unwahrscheinlich. Plausibler erscheint mir die Aufnahme durch Phagocytose, denn alles, was wir wissen, spricht dafür.

Sehen wir einmal einer *Giardia*-Zelle oder einem ihrer freilebenden Vettern bei der Jagd zu. Sie streift zufällig ein Bakterium oder bewegt sich, angezogen von einem chemischen Signal, scheinbar absichtlich darauf zu, ganz ähnlich wie unsere weißen Blutzellen es in der gleichen Situation tun würden. Ob nun Zufall oder Chemie die Ursache der Begegnung ist, als Folge bleibt das Bakterium in jedem Fall an der Oberfläche von *Giardia* kleben wie eine Fliege am Leimstreifen. Von der Berührung angeregt, wird *Giardia* aktiv und saugt ihr bedauernswertes Opfer nach innen, so daß es allmählich unseren Blicken entschwindet. Schon bald ist auf der Oberfläche von *Giardia* keine Spur des dramatischen Freßvorgangs mehr zu erkennen – sie sieht wieder glatt und unberührt aus.

Nicht alle Bakterien lassen sich auf diese Weise einfangen. Damit sie kleben bleiben, müssen auf der Oberfläche der räuberischen Zelle Rezeptoren vorhanden sein, die bestimmte Bestandteile der Bakterienzellwand erkennen – wieder einmal ein Schloß-Schlüssel-Mechanismus. Fehlt das Schloß oder der Schlüssel, prallt das Bakterium nach dem Zusammenstoß einfach ab und entkommt. Manche Bakterien machen sich diesen Defekt sogar zunutze, um dem Eingefangenwerden zu entgehen, eine Tatsache, die in der Wissenschaftsgeschichte eine gewaltige Rolle gespielt hat. Zufälligerweise unterscheiden sich nämlich infektöse Pneumokokken, die gefürchteten Erreger der bakteriellen Lungenentzündung, von ihren ungefährlichen Verwandten durch das Fehlen eines Gens, das einen bestimmten Zellwandbestandteil codiert, und genau dieser Bestandteil wird von den weißen Blutzellen spezifisch erkannt. Die infektiösen Erreger stellen das Schloß nicht bereit, so daß der Schlüssel der weißen Blutzellen keinen Ansatzpunkt findet. Wie Fred Griffith, ein Amtsarzt des britischen Gesundheitsministeriums, und kurz darauf auch der Amerikaner Martin Dawson vom Rockefeller Institute for Medical Research (heute Rockefeller University) 1928 feststellten, kann man die erbliche Fähigkeit zur Herstellung des Zellwandbestandteils, der die Mikroorganismen einfangbar und damit unschädlich macht, von toten, nichtinfektiösen Bakterien auf lebende, krankheitserzeugende Stämme übertragen. Sechzehn Jahre später gaben Oswald Avery, Colin MacLeod und Maclyn McCarty, drei weitere Wissenschaftler der Rockefeller University, einer anfangs ungläubigen wissenschaftlichen Welt bekannt, sie hätten das «transformierende Prinzip» gereinigt, und es handele sich ohne jeden vernünftigen Zweifel um DNA.[9] Mit diesem historischen Experiment wurde zum ersten Mal bewiesen, daß Gene aus DNA bestehen und nicht, wie man damals meist glaubte, aus Protein. Es war der Beginn eines der großartigsten wissenschaftlichen Wettläufe, den Watson und Crick 1953 mit der Aufklärung der Doppelhelixstruktur schließlich gewannen.

Zur Zeit dieser Untersuchungen kannte man den Mechanismus der Phagocytose noch nicht. Heute ist er dank der Elektronenmikroskopie und anderer hochentwickelter Verfahren bis ins Detail aufgeklärt. Das eingefangene Bakterium gelangt nicht, wie man vielleicht meinen könnte, durch ein Loch in die Zelle. Es wird vielmehr allmählich von einer immer tiefer werdenden Einstülpung der Zellmembran umschlossen, die dabei unversehrt bleibt. Ist das Bakterium vollständig eingehüllt, schnürt sich die Einstülpung von der Innenseite der Membran ab, ohne daß dort eine Spur zurückbleibt, und verwandelt sich im Zellinneren in ein Bläschen oder Vesikel, in dem die geschluckte Bakterienzelle eingesperrt ist; die es umgebende Membran wurde beim Einstülpen aus der Zellmembran entnommen. Daß dies physikalisch möglich ist, erklärt sich aus den Eigenschaften der Membran, die flüssig, biegsam und zur selbständigen Abdichtung fähig ist.

Was ist die Triebkraft der Aufnahme? Bei *Giardia* wissen wir es nicht, denn sie wurde in dieser Hinsicht noch nicht untersucht, aber von anderen Zellen kennen wir mindestens zwei Mechanismen. Der eine wirkt von außen und folgt dem Prinzip des Reißverschlusses – oder besser gesagt des Klettverschlusses, denn wir haben es mit Oberflächen zu tun. Beteiligt sind die Rezeptoren des Phagocyten und ihre komplementären Partner auf der Oberfläche der Bakterienzelle. Der zweite Mechanismus wird vom Zellinneren aus aktiviert, und zwar von einer Vorrichtung, die Membranabschnitte nach innen zieht, wenn ihre Rezeptoren besetzt sind. Dieser Mechanismus ermöglicht die Aufnahme von Flüssigkeitstropfen, auch Pinocytose genannt (griechisch für «Zelltrinken»), die durch die Bindung gelöster Moleküle an die Oberflächenrezeptoren der Zelle in Gang gesetzt wird. Der allgemeine Begriff Endocytose bezeichnet alle Formen der Aufnahme durch Membraneinstülpung, also die Phago- und die Pinocytose. Die Vesikel, die sich in der Zelle durch die Endocytose bilden, nennt man Endosomen.

Im weiteren Verlauf gelangt der Fang im Zellinneren in membranumhüllte Vesikel eines anderen Typs, die man als Lysosomen bezeichnet (griechisch für «Auflösungskörper»). Dort wird das eingeschlossene Material mit Säuren und Verdauungsenzymen behandelt, so daß es das gleiche Schicksal erleidet wie die Nahrung in unserem Magen. Die Säure wird von einer Protonenpumpe in die Lysosomen abgegeben; die Verdauungsenzyme gelangen aus einem weiteren System von Hohlräumen im Zellinneren dorthin, dem endoplasmatischen Reticulum, kurz ER genannt. Die kleinen Nährstoffmoleküle, die durch die Verdauung in den Lysosomen freiwerden, dringen durch die Lysosomenmembran in die eigentliche Zelle ein und beteiligen sich dort am Stoffwechsel. Schließlich wird der Inhalt der Lysosomen – unverdauliche Reste und Enzyme – in vielen Fällen wieder in die Umgebung ausgeschieden; diese Art der zellulären Abfallbeseitigung heißt Exocytose und ist im wesentlichen eine Umkehrung der Endocytose: Ein Vesikel baut seine Membran durch Verschmelzung in die Zellmembran ein und entlädt seinen Inhalt nach außen.

Die Verdauungsenzyme, die für den Transport in die Lysosomen bestimmt sind, werden noch während ihrer Entstehung (cotranslational) in das Innere des ER gebracht; die Ribosomen, an denen sie synthetisiert werden, sind eng an die ER-Membran geheftet. Diese mit Ribosomen besetzten Membranabschnitte bezeichnet man als «rauhes» ER, weil sie im Querschnitt uneben aussehen. Aus dem rauhen ER gelangen die Proteine in den glatten (nicht von Ribosomen gesäumten) ER-Teil und von dort in den Golgi-Apparat, ein System membranumhüllter Blasen; sein Name erinnert an den italienischen Neuroanatomen Camillo Golgi, der 1906 zusammen mit seinem spanischen Kollegen Santiago Ramon y Cajal den Nobelpreis für Medizin erhielt. Auf ihrem Weg durch ER und Golgi-Apparat machen die Enzymmoleküle eine Reihe chemischer Abwandlungen (Modifikationen) durch, ein Vorgang, den man zusammenfassend als Weiterverarbeitung, Processing oder Reifung bezeichnet.

Endosomen, Lysosomen, rauhes und glattes ER sowie der Golgi-Apparat bilden zusammen in der Zelle ein kompliziertes Geflecht von Hohlräumen und Bläschen, das manchmal auch als Cytomembransystem bezeichnet wird. Es besteht aus Tausenden abgegrenzter, membranumhüllter Räume und sorgt für eine Reihe wichtiger Zellfunktionen, die man mit dem Begriff «Materialex- und -import» zusammenfassen kann. Der Import erfolgt durch Endocytose und führt gewöhnlich zur Verdauung in den Lysosomen, gelegentlich aber auch zu Speicherung oder zum Transport des importierten Materials durch die Zelle hindurch. Der Export beginnt im rauhen ER, setzt sich über glattes ER, Golgi-Apparat und Lysosomen fort, und endet schließlich mit der Ausscheidung durch Exocytose. Für den Export gibt es noch einen zweiten Weg, der in den meisten Zellen sehr viel wichtiger ist; er umgeht die Lysosomen und führt vom Golgi-Apparat unmittelbar zur Exocytose. Das ist der Hauptmechanismus der Sekretion.

Für den Transport des im- und exportierten Materials durch die vielen Räume des Cytomembransystems sorgen manchmal ständige, meist jedoch nur vorübergehende Verbindungen zwischen diesen Kompartimenten, und die Steuerung erfolgt über «Schienen», die zum Cytoskelett gehören, oder über innere Rezeptoren. Die Energie für diese Bewegungen stammt aus der Spaltung von ATP und wird mit Hilfe besonderer Cytoskelett-Motorsysteme freigesetzt.

Das Cytomembransystem ist ein charakteristisches Merkmal aller eukaryotischen Zellen. Wie man an *Giardia* erkennt, war es bereits vor zwei Milliarden Jehren angelegt. Sogar der vom Golgi-Apparat abhängige Sekretionsapparat war zu jener Zeit bereits entstanden.[10]

Bei *Giardia* gibt es keine Mitochondrien, Chloroplasten oder andere mögliche Nachkommen umschlossener Bakterien. Solche Organellen könnten zwar im Laufe der Evolution verschwunden sein, aber interessanterweise fehlen diese von Endosymbionten abstammenden Zellbestandteile auch bei den Microsporidia, der zweitältesten bekannten Eukaryotengruppe.[11] Diese Tatsachen und weitere Indizien sprechen stark für die Annahme, daß sich die Abstammungslinien dieser sehr urtümlichen Organismen von der Hauptlinie der Eukaryoten trennten, bevor diese die Endosymbionten aufnahmen. Damit sind diese Lebewesen die nächsten lebenden – insgesamt dennoch sehr weit entfernten – Verwandten des Eukaryoten der Vor-Endosymbiontenzeit.

Von ihrem Stoffwechsel her ist *Giardia* ein obligater Anaerobier, der an eine sauerstofffreie Umgebung angepaßt ist. Diese Anpassung könnte durchaus auf die Zeit zurückgehen, als sich *Giardias* entfernter Vorfahre von der Eukaryotenlinie abspaltete, denn damals hatte die Ansammlung von Sauerstoff in der Erdatmosphäre noch nicht begonnen. Wenn das stimmt, hätte die gesamte Ahnenreihe von *Giardia* die Sauerstoffkrise überlebt und über eine Milliarde Jahre weitere Evolution durchgemacht, wobei sie immer irgendwie vor Sauerstoff geschützt war, bis sie im Darm eines Tieres einen geeigneten sauerstofffreien Lebensraum fand. Ebensogut wäre es möglich – und vielleicht sogar wahrscheinlicher? – daß sich die Vorläuferzellen zunächst an Sauerstoff anpaßten und diese Eigenschaft später wieder verloren, nachdem sie sich auf das Leben als anaerobe Parasiten eingestellt hatten. Bemerkenswert ist aber, daß die wichtigsten Elektronentransportketten der Eukaryoten zu den von Endosymbionten abstammenden Organellen gehören und nicht zur Zellmembran oder zum Cytomembransystem. Wenn man nicht an einen Verlust während der Evolution glaubt, legt diese Tatsache die Vermutung nahe, daß der vermutlich anaerobe Ureukaryot wie alle Organismen, die vor zwei Milliarden Jahren lebten, keine membrangebundenen Atmungsketten besaß und daß seine Nachkommen es schafften, die Sauerstoffkrise ohne dieses Hilfsmittel zu überstehen, bis ihnen die Endosymbionten zu Hilfe kamen.

Die genetische Organisation von *Giardia* scheint, soweit man weiß, dem «klassischen» Typus zu folgen. Interessant ist dabei zweierlei. Erstens ähneln die Ribosomen dieses Organismus in bestimmten molekularen Eigenschaften eher denen der Bakterien als denen der

Eukaryoten. Das spricht ebenfalls für eine frühe Abspaltung von der Eukaryotenlinie zu einer Zeit, bevor sich die heutigen eukaryotischen Ribosomen entwickelt hatten. Besonders bedeutsam ist aber der zweite Punkt: *Giardia* hat zwei gleich große Zellkerne. Ehe wir uns diese verblüffende Doppelausstattung ansehen, wollen wir aber zunächst den Zellkern selbst betrachten, das charakteristische Kennzeichen der Eukaryotenzellen.

Der Zellkern der Eukaryoten

Die Kerne von *Giardia* haben alle wichtigen Eigenschaften eukaryotischer Zellkerne. Der Zellkern (lateinisch *nucleus*, griechisch *karyon*), ein voluminöser, annähernd kugelförmiger Körper, liegt in der Mitte der Zelle und ist von einer doppelten Membranhülle umgeben, die in Stuktur und Funktion mit dem ER zusammenhängt (die äußere Membran ist mit Ribosomen besetzt). Die Innenseite der Kernhülle ist von einer widerstandsfähigen Schicht aus eng verwobenen Proteinfasern ausgekleidet. Zahlreiche verstärkte Öffnungen, die Kernporen, die wie Bullaugen in die Kernhülle eingelassen sind, dienen als gesteuerte Verbindungskanäle zwischen dem Zellkern und dem Cytoplasma, das die übrige Zelle ausfüllt.

Den Hauptinhalt des Zellkerns bilden die Chromosomen (griechisch für «Farbkörper»); diesen Namen tragen sie nicht, weil sie von sich aus farbig wären, sondern weil die Mikroskopiker sie früher in Zellpräparaten, die mit bestimmten Farbstoffen behandelt waren, als stark angefärbte Gebilde erkannten. Im Vergleich zu ihrem Gegenstück bei Prokaryoten, das eigentlich nur ein Strang nackter DNA ist, sind Eukaryotenchromosomen ehrfurchtgebietende Konstruktionen mit einer hochorganisierten Struktur. Man kann sich ein solches Chromosom wie einen winzigen Maibaum vorstellen, der spiralförmig mit Girlanden aus Perlenketten umwunden ist. Der Mast ist das innere Gerüst des Chromosoms, das aus Protein besteht. In der Girlande besteht der Faden aus DNA, und die Perlen sind kleine Proteinspulen, um die sich die DNA einige Male herumwindet, bevor sie zur nächsten Spule weiterläuft. Diese Perlenkette ist zu einem dicken Faden aufgewunden, der entfernt einem Spiral-Telefonkabel ähnelt. Der Faden unterteilt sich in umfangreiche Schlaufen, die an schraubenförmig angeordneten Haltepunkten rund um das zentrale Gerüst befestigt sind. In der Regel sind einige dieser Schlaufen auseinandergewunden, während andere sich zu dicken Knäueln zusammenballen. Wenn die Zelle sich teilt, ziehen sich alle ausgestreckten Schlaufen ebenfalls zu Knäueln zusammen, so daß das ganze Chromosom wie ein dickes, knotiges Stäbchen aussieht. In solchen Zellen, die sich gerade teilten, wurden die Chromosomen erstmals als gefärbte, längliche Gebilde beobachtet. Teilt die Zelle sich nicht, ist die Grundstruktur des Chromosoms wegen des undurchschaubaren Gewirrs der auseinandergewundenen DNA-Abschnitte nicht zu erkennen. Und das ist ein gewaltiges Gewirr! Man stelle sich einmal eine drei Kilometer lange, sehr dünne Schnur vor, die um einen Stab von 60 Zentimetern Länge gewunden ist. So ungefähr würde ein menschliches Chromosom in 100 000facher Vergrößerung aussehen.

Aus der Existenz eines Zellkerns ergeben sich einige grundlegende Konsequenzen, die dazu führen, daß eukaryotische Zellen völlig anders organisiert sind als die Prokaryoten, von denen sie abstammen. Erstens ist die Zelle durch die Kernhülle in zwei Räume geteilt, die nur über die Kernporen in Verbindung stehen. Es ist eine andere Art der Unterteilung als beim Cytomembransystem, das aus zahlreichen verbundenen Hohlräumen besteht und von chemischen Apparaten gesäumt ist, so daß es eine Art Zwischenstation zwischen dem Zellinneren und der Außenwelt darstellt. Die Kernhülle teilt den eigentlichen Stoffwechsel auf, und zwar nach einem einfachen Prinzip: Im Zellkern verbleiben nur die Funktionen, die in engem Zusammenhang mit der DNA stehen; alles andere läuft im Cytoplasma ab. Damit die richtigen Verbindungen zwischen beiden Bereichen nicht abreißen, sind die Poren mit spezifischen Systemen ausgestattet, die in beiden Richtungen für den Transport bestimmter Substanzen sorgen und dabei genau kontrollieren, um welche Art Moleküle es sich handelt.

Zwei Funktionen laufen immer im Zellkern ab: die Replikation und die Transkription der DNA. Wegen der Schwierigkeiten, die sich aus der Chromosomenstruktur ergeben, erfordert die DNA-Replikation ein kompliziertes System von Entwirrungsmechanismen, die die DNA für die Replikationsenzyme zugänglich machen. Deshalb läuft dieser Vorgang bei Eukaryoten auch etwa 20mal langsamer ab als bei Prokaryoten. Ausgeglichen wird dieser Nachteil dadurch, daß die DNA auf mehrere Chromosomen verteilt ist – auf vier bei *Giardia* und 46 beim Menschen –, und außerdem liegen auf jedem Chromosom mehrere Replikationsstartpunkte. Bei Prokaryoten gibt es einen Replikationspunkt, der an die Zellmembran geheftet ist und durch den das ganze Chromosom bei der Verdoppelung hindurchläuft. Eukaryoten besitzen dagegen eine große Zahl solcher Stellen, so daß die DNA gleichzeitig in vielen kurzen Abschnitten repliziert wird, die sich später verbinden. Wegen dieser Anordnung kann sich ein ganzes Eukaryotengenom (etwa zwei Meter DNA in einer menschlichen Zelle) in etwa einer Stunde verdoppeln – das ist nur wenig mehr als das Doppelte der Zeit, die für die Replikation des nur einen Millimeter langen Prokaryotengenoms erforderlich ist. Während im Eukaryotenzellkern die DNA-Replikation abläuft, werden alle Proteine für den Aufbau der Chromosomen aus dem Cytoplasma in den Zellkern transportiert, wo sie sich von selbst mit der neugebildeten DNA zusammenlagern; so entsteht ein zweiter Satz vollständiger Chromosomen, die jeweils über eine Brücke mit ihrem bereits vorhandenen Schwesterchromosom verbunden sind wie siamesische Zwillinge.

Die DNA-Transkription wirft im Zellkern die gleichen Strukturprobleme auf wie die Replikation, nur ergibt sich hier noch zusätzlich die Schwierigkeit, daß die neu synthetisierte RNA aus dem Zellkern hinaustransportiert werden muß. Nur reife RNA-Moleküle gelangen ins Cytoplasma. Aufteilen, Zurechtschneiden, Spleißen und alle anderen Veränderungen der RNA laufen im Zellkern ab. Der Nucleolus, ein besonderes Organell im Zellkern, ist der Ort von Synthese und Reifung der ribosomalen RNAs, die sich mit Proteinen zu den Ribosomen zusammenlagern und stets den mit Abstand größten Teil der RNA-Produktion im Zellkern ausmachen. Weitere komplizierte Systeme im Zellkern sorgen für das Spleißen der Messenger-RNA; dies ist bei höheren Eukaryoten eine wichtige Funktion, aber wahrscheinlich nicht bei *Giardia*, denn da man bei ihr bisher keine gestükkelten Gene entdeckt hat, besteht auch keine Notwendigkeit zum Spleißen der RNA. Die reifen RNA-Moleküle wandern nicht von selbst aus dem Zellkern, sondern zusammen mit besonderen RNA-bindenden Proteinen, die «solo» in den Zellkern eingelassen werden und dann mit ihrer Fracht ins Cytoplasma zurückkehren.

Die gerade beschriebene Aufteilung hat eine wichtige Konsequenz: Die Translation der genetischen Information ist räumlich von ihrer Transkription getrennt. Bei Prokaryoten ist das anders: Dort kann man oft beobachten, wie Ribosomen eifrig Proteine an Messenger-RNA-Stücken herstellen, deren Transkription an der DNA noch nicht beendet ist. Bei Eukaryoten befinden sich die Ribosomen ausschließlich im Cytoplasma; die Messenger-RNA-Moleküle, an denen sie arbeiten, wurden im Zellkern synthetisiert und richtig aufbereitet, durch die Kernporen transportiert und den Ribosomen dann in vollständiger und verwertbarer Form angeboten. Auf diese Weise läßt sich die Genexpression an vielen Stellen steuern, sowohl im Zellkern als auch im Cytoplasma.

Besondere Komplikationen ergeben sich durch den Kern bei der Zellteilung der Eukaryoten. Eine Prokaryotenzelle verdoppelt sich nach der Replikation des Chromosoms durch eine einfache Einschnürung (die Teilungsfurche) der Zellmembran und der Zellwand, die so verläuft, daß jede Tochterzelle eines der verdoppelten Chromosomen und die Hälfte der ursprünglichen Zellmembran erhält. Bei Eukaryotenzellen teilt sich das Cytoplasma nach einem entfernt ähnlichen Mechanismus, aber erst nachdem sich der Zellkern verdoppelt hat.

Die Kernteilung ist ein eindrucksvoller Vorgang und eines der wenigen Ereignisse im Zellinneren, die man mit einem normalen Lichtmikroskop recht genau beobachten kann. Sie faszinierte schon Generationen von Biologen. Kurz gesagt, verdoppeln und verdichten sich dabei zunächst die Chromosomen. Sie werden als Stäbchen oder Fäden sichtbar, und deshalb bezeichnet man den ganzen Vorgang auch als Mitose (griechisch *mitos* = Faden). Anschließend zerfällt die Kernhülle, und an ihre Stelle tritt die Mitosespindel, ein komplexes Gebilde aus Mikrotubuli, den gleichen Strukturen, die auch den Schaft der Flagellen bilden. Nun ordnen sich die Chromosomen in der Äquatorialebene an, die die Spindel in zwei Hälften teilt. Anschließend tritt die Spindel in Aktion: Sie reißt die Chromosomenpaare mit Gewalt auseinander und zieht je ein Chromosom an die Spindelpole. Dabei erkennt man, welchen Vorteil die Struktur der «siamesischen Zwillinge» bietet: Die gepaarten Chromosomen können sich so anordnen, daß die Mikrotubuli zwei gleichartige Chromosomensätze an die beiden Spindelpole ziehen können. Nachdem dieser Vorgang abgeschlossen ist, löst sich die Spindel auf, und um jeden Chromosomensatz bildet sich eine neue Kernhülle.

Die beiden charakteristischen Zellkerne von *Giardia* verdoppeln sich durch die typische Mitoseteilung, nur daß sich dabei die Kernhülle, wie auch bei einer Reihe anderer primitiver Protisten, nicht auflöst.[12] Man kann also annehmen, daß der primitive Eukaryot bereits alle Strukturen und Eigenschaften besaß, die an der Bildung und der Teilung des Zellkerns mitwirken. Aber warum hat *Giardia* zwei Zellkerne und nicht nur einen? Und, was mit dieser Frage zusammenhängt: Könnte auch der primitive Eukaryot in irgendeinem Evolutionsstadium zwei Zellkerne besessen haben? Die Antworten auf diese Fragen kennen wir nicht. Man kann sich aber eine Anwort vorstellen, aus der sich so gewaltige Folgerungen ergeben, daß sie eine gesonderte Erörterung verdient. Sie hat mit der Entstehung der wirksamsten Kraft in der Natur zu tun: der Sexualität. Von ihr soll im nächsten Kapitel die Rede sein.

16 Der primitive Phagocyt

Das Bild ist klar. Als sich die *Giardia*-Abstammungslinie vor vermutlich über zwei Milliarden Jahren von der späteren Hauptlinie der Eukaryoten trennte, waren fast alle wichtigen Merkmale eukaryotischer Zellen bereits vorhanden, nur die von Endosymbionten abstammenden Organellen fehlten noch. Der entscheidende Übergang vom Pro- zum Eukaryoten fand irgendwann während der 1,0 bis 1,5 Milliarden Jahre nach der ersten Aufspaltung statt, die den Zweig der Eukaryoten entstehen ließ. In dieser Zeit entwickelte sich ein einfacher Prokaryot zu einem primitiven Phagocyten, einer großen Zelle mit Zellkern, die Nahrung einfangen und in ihrem Inneren verdauen konnte. Auf welchem Weg erfolgte diese folgenschwere Verwandlung? Und vor allem: Warum schlugen die Zellen diesen Weg überhaupt ein?

Zur Beantwortung der ersten Frage liefern die heutigen Lebewesen eine Reihe wertvoller Hinweise, aber bei der zweiten sind wir auf mehr oder weniger begründete Vermutungen angewiesen. Erinnern wir uns an die Grundregel: Vorsehung ausgeschlossen. Es gab kein Ziel, kein eukaryotisches Ideal, das aus der fernen Zukunft winkte und die Zellen aufforderte, die Hindernisse der Evolution zu überwinden und Schwierigkeiten auszuräumen. Jeder Schritt dieser außergewöhnlichen Reise wurde in seinem eigenen Zusammenhang unternommen, als Folge einer unmittelbar nützlichen Zufallsmutation, die zu dieser Zeit und an diesem Ort das Überleben und die Vermehrung der betreffenden Zelle begünstigte. Welche verborgenen Selektionskräfte eröffneten Schritt für Schritt über einen gewaltigen Zeitraum hinweg diesen Weg, der schließlich zu der vermutlich größten, epochemachenden Neuerung in der Geschichte des Lebens führte? Diese Frage wird uns begleiten, wenn wir versuchen, die wichtigsten Stufen dieser Entwicklung nachzuzeichnen.

Nach den Beobachtungen bei *Giardia* gibt es zwei wichtige Neuentwicklungen, für die wir im Zusammenhang mit der größer werdenden Zelle eine Erklärung finden müssen: die Cytomembranen und das

Cytoskelett, die in einer besonderen Kombination den abgegrenzten Zellkern entstehen lassen. Was den Ursprung des Cytoskeletts angeht, verfügen wir über keinerlei Hinweise – es war vielleicht eine echte Neuerung. Aber wir wissen etwas über die Entstehung der eukaryotischen Cytomembranen. Allen verfügbaren Indizien zufolge stammen sie *von der ursprünglichen prokaryotischen Zellmembran* ab.

Ein Netzwerk entsteht

Der ganze Ablauf wurde wahrscheinlich von einem geringfügigen Vorfall ausgelöst, der langfristig gewaltige Auswirkungen haben sollte. In einem frühen Stadium verlor ein heterotropher Prokaryot die Fähigkeit, eine Zellwand aufzubauen. Dieser Defekt verringert in den meisten Fällen die Überlebensfähigkeit, ist aber nicht zwangsläufig tödlich. Man kennt in der Natur wandlose Bakterienzellen, darunter sehr thermophile. In diesem speziellen Fall ereignete sich der «Unfall» unter Bedingungen, die nicht nur das Überleben der betroffenen Zelle ermöglichten, sondern ihr sogar einen Vorteil verschafften. Vielleicht gehörte der verkrüppelte Organismus zu einer jener vielschichtigen Bakterienkolonien, die damals gerade zu gedeihen begannen und ihre Spuren in Form der Stromatolithen hinterlassen haben. Inmitten der Bakterienmatten war unser unbedeckter Vorfahre vor vielen Gefahren geschützt, so daß ihm seine Nacktheit kaum schadete. Er konnte sich auf Kosten seiner Nachbarn weiter vermehren und ebenso nackte Nachkommen hervorbringen. Den Fossilfunden zufolge haben sich die Stromatolithenkolonien ohne wesentliche erkennbare Veränderungen von der Frühzeit des Lebens bis heute erhalten. Möglicherweise erforderte der Übergang vom Pro- zum Eukaryoten über sehr lange Zeit hinweg eine stabile Nährstoffversorgung, und in solchen Kolonien könnte sie gegeben gewesen sein.

Ein zweiter Vorgang, der sich sehr früh abgespielt haben könnte, ist der Erwerb von Membranlipiden des Estertyps. Alle Eukaryoten besitzen Esterlipide; sie sind eines der typisch eukaryotischen Merkmale, die nicht mit einer Abstammung von Archaebakterien im Einklang stehen. Esterlipide sind charakteristisch für Eubakterien; alle bekannten Archaebakterien besitzen dagegen Etherlipide. Es gibt für diesen Widerspruch viele Erklärungsmöglichkeiten, mit denen ich mich nicht im einzelnen befassen will. Halten wir einfach fest, daß unser mutmaßlicher wandloser Urahn wahrscheinlich Esterlipide besaß. Das bedeutet, daß er unter milderen Bedingungen gelebt haben dürfte als die thermophilen Bakterien, von denen er vermutlich abstammte. Außerdem könnten die Esterlipide, die der Membran eine höhere Fluidität verliehen, ein wichtiger Faktor dafür gewesen sein, daß sich der Verlust der Zellwand für das heterotrophe Leben als nützlich erwies.

Um diesen Nutzen einschätzen zu können, wollen wir uns einmal die nackte Urzelle vorstellen: ein formloser, flacher Klumpen, der sich von den Überresten abgestorbener Bakterien ernährt und sie, wie alle heterotrophen Prokaryoten, mit ausgeschiedenen Enzymen verdaut. Hier erweist sich die Nacktheit als Vorteil. Es gibt um die Zelle herum kein Korsett, keine Barriere zwischen ihr und den Nährstoffen. Mit ihrer flexiblen Membran kann sich die Zelle eng an die Teilchen heften, von denen sie sich ernährt, sich an ihre Formen anpassen und sich sogar völlig um sie herumwickeln; unterstützt werden diese Bewegungen von Oberflächenrezeptoren, jenen Bindungsstellen, die sich an bestimmten Oberflächenbestandteilen der Bakterienzellen festhaken. Dank solch enger Kontakte verbleiben die durch die Zellmembran ausgeschiedenen Verdauungsenzyme zwischen Zelle und Beute, so daß sie optimal wirken können. Die dabei entstehenden kleinen Nährstoffmoleküle gelangen ihrerseits schnell durch die Membran ins Zellinnere – auch das ohne Verluste oder Verzögerungen. Unsere nackte heterotrophe Zelle ist ein ausgezeichneter Esser, der geborene Gewinner im Kampf um die Nahrung, solange die Umgebung soviel Schutz bietet, daß das Fehlen der Zellwand nicht stört.

Der zweite Vorteil: Unser Held kann größer werden. Die Größe einer Zelle wird begrenzt durch die Oberfläche, die zum Stoffaustausch mit der Umgebung – Nährstoffe nach innen, Abfälle nach außen – zur Verfügung steht. Eine kugelförmige, von einer glatten Membran eingehüllte Zelle kann eine bestimmte Größe nicht überschreiten, weil das Volumen mit der dritten, die Oberfläche aber nur mit der zweiten Potenz des Radius zunimmt. Um größer zu werden, muß die Zelle entweder ihre Form ändern – zum Beispiel zu einem Stäbchen oder Faden –, so daß sie bei gleichem Volumen eine größere Oberfläche hat, oder die Membran muß sich durch Ein- oder Ausstülpungen vergrößern. Unsere nackte Vorläuferzelle war ein

Verformungskünstler. Sie konnte durch Faltenbildung zu jeder beliebigen Größe heranwachsen.[1]

Aber wozu sollte sie das tun? Die Antwort lautet wahrscheinlich: um effizienter fressen zu können. Je zerklüfteter eine Küste ist, desto geschützter sind die inneren Buchten, in denen sich zwei Partner – in diesem Fall Verdauungsenzyme und Nährstoffe – ungestört treffen können. Deshalb begünstigte die natürliche Selektion eine größere Zelle mit unregelmäßigem Umriß. Das Endergebnis kann jeder voraussehen, der mit den Abdichtungsneigungen von Lipiddoppelschichten vertraut ist. Wenn die Einstülpungen tiefer werden, verengt sich der Kanal, der in sie hineinführt, immer stärker, bis es – klick – schließlich überhaupt keinen Kanal mehr gibt. Die Einstülpung hat sich von der Oberfläche abgeschnürt und bildet in der Zelle ein geschlossenes Bläschen; gleichzeitig heilt die Narbe, die die Amputation in der Zellmembran hinterlassen hat, durch selbständige Abdichtung. Ein kleines Bläschen in der Oberfläche einer größeren Blase löst plötzlich seine Verankerung und schwimmt geistergleich nach innen – ein Trick, den auch manche Seifenblasenkünstler beherrschen. Im Inneren des kleinen Bläschens sind Nährstoffe und Verdauungsenzyme nun gemeinsam von der Umgebung abgeschnitten. Aus der extrazellulären ist die intrazelluläre Verdauung geworden.[2]

Dieser Trick der Natur war alles andere als banal. Er setzte in der Evolution der Zellen eine entscheidende Entwicklung in Gang: die phagocytierende Lebensweise. Zum ersten Mal hatten heterotrophe Lebewesen einen eigenen Magen. Sie waren nun nicht mehr darauf angewiesen, ihre Umgebung zum Magen zu machen und sich darin aufzuhalten, sondern sie konnten es sich leisten, herumzuwandern und Nahrung zum Überleben einzufangen. Das war ein gewaltiger Schritt in Richtung der Selbständigkeit von Zellen. Von einem Gefangenen im goldenen Käfig der ihn umgebenden Nahrung, von der Made im Käselaib, war die Zelle nun zu einem gewaltigen Jäger geworden, der die Welt auf der Suche nach Beute durchstreifen konnte.

Der erste Zellmagen war ein Verbundorgan. Da er aus einer Einstülpung entstanden war, diente er als Speicher für die eingeschlossene Nahrung. Gleichzeitig erhielt er Verdauungsenzyme von Ribosomen, die an seine Membran gebunden waren. Diese Ribosomen erfüllten einfach weiterhin die gleichen Aufgaben wie an der Zellmembran, nur mit dem Unterschied, daß die Enzyme nicht mehr nach außen ausgeschieden wurden, sondern sich im Zellmagen sammelten und dort auf die Nahrung einwirkten. Dank seiner Herkunft besaß der Zellmagen alle Transportsysteme, die es auch auf der Zelloberfläche gab, unter anderem auch eine Protonenpumpe, die ursprünglich nach außen gerichtet war und jetzt Protonen in den Magen beförderte, so daß das Milieu dort saurer wurde und optimal den Erfordernissen der Verdauungsenzyme entsprach. Wie unser Magen, so brauchte auch der Zellmagen Säure, damit seine Enzyme die größtmögliche Leistung erbrachten. Andere Transportsysteme, die zuvor bei der extrazellulären Verdauung die Nährstoffmoleküle ins Zellinnere befördert hatten, transportierten jetzt auf dem gleichen Weg die Verdauungsprodukte aus dem Zellmagen ab. Wieder andere arbeiteten in der umgekehrten Richtung und entluden im Magen die Abfallprodukte, die sie zuvor in die Umgebung ausgeschieden hatten. Außerdem ragten auf der Innenseite der Membran die ehemaligen Zelloberflächenrezeptoren in den Magen, darunter auch diejenigen, mit denen die Zelle manche Stoffe festgehalten und eingeschlossen hatte. Und schließlich kam es oft zur Umkehrung des Vorgangs, durch den der Magen entstanden war: Das Bläschen vereinigte sich mit der Zellmembran, die dadurch den zuvor abgeschnürten Abschnitt zurückerhielt, und der Mageninhalt aus unverdauter Nahrung, Abfallstoffen und Enzymen entlud sich in die Umgebung.

Zusammenfassend betrachtet, findet man bei diesem ersten Zellmagen also alle Funktionen, die man bei höheren Organismen als Nahrungsaufnahme, Sekretion, Verdauung, Absorption und Ausscheidung bezeichnen würde. Dank unserer Kenntnis der späteren Ereignisse sehen wir bei dem Urmagen typische Eigenschaften der Endosomen, der rauhen ER-Vesikel und der Lysosomen, und in den beiden Vorgängen, die den Magen vorübergehend mit der Zellmembran verbinden, erkennen wir Exo- und Endocytose. In der weiteren Evolution wurden die verschiedenen Funktionen des Urmagens immer stärker aufgespalten und auf die Teile eines immer komplizierteren Systems von Hohlräumen im Zellinneren verteilt, die alle von der ursprünglichen Zellmembran abstammen. Analog, allerdings in völlig anderer Größenordnung, sind die gleichen Funktionen auch bei uns auf die verschiedenen Teile des Verdauungstraktes vom Mund bis zum Darmausgang verteilt, während sie bei einfacheren Lebewesen, wie den Quallen, alle in einem einzigen Hohlraum ablaufen.

Die ersten Funktionen, die getrennt wurden, waren Nahrungsaufnahme und Enzymspeicherung. Dies geschah durch Einstülpung weiterer Membranabschnitte ins Zellinnere; und die Ribosomen, die zuvor mit der Zellmembran verbunden waren, wanderten zu einer neuen Gruppe von Hohlräumen in der Zelle. Diese Hohlräume, die Vorläufer des rauhen ER, wurden zu Vorratsbehältern für die neu synthetisierten Verdauungsenzyme, die nun von den membrangebundenen Ribosomen nicht mehr unmittelbar in die Umgebung der Zelle oder in die von der Zellmembran gebildeten Einstülpungen oder Vesikel gelangten. Als Folge dieser Ribosomenwanderung dienten jetzt ribosomenfreie Membranabschnitte der Nahrungsaufnahme; in den dabei entstehenden Vesikeln wurde die Nahrung vorübergehend gespeichert, aber nicht verdaut. So wurde aus der anfänglich zufälligen Einstülpung von Membranabschnitten der Vorgang, den wir heute als Endocytose kennen, und aus den Vesikeln im Zellinneren entwickelten sich die Endosomen. Mit Rezeptoren auf der Membranoberfläche konnten die Zellen auswählen und sich aus den Substanzen im umgebenden Medium ihr «Menü» zusammenstellen.

Der eigentliche Magen, das Lysosom, entstand als eigenständiger, säurehaltiger Raum zwischen den ribosomenbesetzten Bläschen mit den Verdauungsenzymen und den nährstoffhaltigen Endosomen. Mit beiden war es über den Vesikeltransport, eine Abwandlung des Blasentricks, verbunden. Dabei schnüren sich Vesikel an einer Stelle ab, nehmen die an dieser Stelle gespeicherten Materialien mit und dokken an einer anderen Stelle an, wo sie ihren Inhalt abliefern. Oder, um bei dem Vergleich mit den Seifenblasen zu bleiben: Von einer größeren Blase trennt sich eine kleinere, wie es in einem Luftzug manchmal vorkommt. Die kleinere Blase treibt in der Luft und stößt mit einer anderen, größeren zusammen, um mit ihr zu verschmelzen. Auf diese Weise wird ein wenig Seifenlauge und ein kleines Volumen Luft von einer großen Blase zur anderen transportiert. Genauso gelangt beim Vesikeltransport ein Stück Membran von einem geschlossenen Bläschen zum anderen, nur besteht der Inhalt hier nicht aus Luft, sondern aus wichtigen eingeschlossenen Substanzen. Die Nahrung aus den Endosomen und die Enzyme aus den ribosomenbesetzten Hohlräumen treffen also in den Lysosomen zusammen, wo nun die Verdauung stattfinden kann.

Die Lysosomen schwollen aber durch diesen doppelten Transport nicht unbegrenzt an. Die bei der Verdauung entstehenden kleinen Moleküle wurden von Transportsystemen in der Lysosomenmembran («Erbstücke» der Zellmembran) ins Zellinnere befördert, und die unverdauten Überreste durch Exocytose aus den Lysosomen nach außen abgegeben. Das überschüssige Membranmaterial nahmen zum Teil Vesikel mit, die von der Lysosomenmembran leer an ihren Ursprungsort zurückkehrten, der Rest verband sich am Ende bei der Entladung durch Exocytose wieder mit der Zellmembran. Durch diesen Kreislauf ergab sich trotz des ständigen Hin und Her eine stabile Verteilung des Membranmaterials zwischen der Zellmembran und den verschiedenen Teilen des intrazellulären Membransystems.

Kehren wir noch einmal zu unserem Vergleich mit dem Verdauungstrakt der Tiere zurück: Mittlerweile gibt es einen Mund (die Endocytose), einen Hohlraum für die Verdauung (das Lysosom) und einen Darmausgang (die Exocytose), und verbunden mit dem System ist eine Drüse (das rauhe ER), die Verdauungssäfte ausschüttet wie unser Pankreas. Neben der sehr unterschiedlichen Größe und dem damit verbundenen anderen Aufbau der beteiligten Strukturen gibt es einen weiteren wichtigen Unterschied: Die Teile sind nicht ständig über ventilgesteuerte Kanäle verbunden, sondern nur zeitweise durch den Vesikeltransport. In beiden Fällen bleibt das Innere des Systems ständig vom übrigen Organismus getrennt, abgesehen vom Transport ausgewählter Stoffe durch die Wände der Hohlräume, der von besonderen Einrichtungen bewerkstelligt wird.

Während der weiteren Evolution des primitiven intrazellulären Verdauungstraktes kamen auf den Haupttransportwegen neue Zwischenstationen hinzu, die der vorübergehenden Speicherung und der spezifischen chemischen Abwandlung des durchlaufenden Materials dienten oder dafür sorgten, daß die Substanzen durch besondere Rezeptoren sortiert und gezielt auf bestimmte Wege dirigiert wurden. Auf diese Weise wurden das glatte ER und der Golgi-Apparat zwischen das rauhe ER und die Lysosomen geschaltet. Die Endosomen spalteten sich ebenfalls in mehrere Unterabteilungen auf, so daß manche Substanzen vor der Verdauung in den Lysosomen geschützt und auf anderen Wegen ins Innere oder in die Umgebung der Zelle geschickt werden konnten.

Eine wichtige Zweigstelle wurde zwischen dem Ende des Golgi-Apparats und den Lysosomen eingebaut, so daß Material, das ER und Golgi-Apparat durchlaufen hatte, unmittelbar zur Ausscheidung an die Zelloberfläche befördert werden konnte, ohne die Lysosomen zu passieren. Diese Route wurde schließlich zum Hauptweg der Sekretion, mit der die Zellen Teile äußerer Strukturen und Material, wie Enzyme, Hormone und andere aktive Wirkstoffe, die für den Export bestimmt sind, nach außen befördern. Alle diese Substanzen bestehen aus Proteinen, die im rauhen ER entstehen und dann auf ihrem Weg durch glattes ER und Golgi-Apparat zurechtgeschnitten und mit Kohlenhydraten, Lipiden und anderen Bestandteilen versehen werden. Dieser neue Transportweg umging die Lysosomen, so daß das beförderte Material nicht abgebaut wurde. Der ursprüngliche Weg über die Lysosomen blieb ebenfalls erhalten, aber unter der Kontrolle von Rezeptoren, die Molekülen mit einem besonderen «Etikett» den Zutritt gestatteten; diese molekulare Kennzeichnung ist allen Verdauungsenzymen gemeinsam, die für die Lysosomen bestimmt sind.

Bei der Aufnahme von Membranen ins Zellinnere war irgendwann einmal ein Abschnitt der prokaryotischen Zellmembran betroffen, an dem über den DNA-Replikationsapparat das Chromosom befestigt war. Diese Anheftung ist ein gemeinsames Merkmal aller Prokaryoten. Mit jenem besonderen Membranteil gelangten auch das Chromosom und das zugehörige Replikationssystem ins Zellinnere, wo sie allmählich von einer undurchlässigen, doppelten Membranhülle eingeschlossen wurden; die Hülle stammte von der Zellmembran ab und stand in Struktur und Funktion mit dem übrigen intrazellulären Membransystem in Verbindung. Es war eine Entwicklung von entscheidender Bedeutung: Der Zellkern war geboren, der Teil der Zelle, dem die Eukaryoten ihren Namen verdanken.

Meine historische Rekonstruktion der Entwicklung des eukaryotischen Cytomembransystems ist hypothetisch, denn man kennt keine Nachkommen der Zwischenformen. Für das Modell sprechen aber viele Erkenntnisse, die man aus Struktur und Funktion vorhandener Moleküle gewinnen kann. Verstreut über das gesamte Membrangeflecht im Inneren der Eukaryoten findet man unverkennbare molekulare Verwandte von Systemen, die mit der Plasmamembran der Prokaryoten in Verbindung stehen: In manchen Teilen des Membransystems sind es charakteristische Transportsysteme, in anderen membrangebundene Ribosomen, lipidsynthetisierende Enzymkomplexe, Systeme für Zusammenbau und Transport von Kohlenhydraten, Rezeptoren für die Richtungssteuerung des Transports, Anheftungsstellen für Chromosomen, und so weiter. Höchstwahrscheinlich entstand das Membransystem der Eukaryoten durch die Aufnahme und Differenzierung der prokaryotischen Zellmembran. Nur die Einzelheiten kennen wir nicht.

Jede Evolutionstheorie muß zeigen, daß fast jeder vorgeschlagene Schritt einen Selektionsvorteil beinhaltete. Die wichtigste Triebkraft war nach meiner Annahme *das Erreichen immer stärkerer heterotrophe Autonomie* durch die verstärkte Fähigkeit, Nahrung zu finden, aufzunehmen und zu verwerten, die für heterotrophe Organismen die entscheidende Voraussetzung für Überleben und Fortpflanzungserfolg darstellt. Diese Erklärung ist plausibel und erscheint im Zusammenhang der derzeitigen Kenntnisse sinnvoll. Außerdem beinhaltet sie die allmähliche Entfaltung eines Evolutionsprozesses, der aus einer sehr großen Zahl von Einzelschritten bestand und sich über einen sehr langen Zeitraum erstreckte. Jeder kleine Schritt in dem beschriebenen Szenario läßt sich mit einer geringfügig verbesserten Effizienz der Phagocytose in Verbindung bringen.

Halt und Beweglichkeit

Über die Ausdehnung der Membranen allein und ihre Aufnahme ins Zellinnere wären die beschriebenen Entwicklungen nicht möglich gewesen. Zusätzlich brauchten die Zellen ein inneres Gerüst, das Cytoskelett, das ihre immer größer werdende Masse vor dem Zusammenfallen schützte, ohne aber ihre Fähigkeit zur Formveränderung zu beeinflussen. Außerdem waren Bewegungssysteme erforderlich, die für Aufnahme, Transport und Ausscheidung von Substanzen in den verschiedenen Hohlräumen des wachsenden Membransystems sorgten. Um diese Anforderungen zu erfüllen, entstand eine erstaunliche Zahl von Molekülapparaten. Bemerkenswerterweise wurden ähnliche Konstrukte bei Prokaryoten bisher nicht entdeckt. Die Stützstrukturen und Flagellen der Bakterien sind völlig anders gebaut als die entsprechenden Gebilde der Eukaryoten. Anders als das Cytomembransystem, das eindeutig von der ursprünglichen Zellmembran abstammt, sind die Cytoskelett- und Bewegungssysteme der Eukaryoten offenbar echte Neuentwicklungen, die beim Übergang von den Pro- zu den Eukaryoten entstanden sind. Ihr Erscheinen ist demnach ein entscheidendes Merkmal dieses Übergangs. Leider kennt man keinerlei Hinweise auf den Ursprung dieser Elemente. Man findet sie entweder gar nicht oder in vollständig ausgeprägter Form. Es gibt keine Spuren von den Zwischenformen, die in ihrer Entwicklung aufgetreten sein müssen.

Viele Strukturen innerhalb und außerhalb der Zellen bestehen aus langen, fadenförmigen Molekülen; es handelt sich entweder um Proteine oder um Kohlenhydratpolymere, die zu verschiedenen Fasern, Bündeln, Netzen, Schichten, Platten, Körben und anderen Raumstrukturen verwoben sind. In der Regel sind solche Strukturen unbeweglich und stabil. In vielzelligen Organismen verleihen sie vielen Zellen ihre typische Form, oder sie bilden ein äußeres Gerüst für Zellen, die sich zu einem charakteristischen Gewebe zusammenfinden, beispielsweise in Haut, Knochen, Gelenken, Schleimhäuten, Darm und so weiter.

Für unseren jungen Phagocyten wären solche Strukturen kaum von Nutzen gewesen. Sie hätten nur die äußere Zwangsjacke durch eine innere ersetzt. Die Evolution brachte etwas anderes hervor, und zwar nicht einmal, sondern dreimal: ein System von Proteinmolekülen, die sich vorübergehend zu einer starren Anordnung verbinden können. Zwei dieser Moleküle, Actin und Tubulin, sind nach ähnlichen Prinzipien aufgebaut. Man stelle sich eine Sammlung gleichartiger Bausteine vor, die man über zusammenpassende Noppen und Vertiefungen verbinden kann wie die Teile in einem Konstruktionsbaukasten. Jeder Block hat vorn eine Noppe und hinten ein Loch, so daß sich beliebig viele Stücke hintereinander zu einem Stab oder Faden verbinden lassen. Außerdem hat jeder «Baustein» auch seitlich jeweils auf einer Seite eine Noppe und auf der anderen ein Loch, so daß sich die Fäden auch in dieser Richtung aneinanderheften können. Im Actin ist die seitliche Verbindung so gestaltet, daß sich zwei Fäden zu einer Doppelhelix umeinanderwinden. Beim Tubulin verbinden sich 13 Fäden spiralförmig zu einem hohlen Rohr, dem Mikrotubulus.

Actinfasern und Mikrotubuli haben die gemeinsame Eigenschaft, daß sie zerfallen und mit Hilfe von ATP in anderer Form wieder zusammengesetzt werden können. Sie dienen also dazu, die Zellen vorübergehend in verschiedenen Formen abzustützen, wobei eine Formveränderung manchmal sogar eine Bewegung in Gang setzt. Starrheit ist also mit Verformbarkeit gekoppelt. Actinfasern und Mikrotubuli sind häufig mit besonderen ATP-spaltenden Enzymen verbunden, die beim Abbau von ATP ihre Form verändern und so chemische Energie in mechanische Arbeit umsetzen. Beide Strukturen und die mit ihnen verbundenen Molekülmotoren sind auch am Aufbau höchst komplexer, stabiler Anordnungen beteiligt, die bei Eukaryoten für die am höchsten entwickelten Formen der Beweglichkeit verantwortlich sind.

Die Mikrotubuli sind uns bei *Giardia* bereits als wichtige Elemente des Cytoskeletts begegnet. Bei diesem Lebewesen findet man zwei ausgezeichnete Beispiele für die außerordentlich vielfältigen Strukturen, die aus Mikrotubuli und den mit ihnen verbundenen Motoren aufgebaut werden können. Die eine ist die nur vorübergehend vorhandene Mitosespindel, die bei jeder Zellteilung zusammengesetzt wird und hinterher wieder zerfällt. Die zweite ist die stabile Flagelle (Geißel), ein biegsames, zylindrisches Gebilde aus neun parallel angeordneten Paaren teilweise verbundener Mikrotubuli, die einen Schaft aus zwei Mikrotubuli umgeben (die 9+2-Struktur, die auch für Cilien charakteristisch ist). Vervollständigt wird die ganze Anordnung durch etwa 500 weitere Proteine. Unter ihnen befindet sich ein besonderes ATP-spaltendes Protein namens Dynein, das die bemerkenswerte Eigenschaft hat, sich heftig zu biegen, wenn es das ATP hydrolysiert. Der mechanische und der chemische Vorgang sind untrennbar gekoppelt – der eine ist ohne den anderen nicht möglich. Wenn also die beiden Enden des Dyneins an unterschiedliche Strukturen angeheftet sind, zieht das Molekül diese Strukturen dichter zueinander, wobei es den auftretenden Widerstand mit Hilfe der Energie überwindet, die bei der Spaltung des ATP entsteht. Dieser Vorgang ist die Ursache der Wellenbewegung, mit der Flagellen die Zelle vorantreiben.

Daß es bei dem altertümlichsten bekannten Eukaryoten Strukturen gibt, die zu den raffiniertesten Molekülanordnungen in der gesamten Welt des Lebendigen gehören, ist beeindruckend. Es legt den starken Verdacht nahe, daß die Entwicklung solcher Strukturen für den Übergang vom Pro- zum Eukaryoten von entscheidender Bedeutung war, ja vielleicht bestimmte sie sogar die Geschwindigkeit dieses Übergangs; denn offensichtlich haben wir es mit einer sehr langen Abfolge von Evolutionsschritten zu tun.

Actin hat man, soweit mir bekannt ist, bei *Giardia* nicht entdeckt, ja man hat bei dieser Art eigentlich noch nicht einmal danach gesucht. Wir wissen also nicht, ob das Actin ebenso alt ist wie das Tubulin. Wahrscheinlich ist das aber der Fall, denn man findet Actin bei verschiedenen Protisten sowie bei allen höheren Eukaryoten, vielfach in

Form unterschiedlich aufgebauter Bündel vor, die an der Zellmembran anliegen oder sich wie Telefonkabel quer durch die Zelle ziehen. Oft sind die Actinfaserbündel an ihren Enden über Querschäfte aus Myosin verbunden, einem ATP-spaltenden Motorprotein. Wenn der Myosinschaft mit ATP versorgt und durch Calciumionen aktiviert wird, wirkt er wie eine Sperrklinke, die die beiden Aktinbündel näher zusammenzieht. Je nachdem, an welchen Zellbestandteilen die Actinfilamente befestigt sind, kann diese Bewegung alle möglichen inneren Umordnungen und Formveränderungen der Zelle zur Folge haben; unter anderem kann es zu einer Kriechbewegung kommen, die man als amöboid bezeichnet – der Begriff erinnert an die Amöbe, einen Protisten, der sich auf diese Weise fortbewegt.

Die am höchsten organisierte Anordnung von Actin und Myosin findet man in den Muskelzellen der Tiere. Sie besteht aus parallelen, ineinandergreifenden Actinfilamenten und Myosinfasern, die von einer Reihe weiterer Proteine zusammengehalten werden und die Muskelfibrille bilden. Diese wunderschönen Strukturen verschafften den Elektronenmikroskopikern einige ihrer angenehmsten ästhetischen Erlebnisse, mit denen nur noch die Betrachtung von Flagellen, Cilien und anderen Mikrotubuli-Anordnungen mithalten kann.

Ein dritter Typ von Proteinbausteinen, der mit Hilfe der aus der ATP-Spaltung gewonnenen Energie seine Form verändern kann, ist das Clathrin, ein Protein mit einer eigenartigen dreibeinigen Gestalt, die die Zusammenlagerung vieler Moleküle zu einem Netz mit sechseckigen Maschen ermöglicht – die Struktur erinnert an die berühmte geodätische Kuppel des amerikanischen Architekten Buckminster Fuller. Diese Anordnung ist von entscheidender Bedeutung für die rezeptorvermittelte Endocytose und für manche Formen des Vesikeltransports. Wenn die Rezeptoren auf der Außenseite eines Zellmembranabschnitts besetzt werden, machen sie eine Konformationsänderung durch, die auf der Innenseite des Membranabschnitts Clathrinmoleküle anzieht; diese lagern sich unter ATP-Verbrauch an der Membran zu einem enganliegenden Netz zusammen, das sich dann zu immer stärker gebogenen Kuppeln oder Körben umordnet. Dabei wird der anliegende Membranabschnitt mit der festgehefteten Beute nach innen gezogen und schließlich von der übrigen Membran in Form eines geschlossenen Vesikels abgeschnürt, das die Beute enthält und außen von einem Gitterwerk aus Clathrin umgeben ist (das sich bald darauf auflöst). Bei *Giardia* wurde Clathrin zwar bisher noch nicht entdeckt, aber angesichts seiner vielfältigen Verbindungen mit Membranbewegungen könnte es durchaus ebenfalls eine sehr lange Vergangenheit haben.

Eine weitere sehr alte Cytoskelettstruktur von entscheidender Bedeutung ist die innere Stützschicht der Kernhülle mit den zugehörigen Kernporen. Dieses komplexe Gebilde aus vielen verschiedenen Proteinen löst sich zusammen mit der doppelten Membranhülle in jeder Mitoseteilung auf und bildet sich am Ende der Mitose von selbst um die Tochterchromosomensätze herum wieder neu. Dieser Wiederaufbau ist eines der bemerkenswertesten Beispiele für die spontane Zusammenlagerung einer komplexen Struktur. Er verläuft nach einem verblüffend einfachen Rezept. Man nehme etwas Saft aus sich teilenden Zellen, werfe irgendein Stück nackte DNA hinein – selbst wenn sie noch nie auch nur in der Nähe einer Eukaryotenzelle war –, füge eine Prise ATP hinzu, und siehe da! Nach zwei bis drei Stunden hat sich um die DNA eine durchaus ansehnliche Hülle gebildet, mit Doppelmembran, innerer Stützschicht und Poren. Innerhalb dieses Minizellkerns hat die DNA sogar eine Perlenkette gebildet, die zu einem kleinen Chromosom aufgewunden ist. Bei dem gesamten Vorgang treffen Hunderte von Einzelteilen, die in dem Zellextrakt verstreut sind, auf scheinbar wundersame Weise zusammen, herbeigerufen einfach von der DNA und mit Energie versorgt durch das ATP. Wir sind nicht weit von Hoyles Boeing 747 entfernt, die sich flugfertig aus einem vom Sturm verwüsteten Schrottplatz erhebt. Es gibt nur einen entscheidenden Unterschied: Alle Teile tragen eine Information. Sie sind kein Schrott, sondern Stücke eines Puzzlespiels, die so geformt sind, daß sie in dem Gesamtbild einen ganz bestimmten Platz einnehmen. Anders als Puzzleteile jedoch, die aus einem zuvor existierenden Bild herausgeschnitten werden, sind die Zellkernbausteine Produkte des blinden Herumtastens der Mutationen und des Aussiebens durch die natürliche Selektion. Das Zusammenfügen der Teile verläuft jedoch alles andere als zufällig. Die Kernhülle bildet sich in einer streng festgelegten, nachvollziehbaren Folge von Einzelschritten, die von den Eigenschaften der Bausteine und der beteiligten Katalysatoren bestimmt werden.

Das Beispiel der Kernhülle läßt sich für alle komplexen Cytoskelettstrukturen verallgemeinern. Schneidet man beispielsweise eine Flagelle ab, wächst das ganze Gebilde von unten her in einer genau festgelegten Folge von Einzelschritten nach. In allen diesen Fällen ist die Struktur das Produkt spontaner Selbstmontage, deren Programm genetisch in die Eigenschaften der beteiligten Bausteine eingeprägt ist.

Wie könnten Actin, Tubuli, Clathrin, die Bausteine der Kernhülle und die vielen anderen Cytoskelettproteine entstanden sein? Der Schlüssel ist nach meiner Überzeugung die Komplementarität, denn sie liefert Hinweise auf die vielleicht ersten entscheidenden Mutationen. Die Proteine wurden so abgewandelt, daß sie komplementäre Strukturen zum Aneinanderheften erhielten. Auf diese Weise entstand das erste Gerüst, das ein Zusammenbrechen der immer größer werdenden Zellen verhinderte. Anschließend wurden die Proteine durch eine lange Folge von Mutationen, die jeweils einen weiteren Selektionsvorteil boten, bis zu ihrer heutigen Perfektion verfeinert, und es kamen Hunderte von weiteren Proteinen hinzu, die sich mit den bereits vorhandenen Molekülen zu immer komplexeren, oft auch beweglichen Strukturen verbanden. Die meisten Zwischenstufen dieses Evolutionsvorganges wurden von der natürlichen Selektion beseitigt, aber durch vergleichende Sequenzanalyse erkennt man immer mehr molekulare Verwandtschaftsverhältnisse, mit deren Hilfe man die Vergangenheit der beteiligten Proteine rekonstruieren kann.

Wie bei jedem Evolutionsvorgang, so erhebt sich auch hier die Frage, welche Vorteile die natürliche Selektion durch die winzigen Schritte dieses langwierigen Prozesses führten, in dessen Verlauf sich die Cytosklettproteine entwickelten und verfeinerten. Nach einem einleuchtenden Erklärungsansatz trugen alle diese neuen Proteine dazu bei, daß die Zelle ihr Volumen vergrößern und aus ihrer Oberflächenmembran ein immer raffinierteres System intrazellulärer Kompartimente machen konnte. Der wichtigste Selektionsfaktor war vermutlich die wachsende heterotrophe Autonomie: Sie sorgte dafür, daß sich parallel und in gegenseitiger Abhängigkeit das Cytomembrangeflecht und die Cytoskelett- und Bewegungssysteme der Eukaryotenzellen entwickelten. Die Tatsache, daß zahlreiche neue Proteine entstehen mußten, damit aus einer Prokaryotenzelle ein Eukaryot wurde, dürfte die Erklärung dafür sein, daß dieser Übergang eine so lange Zeit in Anspruch nahm.

Warum zwei Zellkerne? Einzeller und Sex

Giardia hat zwei offenbar gleichartige Zellkerne. Die gleiche Größe, die gleiche Form, die gleichen vier Chromosomen, die gleichen Gene – so scheint es zumindest. Die Belege sind noch nicht vollständig, aber derzeit weist alles in diese Richtung. Nach Ansicht von Karen Kabnick und Debra Peattie[3] von der Harvard School of Public Health besteht durchaus die Möglichkeit, daß die beiden Kerne von *Giardia* jeweils ein vollständiges Exemplar des gleichen Genoms enthalten. Jeder Zellkern ist, so der Fachausdruck, haploid (von griechisch *haplos* = einzeln), und die Zelle ist diploid (*diplos* = doppelt). Das sind die beiden Schlüsselwörter für die gesamte Evolution der Eukaryoten – man sollte sie sich merken.

Wie eine zweikernige Zelle entstehen könnte, ist leicht vorstellbar. Eine Zelle «vergaß», sich nach der Kernteilung abzuschnüren, so daß ihre Nachkommen nun zwei Kerne besaßen, die jeweils wieder verdoppelt und paarweise von Generation zu Generation weitergegeben wurden. Oder aber zwei Zellen, die jeweils einen Kern besaßen, vereinigten sich durch eine Variante des Seifenblasentricks – Verschmelzung der Außenmembranen – zu einer zweikernigen Zelle. Dieser Vorgang, der wahrscheinlich durch das Fehlen einer Zellwand begünstigt wurde, kommt in der Natur häufig vor und läßt sich auch leicht künstlich in Gang setzen. Er brachte dem in Argentinien geborenen britischen Wissenschaftler Cesar Milstein und dem Deutschen Georges Köhler 1984 den Nobelpreis für Medizin ein, weil sie eine antikörperproduzierende Zelle mit einer Krebszelle verschmolzen hatten. Die dabei entstehende Hybridzelle vereinigte in sich die Fähigkeit zur Herstellung eines bestimmten Antikörpertyps und die Eigenschaft der Krebszelle, sich unbegrenzt zu teilen; auf diese Weise wurde sie zu einer sich selbst vermehrenden Fabrik, die in großem Maßstab monoklonale Antikörper herstellte. Solche Zellen arbeiten heute überall auf der Welt und liefern unschätzbar wertvolle Hilfsmittel für Forschung und Medizin.[4]

Der zweite Zellkern belastet die Zelle mit der Notwendigkeit der zweifachen Verdoppelung. Dieser Zustand wäre nicht erhalten geblieben, böte er nicht einen Selektionsvorteil. Tatsächlich ist die Diploidie von enormem Nutzen; das zeigt sich immer dann, wenn ein Gen eine Mutation durchmacht. Angenommen, die Mutation ist schädlich: Eine haploide Zelle hat dann ausgespielt, die diploide besitzt dagegen noch ein zweites Exemplar des Gens und überlebt. In den seltenen Fällen, wo eine Mutation nützlich ist, erweist sich die Diploidie ebenfalls als vorteilhaft. Sie ermöglicht es der Zelle und deren Nachkommen, sich des Vorteils der Mutation zu erfreuen und sogar ihre weiteren Evolutionsmöglichkeiten zu erkunden, während das unmutierte Exemplar des Gens weiterhin seine Aufgabe erfüllt. Eine anfangs gefährliche Mutation kann auf diese Weise nützlich werden, wenn das gleiche Gen noch eine oder mehrere weitere Mutationen durchmacht. Insgesamt ist die Folge eine größere Vielfalt der Gene. Das gleiche Gen macht in verschiedenen Zellen unterschiedliche Mutationen durch. Auf diese Weise gelangen viele Varianten des gleichen Gens, die man auch Allele nennt – ein weiterer entscheidender Begriff –, in den Genpool – auch dies ein wichtiges Wort – der jeweiligen Art.

Die Diploidie kennzeichnet eine neue Evolutionsstrategie, die für Eukaryoten charakteristisch ist. Zwar verdoppeln auch Bakterien gelegentlich ihre Gene – und ziehen daraus Evolutionsvorteile –, aber ihre Hauptstrategie, die von der schnellen Vermehrung unterstützt wird, ist das umfangreiche genetische Experimentieren, bei dem die Individuen fast alle möglichen Zufälligkeiten ausprobieren. Bakterien setzen nicht auf Qualität, sondern auf Quantität. Die Eukaryoten, die mit einer wesentlich komplexeren Organisation und der damit verbundenen langsameren Vermehrung gesegnet und gleichzeitig belastet sind, mußten in der Evolution eine Strategie entwickeln, die ähnliche genetische Experimente erlaubte und gleichzeitig mehr Gewicht auf das Individuum legte. Die Lösung hieß Diploidie.

Zwei weitere Entwicklungen machten aus der neuen Strategie eine neuartige Form des genetischen Kombinationsspiels, das sich als höchst bedeutsam erweisen sollte. Gelegentlich «erinnerte» sich eine zweikernige Zelle mit Verspätung an die Teilung, und die so entstehenden einkernigen Zellen vereinigten sich später mit anderen einkernigen Partnern zu zweikernigen Zellen, deren Kerne dann unterschiedlicher Herkunft waren. Wegen der genetischen Vielfalt der einzelnen Kerne führte dieses Durcheinanderwürfeln oft zu neuen Genkombinationen, die der Prüfung durch die natürliche Selektion unterworfen wurden. Der Genpool würde durchgerührt, und das Spektrum der genetischen Experimentiermöglichkeiten erweiterte sich. Ob dieses Hin und Her zwischen Diploidie und Haploidie bei *Giardia* jemals stattgefunden hat, wissen wir nicht, aber zumindest wäre es eine reizvolle Vorstellung, daß es in irgendeiner Phase der Eukaryotenevolution dazu gekommen ist, denn es bietet die einfachste Erklärung für die Entstehung der Sexualität.

Bei allen Formen der sexuellen Fortpflanzung entstehen durch eine besondere Art der Zellteilung, die man Meiose nennt, haploide Zellen aus diploiden. Aus der Verschmelzung zweier haploider Zellen geht dann wieder eine diploide Zelle mit eigener, charakteristischer Genausstattung hervor, die sich von der der beiden diploiden Ausgangszellen unterscheidet. Beim Menschen sind beispielsweise alle Körperzellen mit Ausnahme der Keimzellen diploid. Während der Reifung der Ei- und Samenzellen spielt sich die Meiose ab, so daß haploide Zellen entstehen. Bei der Befruchtung verschmilzt eine haploide Samenzelle mit der ebenfalls haploiden Eizelle, und die daraus resultierende diploide befruchtete Eizelle besitzt eine neue, einzigartige Genausstattung.

In ihrer einfachsten und wahrscheinlich ältesten Erscheinungsform bestand die Sexualität im Austausch ganzer Zellkerne zwischen diploiden Zellen. Eine wichtige Verfeinerung war die Verschmelzung der beiden haploiden Kerne einer zweikernigen Zelle zu einem diploiden Zellkern, der alle Chromosomen paarweise enthielt. Diese Vereinigung von zwei Zellkernen erforderte als wichtige Neuentwicklung einen Mechanismus, mit dem aus einer diploiden Zelle zwei haploide entstehen konnten, denn die einfache Teilung zu zwei einkernigen Zellen war nun nicht mehr möglich. Erfüllt wurde die Aufgabe von zwei Mitoseteilungen, denen aber nur eine Chromosomenverdopplung vorausging, so daß aus einer diploiden Zelle vier haploide hervorgingen. Dieser Mechanismus ist die Meiose, ein höchst komplizierter Vorgang, der in vielen Einzelschritten entstanden sein muß, wobei jeder Schritt einen Selektionsvorteil bot. In den Einzelheiten kennen wir diese Entwicklung nicht, aber über ihren Hauptvorteil kann man eine Vermutung anstellen: Es war die größere genetische Vielfalt und die daraus erwachsende Fähigkeit, sich an unterschiedliche Bedingungen anzupassen.

In einem ersten Stadium ermöglichte die Meiose nicht den Austausch ganzer Zellkerne, sondern einzelner Chromosomen. Das führte zu einer erheblich größeren Zahl von Kombinationsmöglichkeiten. Aus einer diploiden Zelle mit vier Paaren nicht identischer Chromosomen können beispielsweise 16 verschiedene haploide Chromosomenkombinationen hervorgehen; bei einer haploiden Zahl von 23 Chromosomen, wie beim Menschen, gibt es acht Millionen Kombinationsmöglichkeiten. Dann erweiterte sich das Spektrum möglicher Kombinationen durch das Crossing-over bis fast ins Unendliche. Bei diesem Vorgang legen sich homologe Chromosomen (das heißt, solche mit gleichen Genen, oft aber unterschiedlichen Allelen) dicht nebeneinander, und zwar so, daß homologe DNA-Abschnitte «über Kreuz» von einem Chromosom auf das andere wechseln können. Die Chromosomen, die durch die neue Anordnung der DNA-Abschnitte beim Crossing-over entstehen, gleichen nicht mehr den Ausgangschromosomen, sondern sie sind Mosaike, die mehr oder weniger zufällig zusammengestellte Stücke von beiden enthalten. Damit ist praktisch sichergestellt, daß jede haploide Zelle, die durch Meiose aus einer diploiden Zelle eines bestimmten Typs hervorgeht, eine einzigartige Genausstattung besitzt. Das gleiche gilt dann natürlich auch für die diploide Zelle, die durch die Vereinigung zweier solcher haploider Zellen entsteht; Ausnahmen gibt es nur bei Verwandtenkreuzungen, die die genetische Vielfalt einschränken.

Die eukaryotische Form der Sexualität ist der Konjugation der Bakterien bei weitem überlegen. Sie war für die Eukaryoten ein höchst wirksames Mittel zur Diversifikation und zur Anpassung, das viel zu ihrer Vielfalt und zu ihrem Evolutionserfolg beitrug. Interessanterweise greifen einfache Protisten nur in Notzeiten auf die Sexualität zurück. Das steht im Einklang mit einem allgemeinen Grundsatz der Evolution, die schon lange zuvor das Prinzip «nur reparieren, was kaputt ist» erfunden hatte – natürlich nicht mit gesundem Menschenverstand, sondern aufgrund der einfachen Tatsache, daß Mutationen kaum einmal nützlich sind, solange alles gut läuft. Solange die Lebewesen an ihre Umwelt angepaßt sind, ist die Evolution im wesentlichen konservativ. Die Zellen vermehren sich durch einfache Teilung und geben dabei das gleiche Genom weiter. Aber das Überleben der Zellen braucht nur durch eine Umweltkrise gefährdet zu sein, und schon geben sie sich wilden sexuellen Ausschweifungen hin, weil sie – in anthropomorphen (Evolutions-)Begriffen betrachtet – hektisch nach einer Genkombination suchen, die sich besser für die neuen Begingungen eignet. Für Einzeller ist Sex kein Spaß, sondern eine Notfallmaßnahme.

17 Gäste, die geblieben sind

Mit dem Auftreten des primitiven Phagocyten war der wichtigste Teil des Übergangs vom Pro- zum Eukaryoten geschafft. Im Vergleich zu den vielen Neuerungen, die für diese Entwicklung erforderlich waren, erscheint die Aufnahme und Anpassung der Endosymbionten fast als nebensächlicher Vorgang. Er war aber für die weitere Entwicklung von zentraler Bedeutung. Von wenigen Ausnahmen abgesehen, gehören alle heutigen Eukaryoten der Nach-Endosymbiontenzeit an. Dafür gibt es einen stichhaltigen Grund, der möglicherweise mit dem Sauerstoff zu tun hat.

Ein Kampf aus alten Tagen

An der Tatsache, daß *Giardia* eine Flagelle besitzt, kann man ablesen, daß der primitive Phagocyt eine bewegliche, völlig selbständige Zelle war und schon seit langem den Schutz der Bakterienkolonien verlassen hatte, aus denen er vermutlich hervorgegangen war. Vielleicht bediente er sich weiterhin an der reichhaltigen, leicht zugänglichen Tafel seiner früheren Heimat; er könnte seine Freiheit aber auch genutzt haben, um in irgeneinen Fluß, See, Meeresteil oder Ozean zu wandern, wo Bakterien vorhanden waren. Es ist durchaus möglich, daß sich seine Nachkommen in verschiedene Richtungen ausbreiteten und zu vielen verschiedenen Arten auseinanderentwickelten, die jeweils an eine andere Umwelt angepaßt waren. Zu den Produkten dieser frühen Aufspaltung, die sich bis auf den heutigen Tag erhalten haben, gehören die Diplomonaden, die Microsporidia und vielleicht andere, bisher unentdeckte Organismen aus der großen und nur unzulänglich erforschten Gruppe der Protisten.

Wahrscheinlich verbesserte unser entfernter eukaryotischer Vorfahr seine Chancen auf heterotrophes Überleben durch den Erwerb einiger Eigenschaften, die den Phagocyten auch heute nützlich sind.

Er besaß vermutlich chemotaktische Oberflächenrezeptoren, die auf bestimmte Moleküle reagierten und so mit dem Flagellenapparat gekoppelt waren, daß die Zelle sich in Richtung möglicher Nahrungsquellen und weg von gefährlichen Substanzen bewegte. Höchstwahrscheinlich hatte er auch Endocytoserezeptoren, mit denen er seine Beute einfangen und aufnehmen konnte. Vielleicht reicherte er, wie unsere weißen Blutzellen, die Verdauungsenzyme in seinen Lysosomen mit besonderen, giftigen Substanzen an. Er könnte sogar, wie manche heutige Protisten, Nesselarme besessen haben, die ein Opfer mit exocytierten Giftstoffen lähmen.

Wie nicht anders zu erwarten, fügten sich die Bakterien nicht einfach in ihr von den Phagocyten auferlegtes Schicksal. Dank ihrer bemerkenswerten Fähigkeit, sich auf alle möglichen Widrigkeiten einzustellen – man denke nur an die Antibiotika –, entwickelten sie zweifellos eine Reihe von Gegenmaßnahmen, ganz ähnlich wie die heutigen krankheitserzeugenden Bakterien. Manche, wie die berüchtigten Erreger der Lungenentzündung, entgingen vielleicht der Entdeckung und dem Einfangen durch Abwandlung ihrer Zellwand. Andere, beispielsweise die Streptokokken und Staphylokokken, die uns heute in Form verschiedener unerfreulicher Infektionskrankheiten heimsuchen, reagierten auf den Angriff möglicherweise mit der Freisetzung membranschädigender Giftstoffe, so daß sie nach dem Einfangen entkommen konnten und ihren Fänger dabei töteten. Wieder andere, so die miteinander verwandten Erreger von Tuberkulose und Lepra (Mykobakterien), entwickelten vermutlich eine Strategie, um in den Endosomen und Lysosomen zu überleben; sie vermehrten sich in diesen membranumhüllten Bläschen so stark, daß die Wirtszelle gewaltig anschwoll und sich schließlich auflöste. Noch andere kombinierten mehrere Flucht- und Überlebensstrategien: Sie zerstörten zuerst die umgebende Membran ihres Endosomen- oder Lysosomengefängnisses und vermehrten sich dann im Cytosol.

Gelegentlich kam es in diesem ständigen Krieg zu einem Patt, einer Art Waffenruhe oder Nichtangriffspakt, bei dem sich die Bakterien und ihre Fänger gegenseitig verschonten. Solche Situationen, die dem Gefangenen und dem Fänger nützten, wurden von der natürlichen Selektion begünstigt und entwickelten sich zu dauerhaften Beziehungen. Der Fänger wurde zum Wirt und das Opfer zum Gast. Man kennt heute viele Fälle von Endosymbiose, und ein großer Teil davon, so kann man annehmen, wurde zu jener Zeit aufgebaut, als die ersten eukaryotischen Phagocyten auf der Suche nach bakterieller Beute durch die Welt streiften. Hier stoßen wir aber auch auf einen seltsamen Widerspruch.

Wenn unser angenommener Zeitablauf stimmt – und solche Rekonstruktionen sind mit gewaltigen Unsicherheiten behaftet –, dann gab es die primitiven Phagocyten schon vor mehr als zwei Milliarden Jahren, als sich der erste Vorfahre von *Giardia* von der Hauptlinie der Eukaryoten abspaltete. Dauerhafte Endosymbionten gelangten jedoch erst vor etwa 1,5 Milliarden Jahren in die Zellen.[1] Es klafft also eine gewaltige Lücke von mehreren hundert Millionen Jahren zwischen der Zeit, als die Zellen zum ersten Mal Endosymbionten aufnehmen konnten, und dem Stadium, als dauerhafte Endosymbionten tatsächlich aufgenommen wurden. Statt mich in dieser Frage mit unfruchtbaren Spekulationen aufzuhalten, möchte ich nur auf ein Zusammentreffen hinweisen, das vielleicht von Bedeutung ist, vielleicht aber auch nicht. Die ersten dauerhaften Endosymbionten waren sauerstoffnutzende Bakterien, und die Zeit, als sie aufgenommen wurden, fällt ungefähr mit der großen Sauerstoffkrise zusammen. Nimmt man nun noch die Tatsache hinzu, daß der primitive Phagocyt höchstwahrscheinlich Anaerobier war und vermutlich kaum eine Möglichkeit hatte, mit dem Sauerstoff fertigzuwerden, ergibt sich folgender möglicher Schluß: Vielleicht fielen die meisten Nachkommen des primitiven Phagocyten, von seltenen Ausnahmen wie den Vorfahren von *Giardia* abgesehen, dem Sauerstoff zum Opfer, und als Überlebende blieben vor allem diejenigen Zellen zurück, die durch ihre an Sauerstoff angepaßten Endosymbionten gerettet wurden. Für diese Annahme gibt es keine Beweise, aber sie ist eine reizvolle Hypothese. Zu den Nachkommen der lebensrettenden Gäste gehören die Mitochondrien und vielleicht auch die Peroxisomen.

Mitochondrien: die Kraftwerke der Zelle

Die Mitochondrien (Einzahl Mitochondrium, von griechisch *mitos* = Faden und *chondros* = Korn) sind auffällige, abgegrenzte Zellbestandteile; sie kommen bei den meisten Protisten sowie bei allen Zellen von Tieren, Pilzen und Pflanzen vor. Ihre Gestalt schwankt von kugel- bis fadenförmig. In ihrer Größe von etwa einem tausendstel

Millimeter ähneln sie den Bakterien, und ihre Zahl kann in einer Zelle mehrere tausend erreichen. Sie sind von zwei Membranen umgeben, deren innere zu flächigen Einstülpungen, den Cristae, gefaltet ist. Diese Innenmembran, die von der Zellmembran des bakteriellen Urahnen abstammt, ist dicht mit den Proteinen sauerstoffgekoppelter Atmungsketten besetzt, die über die protonenmotorische Kraft ATP erzeugen. Der Innenraum des Organells, die sogenannte Matrix, enthält hochwirksame Stoffwechselsysteme, die eine Vielzahl von Substanzen abbauen und dabei die Elektronen liefern, die dann in die Atmungsketten fließen. Die Mitochondrien-Außenmembran, die relativ porös ist, stammt vermutlich von der äußeren Membran des (gramnegativen) bakteriellen Symbionten oder – was weniger wahrscheinlich ist – von der Membran des Endocytosevesikels, in dem das Bakterium ursprünglich eingefangen wurde. Die Mitochondrien sind in allen aeroben Eukaryotenzellen die wichtigsten Stätten der Sauerstoffnutzung und der stoffwechselbedingten ATP-Produktion. Sie sind die Kraftwerke der Zelle.

Nach den Ergebnissen der Sequenzanalyse sind die Mitochondrien über einen nächsten gemeinsamen Vorfahren mit einer Gruppe heutige aerober Mikroorganismen verwandt, die man als schwefelfreie Purpurbakterien bezeichnet. Als diese Vorläuferorganismen eingefangen wurden, richteten sie sich im Cytoplasma ihres Fängers ein: Er versorgte sie reichlich mit Nahrung und wurde dafür im Gegenzug sauerstofffrei gehalten. Damit diese Beziehung Bestand haben konnte, mußte die Vermehrung der bakteriellen Untermieter an die langsamere Fortpflanzungsgeschwindigkeit des Wirts angepaßt werden. Wie das in so kurzer Zeit geschehen konnte, wissen wir nicht. Auf lange Sicht wurde das Problem gelöst, indem Gene von dem Endosymbionten in den Kern der Wirtszelle wanderten, und zwar in bemerkenswert großem Umfang, so daß heute von den ursprünglichen Bakteriengenen nur recht wenige in den Mitochondrien übriggeblieben sind. Zum Glück haben diese Überbleibsel der einstigen Selbständigkeit zusammen mit ihrem Replikations-, Transkriptions- und Translationsapparat überlebt, so daß sie uns den unwiderleglichen Beweis für den bakteriellen Ursprung der Mitochondrien liefern. Wie es seiner Herkunft entspricht, ist das Mitochondriengenom ein ringförmiges, relativ unstrukturiertes, typisches Bakterienchromosom; auch die Ribosomen der Mitochondrien haben einige Eigenschaften mit Bakterienribosomen gemeinsam und unterscheiden sich in dieser

Hinsicht deutlich von den Ribosomen im umgebenden Cytoplasma derselben Zelle.

Die eigentliche Übertragung der DNA in den Zellkern ist nichts Besonderes. Das gleiche geschieht routinemäßig bei der Transfektion, einem genetischen Kunstgriff, bei dem man DNA mit einer sehr feinen Nadel oder mit anderen Methoden ins Cytoplasma von Zellen bringt. Die fremde DNA wird ohne weiteres im Zellkern eingebaut, und zwar so, daß sie sich gleichzeitig mit der zelleigenen DNA verdoppelt; genauso problemlos wird sie in Messenger-RNA transkribiert und im Cytoplasma korrekt translatiert. Das gleiche, so kann man annehmen, geschah auch mit der DNA, die aus den Endosymbionten ins Cytoplasma gelangte, beispielsweise nachdem ein Endosymbiont verletzt wurde. Allerdings mußten die Proteine, die in den übertragenen Genen codiert waren, nun im Cytoplasma synthetisiert werden, und wären dort kaum von Nutzen gewesen. Um ihre Aufgaben zu erfüllen, mußten sie wieder in die Endosymbionten gelangen, und dazu waren einige wichtige Neuentwicklungen erforderlich.

Heute werden Mitochondrienproteine, die an Ribosomen im Cytoplasma entstehen, nach der Translation in die Organellen transportiert; zu diesem Zweck gibt es in den Mitochondrienmembranen komplizierte, energieverbrauchende Systeme, die besondere Signalsequenzen in den Proteinen erkennen. Ähnliche Apparate findet man auch in den Zellmembranen von Bakterien und in manchen Teilen des eukaryotischen Cytomembransystems (das ja durch Einstülpungen der bakteriellen Zellmembran entstand). Aus einem dieser Systeme entwickelte sich wahrscheinlich auch der entsprechende Apparat der Mitochondrien, der sich aber an andere Signalsequenzen anpaßte.

Eine solche Entwicklung ist allerdings weniger unwahrscheinlich, als es den Anschein hat, und zwar aus zwei Gründen. Erstens bestand kein Zeitdruck. Während die Evolution alle möglichen Mutationen durchspielte, verblieben genügend normale, noch mit dem übertragenen Gen ausgestattete Endosymbionten, die die Population vor dem Aussterben bewahrten. Und nachdem zweitens die richtige Kombination aus Transportapparat und Signalsequenz für ein Protein vorhanden war, brauchte die gleiche Signalsequenz nur in einem anderen Protein aufzutauchen; dies könnte durch Mutationen oder durch Übertragung der zugehörigen DNA-Sequenz geschehen sein, und auch dafür stand reichlich Zeit zur Verfügung. Es bleibt aber noch zu erklären, warum die Genübertragung von den Endosymbionten in den Zellkern in so großem Umfang stattfand und warum Endosymbionten, die die übertragenen Gene noch besaßen, zugunsten derjenigen ausgemerzt wurden, die diese Gene verloren hatten. Offenbar wurde die genetische Verstümmelung der Endosymbionten durch den Wirt von starken Selektionsvorteilen vorangetrieben. Der wichtigste derartige Vorteil bestand wahrscheinlich darin, daß sich die Gene an einem zentralen, besonders ausgestatteten Ort befanden, wo viele Vorgänge parallel ablaufen konnten: gemeinsame Replikation, verschiedene genetische Umordnungen, Regulation der Transkription und Weiterverarbeitung der RNA-Produkte. Zusätzlich war es möglicherweise auch von Vorteil, daß sich die unbelasteten Endosymbionten stärker ihrer Hauptaufgabe widmen konnten, den Wirt vor Sauerstoff zu schützen und mit ATP zu versorgen.

Während die Mitochondrien solche Evolutionsspiele betrieben, erlaubten sie sich auch noch den Luxus, mit dem genetischen Code herumzuexperimentieren. Diese mitochondrienspezifischen Abweichungen traten erst spät auf, denn sie sind bei Pflanzen, Tieren und Pilzen nicht die gleichen und unterscheiden sich sogar bei einzelnen Tier- oder Pilzarten. Vermutlich wurden sie möglich, weil die geringe Zahl der betroffenen Gene die Anpassung an eine andere genetische Sprache erlaubte.

Die Mitochondrien besitzen hochentwickelte Atmungsketten, die darauf ausgelegt sind, aus dem Fluß der durchlaufenden Elektronen möglichst viel Energie zu gewinnen. Die gleiche Eigenschaft haben auch ihre nächsten Verwandten unter den Bakterien, und genauso war es wahrscheinlich auch bei dem gemeinsamen Vorfahren von beiden. Diese Tatsache paßt zur heutigen Funktion der Mitochondrien in den Eukaryotenzellen, die meist völlig von deren Atmungsketten und dem Sauerstoffnachschub für ihre Energieversorgung abhängig sind. Ein derart hoher Entwicklungsstand läßt eher an ein spätes Produkt der Evolution denken. Wenn die aeroben Endosymbionten die Eukaryoten tatsächlich vor dem Sauerstofftod bewahrten, dann würde man erwarten, daß primitivere aerobe Mikroorganismen die erste Rettungsaktion bewerkstelligten. Als Nachfahre eines solchen Organismus kommt ein interessantes Gebilde in Frage, das die Zellbiologen «Microbody» (also «Mikrokörper») und die Biochemiker Peroxisom nennen; es kommt in den allermeisten Zellen vor, die auch Mitochondrien besitzen, und zwar bei Pflanzen, Pilzen und Tieren.

Peroxisomen: Schutz vor Sauerstoffvergiftung

Peroxisomen sind abgegrenzte Körperchen, die etwas kleiner sind als die Mitochondrien; sie sind von einer einfachen Membran umhüllt, die nicht zum allgemeinen Cytomembransystem gehört und möglicherweise von einem Endosymbionten-Vorfahren abstammt. Sie enthalten verschiedene auf- und abbauende Systeme und beseitigen Sauerstoff sowie einige seiner gefährlichen Derivate, insbesondere, wie der Name schon andeutet, das Wasserstoffperoxid. Anders als die Mitochondrien erzeugen Peroxisomen bei ihrer Tätigkeit aber grundsätzlich keine Energie – in dieser Hinsicht ähneln sie einigen primitiven aeroben Bakterien. Ihre Proteine entstehen im Cytoplasma und werden nach der Translation in die Peroxisomen transportiert; das dafür zuständige Transportsystem beruht, wie bei den eindeutigen Nachfahren von Endosymbionten, auf der Erkennung besonderer Signalsequenzen. Der Haken an der Sache ist nur, daß die Peroxisomen keine Spur eines genetischen Systems enthalten. Damit ist allerdings eine Abstammung von Endosymbionten keineswegs ausgeschlossen. Wenn die Mitochondrien über 99 Prozent ihrer Gene an den Zellkern abgegeben haben, dann könnten es bei den Peroxisomen, die ja älter sind, durchaus 100 Prozent sein. Aber ohne Überreste eines genetischen Systems sind die Argumente für einen endosymbiontischen Ursprung wesentlich schwächer. Außerdem haben Sequenzanalysen bisher kaum Hinweise auf eine Verwandtschaft mit Bakterien geliefert. Die Frage muß offen bleiben.

Wenn Peroxisomen die Zellen schon früher als die Mitochondrien vor der Giftwirkung des Sauerstoffs schützten, kann man sich fragen, warum sie später nicht verschwanden, als die effizienteren Mitochondrien aufgenommen waren. Wahrscheinlich ist das die Antwort: Die Peroxisomen übernahmen im Laufe der Evolution eine Reihe lebenswichtiger Funktionen, die nichts mit der Sauerstoffentgiftung zu tun haben und die weder die Zelle selbst noch die Mitochondrien ausführen konnten. Gestützt wird diese Annahme durch humangenetische Erkenntnisse: Bei mehreren schweren angeborenen Fettstoffwechselstörungen, die in bestimmten Fällen schon frühzeitig zum Tod der betroffenen Kinder führen, hat man Peroxisomendefekte als Ursache identifiziert. Eine solche Krankheit, die Adrenoleukodystrophie (ADL), bei der manche Fettsäuren nicht abgebaut werden, erlangte durch den Film *Lorenzos Öl*[2] allgemeine Bekanntheit.

Chloroplasten:
die Verbindung der Eukaryoten zur Sonne

Nachdem praktisch alle eukaryotischen Zellen die Mitochondrien als reguläre Bestandteile aufgenommen hatten, kam es zu einer zweiten großen Einbindung bakterieller Endosymbionten. Genauer gesagt, war es eine Welle solcher Einbindungsvorgänge, denn manchen Hinweisen zufolge spielte sich das Ganze mehrmals ab. Die Gäste waren in allen Fällen Cyanobakterien, das heißt Vertreter der höher entwikkelten, sauerstoffproduzierenden, phototrophen Bakterien. Ihre Wirte waren verschiedene Eukaryotenzellen, die bereits gut mit Peroxisomen, Mitochondrien und vielleicht auch anderen Systemen ausgestattet waren, so daß ihnen die Produktion von Sauerstoff in ihrem eigenen Cytoplasma nichts mehr ausmachte. Ohne diese Ausstattung wären die Phagocyten nicht in der Lage gewesen, Cyanobakterien aufzunehmen. Innerhalb der Zellen entwickelten sich die Cyanobakterien zu Chloroplasten, den typischen Organellen der phototrophen Eukaryoten. Aus den Protisten, die sie aufgenommen hatten, wurden verschiedene Typen grüner, roter oder brauner einzelliger Algen, und aus einer dieser Gruppen gingen später alle grünen Pflanzen hervor. Abstammungslinien, die keine Chloroplasten aufgenommen hatten, führten nicht nur zu einer Reihe von Protisten, sondern auch zu allen Pilzen und Tieren, die dank der reichlichen Vermehrung ihrer entfernten phototrophen Verwandten die heterotrophe Lebensweise beibehalten konnten.

Chloroplasten sind deutlich größer als Mitochondrien und besitzen zwei umhüllende Membranen; außerdem sind sie mit Membranstapeln angefüllt, in denen sich der phototrophe Apparat befindet. Ähnliche Gebilde wie diese Stapel findet man auch bei den Cyanobakterien. Die Matrix der Organellen, die vom Cytosol des Cyanobakterien-Vorläufers abstammt, enthält eine Reihe von Stoffwechselsystemen, insbesondere das charakteristische Kennzeichen der Autotrophie: die wichtigsten Enzyme für die Assimiliation des Kohlendioxids. Chloroplasten zeigen die Hauptmerkmale der Nachkommen von Endosymbionten: Wie die Mitochondrien haben sie ein bruchstückhaftes, aber aktives genetisches System, das jedoch, seinem geringeren Alter entsprechend, noch eine größere Zahl der ursprünglichen Gene enthält. Für sie gilt der universelle genetische Code. Die meisten ihrer Proteine werden im Cytoplasma gebildet und nach der Translation mit Hilfe spezieller Signalsequenzen in die Organellen transportiert. Ihre Verwandtschaft mit den Cyanobakterien zeigt sich auch an Sequenzhomologien.

Andere mögliche Endosymbionten

Es wurde die Möglichkeit diskutiert, daß neben den Mitochondrien, den Peroxisomen und den Chloroplasten auch andere Bestandteile der eukaryotischen Zellen von endosymbiontischen Bakterien abstammen könnten. Einen solchen Ursprung vermutete man zum Beispiel für die Hydrogenosomen, membranumhüllte Körperchen im Cytoplasma, die ungefähr so groß sind wie Mitochondrien und als einzige Organellen die Fähigkeit besitzen, molekularen Wasserstoff herzustellen.[3] Sie wurden von Miklós Müller von der Rockefeller University in New York bei den Trichomonaden entdeckt, einer besonderen Gruppe anaerober Protisten, die als Parasiten im Genitaltrakt der Menschen und mancher Tiere leben; später fand man Hydrogenosomen auch bei einer Reihe anderer Protisten, die nicht mit den Trichomonaden verwandt sind, sowie bei einigen Pilzen. Hydrogenosomen zeigen die wichtigsten Eigenschaften von Organellen mit endosymbiontischem Ursprung, nur findet man bei ihnen, wie bei den Peroxisomen, keine Spur eines genetischen Apparats. Obwohl es diese eigenartigen Organellen nur bei einem sehr begrenzten Artenspektrum gibt, weist ihre Verteilung darauf hin, daß sie möglicherweise mehr als einmal entstanden sind.

Nach einer Theorie von Lynn Margulis[4] könnten auch die Flagellen und sogar das ganze Cytoskelettsystem der Mikrotubuli mit begeißelten Bakterien aus der Gruppe der Spirochäten (zu denen auch der Syphiliserreger gehört) in die eukaryotischen Zellen gelangt sein. Als Argument für diese Hypothese wurde unter anderem angeführt, daß die DNA mit den Centriolen assoziiert sein kann, eukaryotischen Zellbestandteilen, die auf Flagellen zurückgehen. Die Beurteilung der betreffenden Befunde bleibt aber unsicher. Wie bereits erwähnt, sind die Flagellen der heutigen Eukaryoten und Bakterien chemisch in keiner Weise verwandt. Für das Gegenteil gibt es keine Indizien.

Man hat auch vermutet, der Zellkern der Eukaryoten – und mit ihm das ganze auf DNA beruhende genetische System – könnte mit einem

Bakterium in die Zellen gelangt sein.[5] Das setzt voraus, daß das genetische System des primitiven Phagocyten auf RNA basierte. Es erscheint mir jedoch schwer vorstellbar, daß die so entstandene Zelle ein DNA- und ein RNA-Genom gleichzeitig handhaben konnte.

Ein letzter Blick zurück

Unter der Fülle von Prokaryoten-Abstammungslinien, die aus dem gemeinsamen Vorfahren hervorgingen und jede verfügbare Nische auf der Erde besetzten, nimmt diejenige, die zu den Eukaryoten führt, eine Sonderstellung ein: Sie erhebt sich als aufragender Stamm in einsamem Glanz und verbreitert sich dann plötzlich zu einer Baumkrone üppiger Verzweigungen, die das ganze vielfältige Gewimmel unter ihr klein erscheinen läßt und in den Schatten stellt. Es entsteht der Eindruck von etwas Einzigartigem, fast Unheimlichem, von einem merkwürdigen Auswuchs, der sich unter Millionen «normaler» Sprosse durch eine außergewöhnliche Kombination von Umständen oder vielleicht auch durch ein einmaliges Zufallsereignis entwickelte. Dieser Eindruck könnte täuschen.

Der einsame Eukaryotenbaum war am Anfang ein kleiner Busch, genau wie seine prokaryotischen Verwandten. Sein Wachstum verlief alles andere als einfach und gerade. Höchstwahrscheinlich ist er in Wirklichkeit knorrig und gewunden, voller Knoten von den Stummeln aufgegebener Triebe und verdorrter Äste. Wie alle Evolutionsvorgänge, so war auch der Übergang von den Pro- zu den Eukaryoten ein Suchen und Tasten, beim dem jeder Vorteil aus vielen Versuchen ausgewählt wurde, die keine Spuren hinterlassen haben. Während aber diese Auswahl getroffen, oder besser gesagt, von den äußeren Selektionskräften erzwungen wurde, verengte sich das Spektrum der Möglichkeiten für weitere Fortschritte immer stärker. Die Evolution mußte mit dem, was ihr zur Verfügung stand, herumspielen – um einen Ausdruck von François Jacob zu gebrauchen[6] –, und dann mußte sie innerhalb der durch frühere Festlegungen gezogenen Grenzen auf eine günstige Mutation warten. Die Möglichkeit, einen ganz neuen Weg einzuschlagen, gab es nicht.

Leider gibt es keine Spuren des langen Weges, auf dem ein Prokaryot zu einer großen, beweglichen, mit einem Zellkern versehenen

Phagocytenzelle wurde. Es besteht aber die Hoffnung, daß solche Belege in Zukunft gefunden werden. In der reichhaltigen Welt der Einzeller warten wahrscheinlich noch einige seltsame Lebensformen auf ihre Isolierung und Charakterisierung.

Unter den vielen Veränderungen, die das Auftauchen des ersten Phagocyten kennzeichnete, waren wahrscheinlich diejenigen am bedeutsamsten, die zur Entwicklung des Cytoskeletts und ähnlich gebauten Bewegungssystemen führten. Diese Strukturen waren notwendig, damit sich in den Zellen ein Cytomembransystem entwickeln konnte, und sie erforderten eine große Zahl genetischer Neuerungen. Wie die neuen Strukturproteine entstanden, wissen wir nicht, aber wir können sicher sein, daß es nicht durch ein Antippen mit einem Zauberstab geschah. Ihre Geburt ging langsam und schrittweise voran. Ein wichtiger Faktor, der die Richtung ihrer Gestaltentwicklung bestimmte, war ihre Fähigkeit, sich durch Selbstmontage zu Strukturen höherer Ordnung zusammenzulagern, und dieser Ablauf beruhte auf chemischer Komplementarität. Der chemischen Komplementarität sind wir bereits begegnet: Sie ist die Eigenschaft, die auch der Basenpaarung und vielen anderen Vorgängen zugrunde liegt. Jetzt treffen wir sie wieder, diesmal als Schlüssel zur Selbstmontage von Zellstrukturen, insbesondere solchen aus Proteinbausteinen. Da sich die 20 Aminosäuren, aus denen die Proteine bestehen, zu so vielfältigen Kombinationen zusammenfinden können, eröffneten sich fast unbegrenzte Möglichkeiten für Wechselwirkungen zwischen den Proteinen, und es bedurfte nur einiger zufälliger Mutationen, um sie wahr zu machen.

Anzumerken ist, daß Actin und Tubulin, die beiden wichtigsten Strukturproteine der Eukaryoten, jeweils komplementäre Bereiche auf einem Molekül besitzen, so daß die reversible Selbstmontage mit Bausteinen eines einzigen Typs erfolgen kann.[7] Die an den Molekülenden gelegenen Komplementaritätsregionen ermöglichen Verkettungen von unbegrenzter Länge, und die seitlichen komplementären Bereiche bestimmen die räumliche Organisation der so entstandenen Fäden, die entweder doppelsträngige Filamente oder Röhren aus 13 Ketten bilden. Bisher hat man zwischen den beiden Molekültypen keinerlei Sequenzhomologien festgestellt. Es sieht also so aus, als hätten starke Selektionsvorteile die Entwicklung von Proteinmolekülen begünstigt, die an Moleküle ihres eigenen Typs binden können. Später tauchten dann weitere Proteine auf, die sich an die ersten Strukturen hefteten und kompliziertere Anordnungen entstehen ließen oder ihnen Beweglichkeit verliehen.

In der Welt der Prokaryoten hat man bisher keinen verläßlichen Hinweis auf den Ursprung dieser beiden entscheidenden Proteine gefunden. Ebensowenig kennt man Bakterienproteine, die ähnlich paarweise angeordnete komplementäre Regionen enthalten. Vielleicht wurden sie einfach noch nicht entdeckt, weil man bisher nicht umfassend genug gesucht hat. Es wäre aber auch möglich, daß die Mutationen, die solche Anordnungen hervorbringen, sehr seltene Ereignisse sind, die sich ausschließlich in der Abstammungslinie der Eukaryoten ereignet haben. Gegen diese Möglichkeit spricht aber die Tatsache, daß sie in dieser Linie zweimal aufgetreten sind. Wahrscheinlicher ist die Erklärung, daß Bakterien für Proteine mit Selbstmontage keine Verwendung haben oder von ihnen sogar gehemmt werden, so daß entsprechende Mutationen von der natürlichen Selektion beseitigt wurden. Nur in dem Sonderfall eines nackten, geschützt wachsenden heterotrophen Organismus, ausgestattet mit allen Möglichkeiten zur Vergrößerung und zur Erweiterung der Membranen, fielen solche Mutationen auf den fruchtbaren Boden einer positiven Selektion und führten in einem langen Entwicklungsweg schließlich zu Actin und Tubulin, diesen Meisterwerken der Proteinkonstruktion. Es muß wirklich ein langer Weg gewesen sein, wenn man sich den Vollkommenheitsgrad der beiden Proteine ansieht. Er ist auch ein typisches Beispiel für fortschreitende entwicklungsgeschichtliche Einengung. Actin und Tubulin sind sehr konservative Proteine, die in der gesamten Welt der Eukaryoten ähnliche Strukturen zeigen. Das bedeutet, daß sie vor zwei Milliarden Jahren oder noch früher soweit fertig waren, daß praktisch kein Spielraum für weitere Verbesserungen mehr blieb.

Actin und Tubulin sind nur die beiden bemerkenswertesten Produkte dieses außergewöhnlichen Abenteuers der Evolution, das die Geburt noch vieler anderer Proteine nach sich zog; sie alle sind in der Welt der Prokaryoten unbekannt und lieferten den ersten Eukaryoten die Voraussetzungen für Struktur und Bewegung. Die wichtigsten Selektionskräfte waren vermutlich in allen Fällen die gleichen und hatten mit der Verbesserung der phagocytierenden Lebensweise zu tun. Der krönende Abschluß, die Selbständigkeit, stellte sich vermutlich nach und nach ein und war nur zu erreichen, weil die physikalischen und chemischen Umweltbedingungen, unter denen diese epochemachende Umwandlung stattfand, über bemerkenswert lange Zeit gleich blieben, möglicherweise über mehrere hundert Millionen Jahre hinweg. Nach allem, was wir wissen, dürfte es viele weitere Versuche in der gleichen Richtung gegeben haben, die schließlich aufgegeben wurden, weil die umweltbedingten Beschränkungen sie nicht zur Reife kommen ließen. Manche waren vielleicht sogar erfolgreich und brachten Abstammungslinien hervor, die später aus diesem oder jenem Grund ausstarben.

In der zweiten Evolutionsphase der Eukaryoten – als es den primitiven Phagocyten bereits gab – konnten sich die Nachkommen dieses Organismus auseinanderentwickeln und offenbar ohne weitere große Veränderungen verschiedene Lebensräume besiedeln, bis durch die, vermutlich von der großen Sauerstoffkrise ausgelöste Aufnahme der Endosymbionten die Eukaryoten im heutigen Sinne entstanden waren. Das ist ein typisches Merkmal der Evolution: Eine Gruppe von Lebewesen verändert sich über längere Zeit hinweg kaum, und es bleiben nur solche Punktmutationen erhalten, die die Leistungsfähigkeit der betroffenen Moleküle nicht beeinträchtigen. Dennoch stellen sie nützliche Markierungen der entwicklungsgeschichtlichen Entfernung dar. Dann kommt es, meist durch eine Veränderung des Klimas oder anderer Umweltbedingungen, zu einem ziemlich schnellen Wandel, der den Eindruck eines Entwicklungssprungs vermittelt, allerdings nur im Vergleich zu der recht langen vorangegangenen Ruhephase. Evolution verläuft mit wechselndem Tempo, aber sie bleibt nicht stehen.

Nachdem es die ersten Protisten mit eingelagerten Endosymbionten gab, kam die Evolution wieder in einer recht statischen Phase zur Ruhe; es ging eigentlich nur noch um Auseinanderentwicklung – endlose Variationen der gleichen Grundthemen von sauerstoffproduzierender Phototrophie und aerober Heterotrophie. Wirklich neue Themen tauchten nicht auf. Irgendwann «entdeckten» dann einige Eukaryotenzellen, wie vorteilhaft es ist, wenn man sich zusammentut und die Anstrengungen bündelt. Warum diese Entdeckung so lange auf sich warten ließ, ist nicht geklärt. Ein verstärktes Interesse an Sexualität könnte zumindest eine Teilantwort sein, und daneben könnte es Umweltveränderungen gegeben haben, die die Zusammenarbeit von Zellen vorteilhafter machten. Damit sind wir beim Thema des nächsten Teils.

Teil V:
Das Zeitalter der Vielzeller

18 Die Vorteile des Zellkollektivs

Etwa drei Milliarden Jahre lang blieben die Zellen Einzelgänger. Bakterien sind es noch heute; manchmal bilden sie zwar Kolonien – man erinnere sich an die Stromatolithen –, aber keine echten Vielzeller.[1] Das mag mit ihrer «egoistischen» Lebensweise zu tun haben, die ganz darauf ausgerichtet ist, in möglichst kurzer Zeit möglichst viele Nachkommen hervorzubringen.

Auch die eukaryotischen Zellen hielten Hunderte von Millionen Jahre lang an der Einzelligkeit fest. Zellen mit allen Eigenschaften der Eukaryoten – einschließlich der Endosymbionten – gibt es schon seit weit über einer Milliarde Jahren, aber von vielzelligem Leben findet man keine Spuren, die älter als 600 bis 700 Millionen Jahre wären. Auch in der heutigen Welt gibt es noch einzellige Protisten in Hülle und Fülle.

Was einige Eukaryotenzellen dazu veranlaßte, sich zusammenzutun, wissen wir nicht, außer in einem sehr allgemeinen Sinn. Man kann annehmen, daß sich die Zellen zunächst aufgrund zufälliger Mutationen, die die Zusammenlagerung begünstigten, verbanden und dann zusammenblieben, weil sie im Verbund einen größeren Fortpflanzungserfolg erzielen konnten als allein. Nachdem die Vorteile des Zusammenlebens einmal gegeben waren, wurden sie von der Evolution sehr rasch weiter ausgenutzt; es entstand die Welt der Tiere und Pflanzen, die sich schnell erweiterte und immer vielfältiger wurde. Warum wurde diese Entdeckung nicht früher gemacht? Und warum trat sie schließlich gerade zu diesem Zeitpunkt auf, und zwar fast gleichzeitig bei autotrophen und heterotrophen Organismen? Möglicherweise wurde kooperatives Verhalten durch eine größere Umweltveränderung plötzlich vorteilhaft, vielleicht indem die sexuelle Fortpflanzung belohnt wurde. Für diese Vermutung spricht das Verhalten der Schleimpilze, einer Gruppe von Lebewesen, die man als Zwischending zwischen Ein- und Vielzellern ansehen kann.

Schleimpilze: ein aufschlußreiches Beispiel.

Das urtümlichste bekannte Beispiel für die Kooperation heterotropher Eukaryoten bieten die entfernten Vorfahren der Schleimpilze oder Myxomyceten. Der Name leitet fehl: Mit den Pilzen (Mycota) haben diese Lebewesen nichts zu tun. Sie sind auch keine Pflanzen oder Tiere im eigentlichen Wortsinn, sondern die Überlebenden eines Experiments, das die Evolution vor über einer Milliarde Jahren begann und das sich eigentlich nie durchsetzte. Sie vermitteln aber eine interessante Erkenntnis.

Schleimpilze sind einzellige, heterotrophe Protisten, die den Amöben ähneln. Wie Amöben wandern sie umher und suchen nach Beute, die sie durch Phagocytose einfangen und in ihrem Inneren verdauen. Wird die Nahrung jedoch knapp, tauschen die Zellen ein chemisches Signal aus – der Botenstoff ist zyklisches Adenosinmonophosphat (cAMP), ein universeller chemischer Nachrichtenübermittler, der sich vom ATP ableitet –, und auf dieses Signal hin lagern sie sich zu einem großen Klumpen zusammen. Das so entstandene Gebilde kriecht nun umher, hinterläßt eine Schleimspur und verwandelt sich allmählich in eine aufrecht stehende Struktur, die man als Fruchtkörper bezeichnet. Der Fruchtkörper produziert – manchmal durch einen sexuellen Vorgang – eine besondere Art geschützter Zellen: die Sporen, die ausgestreut werden und ruhen, solange ungünstige Umweltbedingungen herrschen. Verbessern sich die Verhältnisse, reifen die Sporen zu der amöbenähnlichen Form heran und nehmen die einzellige Lebensweise wieder auf.

Sporenbildung ist in der Welt der Einzeller ein verbreiteter Vorgang. Viele Bakterien und Protisten umgeben sich als Reaktion auf widrige Umweltbedingungen mit einer Schutzhülle, in der sie in eine Art Stoffwechselstarre verfallen und auf «bessere Zeiten» warten. Die Schleimpilze sind das älteste Beispiel für die kooperative Sporulation, die man bei vielen Pflanzen und Pilzen beobachtet.

An den Schleimpilzen wird auch ein Mechanismus deutlich, der – allerdings in anderem Zusammenhang – für die Entstehung der Tiere von Interesse ist. Bei Kontakt mit zyklischen AMP exprimiert die einzellige Form dieser Organismen neue Oberflächenmoleküle in komplementärer Schlüssel-Schloß-Anordnung, die die Zellen nach einem zufälligen Zusammentreffen aneinanderkoppeln. Außerdem werden die Zellen indirekt über Oberflächenrezeptoren zusammengehalten, die sie an einem zähflüssigen Material befestigen, das sie selbst ausscheiden. Dieser «Schleim» dient als Klebstoff, als teppichartige Unterlage und als Erkennungsspur. In ganz ähnlicher Weise werden auch Tierzellen durch Oberflächen-Adhäsionsmoleküle aneinandergeheftet, die die Zellen (als *cell adhesion molecules*, CAMs) untereinander und (als *substrate adhesion molecules*, SAMs) mit dem sie umgebenden Gerüst verbinden.

Drittens schließlich kann man an den Schleimpilzen erkennen, welche Bedeutung die Sexualität als Notfallmaßnahme hat. In der Geschichte der vielzelligen Eukaryoten wurde diese Art der Fortpflanzung allmählich zu einem wichtigen Faktor der entwicklungsgeschichtlichen Flexibilität und Vielseitigkeit.

Die Bedeutung der sexuellen Fortpflanzung

Bakterien betreiben Konjugation und genetische Rekombination. Echte Sexualität jedoch, mit ihrem systematischen Wechsel zwischen Diploidie und Haploidie, ist eine typisch eukaryotische Errungenschaft, die zum ersten Mal vermutlich bei dem primitiven Phagocyten auftrat. Die wichtigsten Vorteile der sexuellen Fortpflanzung wurden in Kapitel 16 erörtert; dort war aber noch nicht davon die Rede, welchen Einfluß die sexuelle Fortpflanzung auf die Evolutionsmechanismen ausübt.

Wenn sich Zellen durch einfache Zweiteilung vermehren, werden ganze Genome fortgepflanzt, und dabei taucht gelegentlich eine mutierte Kombination auf, die sich dann fortpflanzt. Auf alle diese unterschiedlichen Formen des gleichen Genoms wirkt die natürliche Selektion. Manche von ihnen können sich nebeneinander in verschiedene Richtungen entwickeln.

Bei der sexuellen Fortpflanzung sind die Verhältnisse komplizierter. Die mutierten Gene sind in jeder Generation an anderen Genkombinationen beteiligt. Ihre Wirkung auf die Evolution muß man statistisch erfassen, und zwar anhand ihrer Fähigkeit, sich im Genpool der Population auszubreiten. Deshalb können sich Abstammungslinien nur bei isolierter Fortpflanzung entwickeln, also wenn sie sich nicht kreuzen können. Zur Erforschung dieser Vorgänge hat sich ein eigenes Wissenschaftsgebiet gebildet, die Populationsgenetik. Ihre

Methoden sind so kompliziert, daß sie hier nicht im einzelnen erörtert werden können, aber sie soll zumindest erwähnt werden, denn bei der vereinfachten Darstellung in den folgenden Kapiteln wird kaum von ihr die Rede sein.

Prinzipien der Vielzelligkeit

Nach einem zentralen Lehrsatz der Darwinschen Theorie schreitet die Evolution durch Zufallsmutationen voran, deren Ergebnisse von der natürlichen Selektion gesiebt werden. Diese Ansicht wird durch alle Befunde der Molekularbiologie unterstützt. Das heißt aber nicht, daß Evolution wahllos verläuft. Durch die gesamte Entwicklung der Vielzeller zu immer höherer Komplexität ziehen sich ein paar rote Fäden: Zusammenlagerung zu Verbänden, Differenzierung, Musterbildung und Fortpflanzung.

Zusammenlagerung zu Verbänden

Jede Zelle entsteht durch Zellteilung zusammen mit einer Schwesterzelle. Wenn es etwas gibt, das die beiden Zellen verbindet, beispielsweise wenn sie aneinander kleben oder wenn sie sich in einer gemeinsamen Umhüllung befinden, bleiben sie zusammen. Teilen sich die beiden Schwesterzellen erneut, gilt für das Zellquartett das gleiche. Durch Wiederholung dieses Vorgangs entsteht eine Zellkolonie, die immer größer wird.

Da sich zahlreiche Mutationen ereignen können, die die Zusammenlagerung der Zellen begünstigen oder hemmen, bleibt es der natürlichen Selektion überlassen, die Vor- und Nachteile der Koloniebildung gegeneinander abzuwägen. Der Hauptnachteil: Aneinander gebundene Zellen haben meist schlechter Zugang zu Nährstoffen und Energie als einzelne. Auf der Habenseite stehen besserer Schutz vor Räubern und umweltbedingten Verletzungen sowie vor allem die Vorteile der Kooperation. Kolonien können jedoch nicht unbegrenzt wachsen, sondern müssen sich in irgendeinem Stadium fortpflanzen.

Differenzierung

Echte Kolonien aus gleichartigen Zellen sind eine Seltenheit. Zu einem besonders großen Vorteil wird die Zusammenlagerung erst mit der Differenzierung, bei der genetisch gleich ausgestattete Zellen nicht mehr die gleichen Gene im gleichen Umfang exprimieren. Grundlage der Differenzierung ist die Genregulation, die das Anpassungsverhalten in vielen Fällen bestimmt. Ein typisches Beispiel ist die Art, wie sich Bakterien auf Milchzucker einstellen, indem sie die Gene für die dazu erforderlichen Enzyme anschalten (siehe Kapitel 14). Auch bei vielzelligen Eukaryoten wird die Genexpression auf der Ebene der Transkription reguliert. Wenn sich in der Pubertät beispielsweise bei einem Mädchen die Brust entwickelt, während bei einem Jungen die Gesichtsbehaarung sprießt, ist die Ursache die Transkription bestimmter Gene in den betreffenden Zellen; ausgelöst wird sie von den Hormonen, deren Produktion die Pubertät in Gang setzt.

Besonders wichtig ist die Transkriptionssteuerung von Genen in der Entwicklung, wo sie dafür sorgt, daß Zellen mit der gleichen Genausstattung sich stark unterscheiden können – beispielsweise Leber-, Muskel- und Nervenzellen oder bei Pflanzen die Zellen von Wurzeln, Rinde, Blättern und so weiter. Entscheidend ist immer, welche Gene exprimiert werden. Vermittelt werden solche Effekte von besonderen Proteinen, den Transkriptionsfaktoren, die mit bestimmten Abschnitten der DNA in Wechselwirkung treten können. Die Gene, die solche Transkriptionsfaktoren codieren, nennt man Regulationsgene, im Gegensatz zu den Genen für Enzyme oder Strukturproteine, die man als Strukturgene bezeichnet.

Durch Differenzierung können sich die Zellen spezialisieren, so daß es zwischen den Mitgliedern eines Zellkollektivs zur Arbeitsteilung kommt; das ist das Geheimnis der Kooperation von Zellen und der zunehmenden Komplexität in der Evolution. Differenzierung findet sich in allen Verästelungen des Lebensstammbaums. Seetang und Magnolie, Schwamm und Adler unterscheiden sich unter anderem in der Zahl der verschiedenen Zelltypen, aus denen sie aufgebaut sind. Aber das ist nur ein Teil der biologischen Vielfalt. Ein anderer ist die Musterbildung.

Musterbildung

Der Körper eines erwachsenen Menschen besteht aus etlichen Billionen Zellen, die aber nur zu etwa 200 Typen gehören. Die gleichen Zelltypen findet man im wesentlichen auch im Körper einer Maus oder eines Wals, ja mit wenigen Unterschieden sogar bei einem Frosch oder einem Fisch, ähnlich wie man aus den gleichen Ziegeln und Brettern ganz unterschiedliche Behausungen von der Hütte bis zur Villa bauen kann. Die Musterbildung ist offenkundig von entscheidender Bedeutung. Wenn wir die Evolution verstehen wollen, müssen wir unsere besondere Beachtung einem Gebiet schenken, das der amerikanische Biologe Gerald Edelman als Topobiologie bezeichnete[2]: der Untersuchung von Mechanismen, die dafür sorgen, daß sich differenzierte Zellen zu charakteristischen räumlichen Mustern anordnen. Da die Evolution über genetische Abwandlungen verläuft, müssen die Veränderungen, durch die aus einem gemeinsamen Säugetiervorfahren eine Maus, ein Wal oder ein Mensch hervorgeht, im wesentlichen auf Mutationen der Gene beruhen, die solche räumlichen Muster steuern.

Fortpflanzung

Jeder vielzellige Organismus entsteht aus einer einzigen Zelle – einer Spore oder einer befruchteten Eizelle –, die genetisch so programmiert ist, daß sie mit höchster Genauigkeit eine Serie koordinierter Teilungs-, Differenzierungs- und Musterbildungsvorgänge durchläuft. So entstehen immer wieder Lebewesen, die ihren Eltern ähneln und die Eigenschaften der jeweiligen Art in der gleichen Weise weitergeben können. Das gleiche wiederholt sich in jeder Generation aufs neue. Aus dieser Art der Fortpflanzung ergeben sich für die Evolution einige grundlegende Folgerungen:

Erstens ist die Ausgangszelle das Ziel der Mutationen. Für das Schicksal vielzelliger Organismen in der Evolution sind nur diejenigen Mutationen von Bedeutung, die die Vorläuferzelle betreffen. Eine somatische Mutation (von griechisch *soma* = Körper) wirkt sich unter Umständen stark auf die Lebensfähigkeit des betroffenen Individuums aus, aber da sie nicht erblich ist, beeinflußt sie die Nachkommen dieses Organismus nicht.

Zweitens ist das Lebewesen das Ziel der natürlichen Selektion. Eine Ausgangszelle, die eine Mutation durchgemacht hat, muß einen vollständigen Organismus hervorbringen, damit die natürliche Selektion die Wirkung der Mutation auf Lebensfähigkeit und Fortpflanzungserfolg überprüfen kann, zumindest wenn es sich um positive Selektion handelt. Negative Selektion kann zu jedem Zeitpunkt nach der Befruchtung stattfinden.

Drittens ist der genetische Bauplan für die Entwicklung eines Lebewesens im Genom der Ausgangszellen festgeschrieben. Damit sich Mutationen in der Vorläuferzelle in der Evolution auswirken, müssen sie Gene betreffen, die die Entwicklung steuern, also Regulationsgene.

Und viertens schließlich arbeitet die Evolution innerhalb der Beschränkungen des vorhandenen Entwicklungsprogramms. Je komplexer dieses Programm ist, desto enger sind die Grenzen gesteckt. Wenn nur ein paar Linien vorgezeichnet sind, kann ein Bild noch zu einer Landschaft, einem Stilleben oder einem Akt werden, je nach der Laune des Künstlers. Je mehr Details hinzukommen, desto strenger wird das Ziel festgelegt. Diese Regel ist für unser Verständnis der Evolution von Vielzellern von entscheidender Bedeutung. Sie erklärt, warum nur wenige verschiedene Bauprinzipien, die alle auf sehr frühe Stadien der Evolution zurückgehen, die Grundlage für die gesamte Fülle der seither entstandenen Lebewesen bilden.

19 Die Erde wird grün

Vor einer Milliarde Jahren waren die Kontinente nackte Flächen aus Fels und Lava, die tagsüber in der Sonne glühten und nachts gefroren; nur selten wurden sie von Regen überspült, und wegen des fehlenden Oberbodens waren sie nicht in der Lage, Feuchtigkeit festzuhalten.[1] Die Ozeane dagegen waren angefüllt mit allen möglichen Arten einzelliger Lebewesen. Bakterien gab es in Hülle und Fülle, ebenso wie die einzelligen Eukaryoten, die sich bereits zu einer Vielzahl von photo- und heterotrophen Arten auseinanderentwickelt hatten; viele von ihnen hatten eine Art sexueller Fortpflanzung entwickelt, die sie unter besonderen Umständen als Alternative zu ihrer üblichen Vermehrung durch Zweiteilung benutzten. In diesem feuchten Labor bildeten die Protisten alle möglichen Verbände, die meist jedoch nicht überlebten. Ein paar derartige Aggregate erwiesen sich aber als vorteilhaft und entwickelten sich weiter.

Die vielzelligen eukaryotischen Lebensformen gingen vermutlich aus kleinen Klonen hervor, deren Zellen sich nicht trennten, nachdem sie durch wiederholte Zellteilung aus einer einzigen Vorläuferzelle entstanden waren. Zusammengehalten wurden sie entweder durch Verbindungen zwischen den Zellen oder über eine gemeinsame äußere Wand oder Hülle. Vereinfacht gesagt, führte der erste Mechanismus zu Tieren und der zweite zu Pflanzen und Pilzen. In dieser Aufteilung spiegeln sich entscheidende Unterschiede der Lebensweise wider. Die heterotrophen Tiere mußten Freiheit und Beweglichkeit bewahren, um ihre Beute zu fangen, auch wenn die Beweglichkeit mit größerer Empfindlichkeit verbunden war. Die phototrophen Pflanzen dagegen brauchten nur Sonnenlicht (und gelöste mineralische Nährstoffe) einzufangen und konnten es sich leisten, unbeweglich zu bleiben, ja es gereichte ihnen sogar zum Vorteil, wenn sie auf Dauer an einem günstigen Platz verharrten. Die Pilze entwickelten eine Abfallverwertungs-Heterotrophie: Sie bauten abgestorbene Lebewesen mit ausgeschiedenen Verdauungsenzymen ab und konnten die Beweglichkeit zugunsten einer schützenden Umhüllung aufgeben. Wegen dieser grundlegenden Unterschiede schlug jedes der drei Organismenreiche einen anderen Evolutionsweg ein.

Am einfachsten läßt sich die Frühgeschichte der Pflanzen rekonstruieren,[2] denn es gibt noch heute Arten, die vermutlich für die aufeinanderfolgenden Evolutionsstadien repräsentativ sind. Doch es liegt eine Gefahr darin, von der Gegenwart auf die Vergangenheit zu schließen. Die heute lebenden, vermeintlichen «fehlenden Verbindungsglieder» entwickelten sich alle über lange Zeiträume hinweg und gleichen möglicherweise in keiner Hinsicht ihren entfernten Vorfahren. Man ist sogar geneigt zu sagen, daß sie ihren Vorfahren vermutlich gar nicht ähneln können. Wären sie sonst nicht von der natürlichen Selektion ausgemerzt worden? Das ist in der Tat ein Problem, allerdings kein unüberwindliches. Nach den heutigen Vorstellungen der Evolutionsforscher ist Veränderung keine unabdingbare Voraussetzung der Evolution, sondern sie stellt sich nur ein, wenn sie von den äußeren Bedingungen – meist durch eine Umweltveränderung – erzwungen wird. Eine gut an ihre Umgebung angepaßte Lebensform kann so lange unverändert bestehen, wie ihre ökologische Nische gleich bleibt. Und selbst eine schlecht angepaßte Form überlebt unter Umständen unendlich lange, wenn sie nur schwache Konkurrenz hat. Der innere Widerstand der Natur gegen Veränderungen zeigt sich auch daran, daß viele Protisten nur von Fall zu Fall auf die sexuelle Fortpflanzung zurückgreifen.

Algen und Seetang

Erinnerungen an die frühe Geschichte vielzelliger Pflanzen findet man heute in den artenreichen Gruppen der Algen und Tange, von den winzigen Lebewesen, die für die Grünfärbung so manchen Tümpels verantwortlich sind, bis zu den dicken, braunen Tangstreifen, die Küstenfelsen mit einer glitzernden Mähne bedecken und im Auf und Ab der gewaltigen Brandung wogen oder, so die Sage, unvorsichtige Seeleute umgarnten, die sich in die Sargassosee wagten. Es gibt in der Evolution mindestens drei Abstammungslinien der Algen, in denen jeweils eine andere phototrophe Cyanobakterienart als Endosymbiont aufgenommen wurde. Es sind in der Reihenfolge ihres Auftretens die Rot-, Braun- und Grünalgen. Mit wenigen Ausnahmen, die durch den späteren Rückzug ins Parasitenleben bedingt sind, handelt es sich bei allen um phototrophe Organismen, die Sauerstoff produzieren. Bei allen enthalten die Chloroplasten grünes Chlorophyll, aber mit unterschiedlichen Mengen an Hilfspigmenten mit verschiedenen Farben.

In jeder der drei Gruppen findet man eine große Vielfalt an Größen, Formen, chemischen Zusammensetzungen, Stoffwechseltypen, Entwicklungsabläufen und Fortpflanzungsverhalten. Ein gemeinsames Merkmal ist die äußere Zellwand aus Kohlenhydratpolymeren, darunter Cellulose, ein Polymer der Glucose, das in der gesamten Pflanzenwelt eine große Rolle für die Struktur spielt, und verschiedene zähflüssige oder gummiartige Substanzen, von denen manche industriell verwendet werden. Wenn Sie Speiseeis lutschen, kann es gut sein, daß das glatte Gefühl, das Ihrem Gaumen schmeichelt, durch Alginsäure entsteht, einem Kohlenhydratpolymer, das aus bestimmten Tangarten gewonnen wird.

Morphologisch sind die vielzelligen Algen in der Regel einfach aufgebaut: Oft bestehen sie aus verzweigten Fäden, manchmal auch aus flächigen Blättern, die nicht über ein Gefäßsystem verbunden sind. Zu ihren wichtigsten spezialisierten Teilen gehören Verankerungsorgane, sogenannte Haftfäden, mit denen sich viele Seetangarten an festen Unterlagen anheften, sowie luftgefüllte Schwimmblasen und primitive Geschlechtsorgane. Das Fortpflanzungsverhalten der Algen ist sehr unterschiedlich und läßt sich in einer Komplexitätsskala einordnen, die oft als Zusammenfassung der Evolutionsgeschichte der Fortpflanzungsfunktion bezeichnet wird.

Alle Algen können sich sexuell fortpflanzen, wobei zwei haploide Keimzellen oder Gameten (von griechisch *gamos* = Ehe) zur diploiden Zygote (von griechisch *zygos* = Joch) verschmelzen. Haploide Zellen besitzen einen einfachen Chromosomensatz, bei diploiden ist er doppelt vorhanden. Bei der einfachsten und vermutlich ältesten Form der sexuellen Fortpflanzung sehen beide Gameten gleich aus. Oft sind sie beweglich und auf den Flagellenantrieb angewiesen, um sich zu finden. Andere haben die Beweglichkeit verloren und werden durch entsprechend angepaßte äußere Umhüllungen in Kontakt gebracht. Am anderen Ende des Spektrums zeigen die Gameten einen ausgeprägten Geschlechtsdimorphismus: Die einen sind klein und tragen Flagellen, wie männliche Samenzellen, die anderen sind groß, unbeweglich und angefüllt mit Nährstoffen, wie die weiblichen Eizellen. In der Regel werden beide Arten von Gameten von derselben Pflanze produziert; solche Organismen nennt man Hermaphroditen, eine Bezeichnung, die sich aus den Namen des griechischen Gottes Hermes und der Göttin Aphrodite herleitet.

Aus der Meiose, jener Form der Zellteilung, bei der durch Halbierung der Chromosomenzahl aus diploiden Zellen haploide entstehen, gehen bei den Algen nur in wenigen Fällen unmittelbar die Keimzellen hervor. Die ersten haploiden Zellen, die sich bilden, heißen Sporen, und sie machen häufig mehr oder weniger komplizierte Vermehrungs- und Entwicklungsstadien durch, bevor sie schließlich die Gameten hervorbringen. In der Extremform dieses Wachstumsprinzips ist der Organismus in allen Lebensphasen haploid, mit Ausnahme der Zygote, die sofort nach ihrer Entstehung die Meiose durchläuft. Aber man kennt auch das andere Extrem, das heißt einen Organismus, der mit Ausnahme der Gameten vollständig diploid ist. In vielen Fällen liegen die wirklichen Verhältnisse irgendwo zwischen diesen Extremen. Eine Spore entwickelt sich zu einem haploiden Organismus, der Gameten hervorbringt; diese verschmelzen zur Zygote, die zu einem diploiden Organismus wird, und wenn dieser Organismus haploide Sporen bildet, beginnt der ganze Zyklus wieder von vorn. Die haploiden und diploiden Organismen sehen oft ähnlich aus. Das Prinzip, der sogenannte Generationswechsel, ist charakteristisch für viele Algen und wurde in unzähligen Variationen zu einem Leitmotiv pflanzlichen Lebens.

Moose besiedeln das Land

Algen sind zwar einfach gebaut, aber sie sind hervorragend an ihre wäßrige Umgebung angepaßt und gedeihen dort prächtig, seit es sie gibt. Was veranlaßte einige von ihnen, ihren angenehmen Lebensraum zu verlassen und sich den harten Bedingungen an Land auszusetzen? Mögliche Ursachen sind Überbevölkerung, Verdrängung durch erfolgreichere Arten oder übermäßiges Abweiden durch Tiere, aber überzeugend sind solche Erklärungen nicht. Die Wahrscheinlichkeit des Mißerfolgs war so gewaltig, daß eigentlich nur eine Situation auf Leben oder Tod den Übergang erklären könnte. Höchstwahrscheinlich wurden manche Gewässer vom Ozean abgeschnitten und trockneten allmählich aus, so daß nur diejenigen Formen überleben konnten, denen es gelang, sich an die zunehmende Trockenheit anzupassen.

Es war eine allmähliche Anpassung, entsprechend der langsam abnehmenden Feuchtigkeit in den Küstengebieten. Die am wenigsten angepaßten Formen blieben besonders nahe am Wasser; die am besten angepaßten entfernten sich am weitesten davon. Zunächst wurden die Pflanzen noch durch Gezeiten und Brandung vorübergehend mit Wasser und Mineralstoffen versorgt; die erste Hürde bestand also darin, das Austrocknen zwischen den Nässephasen zu vermeiden. Einen Selektionsvorteil besaßen dabei Pflanzen, bei denen sich eine undurchlässige, wachsartige Außenschicht, die Cuticula, entwickelt hatte. Eingeschränkt wurde dieser Vorteil allerdings von der Notwendigkeit der Nährstoffaufnahme. Abwandlungen, die es den Pflanzen ermöglichten, mineralstoffbeladene Feuchtigkeit aus dem Boden aufzunehmen, wurden deshalb ebenso von der natürlichen Selektion begünstigt wie Öffnungen in der Cuticula, die Vorläufer der heutigen Spaltöffnungen, mit denen die phototrophen Zellen das Kohlendioxid aus der Atmosphäre besser absorbieren und Sauerstoff abgeben konnten. Nützlich waren auch Ausstülpungen der Oberfläche, mit denen sich die Pflanzen im Boden festhalten konnten, so daß der Wind sie nicht von der lebenswichtigen Feuchtigkeit wegtrug. Manche dieser Auswüchse dienten gleichzeitig der Aufnahme von Nährstoffen; als Rhizoide bildeten sie die Vorläufer der Wurzeln.

Und noch eine letzte Entwicklung war erforderlich, damit sich die Pflanzen an Land endgültig festsetzen konnten. Ihre Fortpflanzung mußte ohne im Wasser lebende Vorläuferzellen vonstatten gehen können. Mit dem Generationswechsel stand der Evolution dafür der geeignete Mechanismus zur Verfügung. Die haploiden Sporen entwickelten eine Schutzhülle und dienten als Mittel der Verbreitung durch die Luft. Im Boden konnten die geschützten Sporen im Ruhezustand verbleiben, bis eine ausreichende Feuchtigkeitsmenge die Keimung auslöste. Die haploiden Pflanzen, die aus den keimenden Sporen hervorgingen, produzierten bewegliche männliche Gameten und unbewegliche weibliche Eizellen in benachbarten Strukturen, die so feucht gehalten wurden, daß die männlichen Gameten zu den Eizellen schwimmen und sie befruchten konnten. Die dabei entstehenden diploiden Zygoten brachten dann, nachdem sie eine verkürzte Entwicklungsphase durchgemacht hatten, wieder haploide Sporen hervor. Dank dieser Anpassung bedeckten nun primitive Moose die Küsten mit einem grünen, weichen Teppich, der sich immer weiter ins Landesinnere erstreckte, je mehr ihre Rhizoide in den Boden eindrangen, um Wasser und Mineralien aufzunehmen.

Offensichtlich gelang es nur der grünen Form der Algen, das trockene Land zu besiedeln. Dazu paßte sich ihr ursprünglicher Algenbauplan allmählich immer weiter an. Man kann den ganzen Evolutionsverlauf mit kleinen Neuerungen oder Variationen an diesem Bauplan erklären, wobei jeder Schritt durch eine bessere Fähigkeit, an Land zu überleben und sich fortzupflanzen, begünstigt wurde. Die ständig weiter zurückweichende Wasserlinie schuf einen beträchtlichen Selektionsdruck zugunsten solcher Abwandlungen, die in einer wäßrigen Umgebung kaum von Nutzen gewesen wären. Hier zeigt sich deutlich, wie stark Umweltfaktoren die Richtung der Evolution beeinflussen und welche inneren Beschränkungen eine Entwicklung im Rahmen des vorhandenen Körperbauplans erzwingen.

Sobald eine erfolgreiche Überlebensstrategie entwickelt ist, läßt der umweltbedingte Selektionsdruck nach, während sich innere Beschränkungen stärker auswirken. Dann folgt eine vorwiegend sekundäre Ausbreitung, die Besiedelung einer immer größeren Zahl ökologischer Nischen durch eine Auseinanderentwicklung in den Details. Aus diesem Grund gedeihen die Moose noch heute, aufgespalten in etwa 15 000 verschiedene Arten, die an ein breites Spektrum von Klimabedingungen von, den Tropen bis zur Arktis, angepaßt sind und sich an den verschiedensten Unterlagen festhalten, von den wassergetränkten Baumrinden im Regenwald bis zu nacktem Fels.

Gefäße: eine entscheidende Neuerwerbung

Die ersten Landpflanzen waren im wesentlichen auf feuchte Standorte an den Küsten beschränkt, so daß noch weite Gebiete auf dem trockenen Land öde blieben und für die Besiedelung zur Verfügung standen. Die Eroberung dieser Wüsten vollzog sich Zentimeter für Zentimeter durch mutierte Pflanzen, deren Wurzelsysteme sich allmählich immer tiefer in den Boden eingruben und so Wasser und Mineralstoffe wirksamer aufnehmen konnten. Diese Entwicklung war von mehreren weiteren Veränderungen begleitet. Der Körper der

Pflanzen polarisierte sich in zwei Wachstumszonen: unter der Erde die farblosen Wurzelspitzen und über der Oberfläche die grünen Knospen, die durch ein System von Stengeln verbunden waren. Gleichzeitig entwickelten die Pflanzen ein Gespür für die Erdschwerkraft (Geotropismus) und nahmen meist eine aufrechte Haltung ein. Und was schließlich am wichtigsten war: Es entstanden Leitkanäle, in denen Wasser und Mineralstoffe aus dem Boden durch die Wurzeln zu den anderen Teilen der Pflanze fließen konnten, während die organischen Produkte der Photosynthese, die in den grünen Teilen entstanden, in die Wurzeln und andere farblose Abschnitte transportiert wurden. Dank dieser Gefäßbildung konnten die Pflanzen größer werden, und die lichtsammelnden, photosynthetisch aktiven Teile wurden in einem verzweigten System abgeflachter Blätter ausgebreitet. Damit war ein wichtiger Evolutionsschritt vollzogen.

Bei der Fortpflanzung durchliefen die ersten Gefäßpflanzen, wie ihre Vorläufer, abwechselnd eine haploide und eine diploide Generation. Als Mittel zur Verbreitung dienten haploide Sporen; das Schwergewicht verschob sich allerdings deutlich vom haploiden zum diploiden Zustand. Während bei den Moosen, wie bei vielen Algen, die haploide, gametenproduzierende Form vorherrschte, war bei den ersten Gefäßpflanzen die diploide, sporenproduzierende Form am auffälligsten. Nachdem die ausgestreuten Sporen im Boden gekeimt waren, entstanden am Ende einer unauffälligen, oftmals unter der Erde ablaufenden Entwicklungsphase wieder die Gameten. Diese vereinigten sich dann zur diploiden Zygote, aus der die eigentliche Pflanze hervorging und oft eine beträchtliche Größe erreichte.

Mit solchen Entwicklungen war alles bereit für eines der schicksalsträchtigsten Ereignisse im Epos des Lebens. Vor etwa 400 Millionen Jahren drang die grüne Armee von den Ozeanen aus in großem Umfang an Land vor, unterstützt von geographischen und klimatischen Veränderungen, die sich zu jener Zeit abspielten und zu denen die Pflanzen selbst durch das dem Boden entzogene Wasser beitrugen. Die Atmosphäre wurde feuchter, es regnete mehr, und der Boden konnte das Wasser besser festhalten. Alle möglichen Bakterienarten begleiteten die Eindringlinge, und bald folgten ihnen die ersten landlebenden Tiere und Pilze, die das Biotop weiter bereicherten. Die Pflanzen wurden größer und brachten eine widerstandsfähige Polymerverbindung hervor, das Lignin, mit dem sie harte Stämme bilden konnten. Bäume tauchten auf, die bis zu 15 Meter hoch wurden und einen Durchmesser von einem Meter erreichten. Große Landflächen wurden zu gewaltigen tropischen Sümpfen, und die dort beheimatete reichhaltige Vegetation wuchs viel schneller heran als die heterotrophen Lebewesen, die sich von ihr ernährten. Die abgestorbenen Überreste dieser Pflanzen sammelten sich an und wurden zu Stein – so entstanden die gewaltigen Lager mit kohlenstoffreichem Material, das wir heute als Kohle abbauen. Aus diesem Grund bezeichnet man die geologische Epoche, die vor 360 Millionen Jahren begann, als solche Sümpfe gediehen, auch als Karbonzeit.

Die meisten Pionierpflanzen, die damals das Land eroberten, sind seit langem ausgestorben. Ihre nächsten lebenden Verwandten sind den Fossilfunden zufolge die Schachtelhalme (*Equisetum*), die Bärlappgewächse oder Lycopodien, mit deren puderartigen, brennbaren Sporen man in meiner Jugend Ungeheuer auf der Bühne in feurige Schleier hüllte, und insbesondere die Farne, von denen man heute etwa 9000 Arten kennt. Diese Pflanzen sind aber nur noch ein schwacher Abglanz ihrer früheren Pracht, überlebende Überbleibsel einer vergangenen Epoche. Wie kam es zu ihrem Niedergang? Die Ursache waren, wie bei den meisten Umwälzungen in der Evolution, geographische und klimatische Veränderungen.

Die Krise im Perm und die Bildung von Samen

Nach 50 Millionen Jahren einer auffallend erfolgreichen Entwicklung trockneten die Sümpfe der Karbonzeit allmählich aus, und ihre Wälder schwanden dahin. Nicht nur die Landpflanzen wurden zu jener Zeit ausgelöscht, sondern auch ein großer Teil des Lebens im Meer – es war die große Krise im Perm, vermutlich das größte Massenaussterben in der Geschichte des Lebens auf der Erde (als Perm bezeichnet man die Zeit vor 286 bis 250 Millionen Jahren).[3] Die Hauptursache dieser Katastrophe war wahrscheinlich die Bewegung der Landmassen, die sich alle zu dem riesigen Kontinent Pangäa vereinigten. Das Innere dieser Fläche wurde zu einer gewaltigen, vom Meer abgeschnittenen Wüste, ähnlich wie die heutige Wüste Gobi. Außerdem kühlte sich das Klima stark ab, vielleicht aufgrund katastrophaler Vulkanausbrüche im heutigen Sibirien, die den Himmel verdunkelten und das Sonnenlicht abschirmten. Pangäa lag zu einem beträchtlichen

Teil im Südpolargebiet und war von einer dicken Eiskappe bedeckt. Gletscher säumten die Küsten und bildeten gefrorene Riffe, und in regelmäßigen Abständen brachen riesige Eisberge ab, die von den Strömungen weggetragen wurden und das Meer bis in die Tropen hinein abkühlten. Der Meeresspiegel fiel, und das Sonnenlicht, das auf die Erdoberfläche fiel, ging zu einem großen Teil durch Reflexion verloren. Die Erde befand sich in der strengsten Eiszeit ihrer Geschichte.

Als Reaktion auf diesen verheerenden Umbruch setzten die Pflanzen nun nicht mehr Sporen, sondern Samen zur Verbreitung ein. Noch wahrscheinlicher ist, daß es bereits einige samenproduzierende Arten gab, die sich aber zunächst nicht durchsetzen konnten; erst die veränderten Umstände machten diese Eigenschaft lebenswichtig, denn sie ermöglichte das Überleben auch da, wo die sporentragenden Pflanzen sich nicht halten konnten.

Der Übergang von Sporen zu Samen bedeutete auch die Emanzipation des Weiblichen. Den ersten Schritt hatten manche Sporenpflanzen, wie beispielsweise die Bärlappgewächse, bereits vollzogen: Auf der Ebene der Sporen wurden die Geschlechter getrennt. Jetzt brachte nicht mehr ein einziger Sporentyp einen haploiden hermaphroditischen Organismus hervor, der beide Arten von Gameten produzierte, sondern zwei Sporentypen entwickelten sich zu Gebilden, die unterschiedliche Gameten produzierten. Aus den großen Makrosporen wurden weibliche Organismen, die kleinen Mikrosporen wuchsen zur männlichen Pflanze heran. Anschließend mußten die Samenzellen des männlichen Organismus eine weibliche Pflanze finden, um deren Eizellen befruchten zu können. Der weitere Ablauf vollzog sich genauso wie bei den zwittrigen Arten: Die befruchtete Eizelle entwickelte sich zu einem frühen Embryo, der schließlich in den Boden gepflanzt wurde.

Die Trennung begünstigte die Fortpflanzung unter verschiedenen Individuen gegenüber der mit Gameten des gleichen Organismus, die einen Hauptnachteil der Zwittrigkeit darstellt. Jetzt waren Experimente mit allen nur denkbaren diploiden Genomkombinationen möglich. Gleichzeitig sanken aber die Chancen für die Befruchtung. Dieser Nachteil wurde im nächsten Evolutionsschritt beseitigt, als der Ort der Befruchtung vom Boden in die Pflanze selbst verlegt wurde. Die Makrosporen wurden nicht mehr abgegeben, um im Boden zu keimen, sondern sie reiften an der Pflanze heran, und zwar in der

Samenanlage, einem besonderen Organ, in dem sich die Eizellen mit einer Kapsel aus Nährstoffen und Schutzstrukturen entwickelten.

Die männlichen Sporen wurden weiterhin ausgeschüttet und als Pollenkörner vom Wind verweht, aber sie waren jetzt so programmiert, daß sie ihre Reifung nur in einer passenden Samenanlage vollenden konnten. Als Ausgleich für das Zufallselement bei dieser Art der Verbreitung produzierten die Pflanzen eine Unmenge von Pollenkörnern. Landete eines von ihnen auf einer Samenanlage, reifte es zur Samenzelle heran, die dann in die Samenanlage eindrang und die Eizelle befruchtete. Die so entstandene Zygote entwickelte sich zu einem frühen Embryo; in einem bestimmten Stadium kam diese Entwicklung zum Stillstand, und die Samenanlage schloß sich um ihren Inhalt. Der so geschützte, ruhende Embryo war das Samenkorn, das verbreitet wurde.

In den ausgestreuten Samen schützte die äußere Hülle den Embryo vor Kälte und Trockenheit, so daß er auf günstige Bedingungen warten konnte, um dann seine Entwicklung wieder aufzunehmen und die Schutzhülle zu durchbrechen. Die ebenfalls im Samen enthaltenen Reservesubstanzen lieferten die Nährstoffe, die der Embryo brauchte, bis er die ersten kleinen Wurzeln und Blättchen gebildet hatte und selbst für sein weiteres Wachstum sorgen konnte. Für eine Pflanze, die in einem Sumpf lebte, wäre diese Anpassung kaum von Nutzen gewesen, aber bei widrigen geographischen und klimatischen Bedingungen konnte sie das Überleben der Art sichern. Samen sind widerstandsfähigere Verbreitungseinheiten als Sporen; sie können extremen physikalischen Bedingungen über Monate, Jahre und sogar Jahrhunderte hinweg widerstehen – den Rekord halten Lotossamen aus einer Torflagerstätte in der Mandschurei mit über 1000 Jahren.[4] Kommt dann ein günstiger Augenblick – und sei er auch noch so kurz –, können sie keimen und heranwachsen.

Nachdem die frühere Fülle der sporentragenden Pflanzen durch Dürre und Kälte dezimiert war, besiedelte eine zweite Welle die unwirtlichen Landschaften von Pangäa, diesmal ausgestattet mit widerstandsfähigen Samen anstelle von Sporen. Zu den Abkömmlingen dieser zweiten Gruppe gehören die heute ausgestorbenen Samenfarne oder Farnsamer, die palmenähnlichen Cycadeen, die Ginkgobäume und insbesondere die Kiefern, Fichten, Zypressen, Mammutbäume und andere Nadelgehölze. Zusammen bilden diese Pflanzen die Abteilung der Nacktsamer oder Gymnospermen (griechisch *gym-*

nos = nackt und *sperma* = Samen). In Wirklichkeit sind ihre Samen in den seltenste Fällen nackt; man nennt sie so, um sie von den Angiospermen (griechisch *aggeion* = Hülle) oder Bedecktsamern zu unterscheiden, deren Samen in Früchte eingeschlossen sind.

Blüten und Früchte: der krönende Abschluß

Die Bedecktsamer sind die am höchsten entwickelte und verbreitetste Form pflanzlichen Lebens auf der Erde. Ihre Ausbreitung über die Kontinente begann vor etwa 100 Millionen Jahren. Zu jener Zeit hatte sich Pangäa nach Norden bewegt und war in mehrere Landmassen zerbrochen, die in ihre heutigen Positionen trieben. Wie die neuen Pflanzen entstanden, weiß niemand genau, aber man kann es sich ausmalen. In jener fernen Zeit erlebte eine Samenpflanze eines Tages eine Mutation, durch die den Blättern um die Geschlechtsorgane herum das Chlorophyll fehlte; sie wurden weiß oder vielleicht auch gelblich oder rosa, falls sie noch andere Pigmente enthielten. Die einheitlich grüne Landschaft der frühen Felder und Wälder war übersät mit hellen Tupfen, und die wirkten wie Leuchtfeuer auf Insekten, die genetisch darauf programmiert waren, sich in Richtung des Lichtes zu bewegen. Wegen dieses glücklichen Umstandes wurde der genetische Unfall für die Pflanze zu einem Vorteil. Bei ihren Besuchen sammelten die Insekten auf ihrem Körper Pollenkörner von den männlichen Organen der Pflanze und ließen einige davon wieder auf die weiblichen Organe fallen. Die mutierte Pflanze wurde nun häufiger bestäubt, und damit wuchs ihr Fortpflanzungserfolg. Den Insekten nützte die Mutation der Pflanze ebenfalls: Sie wurden zu dem nahrhaften Nektar dirigiert und vermehrten sich lebhaft. Nachdem dieser neue Evolutionsprozeß in Gang gekommen war, setzte er sich unaufhaltsam fort. Durch weitere Mutationen entwickelten die Pflanzen neue Formen und Farben sowie eine Vielzahl von Düften, die nicht nur alle möglichen bestäubenden Insekten anzogen, sondern auch andere Tiere, beispielsweise Vögel und Fledermäuse. Diese Beziehung war die bislang weitreichendste, die Tiere und Pflanzen zu beiderseitigem Nutzen entwickelt hatten; und sie führte dazu, daß die grünen Flächen der Erde mit zahllosen farbigen Flecken gesprenkelt wurden. Die Blüten waren geboren.

Wichtigste Eigenschaft der Blüten ist, daß sie zu Früchten werden. Dieser Begriff bezeichnet nicht nur die Orangen, Weintrauben, Äpfel, Pflaumen, Beeren und anderes Obst, das wir als «Früchte» bezeichnen; er umfaßt vielmehr auch Nüsse, Getreideähren, mit Erbsen gefüllte Schoten und die vielen geflügelten oder flaumigen Schaukelschiffchen, die Bäume und Sträucher an Sommertagen dem Wind anvertrauen. Eine Frucht kann man definieren als einen oder mehrere Samen, die in eine Hülle eingeschlossen sind – allerdings kann man auch unbefruchtete Blüten dazu veranlassen, kernlose Orangen und Trauben für anspruchsvolle Verbraucher zu produzieren. Diese Hülle, die vom weiblichen Teil der Blüte stammt, unterscheidet Nacktsamer von Bedecktsamern. Sie besteht aus einer Schutzschicht und Nährgewebe. Ihre Entstehung verdankt sie einem besonderen Vorgang, der sogenannten doppelten Befruchtung, die man nur bei Blütenpflanzen findet. Eine männliche Samenzelle verschmilzt mit der Eizelle zur Zygote, aus der der Embryo hervorgeht, und eine zweite Samenzelle verbindet sich mit einer diploiden Zelle im weiblichen Teil der Blüte. Die triploide Zelle, die bei dieser zweiten Befruchtung entsteht, entwickelt sich zur Fruchthülle. So entsteht ein Grundthema, das die Evolution zur Freude unserer Sinne außerordentlich vielfältig variiert hat.

In dieser neuen Evolutionsphase erlangten Pflanzen, bei denen männliche und weibliche Organe in einer einzigen Blüte zusammenstanden, einen Selektionsvorteil. Allerdings wurde dieses Bauprinzip nie allgemeinverbindlich. Es gibt auch Pflanzen mit getrennten Geschlechtsorganen und sogar solche mit zwei verschiedenen Formen, die jeweils nur männliche oder weibliche Organe tragen (Zweihäusigkeit). An dem großen Bestäubungsspiel beteiligen sich viele verschiedene Insektenarten und andere Tiere, und die Blüten besitzen eine verblüffende Vielfalt spezialisierter Köder und Fallen, mit denen sie dafür sorgen, daß der Pollen seinen Bestimmungsort erreicht.

Die Entwicklungsgeschichte der Pflanzen wird in Abbildung 19.1 zusammengefaßt; sie zeigt in stark schematisierter Form, wie entscheidende Mutationen in «Schlüsselorganismen» zu bedeutenden Evolutionsfortschritten führten. Die Nachkommen der unmutierten Formen liefern uns Aufschlüsse über die Eigenschaften der Arten an den Verzweigungspunkten, denn diese sind die letzten Vorfahren, die sie mit den höher entwickelten Arten gemeinsam haben.

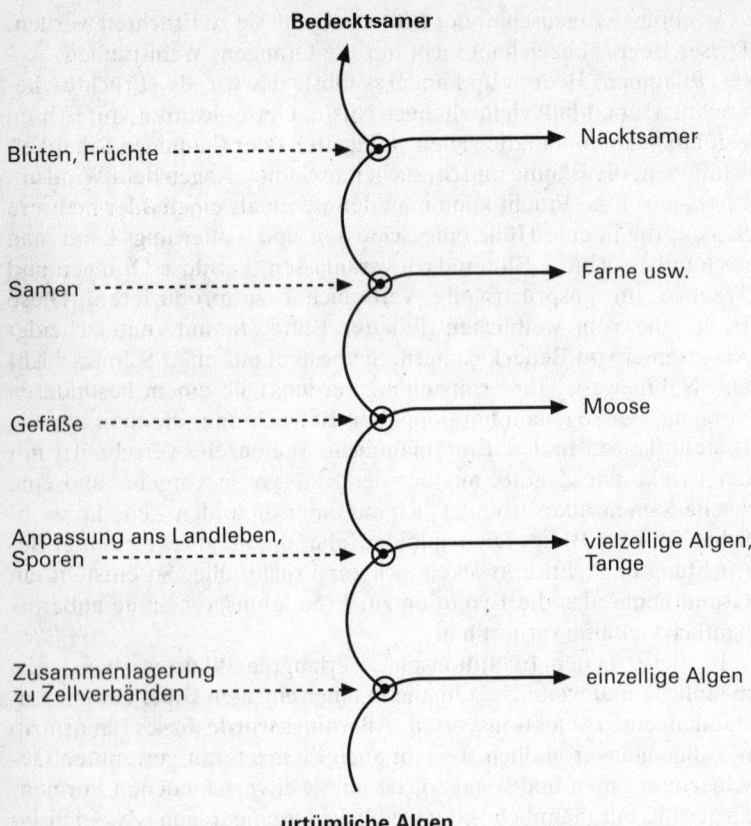

Bedecktsamer

Blüten, Früchte ----------→ Nacktsamer

Samen ----------→ Farne usw.

Gefäße ----------→ Moose

Anpassung ans Landleben, Sporen ----------→ vielzellige Algen, Tange

Zusammenlagerung zu Zellverbänden ----------→ einzellige Algen

urtümliche Algen

19.1 Die Evolution der Pflanzen im Überblick.
Die Abbildung zeigt die wichtigsten Schritte auf dem Weg der Pflanzen zu immer größerer Komplexität. An jeder Gabelung zweigt von der unmutierten Linie – dem nach rechts gebogenen Pfeil – ein Evolutionszweig ab, der durch Mutation die links angegebene Veränderung des Körperbauplans durchgemacht hat. Die durchgezogenen Linien führen zu den heutigen Abteilungen beziehungsweise Organisationsstufen des Pflanzenreiches.

Aktivitäten im Untergrund

Als die Pflanzen das Land besiedelten, folgte ihnen bald auch eine ganze Schar von Abfallverwertern. Diese opportunistischen Miteroberer, Verwandte der einzelligen Hefen, ähnelten primitiven Pflanzen: Sie bildeten verzweigte Röhrenstrukturen, sogenannte Hyphen, die durch widerstandsfähige Kohlenhydratpolymere geschützt waren, und vermehrten sich durch Sporen; aber sie waren farblos und lebten ausschließlich heterotroph. Im Gegensatz zu anderen heterotrophen Arten waren sie unbeweglich und konnten keine Beute einfangen; zu ihrem Lebensunterhalt waren sie ausschließlich auf eine urtümliche Form der äußeren Verdauung angewiesen. Sie hefteten sich eng an ihre pflanzlichen Begleiter oder an die Überreste abgestorbener Pflanzen, und dabei verstärkten sie den Halt manchmal durch winzige Wurzeln; ihre Unterlage griffen sie mit sehr wirksamen Verdauungsenzymen an, die ihre Zellen ausschieden, und die löslichen Verdauungsprodukte nahmen sie mit ihrer Oberfläche auf.

Diese primitive und scheinbar recht unsichere Lebensweise wurde zu einer bemerkenswert erfolgreichen Strategie und bildete die Lebensgrundlage für die über 200000 Arten aus der großen Gruppe der Pilze (Oberbegriff Mycota, von griechisch *mykes* = Pilz); zu ihr gehören Hefen, Schimmelpilze, Rostpilze, Brandpilze, Champignons, Knollenblätterpilze, Boviste und eine Fülle weiterer Pilze. Lange Zeit ordnete man sie dem Pflanzenreich zu und hielt sie für degenerierte Pflanzen, die ihre Chloroplasten verloren hatten, aber heute gelten die Pilze als eigenes Organismenreich, das vom Tier- und Pflanzenreich abgegrenzt ist. Im Gegensatz zur früheren Ansicht sind die Pilze, wie sich inzwischen durch molekulare Sequenzanalyse herausgestellt hat, mit den Tieren enger verwandt als mit den Pflanzen.[5]

Pilze sind vor allem Abfallverwerter und spielen für die Wiederverwertung der Bioelemente eine wichtige Rolle. Eine ganze Reihe von ihnen lebt parasitisch – solche Arten verursachen bei Pflanzen, und seltener auch bei Tieren, verschiedene Krankheiten. Andere nutzt man seit langem wegen ihrer Fähigkeit, verschiedene Gärungsvorgänge zu katalysieren, zum Beispiel für die Herstellung von Brot, Käse und alkoholischen Getränken. Die schlimmen und machmal tödlichen Erfahrungen unachtsamer Pilzesser und die umgekehrten Erlebnisse der Millionen Patienten, die durch Penicillin und andere aus Pilzen gewonnenen Antibiotika gerettet wurden, sind ein deutliches Zeichen für die chemische Vielseitigkeit der Pilze. Viele von ihnen leben vorwiegend unter der Erde und machen nur dann auf sich aufmerksam, wenn sie plötzlich eine Fortpflanzungsstruktur, den Fruchtkörper, hervorbringen, der sich aus dem Boden erhebt und seine Sporen ausstreut. Manche Arten sind eine dauerhafte symbiontische Beziehung mit Algen eingegangen und bilden die Flechten, eine der widerstandsfähigsten Lebensformen.

Der Körperbauplan der Pilze ist einfach geblieben: Sie bestehen im wesentlichen aus einem Geflecht verwobener Hyphen, das man als Mycel bezeichnet. Ein solches Geflecht kann eine große Ausdehnung erreichen und sich über mehrere Quadratkilometer erstrecken. Die Zellkerne der Pilzmycelien sind immer haploid, aber die Zellen besitzen oft zwei Kerne wie *Giardia*, der älteste bekannte Eukaryot. Die Ursache: Bei der sexuellen Fortpflanzung tritt zwischen der Verschmelzung der Zellen und der Zellkerne eine Verzögerung ein, die oft recht lang sein kann und unter Umständen mehrere Zellteilungen und andere Entwicklungsvorgänge überdauert. Bei Pflanzen und Tieren folgen beide Ereignisse dagegen während der Befruchtung sehr schnell aufeinander. Schließlich verschmelzen aber auch bei den Pilzen die Zellkerne; der dabei entstehende diploide Zellkern tritt anschließend fast sofort in die Meiose ein und läßt wieder haploide Zellkerne entstehen. Das Erbgut dieser Kerne ist neu geordnet, weil sie in der Meiose das Chromosomen-Rearrangement durchgemacht haben, das in der Evolution den Hauptvorteil der sexuellen Vermehrung darstellt. Die in der Meiose entstandenen einkernigen, haploiden Zellen bringen Sporen hervor, die ausgestreut werden und die Art weiterverbreiten.

Die Sporenbildung (Sporulation) ist im Leben der meisten Pilze das wichtigste Ereignis. Sie ist von der Entwicklung besonderer Strukturen begleitet, für die die Speisepilze das eindrucksvollste Beispiel darstellen. In manchen Fällen sind diese Organe so gebaut, daß sie die Sporen kraftvoll ausstoßen und in der Umgebung verstreuen können. Die berühmteste Pilzspore wurden an einem Septembermorgen des Jahres 1928 von dem Schimmelpilz *Penicillum notatum* freigesetzt und landete auf einer Bakterienkultur im Labor des schottischen Mikrobiologen Alexander Fleming im St. Mary's Hospital in London. Die Spore wuchs zu einer flaumigen, grünlichen Kolonie heran, die alle Mikroorganismen in ihrer Umgebung abtötete, so daß auf dem Nährboden ein durchsichtiger runder Fleck entstand, den Fleming

glücklicherweise bemerkte. Das Endergebnis war 15 Jahre später
– dank der hartnäckigen Bemühungen des australischen Pathologen
Howard Florey und des aus Deutschland emigrierten und später in
Großbritannien eingebürgerten Ernst Chain – die Wunderarznei
Penicillin. Sie verdankt ihre Entwicklung aber auch den besonderen
Umständen des Zweiten Weltkrieges, der einen außergewöhnlichen
Geld- und Kraftaufwand rechtfertigte; in Friedenszeiten hätte man
diesen Aufwand möglicherweise nie getrieben.[6]

20 Die ersten Tiere

Zu der Zeit, als sich die einzelligen phototrophen Algen zu den ersten einfachen Tangarten zusammenfanden, führten die zufälligen Folgen von Mutationen auch bei den heterotrophen Protisten dazu, daß diese die Vor- und Nachteile vielzelliger Verbände erlebten; die endgültige Beurteilung blieb der natürlichen Selektion überlassen. Da heterotrophes Leben ganz überwiegend von dem Bedürfnis nach Nahrung bestimmt ist, wurde die Evolution der Tiere von anderen Selektionsvorteilen vorangetrieben als die der Pflanzen; entscheidend waren hier die verbesserte Nahrungsbeschaffung und die Fortpflanzung durch kooperative Zusammenlagerung von Zellen.

Das Ergebnis ist eine verblüffende Vielfalt von Lebensformen, die durch die gemeinsamen Anstrengungen der Systematik, der vergleichenden Anatomie und Physiologie, der Paläontologie und in jüngerer Zeit auch der Biochemie und Molekularbiologie zu einem gewaltigen Stammbaum zusammengestellt wurden; dieser Stammbaum spiegelt die Evolutionsgeschichte der lebenden und der ausgestorbenen Tiere wider.[1]

Phylogenie und Ontogenie

Den ersten genau ausgearbeiteten Stammbaum der Tiere zeichnete im 19. Jahrhundert der deutsche Naturforscher und Philosoph Ernst Haeckel, ein früher, begeisterter Jünger Darwins, der es meisterhaft verstand, spärliche Fakten zu gewagten, überzeugenden Verallgemeinerungen zu verweben. Die berühmteste derartige Regel ist in dem Satz ‹Die Keimesgeschichte ist ein Auszug der Stammesgeschichte› – bekannter in der Formulierung «Die Ontogenie ist eine Wiederholung der Phylogenie» – zusammengefaßt, das heißt, Tiere machen während ihrer Embryonalentwicklung (der Ontogenie) nacheinander mehrere Stadien durch, die den Stadien ihrer Evolutionsgeschichte (der Phylogenie) ähneln. Diese Behauptung, die auch als «biogenetische Grundregel» bekannt ist,[2] darf man zwar nicht wörtlich nehmen, aber sie enthält eine tiefe Wahrheit. Wie die jüngsten Erkenntnisse der Molekularbiologie gezeigt haben, ist Entwicklung der entscheidende Schlüssel zur Evolution der Tiere, die vorwiegend aus genetischen Veränderungen des Körperbauplans bestand.

Hier muß ich einem möglichen Mißverständnis vorbeugen. Wenn wir den Evolutionsstammbaum der Tiere in einer graphischen Darstellung betrachten, sieht es häufig so aus, als habe unsere Abstammungslinie verschiedene Stadien durchlaufen, die die Form von Schwämmen, Quallen, Würmern, Weichtieren und so weiter hatten. Diese Sichtweise ist falsch. Die Tiere, die uns heute vertraut sind, stellen die letzten Verzweigungen des Stammbaums dar, sie sind das Endprodukt einer langen Entwicklungsgeschichte. *Unsere frühen Vorfahren machen den Stamm des Baumes aus.* Um sie zu rekonstruieren, müssen wir im Geiste von den Zweigen aus über immer wichtigere Abzweigungen rückwärts gehen, bis wir zu einer größeren Gabelung gelangen, an der sich ein bedeutender Hauptast vom Stamm trennte. Die Formen, die wir dort finden, sind beträchtlich weniger spezialisiert als die an den Zweigen. Diese «Lebewesen an den Gabelungen» sind definitionsgemäß die Vorläuferpopulationen, die sich durch Mutation in zwei Gruppen aufspalteten; diese Gruppen trennten sich dann und entwickelten sich in unterschiedlichen Richtungen weiter. In der Regel hatten die Entwicklungsrichtungen mit unterschiedlichen Lebensräumen zu tun, die jeweils einer Gruppe gegenüber der anderen einen höheren Fortpflanzungserfolg verschafften. Ein solcher Ast bildete dann weitere komplizierte Verzweigungen, die schließlich zu einer heute lebenden Tiergruppe führten. Die andere Richtung bildete die Fortsetzung des Stamms, von dem sich bei der nächsten Gabelung wiederum ein neuer Hauptast trennte. Die Abfolge dieser Lebewesen an den Gabelungen ist unsere Ahnenreihe, die wir rekonstruieren müssen.

Es ist ein unsicheres Unternehmen, denn wir kennen vom Stammbaum des Lebens nur die Astspitzen, die noch leben, und spärliche fossile Überreste, deren Position im Baum oft schwer festzustellen ist. Dank der vergleichenden Sequenzanalyse sind wir heute dennoch in der Lage, mit immer noch begrenzter, aber ständig wachsen-

der Zuverlässigkeit den Abstand zu bestimmen, der zwei Äste von
ihrer letzten gemeinsamen Gabelung und dem dort stehenden Lebewesen trennt.

Das Erwachen tierischen Lebens

Das erste erfolgreiche Experiment mit Zellverbänden, das Spuren
hinterlassen hat, unternahmen die ältesten Vertreter aus der Familie
der Choanoflagellaten, heterotrophe, aerobe Protisten mit einer einzigen Flagelle. Ihren Namen tragen sie, weil die Flagelle an der Unterseite eines Trichters (griechisch *choanos*) entspringt, der dem Sammeln von Nahrung dient. Solche Zellen dürften sich zunächst zu einer
Hohlkugel zusammengelagert haben, in der sie sich gemeinsam fort-
bewegten und ernährten.[3]

Im Laufe der Zeit wurde aus der Kugel durch weitere Mutationen
ein winziges, pfannkuchenförmiges Gebilde mit doppelter Wand, bei
dem Rücken und Bauch aus unterschiedlichen Zelltypen bestanden.
Die dicke ventrale (an der Bauchseite gelegene) Schicht diente dem
Kriechen und der Nahrungsbeschaffung; die dünnere dorsale (am
Rücken befindliche) Lage war zum Schutz und zum Schwimmen da
(Abbildung 20.1). Manchmal hob das Tier seine Mitte vom Meeres-
boden ab, so daß ein einfacher Hohlraum für die Nahrung entstand.
Wie die Protisten, aus denen dieser Organismus hervorgegangen war,

20.1   Einige wichtige Schritte in der Evolution der Tiere.
Oben erkennt man den entwicklungsgeschichtlichen Übergang von einer
kugelförmigen Einzelzellschicht zu einem primitiven Vertreter der Placozoa,
der als abgeflachter Beutel mit einem differenzierten Entoderm auf der
Bauchseite und einem Ektoderm auf dem Rücken zum Vorläufer aller Diploblasten wurde; später entstand aus einer Vertiefung in der Mitte der Verdau-
ungshohlraum, der mit Entodermzellen ausgekleidet war. Unten sind einige
frühe Schritte bei der Entstehung der Triploblasten aus den Diploblasten gezeigt: 1. Entwicklung einer dritten Zellschicht, des Ektoderms, das den Körperinnenraum (Coelom) auskleidet; 2. Verlängerung des Körpers und Entstehung der zweiseitigen (bilateralen) Symmetrie; und 3. Umwandlung der
Verdauungshöhle in einen Verdauungskanal, der schließlich an beiden Enden
offen ist und mit Mund und After eine Richtung besitzt.

konnte er sich unter bestimmten Bedingungen, beispielsweise bei Übervölkerung, sexuell fortpflanzen. Zu diesem Zweck produzierte er große, mit Nährstoffen beladene Eizellen, die nach der Befruchtung freigesetzt wurden und sich zu einem Abbild des Ausgangsorganismus entwickelten.

Dieser Ablauf zeigt, wie die grundlegenden Merkmale der Vielzelligkeit – Zusammenlagerung zu Verbänden, Differenzierung, Musterbildung und ein im Genom angelegter Körperbauplan – im Tierreich zum ersten Mal Wirklichkeit geworden sein könnten. Die

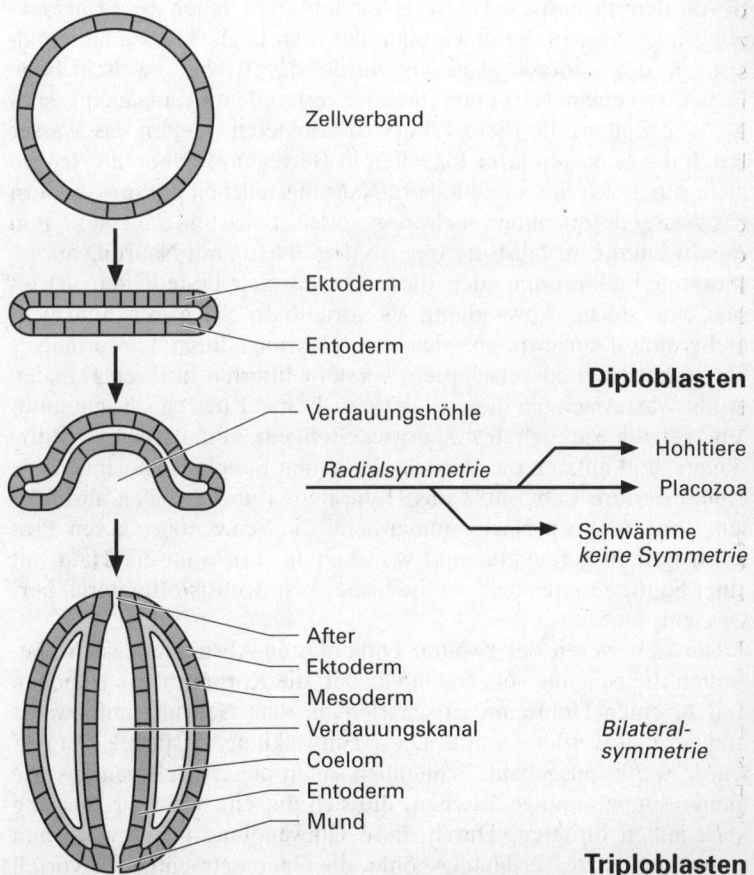

Zellverband

Ektoderm

Entoderm

Diploblasten

Verdauungshöhle

Radialsymmetrie → Hohltiere

→ Placozoa

→ Schwämme
keine Symmetrie

After
Ektoderm
Mesoderm
Verdauungskanal   *Bilateral-*
symmetrie
Coelom
Entoderm
Mund

Triploblasten

Vorgeschichte ist Phantasie, nicht aber das Ergebnis, denn es gründet sich auf eine Beschreibung des Organismus *Trichoplax adhaerens* aus dem kleinen Stamm der Placozoa; dieser Stamm gehört zur größeren Gruppe der Diploblasten, die die urtümlichsten bekannten Formen tierischen Lebens umfaßt. Die Bezeichnung Diploblasten bezieht sich auf den zweischichtigen Aufbau der Körpers; die eine Schicht, Ektoderm genannt, leitet sich von der Dorsalschicht des Vorläuferorganismus ab, die andere, das Entoderm, stammt von der Bauchseite und entwickelte sich zu einer Schleimhautauskleidung der Verdauungshohlräume.

Von dem primitiven Vorläufer-Diploblasten gehen zwei Entwicklungslinien aus. In der einen blieb der ursprüngliche Bauplan erhalten, in der anderen dagegen wurde das flache, zweischichtige Gebilde zu einem Netz untereinander verbundener Kanäle umgestaltet. Die Zellen, die diese Kanäle auskleideten, hielten das Wasser durch das Schlagen ihrer Flagellen in Bewegung; dabei filterten sie nicht nur Bakterien und kleinere Nahrungsteilchen heraus, sondern das Wasser lieferte ihnen auch anorganische Salze und Sauerstoff, und es schwemmte Abfallstoffe weg. In dem dürftig mit Nahrung ausgestatteten Lebensraum, den diese Organismen besiedelten, erwies sich eine solche Abwandlung als vorteilhaft. Sie waren nun nicht mehr darauf angewiesen, sich ihre Nahrung durch schwerfälliges Umherkriechen zu verschaffen, sondern filterten in ihren Kanälen große Wassermengen durch. Da sie nicht mehr beweglich sein mußten, setzten sie sich fest, entwickelten ein umfangreiches Stützskelett, und nutzten die Vorteile des neuen Bauplans aus, indem sie kompliziertere Labyrinthe aus Hohlräumen und Kanälen ausbildeten. Ihre heutigen Nachkommen sind die Schwämme, deren Proteinskelett in gereinigter und verarbeiteter Form unsere Haut mit einer Sanftheit streichelt, an die bisher kein Kunststoffmaterial heranreicht.

Die Lebewesen der zweiten Diploblasten-Abstammungslinie behielten die Neigung von *Trichoplax* bei, die Körpermitte anzuheben und so einen Hohlraum zu schaffen, in dem Nahrung aufbewahrt und verdaut werden konnte. Diese Entwicklung verstärkte sich und wurde weiter ausgebaut. Schließlich sahen die Organismen aus wie kleine doppelwandige Taschen, die sich mit einem engen Ausgang nach außen öffneten. Durch diese Umwandlung besaßen sie nun eine abgegrenzte Verdauungshöhle, die einen beträchtlichen Vorteil darstellte, vorausgesetzt, es gelangte ausreichend Nahrung hinein. Diesem Erfordernis dienten weitere Mutationen, durch die der Rand der Öffnung mit Vorrichtungen zum Einfangen der Nahrung ausgestattet wurde. Das Ergebnis war eine kleine, primitive Meduse, der gemeinsame Urahn von Hydren, Polypen, Seeanemonen, Quallen und ihren Verwandten, die man zusammen als Coelenteraten oder Hohltiere bezeichnet.

Daß diese Tiere verwandt sind, ja daß es sich überhaupt um Tiere handelt, ist mit bloßem Auge nicht unbedingt zu erkennen. Bei näherem Hinsehen bemerkt man jedoch, daß aus den unzähligen kleinen Kammern eines Korallenriffs oder aus dem Stamm einer Seeanemone kleine Gebilde herausschauen, die nach dem gleichen allgemeinen Bauplan konstruiert sind wie eine portugiesische Galeere. Es gibt auch mehrere Arten, die zwischen den Formen des festsitzenden Polypen und der frei herumschwimmenden Meduse hin- und herwechseln.

Der Körper dieser Organismen ist radialsymmetrisch aufgebaut; die in der Mitte liegende Verdauungshöhle ist mit der Außenwelt über eine einzige Öffnung verbunden, die als Mund und After dient. Um die Öffnung herum sind verschiedenartige Tentakel mit beißendem und manchmal tödlichem Gift angeordnet; sie dienen dazu, die Beute einzufangen und in den Körperinnenraum zu ziehen, wo sie verdaut wird. Die Überreste werden durch dieselbe Öffnung wieder ausgestoßen. Diese Tiere setzen sich aus mehreren differenzierten Zelltypen zusammen, darunter manchmal auch Muskel- und Nervenzellen. Sie sind so ausgestattet, daß sie schwimmen und mit der Strömung treiben können. Manche von ihnen besitzen zur aktiven Bewegung auch eine Art Düsenantrieb, der durch Zusammenziehen der zentralen Körperhöhle entsteht. Die Fortpflanzung erfolgt sexuell mit typischen Samen- und Eizellen. Die meisten Arten sind Zwitter, bei manchen gibt es aber auch getrennte männliche und weibliche Formen.

Schwämme, Hohltiere und einige andere mit ihnen verwandte Tiere sind das heutige Ergebnis des Diploblasten-Experiments. Ihre Vorfahren teilten sich die Meere vor etwa 600 bis 700 Millionen Jahren nur mit Algen und Seetang – und mit einer Fülle von Mikroorganismen. Falls ihre damalige Vielfalt mit der heutigen in irgendeiner Form vergleichbar war, hätte es so viele von ihnen gegeben, daß ein Taucher seine Freude gehabt hätte. Man braucht nur einmal einen tropischen Unterwasser-«Tierpark» zu besuchen und die Fische, Krebse und andere Schalentiere, die Würmer, die Tintenfische und die Weichtiere mit harter Schale links liegenzulassen; was bleibt, ist ein Anblick, wie die Unterwasserlandschaft ihn in jenen frühen Tagen der Tierevolution geboten haben dürfte – und vielleicht wäre er bis heute so geblieben, hätte nicht eine weitere Mutation die Entwicklung eines neuen Körperbauplans in Gang gesetzt.

Die Stunde der Würmer

Der neue Bauplan war durch zwei wichtige Veränderungen gekennzeichnet (siehe Abbildung 20.1). Erstens wurde aus der Radial- eine Bilateralsymmetrie: Der Körper war nicht mehr rund, sondern länglich, und aus dem Hohlraum für die Nahrung wurde ein Kanal, der anfangs blind endete und später an beiden Enden offen war, so daß die Polarität von Mund und After eine gerichtete Passage der Nahrung und ihre allmähliche Verdauung ermöglichte. Mit diesen Veränderungen entstand auch der Kopf, und dort ballten sich in der Nähe des Mundes immer mehr Nervenzellen zu den ersten Ansätzen eines Gehirns zusammen; außerdem erschienen gut entwickelte Ausscheidungs- und Fortpflanzungsorgane auf der Bildfläche.

Vor, während oder nach dieser Entwicklung – über den zeitlichen Ablauf wissen wir nichts – entstand aus der ventralen Zellschicht (dem Entoderm) des ursprünglichen Diploblasten eine dritte Lage Zellen, das Mesoderm; damit war der charakteristische dreischichtige Bauplan der Triploblasten geschaffen, die heute den größten Teil der Tierwelt ausmachen.[4]

Diese neuen Organismen, die immer noch einen weichen Körper besaßen, hinterließen keine Fossilien. Versteinerter Schlamm, der über 600 Millionen Jahre alt ist, hat jedoch ihre Spuren, Wege und Höhlen festgehalten, so daß wir Anzeichen für ihre frühere Bedeutung und Vielfalt erkennen können. Ihre einfachsten heutigen Nachkommen sind die Plattwürmer, von denen sich einige an eine parasitische Lebensweise angepaßt haben, so daß das Verdauungssystem verkümmerte; in diese Gruppe gehören die Bandwürmer, die im Verdauungstrakt von Säugetieren leben, und die Schistosomen oder Hakenwürmer, die schwere Tropenkrankheiten hervorrufen. An

nächster Stelle stehen die Schnurwürmer (Nemertini), heute die urtümlichsten Tiere mit durchlaufendem Verdauungskanal, und eine
Reihe anderer wurmähnlicher Tiere, darunter die Rundwürmer oder
Nematoden, die überall vorkommen und als die weltweit am stärksten
verbreitete Tiergruppe gelten. Zu den Nematoden gehören auch
mehrere parasitische Formen, die ihre ökologische Nische im Inneren
der Säugetiere gefunden haben, darunter die über 30 Zentimeter langen Spulwürmer (Ascariden), die im Darm von Pferden gedeihen, die
Madenwürmer, die vielen Eltern kleiner Kinder vertraut sind, und die
gefährlichen Erreger so gefürchteter Krankheiten wie Trichinose,
Ankylostomiasis (Grubenwurm-Krankheit) und verschiedener Fila-
riosen (z. B. Elephantiasis tropica).

Den Körperbauplan dieser niederen Würmer bezeichnen die Zoo-
logen verständlicherweise als primitiv, denn bei Insekten, Fischen,
Vögeln und Säugetieren gibt es wesentlich raffiniertere. Hätte jedoch
jemand in jener fernen Zeit die Ozeane erforscht, wären sie ihm als
Wunderwerke von außerordentlicher Kompliziertheit erschienen.
Einen kleinen Eindruck von dieser bemerkenswerten Komplexität
kann man sich verschaffen, wenn man den winzigen Fadenwurm
Caenorhabditis elegans betrachtet, der derzeit das am besten erforschte Tier überhaupt ist.[5] Er besteht aus genau 959 Zellen, und
jede einzelne davon hat man genau lokalisiert und über acht bis 17
Mitose-Teilungszyklen bis zu ihrer Entstehung aus der Eizelle zurück-
verfolgt. In vielen Untersuchungen wurde aufgeklärt, wie das im Genom der Eizelle festgelegte Programm diese Entwicklung steuert.
Man erzeugte alle möglichen Mutationen, tötete einzelne Zellen mit
einer winzigen Laserkanone ab, nahm feinste chirurgische Eingriffe
vor und deckte mit diesen Verfahren das System genetischer Schalter
auf, die den Ablauf des Entwicklungsprogramms bestimmen; dabei
konnte man die rätselhaften Signale identifizieren, die jede der 959
Zellen dazu veranlassen, sich in der vorgegebenen Weise zu differen-
zieren und den richtigen Platz einzunehmen. Das Bild, das sich daraus
ergibt, ist verblüffend in seiner komplexen Präzision, und bevor man
es völlig versteht, werden noch Jahre der Forschung vergehen.

Das «innere Milieu» und die Sauerstoff-Connection

Die Rundwürmer standen in noch unvollkommener Form am Beginn einer höchst bedeutsamen Evolutionsentwicklung, nämlich der Öffnung einer inneren Körperhöhle, die man auch Coelom nennt (von griechisch *koilos* = hohl). Die Nahrungshöhle, ob mit einem oder zwei Ausgängen, ist keine echte innere Körperhöhle, denn sie steht mit der Außenwelt in Verbindung. Beim Coelom ist das nicht der Fall. Es ist in seiner einfachsten Form ein doppelwandiger Hohlraum, der vollständig mit Mesodermzellen ausgekleidet ist (also mit Zellen der dritten Schicht, durch die sich Triploblasten von Diploblasten unterscheiden); es trennt sozusagen den Verdauungskanal aus Entoderm von der Haut aus Ektoderm (siehe Abbildung 20.1). Im menschlichen Körper machen Bauch- und Brusthöhle den Hauptteil des Coeloms aus; seine Mesodermschicht bildet das Bauchfell (Peritoneum), das die Bauchorgane einhüllt, und das Brustfell (Pleura), das die Lunge umschließt.

Das Coelom und der Einbahn-Verdauungskanal vom Mund zum After waren entscheidende Erweiterungen des triploblastischen Grundbauplans. Mit ihnen konnte die Evolution ein weitaus größeres Möglichkeitenspektrum ausprobieren, und in der Folge entstand eine Fülle neuer Meerestiere, von denen manche zum ersten Mal auch harte Körperteile besaßen. Diese Periode, in der plötzlich fossile Überreste in großer Zahl und Verschiedenartigkeit auftauchen, wird in der Paläontologie als «kambrische Faunenexplosion» oder Radiation bezeichnet.[6] (Das Kambrium ist die geologische Epoche vor 600 bis 520 Millionen Jahren.) Viele Fossilien aus dieser Zeit gehören zu bizarren, seit langem ausgestorbenen Tierarten.

Was könnte die Ursache dieser plötzlichen Vermehrung sein, und wie paßt sie in den allgemeinen Rahmen der Evolution der Tiere? Ein Faktor, wenn auch vielleicht nicht der einzige, war nach Ansicht des Wissenschaftlers Andrew H. Knoll von der Harvard University[7] wahrscheinlich ein Anstieg der Sauerstoffkonzentration in der Atmosphäre. Die Entwicklung der Cyanobakterien mit dem sauerstoffproduzierenden Photosystem II führte nach der Absättigung der sauerstoffbindenden Mineralien zu einem ständigen Anstieg der Sauerstoffmenge in der Atmosphäre, die ihrerseits in der Welt der Prokaryoten eine große Krise auslöste. Nachdem es die ersten an Sauerstoff angepaßten Mikroorganismen gab, wurde das Gas in immer größeren Mengen auch wieder verbraucht, bis sich schließlich ein Fließgleichgewicht mit einem stabilen Sauerstoffgehalt der Atmosphäre einstellte, bei dem sich Produktion und Verbrauch die Waage hielten. Nach Knoll lag diese Menge wahrscheinlich deutlich niedriger als der heutige Wert von 21 Prozent des atmosphärischen Drucks; zu einem zweiten bedeutsamen Anstieg kam es dann im Präkambrium, vielleicht als Folge einer starken Vermehrung eukaryotischer Algen. Die «kambrische Faunenexplosion» fällt demnach mit diesem zweiten Konzentrationsanstieg zusammen und wurde durch ihn erst möglich. Die Isotopenanalyse von Kohlenstoffablagerungen aus dem Präkambrium[8] weist tatsächlich auf eine Photosyntheseaktivität hin – bei der das leichtere Kohlenstoffisotop ^{12}C gegenüber dem schwereren ^{13}C bevorzugt benutzt wird –, die höher liegt als die Fähigkeit der aeroben Lebewesen, die produzierte organische Substanz zu oxidieren. Durch dieses Ungleichgewicht dürfte der Sauerstoffgehalt der Atmosphäre insgesamt gestiegen sein.

Wie Knoll jedoch ausdrücklich betont, ist diese Erklärung nur eine Hypothese. Ein Zusammenhang zwischen der «kambrischen Faunenexplosion» und dem Sauerstoff erscheint jedoch naheliegend. Die Ursache der plötzlich gestiegenen Artenvielfalt könnte aber auch darin liegen, daß nicht mehr Sauerstoff vorhanden war, sondern daß die Tiere ihn besser verwerten konnten. Möglicherweise spielen auch beide Faktoren eine Rolle. Alle Tiere sind völlig auf Sauerstoff angewiesen. Diese Abhängigkeit führt für Meerestiere zu starken Beschränkungen, denn sie müssen den benötigten Sauerstoff aus dem umgebenden Wasser aufnehmen, das ihn seinerseits aus der Atmosphäre bezieht. Da Sauerstoff in Wasser nur schlecht löslich ist, brauchen die Wassertiere einerseits eine gute Versorgung mit sauerstoffhaltigem Wasser und andererseits die Hilfsmittel, um ihn dem Wasser effizient entziehen zu können. Diploblasten und primitive Triploblasten sorgen zur Deckung dieses Bedarfs für eine ständige schnelle Strömung durch ihren Körper, wobei praktisch jede Zelle unmittelbar mit dem fließenden Wasser in Berührung kommt. Höhere Meerestiere könnten jedoch nicht ohne einen Mechanismus überleben, mit dem sie dem Wasser den Sauerstoff entziehen und das lebenswichtige Gas in alle Körperteile transportieren. Bevor kompliziertere Lebewesen entstehen konnten, mußte die Evolution die Entwicklung eines solchen Mechanismus abwarten. Nachdem es ihn in wirksamer Form gab, konnte die weitere Entwicklung sehr schnell ablaufen, und so kam es zur «Explosion».

Die Evolution löste das Problem der Sauerstoffversorgung mit dem, was der große französische Physiologe Claude Bernard[9] im 19. Jahrhundert als «inneres Milieu» bezeichnete, nämlich mit einer speziell zusammengesetzten Flüssigkeit im Körperinneren, die alle Zellen eines Organismus umspülte. Dank dieser Flüssigkeit konnte der Sauerstoff, den die unmittelbar mit dem Meerwasser in Kontakt stehenden Zellen aufnahmen, an tieferliegende Zellschichten weitergereicht werden. Drei Errungenschaften machten diesen Transport effizienter: 1. die Ausbildung von Kiemen, besonderer Gasaustauschorgane aus dünnen Hautfalten mit großer Oberfläche, die einen schnellen Übergang des Sauerstoffs aus dem Wasser in die Körperflüssigkeit ermöglichten; 2. besondere Sauerstofftransportmoleküle in der Körperflüssigkeit – entweder das rote Hämoglobin, ein eisenhaltiges Häm-Protein, oder das blaue, kupferhaltige Protein Hämocyanin –, die der Flüssigkeit eine weitaus höhere Aufnahmekapazität für Sauerstoff verliehen, und 3. die Entwicklung einer Pumpe (des Herzens), die die Flüssigkeit bewegte und den Sauerstofftransport erleichterte. In seiner ältesten Form war das Herz einfach eine kontraktionsfähige Verdickung eines Rohrs, das unmittelbar mit der Hauptkörperhöhle in Verbindung stand (offener Kreislauf). Später verbanden sich die Röhren, die zum Herzen führten, zu einem zusammenhängenden System (geschlossener Kreislauf), und das innere Milieu spaltete sich in zwei Teile auf: in das kreisende Blut in den Röhren und die weniger bewegliche Lymphe, die die eigentliche Zwischenzellflüssigkeit darstellte. Wegen dieser Zweiteilung mußte das Blutgefäßsystem zwei ineinandergreifende, stark verzweigte Netze aus dünnwandigen Haargefäßen (Kapillaren) bilden, damit jeweils eine ausreichend große Oberfläche für den Sauerstoffaustausch zur Verfügung stand. Eines dieser Systeme lief durch die Kiemen und diente dazu, den Sauerstoff aus dem umgebenden Wasser ins Blut zu überführen. Das andere zog sich durch das Gewebe und ermöglichte einen effizienten Übergang des Sauerstoffs aus dem Blut zu den Zellen.

Diese Entwicklungen hatten zwei nützliche Nebeneffekte. Nährstoffe, die im Verdauungskanal aus den aufgenommenen Substanzen freigesetzt wurden, konnten gesammelt werden – was ein neues Kapillarnetz rund um den Kanal erforderte – und wurden dann im ganzen Körper verteilt. Umgekehrt sammelte das Blut auch Abfallstoffe und lieferte sie – wiederum über ein besonderes Kapillarnetz – bei spezialisierten Zellen ab, die sich zu Ausscheidungsorganen, den Nephridien oder primitiven Nieren, zusammengelagert hatten.

Die Entstehung der ersten Mechanismen zum Austausch von Sauerstoff, Nährstoffen und Abfallprodukten über ein zirkulierendes inneres Milieu kennzeichnet einen Wendepunkt in der Evolution der Tiere. Von nun an konnten die Organismen Ausmaße erreichen, die über die Dicke von ein paar Zellschichten hinausgingen, und verschiedene Organe begannen sich zu entwickeln. Die Zellen, die den Nahrungskanal auskleideten, differenzierten sich zu mehreren Typen, und manche davon bildeten eigene Organe (Drüsen), die Verdauungsenzyme herstellten und sie über Drüsengänge in den Kanal abgaben. Damit war die Sekretion geboren. Bewegliche Zellen, die in unterschiedlicher Form darauf spezialisiert waren, krankheitserzeugende Mikroorganismen abzuwehren, durchstreiften den Körper in der kreisenden Flüssigkeit und später im Blut. Das war der Beginn des Immunsystems. Da der Organismus und seine Organe immer größer und schwerer wurden, verwandelten sich manche Zellen in Aufbauzellen, die zwischen sich ein Stützgerüst aus Proteinen und Kohlenhydratpolymeren entstehen ließen. Kontraktionsfähige Zellen verbanden sich zu Muskeln, die so ausgelegt waren, daß sie koordinierte Bewegungen ausführen konnten. Auch besondere, oft sehr umfangreiche Fortpflanzungsorgane entstanden, die für die Bildung und Reifung der Gameten sorgten und durch verschiedene Mechanismen – unter anderem durch direkte Kopulation – sicherstellten, daß es zur Befruchtung kam. Und um schließlich dem wachsenden Bedarf an Steuerung und Koordination gerecht zu werden, verwoben sich Nervenzellen zu immer komplexeren Netzwerken, und gleichzeitig stellten abgewandelte Drüsenzellen chemische Botenstoffe (Hormone) her, die sie nicht in den Nahrungskanal, sondern in das innere Milieu ausschütteten.

Auf diese Weise vervollkommnete sich der Bauplan der Tiere mit seinen entscheidenden Funktionen: Nahrungsaufnahme, Verdauung und Resorption, Sauerstoffaufnahme, Abfallbeseitigung, Bewegung und Fortpflanzung; verbunden waren alle diese Vorgänge durch den Kreislauf, und der Koordination dienten das Geflecht der Nerven und die chemischen Botenstoffe. Einem neugierigen Taucher wäre die Welt der Würmer zu jener Zeit als beinahe vollständig erschienen, nur ein paar Einzelheiten hätte die Evolution hier und da noch hinzufügen müssen. Eines konnte unser Entdecker jedoch nicht vorhersehen: die kreative Kraft der Verdoppelung.

21 Tiere füllen die Meere

Das Prinzip kennt jeder Musiker: Wenn man ein gutes Thema hat, kann man es vielfach in immer neuen Variationen wiederholen und so ein prächtiges Werk schaffen. Bis zum Äußersten haben die Komponisten der seriellen Musik dieses Verfahren getrieben, indem sie in fast unmerklichen Schritten von einer Variation zur nächsten übergehen. Etwas Ähnliches spielte sich auch bei der Evolution der Tiere ab. Nachdem der Grundbauplan fertig war, bestand der weitere Fortschritt in Verdoppelungen und Variationen dieses einmal vorhandenen Musters.

Vervielfachung des Körpers: der Weg zu Neuerungen

Der erste Schritt in der neuen Richtung bestand in einer bemerkenswerten genetischen Modifikation, die zur Bildung eines Tieres aus vielen Segmenten führte; es sah aus wie eine Kette aus einfachen Würmern, die mit winzigen Verbindungen hintereinander aufgereiht waren. Jeder Abschnitt dieses seltsamen Geschöpfes war selbst ein fast vollständiger Organismus mit Nahrungskanal, zwei Nephridien, einem Kreislauf mit einem Paar Kiemen, die in seitlichen Körperauswüchsen lagen, männlichen und weiblichen Geschlechtsorganen, einem bruchstückhaften Nervensystem, das von einer zentralen Gruppe von Nervenzellen (einem Ganglion) ausging, Ring- und Längsmuskeln sowie einer verstärkten Außenhaut, der Cuticula. Die Segmente waren durch unvollständige Einschnürungen getrennt und wurden vor allem von vier Strukturen zusammengehalten: von der Haut, von dem durchlaufenden Nahrungskanal, von zwei großen Blutgefäßen auf der Bauch- und der Rückenseite des Tieres sowie von einem Nervenstrang, der die Ganglien verband. Kopf und Schwanz sahen bei dieser frühen Form genauso aus wie die übrigen Abschnitte.

Dieses Lebewesen war eindeutig aus mehreren gleichartigen Exemplaren hervorgegangen, die nun an den Enden verbunden waren. Ein Molekularbiologe, der zu jener Zeit auf die Erde gekommen wäre, hätte aber die meisten Gene dieses Organismus nur in einzelnen Kopien entdeckt. Nur wenige nebeneinanderliegende Gene waren in der gleichen Zahl vorhanden wie die Körpersegmente, und sie lagen auch im Chromosom in der gleichen Reihenfolge wie die Segmente in dem Lebewesen. Die Proteinprodukte, die bei der Translation dieser Gene entstanden, waren weder Enzyme noch Strukturproteine; sie reagierten vielmehr mit anderen Genen oder Gengruppen und schalteten sie ein oder aus, das heißt, die mehrfach vorhandenen Gene gehörten zur großen Kategorie der Regulationsgene und steuerten in dem unsegmentierten Vorläuferorganismus zentrale Schaltvorgänge bei der Verwirklichung des Körperbauplans. Durch Vervielfachung dieser genetischen Schalter kam es zur Wiederholung der Information und damit auch zur Wiederholung des Körpers. Anfangs waren alle Segmente gleich gebaut. Schon bald machten aber einige der vervielfachten Gene unterschiedliche Mutationen durch, so daß einzelne Segmente abgewandelt wurden. Als erstes waren die Gene an den Enden der Gengruppe von Veränderungen betroffen, so daß es zur Entwicklung eines besonderen Kopf- und Schwanzteils kam.

Von den Regulationsgenen, die an diesen Vorgängen mitwirkten, hat man einige identifiziert und sequenziert. Ihnen ist eine sehr konstante Sequenz von 180 Basenpaaren gemeinsam, die man Homöobox nennt (von griechisch *homoios* = gleich). Der Proteinabschnitt aus 60 Aminosäuren, den diese Sequenz codiert, ist in charakteristischer Weise geformt, so daß er an DNA binden kann, wie es sich für Proteine, die die Transkription bestimmter Gene beeinflussen (Transkriptionsfaktoren) gehört. Die homöotischen Gene sind sehr alt. Man hat sie nicht nur in der gesamten Tierwelt, sondern auch bei Pflanzen und Pilzen entdeckt.[1]

Die Segmentierung ist ein wichtiger Mechanismus bei der Entstehung von Vielfalt, vielleicht sogar der wichtigste in der gesamten Geschichte des Lebens. Sie war der Ausgangspunkt eines gewaltigen Kombinationsspiels mit vollständigen, ursprünglich allein lebensfähigen Bausteinen, die mutieren, verschmelzen, verschwinden, sich verdoppeln und in anderer Weise durcheinandergewürfelt werden konnten, und das alles durch die magische Wirkung einzelner oder geringfügiger genetischer Abwandlungen; so konnte die natürliche

Selektion verschiedenartigste Körperbaupläne testen. Bei der Arbeit mit der Taufliege *Drosophila*, dem wichtigsten Objekt der klassischen Genetik, zeigte sich die verblüffende kreative Vielseitigkeit dieses Spiels. Durch einzelne Mutationen in homöotischen Genen konnte man Fliegen ohne Kopf herstellen, aber auch solche mit zwei Schwänzen, mit zusätzlichen Bein- oder Flügelpaaren und seltsame Ungeheuer, denen statt Antennen Beine aus dem Kopf wuchsen. Mit den Hilfsmitteln der modernen Molekularbiologie bemüht man sich heute um die Aufklärung der bemerkenswerten molekularen Mechanismen, mit denen die homöotischen Gene die Entwicklung steuern.

Ein Heer von Wirbellosen

Die ersten Produkte des neuen Evolutionsspiels ähnelten den heutigen Ringelwürmern oder Anneliden – der Name weist darauf hin, daß ihr Körper wie eine Abfolge von Ringen aussieht (lateinisch *anulus* = Ring). Ein bekanntes Mitglied dieses Tierstammes ist der ans Landleben angepaßte normale Regenwurm; in die gleiche Gruppe gehört aber auch eine ganze Reihe von Meereswürmern, darunter einige (Federwürmer, Fächerwürmer), die in selbstgebauten, harten Röhren leben; um die Öffnung ihrer Behausung herum strecken sie hübsch gefärbte Fangarme aus, mit denen sie ihre Beute festhalten. Eine weitere Klasse der Ringelwürmer sind die Blutegel.

Die Evolution hörte aber bei dem Bauplan der Ringelwürmer mit seinen noch recht einheitlichen Wiederholungen nicht auf. Nach beträchtlichen weiteren Abwandlungen, von denen man nur wenige Zwischenstufen kennt, gelangte sie schließlich zur umfangreichsten Tiergruppe, die heute auf der Erde lebt: zu den Arthropoden oder Gliederfüßlern (*arthron* ist das griechische Wort für Gelenk, und *pod* kommt von dem griechischen Begriff für Fuß). Diese sind heute im Wasser mit den Krebstieren (Krabben, Garnelen und ähnliche) sowie den zu den Spinnenartigen gehörigen Schwertschwänzen und Seeskorpionen vertreten, an Land mit den Spinnen, Skorpionen, Zekken, Hundertfüßlern, Tausendfüßlern und vor allem mit der riesigen Gruppe der Insekten.

Wenn man sich einen Hummer oder eine Garnele ansieht, erkennt man ohne weiteres den gegliederten Körperbau, den das Tier von seinen Vorfahren geerbt hat. An jedem Segment befinden sich ein Paar Kiemen und ein Paar Beine, die allerdings in den einzelnen Abschnitten recht unterschiedlich spezialisiert sind. Vorn sind mehrere Abschnitte zum Kopf verschmolzen, und die Beine wurden zu verschiedenen Antennen, Klauen, Kauwerkzeugen und Sinnesorganen umgeformt. Die Extremitäten sind jeweils in mehrere Teile gegliedert. Körper- und Schwanzsegmente bestehen vor allem aus Muskeln, während die Verdauungsorgane hauptsächlich in der vorderen Körperhälfte angeordnet sind. Die Tiere haben einen offenen Kreislauf mit Hämocyanin als Sauerstoff-Transportprotein – im Gegensatz zu den urtümlicheren Schnur- und Ringelwürmern, deren heutige Vertreter einen geschlossenen Kreislauf besitzen und sich zum Sauerstofftransport des Hämoglobins bedienen. Der Körper der Gliederfüßler ist vollständig von einem harten Panzer aus Chitin umgeben, einem sehr widerstandsfähigen, celluloseähnlichen Kohlenhydratpolymer. Damit das Tier wachsen kann, stößt es die Schale in regelmäßigen Abständen ab. Wenn es sich gehäutet hat, ist es vorübergehend sehr verwundbar, bis ein neuer Panzer entstanden ist. Dieses weiche Stadium schätzen Krabbenliebhaber besonders.

Irgendwo auf dem Weg von den Ringelwürmern zu den Gliederfüßlern zweigte eine stärkere Abstammungslinie ab, die zum großen Stamm der Weichtiere (Mollusken) führte, mit Austern, Muscheln und vielen anderen hartschaligen Tieren, aber auch mit den ganz anders aussehenden Schnecken und Tintenfischen.

Das auslösende Ereignis, das einen segmentierten Wurm auf den Weg zu den Mollusken brachte, könnte eine Mutation gewesen sein, die einen Proteinbestandteil der Schuppenstrukturen auf dem Rücken des Tiers in die Lage versetzt, Calciumcarbonatkristalle zu bilden. Nun wurden aus den hornähnlichen Schuppen harte, mineralisierte Platten, die das Tier zusätzlich schützten und ihm sowie seinen Nachkommen einen Selektionsvorteil verschafften. Überreste dieser alten Strukturen erkennt man noch bei den Stachelweichtieren, einer Gruppe primitiver Mollusken mit länglichem Körperbau und zweiseitiger Symmetrie, einem offenen Nahrungskanal mit einem Mund am vorderen und einem After am hinteren Ende, zwei seitlichen Kiemenreihen und einer Abfolge schützender Rückenplatten, die durch Calciumcarbonateinlagerungen verstärkt sind.

Bei der weiteren Evolution dieser Urmollusken verschmolzen die Rückenplatten zu einem einzigen Panzer, die Segmentierung ging zum größten Teil verloren, und der Körper faltete und wand sich so, daß Mund, After, Kiemen sowie die Ausgänge von Ausscheidungs- und Geschlechtsorganen auf der Vorderseite des Tiers zu liegen kamen – zwischen einem Kopf mit den Ansätzen eines Gehirns und primitiven Sinnesorganen zur Wahrnehmung von Licht (Augen), Berührung (Antennen) und Schwerkraft (Otocysten) und einem muskulösen Fuß auf der Bauchseite, der der Fortbewegung diente. Im weiteren Verlauf spielte die Evolution vor allem mit der Schalenform, zur Freude der Muschelsammler und Fossilienjäger, die gleichermaßen von der Widerstandsfähigkeit der Mineralablagerungen profitieren.

Manche der vielen Schalenformen, die bei den Mollusken vorkommen, dürften einen Selektionsvorteil geboten haben, aber die meisten Varianten waren wahrscheinlich das Ergebnis von Launen der Evolution, die die Fortpflanzungsfähigkeit der Tiere nicht nennenswert beeinflußten. An dieser Tatsache zeigt sich ein wichtiger Gesichtspunkt der Evolution: Damit eine Veränderung in der natürlichen Selektion erhalten bleibt, muß sie nicht unbedingt vorteilhaft sein, insbesondere wenn keine starke Konkurrenz besteht; es reicht, wenn die Abwandlung nicht so schädlich ist, daß sie zum Untergang führt. Wichtige Entwicklungen in der Geschichte der Mollusken, die vermutlich durch positive Selektion entstanden, waren die Verdoppelung der Schale, die zu den zweiklappigen Weichtieren (Bivalvia, z. B. Miesmuscheln) führten, ihr Schrumpfen zu einer inneren Platte bei den Kalmaren und ihr völliges Verschwinden bei den Kraken.

Mit dieser skizzenhaften Übersicht über die gewaltige Welt der Mollusken, den zweitgrößten Stamm des Tierreichs mit über 50000 lebenden und fast ebenso vielen ausgestorbenen Arten, wäre die Beschreibung des tierischen Astes im Stammbaum des Lebens zu Ende – das heißt, es hätte gar keine Beschreibung gegeben, weil niemand dagewesen wäre, der sie hätte geben können –, wäre es nicht bei irgendeinem Ringelwurm oder, genauer gesagt, bei seinem Embryo zu einem erstaunlichen Austausch von Kopf und Schwanz gekommen.

Die Wende: vom «Erstmund» zum «Zweitmund»

Um diese neue, besonders folgenreiche Verzweigung am Baum des Lebens zu verstehen, müssen wir uns kurz die Embryonalentwicklung ansehen. Wie Haeckel, der als erster auf die Parallelen hinwies, stellen wir fest, daß der Embryo eines Tiers während seiner Entwicklung tatsächlich die Evolutionsgeschichte nachzuvollziehen scheint.[2] Die Zellen, die bei den ersten Teilungen der befruchteten Eizelle entstehen, bilden eine Kugel, die Blastula, aus der ein doppelwandiger Beutel (die Gastrula) mit einer einzigen Öffnung (Blastopore oder Urmund) wird. Aus dem Innenraum der Gastrula geht später der Verdauungstrakt hervor, und bei allen außer den einfachsten Tieren entsteht dabei eine zweite Öffnung, so daß aus dem Hohlraum ein Kanal wird. Nun veränderte eine Mutation den Entwicklungsvorgang – und begründete eine neue Evolutionslinie. Bei den bisher beschriebenen Tiergruppen wird die Blastopore zum Mund, und die zweite Öffnung bildet den After. Deshalb nennt man diese Arten auch Protostomier («Ur-» oder «Erstmünder»). Die historische Umkehr am Anfang der neuen Abstammungslinie führte dazu, daß die Blastopore zum After und die neue Öffnung zum Mund wurde; so entstanden die Deuterostomier («Neu-» oder «Zweitmünder»), aus denen später alle Wirbeltiere hervorgehen sollten. Möglicherweise gäbe es ohne diese schicksalsträchtige Veränderung keine Fische, keine Amphibien, keine Reptilien, keine Vögel, keine Säugetiere und keine Menschen.

In der Vergangenheit hat schon mancher Biologe darüber nachgegrübelt und sich gefragt, wie es zu diesem erstaunlich plötzlichen Wechsel im Körperbauplan kam, durch den sich der Ast der Deuterostomier vom Stamm der Protostomier abspaltete. Die Frage stellt sich heute immer noch, aber aus unseren Kenntnissen über die homöotischen Gene ergibt sich ein Hinweis auf eine mögliche Erklärung. Wenn der Kopf einer Fliege durch eine einzige Mutation eines homöotischen Gens gegen ein zweites Hinterende ausgetauscht werden kann, dann könnten eine oder mehrere solcher Mutationen auch Mund und After bei irgendeinem frühen Ringelwurm vertauscht haben. Das ist reine Spekulation, aber man kann sich kaum vorstellen, wie eine so grundlegende Veränderung des Entwicklungsprogramms sonst eingetreten sein soll, wenn nicht durch eine größere Umwälzung, wie die Mutationen homöotischer Gene sie bekanntermaßen auslösen.

Als erste Folge, die bei heutigen Organismen (den Eichelwürmern) nachzuweisen ist, führte diese Umwälzung zu einer anatomischen Veränderung, bei der die Strukturen für Nahrungs- und Sauerstoffaufnahme zusammengelegt wurden. Der vordere Teil des Nahrungskanals (der Rachen) wurde zu einer Art zweiseitigem Filter mit zwei gegenüberliegenden Reihen schmaler Schlitze, die von Kiemen gesäumt waren. Diese Kiemenspalten lagen in aufeinanderfolgenden Segmenten des Grundbauplans. Tiere, die mit der neuen Einrichtung ausgerüstet waren, nahmen große Wassermengen durch den Mund auf und stießen sie durch die Kiemenspalten wieder aus. Dabei nahmen die Kiemen den Sauerstoff aus dem Wasser auf, und die Schlitze hielten wie Filter Nahrungsteilchen zurück; verstärkt wurde dieser Effekt oft durch feine, kammähnliche Strukturen. Die Nahrung, die in den Kiemenspalten hängenblieb, wurde dann in den Verdauungskanal befördert. Diese Art der kombinierten Nahrungs- und Sauerstoffaufnahme ähnelt bis zu einem gewissen Grad dem älteren Mechanismus, mit dem Schwämme, Polypen und Quallen Wasserströmungen ausnutzen.

Die Entstehung der Wirbeltiere

Im weiteren kam es in der Evolution der Deuterostomier schließlich zur Entwicklung einer segmentierten Hohlstruktur, die sich längs über den Rücken des Tieres erstreckte und die wichtigsten Teile des Nervensystems enthielt. Wenn man an Haeckels Regel glaubt, war eines der ersten Ereignisse auf diesem Weg die Zusammenfassung der Nervenfasern in einem Neuralrohr auf der Rückenseite, das in der Embryonalentwicklung aus der Neuralleiste hervorgeht, einer Einstülpung des Ektoderms. Unter dem Neuralrohr bildete sich ein fester, widerstandsfähiger Stab, das Notochord (oder die Chorda), das typische Kennzeichen des Stammes der Wirbeltiere mit den Lanzettfischchen als ältesten Vertretern; das Notochord ist zwar im Erwachsenenalter nicht bei allen Arten vorhanden, man findet es aber zumindest in der Embryonalentwicklung. Und schließlich wurden Neuralrohr und Notochord vor etwa 500 Millionen Jahren gemeinsam von segmentierten Knorpelstrukturen umschlossen, den ersten Wirbeln.

Als wichtigsten Vorteil bot diese Entwicklung verbesserten Schutz des empfindlichen Neuralrohres durch eine feste Umhüllung. Man

braucht sich nur einmal vorzustellen, welche Gefahren unserem hoch-
empfindlichen Rückenmark drohten, wäre es nicht durch die Wirbelsäule geschützt. Beim Aufbau dieser Schutzhülle erwies sich die Segmentierung als ausgesprochen nützlich, denn die Wirbel konnten aus
hartem, unelastischem Material bestehen, ohne daß der Körper über-
mäßig steif wurde. Die unterteilte Wirbelsäule war noch so biegsam,
daß sie alle zur Fortbewegung erforderlichen Bewegungen ausführen
konnte. Das durchlaufende Notochord, das zunächst ein nützliches
Gerüst für den Aufbau der Wirbelsäule darstellte, wurde später eher zu
einem Hindernis; schließlich spielte es nur noch vorübergehend in der
Embryonalentwicklung eine Rolle, in deren Verlauf es schließlich abgebaut wurde. Aber der Vorteil der segmentierten Wirbelsäule hatte
auch seinen Preis – das wissen diejenigen, die an Bandscheibenschäden
leiden, und die schwerer betroffenen gelähmten Opfer von Wirbelsäu-
lenverletzungen. Solche Nachteile stellten aber für die Evolution keine
Belastung dar, denn sie wirkten sich erst eine halbe Milliarde Jahre
später aus, als ein paar Primaten den aufrechten Gang annahmen.

Die ersten Wirbeltiere hatten Knochen aus Knorpel und ähnelten
eher Würmern als Fischen, denn sie besaßen noch keine Kiefer und nur
Ansätze von Flossen. Den Fossilfunden zufolge handelte es sich um
bizarre, grimmig aussehende Tiere, die mit Platten gepanzert waren.
Ihre engsten lebenden Verwandten sind die Neunaugen und Inger
(z. B. Schleimaale), die sich zwar sehr von ihren entfernten Vorfahren
unterscheiden, aber noch einige ihrer primitiven Merkmale besitzen.

Die nächste größere Neuentwicklung war ein beweglicher Unter-
kiefer. Er entstand vermutlich aus Knorpelbögen, welche die vorderen Kiemenspalten stützten. Gleichzeitig wurde der Körper mit
verschiedenen Flossen ausgestattet, die von knorpeligen Knochen
versteift und von Muskeln bewegt wurden. Jetzt entwickelten sich die

21.1   Die Evolution der Wirbellosen im Überblick.
Dieses Diagramm, das Abbildung 19.1 ähnelt, zeigt die wichtigsten Schritte
auf dem Weg der Tiere zu immer größerer Komplexität, von den urtümlichen
Choanoflagellaten bis zu den ersten Wirbeltieren. An jeder Gabelung zweigt
von der unmutierten Linie – dem nach rechts gebogenen Pfeil – ein Evolutionszweig ab, der durch Mutation die links angegebene Veränderung des
Körperbauplans durchgemacht hat. Die durchgezogenen Linien führen zu
den heutigen Stämmen des Tierreiches.

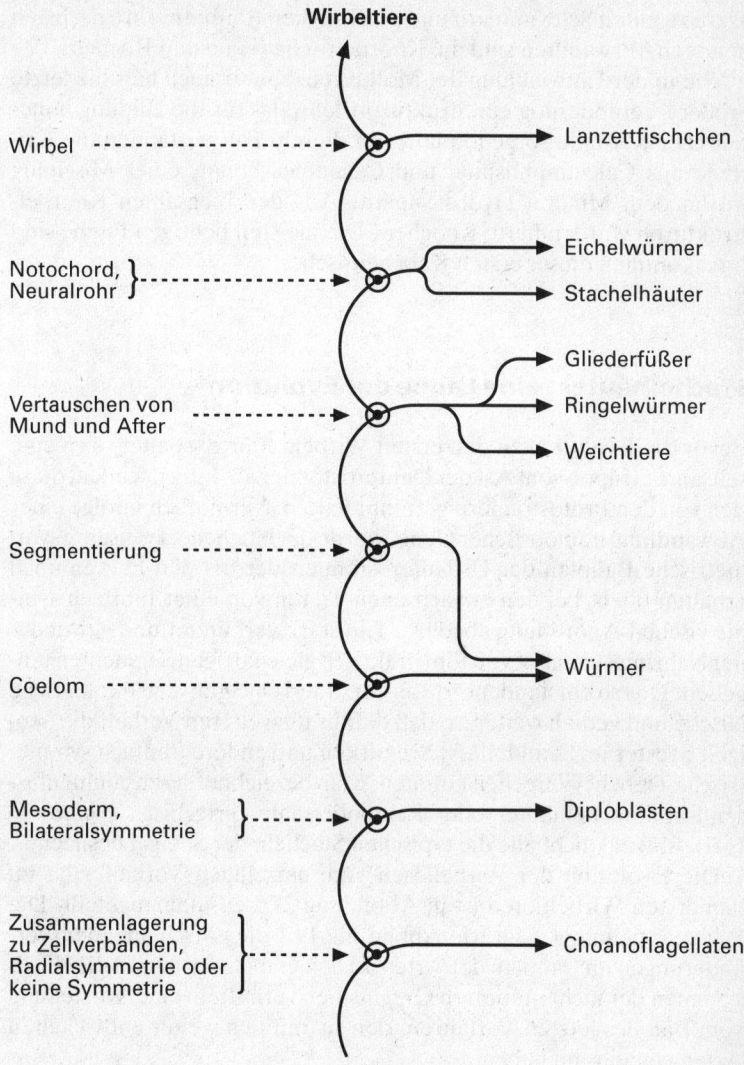

Wirbeltiere

Wirbel - - - - - - - - - - - - - ▶ ● ━━━▶ Lanzettfischchen

Notochord, } - - - - - - - - - - - ▶ ● ━━━▶ Eichelwürmer
Neuralrohr   ━━━▶ Stachelhäuter

Vertauschen von - - - - - - - - ▶ ● ━━━▶ Gliederfüßer
Mund und After   ━━━▶ Ringelwürmer
                                     ━━━▶ Weichtiere

Segmentierung - - - - - - - - - ▶ ●

Coelom - - - - - - - - - - - - - - ▶ ● ━━━▶ Würmer

Mesoderm, } - - - - - - - - - - - ▶ ● ━━━▶ Diploblasten
Bilateralsymmetrie

Zusammenlagerung
zu Zellverbänden, } - - - - - - ▶ ● ━━━▶ Choanoflagellaten
Radialsymmetrie oder
keine Symmetrie

urtümliche Protisten

Tiere zu guten Schwimmern und gefährlichen Räubern. Ihre nächsten heutigen Verwandten sind die Knorpelfische (Haie und Rochen).

Wie in der Entwicklung der Mollusken, so war auch hier die letzte größere Veränderung ein Strukturprotein, das für die Bildung mineralischer Kristalle sorgen konnte. In diesem Fall bestanden die Kristalle aus Calciumphosphat und Calciumcarbonat, einer Mischung wie in dem Mineral Hydroxyapatit. Aus den biegsamen Knorpelstrukturen wurden harte Knochen. Die meisten heutigen Fische sind Nachkommen dieser ersten Knochenfische.

Stachelhäuter: eine Laune der Evolution

Bevor die Evolution zu den ersten Wirbeln führte, spaltete sich eine seltsame Gruppe vom Ast der Deuterostomier ab, kurz nachdem diese sich von den Protostomiern getrennt hatten. Vermutlich infolge einer Abwandlung homöotischer Gene, wurde der längliche, zweiseitig symmetrische Bauplan der Urdeuterostomier, der bei den Larven noch erhalten blieb, bei den erwachsenen Tieren von einer fünffach symmetrischen Anordnung abgelöst: Ein stark verkürzter und gewundener Nahrungskanal ist von fünf praktisch gleichartigen Segmenten umgeben. Das so entstandene «Monster» fand eine günstige ökologische Nische und gedieh weiter, so daß daraus im weiteren Verlauf die Seeigel, Seesterne, Sanddollars, Seegurken und andere fünffach symmetrische Tiere hervorgehen konnten. Man bezeichnet sie zusammenfassend als Stachelhäuter oder Echinodermata (griechisch *echinos* = Igel), obwohl nicht alle die typischen Stacheln der Seeigel besitzen.

Die Evolution der Wirbellosen vom einzelligen Vorläufer bis zu den ersten Wirbeltieren ist in Abbildung 21.1 zusammengefaßt. Die Schemazeichnung zeigt wie Abbildung 19.1 die entscheidenden Veränderungen im Bauplan der Arten an den Gabelungen, und die Nachkommen der nicht mutierten Organismen vermitteln eine Vorstellung vom Bau des letzten Vorfahren, den sie mit den weiter entwickelten Arten gemeinsam haben.

22 Die Tiere verlassen das Meer

Nachdem Pflanzen und Pilze vor 400 Millionen Jahren mit der Besiedelung der Landflächen begonnen hatten, entstanden auch für die Tiere neue Weidegründe, eine Gelegenheit, die sie nicht lange ungenutzt ließen. Abwandlungen, die in früheren Zeiten für die wasserlebenden Tiere keinen Nutzen gehabt hätten, gereichten ihnen jetzt in der veränderten Umgebung zum Vorteil. Um von der reichhaltigen Nahrungsquelle der Landpflanzen zu profitieren, brauchten die ans Wasser angepaßten Tiere mehrere neue Fähigkeiten: Sie mußten dem Wasserverlust widerstehen, atmosphärischen Sauerstoff zum Atmen benutzen, sich an Land fortbewegen können (wenn ihnen die Mittel dazu bisher gefehlt hatten) und sich außerhalb des Wassers fortpflanzen. Diese Anpassung geschah allmählich, und zwar zunächst an den Küstensäumen und in Sumpfgebieten, die noch vorübergehend unter Wasser standen. Mit Ausnahme der niederen Wirbellosen entwickelten die meisten Gruppen der Meerestiere irgendeine Lösung für das Problem, an Land zu leben. Ich möchte hier nur zwei solche Gruppen genauer beschreiben: die Insekten und die Wirbeltiere, die zusammen den größten Teil der an Land lebenden Tierwelt ausmachen.

Insekten und ihre Anverwandten: die großen Landeroberer

Am einfachsten hatten es die Gliederfüßler, denn sie besaßen bereits eine wasserdichte Außenschicht und funktionsfähige Beine. Ihre empfindlichen Kiemen hätten der Austrocknung jedoch nicht lange widerstehen können. Deshalb «erfanden» die Gliederfüßler zur Nutzung des Sauerstoffs dünne, röhrenförmige Einstülpungen des Außenpanzers. Diese feinen Luftgänge, Tracheen genannt, entwickelten sich allmählich zu einem stark verzweigten Netz von Gängen, das alle Körperteile durchzog und die Verbindung zur Außenluft herstellte. Durch die dünnen Wände der Tracheen konnte der Sauerstoff in das Gewebe diffundieren, und Kohlendioxid konnte es durch sie verlassen. Körperbewegungen sorgten für die Luftzirkulation in den Gängen, so daß der verbrauchte Sauerstoff ersetzt und das Kohlendioxid nach außen befördert wurde.

Alle Arten von Gliederfüßler entwickelten die gleiche Form der Tracheenatmung: die wurmähnlichen, vielgliedrigen Hundert- und Tausendfüßler ebenso wie die Landasseln, die zu den wenigen landlebenden Krebstieren gehören, die Spinnen und Skorpione, die mit den Schwertschwänzen verwandt sind, und die unzähligen Arten von Insekten, die fast alle an Land leben. Diese verschiedenartigen Tiere erbten die Tracheen nicht von einem gemeinsamen Vorfahren. Sie bekamen von ihm nur den gemeinsamen Körperbauplan mit, der für das Problem der Atmung vermutlich nur diese eine Lösung zuließ oder sie zumindest gegenüber anderen Möglichkeiten begünstigte, weil die Chitinhülle einige allen Gliederfüßlern gemeinsame Eigenschaften hat. Die Tracheenatmung ist ein typisches Beispiel für konvergente Evolution.

Viele wasserlebende Gliederfüßler pflanzen sich durch Kopulation fort. Die Vorfahren der landlebenden Arten brauchten also kein Wasser, damit die Samenzellen das Ei finden und befruchten konnten. Die wichtigste Voraussetzung für die Fortpflanzung an Land waren Schutz und Ernährung der befruchteten Eizelle und des Embryos. Anfangs benutzten sie einfach Wasser als Medium für die Larvenentwicklung, wie ihre wasserlebenden Vorfahren es getan hatten und wie die Stechmücken und viele andere Insekten es auch heute noch tun. Später entwickelte sich allmählich eine unglaubliche Vielfalt verschiedener Behausungen, die meist auf irgendeine Weise feucht gehalten wurden; sie wurden in Besitz genommen oder überhaupt erst konstruiert, damit die Jungen außerhalb des Wassers heranwachsen konnten.

Durch die Arbeiten des Briten David Attenborough und anderer populärwissenschaftlicher Autoren hat das Fernsehen jedermann lebhaft vor Augen geführt, welche außergewöhnlichen Leistungen Mistkäfer, Ameisen, Bienen, Wespen und viele andere Insekten zum Wohl ihrer Nachkommen vollbringen. Die bemerkenswerte Koordination und scheinbare Zielgerichtetheit dieser Rituale, die winzige Geschöpfe mit einem Gehirn von der Größe eines Stecknadelkopfes (oder weniger!) in jeder Generation aufs neue vollziehen, erschien schon vielen Beobachtern als eine ans Wunderbare grenzende Form der Organisation, die sich mit der materialistischen, Darwinschen Sichtweise für die Evolution nicht ohne weiteres erklären läßt. Und doch sind diese komplexen Verhaltensweisen ein Kinderspiel im Vergleich zu den unglaublich komplizierten Abläufen zwischen den Zellen und Molekülen, die der Entwicklung ebendieser Tiere aus der befruchteten Eizelle zugrunde liegen. Wenn wir mit eigenen Augen verfolgen könnten, was sich in der Larve im Inneren einer Bienenwabe abspielt, würden wir der Konstruktion der Behausung keinen Augenblick länger Beachtung schenken.

Viele Insekten machen sogar nacheinander zwei getrennte Entwicklungsprogramme durch. Von der Seidenraupe zum Schmetterling, von der Made zur Fliege kommt es in einem selbstgebauten Sarg – dem Kokon oder einer anderen Art der Puppenhülle – zum echten Tod und Zerfall des Tieres; am Leben bleiben nur die Imaginalscheiben, kleine Überreste des Embryos. Dann wird die Grabkammer zur Brutkammer: Aus den Imaginalscheiben geht nach einem ganz anderen Bauplan ein völlig neues Lebewesen hervor. Was sind gegen diese Körperbau-Hexerei, die in wenigen Zentimetern DNA programmiert ist, ein paar immerwiederkehrende Bewegungen für den Aufbau einer primitiven Behausung? Es ist, als bewundere man die Architekten des Tadj Mahal, weil sie auch eine Hütte aus Stroh und Lehm bauen konnten.

Amphibien: die ersten Fische auf dem Trockenen

Auch die Fische verließen das Wasser, aber sie mußten größere Hindernisse überwinden. Deshalb ließen sie sich Zeit und entwickelten eine halb wasser- und halb landlebende Zwischenform, die immerhin so stabil war, daß aus ihr die Amphibien hervorgingen, eine wichtige Klasse der heutigen Wirbeltiere. Wann sich der Übergang abspielte, wissen wir nicht, aber wir können ein paar Vermutungen wagen.

Eine entscheidende Errungenschaft der Evolution dürfte darin bestanden haben, daß manche Fische eine luftgefüllte Blase entwickelten, die mit dem Rachen in Verbindung stand. Die Luft gelangte aus den Kiemen mit dem Blut dorthin, das die Blase in einem immer dichteren Kapillarnetz umströmte. Die Blase verschaffte dem Fisch den

Vorteil, daß er seinen Auftrieb im Wasser regulieren konnte – das ist die wichtigste Funktion der heutigen Schwimmblase. Außerdem trug der Fisch nun wie ein Taucher eine Sauerstoffreserve bei sich, die er im Notfall nutzen konnte, wenn der Sauerstoffgehalt des Blutes gefährlich weit absank. In diesem Fall diffundiert der Sauerstoff in der umgekehrten Richtung aus der Blase ins Blut. Die Blase diente also als primitive Lunge und eröffnete die Möglichkeit, Luft zu atmen. Das Prinzip kann man im Aquarium beobachten, wenn ein Goldfisch zum Luftholen an Wasseroberfläche kommt, und noch eindrucksvoller erlebt man es in der Trockenzeit an so manchem tropischen See in Afrika, Südamerika oder Australien, wo Lungenfische monatelang im austrocknenden Schlamm überleben und auf den nächsten Regen warten. Wahrscheinlich «lernten» die Amphibien auf diese Weise das Atmen, während sie gleichzeitig weiterhin den im Wasser gelösten Sauerstoff nutzen konnten.

Ein Fisch, der atmen kann und aufs Trockene gerät, wird sich zweifellos winden und die Flossen bewegen, um Schatten, Feuchtigkeit und Nahrung zu finden. Am geschicktesten waren dabei Tiere mit zwei Paaren fleischiger, gelappter Bauchflossen, mit denen sie nicht nur schwimmen, sondern auch kriechen konnten. Solche Fische gab es den Fossilfunden zufolge vor etwa 100 Millionen Jahren in großer Zahl. Man hielt sie lange für ausgestorben, aber dann landete im Dezember 1938 ein Exemplar vor der Ostküste Südafrikas in den Netzen eines Fischereischiffes.[1] Man machte Miss Courtenay-Latimer, die Kustodin des Museums der Hafenstadt New London, auf den ungewöhnlichen Fang aufmerksam, sie beschrieb ihn dem örtlichen Fischfachmann James Leonard Briefly Smith, und der erkannte, worum es sich handelte: ein lebendes Fossil, dem die Paläontologen den Namen Quasten- oder Fleischflosser gegeben hatten. Erst 14 Jahre später und nach vielen abenteuerlichen Geschichten – so waren in abgelegenen Fischerdörfern am Indischen Ozean Belohnungen ausgesetzt worden, und Daniel F. Malan, der damalige Präsident Südafrikas, hatte ein speziell ausgerüstetes Flugzeug bereitgestellt – fing man vor den Komoren ein zweites Exemplar des seltenen Fisches, das man gründlich untersuchen konnte. Quastenflosser sind Tiefseefische und benutzen die Flossen nicht zum Gehen. Sie sind aber über gemeinsame Vorfahren mit urtümlichen Süßwasser-Lungenfischen verwandt, die ebenfalls gelappte Flossen besaßen und vor etwa 400 Millionen Jahren, kurz nach den Pflanzen, sumpfige Landstriche besiedelten; die Mög-

lichkeit dazu verschafften ihnen Mutationen, die aus den Flossen gegliederte Beine gemacht hatten. Im Wasser hätte die natürliche Selektion solche Veränderungen vermutlich nicht beibehalten, aber an
Land wurden sie zu einer wertvollen Errungenschaft.

Bevor sich diese Eroberer endgültig in ihrer neuen Umgebung an-
siedeln konnten, mußten sie das Problem der Fortpflanzung an Land
lösen. Die meisten Arten taten das aber gar nicht, sondern behielten
in dieser Hinsicht die Gewohnheiten ihrer wasserlebenden Vorfahren
bei. Sie laichten im Wasser, und die Eier entwickelten sich zunächst
zu schwimmenden Larven. Das war möglich, weil Wasser überall zur
Verfügung stand, so daß es keinen echten Selektionsdruck zugunsten
einer landgebundenen Fortpflanzung gab. Und ohne einen selek-
tionsbedingten Anlaß bewegt sich in der Evolution kaum etwas. Der
Grund, warum die Tiere ihre Atmung und den Gehapparat vervoll-
kommneten, war nicht der Wassermangel, sondern die reichlicher
vorhandene Nahrung. Es war die Zeit, als die großen Wälder der Karbonzeit zu gedeihen begannen und die gewaltigen Mengen an organi-
schem Material bildeten, mit der wir heute Heizungen und Hochöfen
befeuern. Neben den Pflanzen standen an Land jetzt auch eine Fülle
von Insekten sowie Schnecken und Würmer zur Verfügung, an denen
sich Tiere mit einer Vorliebe für Fleisch gütlich tun konnten.

Es war eine Blütezeit der Amphibien, aber später, in der großen
Krise des Perm, starben viele von ihnen aus. Von den Überlebenden
behielten manche, zum Beispiel Molche und Salamander, den
Schwanz ihrer im Meer lebenden Vorfahren. Bei anderen, zum Beispiel Fröschen und Kröten, findet man diese Verlängerung nur noch
bei den schwimmenden, fischähnlichen Larven. Die anschließende
Umwandlung der Kaulquappe in den ausgewachsenen Frosch ist ein
weiteres auffällige Beispiel für eine Metamorphose, nicht ganz so dra-
matisch wie die völlige Wiedergeburt mancher Insekten, aber dennoch eindrucksvoll. Die offenkundigsten Veränderungen bei dieser
Umwandlung sind das Verschwinden des Schwanzes und die Entstehung von vier Beinen.

Ausgelöst werden diese Vorgänge durch die Ausschüttung von
Thyroxin, einem iodhaltigen Hormon, das für das Wachstum aller
höheren Wirbeltiere unentbehrlich ist. Beim Menschen führt Thyr-
oxinmangel in der Fetalphase zu Minderwuchs und geistiger Behinde-
rung. Wenn die Substanz in die Zellen gelangt, bindet sie an ein Re-
zeptorprotein, das daraufhin eine Reihe von Genen aktiviert. Der

Vorgang ist eine interessante Variante des Themas der übergeordneten Regulationsgene, die mit ihren Produkten, wie die homöotischen Gene, die Transkription einer ganzen Anzahl weiterer Gene steuern. In diesem Fall kommt aber ein besonderer Aspekt hinzu: Das Genprodukt – der Thyroxinrezeptor – ist nur dann als Transkriptionsfaktor aktiv, wenn er das Hormon gebunden hat. Auf die gleiche Weise wirken auch andere Hormone, beispielsweise das Ecdyson, das bei Insekten die Häutung, Verpuppung und Metamorphose beeinflußt, und die Steroid-Geschlechtshormone, die bei Säugetieren viele Aspekte der Sexualität steuern, unter anderem das Einsetzen der Pubertät, den Menstruationszyklus und die Schwangerschaft.

An diesen verschiedenen Vorgängen zeigt sich ein weiteres Prinzip von allgemeiner Bedeutung: Zur Entwicklung gehört auch der programmierte Zelltod. Der Zerfall einer Raupe und das Verschwinden des Schwanzes bei der Kaulquappe sind besonders augenfällige Beispiele, aber es gibt auch viele andere. Als sich die fleischigen Flossen während des Übergangs von den Fischen zu den Amphibien in gegliederte Beine verwandelten, spalteten sich die Enden der Beine in fünf Finger auf, und zwar nicht durch Knospung, sondern weil ganz bestimmte dazwischenliegende Gewebebereiche abstarben. Diese Formgebung «wiederholt» sich heute noch in der Embryonalentwicklung. Die Gliedmaßen des Fetus wachsen zunächst als runde Knospen heran, aus denen später durch gezielten programmierten Zelltod die Finger «ausgeschnitten» werden.

Reptilien «erfinden» das Ei

Während der großen Krise im Perm herrschten jahrtausendelang Dürre und winterliche Kälte. Die üppigen Karbonwälder mit ihren Farnen und Bärlappgewächsen verdorrten. Die Meerestiere, die an die liebliche Umwelt tropischer Seen und Meere gewöhnt waren, starben in katastrophaler Zahl aus. Auch die Amphibien zahlten schweren Tribut. Gäbe es nicht die Fossilien, die durch geologische Verschiebungen ans Tageslicht kamen, die Zufallsfunde aufmerksamer Wanderer und die Stücke, die die Paläontologen bei ihrer peinlich genauen Suche fanden, dann hätten wir keine Ahnung von dieser vergangen Pracht und von der planetaren Katastrophe, der sie zum Opfer fiel.

Aber das Leben kam, wie schon so oft, wieder in Schwung; die Evolution reagierte auf die umweltbedingte Herausforderung mit neuen Anpassungen. Sie machte aus der Katastrophe sogar einen Erfolg, denn die große Krise des Perm war die treibende Kraft für einen der entscheidendsten Fortschritte. Während Samenpflanzen die kalten, ausgetrockneten Sümpfe eroberten, die nach dem Rückgang der sporentragenden Arten verödet waren, drängte sich eine seltsame Amphibienart in den Vordergrund, die das tierische Gegenstück des Samens entwickelt hatte: das flüssigkeitsgefüllte Ei.

Statt befruchtete Eizellen zur Entwicklung irgendwo ins Wasser abzugeben, wie Amphibien es normalerweise tun, hüllte das Weibchen dieser entscheidenden Übergangsart seine befruchteten Eizellen in einen flüssigkeitsgefüllten Beutel ein, das Amnion (auch Embryonalhülle genannt), in dem sich die normalerweise wassergebundene Entwicklung des Embryos vollziehen konnte. Analog zu Claude Bernards innerem Milieu, das alle Zellen und Gewebe umspült, war das Amnion ein neu geschaffenes äußeres Milieu, das den entstehenden Embryo abschirmte. Geschützt war dieser Meerersatz-Brutkasten durch eine harte, poröse Schale, während eine stark von Gefäßen durchzogene Membran, die Allantois, die vom Embryo gebildet wurde und die Schale innen auskleidete, für Gasaustausch und Abfallbeseitigung sorgte. Ein weiterer Sack war mit Dotter gefüllt und versorgte den Embryo mit den erforderlichen Nährstoffen. Die gesamte Entwicklung des Organismus fand nun also bis zu einem Stadium, ab dem er an Land überleben konnte, in der geschützten, mit Nahrungsvorräten versehenen und immer wieder regenerierten Umgebung der Amnionflüssigkeit statt. Die echte landgebundene Fortpflanzung hatte begonnen. Das erste Reptil war geboren.

Bis zur großen Krise des Perm hatten derartige Lebewesen bestenfalls mäßigen Erfolg. Danach kam es zu einer gewaltigen Weiterentwicklung und Ausbreitung der Reptilien; schließlich entstanden sogar Arten, die die Beine verloren, aber trotzdem an Land blieben, oder ins Wasser zurückkehrten, um dann paradoxerweise die Eier an Land abzulegen, wie die heutigen Seeschildkröten, was aber für die Jungen eine große Gefahr bedeutet. Die wichtigsten heute lebenden Reptilien sind die Echsen, Schlangen und Schildkröten; die eindrucksvollsten Vertreter dieser Gruppe jedoch waren die Dinosaurier, die berühmtesten Fossilien überhaupt. Ich möchte auf die Geschichte dieser außergewöhnlichen Tiere nicht näher eingehen, von denen manche eine gewaltige Größe erreichten und zumindest für unsere Verhältnisse bizarr und furchterregend aussahen. Wer eine lebensnahe Darstellung des Dinosaurier-Zeitalters sehen will, sollte das Peabody Museum der Yale University besuchen. Dort zeigt ein 33 mal 4,50 Meter großes Wandgemälde, das Rudolph Zallinger zwischen 1943 und 1947 schuf, in eindrucksvollen Farben die gesamte Geschichte der Dinosaurier mit der Pflanzenwelt ihrer Zeit, vom Auftauchen der ersten Amphibien vor etwa 400 Millionen Jahren bis zum großen Aussterben der Dinosaurier etwa 300 Millionen Jahre später.[2] (Wer nicht so weit reisen will, findet eine beeindruckende Dinosaurier-Ausstellung im Senckenberg-Museum in Frankfurt/M.; Anm. d. Übers.).

Das Verschwinden der Dinosaurier vor 65 Millionen Jahren ist einer der spannendsten Wissenschaftskrimis aller Zeiten. Die Dinosaurier waren nicht die einzigen Opfer dieses Massenaussterbens, aber sie fesseln unsere Phantasie am stärksten. Zur gleichen Zeit wurden auch viele andere Tierarten ausgelöscht, beispielsweise die hübschen Ammoniten, Weichtiere mit einer spiralförmigen Schale. Dezimiert wurden auch die Blütenpflanzen, so daß eine Zeitlang Farne an ihre Stelle traten. Es gab für die rätselhafte Massenvernichtung zahlreiche Erklärungsversuche, bis der amerikanische Physiker und Nobelpreisträger Louis Alvarez, sein Sohn Walter und andere Mitarbeiter 1978 eine aufsehenerregende Beobachtung machen. In einer dünnen Schicht aus Sedimentgestein, die zur Zeit des Aussterbens abgelagert wurde, fanden sie eine zwanzigmal höhere Konzentration des seltenen Elements Iridium als in den angrenzenden Schichten.[3] Iridium ist in Weltraummaterie reichlicher vorhanden als auf der Erde; die Wissenschaftler hatten seine Menge gemessen, weil sie wissen wollten, wie schnell sich Material, welches das große Aussterben miterlebt hatte, am Boden früherer Meere abgelagert hatte. Bei einer schnellen Sedimentation hätte das Material weniger kosmischen Staub und damit auch weniger Iridium enthalten. Bei langsamer Ablagerung wäre es umgekehrt gewesen. Das Team war auf geringfügige Abweichungen vorbereitet, aber mit dem beobachteten gewaltigen Anstieg hatte man nicht gerechnet. Es war wieder einmal ein Beispiel für den glücklichen Zufall, den rätselhaften Vater so mancher wissenschaftlichen Entdeckung. Er ist ein Zauberer, den man nicht heraufbeschwören kann, aber manchmal schenkt er seine Gunst freiwillig denen, die nach der Wahrheit suchen, selbst wenn sie falsche Vorstellungen im Kopf haben. Wie der große Louis Pasteur einmal sagte: Der Zufall begünstigt nur den vorbereiteten Geist.[4]

In diesem Fall war das Geschenk des Zufalls kaum zu übersehen. Die Wissenschaftler konnten sich für die anormale Iridiummenge nur eine Erklärung vorstellen: Ein großer Asteroid mit einem Durchmesser von über zehn Kilometern mußte vor 65 Millionen Jahren auf die Erde gestürzt sein. Diese Idee wurde zunächst mit erheblicher Skepsis aufgenommen, aber heute ist sie allgemein anerkannt. Befunde, die dafür sprechen, hat man seither in vielen Teilen der Erde gefunden, und den Ort des Einschlags vermutet man heute in einem Krater von etwa 300 Kilometern Durchmesser bei Chicxulub an der Nordküste der mexikanischen Halbinsel Yucatan.

Wie konnte dieses Ereignis, das eigentlich nur ein Nadelstich in die Haut der Erde war, eine solche weltumfassende Katastrophe auslösen? Die Antwort: durch reine, brutale Gewalt. Nach Schätzungen wurde bei dem Einschlag die Energie von 100 Millionen Megatonnen TNT frei, das ist etwa 10000mal mehr, als wenn alle auf der Erde lagernden Atombomben gleichzeitig detonieren würden. Wolken aus Staub, Rauch und Ruß verdunkelten jahrelang die Sonne. Riesige Brände vernichteten das pflanzliche und tierische Leben in großen Teilen der Kontinente. Auf eine Phase schneidender Kälte (vergleichbar dem atomaren Winter) folgte eine Zeit starker Erwärmung durch den Treibhauseffekt der freigesetzten Gase. Saurer Regen vergiftete die Gewässer. Gegenüber dieser Weltuntergangsszenerie verblaßt die biblische Beschreibung des Jüngsten Tages, und die Warnungen der Ökologen klingen lächerlich. Aber wieder einmal kam die Rettung von der unwiderstehlichen Kraft der Evolution, die die Katastrophe zum Segen wendete. Und was für ein Segen das war, zumindest aus unserem egoistischen anthropozentrischen Blickwinkel! Vermutlich gäbe es uns nicht, hätte nicht vor 65 Millionen Jahren ein Asteroid die Erde getroffen und die Dinosaurier hinweggefegt.

Der Bauch der Säugetiere: ein perfekter Brutkasten

Waren die Dinosaurier Kaltblüter wie alle heutigen Reptilen? Oder konnten sie die Körpertemperatur konstant halten? Diese Frage ist heftig umstritten. Obwohl wir die Antwort nicht kennen, können wir feststellen, daß zumindest ein Zweig der Dinosaurier die Fähigkeit erworben hatte, die Körpertemperatur auf etwa 39 °C einzuregulieren. Diese Tiere blieben in der Kälte aktiv – im Gegensatz zu den anderen, schwerfälligeren Reptilien, die solche Temperaturen nur beim Sonnenbaden erreichten; allerdings mußten sie für diesen Vorteil einen höheren Nährstoffbedarf in Kauf nehmen. Diesen Bedarf deckten sie mit Hilfe ihrer besseren Beweglichkeit, so daß sie zu fleischfressenden Raubtieren wurden. Den Körper bedeckte ein schützender Pelz, der den Wärmeverlust verminderte und das Leben auch in kälteren Gebieten erlaubte, wo die 08/15-Reptilien sich nicht halten konnten. Und schließlich nahmen die Weibchen eine Gewohnheit an, die sich für das Überleben und die Verbreitung der Art als besonders vorteilhaft erweisen sollte: Sie setzten sich auf die Eier, bis die Jungen schlüpften, und schützten diese anschließend, indem sie sie unter ihre wärmenden Fittiche nahmen. Die hungrigen Sprößlinge leckten wiederum die fettige Substanz ab, die Drüsen auf der Brust der Mutter absonderten. So kam eins zum anderen: Die Evolution kombinierte in der üblichen Weise Zufallsmutationen und natürliche Selektion, aus der Absonderung wurde Milch, und die Hautdrüsen verwandelten sich in besondere, hormongesteuerte Fütterungsorgane, die Brustdrüsen.

Etwa 200 Millionen Jahre lang führten die Säugetiere ein bescheidenes, unauffälliges Leben. Sie wurden kaum einmal größer als ein Kaninchen und machten einen Bogen um die immer wilderen und gefräßigeren Dinosaurier. Aber als die große Prüfung kam, gingen die Riesenbestien unter und die kleinen, pelzigen Tiere überlebten. Der Rest ist, wie man so sagt, Geschichte. Nur eine bedeutsame Neuentwicklung muß noch erwähnt werden. Irgendwann legte ein Säugetierweibchen keine Eier mehr, sondern es behielt sie zum Brüten und Schlüpfen im Körper. Die Jungen kamen zunächst in einem sehr unreifen Entwicklungszustand zur Welt und waren so empfindlich, daß sie sich sofort in eine schützende Hautfalte der Mutter begeben mußten, den Bauchbeutel, in dem sie auch Zugang zu den nährenden Brustdrüsen hatten. Später konnten die Embryonen länger im Mutterleib bleiben und dort einen wesentlich höheren Entwicklungsstand erreichen. Sauerstoff und Nährstoffe entnahmen sie zu diesem Zweck dem mütterlichen Blut über wurzelähnliche Auswüchse, die Chorionzotten, die in eine ebenfalls passend veränderte Gebärmutterwand eingelagert waren. Aus dieser engen Verbindung zwischen Fetus und Gebärmutter entstand die Placenta.

Heute beherrschen Placentatiere die Erde, und sie haben sie mit einem breiten Spektrum von Arten gefüllt, die sich an alle nur denkbaren Lebensräume einschließlich der Meere angepaßt haben. Es gibt nur noch wenige eierlegende Säugetiere (Kloakentiere oder Monotremata), unter ihnen das Schnabeltier. Die Verbreitung der Beuteltiere beschränkt sich im wesentlichen auf den australischen Kontinent, wo sie geographisch isoliert waren und bis in die jüngste Zeit nie mit Placentatieren in Konkurrenz treten mußten, da diese erst von den europäischen Siedlern mitgebracht wurden. Wenn wir der natürlichen Selektion ihren Lauf lassen, werden Placentatiere bald die australischen Beuteltiere verdrängen, wie sie es in anderen Teilen der Welt auch getan haben.

Unter den vielen Zweigen, die sich vom Hauptast der Säugetiere abspalteten, verdient einer besondere Erwähnung: die auf Bäumen lebenden Primaten. Dieser Zweig trennte sich vor -zig Millionen Jahren vom Hauptast, als die Dinosaurier noch über die Erde wanderten. Später machte er eine lange Reihe weiterer entwicklungsgeschichtlicher Gabelungen und Anpassungen durch, und schließlich entstand vor etwa sechs Millionen Jahren irgendwo in Ostafrika eine kleine Abstammungslinie, die zunächst von den anderen nicht zu unterscheiden war; aber durch sie trat das Leben ins das Zeitalter des Geistes ein. Davon handelt der nächste Teil dieses Buches.

Die späteren Schritte in der Evolution der Tiere von den ersten Wirbeltieren bis zum Menschen sind in Abbildung 22.1 zusammengefaßt; wie Abbildung 21.1 ist sie so gezeichnet, daß die entscheidenden genetischen Abwandlungen im Bauplan der Organismen an den Verzweigungsstellen hervorgehoben sind.

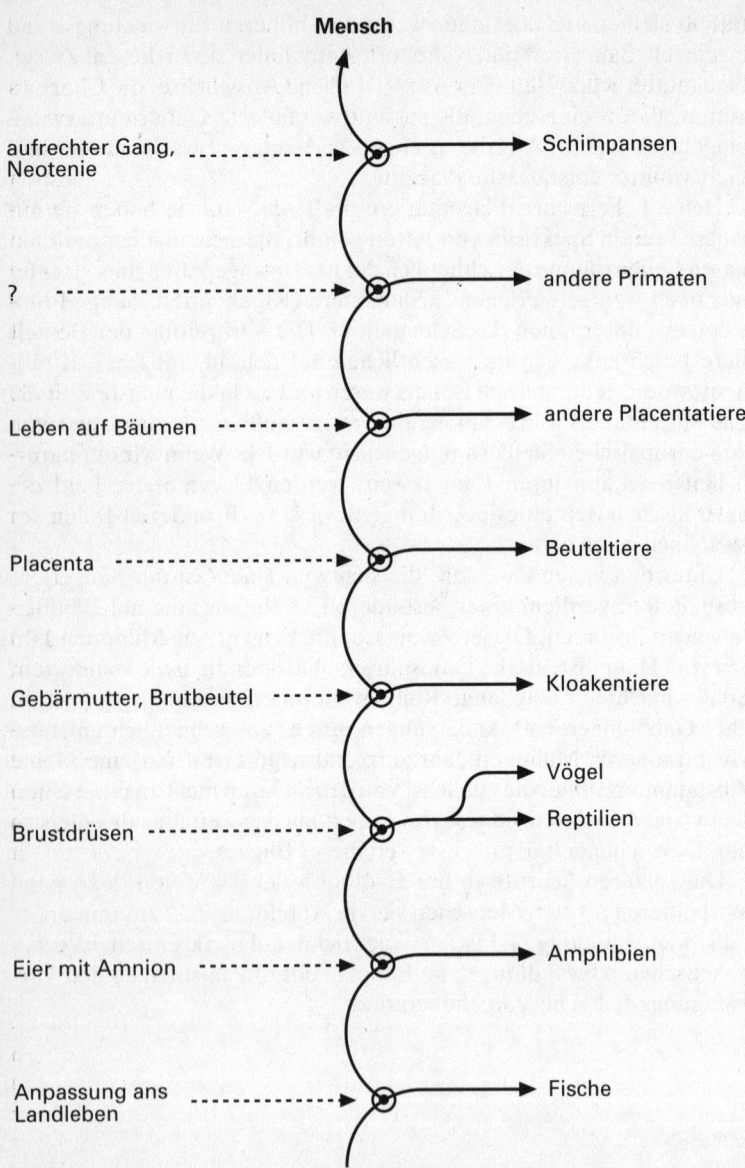

Mensch

aufrechter Gang,
Neotenie → ⊗ → Schimpansen

? → ⊗ → andere Primaten

Leben auf Bäumen → ⊗ → andere Placentatiere

Placenta → ⊗ → Beuteltiere

Gebärmutter, Brutbeutel → ⊗ → Kloakentiere

Brustdrüsen → ⊗ → Vögel
→ Reptilien

Eier mit Amnion → ⊗ → Amphibien

Anpassung ans
Landleben → ⊗ → Fische

urtümliche Wirbeltiere

Die Eroberung der Lüfte

Außer dem Menschen ist niemals ein Lebewesen geflogen, weil es fliegen wollte. Die Eroberung der Lüfte geschah ganz und gar zufällig. Der einfachste derartige Zufall war irgendeine anatomische Abwandlung, durch die ein Tier die Länge seiner Sprünge durch Gleiten vergrößern konnte. Beispiele für solche Tiere sind die fliegenden Fische und die Flughörnchen, die zu diesem Zweck Flughäute an den Flossen oder Gliedmaßen haben. Ist das Gleiten nützlich, sorgt die natürliche Selektion dafür, daß solche zusätzlichen Hautbereiche erhalten bleiben. Die nächste Entwicklungsstufe war das Flattern mit den Flughäuten, mit dem der Körper in der Luft gehalten und vorwärtsbewegt wurde. Genau das taten vermutlich die Pterosaurier, eine Gruppe fliegender Dinosaurier mit einer Flügelspannweite von manchmal über zehn Metern, und so machen es die heutigen fliegenden Säugetiere: die Fledermäuse, die sich mit einem außergewöhnlichen Echoleitsystem im Dunkeln orientieren können und damit auch die Insekten aufspüren, von denen sie sich ernähren. Die rätselhaftesten Eroberer der Lüfte aber sind die Insekten und die Vögel.

Wie Libellen, Schmetterlinge, Bienen, Mücken und andere Fluginsekten zu ihren Flügeln kamen, weiß niemand. Wir wissen noch nicht einmal, ob sie die Flügel von einem gemeinsamen Vorfahren erbten oder ob sie die Flugfähigkeit unabhängig voneinander durch konvergente Evolution erwarben. Im Gegensatz zu den Flügeln anderer Tiere sind die der Insekten keine umgebildeten Gliedmaßen. Sie entstehen aus abgeflachten Ausstülpungen der Chitinschicht auf dem Rücken des Tieres und werden von außerordentlich leistungsfähigen Muskeln bewegt. Wie sich diese erstaunliche Konstruktion entwickelt hat, kann man nur vermuten.

22.1 Die Evolution der Wirbeltiere im Überblick.
Dieses Diagramm, das den Abbildungen 19.1 und 21.1 ähnelt, zeigt die wichtigsten Schritte auf dem Weg der Tiere zu immer größerer Komplexität, von den ersten Wirbeltieren bis zum Menschen. An jeder Gabelung zweigt von der unmutierten Linie – dem nach rechts gebogenen Pfeil – ein Evolutionszweig ab, der durch Mutation die links angegebene Veränderung des Körperbauplans durchgemacht hat. Die durchgezogenen Linien führen zu den heutigen Stämmen des Tierreiches.

Die letzte große Hinterlassenschaft der Dinosaurier vor ihrem Verschwinden waren die Vögel. Sie landeten vor etwa 150 Millionen Jahren auf der Erde, wie der berühmte *Archaeopteryx* belegt, ein Fossil, das 1864 in einer Schieferschicht nahe der bayerischen Stadt Eichstätt gefunden wurde. Dieses sonderbare Tier wäre in jeder Untersuchung als Dinosaurier durchgegangen, hätte es nicht die Abdrücke von Federn gegeben, die in dem weichen Gestein auf rätselhafte Weise erhalten geblieben waren. Die Federn machten das Reptil tatsächlich zu einem Vogel. Diese besonderen Auswüchse sind mit Haaren, Hörnern, Nägeln und Schuppen verwandt; wie diese bestehen sie ebenfalls aus Keratin, einem besonders widerstandsfähigen Strukturprotein. Die Federn entstanden ganz offensichtlich nicht in einem Schritt, und ihre glücklichen Besitzer waren nicht mit einem Mal geschickte Flieger. Mit Sicherheit erforderte es viele Einzelschritte, bis ein Pelz zu einem so hübschen Arrangement aus Federkielen und Widerhaken geworden war. Fliegen kam während dieser ganzen Zeit noch nicht in Frage. Es ergab sich erst später, sozusagen als nützlicher Nebeneffekt, der allerdings von gewaltigem Wert war. Triebkraft der natürlichen Selektion muß aber zunächst ein anderer Vorteil gewesen sein. Es wurde viel darüber spekuliert, was das für ein Vorteil gewesen sein könnte. Nach heutiger Kenntnis handelte es sich wahrscheinlich um eine bessere Temperaturregulation. Ob nun diese oder eine andere Erklärung stimmt, in jedem Fall zeigt der Vorgang als solcher in bemerkenswerter Weise, welche verschlungenen Wege die Evolution manchmal einschlägt, um dann zu Ergebnissen zu gelangen, die mit der ursprünglichen Triebkraft des Vorgangs nichts zu tun haben. Nachdem die sich entwickelnden Federn auch nur die primitivste Art des Fliegens zuließen, wurde die neuerworbene Fähigkeit zu dieser vorteilhaften Form der Fortbewegung zu einem machtvollen Faktor, der die Verbesserung des Flugapparates weiter vorantrieb. Heute haben die Vögel ähnlich wie die Säugetiere jede nur denkbare ökologische Nische auf der Erde besiedelt und ihr Ernährungsverhalten den jeweiligen Bedingungen angepaßt. Manche haben sogar ihre evolutionäre Haupterrungenschaft aufgegeben und sind zu einer gehenden Lebensweise zurückgekehrt.

Nach der Erkenntnissen der Palynologen, jener wissenschaftlichen Detektive, die die Erdgeschichte anhand versteinerter Pollenkörner rekonstruieren, erfreuten sich die Blütenpflanzen vor etwa 50 Millionen Jahren einer starken Erweiterung ihrer Artenvielfalt. Diesen Erfolg schreibt man der Besiedelung der Lüfte durch pollentransportierende Insekten und Vögel zu.

Die Triebkraft der Evolution

An der Geschichte der Pflanzen und der Tiere auf der Erde zeigt sich, wie tastend und unberechenbar die Evolution in Richtung größerer Komplexität voranschreitet. Jeder Schritt geht auf eine längst ausgestorbene Art zurück, die an einem Verzweigungspunkt stand und der der Zufall die Möglichkeit zum Fortschritt eröffnete. Die beiden Abstammungslinien zeigen aber auch, welche Beschränkungen ein einmal vorhandener Körperbauplan der weiteren Evolution auferlegt. Die Tiere waren in dieser Hinsicht «erfindungsreicher» als die Pflanzen, denn bei ihnen tauchten auffällige Veränderungen auf, beispielsweise die Verdoppelung des Körpers und der Richtungswechsel zwischen Protostomiern und Deuterostomiern. Die Evolution der Pflanzen war konservativer und verlief stets nach dem gleichen Prinzip des Wachstums durch Verzweigung.

Obwohl die Evolution der beiden Linien von unterschiedlichen Selektionskriterien bestimmt wurde – Pflanzen brauchen Licht, Tiere dagegen Nahrung –, standen sie einer Reihe gemeinsamer Probleme gegenüber, für die sie vergleichbare Lösungen entwickelten. Ein solches Problem war die zunehmende Körpergröße und Komplexität, das in beiden Fällen mit der Bildung von Gefäßen gelöst wurde. Eine weitere gemeinsame Schwierigkeit war die Besiedelung des Landes, die beide Entwicklungslinien zu strengen Wassersparmaßnahmen zwang. Am wichtigsten war aber für beide das Selektionskriterium par excellence: die Notwendigkeit, sich erfolgreich fortzupflanzen.

Auffällig ist, daß sich beide Linien von Anfang an der sexuellen Fortpflanzung bedienten. Diese Notfallmaßnahme der einzelligen Protisten wurde in der Evolution der Vielzeller zu einem unverzichtbaren Mittel für die Erzeugung genetischer Vielfalt. Der weitere Fortschritt war bei beiden Linien mit der Entwicklung effizienterer Befruchtungsmechanismen, besserem Schutz der befruchteten Eizelle und stärkerer Fürsorge für den wachsenden Embryo gekoppelt. Von der Befruchtung im Wasser zu Sporen, Samen und schließlich Blüten

und Früchten bei den Pflanzen (siehe Abbildung 19.1) beziehungsweise zu Kopulation, Amnion und Gebärmutter der Säuger bei den
Tieren (siehe Abbildung 22.1) ist ein eindeutiger Trend zu erkennen.
Ebenso eindrucksvoll ist die Aufteilung der Fortpflanzungsfunktio-
nen zwischen den Geschlechtern. Sowohl bei Pflanzen als auch bei
Tieren sind Ernährung und Schutz des Embryos die Domäne des
weiblichen Teils. Die Rolle der männlichen Seite beschränkt sich im
wesentlichen auf die Befruchtung, wobei das Fehlen raffinierter Spezialisierung durch reichliche Pollen- oder Samenzellproduktion ausgeglichen wird.

Erwähnenswert ist auch die Bedeutung von Naturkatastrophen für
die Entwicklung der Pflanzen und Tiere. Die Evolution wurde unterbrochen von Massenaussterben, die manchmal fast die Ausmaße
eines Weltuntergangs annahmen. Wenn die Evolution nur schlep-
pend vorangeht, liegt das offenbar weniger am Fehlen geeigneter Zufallsmutationen als vielmehr daran, daß die Umwelt keine lohnenden
Herausforderungen bietet.

23 Das Flechtwerk des Lebens

In unserer Beschreibung der Geschichte des Lebens auf der Erde
(siehe Abbildung 23.1) haben wir uns vorwiegend auf den Hauptstamm des Baums konzentriert, jene Linie, auf der die nacheinander
auftretenden, immer komplexeren Lebensformen stehen. Jeder wichtige Schritt dieses Weges war auch der Ausgangspunkt für Seitenäste,
deren Verzweigungen sich bis in die Gegenwart erstrecken. Aber die
Geschichte des Lebens ist nicht nur vertikales Wachstum in Richtung
immer größerer Komplexität, sondern sie umfaßt auch horizontale
Ausweitung in Richtung zunehmender Vielfalt. Jeder Querschnitt
durch den Baum wird mit fortschreitender Zeit immer vielfältiger,
wobei sich die Vorgeschichte des Baums in den zu dem jeweiligen
Zeitpunkt vorhandenen Verästelungen widerspiegelt. Vor drei Milliarden Jahren hätte ein solcher Querschnitt zwei massive, mäßig un-
tergliederte Gruppen gezeigt, die die damals lebenden Archae- und
Eubakterien umfaßten, und dazwischen, fast versteckt, gab es eine
winzige Knospe, von der kein Beobachter zu jener Zeit vermutet
hätte, daß sie eines Tages zu dem dicken Stamm der Eukaryoten
heranwachsen würde. Vor 400 Millionen Jahren hätte man im Querschnitt verschiedenste Bakterien aus beiden Hauptgruppen erkannt,
daneben aber auch viele Protisten, eine Fülle von Algen, einige
primitive Moose und Pilze, verschiedene Schwämme, Hohltiere,
Würmer, Weichtiere, Gliederfüßler und Stachelhäuter, von denen
viele heute ausgestorben sind; außerdem hatte sich von dem, was
wir heute als Hauptstamm bezeichnen, bereits eine Reihe primitiver
Fische abgespalten. Es wäre ein reichhaltigeres Bild gewesen als im
ersten Querschnitt, aber immer noch gibt es weder Bäume oder Blu-
men noch Insekten, Amphibien, Reptilien, Vögel oder Säugetiere.
Bei solchen Rekonstruktionen erklären wir rückblickend den Zweig
zum Hauptstamm, der später zu den wichtigsten Neuentwicklungen
führen sollte. Diese Zuordnung wäre für die jeweiligen Zeitgenossen
oft nicht ersichtlich gewesen und sie kann sich auch im Laufe der Zeit
ändern. Heute stellen wir – oder zumindest die meisten von uns –

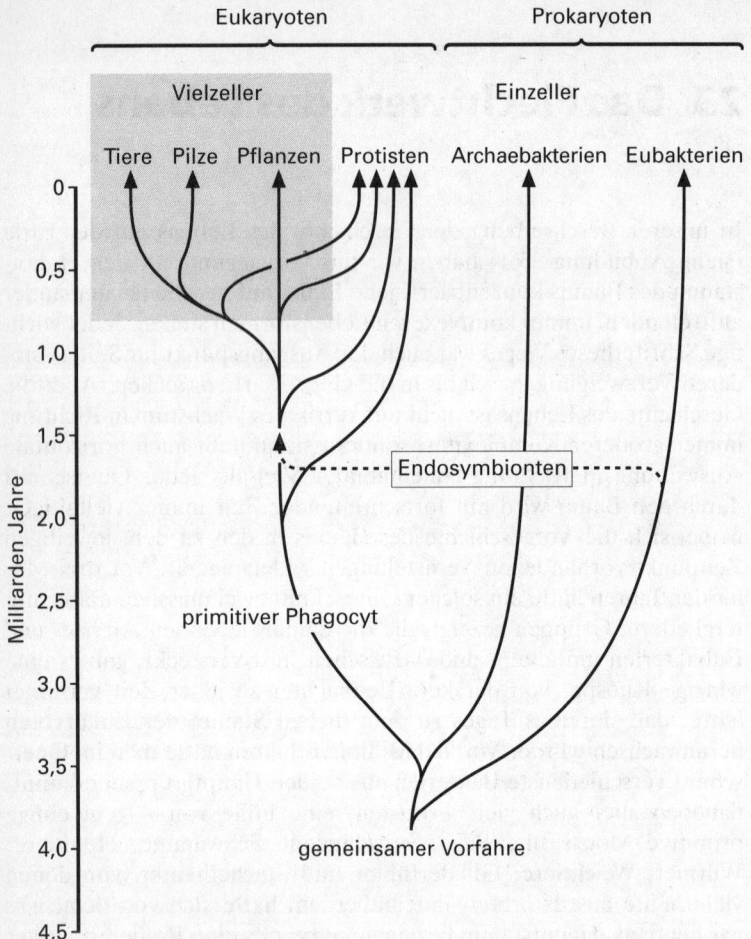

23.1 Die Geschichte des Lebens auf der Erde in zusammenfassender Darstellung.

Die Abbildung gibt – sehr schematisch – die Geschichte des Lebens auf der Erde wieder. Bemerkenswert ist das späte Auftauchen der Vielzeller nach drei Milliarden Jahren des einzelligen Lebens. Jeder horizontale «Querschnitt» durch den Stammbaum zeigt, welche Lebensformen zur betreffenden Zeit auf der Erde existierten.

unsere eigene Art an das obere Ende des Baums. In zehn Millionen Jahren könnten wir aber durchaus ein Seitenast sein, oder wir sind überhaupt nicht mehr vorhanden. Der neue Stamm könnte dann die Verlängerung einer Verzweigung sein, die heute wie ein Seitenast aussieht, und er könnte eine Lebensform beinhalten, die komplexer ist als der Mensch und sich unserer Vorstellungskraft entzieht.

Querschnitte durch den Stammbaum des Lebens bestehen aber, anders als Querschnitte durch einen wirklichen Baum, nicht nur aus einzelnen Punkten. Im Baum des Lebens sind die Punkte durch ein kompliziertes Netz von Beziehungen verbunden: Sie bilden ein Flechtwerk. Im gleichen Maße, wie das Punktmuster immer komplexer wurde, nahm auch die Komplexität des Geflechts zu. In diesem Kapitel wollen wir uns mit einigen entscheidenden Gesichtspunkten in der Entwicklung dieses Flechtwerkes beschäftigen.

Die grundlegende Verbindung

Leben stellen wir uns meist als kreativen Prozeß vor, bei dem Form aus der Synthese von Proteinen, Nucleinsäuren und anderen spezialisierten Molekülen entsteht. Im Kunststoffzeitalter richtet sich unsere Aufmerksamkeit auf die Bedeutung des biologischen Abbaus. Proteine sind von sich aus nicht weniger stabil als viele künstliche Polymere. Was sie empfindlich macht, ist ihre biologische Abbaubarkeit. Hätte das Leben nicht Mittel und Wege gefunden, um die Produkte seiner eigenen Tätigkeit wieder zu zersetzen, gäbe es keine Biosphäre, sondern nur eine leblose Hülle aus Biopolymeren, eine «Plastosphäre» der Art, wie der menschliche Erfindungsreichtum sie gerade entstehen läßt.

Der Zusammenhang zwischen biologischer Synthese und biologischem Abbau ist die grundlegende Verbindung im Flechtwerk des Lebens. Höchstwahrscheinlich gab es sie schon beim ersten gemeinsamen Vorfahren aller Lebewesen. Auch wenn dieser Organismus autotroph war, muß er in der Lage gewesen sein, Biopolymere zu zersetzen, das heißt, er muß Verdauungsenzyme besessen haben. Diese einfachsten biologischen Katalysatoren sind mit Sicherheit schon sehr früh entstanden. Außerdem waren sie notwendig, damit der Organismus auch ohne Energieversorgung überleben konnte: Ein phototrophes Lebewesen konnte im Dunkeln zum Beispiel die Überreste abgestorbener Zellen oder einen Teil seiner eigenen Substanz verwerten. Heute tun das alle autotrophen Arten.

Damit solche Vorgänge ablaufen konnten, brauchten die Zellen einen Schutz gegen den Selbstmord durch Abbau der eigenen Strukturen. Bei den heutigen Bakterien besteht ein solcher Schutzmechanismus in der Ausscheidung der Enzyme unmittelbar nach ihrer Synthese an Ribosomen, die an die Zellmembran gebunden sind. Andere Sicherheitsmaßnahmen umfassen verschiedene chemische Kontrollen, durch die die Verdauungsenzyme im Zellinneren inaktiv bleiben und nur bei Bedarf eingesetzt werden. Dieser Mechanismus wirkt bei den wichtigsten Verdauungsenzymen, die in Magen und Darm des Menschen ausgeschüttet werden: Sie entstehen als inaktive «Zymogene», die erst im Milieu des Magen- oder Darminnenraums aktiviert werden. Erfolgt diese Aktivierung vorzeitig, wie zum Beispiel bei der Pankreatitis (Entzündung der Bauchspeicheldrüse), können tödliche Gewebeschäden die Folge sein. Ein dritter Schutzmechanismus beruht darauf, daß die Enzyme auf membranumhüllte Verdauungsbläschen (Lysosomen) beschränkt bleiben, die von einer enzymresistenten Innenschicht ausgekleidet sind. Verletzungen dieser Schicht können, wie eine Reihe von Krankheiten bezeugt, ebenfalls zu umfangreichen Gewebeschäden führen.

Anfangs war die biologische Synthese stärker als der biologische Abbau, und das bakterielle Leben bedeckte große Teile der Erdoberfläche mit üppigen, sich selbst erhaltenden Kolonien. Schon bald wurden daraus aber auch Nahrungsschichten für mutierte Formen, die die Fähigkeit zu autotrophem Wachstum verloren hatten und zu obligat heterotrophen Organismen geworden waren. Wie man an den Stromatolithen erkennt, hatten sich schon vor 3,5 Milliarden Jahren, oder vielleicht noch früher, in mehreren Gegenden der Erde vielschichtige Lebensgemeinschaften von autotrophen und heterotrophen Bakterien gebildet. Im Aufbau dieser Zellteppiche spiegelten sich die Bedürfnisse und Spielräume der beteiligten Organismen wider.

Die Oberfläche bestand aus phototrophen Lebewesen, die möglichst starkes Licht brauchten. Darunter befanden sich solche, die das von der Außenschicht gefilterte Licht verwerten konnten. Dann folgte eine Reihe heterotropher Arten, die jeweils an ihre unmittelbare Umgebung angepaßt waren. Jede einzelne «Etage» einer solchen Kolonie war mit den unmittelbar darüber- bzw. darunterliegenden Schichten durch wechselseitige Beziehungen verbunden, die die

Struktur der ganzen Kolonie in einem Fließgleichgewicht stabilisierten. Die phototrophen Organismen paßten ihre Vermehrungsgeschwindigkeit notgedrungenermaßen dem Verbrauch durch die darunterliegenden heterotrophen Schichten an, und diese beschränkten ihre Gefräßigkeit ihrerseits auf ein Maß, das den Erhalt der nährstoffliefernden phototrophen Formen ermöglichte.

Die Kolonien, die die Stromatolithen bildeten, kann man also als Pseudoorganismen ansehen, die aus verschiedenen Zelltypen bestanden und durch eine Reihe sich selbst steuernder Regelkreise in einem dynamischen Gleichgewicht gehalten wurden. Dieses Organisationsprinzip entstand spontan und wurde durch automatische Mechanismen aufrecht erhalten, gelenkt ausschließlich von der ungerichteten Siebwirkung der natürlichen Selektion: Formen, die sich nicht ins System der Kolonie einfügten, wurden ausgemerzt, und passende Arten wurden begünstigt. Aus dem Vergleich zwischen Stromatolithen unterschiedlichen Alters und ähnlichen Kolonien der Gegenwart kann man schließen, das sich der grundlegende Aufbau solcher Formationen in den letzten 3,5 Milliarden Jahren nicht wesentlich verändert hat.

Die weitere Entwicklung des Lebensstammbaums bezog auch die Verbindungen zwischen autotrophen und heterotrophen Organismen mit ein. Noch heute bestimmen diese Verbindungen die wichtigsten Gleichgewichte in der Biosphäre. Komplexer wurden sie, als Organismen auftauchten, die heterotrophe Formen fraßen und sich demnach indirekt von den autotrophen Arten ernährten, manchmal auf dem Weg über lange Nahrungsketten. Ein Tintenfisch verdankt seine Existenz letztlich der Biosyntheseaktivität phototropher Meereslebewesen (Phytoplankton), denn er verzehrt einen Krebs, der die Überreste eines Fisches gefressen hat, der eine Mahlzeit aus Garnelen zu sich genommen hatte, die sich von Phytoplankton ernähren. Wir selbst beziehen unsere Energie von der Sonne, weil wir Fleisch essen, das in einem Rind nur deshalb aufgebaut wurde, weil im Magen des Tieres Mikroorganismen leben, die das Gras zu verwertbaren Nährstoffen abbauen können.

Dynamische Gleichgewichte, wie sie in einem lebenden Stromatolithen bestehen, stabilisieren auch die verschiedenen Teile der Biosphäre. Eine Population von Füchsen kann nicht größer werden als die der Kaninchen, von denen sie lebt. Die Zahl der Kaninchen wiederum ist beschränkt durch die Vermehrung der Füchse, von denen sie getötet werden. Die Zahl der Füchse und der Kaninchen macht also regelmäßige Schwankungen durch, wobei die Zunahme der einen Art immer mit der Abnahme der anderen zusammenfällt. Dieses klassische Beispiel ist als Lotka-Volterra-Zyklus bekannt, nach den Namen der beiden Wissenschaftler, die es in den zwanziger Jahren unseres Jahrhunderts theoretisch untersuchten.[1] Solche einfachen Räuber-Beute-Beziehungen geben aber kaum den richtigen Eindruck von den komplexen Beziehungen zwischen den Bestandteilen wirklicher Ökosysteme. Schon der kleinste Acker oder Tümpel ist ein multifaktorielles System mit einem hochgeordneten Geflecht dynamischer Wechselbeziehungen zwischen den beteiligten Pflanzen, Tieren, Pilzen und Mikroorganismen. Und solche Systeme bilden ihrerseits größere, noch kompliziertere Gewebe, die sich schließlich zu einem einzigen, riesigen Geflecht von unglaublicher Komplexität vereinigen, das die ganze Erde umspannt: der Biosphäre.

Dieses Geflecht zu verstehen, ist heute ein wichtiges Ziel der ökologischen Forschung. Trotz umfangreicher Freilanduntersuchungen und immer leistungsfähigerer Computersimulationen steckt das betreffende Forschungsgebiet aber immer noch in den Kinderschuhen, so komplex und zu einem gewissen Grad auch unvorhersehbar sind die Wechselbeziehungen, die man aufklären möchte. Eine seltene Insektenart kann das Gleichgewicht eines ganzen Regenwaldes bestimmen, weil sie für die Bestäubung bestimmter unentbehrlicher Pflanzen die Schlüsselrolle spielt. Dennoch gibt es einige allgemeingültige Regulationsprinzipien, die immer wieder zum Tragen kommen.

Der Stoffwechsel der Biosphäre

Im wesentlichen ist das bestimmende Prinzip der Biosphäre und der Untersysteme, aus denen sie besteht, auch weiterhin die Verbindung zwischen autotrophen Organismen und den heterotrophen Arten, die Materie und Energie umsetzen und wiederverwerten. Der grüne Teppich bezieht Energie aus dem Sonnenlicht, Kohlenstoff aus dem Kohlendioxid, Stickstoff aus Nitrat oder aus der Atmosphäre, Schwefel, Phosphor, Natrium, Kalium, Calcium, Magnesium, Eisen und andere lebensnotwendige Elemente aus gelösten anorganischen Salzen und Wasser aus allen Quellen, die zur Verfügung stehen. Diese Stoffe werden zu biologischen Verbindungen umgesetzt, wobei als wichtigstes Nebenprodukt Sauerstoff entsteht.

Ein Teil der von den phototrophen Organismen erzeugten biologisch-organischen Produkte gelangt in die Nahrungskette und dient direkt oder indirekt zur Ernährung der Tiere und anderer heterotropher Lebewesen. Diese Arten nutzen die Nahrung zum Aufbau der Molekülbausteine und zur Deckung ihres Energiebedarfs. Dabei verbrauchen sie Sauerstoff, und ein großer Teil der Nährstoffe wird zu Kohlendioxid und anderen Abfallstoffen abgebaut. Vollendet wird diese Tätigkeit von Würmern, Pilzen und Bakterien, die nicht nur tote Pflanzen und Tiere zersetzen, sondern auch unvollständig umgesetzte Stoffwechselprodukte, wie Harnsäure, Harnstoff und Ammoniak. Auf diese Weise wird der von den phototrophen Arten produzierte Sauerstoff verbraucht, und die von ihnen benötigten Substanzen, wie Kohlendioxid, Stickstoff, Nitrat und andere mineralische Bestandteile, werden regeneriert. Teilweise laufen diese Zyklen anaerob ab, wobei Gärungsvorgänge oder andere Elektronenakzeptoren als Sauerstoff von Bedeutung sind. Bestimmte autotrophe Reaktionen kommen auch ohne Licht aus, weil sie durch die Oxidation anorganischer Elektronendonoren angetrieben werden.

Im großen und ganzen werden alle diese Abläufe von den gleichen Selbstregulationsmechanismen gesteuert, die auch die primitiven Bakterienkolonien im Gleichgewicht hielten. Synthese und Abbau sind ausbalanciert, so daß die Biosphäre in einem Fließgleichgewicht bleibt, in dem die biologischen Bestandteile ständig wiederverwertet werden. Es gibt aber lokale und manchmal auch größere Abweichungen. Torf-, Kohle- und Öllagerstätten erinnern an Zeiten, als die biologische Syntheseleistung den biologischen Abbau bei weitem übertraf. In den Fossilfunden erkennt man immer wieder Beispiele für größere Umwälzungen im Aufbau der Biosphäre. Nicht weniger eindrucksvoll und gleichzeitig beunruhigend, weil wir selbst die Ursache sind, ist die wachsende Bedrohung des natürlichen Gleichgewichts durch die Eingriffe des Menschen. Wenn wir diese Probleme verstehen wollen, dürfen wir unsere Aufmerksamkeit nicht nur auf die lebenden Arten in einem Ökosystem richten, sondern wir müssen uns auch mit den Wechselbeziehungen zwischen den Lebewesen und ihrer Umwelt beschäftigen.

Die Umwelt

Das Flechtwerk des Lebens steht durch ein dichtes Netz von Wechselwirkungen in engster Verbindung mit der Umwelt. Daß Leben von der Umwelt abhängig ist, erkennt man leicht. Temperatur, Sonneneinstrahlung, Regen, Verfügbarkeit unentbehrlicher Nährstoffe und andere Faktoren beschränken die Fähigkeit der Pflanzen, in einer bestimmten Gegend zu wachsen, und damit definieren sie auch die Lebensmöglichkeiten für Tiere, Pilze und Mikroorganismen. Weniger augenfällig sind vielleicht die Einflüsse, die die Lebewesen auf ihre Umwelt ausüben. Und doch waren und sind diese Einflüsse ebenfalls von grundlegender Bedeutung. Ohne Leben sähe unser Planet völlig anders aus.

Das Leben hat das Gleichgewicht zwischen Oxidation und Reduktion auf der Erde grundlegend verschoben. Die großen Mengen an zweiwertigem Eisen, die den Urozean anfüllten, sind nun zum Teil in dreiwertiger Form in Mineralien wie Magnetit und Pyrit gebunden. Der Schwefelwasserstoff wurde zum größten Teil oxidiert oder in Mineralien eingefangen und findet sich heute nur in manchen Vulkangebieten, wo er aus dem Erdinneren aufsteigt und dann vom atmosphärischen Sauerstoff schnell oxidiert wird. Die tiefgreifendste Veränderung ist jedoch der Anstieg der Sauerstoffmenge in der Atmosphäre, der ausschließlich auf die Tätigkeit der phototrophen Lebewesen zurückgeht. Diese Umwälzung führte ihrerseits zu vielen Veränderungen der Gesteinszusammensetzung und zur Entstehung der Ozonschicht (das Ozonmolekül O_3 besteht aus drei Sauerstoffatomen), die die Erde und ihre Bewohner heute vor übermäßiger UV-Einstrahlung von der Sonne schützt.

Eine weitere wichtige Auswirkung des Lebens ist das reichliche Vorkommen von Wasser auf der Erde. Gäbe es die Lebewesen nicht, wäre unser Planet heute, wie der Mars, fast völlig ausgetrocknet, denn die UV-Strahlung hätte das Wasser nach und nach gespalten. Der dabei entstehende Wasserstoff wäre in den Weltraum entwichen, und der Sauerstoff wäre in mineralischen «Fallen» gebunden worden. Lebewesen spalten ebenfalls Wasser, aber so, daß der Wasserstoff erhalten bleibt und zur Wiederherstellung von Wasser dienen kann. Lebewesen sind auch dafür verantwortlich, daß der Boden feucht bleibt und daß die Luftströmungen entstehen, die den Kontinenten Regen bringen. Ohne Leben wären die Landflächen kalt und trocken geblieben, wie sie es zum größten Teil waren, bevor die ersten Lebewesen die Ozeane verließen.

Auch die Verteilung des Kohlendioxids und seiner Salze, der Carbonate, ist stark vom Leben beeinflußt. Derzeit macht Kohlendioxid nur 0,0315 Volumenprozent der Atmosphäre aus, und in entsprechend niedriger Konzentration ist es auch in den Meeren gelöst. In präbiotischer Zeit dürfte seine Konzentration hundertmal höher gewesen sein. Bei einem so hohen Kohlendioxidgehalt der Atmosphäre kann man davon ausgehen, daß durch den Treibhauseffekt (siehe Kapitel 30) erheblich mehr Wärme festgehalten wurde. Dafür war die Sonne aber zu jener Zeit noch jünger und schickte 25 Prozent weniger Wärme zur Erde als heute. Der Kohlendioxidgehalt der Atmosphäre wirkte ausgleichend und sorgte dafür, daß die Oberflächentemperatur nach den besten Schätzungen der Fachleute bei 20 bis 25 °C lag.[2] Als sich das Leben weiterentwickelte und das Kohlendioxid allmählich verbrauchte, konnte mehr Wärme entweichen, aber gleichzeitig kam von der Sonne auch mehr Energie, so daß sich die beiden Effekte mehr oder weniger aufhoben.

Der Kohlenstoff, den das Leben dem Kohlendioxid entzog, wurde in das organische Gewebe der Biosphäre aufgenommen und – dank des üppigen Wachstums in der Karbonzeit – zum Teil in gewaltigen unterirdischen Lagerstätten gespeichert; von dort gelangt er heute durch die Nutzung fossiler Brennstoffe wieder in die Atmosphäre. Ein beträchtlicher Teil des präbiotischen Kohlendioxids wurde auch, vorwiegend als Calciumcarbonat, in den Schalen und anderen Strukturen von Meereslebewesen gebunden. Sedimentation, Umwandlung und erneutes Auftauchen nach tektonischen Verschiebungen ließen die fossildurchsetzten Kalksteinschichten sowie Marmor und andere kalkähnliche Gesteine entstehen, die man heute an vielen Orten findet. Die weißen Klippen von Dover, die majestätischen natürlichen Kathedralen, die fließendes Wasser tief unter unseren Füßen ausgewaschen hat, und der glitzernde Carraramarmor, aus dem so viele Meisterwerke gehauen wurden – sie alle gäbe es nicht, hätte sich auf der Erde nicht das Leben entwickelt.

Die Biosphäre ist also nicht nur ein dünnes Häutchen aus lebender Materie, das die Erde wie ein Mantel einhüllt. Sie ist mit unserem Planeten vielmehr über unzählige wechselseitige Beziehungen aufs engste verbunden, ein gewaltiger, von der Sonne angetriebener Apparat, der Erdkruste, Ozeane und Atmosphäre ständig neu gestaltet und von ihnen gestaltet wird. Leben und Erde sind so wenig voneinander zu trennen, daß beide gemeinsam manchmal als planetarer Überorganismus angesehen werden, der aus verwobenen lebenden und nichtlebenden Teilen besteht und durch ein System kybernetischer Beziehungen zusammengehalten wird. Bekannt wurde diese Vorstellung unter dem Namen Gaia.

Gaia

Sie war bei den alten Griechen die Göttin der Erde. Von Worten wie Geologie, Geographie und Geometrie einmal abgesehen, war sie lange vergessen, bis James Lovelock sie wiederbelebte.[3] Der renommierte englische Wissenschaftler trägt hinter seinem Namen die Buchstaben F. R. S. (Fellow of the Royal Society), das begehrteste Kürzel, das einem britischen Forscher verliehen werden kann. Lovelock, von seiner Ausbildung her Physiker, erfand eine Reihe wissenschaftlicher Geräte und erfreut sich eines komfortablen Einkommens aus den Patenten, die er in jungen Jahren angemeldet hat. Heute wohnt er als der sprichwörtliche «Privatier» in einer umgebauten Wassermühle aus dem 18. Jahrhundert dicht an der Grenze zwischen Devon und Cornwall, den beiden Grafschaften in der Südwestecke Englands. Coombe Mill (Experimental Station) ist sowohl Lovelocks Zuhause als auch sein mit Computern vollgestopftes Labor, in dem er die Gaias Launen und Unwägbarkeiten simuliert.

Der Unterschied zwischen der Gaia-Hypothese und anderen Vorstellungen von der Erde besteht in der Homöostase, der Selbstregulation. Bei Gaia treten Erde und Leben nicht wahllos in Wechselwirkung, sondern so, daß die Ungleichgewichte, die sie einander aufzwingen, ausgeglichen werden. Ein Beispiel, das Lovelock theoretisch durchleuchtete, ist «Daisyworld», die «Welt der Gänseblümchen». Auf einem Planeten wird eine Mischung aus dunklen und hellen Gänseblümchen ausgesät, die die gleichen Wachstumsbedürfnisse haben, aber einen unterschiedlichen Anteil des einfallenden Lichtes absorbieren und reflektieren. Die dunklen Gänseblümchen absorbieren mehr Licht und reflektieren weniger als die hellen. Auf einem kalten Planeten gedeihen die dunklen Gänseblümchen besser, weil sie mehr Wärme festhalten. Sie verbreiten sich also von den tropischen Gebieten, von denen sie ausgehen, in immer kältere Zonen und tragen zu ihrer Erwärmung bei. Nimmt jedoch die Menge des einfallenden Lichtes zu, wie es auf der jungen Erde geschah, wird der Planet für diese Gänseblümchen zu heiß. Jetzt sind die hellen Gänseblümchen, die mehr Licht reflektieren und ihre Umgebung abkühlen, im Vorteil, so daß sie die dunkle Variante verdrängen. Dunkle und helle Gänseblümchen wirken also als Thermostat: Sie reagieren auf Temperaturschwankungen in einer Weise, die den Schwankungen entgegenwirkt; das heißt, sie tragen dazu bei, die Temperatur konstant zu halten. Dieses einfache Modell erinnert an die Räuber-Beute-Beziehung von Lotka und Volterra, nur mit dem Unterschied, daß es bei Daisyworld nicht um zwei Lebensformen geht, sondern um eine Lebensform und einen Umweltfaktor.

Lovelock verfeinerte seine Daisyworld immer weiter, indem er Gänseblümchen mit bis zu 20 verschiedenen Schattierungen einführte und sogar Kaninchen und Füchse hinzunahm. Das Ergebnis ist immer das gleiche: Selbstkorrektur, sogar bei absichtlich herbeigeführten Störungen. Die Argumente, die Lovelock aus solchen Simulationsexperimenten ableitete, sprechen nach seiner Ansicht stark für seine Hypothese, die, wie er selbst einräumt, anfangs nur der Intuition entsprang. Nach der Gaia-Theorie ist die Erde ein lebender Organismus, der seine Umwelt automatisch so reguliert, daß sie sich optimal für bzw. zum Leben eignet.

Die wissenschaftliche Welt nahm Gaia unterschiedlich auf. Begeistert begrüßt wurde die Theorie von Lynn Margulis,[4] die seither zu ihren glühendsten Befürwortern zählt. Nach den Worten des verstorbenen Lewis Thomas könnten Lovelocks Beobachtungen ‹eines Tages als einer der größten Brüche im Denken der Menschen gelten›.[5] Der Kosmologe Freeman Dyson machte sich die Vorstellung von Gaia zu eigen und schrieb: ‹Die Achtung vor Gaia ist der Anfang der Weisheit.›[6]

Andere dagegen störte der scheinbar teleologische Charakter der Theorie und die fast mystische Sprache, in der sie anfangs formuliert wurde. Lovelock gibt zu, der Stil seiner ersten Schriften könne irreführend wirken, aber er vertritt mit Nachdruck die Überzeugung, daß Gaia eine ernst zu nehmende wissenschaftliche Hypothese ist, die durch Beobachtung und Experiment geprüft werden kann.

Die Ökologen mißtrauen der Vorstellung von Gaia aus einem anderen Grund. Sie zeichnet die Erde als robusten Organismus, der viele Verletzungen übersteht, und nicht als das zerbrechliche Gebilde, das nach ihrer Ansicht von allen Seiten durch die Tätigkeit der Menschen bedroht ist. Aber Lovelock hat es wohl kaum verdient, daß man ihm mangelnde Sensibilität für Umweltfragen vorwirft. Seine kritischen Äußerungen betreffen die zu starke Betonung einzelner Gefahren, beispielsweise der schwachen Karzinogene oder der Kernenergie. Gleichzeitig hat er sich aber nachdrücklich gegen die von ihm so genannten drei tödlichen C^7 ausgesprochen – *cars*, *cattle*, *chain saws* (Autos, Rinder, Kettensägen) –, die er für die Zerstörung der ländlichen Gebiete Englands verantwortlich macht.

Die Geschichte des Lebens auf der Erde bietet einige Argumente für Lovelocks allgemeine Sichtweise. Es gab in dieser Geschichte immer wieder Katastrophen, beispielsweise durch tektonische Bewegungen, Vulkanausbrüche, Klimaveränderungen und Asteroideneinschläge, bei denen ein großer Teil der vorhandenen Tier- und Pflanzenwelt ausgelöscht wurde. Jedesmal erholte sich das Leben nicht nur, sondern es brachte sogar entscheidende Neuerungen hervor. Aber dazu waren Jahrmillionen notwendig. Wenn wir die Erde für unsere Kinder und Enkelkinder erhalten wollen, können wir uns kaum auf Gaias natürliche Widerstandskraft verlassen.

24 Die Vorzüge von DNA-Schrott

Ein wichtiger Unterschied zwischen den Eukaryoten, insbesondere
höheren Tieren und Pflanzen, und ihren entfernten prokaryotischen
Verwandten betrifft die «Ökonomie der DNA». Prokaryoten üben
sich, was ihren Gehalt an DNA angeht, in der größtmöglichen Spar-
samkeit. Ihr Genom enthält kaum ein Nucleotid, das nicht zur Codie-
rung oder zur Genregulation dient. Der Chemiker und Nobelpreisträger Walter Gilbert von der Harvard University bezeichnete das
Bakteriengenom als «stromlinienförmig», vermutlich als Ergebnis
eines starken Selektionsdrucks, der die schnelle Vermehrung begünstigte.[1]

In auffälligem Gegensatz dazu besteht das Genom der Eukaryoten
zum größten Teil aus nichtcodierender DNA ohne erkennbare Funktion, die deshalb manchmal «DNA-Schrott» (*junk DNA*) genannt
wird. Beim Menschen haben noch nicht einmal fünf Prozent der DNA
Codierungsfunktionen. Salamander haben es da besser – oder schlechter, je nachdem, von welcher Seite man es betrachtet.[2] Manche dieser
Tiere besitzen zwanzigmal mehr DNA als wir, wobei Arten, die im
Westen der USA leben, denen im Osten um ein Mehrfaches überlegen
sind. Zum Glück für unser Selbstwertgefühl ist auch bei der DNA die
Quantität kein Maß für die Qualität. Die Salamander im Westen sind
nicht erkennbar klüger als ihre östlichen Vettern. Die größere DNA-
Menge macht die Salamander den Menschen keineswegs überlegen.

Egoistische DNA

Für die große Menge scheinbar nutzloser DNA im Genom höherer
Pflanzen und Tiere muß es eine Erklärung geben. Nach Ansicht des
britischen Verhaltensforschers Richard Dawkins liegt diese Erklärung im «Egoismus» der DNA.[3] Gegenstand der Selektion ist nicht
der Körper, sondern die DNA. Der Körper ist für die DNA nur ein

Hilfsmittel zur Replikation, genau wie das Huhn, wie man so sagt, nur das Mittel des Eies ist, ein neues Ei hervorzubringen. Um Dawkins zu zitieren: ‹Der eigentliche «Zweck» der DNA ist zu überleben, nicht mehr und nicht weniger. Der einfachste Weg, die überschüssige DNA zu erklären, ist die Annahme, daß sie ein Parasit oder im besten Fall ein ungefährlicher, aber nutzloser Trittbrettfahrer ist, der in der von der übrigen DNA geschaffenen Überlebensmaschine mitreist.›[4] Diese phantasievolle Vorstellung erklärt aber weder die auffälligen Unterschiede in der DNA-Ökonomie bei Pro- und Eukaryoten noch die Tatsache, daß die Menge an «DNA-Schrott» im Eukaryotengenom im großen und ganzen – wenn auch mit starken Schwankungen (man denke an die Salamander) – mit steigender entwicklungsgeschichtlicher Komplexität zunimmt.

Ein Teil der eukaryotischen DNA hat keine erkennbare Aufgabe. Es gibt «tote» Gene, Kopien funktionsfähiger Gene, die durch eine verstümmelnde Mutation nutzlos wurden. Darüber hinaus findet man lange Verbindungsabschnitte zwischen den Genen und Abfolgen von vielen Wiederholungen der gleichen Sequenz, bei denen ebenfalls keine Funktion zu erkennen ist. Das Bakteriengenom dagegen enthält keine toten Gene, keine unnötig langen Verbindungsstücke und keine Reihen offenkundig nutzloser Sequenzwiederholungen. Wenn, wie es den Anschein hat, in der Evolution der Bakterien die «Stromlinienförmigkeit» und damit das ständige Bestreben nach «Verschlankung» des Genoms begünstigt wurde, dann standen die Eukaryoten offenbar nicht unter diesem Selektionsdruck.

Tatsächlich vermehren sich Eukaryotenzellen nicht dauernd so schnell, wie sie nur können. Ihre DNA-Replikation ist eine eher gemächliche Angelegenheit, die nur einen Teil der Zeit zwischen zwei Zellteilungen beansprucht und die sich jeder DNA-Länge anpassen kann, indem einfach mehr DNA-Abschnitte gleichzeitig repliziert werden. Diese Fähigkeit fehlt den Bakterien, die in ihrem Genom nur einen einzigen Replikationsursprung besitzen. Möglicherweise schleppen Eukaryoten die «egoistische» DNA deshalb von einer Generation zur nächsten mit, weil der Vorteil, sie loszuwerden, nicht so stark ist, daß er die natürliche Selektion antreiben könnte. Andererseits kann man aber auch die Möglichkeit nicht ausschließen, daß diese DNA doch eine Funktion hat, beispielsweise für die Chromosomenstruktur oder für einen anderen, noch unbekannten Ablauf.

Gestückelte Gene

Das ist bei weitem nicht die ganze Geschichte des «DNA-Schrotts», ja es ist noch nicht einmal ihr spannendstes Kapitel. Nichtcodierende DNA gibt es nicht nur zwischen den Genen, sondern auch in ihrem Inneren. Viele Gene der Eukaryoten bestehen aus getrennten Abschnitten, deren Zahl zwischen zwei und mehreren hundert liegen kann. Diese Abschnitte, Exons genannt (weil sie exprimiert werden), sind durch die intervenierenden Sequenzen oder Introns getrennt, die in den meisten Fällen nicht in irgendeiner nützlichen Form exprimiert werden. Exons sind kurz und in der Länge relativ einheitlich: Über zwei Drittel von ihnen bestehen aus 50 bis 200 Nucleotiden. Die Introns sind dagegen sehr unterschiedlich lang, ihr Größenspektrum reicht von 10 bis zu über 50 000 Nucleotiden. Die gestückelten Gene werden in voller Länge, mit allen Exons und Introns, in entsprechend gegliederte RNA-Moleküle transkribiert. Anschließend machen diese RNAs eine verwickelte Weiterverarbeitung durch, bei der die Introns herausgeschnitten und meist abgebaut werden, während die Exons zu reifen RNAs zusammengesetzt («gespleißt») werden.

Man stelle sich einmal vor, man würde in einen Text überall Kauderwelsch einstreuen, das ganze Durcheinander drucken, dann den Unsinn sorgfältig wieder herausschneiden und die sinnvollen Abschnitte zusammenkleben. Kein vernünftig denkender Mensch würde in eine Informationsverarbeitung absichtlich so viele mögliche Fehlerquellen einbauen. Genetische Texte in dieser Form durcheinanderzubringen, scheint besonders absurd zu sein, denn das Kauderwelsch führt zu einer erheblich höheren Belastung bei Transkription und Replikation. Außerdem darf beim Spleißen kein einziger Buchstabe verlorengehen oder an die falsche Stelle geraten, weil sonst die gesamte Information zu Unsinn wird. Und schließlich erfordert die ganze Übung einen erheblichen, scheinbar nutzlosen Energieaufwand. Aus allen diesen Gründen konnte sich bis 1977 wohl kein Wissenschaftler vorstellen, daß Gene gestückelt sein können. Die «Colinearität» war geradezu ein Dogma. Deshalb war die Überraschung 1977 so groß wie bei kaum einer wissenschaftlichen Entdeckung zuvor: Zwei Molekularbiologen, Philip Sharp vom Massachusetts Institute of Technology (MIT) in Boston und der Brite Richard Roberts, der am Cold Spring Harbor Laboratory auf Long Island arbeitete, fanden unabhängig voneinander eindeutige Anzeichen dafür, daß ein

Gen in mehreren Teilstücken vorliegt, die im RNA-Transkript zusammengespleißt werden.[5] Diese Entdeckung brachte den beiden
1993 den Nobelpreis ein.

Die Evolution entschied sich für das Spleißen und verfeinerte es bis
zu einer bemerkenswert hohen Genauigkeit, das heißt, gestückelte
Gene müssen beträchtliche Vorteile bergen, die die damit verbundenen Gefahren aufwiegen. Nach Gilberts Vorstellung war ihr größter
Nutzen wahrscheinlich das Hin- und Herschieben von Exons (*exon
shuffling*)[6], also die Möglichkeit, die gleichen DNA-Module unterschiedlich zu kombinieren und von der natürlichen Selektion überprüfen zu lassen, wie es vermutlich auch beim Zusammenbau der
ersten RNA-Gene geschah (siehe Kapitel 7). Die Exons traten an
die Stelle der früheren, kürzeren RNA-Module und wurden dann im
Genom zu einer großen Zahl von «Mosaikgenen» zusammengestellt,
so daß sich wesentlich mehr Möglichkeiten zur Entstehung neuer
Vielfalt boten. Zellen, die über diese Wandelbarkeit verfügten, entgingen der Gefahr, immer stärker in der Zwangsjacke ihres Genoms
eingeengt zu werden. Sie hielten sich viele Möglichkeiten offen und
besaßen immer noch die Fähigkeit zu Neuerungen.

Tatsächlich dienten die gleichen Exons als Bausteine verschiedener
Gene, so daß bestimmte «Motive» einer Peptidsequenz in unterschiedlichem Zusammenhang immer wieder auftauchen,[7] ganz ähnlich wie die Schalter, Mikrochips und andere Einzelteile, die man zu
unterschiedlichen elektronischen Geräten zusammenbauen kann. In
besonders bemerkenswerter Weise findet das *exon shuffling* bei jedem Menschen immer wieder statt, wenn das Immunsystem heranreift (siehe Kapitel 14).

Die Herkunft der Introns

Zu welcher Zeit in der Geschichte des Lebens tauchten die Introns in
der DNA auf? Diese Frage wird hitzig diskutiert. Nach den Befunden
der Evolutionsforschung entstanden die Introns erst spät, und dann
verbreiteten sie sich langsam ausschließlich in der Abstammungslinie
der Eukaryoten. Bei Prokaryoten gibt es sie fast überhaupt nicht, bei
niederen Eukaryoten sind sie selten, und dann nimmt ihre Zahl in der
Regel mit fortschreitender Evolution zu. Man kann also vermuten,

daß die Introns während des Übergangs von den Pro- zu den Eukaryoten oder danach ins Genom gelangten und sich dann ähnlich wie ein Virus ausbreiteten, so daß sie schließlich in den Genen (und zwischen ihnen, wo sie den DNA-Schrott bilden) immer mehr Platz beanspruchten. Eine mögliche, aber nicht unbedingt notwendige Ergänzung zu dieser Ansicht ist die Theorie, daß wandernde DNA-Abschnitte für die Evolution der Eukaryoten eine wichtige Rolle spielten, weil sie Zahl und Abwandlungsmöglichkeiten der genetischen Umordnungen erhöhten, die die natürliche Selektion dann überprüfen konnte.

Überraschenderweise gibt es aber auch für ein höheres Alter der Introns gute Argumente, die Gilbert höchst beredt vertritt.[8] Nach allem, was wir über den Aufbau der Gene aus einzelnen Modulen wissen, könnte etwas Ähnliches wie das *exon shuffling*, allerdings mit kleineren RNA-Abschnitten, schon in den ersten Protozellen von großer Bedeutung gewesen sein. Das gleiche gilt für das RNA-Spleißen, das in dem frühen Kombinationsspiel mit den RNA-Minigenen eine wichtige Aufgabe erfüllte und später eine andere Schlüsselfunktion übernahm, als die an gestückelten Genen transkribierten RNA-Moleküle in reife RNA umgewandelt werden mußten. Wenn die ersten DNA-Gene durch Introns unterbrochen waren, gibt es vielleicht eine ununterbrochene Entwicklungslinie von den ersten Formen des RNA-Spleißens bis zu seiner heutigen Funktion bei den Eukaryoten. Wären die Exons dagegen eine späte entwicklungsgeschichtliche Neuerung, müßte man erklären, wie das RNA-Spleißen über zwei Milliarden Jahre nach seinem Verschwinden wiederbelebt wurde.

Die Theorie, daß die ersten Gene von Introns unterbrochen waren, besagt auch, daß der Verlust der Introns eine Bremse für den Fortschritt der Evolution darstellte. Die Bakterien haben demnach fast alle ihre früheren Introns verloren und sind bis heute Prokaryoten geblieben. Die niederen Eukaryoten, wie zum Beispiel die Hefe, behielten ein paar Introns und entwickelten sich weiter. Und so fort, bis hin zu den am höchsten entwickelten Pflanzen und Tieren, bei denen man die größte Zahl von Introns findet. Die Idee, daß die Beibehaltung eines wandelbaren, ungeformten Zustandes, in dem noch vieles möglich ist, die Voraussetzung für Neuerungen darstellt, hat einen unbestreitbaren Reiz. Sie paßt zu der Vorstellung, daß wichtige Schritte der weiteren Ausgestaltung der Körperbaupläne in

der Evolution durch das Aufschieben endgültiger Entwicklungsfest-
legungen erreicht wurden.

Die Frage, ob Introns in der Evolution verschwunden oder hinzugekommen sind, wird sich durch theoretische Argumente nicht eindeutig beantworten lassen. Entscheiden werden die Tatsachen. Für
die Theorie vom späteren Hinzukommen spricht die Entdeckung einiger Introns, die von wandernden DNA-Stücken abstammen, den
transponierbaren Elementen.[9] Daß es solche Elemente gibt, entdeckte die damals recht unbekannte amerikanische Pflanzengeneti-
kerin Barbara McClintock in den vierziger Jahren: Aus der Verteilung farbiger Flecken auf Maiskolben schloß sie, die Ursache der
Verfärbung müsse die Übertragung bestimmter DNA-Abschnitte
von einer Tochterzelle zur anderen während der Meiose sein. Diese
revolutionäre Vorstellung blieb lange unbeachtet, aber schließlich
erkannte man ihre grundlegende Bedeutung, so daß ihre bescheidene
und zurückgezogen lebende Urheberin zu Weltruhm gelangte und
1983 den Nobelpreis erhielt.[10] Wie wir heute wissen, sind bestimmte
DNA-Stücke von Pro- und Eukaryoten mit Endsequenzen ausgestattet, durch die sie an einer Stelle im Genom ausgeschnitten und an
einer anderen wieder eingebaut werden können, und zwar nicht nur
innerhalb desselben Genoms, sondern auch zwischen verschiedenen
Zellen, zwischen Organismen der gleichen oder auch verschiedener
Arten, ja sogar über die Grenze zwischen Eu- und Prokaryoten hinweg. Man hat mehrere solcher Eindringlinge dingfest gemacht, als sie
mitten in einem Gen landeten und durch die Inaktivierung dieses
Gens einen genetischen Defekt verursachten. Bei mehreren Introns
konnte eindeutig nachgewiesen werden, daß es sich um transponier-
bare Elemente jüngeren Ursprungs handelt. Diese Befunde bedeuten
nicht das Ende der Debatte, aber die derzeit bekannten Indizien sprechen eher für die Theorie, daß gestückelte Gene eine späte Errungenschaft sind.[11]

Das Universum der Exons

Für immer mehr Exons in verschiedenen Genen ist mittlerweile erwiesen, daß es sich um Abkömmlinge gemeinsamer DNA-Vorläufer-
sequenzen handelt. Man kann also vermuten, daß alle in der Natur

vorkommenden Proteine durch die Kombination einer begrenzten Zahl genetischer Module entstanden sind. Nach einer Schätzung aus Gilberts Umfeld dienten möglicherweise nur 7000 Exons – die Bandbreite für die Schätzung liegt zwischen 950 und 56000 – zum Aufbau aller eukaryotischen Gene.[12] Diese Schätzung für das «Universum der Exons» ist zwar keineswegs allgemein anerkannt, aber allein die Tatsache, daß die Frage der Untersuchung zugänglich ist und daß man zu einer akzeptablen Lösung gelangen kann, ist ein deutlicher Hinweis, daß die Zahl der Exons, aus denen die Gene aufgebaut sind, ein winzig kleiner Bruchteil jener gewaltigen Zahl sein muß, die sich allein aus statistischen Berechnungen ergibt – 4^{50} oder tausend Milliarden Milliarden Milliarden mögliche Sequenzen für einen Abschnitt von nur 50 Nucleotiden. Demnach war die umfassende Erkundung des «Raumes» der Exonkombinationen wahrscheinlich auch noch in den späten Evolutionsstadien der Tiere und Pflanzen möglich. Auf die Bedeutung dieser Tatsache wurde in Kapitel 7 hingewiesen.

Teil VI:
Das Zeitalter des Geistes

25 Der Schritt zum Menschsein

Siebzig Fußabdrücke in Vulkanasche – zwei unterschiedlich große Individuen, die nebeneinander gingen, und dahinter ein drittes, das in die Fußstapfen des größeren der beiden trat – blieben vor 3,5 Millionen Jahren im heutigen Trockengebiet von Laetoli im Norden Tansanias zurück und versteinerten. Dort wurden sie 1977 von Mary Leakey aus der berühmten kenianischen Fossilienjägerfamilie entdeckt.[1] Diese uralten Spuren bezeugen, daß es in jener fernen Zeit und in diesem Teil der Welt Geschöpfe gegeben haben muß, die aufrecht gingen – auf Füßen, die den unsrigen ähnelten. Solche Wesen müssen damals weite Teile Ostafrikas durchstreift haben. Das berühmteste ist ein junges Weibchen namens Lucy – auf diesen Namen wurde es nach dem Beatles-Song *Lucy in the Sky with Diamonds* getauft. Lucy machte 1974 Schlagzeilen, als Donald Johanson vom Institute of Human Origins in Berkeley (Kalifornien) ihre verblüffend vollständigen Überreste – fast das halbe Skelett – in der Gegend von Afar in Äthiopien entdeckte.[2] Lucy ist ungefähr ebenso alt wie die gehenden Lebewesen von Laetoli. Die anatomischen Verhältnisse ihres Beckens zeigen, daß sie auf zwei Beinen ging. Das gleiche gilt für den Besitzer eines Kniegelenks, das Johanson ebenfalls in der Afar-Region fand und das auf ein Alter von 3,9 Millionen Jahren datiert wurde. Diese ersten Hominiden (Vormenschen) sind heute auch unter dem Namen *Australopithecus afarensis* bekannt.

Der Name *Australopithecus* bedeutet eigentlich «südlicher Affe» (lateinisch *australis* = südlich, griechisch *pithekos* = Affe). Er wurde (ursprünglich mit der Artbezeichnung *africanus*) von dem in Australien geborenen Raymond Dart geprägt, der 1924 in einer Höhle bei Taung in Südafrika den fossilen Schädel eines unreifen, affenähnlichen Primaten gefunden hatte, ein Fund, der heute allgemein als «Kind von Taung» bekannt ist. Aufgrund der Lage des Hinterhauptsloches, das an der Unterseite des Schädels die Öffnung für das Rückenmark bildet, behauptete Dart, das Kind von Taung sei aufrecht gegangen und stelle eine Zwischenform zwischen Affen und Menschen dar. Bei den etablierten Paläoanthropologen jener Zeit stieß diese Behauptung auf starken Widerspruch. Heute besteht jedoch kein Zweifel mehr daran, daß es schon vor etwa vier Millionen Jahren, also lange vor dem Kind von Taung, das «nur» zwei Millionen Jahre alt ist, aufrecht gehende Affen gab.

Unsere nächsten lebenden Verwandten sind nach den Befunden der vergleichenden Sequenzanalyse die zentralafrikanischen Schimpansen, und der letzte Vorfahre, den wir mit ihnen gemeinsam haben, lebte vor etwa sechs Millionen Jahren. Deshalb ist es kein Wunder, daß man die ersten Spuren des Weges vom Schimpansen zum Menschen in Afrika findet. Die Tatsache, daß diese Geschöpfe auf zwei Beinen gingen, spricht für die Hypothese, daß der aufrechte Gang für die Entstehung der menschlichen Abstammungslinie von großer Bedeutung war.

Aus Indizien wie den gerade beschriebenen, die in Afrika und anderen Erdteilen geduldig zusammengetragen wurden, konnten die Fachleute bruchstückhaft die Geschichte von der Entstehung der Menschheit nachzeichnen[3]; sie steht im größeren Zusammenhang der Evolution der Primaten, wie Fossilfunde und die vergleichende molekulare Sequenzanalyse belegen. Ich möchte diese Geschichte nur in großen Zügen erzählen, ohne auf die vielen auch heute noch bestehenden Meinungsverschiedenheiten zwischen den Fachleuten einzugehen, die Alter, Identität, Abstammung und Verwandtschaftsverhältnisse der lange verstorbenen Eigentümer eines Zahns, eines Kiefers, eines Schädelknochens oder eines anderen Skelettteils betreffen. Genauer werde ich jedoch diejenigen Eigenschaften betrachten, die uns als Menschen charakterisieren, und die möglichen Mechanismen ihres Auftauchens in der Evolution.

Auf die Bäume und wieder herunter

Vor vielen Millionen Jahren, als es noch Dinosaurier gab, ließ sich eine kleine, nagerähnliche Säugetierart in den Bäumen nieder, die ihr Nahrung, Wohnung und Schutz boten. Ein neuer Lebensraum fordert neue Anpassung. In einer Welt, die bis dahin vorwiegend von Vögeln und Insekten bevölkert war, erwarb der seltsame Neuankömmling durch natürliche Selektion lange Arme, kräftig zupackende Finger an allen vier Gliedmaßen, einen zum Greifen geeigneten Schwanz und nach vorn gerichtete Augen, die ihm ein gutes räumliches Sehvermögen verschafften. Mögliche Zwischenstufen dieser schicksalsträchtigen Verwandlung findet man in der heutigen Welt in Form der Lemuren in Madagaskar und der Koboldmakis des malaiischen Archipels. Auf sie folgten die Horden der Kleinaffen, die mit ihrem Geschrei, ihren Luftsprüngen und ihrem ungehemmten Sexualverhalten die Ruhe aller tropischen Wälder der Erde zunichte machen.

Das große Abenteuer der Primaten wäre vielleicht frühzeitig zu Ende gewesen, hätte sich nicht eine Gruppe von Kleinaffen vor etwa 30 Millionen Jahren isoliert in einem unwirtlichen afrikanischen Dschungel befunden, wo zum Überleben ein kräftigerer Körperbau, neue Fähigkeiten und größere Schlauheit erforderlich waren. Die Antwort der Evolution auf diese Herausforderung war *Proconsul*, der Vorläufer der Menschenaffen, der mehr Gehirn und mehr Muskeln besaß. Die stämmigen, bis zu einem Meter großen Nachkommen von *Proconsul* besiedelten viele Teile der Alten Welt und wurden zu den Vorfahren der südostasiatischen Gibbons und Orang-Utans sowie später der Gorillas und Schimpansen in Zentralafrika.

Schließlich ereignete sich vor etwa sechs Millionen Jahren etwas noch Entscheidenderes. Ein paar Baumbewohner, die unmittelbar mit den Vorfahren der heutigen Schimpansen verwandt waren, verließen ihren luftigen Wohnort und gingen in die Savanne. Dort nahm die Evolutionslinie ihren Anfang, aus der schließlich die Menschheit hervorging. Dieses epochemachende Ereignis fand irgendwo in Ostafrika statt, ausgelöst wahrscheinlich durch die geographischen und klimatischen Umwälzungen, die das Große Rift-Tal entstehen ließen. Der Wald wich zurück und wurde immer stärker übervölkert, so daß sich die Futterversorgung verschlechterte und mehr Gefahren im Schatten der Bäume lauerten. Die offene Savanne dagegen, die die Wälder verdrängte, hielt für entsprechend angepaßte Lebewesen reiche Schätze bereit. Der aufrechte Gang, mit dem die schimpansenähnlichen Vorfahren bereits herumgespielt hatten, war dafür genau das Richtige. Er erlaubte es den Tieren, Beute und Feinde im hohen Gras besser zu erkennen; und vor allem befreite er die Hände.

Wenn man heute Schimpansen beobachtet, erkennt man deutlich, was unsere gemeinsamen Vorfahren mit den Händen alles tun konnten: die Jungen tragen, sich kraulen, sich den Weg durch Dickichte bahnen, Eßbares aufheben, Beeren und andere Leckerbissen pflükken, Bananen schälen, Futter in den Mund stecken, Geschlechtspartner umarmen, Feinde und Konkurrenten abwehren, Beute jagen, gestikulieren, Signale geben, ja sogar Steine und Stöcke als Waffen oder zur Nahrungsbeschaffung verwenden. Man braucht nur die aufmerksamen Augen, die gerunzelte Stirn und die geschürzten Lippen zu betrachten, während die Hände eine schwierige und offensichtlich absichtsvolle Tätigkeit ausführen, dann kann man sich mit ein wenig Phantasie vorstellen, wie sich hinter dieser fliehenden Stirn die Räder des Geistes drehen. Was vor etwa sechs Millionen Jahren irgendwo im afrikanischen Dschungel geschah, war für die Entstehung des menschlichen Geistes von entscheidender Bedeutung. Vom Gehirn zur Hand und wieder zurück zum Gehirn wurde ein sich selbst verstärkender Impulsaustausch in Gang gesetzt, der die Welt verändern sollte.

Aus irgendeinem Grund schlugen die Schimpansen nicht viel Kapital aus den nützlichen Eigenschaften ihrer Vorfahren. Vielleicht stellten die Wälder, in denen sie wohnten, ihre Überlebensfähigkeit und ihren Fortpflanzungserfolg nicht so stark auf die Probe, daß Veränderungen begünstigt worden wären. Die Evolution neigt meist zum Stillstand, wenn sie nicht angestoßen wird. Dieser Anstoß war die Krise in Ostafrika, die eine Gruppe von Affen in die Savanne trieb, eine Landschaft, die den aufrechten Gang, die handwerkliche Geschicklichkeit und gemeinsame Bemühungen belohnte. Die Tiere bildeten kleine Horden, die zusammen wanderten, gemeinsam jagten und kämpften, Nahrung und Behausungen teilten, sich meist innerhalb der Gruppe paarten, sich mit Lauten verständigten und sogar lernten, zugunsten des Allgemeinwohls persönliche Gefahren auf sich zu nehmen. Diese neuen Eigenschaften waren nicht das Ergebnis bewußter Planung, sondern wurden auf dem unbarmherzigen Weg der natürlichen Selektion erworben, die Nachkommen ohne solche Qualitäten beseitigte. Gleichzeitig bildeten sich neue Wechselbeziehungen zwischen dem Gehirn und anderen Körperteilen aus, was zu den ersten Ansätzen von sprachlicher Kommunikation und Sozialverhalten führte. Die erfolgreicheren Horden blieben zunehmend unter sich und hielten sich von den ungehobelteren Familien fern, so daß schließlich der *Australopithecus* entstand, in späterer Zeit gefolgt von *Homo* (lateinisch für Mensch).

Australopithecus afarensis, africanus, robustus, boisei; Homo habilis, ergaster, erectus, rudolfensis, neanderthalensis, sapiens – die Na-

men wollen wir den Fachleuten überlassen; sie sollen unter sich ausmachen, wer wann zuerst kam und wer mit wem verwandt ist. Alle
diese entfernten Verwandten unserer selbst lebten vom Jagen und
Sammeln; sie wanderten von Ort zu Ort, je nachdem, zu welcher Jah-
reszeit die Früchte nach ihrer Erfahrung besonders üppig wuchsen
oder wann die Jungen ihrer Beutetiere besonders empfindlich waren.
Manche von ihnen suchten Schutz in Höhlen und ließen sich vorübergehend an einem Ort nieder, bis die Nahrungsknappheit sie zum Wei-
terziehen zwang. In vielen Fällen stellten sie scharfe Steine her, um
ihre Jagdbeute zu zerlegen; dabei halfen ihnen anatomische Veränderungen der Hände, die die Geschicklichkeit steigerten, vor allem der
Daumen, der den anderen Fingern gegenüberstehen konnte. Einige
zähmten das Feuer, das vom Himmel fiel, und lernten, wie man es mit
dem Funken von einem Feuerstein wieder entzünden kann, wenn es
ausgebrannt oder vom Regen gelöscht worden war. Die Männchen
kämpften untereinander heftig, wenn auch in einem gewissen Maß
ritualisiert, um den Besitz der Weibchen. Rivalisierende Horden hielten sich meist voneinander fern und beherrschten abgegrenzte Gebiete; zu Zusammenstößen kam es nur, wenn beide ein Auge auf
dasselbe Gelände geworfen hatten oder wenn in einer Gruppe die
Weibchen knapp wurden. Die Jungen wurden gemeinsam gefüttert,
geschützt und versorgt. Sie stießen verschiedenartige Grunzlaute aus,
die jeweils etwas anderes bedeuteten, und konnten sich auch im Dunkeln über eine gewisse Entfernung hinweg verständigen. Ihr Leben
dauerte kaum länger, als es zur Erzeugung von Nachkommen erforderlich war. Nur wenige überlebten das fortpflanzungsfähige Alter
und wurden dann vielleicht für die Dienste, die sie der Gruppe gelei-
stet hatten, von dieser versorgt. Die natürliche Selektion begünstigte
Gruppen, die sich um die nicht mehr fortpflanzungsfähigen älteren
Mitglieder kümmerten, gegenüber denen, die ihre Alten verstießen
oder umbrachten, denn der Gesamtfortpflanzungserfolg war in den
altruistischen Gruppen größer. Die Alten konnten beispielsweise bei
den Jungen bleiben, während die jüngeren Erwachsenen ihre Kraft
und Geschicklichkeit für andere nützliche Zwecke einsetzten. In Ge-
fahrensituationen konnte außerdem auch die Erfahrung der Alten
dazu beitragen, daß die Gruppe überlebte.

Waren diese Geschöpfe Affen oder Menschen? Die Grenze ist flie-
ßend und läßt sich nicht ohne weiteres ziehen. Man kann nur sagen,
daß sie im Laufe von 6000 Jahrtausenden immer ein bißchen weniger

Affe und ein bißchen mehr Mensch wurden – je nach der Betrachtungsweise eine verblüffend kurze oder verblüffend lange Zeit: weniger als ein Tausendstel des Alters des Lebens auf der Erde, aber dreitausendmal so lang wie die Zeit, die seit Christi Geburt verstrichen ist, und über fünfhundertmal länger als die gesamte bekannte Geschichte der Menschheit. Nach unseren Zeitmaßstäben war die Entwicklung der Menschheit ein langsamer, kaum wahrnehmbarer Vorgang, der von einer Generation zur nächsten praktisch nicht zu bemerken war, auch wenn er uns heute als gewaltiger Sprung erscheint. Zwischen dem letzten Vorfahren, den wir mit den Schimpansen gemeinsam haben, und uns selbst sind über 300 000 Generationen gekommen und gegangen.

Die Eva der Mitochondrien

In dieser Vergangenheit gibt es nur wenige markante Punkte, und die liegen weit verstreut, nicht nur über mehrere Jahrmillionen hinweg, sondern auch über große geographische Gebiete sowohl in Afrika als auch in Europa und Asien. Dann, vor etwa 200 000 Jahren, führte der Weg offensichtlich wieder in eine bestimmte Gegend Afrikas. Dort lebte damals eine Frau, die unser aller Mutter sein soll – so jedenfalls die überraschende Behauptung, die der inzwischen verstorbene Alan Wilson von der University of California in Berkeley sowie seine Mitarbeiter Rebecca Cann und Mark Stoneking 1987 aufstellten. Die Wissenschaftler hatten Zellmaterial von 157 Menschen aus Afrika, Asien, Europa, Australien und Neuguinea gesammelt und daraus die kleinen DNA-Mengen in den Mitochondrien gewonnen und analysiert, jenen Organellen, die der Zellatmung dienen und die von bakteriellen Endosymbionten abstammen, von denen sie noch ein paar Gene behalten haben. Daß sie für die Untersuchungen gerade Mitochondrien-DNA wählten, hatte zwei Gründe: Erstens bringen Samenzellen bei der Befruchtung keine Mitochondrien mit, das heißt, die Mitochondrien werden ausschließlich auf dem Weg über die weibliche Eizelle vererbt. Das vereinfacht die genetische Analyse. Und zum zweiten mutiert das Mitochondriengenom viel schneller als die DNA im Zellkern, so daß innerhalb weniger hunderttausend Jahre mit vielen deutlichen Abwandlungen zu rechnen ist.

Die ermittelten «Fingerabdrücke» waren tatsächlich unterschiedlich, aber sie stammten offensichtlich alle von einem einzigen Vorläufermolekül ab, und dieses Vorläufermolekül gehörte der Rekonstruktion des Stammbaums zufolge einer Frau, die vor etwa 200.000 Jahren in Afrika lebte. Es dauerte nicht lange, da ging diese Geschichte mit der unvermeidlichen Überschrift «die afrikanische Eva» durch die Medien, ausgeschmückt mit vielfältigen Kommentaren und Schlußfolgerungen, von denen die meisten falsch waren. Auch Wissenschaftler stürzten sich auf die Arbeiten und fanden schon bald viele Schwachpunkte. Die Autoren antworteten mit neuen Befunden, welche die ursprünglichen Schlußfolgerungen stützten, aber die Kritiker fanden darin wiederum Fehler.[4] Die Debatte ist noch nicht abgeschlossen, aber sie hat sich erheblich gewandelt, seit Alan Wilson, der wichtigste Vertreter der Hypothese von der afrikanischen Eva, gestorben ist. Was sollen wir von der Geschichte halten?

Eines ist klar: Der ursprüngliche Stammbaum wurde nach einer fehlerhaften Methode konstruiert. Man kann aus den gleichen Daten auch andere Diagramme ableiten, die von anderen Zeitpunkten und anderen geographischen Orten ausgehen. Dennoch ist es unwahrscheinlich, daß «Eva» älter als 500 000 Jahre ist (200 000 sind durchaus nicht ausgeschlossen), und aus anderen Gründen kann man auch annehmen, daß sie in Afrika lebte. Die wichtigste Tatsache, daß wir alle auf eine einzige Frau zurückgehen, steht nicht in Frage. Aber es bedeutet vielleicht nicht viel. Mit Sicherheit heißt es nicht, daß die gesamte Menschheit von einem einzigen Paar abstammt oder daß an Eva auch nur irgendetwas Besonderes war.

Man stelle sich einmal eine Population unserer Vorfahren mit einigen Weibchen vor; jedes davon kann zum Ausgangspunkt einer Abstammungslinie werden, in der ein bestimmtes Mitochondriengenom immer von der Mutter zur Tochter weitergegeben wird. Im Laufe der Zeit, wenn eine Generation auf die andere folgt, müssen diese Linien zwangsläufig aussterben, weil Frauen fehlen, die die Linie weitertragen. Schließlich bleibt nur eine einzige Linie übrig. Wie man aus theoretischen Überlegungen weiß, errechnet sich die Zeit, bis dies eintritt, aus der Generationszeit multipliziert mit der doppelten Populationsgröße. Bei einer Generationszeit von 20 Jahren beträgt die Zeit bis zur «Einengung» auf eine einzige Eva das Vierzigfache der Populationsgröße. Mit anderen Worten: Wenn Eva vor 200 000 Jahren lebte, kann sie 4999 weibliche Verwandte gehabt haben; daß ausgerechnet ihre Linie überlebte, war dann eine Frage des Zufalls und bedeutete nichts Besonderes.

Es bleibt aber auch die Möglichkeit, daß Eva eine Eigenschaft besaß, die – vermutlich über die Mitochondrien-DNA – in der weiblichen Linie weitervererbt wurde und dazu beitrug, daß es ihren Nachkommen gelang, alle anderen Hominiden zu verdrängen. Daß ein Mitochondriengen so weitreichende Auswirkungen haben kann, würde man als Genetiker nicht unbedingt erwarten. Vielleicht ist es eine plausiblere Erklärung, daß die heutigen Menschen von einer Population mit starker Inzucht abstammen. In diesem Fall könnte sich die entscheidende Mutation auch in der DNA eines Zellkerns von Adam abgespielt haben.

Ein weiteres Rätsel der Eva der Mitochondrien ergibt sich aus der Tatsache, daß jede Beimischung «fremder» Frauen (zum Beispiel aus der Gruppe der Neandertaler) zu unseren Vorfahren ausgeschlossen ist, was kaum zum Verhalten der auf Eroberung erpichten Männchen paßt. Wenn die überwältigten Weibchen nicht aus irgendeinem Grund für ihre neuen Herren abstoßend waren – hier wurde ihre Sprachunfähigkeit als abschreckende Eigenschaft genannt, aber erobernde Männer stehen nicht in dem Ruf, die Freuden der Konversation zu suchen –, besaßen die Mischlingsnachkommen wahrscheinlich nur eine geringe Überlebensfähigkeit, oder sie waren vielleicht unfruchtbar. Demnach müßten sich Evas Nachkommen so weit von den anderen Hominiden wegentwickelt haben, daß sie eine eigene Art bildeten. Das ist ein wichtiger Punkt in der anhaltenden Debatte zwischen den Vertretern einer monophyletischen Entstehung der Menschen und denen, die einen polyphyletischen Ursprung für wahrscheinlich halten. Die Eva der Mitochondrien hat uns ganz offensichtlich noch viel zu sagen.

Adams Apfel

Ob es nun die Eva der Mitochondrien oder irgendein anderer Vorfahre war, in jedem Fall muß einer unserer entfernten Ahnen eine Eigenschaft erworben haben, die ihm und seinen Nachkommen einen entscheidenden Evolutionsvorteil verschaffte. Welche Eigenschaft war das? Eine Antwort auf diese oft gestellte Frage können vielleicht die Linguisten geben, die sich mit Ursprung und Evolution der Sprache beschäftigen. Möglicherweise wurde der betreffende Vorfahre mit einem genetischen «Defekt» geboren, durch den sich der Kehlkopf im Hals weiter nach unten verlagerte. Wie der amerikanische Linguist Philip Lieberman von der Brown University nachgewiesen hat[5], ist dieses anatomische Merkmal ausschließlich den Menschen eigen und taucht in der Entwicklung erst spät auf. Bei neugeborenen Kindern liegt der Kehlkopf wie bei Schimpansen und allen anderen Tieren viel näher am Mund. Selbst die Neandertaler, die vor etwa 35000 Jahren ausstarben, zeigten nach Liebermans Ansicht noch eine solche Anordnung, allerdings ist dieser Punkt umstritten.[6] Unser tieferliegender Kehlkopf verleiht uns die Fähigkeit, ein viel größeres Spektrum an Lauten zu erzeugen als jedes andere Tier. Der Ausgangspunkt für die Abstammungslinie der modernen Menschen könnte durchaus die Sprachfähigkeit gewesen sein, und mit ihr kam die Fähigkeit, in immer komplexerer Weise zu kommunizieren und so die Welt zu erobern.

Die neue Gruppe trat nicht schnell in den Vordergrund, vermutlich weil die Entwicklung einer echten Sprache viele Evolutionsschritte erforderte. Auf jeder dieser Stufen wurde die Kommunikation zwischen den Individuen jedoch reichhaltiger, die Sozialbindungen verstärkten sich, und der gemeinsame Einsatz von Geschicklichkeit und Kraft wurde effektiver. Irgendwann kam es zu einer weiteren wichtigen Veränderung. Die weibliche Sexualphysiologie wandelte sich so, daß Frauen, anders als die Weibchen aller anderen Arten, ständig empfängnisbereit waren. Durch diese einzigartige Veränderung, die der amerikanische Physiologe Jared Diamond als Schlüsselereignis im Aufstieg der Menschheit betrachtet, wurden die Bindungen zwischen Männern und Frauen sowie zwischen Verwandten erheblich gestärkt.[7]

Vor etwa 50000 Jahren begann die Evolution unserer Vorfahren, die dann recht plötzlich üppige Früchte trug und in relativ kurzer Zeit eine Fülle von Neuerungen hervorbrachte. Die Menschen jener Zeit stellten immer raffiniertere Werkzeuge und Waffen her, bauten Hütten neben den Höhlen ihrer Vorfahren, statteten ihre Behausungen mit Feuerstellen und Talglampen aus Stein aus, nähten Pelze zu schützender Kleidung zusammen, bauten seetüchtige Wasserfahrzeuge, die sie in entfernte Länder brachten, und erwarben eine bemerkenswerte Geschicklichkeit im Jagen und Fischen. Sie begannen zu reisen und zu handeln, verbreiteten sich über Europa und Asien, überquerten das Meer nach Australien, wanderten nach Sibirien und in die Mongolei und zogen schließlich durch die Eiswüste der Arktis auch nach Amerika. Sie richteten eine Kette von Kolonien ein, von denen jede ihre eigene Subkultur besaß, je nach Landschaft, Klima und Biotop. Sie betrachteten die Natur voller Ehrfurcht und beteten die hinter ihr verborgenen Mächte an. Ihre Gefühle äußerten sie in Gemälden und Schnitzereien, sie pflegten Kranke, verbrannten die Toten und hängten ihren Frauen Kinkerlitzchen aus Perlen, Muscheln und geschnitzten Knochen um den Hals. Die Kultur war geboren und mit ihr eine neue Form der Vererbung über die Generationen, die die Regeln der Evolution völlig veränderte.

Es folgten Töpferei, Landwirtschaft, Tierhaltung, Lebensmittelverarbeitung, Metallschmelzen und der Wagen mit Rädern, und schließlich war man beim geschriebenen Wort angelangt. Jetzt dauerte es nur noch ein paar Jahrtausende, bis Menschen die Mittel besaßen, um auf dem Mond spazierenzugehen, das Leben künstlich zu verändern und zig Millionen ihrer Artgenossen mit einem Schlag umzubringen.

26 Das Gehirn

Von den vielen Veränderungen, die den Übergang vom Affen zum Menschen kennzeichnen, ist eine besonders offenkundig und folgenschwer: die Zunahme der Gehirngröße, die innerhalb weniger Millionen Jahre auf das Dreifache anwuchs. Dieser Zuwachs ist die Ursache unserer sehr viel größeren geistigen Fähigkeiten.[1] Es ist jetzt an der Zeit, daß wir uns die bemerkenswertesten aller Eukaryotenzellen ansehen, die Neuronen oder Nervenzellen, und die Regeln, nach denen sie sich verbinden.

Der Zauber der Neuronen

Ein Neuron ist eigentlich ein winziger Sende- und Empfangsapparat. Es besteht aus einem Zellkörper mit Zellkern, Cytomembransystem, Cytoskelett- und Bewegungselementen, Organellen und allen anderen charakteristischen Merkmalen von Tierzellen. Der Zellkörper nimmt alle Funktionen wahr, die eine Zelle zum Leben braucht: Er ist gleichzeitig Kraftwerk, Wartungs- und Reparaturbetrieb. Für die Empfangs- und Übertragungsfunktionen sind dünne, faserartige Auswüchse verantwortlich. Diese Fortsätze können sehr lang werden – beim Menschen bis zu einem Meter, bei Walen sogar bis zu zehn Metern. Die Übertragungseinheit besteht aus einer einzigen Faser, dem Axon, das sich in der Regel nur in der Nähe seines Zielpunkts in kleinere Verzweigungen aufspaltet. Den Empfangsteil bilden meist baumartig verzweigte Faserbüschel, die Dendriten (von griechisch *dendron* = Baum). Das Neuron wirkt als Einbahn-Relais vom Dendriten zum Axon. Wird der Dendrit chemisch oder physikalisch gereizt, «feuert» das Axon, in den meisten Fällen durch Ausschüttung einer bestimmten Substanz, des sogenannten Neurotransmitters. Diese Verbindung setzt ihrerseits eine Reaktion in irgendeiner anderen Zelle in Gang, die geeignete Rezeptoren besitzt und mit dem

Axonende durch eine besondere Kopplungsstruktur, die Synapse, verbunden ist. Je nachdem, um welche Art von Zielzelle es sich handelt, kann die Reaktion eine Kontraktion (bei einer Muskelzelle), die Sekretion einer Substanz (bei einer Drüsenzelle) oder die Anregung oder Hemmung von Impulsen (bei einer anderen Nervenzelle) sein.

Das Bilden von Auswüchsen ist ein allgemeines Merkmal eukaryotischer Zellen. Solche Ausstülpungen oder Pseudopodien (griechisch für «Scheinfüße») dienen der Wahrnehmung, der Nahrungssuche oder der Fortbewegung; sie bilden sich meist nur vorübergehend und werden bald nach ihrer Entstehung wieder eingezogen. Von großer Bedeutung für diese zeitweiligen Formveränderungen sind der Auf- und Abbau von Mikrotubuli. Das erste Neuron entstand aller Wahrscheinlichkeit nach dadurch, daß solche Auswüchse stabilisiert wurden – die vergänglichen Mikrotubuli verwandelten sich in dauerhafte Neurotubuli, und die Verlängerungen wurden so polarisiert, daß Senden und Empfangen jeweils nur in einer Richtung stattfanden. Pflanzenzellen, die ja in ein Korsett aus festen Zellwänden eingezwängt sind, entwickelten sich nie zu Neuronen, bei Tierzellen dagegen geschah das schon früh. Mit Ausnahme der Schwämme besitzen alle Tiere Neuronen. Man kann sogar sagen, daß die ganze Evolutionsgeschichte der Tiere in vielerlei Hinsicht von diesen bemerkenswerten Zellen geschrieben wurde: Dank ihrer einzigartigen Kombinationsfähigkeit woben sie immer kompliziertere Steuerungsnetzwerke, die die wachsende Komplexität förderten.

Die ersten Neuronen stellten wahrscheinlich unmittelbare Verbindungen zwischen Haut- und Muskelzellen her, und zwar so, daß sich die Muskelzelle zusammenzog, wenn die Hautzelle gereizt wurde. Wenn solche Verbindungen zwischen entsprechend angeordneten Zellen bestanden, waren sie von großem Nutzen, zum Beispiel weil sie es ermöglichten, die Quelle des Reizes zu meiden oder zu verfolgen. Die natürliche Selektion behielt die genetisch festgelegten Körperbaupläne mit der vorteilhaftesten Neuronenkombination bei.

Ein wesentlicher Fortschritt ergab sich, als Neuronen erste Verbindungen zu anderen Neuronen herstellten. Haut- und Muskelzellen konnten jetzt über eine Kette von zwei oder mehr Neuronen in Verbindung treten. Was dabei besonders wichtig war: Die Neuronen in solchen Ketten ließen sich durch Querbrücken aus weiteren Neuronen verknüpfen, die die Impulse in einem Neuron hemmten oder anregten, je nachdem, was in dem anderen Neuron geschah. Das war eine entscheidende Neuerung, die in der natürlichen Selektion erhalten bleiben mußte, denn so waren die Neuronen gegenseitig über ihre Tätigkeit «informiert» und konnten ihre eigene Aktivität entsprechend «programmieren». Eine besonders einfache und vermutlich sehr alte derartige Anordnung ist die ringförmige Kette aus Neuronen, die man bei manchen Quallen findet. Mit ihrer Hilfe kann sich das Tier koordiniert zusammenziehen und auf diese Weise fortbewegen.

Nachdem Verknüpfungen zwischen den Neuronen möglich waren, traten an die Stelle der unmittelbaren Verbindungen zwischen Haut und Muskeln sehr bald indirekte, von Neuronen vermittelte Kontakte. Diese Zellen bildeten Untergruppen: Sensorische Neuronen leiteten Impulse von der Haut an andere Neuronen weiter, motorische Neuronen übermittelten die von einem anderen Neuron kommenden Impulse an den Muskel, und intermittierende Neuronen übertrugen die Impulse zwischen Neuronen. Außerdem verzweigten sich Axone und Dendriten immer stärker, so daß jedes einzelne Neuron schließlich gleichzeitig Impulse an Tausende anderer Neuronen aussenden und von ebenso vielen auch Impulse empfangen konnte. Eine weitere Verfeinerung war die Spezialisierung der Neurotransmitter und ihrer jeweiligen Rezeptoren, durch die eine ganze Palette chemisch unterschiedlicher Synapsen entstand. Das war der Ausgangspunkt für ein Kombinationsspiel mit praktisch unbegrenzten Möglichkeiten. Sein kompliziertestes Produkt ist heute das menschliche Gehirn mit über 100 Milliarden Neuronen, von denen jedes durchschnittlich 10000 Verknüpfungen aufweist, an denen mindestens 50 verschiedenen Typen von Synapsen beteiligt sind. Ein so reichhaltig ausgestattetes Informationsverarbeitungssystem könnten alle Computer der Welt zusammen nicht bieten.

Die Ausrüstung eines Kopfes

Während der Evolution des Nervensystems lagerten sich die Zellkörper der Neuronen allmählich zu Gruppen zusammen, den Ganglien; die sensorischen und motorischen Verlängerungen bildeten Bündel: die Nerven. In den ersten segmentierten Tieren vervielfachte sich diese Anordnung mehrfach. Bei Regenwürmern liegt in jedem Segment ein typisches Ganglienpaar, das über motorische und sensorische Nerven mit Haut und Muskeln verbunden ist. Der Koordination zwischen den Segmenten dienen Nervenstränge, welche die Ganglien verbinden. Im Verlauf der Polarisierung vom Mund zum After wurde das Nervensystem im vordersten Segment allmählich immer umfangreicher, und gleichzeitig entwickelte sich in diesem Körperbereich auch eine immer größere Zahl verschiedenartiger sensorischer Zellen, denn wenn sie dort angeordnet waren, konnten sie das Tier am besten über Angenehmes oder Gefährliches in der Umgebung informieren. Die Entstehung des Gehirns folgte also auf die Entstehung des Kopfes. Eine weitere wichtige Entwicklung gab es bei den Chordatieren: Die seitlichen Nervenstränge wurden (mit Ausnahme des vegetativen Nervensystems, das die Eingeweide steuert) von einem zentralen Rohr (der Hirn-Rückenmark-Achse) abgelöst, die sich durch Oberflächenzunahme und Faltung vergrößern konnte – besonders eindrucksvoll zu sehen an den Windungen des menschlichen Gehirns.

Die wichtigste Funktion des primitiven Gehirns bestand darin, Informationen aus der Umgebung und aus dem Organismus selbst zu sammeln und in geeignete motorische Reaktionen umzusetzen. Man kann leicht erkennen, wie jede Veränderung in der «Verdrahtung» des Systems, die zu besser angepaßten Reaktionen führte, zu einem bedeutsamen Evolutionsvorteil wurde – das Tier konnte zum Beispiel schneller vor einem Verfolger fliehen oder seine Beute besser packen. Sobald es die ersten Neuronen gab, trieb ein unbarmherziger Selektionsdruck das Nervensystem in Richtung immer größerer Komplexität.

Dieser Fortschritt war notwendigerweise von verbesserter Informationsaufnahme abhängig. Deshalb tauchten spezialisierte Zellen auf, die auf verschiedene physikalische und chemische Signale reagierten, unter anderem auf Druck, Zug, Schall, Wärme, Kälte, Licht, elektrischen Strom und eine Vielzahl chemischer Verbindungen. Manche dieser Zellen verbanden sich zu Organen von enormer Komplexität und Empfindlichkeit. Am meisten wird in diesem Zusammenhang gewöhnlich das Auge bewundert, aber man sollte darüber anderes nicht vergessen: zum Beispiel das Ohr der Fledermaus, das aus den Reflexionen der von dem Tier ausgesandten Ultraschallwellen in Sekundenbruchteilen ein Bild der sich ständig wandelnden Umgebung aufbaut, und den empfindlichen Geruchssinn eines Spürhundes oder gar eines männlichen Insekts, das die von den Weibchen abgegebenen Sexuallockstoffe über mehrere hundert Meter hinweg wahrnehmen kann. Bei solchen Entfernungen erreicht die Substanz die Riechzellen des Tiers buchstäblich Molekül für Molekül.

Die Vollkommenheit der Sinnesorgane, eines der eindrucksvollsten Merkmale von Tieren, wurde von Darwins Gegnern oft als Argument angeführt, daß die Evolution nicht ohne eine lenkende Kraft verlaufen sein könne. Am deutlichsten drückte der englische Theologe William Paley diese Ansicht in seinem berühmten Vergleich mit dem Uhrmacher aus.[2] In seinem Werk *Natural Theology – or Evidences of the Existence and Attributes of the Deity Collected from the Appearances of Nature* («Naturtheologie – oder Hinweise auf die Existenz und die Eigenschaften Gottes, gesammelt aus den Naturerscheinungen»), das 1802 erschien, weist der achtbare Geistliche darauf hin, wenn man auf dem Boden eine Uhr finde, werde man zwangsläufig annehmen, daß es auch einen Uhrmacher geben müsse. Mit diesem Vergleich wollte er beweisen, daß sich im Aufbau der Lebewesen, wie in einer Uhr, die Hand ihres Schöpfers offenbare.

Paleys Buch erschien über ein halbes Jahrhundert vor Darwins *Entstehung der Arten*. Man kann ihm also nachsehen, daß er sich mit seinen Überlegungen irrte. Wie der britische Verhaltensforscher Richard Dawkins in seinem Buch *Der blinde Uhrmacher*[3] darlegt, läßt sich das Auftreten eines so komplexen Gebildes, wie es das Auge ist, durchaus mit der natürlichen Selektion erklären. Wenn man von einer einfachen, lichtempfindlichen Zelle ausgeht, wie es sie in großer Zahl seit der Frühzeit des Lebens gab, ist dazu nur eine Abfolge kleiner Veränderungen im Bauplan erforderlich, die jeweils mit irgendeinem Selektionsvorteil verbunden waren. Das Argument, fünf Prozent eines Auges könnten kein Vorteil sein, führt in die Irre. Fünf Prozent von einem Auge – natürlich nicht ein Stück Netzhaut, sondern eine primitive Struktur, die bei Lichteinfall ein Neuron zum «Feuern» anregt – sind ganz offenkundig besser als überhaupt kein Auge. Eine weitere Effizienzsteigerung dieser Struktur um den Bruchteil eines Prozents könnte ausreichen, um einen merklichen Selektionsvorteil zu schaffen. Nimmt man die große Zahl dieser winzigen Schritte in den zur Verfügung stehenden Hunderten von Jahrmillionen zusammen, kann man am Ende durchaus zu einem Auge gelangen, oder sogar, wie es auch wirklich geschehen ist, zu mehreren Augentypen, die unabhängig voneinander durch konvergente Evolution entstanden sind.[4] An Dawkins' Schlußfolgerung ist nicht zu rütteln: Der Uhrmacher ist blind. Aber bedeutet das, wie Dawkins behauptet, daß es überhaupt keinen Uhrmacher gibt? Nicht alle strenggläubigen Evolutionsforscher – Darwin selbst[5] eingeschlossen – hielten diese Folgerung für logisch zwingend.

Zunächst vermittelte das Gehirn einfache motorische Reaktionen auf sensorische Reize. Das Wort *einfach* ist dabei relativ zu verstehen. Was im Gehirn eines Tintenfisches geschieht, wenn sich das Tier plötzlich auf eine Krabbe stürzt, die seine Augen wahrgenommen haben, ist von geradezu «sinnenverwirrender» Komplexität. Und doch ist es fast lächerlich elementar im Vergleich zu den Vorgängen im Gehirn eines Menschen, der zum Beispiel diesen Satz liest. Bei niederen Wirbeltieren macht die Verarbeitung sensorischer Wahrnehmungen noch einen beträchtlichen Teil der Gehirnfunktionen aus. Bei einem Fisch beispielsweise besteht ein erheblicher Teil der Gehirnmasse aus den Zentren für Riechen und Sehen sowie aus ihren Verbindungen mit motorischen Systemen. Die entscheidende Veränderung, wenn man auf der Entwicklungsleiter nach oben steigt, ist die immer größere Bedeutung assoziativer Strukturen, insbesondere der Hirnrinde, einer etwa 2,5 Millimeter dicken Schicht aus Nervengewebe; sie besteht aus sechs unterschiedlichen Zellschichten und umschließt die älteren Gehirnteile. Die Größe dieser Hülle im Verhältnis zum Körpergewicht steigt von den niederen Säugetieren bis zu den Schimpansen um das Sechzigfache an, und vom Schimpansen zum Menschen noch einmal um das Dreifache. Beim Menschen bildet die Hirnrinde die stark gefalteten Windungen, die eine Gesamtoberfläche von etwa 2000 Quadratzentimetern haben. Dieser Gehirnteil, etwa ein knappes Pfund Nervengewebe, ist der Sitz der am höchsten entwickelten geistigen Vorgänge.

Die Verdrahtung des Gehirns

Wie ist die Gehirnstruktur im Genom vorgegeben, und wie hat sich diese «Blaupause» in der Evolution verändert? Anfangs war die Verknüpfung der Neuronen in allen Einzelheiten im genetischen Körperbauplan festgelegt. Bei dem Fadenwurm *Caenorhabditis elegans* besetzt zum Beispiel jedes der 302 Neuronen – fast ein Drittel aller Körperzellen – einen ganz bestimmten Platz.[6] Schon bald nahm die

Zahl der Neuronen und ihrer Verbindungsmöglichkeiten so stark zu, daß die Information für den gesamten Aufbau des Netzwerks unmöglich im Genom untergebracht werden konnte. Nur die Genkombinationen für die verschiedenen Typen differenzierter Neuronen blieben streng vorgegeben, und daneben gab es eine kleine Zahl chemischer Richtlinien, die die Zusammenlagerung der Zellen räumlich und zeitlich steuern, meist über Zelladhäsionsmoleküle (*cell adhesion molecules*, CAMs) und Substratadhäsionsmoleküle (*substrate adhesion molecules*, SAMs) sowie über gezielt freigesetzte Wachstumsfaktoren. Der übrige Bauplan entsteht epigenetisch, das heißt im Laufe der Entwicklung. In dieser Hinsicht unterscheidet sich das Gehirn nicht vom Magen oder von der Leber. Auch in solchen Organen nimmt ganz offensichtlich nicht jede Zelle eine genetisch festgelegte Position ein. Einzigartig ist das Gehirn aber wegen des komplexen Verbindungsgeflechts, das die Zellen untereinander ausbilden. Dies macht die Gehirnentwicklung zu einem Rätsel, das um Größenordnungen schwieriger ist als die Frage nach der Entstehung der anderen Organe: Milliarden und Abermilliarden Axone und Dendriten müssen einander suchen und finden, um sich durch funktionsfähige Synapsen in der richtigen Weise zu verbinden.

Logik und Experimente lassen deshalb nur einen Schluß zu: Bei der Gehirnentwicklung sind nur die allgemeinen Regeln der Verdrahtung genetisch festgelegt, aber in den Einzelheiten gibt es Unterschiede. Keine zwei Menschen, nicht einmal eineiige Zwillinge, haben die gleichen Neuronenverknüpfungen, und diese Verknüpfungen ändern sich während der Embryonalentwicklung und insbesondere nach der Geburt. Alle Neuronen, die das Gehirn jemals besitzen wird, sind etwa fünf Monate vor der Geburt fertig. Im Gegensatz zu den Vorgängen bei anderen Zelltypen hört die Vermehrung der Neuronen anschließend auf. Von nun an – und das heißt: schon im Mutterleib – sterben Neuronen nur noch ab, und zwar jeden Tag zu Hunderttausenden. Ich habe seit meiner Geburt schon mehrere Milliarden Neuronen verloren. Zwischen Anfang und Ende dieses Satzes sind es wieder ein paar hundert mehr. Es ist ein beunruhigender Gedanke, aber mich trösten die Versicherungen meiner Freunde, die sich mit Neurobiologie beschäftigen: Danach sind viele Verknüpfungen im Gehirn überzählig oder redundant, so daß ich manche Verbindungen neu legen kann, obwohl die Neuronen nicht zu ersetzen sind; ich muß dazu nur ausreichend aktiv bleiben.

Die verbliebene Formbarkeit meines Gehirns ist aber, verglichen mit einem Neugeborenen, sehr begrenzt. Ein Baby kommt mit allen Neuronen zur Welt, die es in seinem Leben jemals besitzen wird, aber zwischen ihnen bestehen erst relativ wenige Verbindungen; sie reichen gerade aus, um lebenswichtige Körperfunktionen zu steuern und darüber hinaus lenken sie ein paar grundlegende motorische Tätigkeiten, wie Saugen, Schreien, symmetrische Arm- und Beinbewegungen und sehr bald auch das Lächeln, jenes einzigartige und einmalig liebenswerte Attribut sehr junger Menschen. Die Hirnrinde ist in diesem Alter noch ein ziemlich lockerer Wald mit spärlich verknüpften Axonen und Dendriten. Aber sie ist auch ein Ort fieberhafter Aktivität, die sich über viele Jahre hinweg fortsetzt, vom Säuglingsalter über Kindheit und Jugend bis ins frühe Erwachsenenalter, allerdings mit nachlassender Intensität, je mehr Verbindungen im Laufe der Zeit geknüpft sind.

Wenn wir diese Aktivität beobachten könnten, wären wir verblüfft von dem Nebeneinander scheinbarer Zusammenhangslosigkeit und Zielgerichtetheit. Milliarden Axone und Dendriten sprießen in alle Richtungen und ziehen sich wieder zurück, als ob sie an unsichtbaren Spuren entlangschnupperten, bis irgendeine Verzweigung das offenbar richtige Signal findet und in dieser Richtung weiterwächst, um immer dichtere Verästelungen zu bilden. Während dieser Wanderung kommt es zu vielen Kontakten, von denen manche nur vorübergehend bestehen, während andere zu Synapsen werden und ein immer dichteres Geflecht von Verbindungen bilden. Der berühmte spanische Neuroanatom Santiago Ramón y Cajal (1852–1934) hinterließ fesselnde Zeichnungen von diesem üppigen Urwald, die dem katalanischen Maler Joan Miró durchaus als Inspiration gedient haben könnten.

Die Entwicklung der Neuronenverzweigungen vollzieht sich in einer bemerkenswerten Mischung deterministischer und stochastischer Vorgänge. Die deterministische Seite zeigt sich daran, daß die einzelnen Körperteile in den sensorischen und motorischen Bereichen der Hirnrinde in Form von «Karten» repräsentiert sind, die bei allen Menschen den gleichen Aufbau haben und ganz offensichtlich genetisch vorgegeben sind. Das Sehfeld ist zum Beispiel in abwechselnd angeordnete Streifen eingeteilt – oder genauer gesagt, in Platten aus Rindengewebe –, die jeweils Impulse von einem einzigen Auge erhalten. Das Ganze kann man sich wie ein Zebramuster vorstellen, bei dem alle schwarzen Streifen mit dem rechten Auge und alle weißen mit dem linken verknüpft sind. Dieser Bauplan ist uns allen gemeinsam. Die genauen Begrenzungen der Streifen sind aber variabel – genau wie bei Zebras, die nie genau das gleiche Streifenmuster tragen – und werden von Umständen beeinflußt, die nichts mit den Genen zu tun haben. Näht man zum Beispiel die Lider eines Auges bei der Geburt zusammen, bleiben die zugehörigen Streifen sehr schmal, und die des anderen Augens werden entsprechend breiter, wie die amerikanischen Nobelpreisträger David Hubel (geboren in Kanada) und Torsten Wiesel (geboren in Schweden) in den siebziger Jahren in Experimenten an Katzen nachwiesen.[7]

Der Ausgang ist bei dieser Art der Gehirnentwicklung offen. Die Neuronen müssen regelmäßig Impulse abgeben, damit sie synaptische Verbindungen mit anderen Neuronen knüpfen und aufrechterhalten können. Dieser Vorgang zeigt bemerkenswerte Eigenheiten: Die Neuronen bilden zunächst eine gewaltige Zahl lockerer Verknüpfungen aus und verstärken dann allmählich diejenigen, die benutzt werden, während sich die nicht benötigten lösen. Diesen höchst wichtigen Vorgang bezeichnete der französische Biologe Jean-Pierre Changeux als selektive Stabilisierung[8], der amerikanische Biochemiker und Gehirnforscher Gerald Edelman sprach von neuralem Darwinismus[9], und Francis Crick, der seinen Interessenschwerpunkt in den letzten Jahren ebenfalls auf die Gehirnforschung verlagerte, prägte mit der ihm eigenen Ironie den Begriff vom neuralen Edelmanismus[10]. Changeux bezieht sich ebenfalls in einem Satz auf Darwin: ‹Der Darwinismus der Synapsen tritt an die Stelle des Darwinismus der Gene.›[11]

Um diese Anspielung zu verstehen, sollten wir noch einmal den von Darwin postulierten Mechanismus der natürlichen Selektion betrachten. Sie umfaßt drei Schritte: Variation, Aussieben und Vermehrung. Zunächst entsteht durch Zufallsmutationen eine große Zahl von Varianten. Diese werden anschließend anhand ihrer Eignung für die jeweilige Umwelt ausgesiebt. Und schließlich vermehren sich die geeignetsten Varianten aufgrund ihrer besseren Fortpflanzungsfähigkeit. Edelman (der sich Ruhm – und den Nobelpreis – zunächst mit der Aufklärung der Struktur eines vollständigen Antikörpermoleküls erwarb) nennt als weiteres Beispiel für einen solchen Vorgang die klonale Selektion, bei der sich geeignete antikörperproduzierende Zellen als Reaktion auf einen Angriff von Viren oder Mikroben vermehren (siehe Kapitel 14). Im Immunsystem ergibt sich die Variation durch

Genumordnungen, bei denen ein großes Repertoire von Zellen entsteht, die jeweils andere Antikörper produzieren. Für das Aussieben sorgen dann die Antigene, denn sie binden an diejenigen Zellen, die auf ihrer Oberfläche den zugehörigen Antikörper tragen. Diese Bindung setzt die Vermehrung der Zelle in Gang. Ein ähnlicher Drei-Schritt-Mechanismus wirkt nach Edelmans Ansicht auch bei der Verdrahtung des Gehirns. Variation entsteht durch eine große Zahl mehr oder weniger zufälliger Verknüpfungen zwischen den Neuronen. Für das Aussieben sorgt die Benutzung, die dann zur Verstärkung durch Ausbau der Verbindungen zu dauerhaften Synapsen führt. In diesem dritten Punkt hinkt der Vergleich ein wenig, denn im Gehirn findet keine selektive Vermehrung statt. Das Prinzip ist aber bei allen drei Mechanismen das gleiche: Eine Anpassungsleistung wird ohne Planung, Steuerung oder Absicht erreicht.

Die Erkenntnisse der jüngsten Zeit über die Entwicklung des Gehirns sind von größter Wichtigkeit und sollten allen angehenden Eltern eingehämmert werden. Die Art, wie man ein Baby behandelt, formt im wahrsten Sinne des Wortes sein Gehirn. Wenn man möchte, daß es ein reichhaltiges neuronales Netzwerk entwickelt, das die Grundvoraussetzung für eine reichhaltige Persönlichkeit darstellt, muß man vom Tag der Geburt an mit ihm sprechen und singen, es zärtlich berühren, die visuelle Aufmerksamkeit fordern, ihm farbige Formen zu Spielen geben; kurz gesagt: Das Kind braucht eine Fülle sensorischer Anregungen, damit sich die unzähligen verschiedenen neuronalen Schaltkreise bilden, die der Entfaltung des geistigen Lebens dienen. Ein Kind, dem solche Reize fehlen, wird in seiner psychischen Entwicklung immer gehemmt bleiben, was sich in vielen Fallstudien bestätigt hat. Auf der anderen Seite steht die außergewöhnliche Lebensgeschichte von Helen Keller [12], die im Alter von zwei Jahren – als ihre Persönlichkeit schon ungewöhnlich weit entwickelt war – erblindete und ertaubte: Die Sprache wurde ihr von einer außerordentlich hingebungsvollen und hartnäckigen Erzieherin beigebracht, die ausschließlich über Berührungen Zugang zum Gehirn des Kindes hatte; hier erkennt man die unglaubliche Wandelbarkeit des sich entwickelnden Gehirns, seine Fähigkeit, sich mit Hilfe aller verfügbaren Reize immer wieder neu zu verdrahten. Dennoch ist es trotz gewaltiger Bemühungen engagierter Wissenschaftler bisher nicht gelungen, einem Schimpansenbaby das «Sprechen» beizubringen, abgesehen von einer höchst bruchstückhaften Zeichensprache.

Was wir tun *können*, ist in unseren Genen festgelegt. Was wir mit unserem Potential tatsächlich anfangen, hängt von unserer Umwelt ab, insbesondere in den entscheidenden ersten Lebensjahren. Diese Erkenntnis ist der Beitrag der Neurobiologie zu der berüchtigten Debatte um Gene oder Umwelt, Erbe oder Erziehung.

Die Bedeutung von Verzögerungen

«Verzögern» bedeutet im allgemeinen Sprachgebrauch soviel wie «aufhalten» oder «zurückbleiben». Möglicherweise ist genau das unser Erfolgsgeheimnis. Populärwissenschaftliche Bücher machen häufig viel Aufhebens davon, daß wir 98 Prozent unserer Gene mit den Schimpansen gemeinsam haben. Eigentlich liegt diese Schätzung zu niedrig; der wirkliche Wert liegt eher bei 99,9 Prozent. Die Methoden, mit denen man 98 Prozent ermittelte, bestanden in der Messung aller molekularen Unterschiede in der DNA von Menschen und Schimpansen. Die meisten dieser Unterschiede betreffen jedoch nichtcodierende DNA-Abschnitte, oder sie liegen in codierenden Bereichen so, daß sie die Eigenschaften des Genprodukts nicht nennenswert verändern. Betrachtet man die tatsächlich exprimierte DNA, sind wir mit den Schimpansen praktisch identisch. Natürlich nicht ganz. Aber der genetische Unterschied ist sehr gering. Anders kann es auch gar nicht sein angesichts des kurzen Zeitraums, seit unser letzter affenartiger Vorfahre zum Menschen wurde. Welche geringfügige Änderung im Genotyp kann sich auf das Ergebnis seiner Expression, den Phänotyp, so tiefgreifend ausgewirkt haben? Die Antwort lautet wahrscheinlich: Verzögerung, wissenschaftlich Neotenie genannt.[13]

Ein auffälliger Unterschied zwischen Menschen und höheren Primaten liegt im zeitlichen Ablauf der Entwicklung. Menschen erreichen jede Lebensphase später als Menschenaffen, von den ersten Schritten eines Kleinkindes bis zu Alter und Tod. Das einzige Ereignis, das beim Menschen kaum später stattfindet, ist die Geburt. Die Schwangerschaft dauert beim Menschen 40 Wochen, bei Schimpansen sind es 34, bei Gorillas 37 und bei Orang-Utans 39. Der Grund für diese Ausnahme ist wahrscheinlich darin zu suchen, daß eine spätere Geburt anatomisch unmöglich wäre. Das menschliche Neugeborene ist eigentlich eine Frühgeburt, die wegen der Größe des Kopfes nicht aufgeschoben werden kann. Eine spätere Geburt hätte in der weiblichen Anatomie größere Veränderungen erfordert, die in so kurzer Zeit nicht möglich waren. Die natürliche Selektion nahm die Gefahren der frühzeitigen Geburt für die Vorteile eines größeren Gehirns in Kauf. Kein neugeborenes Tier ist so hilflos wie ein Mensch unmittelbar nach der Geburt. Man braucht sich nur einmal ein junges Fohlen anzusehen: Kaum auf der Welt steht es auf den Beinen, wackelig zwar, aber mit Erfolg. Ein Baby braucht acht bis neun Monate, bis es auf allen Vieren krabbeln kann, und fast doppelt so lange, um ohne Hilfe zu gehen.

Was einen schimpansenähnlichen Hominiden im Laufe von sechs Millionen Jahren zum Menschen machte, war eine allmähliche Verlangsamung der Entwicklungsuhr, die – und das ist das Entscheidende – dem Gehirn eine umfangreichere Entwicklung ermöglichte. Diese Zunahme der Gehirngröße um ein Gewicht von durchschnittlich 160 Gramm je Million Jahre ist an den verschiedenen Hominiden schädeln, die man gefunden hat, eindeutig zu erkennen. Aber die Vergrößerung des Gehirns allein reicht nicht aus. Wichtig ist, wie es genutzt wird oder genutzt werden kann.

Unsere Neandertaler-Vettern hatten ein ebenso großes Gehirn wie wir, vielleicht war es sogar größer. Dennoch erreichten sie nur die ersten Ansätze einer Kultur. Selbst unsere unmittelbaren Vorfahren fingen erst vor 40000 Jahren an, eine verfeinerte Kultur zu entwickeln, zu einer Zeit, die Diamond als «großen Sprung vorwärts» bezeichnet hat. Die Größe des Gehirns änderte sich in dieser kurzen Zeit kaum. Der entscheidende Unterschied lag nach Ansicht der meisten Fachleute in der Sprache. Wenn die im vorangegangenen Kapitel erwähnte Theorie von Lieberman stimmt, fehlten den Neandertalern die anatomischen Voraussetzungen für vielfältige Lautäußerungen, und deshalb kommunizierten sie nur durch Grunzlaute und Gesten. Wie wir aber andererseits gesehen haben, fand die für die Sprache entscheidende anatomische Veränderung – der Abstieg des Kehlkopfes – bei unseren Vorfahren wahrscheinlich schon vor etwa 200000 Jahren statt. Aber das heißt nicht, daß Evas Nachkommen über Nacht zu Callas oder Caruso wurden. Möglicherweise dauerte es 160000 Jahre, bis der Stimmapparat seine heutige Form angenommen hatte und vor allem bis die Sprachzentren im Gehirn entsprechend umorganisiert waren. Erst dann konnte eine echte Sprache entstehen, und mit ihr die Basis zur Schaffung einer Kultur und zum Aufbau einer

Zivilisation. Diamond faßt dies folgendermaßen zusammen: ‹Bis zum «großen Sprung vorwärts» hatte sich die menschliche Kultur über Jahrmillionen hinweg im Schneckentempo entwickelt. Dieses Tempo war durch die geringe Geschwindigkeit des genetischen Wandels vorgegeben. Nach dem Sprung hing die Entwicklung der Kultur nicht mehr von genetischen Veränderungen ab. Trotz nur unbedeutender Abwandlungen unserer Anatomie gab es in den letzten 40 000 Jahren weitaus mehr kulturelle Evolution als in den Millionen Jahren davor.›[14] Damit Sprache möglich wurde, mußte aber zunächst die rätselhafteste aller menschlichen Eigenschaften entstehen: das Bewußtsein.

27 Das Wirken des Geistes

Im ganzen Universum, soweit wir es kennen, gibt es außer dem Universum selbst kein größeres Geheimnis als den Geist des Menschen. Er entsteht aus dem Gehirn, ist in jedem Augenblick entscheidend vom Gehirn abhängig, und wird gemeinsam mit diesem auf alle möglichen seltsamen Arten geschädigt, je nachdem, welcher Gehirnbereich betroffen ist. Der Geist ist also zweifellos ein Produkt des Zusammenwirkens vieler Neuronen.

Gleichzeitig ist der menschliche Geist, kollektiv betrachtet, der Schöpfer aller Technik, Wissenschaft, Kunst, Literatur, Philosophie, Religion und Mythologie. Der Geist erzeugt unsere Gedanken, Überlegungen, Ahnungen, Grübeleien, Erfindungen, Pläne, Überzeugungen, Zweifel, Vorstellungen, Phantasien, Wünsche, Absichten, Sehnsüchte, Frustrationen, Träume und Alpträume. Er kann die Vergangenheit heraufbeschwören und Pläne für unsere Zukunft schmieden; er wägt ab, entscheidet und befiehlt. Er ist der Sitz des Bewußtseins, der Selbstwahrnehmung und der Persönlichkeit, der Ort von Freiheit und moralischer Verantwortung, der Richter über Gut und Böse, der Erfinder und der Handlanger von Tugend und Sünde. Er ist der Brennpunkt all unserer Gefühle und Empfindungen, von Freude und Schmerz, Liebe und Haß, Begeisterung und Verzweiflung. Der Geist ist die Schnittstelle zwischen dem, was wir gewöhnlich als Welt der Materie und Welt des Immateriellen bezeichnen. Der Geist ist unser Fenster zu Wahrheit, Schönheit, Barmherzigkeit und Liebe, zum Geheimnis unserer Existenz, zur Gewißheit des Todes, zur Schmerzlichkeit des Menschseins.

Gehirn und Geist

Ohne Gehirn gibt es keinen Geist, aber ein großer Teil des Gehirns kann ohne Geist funktionieren. Das Bewußtsein ist die Spitze eines Eisberges. Es erwächst aus den Schichten der Hirnrinde über einem riesigen, höchst komplexen Netzwerk sehr aktiver, aber unbewußter Zentren und Verbindungen. Unser Nervensystem arbeitet in weiten Bereichen, ohne daß wir etwas davon merken und ohne daß wir den Ablauf in irgendeiner Form verändern könnten. Wir sind uns der unzähligen Impulse nicht bewußt, die den Herzschlag, den Durchmesser der Blutgefäße, die peristaltischen Bewegungen des Darms, die Drüsensekretion und viele andere Körperfunktionen steuern, und wir haben auch keine Kontrolle darüber. Selbst unsere bewußten Bewegungen sind zum größten Teil von unbewußter Nerventätigkeit abhängig. Wenn wir nach einem Gegenstand greifen oder einen flotten Spaziergang machen, merken wir nichts von den komplexen Anweisungen, die ständig an viele Muskeln ausgesandt werden, damit sie sich zusammenziehen oder entspannen. Ebensowenig sind wir uns der genauso komplexen Signale bewußt, mit denen unsere Augen, Muskeln und andere Körperteile Informationen zum Gehirn leiten, oder des raffinierten Wechselspiels zwischen sensorischen und motorischen Impulsen, mit denen die Koordination erreicht wird. Darüber hinaus gibt es viele Fähigkeiten, wie das Rad- oder Autofahren, die bewußte Aufmerksamkeit verlangen, wenn wir sie lernen, und mit zunehmendem Können immer stärker automatisiert werden, so daß sie uns dann nicht mehr bewußt sind.

Diese letzte Tatsache läßt an ein anderes entscheidendes Merkmal denken, das im vorigen Kapitel erwähnt wurde: Ein großer Teil der Verdrahtung im Gehirn entsteht während des Lernens. Interessanterweise geht dabei das Bewußte dem Unbewußten voraus. Als ich Klavierspielen lernte, mußte ich entsetzliche Mühe aufwenden, damit meine Finger auch nur die einfachsten Bewegungen machten. Später konnte ich Tonleitern oder kleine Stücke spielen, ohne daß ich der Sache noch bewußte Aufmerksamkeit widmen mußte – ich ließ einfach das Programm koordinierter Impulse ablaufen, das in meinem Gehirn gespeichert war. Wenn ich mich durch neue Noten hindurcharbeitete, kombinierte ich diese automatisierten Schemata mit bewußter Wahrnehmung, um meine Finger durch die unbekannte Partitur zu lenken, wobei gespeicherte und neu hinzukommende

Informationen in Verbindung traten. Bei geübten Musikern erreicht dieses Wechselspiel ein außerordentliches Maß an Schnelligkeit und Effizienz. Solches vom Bewußtsein gesteuerte Strukturieren von Netzwerken, die später, wenn sie «fest verdrahtet» sind, unbewußt werden, ist typisch für jede Art des Lernens.

Gerade in diesem Bereich der neuronalen Integration hat die moderne Gehirnforschung einige ihrer einschneidendsten Fortschritte erzielt. Am eingehendsten wurde das Sehsystem untersucht.[1] Wenn wir einen Gegenstand betrachten, nehmen wir gleichzeitig eine ganze Reihe von Form-, Farb- und Bewegungselementen wahr, die irgendwie zu einem einheitlichen, zusammenhängenden Bild zusammengefaßt werden. Wie sich herausstellte, wird jedes Element von einer besonderen Untergruppe der Netzhautzellen wahrgenommen, und jede dieser Gruppen projiziert ihre Information auf eine andere Gruppe von Neuronen, eine Karte, in der Sehrinde. In der Sehrinde der Makaken (einer Affenart) hat man 32 verschiedene derartige Bereiche identifiziert. Ein entscheidendes Problem ist die Verbindung, die die vielen Darstellungen zueinander in Beziehung setzt und daraus ein einziges Bild macht. Die Antwort liegt in einem Phänomen, das Edelman[2] als *reentry* bezeichnet hat, ein Hin und Her von Impulsen, die «horizontal» zwischen diesen Bereichen der Sehrinde ausgetauscht werden. Was wir «sehen», ergibt sich aus diesen Wechselwirkungen durch einen Vorgang, der der Resonanz ähnelt, bei der physikalisch zusammenpassende Schwingungen zum Beispiel mit einem einzigen Ton ein Glas zerspringen lassen oder eine im Gleichschritt marschierende Truppe eine Brücke zum Einsturz bringt. Auf ähnliche Weise werden auch die Aktivitäten der Gehirnbereiche «stimmig» gemacht. Das Produkt dieses Vorgangs ist seinerseits wieder an ein ebenso komplexes Netzwerk selbstintegrierender motorischer Impulse gekoppelt, die zum Beispiel die Augenmuskeln lenken, wenn wir einen bestimmten Teil des Bildes betrachten oder einen bewegten Gegenstand verfolgen wollen.

Die Entstehung des Geistes

Der Geist des Menschen ist ein Produkt der Evolution. Der dazu notwendige Entwicklungsprozeß begann nicht erst beim Übergang vom Affen zum Menschen, sondern er fand in diesem Stadium nur seinen Abschluß. Diese offenkundige Wahrheit wurde lange durch den Würgegriff der amerikanischen Behavioristenschule von John Watson und B. F. Skinner unterdrückt[3], die für die psychologische Forschung jeden introspektiven, auf Analogien gegründeten Ansatz ausschlossen. Sogar den menschlichen Geist, von allen analogen Eigenschaften der Tiere ganz zu schweigen, mußte man als «Black Box» betrachten, als unerforschbares Gebilde, bei dem nur das der Beobachtung zugänglich ist, was hineingesteckt wird und was herauskommt. Diese Ansicht wurde von der modernen Verhaltensforschung zunehmend in Frage gestellt. Einer ihrer prominentesten Vertreter ist der Amerikaner Donald Griffin[4], der früher an der Rockefeller University in New York arbeitete und heute am Museum für vergleichende Zoologie der Harvard University tätig ist; bekannt wurde er durch die Entdeckung, daß Fledermäuse sich über Echolotung orientieren. In späteren Jahren vertrat Griffin die Vorstellung von «Bewußtheit», «Denken» und «Geist» der Tiere – so die Schlüsselbegriffe in den Titeln von drei Büchern, die er 1976, 1984 und 1992 über dieses Thema veröffentlichte. Trotz des häufig recht starken Widerstandes von Vertretern der Hauptrichtung der Tierverhaltensforschung behauptete er, Bewußtsein und absichtsvolles Handeln gebe es nicht nur bei höheren Säugetieren, sondern auch bei Vögeln und Fischen, ja sogar bei Ameisen und Honigbienen. So weit mögen nicht alle Fachleute Griffin folgen, aber die meisten von ihnen erkennen inzwischen das an, was vermutlich auch die meisten Leser dieses Buches längst wissen: Ein Hund hat Gefühle, wenn er sein Herrchen mit «traurigen» Augen ansieht, und ein Schimpanse, der einen Ast nimmt, kleine Zweige und Blätter abstreift, in einem Termitenbau herumstochert, das Stöckchen wieder herauszieht und die daran klebenden Insekten mit offenkundigem Appetit ableckt, «weiß» genau, was er tut und warum er es tut, ja er hat die ganze Tätigkeit mit der Absicht geplant, sich einen Leckerbissen zu gönnen.[5]

Solche Ansichten gründen sich zugegebenermaßen nicht auf wissenschaftlich abgesicherte Tatsachen. Strenggenommen wissen wir nur von unserem eigenen Bewußtsein und unterstellen es anderen im

Analogieschluß. Wenn ich mich mit jemand anderem unterhalte, kann ich vernünftigerweise davon ausgehen, daß es im Gehirn meines Gegenübers etwas gibt, das zu meinem eigenen Geist analog ist, auch wenn mir seine Erfahrungen nicht zugänglich sind. Es ist nicht besonders schwierig, diese Annahme auf Hunde oder Schimpansen auszuweiten, denn diese Tiere sind uns hinreichend ähnlich. Aus einem Tier Geist herauszulesen, wird jedoch immer gefährlicher, je größer die Kluft zwischen der jeweiligen Art und uns ist. Was auch im Gehirn eines Tintenfisches oder einer Honigbiene an Geist vorhanden sein mag, es kann nur sehr bruchstückhaft sein und ist sicher weit von unserem eigenen inneren Erleben entfernt.

Die Einzelheiten werden wir wohl nie erfahren. Wir können es aber als sehr wahrscheinlich ansehen, daß sich das Bewußtsein der Tiere mit zunehmender Komplexität der Gehirnstruktur stufenweise entwickkelte. Die letzten Stadien, vom Menschenaffen zum Menschen, vollzogen sich erstaunlich schnell, vorangetrieben von den Vorteilen stärkerer Sozialbindung und verbesserter Kommunikation bis hin zum Höhepunkt des Spracherwerbs. Es war ein sehr verschlungener Evolutionsprozeß, denn Gene für Sprache gibt es nicht. Die Gene legen nur bestimmte Regeln fest, welche die Selbstverdrahtung des Gehirns während der Entwicklung steuern und beschränken. Vorteilhaft ist eine Mutation dann, wenn sie die Regeln so verändert, daß zusätzliche Informationsbestandteile in die Verdrahtung eingehen können. Größere Überlebensfähigkeit und besserer Fortpflanzungserfolg sind die nützlichen Folgen solcher Abwandlungen und tragen zur Verbreitung des veränderten Gens bei.

Der inzwischen verstorbene deutschstämmige Physiker Max Delbrück, der anfangs bei dem großen dänischen Physiker Niels Bohr arbeitete und später, in die USA ausgewandert, zum «Vater» der modernen Molekularbiologie wurde, zog aus der Tatsache, daß der menschliche Geist ein Produkt der Evolution ist, faszinierende Folgerungen.[6] Wie er deutlich machte, ist unsere Sichtweise für die Welt einschließlich der Wahrnehmung von Raum, Zeit und Materie ausschließlich von Nützlichkeitsfaktoren geprägt, die das Überleben und die Fortpflanzung betreffen; mit der Realität haben sie unter Umständen wenig zu tun. In dieser Hinsicht können gesunder Menschenverstand und Intuition sehr irreführend sein. Erst die wissenschaftliche Erforschung der Natur hat uns kleine Eindrücke von der wirklichen Realität geliefert, mit so seltsamen und verwirrenden Vorstellungen wie Quantenenergie, Welle-Teilchen-Dualität und -Komplementarität, Wahrscheinlichkeitsmechanik, Unschärferelation, Relativität und vielleicht sogar logischer Uneinheitlichkeit. Das Bewußtsein könnte die letzte große Herausforderung für die Forschung darstellen.

Der Geist ist aber nicht nur das Ergebnis einer Evolutionsgeschichte, sondern auch das Produkt einer epigenetischen Vergangenheit, und er wird immer weiter geformt, solange das Individuum am Leben ist. Was im vorigen Kapitel über die Verdrahtung des Gehirns gesagt wurde, ist für diese Vergangenheit von entscheidender Bedeutung. Das gleiche gilt für das Gedächtnis, jene bemerkenswerte Fähigkeit unseres Gehirns, Informationen so zu speichern, daß der Geist sie mehr oder weniger nach Belieben abrufen kann. Zeitliche Kontinuität ist sogar ein unentbehrliches Merkmal jener Gehirntätigkeiten, die den Geist erzeugen; sie ist unbedingt notwendig, damit wir uns immer als dieselbe Person fühlen, während die Zeit an uns vorüberfließt.[7]

Wir können den Geist also als eine spät entstandene Qualität im Zusammenhang mit der Erweiterung der Gehirnrinde ansehen, hervorgebracht von einem Gehirn, das von der Evolution genetisch und von der Individualentwicklung epigenetisch geformt wurde, so daß immer komplexere anatomische Strukturen entstanden, die immer komplexere Tätigkeiten ausführen. Aber was *ist* der Geist? Was ist das Wesen des Bewußtsein, des inneren Ichs?

Eine Erklärung für das Bewußtsein?

In der Überschrift dieses Abschnitts stammt nur das Fragezeichen von mir. Die Überschrift selbst ist in überzeugter, sicherer Form (englisch: *Consciousness Explained*) der Titel eines Buches des amerikanischen Philosophen Daniel Dennett, das 1991 erschien.[8] Wahrscheinlich werden nicht alle Leser dieses Werkes die Überzeugung des Autors teilen. Manche meinen vielmehr, er erkläre das Bewußtsein eigentlich nicht, sondern er diskutiere es weg – indem er es so weit zerlegt, bis nichts mehr übrigbleibt, das man erklären müßte. Bewußtsein gibt es nicht. So offen sagt Dennett das nicht, aber darauf läuft seine Schlußfolgerung hinaus.

Dennett ist nur einer von vielen zeitgenössischen Philosophen, die Zweifel an der Wirklichkeit unserer geistigen Erlebnisse äußern. Die

Philosophin Patricia Smith Churchland[9] stellt den Wahrheitsgehalt dessen in Frage, was sie als «Volkspsychologie» bezeichnet; diese definiert sie als ‹Psychologie des gesunden Menschenverstandes – das überlieferte psychologische Wissen, mit dem wir Verhalten als das Ergebnis von Überzeugungen, Wünschen, Wahrnehmungen, Erwartungen, Zielen, Empfindungen und so weiter erklären›. Sie vergleicht die «Volkspsychologie» mit der «Volksphysik» der Zeit vor Galilei, Newton und Einstein und gelangt zu der Schlußfolgerung, ‹Volkspsychologie kann ... tödlich falsch sein›.

Als philosophisch Ungebildeter würde ich zögern, solche Aussagen in Frage zu stellen, die offenkundig die Früchte gelehrter Untersuchungen sind. Ermutigt fühle ich mich aber in dieser Hinsicht durch John Searle, einen weiteren amerikanischen Philosophen, der Dennett, Churchland und eine ganze Reihe anderer Autoren zitiert und dann die Frage stellt: ‹Wie können so viele Philosophen und Kognitionsforscher so viele Dinge sagen, die zumindest mir ganz offenkundig falsch erscheinen?›[10]

Leser, die mit den gängigen Richtungen in der Philosophie nicht vertraut sind, werden zweifellos überrascht sein, wenn sie von Searle hören: ‹In der Philosophie des Geistes werden offensichtliche Erkenntnisse über das Geistige, beispielsweise daß wir alle tatsächlich subjektive geistige Zustände haben und daß diese sich nicht zugunsten von irgendetwas anderem beseitigen lassen, von vielen, vielleicht sogar von den meisten Fachleuten für dieses Thema routinemäßig geleugnet.›[11] Anschließend geht Searl daran, eine Reihe zeitgenössischer Denksysteme zu beschreiben, zu analysieren und letztlich zu demontieren, so den eliminativen Materialismus, den Funktionalismus, den Physikalismus, den Kognitivismus, den Epiphänomenalismus, ‹und so deprimierenderweise weiter›; damit rechtfertigt er Edelmans vollmundige Charakterisierung der Philosophie als ‹Friedhof der Ismen›[12] oder Cricks Bemerkung, die Philosophen hätten ‹in den letzten zweitausend Jahren so wenig zuwege gebracht, daß sie besser ein wenig Bescheidenheit an den Tag legten und nicht die dünkelhafte Überheblichkeit, die sie gewöhnlich zeigen›.[13]

Schon aus diesen wenigen Zitaten sollte deutlich werden, daß sich die Wissenschaft vom Geist noch im Embryonalstadium befindet. Das liegt nicht an mangelndem Forschungswillen. In den letzten Jahren sind Dutzende von Büchern über das Thema erschienen, verfaßt von Neurowissenschaftlern, Psychologen, Verhaltensforschern,

Anthropologen, Soziologen, Kognitionsforschern, Linguisten, Computerfachleuten und Philosophen, die Theologen noch nicht einmal mitgerechnet. Leider vertritt fast jeder von ihnen eine andere These, zu einem gut Teil deshalb, weil Ideologie in der Psychologie des Menschen eine wichtigere Rolle spielt als in anderen Wissenschaftsdisziplinen. Ich kann dieser Menge an Information und Diskussionsbeiträgen, von denen viele sehr speziell sind, kaum gerecht werden; aber ein paar Hauptthemen möchte ich kurz zusammenfassen.

Aufstieg und Fall des Dualismus

Eine elegante Lösung des Gehirn-Geist-Problems bot der französische Physiker, Mathematiker und Philosoph René Descartes in der ersten Hälfte des 17. Jahrhunderts.[14] Nachdem er vorsichtig und als rein hypothetische Vorstellung – er wollte nicht das gleiche Schicksal erleiden wie Galilei – die Ansicht vertreten hatte, der menschliche Körper könne eine Maschine sein, die ausschließlich nach physikalischen Gesetzen funktioniert, löste er das Problem von Körper und Geist, indem er eine eigenständige Seele postulierte, die über die Zirbeldrüse (die mitten im Gehirn liegt – für Descartes ein aufschlußreiches anatomisches Merkmal) mit dem Körper in Wechselwirkung steht. Die Zirbeldrüse wurde inzwischen längst von der Physiologie als Sitz der Seele entthront, aber der cartesianische Dualismus – als vernunft- und gefühlsmäßig befriedigende Verknüpfung der geistigen und materiellen Gesichtspunkte der menschlichen Natur – überlebte länger. Heute herrscht allerdings unter den Wissenschaftlern die Ansicht vor, daß der Dualismus das Energieerhaltungsgestz verletzt, weil er unterstellt, daß ein nichtmaterielles Gebilde das Verhalten materieller Systeme beeinflussen kann. Eine prominente Ausnahme stellt jedoch der australische Neurobiologe und Nobelpreisträger John Eccles dar, der hartnäckig und energisch ein dualistisches Konzept für die Beziehung zwischen Körper und Geist vertritt, zum Teil in Zusammenarbeit mit Karl Popper, dem vielleicht einflußreichsten Wissenschaftsphilosophen unserer Zeit.[15]

Die Ansichten dieser beiden ehrwürdigen Neunzigjährigen werden von der jüngeren Generation der Neurobiologen und Philosophen meist mit einem Ausdruck amüsierter Nachsicht abgetan oder sogar verspottet. Die meisten Fachleute vertreten heute für die Beziehungen zwischen Geist und Gehirn die «monistische» oder «materialistische» Sichtweise, die erstmals von einem weiteren Franzosen, dem Philosophen Julien Offroy de La Mettrie (1709–1751) in einem Buch mit dem kompromißlosen Titel *L'Homme-Machine* («Die Mensch-Maschine») formuliert wurde. Eine weitere Persönlichkeit der Aufklärung, der Physiker Pierre Jean Georges Cabanis[16] (1757–1808) faßte diese Ansicht in dem berühmten Aphorismus zusammen: ‹Le cerveau sécrète la pensée comme le foie sécrète la bile› (Das Gehirn sondert Gedanken ab wie die Leber den Gallensaft); manchmal wird dieser Ausspruch auch in leicht veränderter Form dem holländischen Physiologen Jakob Moleschott[17] (1822–1893) zugeschrieben: ‹Das Gehirn scheidet Denken aus wie die Nieren den Urin.›

Den modernen Monismus gibt es in vielen Spielarten. Ich habe bereits die radikalste Form genannt, die so weit geht, die Wirklichkeit subjektiver Erfahrungen zu leugnen. In abgemilderter Form erkennt der Monismus zwar das Bewußtsein an, betrachtet es aber als bedeutungslose Nebenerscheinung, die der Aktivität der Neuronen in der Gehirnrinde entspringt, diese Tätigkeit aber nicht steuern kann. Nach dieser Ansicht erledigen unsere Neuronen die gesamte Arbeit, auch Tätigkeiten, wie Auswählen, Wollen und Entscheiden, die wir instinktiv einem sogenannten inneren Ich zuschreiben und mit den Qualitäten des freien Willens und der Verantwortung belegen. Unser Gefühl, sie bestimmen zu können, ist danach eine Illusion. Wir sind ausschließlich Zuschauer und betrachten durch ein winziges Fenster einen kleinen Teil dessen, was das Gehirn für uns tut. Daß wir zusehen, hat auf das Ergebnis keinen Einfluß. Wenn wir einen Fuß vorwärts setzen, entscheiden wir ebensowenig, daß wir laufen wollen, wie wir uns entscheiden, unseren Herzschlag beim Laufen zu beschleunigen. Der Unterschied besteht einfach nur darin, daß wir von den neuronalen Wechselwirkungen, die das Laufen in Gang setzen, ein kleines bißchen sehen, während uns ein ähnlicher Einblick in die Mechanismen, die das Herz schneller schlagen lassen, verwehrt ist.

Durch die Formulierung «der Unterschied besteht einfach nur darin» wird dieser Unterschied aber kaum einfach. Wodurch unterscheidet sich ein bewußter neuronaler Ablauf von einem unbewußten? Auf diese Frage bietet man uns keine Antwort an, abgesehen von einer rein phänomenologischen Feststellung, die überhaupt keine Antwort ist: Danach werden neuronale Ereignisse bewußt, wenn sie eine bestimmte Komplexitätsschwelle überschreiten oder wenn sie nach Verdrahtungsmustern organisiert sind, die es nur in der Gehirnrinde gibt. Außerdem bleibt das Problem, wer eigentlich der Beobachter ist, der sogenannte Homunculus, jener kleine Mensch in unserem Inneren, der die Bühne des «cartesianischen Theaters» betrachtet, wie Dennet es formulierte [18], oder der «Geist in der Maschine», ein höhnischer Ausdruck, den der materialistische Philosoph Gilbert Ryle 1949 prägte [19] und den der umstrittene Autor Arthur Koestler 1967 herausfordernd als Titel für ein Buch wählte. [20] Um diese Schwierigkeit zu umgehen, ziehen es die hartgesottenen Monisten vor, ganz und gar ohne Bewußtsein auszukommen. Dennett vergleicht zum Beispiel subjektive Erfahrungen mit dem System der russischen Puppen: In jedem Beobachter steckt wieder ein Beobachter, bis schließlich nichts mehr übrigbleibt. Man läßt den Homunculus durch magische Verkleinerung verschwinden.

Heute bevorzugen viele Fachleute die Theorie des «zentralen Status» oder der «Identität», die die Subjektivität eine Stufe über das reine Epiphänomen hinaushebt und dennoch dem orthodoxen, monistischen Materialismus treu bleibt. Danach sind neuronale und geistige Abläufe zwei Seiten derselben Medaille. Das Ich ist nicht Zuschauer, sondern Beteiligter. Gedanken und Gefühle sind untrennbare Facetten bestimmter Vorgänge, die in der Gehirnrinde zwischen vielen Neuronen ablaufen. Wenn ich zum Beispiel im Geist darüber «diskutiere», ob ich meinem Feind die Hand reiche oder sie lieber an seinem Kinn landen lasse, spielen neuronale Schaltkreise in meinem Gehirn verschiedene Szenarien durch, die jeweils mit einer bewußten Darstellung ihrer vernüftig ableitbaren Folgen und emotionalen Begleiterscheinungen verbunden sind. Wenn ich mich schließlich zu der friedfertigen Geste durchringe, dann deshalb, weil sich das Szenario des Händeschüttelns als überzeugendster Auslöser einer motorischen Handlung herauskristallisiert hat, die mit den angenehmen Gefühlen von Erleichterung, Wärme und Großherzigkeit, vielleicht auch mit der Selbstzufriedenheit des Musterknaben («Bin ich heute wieder anständig») verbunden ist.

Um diesen Vorgang zu erklären, beruft man sich wieder einmal auf Darwin, allerdings in einer maskierten Form, die er vielleicht nicht erkannt hätte. Man geht davon aus, daß die verschiedenen neuronalen Netze untereinander konkurrieren, und die Kombination, die sich durchsetzt, tut das wegen ihrer besseren Anpassung an die örtliche (neuronal-mentale) Umgebung. Für diesen Selektionsvorgang spielt die Vorgeschichte des Gehirns eine wichtige Rolle. Eine christliche Erziehung mit der Verstärkung von Netzwerken, die dazu veranlassen, «auch die andere Wange hinzuhalten», kann dazu führen, daß die Selektion für das Verzeihen entscheidet. Frühzeitiger Kontakt zu Straßenbanden dagegen – mit ihren tiefsitzenden Mustern von Gewalt, Selbstverteidigung und Rache – könnte dem Vergeltungsszenario die Oberhand verschaffen.

Eine analoge Darwinsche Erklärung soll auch auf den Vorgang der Problemlösung zutreffen. Die einzelnen neuronalen Netze spielen unterschiedliche Szenarien durch, die untereinander im ökologischen Zusammenhang der verdrahteten Systeme von aufgenommenen Erkenntnissen, Denkmustern, Neigungen, Vorurteilen und anderen Produkten früherer Erfahrungen konkurrieren. Der Sieger in diesem Wettbewerb – falls es einen Sieger gibt – ist die schließlich gefundene Lösung; sie wird ausgewählt, indem sich viele Schaltkreise durch einen resonanzähnlichen Vorgang vereinigt werden – vergleichbar dem unbewußten Vorgang, durch den aus der Zusammenführung vieler verschiedener visueller Eindrücke ein zusammenhängendes Bild entsteht. Als subjektive Begleiterscheinung dieses Zusammenwirkens vieler Schaltkreise ergibt sich ein starkes Gefühl der Freude – der Geistesblitz, der Schauer der Entdeckung; in dem vorausgehenden Stadium des Wettbewerbs dagegen ist die oft lang andauernde Folge unpassender Kombinationen, die dem «Kopfzerbrechen» entspricht, von lähmender Qual begleitet. Deshalb geht Freude oft mit einem Gefühl der Erleichterung einher. Befriedigung ist aber keine Garantie dafür, daß die gefundene Lösung die richtige ist. Schon viele Irrtümer, die in mühevollem Leiden ausgebrütet wurden, kamen in einem Schwall erlösender Freude ans Licht.

Diese Überlegung kann man auch auf andere erfreuliche Erlebnisse ausweiten, indem man Freude jedesmal der Resonanz neuronaler Netze zuschreibt und ihre Stärke mit der Fülle und Reichhaltigkeit der Resonanz gleichsetzt. Nicht nur intellektuelle Leistungen, sondern auch künstlerische Gefühle, musikalischer Genuß, religiöser Eifer und mystische Ekstase könnten demnach ebenfalls durch die Resonanz neuronaler Schaltkreise entstehen. Das gleiche gilt auch für die heftigen Gefühle, die leidenschaftliche Liebe, sexuelle Erregung oder halluzinogene Drogen erwecken. «Schwingungen» sind dann vielleicht mehr als nur eine anschauliche Metapher.

Die Identitätstheorie ist dadurch charakterisiert, daß sie subjektives Erleben unmittelbar mit der ursprünglichen Verdrahtung des Gehirns in Verbindung bringt. Wenn sensorische Reize, zum Beispiel gehörte oder gelesene Worte, zum ersten Mal ins Gehirn gelangen, sind sie bereits mit einer emotionalen und begrifflichen Bedeutung beladen und werden in dieser Form im Gedächtnis gespeichert, so daß das Abrufen der entsprechenden neuronalem Muster automatisch auch die Gefühle und Begriffe wieder zum Leben erweckt. Das Ich wird wird also mit seinen untrennbar verknüpften körperlichen und geistigen Aspekten ständig weiter geformt, und zwar von der Flut der ankommenden Reize, die vom Augenblick der Geburt an – oder vielleicht auch schon vorher – auf das Gehirn einströmen. Vom Lernen bis zur Gehirnwäsche hängen alle Formen der Erziehung, Ausbildung, Konditionierung, Programmierung oder Prägung von dieser gleichzeitigen Verarbeitung und Speicherung körperlicher Reize und ihrer geistigen Entsprechungen ab. Gehirn und Geist sind untrennbar miteinander verbunden.

Ein wichtiger Vertreter des Monismus ist Edelman, nach Dennetts Worten [21] ‹derjenige Theoretiker, der versucht hat, alles einzubeziehen, von den Einzelheiten der Neuroanatomie über die kognitive Psychologie und Computermodelle bis hin zu den absonderlichsten philosophischen Meinungsverschiedenheiten›. Dennetts Schlußfolgerung, das Ergebnis sei ‹ein lehrreicher Fehlschlag›, teile ich nicht, aber ich muß eingestehen, daß ich nicht in der Lage bin, Edelman in allem zu folgen, trotz langer, freundschaftlicher Gespräche.

Edelmans zentrale These lautet: Jede plausible Theorie des Geistes muß mit den Kenntnissen über die Gehirnvorgänge vereinbar sein, aus denen das Bewußtsein erwächst, und vorzugsweise sollte sie sich sogar aus diesen Kenntnissen ableiten. [22] Diese unbestreitbare Voraussetzung mißachten viele Philosophen und Psychologen, die sich allein auf die Introspektion verlassen. Edelmann macht also die Erkenntnisse über neuronale Funktionen, die so entscheidenden Gehirnfunktionen, wie Wahrnehmung, Gedächtnis und Sprache, zugrunde liegen, zum Ausgangspunkt seiner Überlegungen. In mehreren Büchern erklärt er in allen Einzelheiten, allerdings fast ohne Zugeständnisse an den Laien, wie sich das Bewußtsein nach seiner Ansicht aus solchen Funktionen ergibt, die ihrerseits der Ausdruck einer historisch durch Darwinsche Evolution und epigenetische Verknüpfung entstandenen morphologischen Organisation sind. Es ist eine eindrucksvolle Konstruktion, die allerdings vorwiegend die dem Bewußtsein zugrundeliegenden neuronalen Mechanismen und nicht das Bewußtsein selbst betrifft. Edelman erörtert – absichtlich, wie er in einer Anmerkung behauptet – nicht ‹die klassischen Meinungsverschiedenheiten und Kategorisierungen im Zusammenhang mit dem Gehirn-Geist-Problem und den philosophischen Hypothesen in seinem Umfeld›[23], außer daß er seine uneingeschränkte Ablehnung des cartesianischen Dualismus und sein Festhalten am Monismus-Materialismus zum Ausdruck bringt. Wie er uns erklärt, ‹befreit uns das Nachdenken über die Gehirnfunktion unter dem Gesichtspunkt der Selektion vom Schrecken des Homunculus›[24], und wie Dennett entledigt er sich dieses Schreckens durch endloses Rückwärtsschreiten. Aufschlußreich ist auch folgende Aussage: ‹Geistige Eigenschaften können sich nicht ändern ohne eine Änderung der Gehirnzustände, und deshalb sind sie nachträglich hinzugekommene Eigenschaften.›[25] Das klingt nach der Lehre vom Epiphänomen, aber man kann es auch so interpretieren, daß es mit der Identitätstheorie vereinbar ist.

Ein weiterer Molekularbiologe, dessen Interesse sich später auf die Neurobiologie verlagerte, ist Francis Crick. Er faßte seine Ansichten in dem Buch *The Astonishing Hypothesis* zusammen, das vorwiegend der derzeitigen Erforschung des Sehvermögens gewidmet ist. Was Crick als «erstaunliche Hypothese» bezeichnet, ist das kompromißlose Festhalten am Monismus: Neuronen tun die ganze Arbeit, oder, wie Crick es Lewis Carrolls Alice in den Mund legt: ‹Du bist nichts als ein Bündel Neuronen.›[26] Bewußtsein ist nichts anderes als ein Ausfluß bestimmter Aktivitäten der Neuronen.

Wie Edelman geht aber auch Crick das Problem streng empirisch an und lehnt es ab, über die Grenzen der wissenschaftlichen Befunde hinaus zu spekulieren. Er räumt am Ende ein, sein Buch habe ‹sehr wenig mit der Seele des Menschen zu tun›[27] – eine etwas unerwartete Bemerkung am Schluß eines Werkes mit dem Untertitel *The Scientific Search for the Soul* (und dem deutschen Titel *Was die Seele wirklich ist*.

Die Macht des Geistes

Allen Formen des Monismus ist gemeinsam, daß das Bewußtsein nach ihrer Vorstellung aus neuronalen Abläufen entsteht oder mit ihnen gekoppelt ist, aber sie gestehen dem Bewußtsein nicht die Macht zu, seinerseits solche Abläufe zu beeinflussen. Selbst Searle, den wir als wichtigen Kritiker des modernen Materialismus kennengelernt haben, teilt diese Ansicht. Er warnt uns auch vor dem ‹Trugschluß des Homunculus›[28] und definiert Bewußtsein als ‹Merkmal, das aus bestimmten Neuronensystemen hervorgeht›, ohne daß es selbst das Verhalten der Neuronen beeinflussen könnte. Er schreibt: ‹Die naive Vorstellung besagt, daß das Bewußtsein aus dem Verhalten der Neuronen im Gehirn hervorsprudelt und dann, wenn es einmal daraus entsprungen ist, ein Eigenleben führt.›[29]

Ein herausragender Vertreter dieser naiven Idee, der sich gleichzeitig als Monisten bezeichnete, war Roger Sperry, der verstorbene amerikanische Neurobiologe, der für seine Arbeiten über die funktionellen Spezialisierungen der linken und rechten Gehirnhälfte den Nobelpreis erhielt. Sperry erklärte, wie seine «materialistische Logik», auf die er seit langem vertraute, 1964 zum ersten Mal erschüttert worden sei; damals gelangte er zu der Schlußfolgerung: ‹Neu entspringende geistige Kräfte müssen logischerweise auch eine nach unten gerichtete Kontrolle über die elektrophysiologischen Vorgänge im Gehirn ausüben.›[30] Während Sperry diese Vorstellung weiter entwickelte, beharrte er streng auf ihrem monistischen Charakter. ‹Ich definiere diesen Standpunkt›, so schreibt er, ‹und die Geist-Gehirn-Theorie, auf die er sich gründet, als monistisch und betrachte ihn als wichtige Gegenposition zum Dualismus.›[31] Dieser Aussage geht aber die Erklärung voraus: ‹Indem ich mich selbst als Mentalisten bezeichne, halte ich subjektive geistige Phänomene für die primären, kausal wirksamen Realitäten, denn sie werden subjektiv erlebt, unterscheiden sich von ihren physikochemischen Elementen, sind mehr als diese und lassen sich nicht darauf reduzieren.› Das scheint mir gefährlich nahe am Dualismus zu sein, was Eccles angeblich auch zu Sperry gesagt haben soll.

Der entschlossenste Angriff auf die Lehre vom Epiphänomen kam von dem Oxforder Mathematiker Roger Penrose: Er gibt einen breiten Überblick über zeitgenössische Mathematik und theoretische Physik, einschließlich des Rechnens mit Algorithmen, des Wesens mathematischer Wahrheiten, der Quantenmechanik und der Relativitätstheorie, und schließt mit einer Analyse des Geist-Körper-Problems. Er unterscheidet in dieser Frage einen passiven Aspekt – ‹Wodurch kann ein materielles Objekt (ein Gehirn) tatsächlich Bewußtsein *hervorrufen?*›[32] – und einen aktiven – ‹Wodurch kann ein Bewußtsein mit seinen Willensakten tatsächlich die (offenbar physikalisch determinierte) Bewegung materieller Objekte *beeinflussen?*›.[33]

Für Penrose gibt es keinen Zweifel daran, daß das Bewußtsein etwas bewirkt. Täte es das nicht, hätte es für die Selektion keinen Wert. Warum, so fragt er, ‹hat die Natur sich dann die Mühe gemacht, *bewußte* Gehirne zu entwickeln, wenn doch empfindungslose «Automaten»-Gehirne nach Art des Kleinhirns sich genausogut bewährt hätten?›[34] Eine Lösungsmöglichkeit für dieses Problem findet Penrose in der Quantenmechanik: ‹Auf der Quantenebene dürfen mehrere Alternativen in linearer Überlagerung koexistieren.›[35] Und weiter spekuliert er: ‹Die bewußte Denktätigkeit ist sehr eng an das Auflösen von zuvor linear überlagerten Alternativen gebunden.›[36]

Das Ich und der freie Wille

Die Frage nach dem aktiven Bewußtsein ist eng verknüpft mit dem Problem des freien Willens. Wenn, wie alle monistischen Theorien behaupten, die neuronalen Vorgänge im Gehirn das Verhalten bestimmen, unabhängig davon, ob sie bewußt oder unbewußt ablaufen, findet man kaum irgendwo Raum für den freien Willen. Aber wenn der freie Willen nicht existiert, gibt es auch keine Verantwortung, und die Struktur der menschlichen Gesellschaft muß einer Überprüfung unterzogen werden. Selbst unter den kompromißlosesten Materialisten sind jedoch nur wenige bereit, diese Überlegung bis zu ihrem logischen Abschluß zu treiben. Stattdessen entwickeln sie einen bemerkenswerten Erfindungsreichtum, um dieser Falle zu entgehen.

Manche flüchten sich in jedes Hintertürchen, das sich ihnen bietet: Quantenmechanik, Unschärferelation, Chaostheorie, Wahrscheinlichkeitsfluktuationen, Mikroheterogenität oder andere Formen der physikalischen Unbestimmtheit werden herangezogen, um die Fesseln des neuronalen Determinismus zu lockern. Andere bemühen dazu die Unvorhersagbarkeit. Aber weder Unbestimmtheit noch Unvorhersagbarkeit bieten eine Erklärung für die Tätigkeiten des Wählens, des Planens und der freien Entscheidung.

Manche Autoren behaupten zwar, es gebe keinen freien Willen, raten aber dazu, diese beunruhigende Tatsache zu ignorieren. Betrachten wir beispielsweise einmal die folgende Erklärung des deutschen Philosophen Bernhard Rensch[37], eines Vertreters der Identitätstheorie der Gehirnfunktion. In seinem Buch *Biophilosophie* stellt er fest: ‹Wie wir sehen werden, sprechen aber . . . Befunde viel stärker gegen als für eine Willensfreiheit.›[38] Er räumt ein: ‹Nun hat die Leugnung der Willensfreiheit natürlich recht wesentliche Konsequenzen für ethische, religiöse und juristische Vorstellungen›[39], und schließt mit der Feststellung, wichtig sei nicht, daß wir frei sind, sondern daß wir uns so verhalten, als ob wir es wären: ‹. . . der Begriff der Freiheit ist eine wichtige Determinante in unserem Denken.›[40] Für mich klingt das wie die Behauptung, die Wahrheit sei wichtig, solange wir sie nicht kennen oder glauben.

Manche schließlich stellen sich dieser Wahrheit unerschrocken und wenden dann einen intellektuellen Taschenspielertrick an: Sie behaupten, das Wissen, daß wir nicht frei sind, verstärke gerade unsere Freiheit – eine seltsame Anwendung des biblischen Versprechens ‹Und ihr werdet die Wahrheit erkennen, und die Wahrheit soll euch frei machen›.[41]

Man sagt uns, unsere Wahrnehmung der individuellen Freiheit sei wie unsere Vorstellungen von Raum, Zeit und Materie in unserem Wesen als Folge seines entwicklungsgeschichtlichen Anpassungswertes festgelegt und könne ebenso täuschend sein. Damit die menschliche Gesellschaft funktioniert, muß sie Regeln aufstellen, die ihre Angehörigen befolgen. Deshalb ist bei uns, den Mitgliedern dieser Gesellschaft, das Gefühl von Freiheit und Verantwortung entstanden, das diese Gesellschaft braucht, um zu funktionieren. Daß wir frei sind, glauben wir aus den gleichen Gründen, deretwegen wir auch wahrnehmen, daß Materie fest ist und den Regeln der Kausalität unterliegt: einfach weil solche Überzeugungen unserem Evolutionserfolg dienten. Aber deshalb müssen sie noch lange nicht wahr sein.

Denjenigen von uns, die sich nicht ohne weiteres als Automaten sehen wollen, die von der Evolution mit der Illusion eines freien Willens hinters Licht geführt wurden, gibt man eine strenge Warnung mit auf den Weg: Man erinnert uns daran, daß eine Theorie nicht einfach deshalb falsch ist, weil wir sie nicht verstehen. Die meisten von uns verstehen die Relativitätstheorie nicht, aber deshalb ist sie noch lange nicht falsch. Ähnlich verwirrt sind viele Menschen sicher auch von den Überlegungen, mit denen manche Fachleute ihre objektiven Rekonstruktionen des menschlichen Geistes mit ihren subjektiven Erfahrungen in Einklang bringen wollen. Aber das mag unser Problem sein, nicht das ihre. Die zweite, offenkundig richtige Ermahnung lautet: Eine Theorie ist nicht einfach deshalb falsch, weil sie im Widerspruch zu unseren inneren Überzeugungen steht. Die Geschichte der Menschheit ist voll von solchen falschen Vorstellungen. Wir müssen lernen, dieser trügerischen Sicherheit zu mißtrauen, die unser Geist konstruiert, wenn wir mit dem Unerklärlichen konfrontiert werden. Wie Patricia Churchland betont hat, könnte die «Volkspsychologie» durchaus das gleiche Schicksal ereilen wie die «Volksphysik».[42]

Solchen Argumenten kann man sich nur schwer verschließen. Sie lassen aber immer noch die Frage offen, *was* oder *wer* das illusorische Gefühl der Freiheit erlebt. Diejenigen, die das Bewußtsein leugnen oder es als unwichtiges Epiphänomen oder einflußlosen Zuschauer betrachten, verwickeln sich in Widersprüche, wenn sie reden oder handeln, als hätten sie die Freiheit, sich zu entscheiden. Darauf könnten sie erwidern, daß sie sich abgekürzt ausdrücken, um ermüdende Umschreibungen wie die folgende zu vermeiden: «Die Neuronen in meinem Gehirn, die von einer komplexen Kombination von Evolutions- und Entwicklungsfaktoren geformt wurden, reagieren auf die Gesamtheit der inneren und äußeren Reize, denen die ausgesetzt sind, indem sie meine Hand zum Schreiben veranlassen.» Stattdessen sagen sie einfach: «Ich will schreiben.» Es muß schwierig sein, diese Einstellung im täglichen Leben durchzuhalten.

Heißt das, daß wir zum cartesianischen Dualismus zurückkehren müssen? Diese Meinung vertritt Eccles, und er bietet dafür eine Erklärung an, die sich auf die Unschärferelation gründet: Danach könnte ein immaterieller Geist über die Beeinflussung eines Wahrscheinlichkeitsfeldes ohne Energieaufwand die Chance verändern, daß an einer Synapse ein «winziger Einfluß» stattfindet, der ausreicht, um die Impulstätigkeit des Neurons zu beeinflussen.[43] Bei diesem Einfluß handelt es sich nach seiner Ansicht um die Entladung des Neurotransmitters aus einem einzigen synaptischen Vesikel. Den meisten Zellbiologen muß diese Erklärung allerdings nach allem, was man über den Mechanismus des Vesikeltransports weiß, völlig unrealistisch erscheinen. Als letzter Halt kann die Hypothese von den winzigen Einflüssen nur den Untergang des cartesianischen Dualismus ankündigen.

Der Philosoph Popper, ein weiterer Dualist oder «Interaktionist», hält sich nicht mit genauen Mechanismen auf. Er gibt sich mit dem Hinweis zufrieden, das Gehirn sei ‹ein offenes System offener Systeme›.[44] Er und Eccles berufen sich tatsächlich wie eine Reihe von Monisten auf eine Form der physikalischen Unbestimmtheit, die es dem Bewußtsein erlaubt, sich ohne Energieaufwand bemerkbar zu machen; anders als die Monisten betrachten sie das Bewußtsein jedoch als eigenständiges Gebilde.

Gemeinsam ist dem Dualismus und den meisten Formen des Monismus das Problem, daß sie sich auf eine vorgegebene Definition von Materie stützen. Wie Searle betont, werden diejenigen, die sich der Tatsache des Bewußtseins aus monistisch-materialistischen Gründen nicht stellen wollen, von einem Rest des Dualismus in die Irre geführt, der Geistiges und Materielles als Gegensätze betrachtet. Sie sind in der Falle ihrer eigenen, von vornherein vorgegebenen Definition gefangen, wonach Materie subjektive geistige Erfahrungen ausschließt. ‹Der Materialismus›, so schreibt er, ‹ist also in einem gewissen Sinn die schönste Blüte des Dualismus.›[45]

In der Frage des freien Willens bleibt Searle unbestimmt. Er erwähnt ihn nur beiläufig mit dem Zusatz ‹falls es so etwas gibt›[46] und argumentiert dann, man müsse Absicht genauso interpretieren, wie wir es heute in der Biologie mit der Zielgerichtetheit tun. Nach der früher üblichen Sichtweise war das Herz dazu gemacht, Blut durch die Adern zu pumpen. Heute sagen wir: Das Blut kreist durch die Gefäße, weil das Herz so ist, wie es ist, und den scheinbar zweckbestimmten Aufbau des Herzens erklären wir als Folge der natürlichen Selektion. Diejenigen Individuen, bei denen das Herz zufällig schlecht funktionierte, wurden ausgemerzt. Nach dem gleichen Prinzip verhalten sich auch unsere Sehneuronen nicht in einer bestimmten Weise, damit wir die Dinge deutlich erkennen können, sondern wir erkennen die Dinge deutlich, weil unsere Neuronen daraufhin selektioniert wurden, sich so zu verhalten. Diese ‹Umkehr der Erklärung›[47] entspricht vollkommen der reinen Darwinschen Lehre und duldet keine Ausnahmen. Aber für mich ist sie keine Erklärung dafür, wie ich meine Augen in die eine oder andere Richtung wende, auf der Grundlage einer Entscheidung, die ich meinem Erleben zufolge aus freiem Willen getroffen habe.

Bevor wir diese kurze Übersicht über das beenden, was beim Denken und Fühlen in unserem Gehirn angeblich vorgeht, müssen wir uns kurz ansehen, was diese Tätigkeit hervorgebracht hat. Wenn wir den Geist als Maschine verstehen wollen, müssen wir auch das Produkt dieser Maschine betrachten: die menschliche Kultur.

28 Die Werke des Geistes

Die menschliche Kultur ist ein kollektiv und kooperativ entstandenes Produkt des menschlichen Geistes. Ansätze für Kultur gibt es bei verschiedenen Verhaltensweisen von Tieren, die in größerem oder geringerem Umfang durch Nachahmung und Lernen weitervermittelt werden. Diese Vorstellung, die der Schule der Behavioristen ein Greuel ist, wird heute von vielen modernen Verhaltensforschern anerkannt. Der Gesang der Vögel, den beispielsweise der Amerikaner Peter Marler[1] von der Rockefeller University in New York untersucht hat, ist nur teilweise instinktiv und hängt zum Teil auch von Nachahmung ab. Vögel stehen auch im Mittelpunkt einer amüsanten Begebenheit, über die in den dreißiger Jahren in England berichtet wurde[2]: Damals lernte einige Meisen, die Foliendeckel von den Milchfaschen zu ziehen (die man in England von jeher vor die Tür stellt) und die Sahne zu trinken. Diese Gewohnheit verbreitete sich über große Teile des Landes, höchstwahrscheinlich weil sie durch Nachahmung gelernt wurde. Bei Säugetieren und vor allem bei Primaten spielt das Lernen eine große Rolle, wenn Verhaltensweisen, wie Jagen, Nestbau, Werkzeugbenutzung, Sozialverhalten und Kommunikation, von Generation zu Generation weitergegeben werden; sie summieren sich zu einer Art «überliefertem Wissen» der jeweiligen Spezies, das die einfache genetische Vererbung ergänzt. Als sich mit der Evolution der Hominiden die Kommunikationshilfsmittel verbesserten, wurde diese Art der kulturellen Vererbung immer wichtiger; schließlich erfuhr sie eine dramatische Beschleunigung und Ausweitung, nachdem die Sprache und vor allem die Schrift aufgetaucht war. Heute kann jede kulturelle Errungenschaft sofort gespeichert und gegebenenfalls auf der ganzen Welt verbreitet und abgerufen werden.

Kulturelle Evolution

Kulturelle Evolution ist etwas ganz anderes als Darwinsche Evolution. Sie verläuft viel schneller und ähnelt mehr der Art von Entwicklung, die der französische Naturforscher Jean-Baptiste de Monet, Chevalier de Lamarck (1744–1829), postulierte. Lamarck, einer der ersten Evolutionsforscher, ist bekannt wegen seiner Theorie von der Vererbung erworbener Merkmale. Anders als Lamarck glauben wir heute nicht mehr, die Giraffen hätten einen langen Hals, weil Generationen von Giraffen sich nach immer höheren Blättern in den Bäumen gestreckt hätten. Stattdessen gehen wir mit Darwin davon aus, daß Giraffen, die aus genetischen Gründen mit einem langen Hals ausgestattet waren, besser überleben und mehr Nachkommen hervorbringen können, weil sie den Vorteil hatten, daß sie höhere Blätter erreichen können. Dagegen wurde zum Beispiel die Fähigkeit, Feuer zu machen, die für die betreffenden Hominiden einen bedeutenden Selektionsvorteil darstellte, nicht über die Gene weitergegeben, sondern durch Kommunikation.

Kulturelle und biologische Evolution sind zwar sehr unterschiedlich, aber durchaus verwandt. Erfindungen wurden von Personen gemacht, die ihre Begabung vielleicht einer bestimmten Genkombination verdankten. Nachdem jedoch eine Erfindung einmal gemacht war – zum Beispiel das Feuermachen oder die Herstellung scharfkantiger Steine –, verschaffte sie denen einen Selektionsvorteil, die genetisch besser mit der passenden Geschicklichkeit ausgestattet waren. Auf dieses raffinierte Wechselspiel zwischen den beiden Arten der Evolution haben viele Anthropologen und Evolutionsforscher hingewiesen. Sogar abstrakte Vorstellungen unterliegen einer Darwinschen Form der Evolution. Überzeugungen zum Beispiel konkurrieren untereinander mit Hilfe ihrer Fähigkeit, denen, die sie besitzen, einen Fortpflanzungsvorteil zu verschaffen.

In der jüngeren Menschheitsgeschichte war die Lamarcksche kulturelle Evolution weitaus wichtiger als die Darwinsche biologische Evolution, vor allem weil sich kulturelle Errungenschaften viel schneller verbreiten als genetische Abwandlungen. Unsere Gene und damit unsere angeborenen Möglichkeiten unterscheiden sich kaum von denen des Cro-Magnon-Menschen, der vor 15000 Jahren lebte. Mit ein wenig Glück – einem Gewinnlos in der Sexuallotterie, einer vorteilhaften Familie und einem günstigen sozialen Umfeld – könnte aus einem in unser Jahrhundert verpflanzten Cro-Magnon-Baby ein Einstein oder Picasso werden. In ihrer eigenen Zeit hätte dieselbe Person vielleicht statt dessen ein neues Steinwerkzeug erfunden oder avantgardistische Höhlenmalereien angefertigt. Der Unterschied, der in den 15 000 Jahren entstanden ist, beruht fast ausschließlich auf kultureller Vererbung; er liegt in der Ansammlung von Wissen, Technik, Kunst, Glaubensgrundsätzen, Sitten und Traditionen, erworben und weitergegeben von den etwas über 600 Generationen, die in dieser Zeitspanne aufeinanderfolgten.

Kultur und Geist

Hervorgebracht und aufgenommen wird Kultur vom Geist der Menschen. Weitergegeben wird sie von Mensch zu Mensch entweder über unmittelbare Kommunikation oder durch Bücher, Kunst und andere Medien. Kultur liefert also eine Menge Aufschlüsse über den menschlichen Geist. In dem Versuch, diese Frage aufzuklären, teilt Popper[3] die Realität in drei Teile oder «Welten» ein. Welt 1 ist das «Universum der physikalischen Gebilde». Sie umfaßt das materielle Universum. Lebewesen einschließlich des menschlichen Gehirns gehören zur Welt 1. Poppers Welt 3 ist die Welt der Kultur. Sie beinhaltet alle abstrakten Gedanken und Vorstellungen, wissenschaftliche Theorien, technische Prinzipien, ästhetische Maßstäbe, ethische Werte, religiöse Mythen und andere Schöpfungen des menschlichen Geistes. In den meisten von Menschen hergestellten Gegenständen treffen die Welten 1 und 3 zusammen, so in Werkzeugen, Maschinen, Häusern, Kleidung, Büchern, Schallplatten, Tonbändern, Gemälden, Statuen und anderen Kunstwerken, die zwar aus Materie bestehen, aber von der Welt 3 geprägt sind. Welt 2 ist die Schnittstelle zwischen Welt 1 und Welt 3. Der Bereich des Geistes wirkt dabei in beiden Richtungen als Überträger zwischen der Tätigkeit der Neuronen, die zur Welt 1 gehören, und den Gebilden der Welt 3.

In diesem Zusammenhang wirken manche heutigen Ansichten über den menschlichen Geist geradezu lächerlich. Die Relativitätstheorie, die *Entstehung der Arten*, die Decke der Sixtinischen Kapelle, das *Wohltemperierte Klavier*, der *Discours de la Méthode*, die *Göttliche Komödie* – alles Produkte unbedeutender Epiphänomene oder blind interagierender neuronaler Schaltkreise in den Gehirnen von Einstein, Darwin, Michelangelo, Bach, Descartes und Dante? Es scheint unglaublich. Und doch sind die Tatsachen nicht zu leugnen. Aktive neuronale Schaltkreise in der Gehirnrinde sind notwendig und hinreichend für kulturelle Schöpfungen.

Der Schlüssel zu dem Geheimnis liegt in Poppers Welt 2, allerdings nach meiner Ansicht nicht in seiner und Eccles' dualistischer Vorstellung von dieser Welt als Schnittstelle zwischen Materie und Geist. Ich würde eher Searles Warnung beachten, daß wir unsere Definition für Materie von ihren dualistischen Untertönen befreien müssen.[4] Wenn wir der Zwickmühle von Dualismus und Monismus entkommen wollen, müssen wir unsere Vorstellung von Materie so erweitern, daß sie den menschlichen Geist mit seinen Möglichkeiten und seinem Zugang zur Welt 3 einschließt, statt die Sichtweise für den Geist so einzuschränken, daß er in unsere vorweggenommene, «materialistische» Definition von Materie paßt. Wir müssen den Geist als besondere Ausdrucksform der Materie betrachten.

Wenn das bedeutet, daß wir der Materie eine Eigenschaft beilegen, die in der Beschreibung der Physiker noch nicht enthalten ist, dann wäre das nicht das erste Mal. Die Physik war in ihrer Geschichte immer wieder gezwungen, ihre Definition der Materie zu erweitern, manchmal gegen erhebliche Widerstände. Gravitation, Elektromagnetismus, Relativität, Quanten, starke und schwache Wechselwirkungen in den Atomen, all das kam zu der aristotelischen Vorstellung von Materie hinzu. Der Vitalismus, jene Zweiheit von Materie und Leben, die die Physiker früher ebenso problemlos anerkannten wie die Biologen, ist eine weitere Form des Dualismus, die neueren Erkenntnissen weichen mußte. Heute hält man Lebewesen nicht mehr für Gebilde aus Materie, die von einem (immateriellen) Lebensgeist «beseelt» sind. Dennoch stellt niemand die Tatsache in Frage, daß es Leben gibt, uns zwar als Ausdrucksform der Materie, die in besonderer Weise organisiert ist. Warum können wir den Geist nicht auf die gleiche Weise betrachten?

Edelman ist dazu nicht bereit. Er fragt: ‹Warum sollen wir bei soviel Seltsamkeit nicht noch ein wenig seltsamer werden und annehmen, daß zusätzliche, bisher nicht entdeckte physikalische Felder oder Dimensionen das wahre Wesen des Bewußtseins offenbaren werden?› und lehnt es nachdrücklich ab, die Physik als ‹Ersatzgespenst›[5] zu benutzen. Crick ist weniger kategorisch: Nach seiner Ansicht ‹brauchen wir vielleicht tatsächlich radikal neue Vorstellungen – man erinnere sich nur, zu welchen Veränderungen uns die Quantenmechanik gezwungen hat›.[6] Penrose beruft sich ebenfalls auf die Quantenmechanik und nimmt einen rigoros platonischen Standpunkt ein – ‹eine Sichtweise, die nicht nach jedermanns Geschmack ist›[7], wie Crick knapp anmerkt: Danach stellt das Bewußtsein den unmittelbaren und sofortigen ‹Kontakt zu Platons Welt› der Vorstellungen und Ideen her.[8] Das, so Penrose, ist das Wesentliche an mathematischen Entdeckungen; es bedeutet nur, daß man eine Wahrheit «sieht», die schon immer da war. Ob mathematische Wahrheiten Entdeckungen oder Erfindungen des menschlichen Geistes sind, ist eine vieldiskutierte Frage. Sie ist das Thema einer fesselnden Unterhaltung zwischen zwei französischen Wissenschaftlern, dem Neurobiologen Jean-Pierre Changeux, einem hartnäckigen Anhänger der materialistischen Schule, und dem Mathematiker Alain Connes.[9] Changeux vertritt eine relativierende, einheitliche Sichtweise für mathematische Wahrheiten, Connes dagegen glaubt wie Penrose an eine universelle Mathematik, die unabhängig von den Mathematikern existiert.

Künstliche Intelligenz

Bevor wir diese schematische Übersicht über das höchst komplexe Gebiet der Gehirnforschung beenden, müssen wir noch eine weitere Frage stellen: Funktioniert das menschliche Gehirn wie ein Computer? Diese Frage ergibt sich aus den häufig genannten Errungenschaften eines Gebietes, das meist als künstliche Intelligenz (*artificial intelligence*, AI) bezeichnet wird. Dabei geht es um die Leistungen immer raffinierterer Computer, die nicht nur Rechenoperationen weit jenseits jeder menschlichen Fähigkeit ausführen, sondern ihre Hersteller auch in anderen geistigen Tätigkeiten übertreffen, so beim Lernen, Übersetzen, bei der Anpassung an veränderte Umstände, beim Problemlösen und Schachspielen. Das sind beeindruckende Leistungen, und dennoch scheint die Antwort «nein» zu lauten. Das menschliche Gehirn funktioniert nicht wie ein Computer, auch wenn Computersimulationen für die Untersuchung des Gehirns nützlich sein können. Zu diesem Ergebnis kommt der Psychologe Howard Gardner von

der Harvard University 1985 in einem Buch, das einen ausgezeichneten historischen Überblick – wohlwollend und kritisch zugleich – über
das neue Gebiet gibt.[10] Edelman gelangt zu dem gleichen Urteil; er
weist darauf hin, daß der morphologische und funktionelle Bauplan
des Gehirns ganz anders aussieht als der eines Computers und sich
auch nicht auf einen solchen zurückführen läßt. Searle zufolge können Gehirn und Computer auch aus philosophischer Sicht nicht
gleichgesetzt werden, und dasselbe gilt aus der mathematischen Perspektive, so Penrose, nach dessen Hauptthese das Gehirn – oder zumindest sein bewußter Anteil – nicht nach algorithmischen Prozessen
funktioniert. Nach allen Berichten ist das menschliche Gehirn flexi-
bler und entwicklungsfähiger als jeder existierende oder denkbare
Computer, und nichts von dem, was wir über den Aufbau des Gehirns
wissen, erlaubt die Vermutung, es gebe einen eingebauten Program-
mierer. Eine solche Idee würde auch der überzeugteste Dualist ab-
lehnen. Die «kognitive Revolution» hat zu vielen wichtigen Fort-
schritten in Informationstheorie, symbolischer Logik, Linguistik
und ähnlichen Bereichen geführt, aber sie bietet keinen Anlaß zu
den Hoffnungen, die der Begriff «künstliche Intelligenz» heraufbeschwört.

Heißt das, daß man keine Maschinen konstruieren kann, die wie
das Gehirn oder Teile davon funktionieren? Nach Edelmans Ansicht
nicht unbedingt.[11] Er erzielte beträchtliche Erfolge mit seiner Familie
der Darwin-Roboter, die so konstruiert sind, daß sie sich selbst nach
Selektionskriterien verdrahten. Und auch Crick meint: ‹Wenn wir
Maschinen bauen könnten, die diese erstaunlichen Fähigkeiten [des
Gehirns] besitzen ... könnten die geheimnisvollen Aspekte des
Bewußtseins verschwinden.›[12] Würden solche Maschinen den Eindruck erwecken, sie hätten ein Bewußtsein? Crick glaubt, das sei
‹auf lange Sicht möglich›.[13] Der gleichen Ansicht sind Edelman und
andere Vertreter der Identitätstheorie. Wenn wir jemals soweit kom-
men sollten, wird sich die Frage stellen, wie wir herausfinden, ob die
Maschine Bewußtsein erlebt oder nicht.

29 Werte

Die Menschen sind, wie viele ihrer Vorfahren, soziale Tiere. Ihre Gesellschaftssyteme werden von Gesetzen bestimmt, die sich auf eine Mischung aus überkommenen Bräuchen, pragmatischen Maßnahmen und gemeinsamen Werten gründen. Welcher Anteil dieser Organisationsform ist das Produkt biologischer Entwicklungsgschichte, und wieviel davon entspringt der kulturellen Evolution? Auf diese Frage kann die Wissenschaft keine endgültige Antwort geben, aber wir können einige Tatsachen anführen, die jeder, der sich um eine Antwort bemüht, berücksichtigen muß.

Die Gestaltung menschlicher Gesellschaften

Im Jahr 1975 machte der Zoologe Edward O. Wilson von der Harvard University, ein Fachman für staatenbildende Insekten, Schlagzeilen mit einem umfangreichen, üppig bebilderten Buch mit dem herausfordernden Titel *Sociobiology: The New Synthesis*.[1] In diesem anspruchsvollen Fachbuch gibt Wilson einen Überblick über alle Formen von Tiergesellschaften, von den niedersten koloniebildenden Wirbellosen, wie Korallen und Polypen, bis zu den am höchsten entwickelten Primaten; besondere Aufmerksamkeit widmet er dabei in allen Fällen den Evolutionsfaktoren, die die Selektion bestimmter genetischer festgelegter sozialer Verhaltensweisen begünstigt haben könnten.

In seiner Vorgehensweise folgte Wilson, allerdings in detaillierterer und umfassenderer Form, einem allgemeinen Trend der modernen Verhaltensforschung: Man interpretiert das Sozialverhalten von Tieren immer stärker im Rahmen der Darwinschen Theorie, also nach dem Grundprinzip, daß die Evolution jedes genetisch festgelegte Merkmal begünstigt, das zu einer größeren Häufigkeit der betreffenden Gene in Genvorrat der jeweiligen Art führt. Eine einleuchtende Darstellung dieser Denkweise gibt der Brite Richard Dawkins in seinem Buch *The Selfish Gene* (deutsch: *Das egoistische Gen*).[2] Dieses Buch, das kurz nach Wilsons *Sociobiology* erschien, beschäftigt sich im wesentlichen mit der gleichen Thematik, allerdings in kürzerer Form und in einer Sprache, die in ihrer Unterhaltsamkeit eher dem allgemeinen Publikum zugänglich ist. Entscheidend ist die Aussage, daß Tiergesellschaften in der Regel aus verwandten Einzeltieren bestehen, die viele Gene gemeinsam haben. Die Angehörigen einer solchen Gesellschaft können ihre Gene auf zweierlei Weise verbreiten: Entweder bringen sie Nachkommen hervor – diese Fähigkeit gilt als Erklärung für die Selektion «egoistischer» Eigenschaften, wie Aggression, Revierverhalten, Dominanz der Männchen, Polygynie, Partnerwahl durch die Weibchen, Brutpflege und andere Verhaltensweisen, die den Fortpflanzungserfolg des Individuums steigern – oder aber sie entwickeln Verhaltensweisen, die zwar ihren eigenen Fortpflanzungserfolg gefährden oder sogar zunichte machen, sich aber durch ausreichend hohen Nutzen für andere auszahlen. Man hat mehrere höchst geistreiche Modelle vorgeschlagen, mit denen sich die Selektion eines solchen Aufopferungsverhaltens erklären läßt. Ein einfaches Beispiel ist die Verwandtenselektion. Betrachten wir zum Beispiel Geschwister, die die Hälfte ihrer Gene gemeinsam haben. Rettet der Tod eines Individuums mehr als zwei seiner Geschwister, die sich sonst nicht hätten vermehren können, ist die genetische Bilanz positiv, und die natürliche Selektion sollte das «Altruismusgen» begünstigen. Dann sind Populationen, die dieses Gen besitzen, im Vorteil gegenüber solchen, denen es fehlt.

Vor diesem Hintergrund verdiente Wilsons Werk besondere Beachtung als wichtiger Beitrag zu einem wachsenden Wissenschaftsgebiet, allerdings – wie bei allen Werken, in denen die theoretische Erklärung beobachteter Tatsachen großen Raum einnimmt – mit der üblichen Palette kritischer Anmerkungen. Diese Anerkennung hätte es auch gefunden, gäbe es nicht das erste und das letzte der 27 Kapitel, eines überschrieben *The Morality of the Gene* («Die Moral des Gens»), das andere mit dem Titel *Man: From Sociobiology to Sociology* («Der Mensch: von der Soziobiologie zur Soziologie»), in denen Wilson die geheiligte Grenze zwischen Natur- und Geisteswissenschaft überschreitet. Dieser Einbruch einer «harten» Naturwissenschaft, der Biologie, in das hergebrachte Gebiet der «weichen» Geisteswissenschaft der Soziologie führte zu einem Aufschrei. Der wichtigste Zankapfel war dabei Wilsons Behauptung, menschliches Verhalten sei zu einem großen Teil genetisch vorbestimmt. Die schwelende Kontroverse um Gene und Umwelt, Erbe und Erziehung, flammte wieder auf, und mit ihr auch die vorhersehbare Spaltung entlang ideologischer Grenzlinien. Zu einem größeren Flächenbrand wurde das Auflodern durch eine Gruppe besonders lautstarker, offen marxistischer politischer Aktivisten, unter denen sich ironischerweise mehrere Kollegen Wilsons von der Harvard University befanden. Angeheizt durch eine Flut von Büchern und Artikeln über das Für und Wider tobte die Auseinandersetzung mehrere Jahre lang.[3] Heute hat sich der aufgewirbelte Staub ein wenig gelegt; was können wir jetzt aus dieser Schlacht lernen?

In der Extremform des Streits ging es um zwei absolute Gegensätze: um den genetischen Determinismus – Verhalten ist ganz und gar angeboren – und den Umweltdeterminismus – die Umgebung kann das Verhalten unbegrenzt bestimmen. Die erste Position entspricht einer Doktrin, die unter dem Namen Sozialdarwinismus im 19. Jahrhundert am energischsten von dem britischen Philosophen Herbert Spencer vertreten wurde.[4] Danach sind soziale Unterschiede die Folge der natürlichen Selektion, das heißt, man muß sie als naturgegeben und unvermeidlich hinnehmen. Die zweite Ansicht stützt die marxistische Denkweise, wonach Verhalten fast unbegrenzt formbar ist, so daß es in Politik, Gesellschaft, Erziehung und Wirtschaft nur der geeigneten Maßnahmen bedarf, damit eine gerechte, gleichberechtigte Gesellschaft entsteht. Daß die Wahrheit irgendwo zwischen diesen beiden Extremen liegt, räumten selbst die entschiedensten Vertreter der beiden Parteien ein. Es ist eine Frage der Abstufung. Wieviel Genetik? Wieviel Umwelt?

Die Antwort ergibt sich aus dem Anteil der biologischen und kulturellen Evolution auf das heutige Verhalten der Menschen. Genetisch betrachtet, ist unsere Spezies das Produkt von mehreren Millionen Jahren Evolution, die ihren Höhepunkt in den letzten sechs Millionen Jahren erlebte, als ein schimpansenähnlicher Vorfahre zum modernen Menschen wurde. Was uns spezifisch zu Menschen macht, vor dem Hintergrund der größeren Gruppen der Primaten, Säugetiere, Tiere und so weiter, ist in unseren Genen niedergelegt. Aller Wahrscheinlichkeit nach umfaßt dieses Erbe auch bestimmte Verhaltensmuster.[5] Wilson kann kaum Unrecht haben mit seiner Behauptung, wir trügen noch einige Erbmerkmale mit uns herum, die für unsere

jagenden und sammelnden Ahnen und ihre Hominidenvorfahren von
Nutzen waren. Zu Recht beharrt er auch darauf, es könne nur von
Nachteil für uns sein, wenn wir nicht zur Kenntnis nehmen, daß einige
unserer sozialen Instinkte angeboren sind. Um welche Instinkte es
sich dabei allerdings handelt, ist eine Frage, die sich nicht durch über-
vereinfachte Rekonstruktionen und naive Extrapolation beantworten
läßt. Das Klischee vom Höhlenmenschen ist eine bequeme, aber un-
zutreffende Rechtfertigung für den brutalen Macho.

Was wir berücksichtigen müssen, ist die überragende Bedeutung
der kulturellen Evolution und ihre Fähigkeit, den Lauf der biologischen Evolution zu verändern. Die Geschichte und die heutige Vielfalt der Gesellschaftsstrukturen zwingen zu der Erkenntnis, daß die
Gene des Menschen nur wenige Regeln des Sozialverhaltens vor-
schreiben. Diejenigen unter unseren Genen, die am eindeutigsten
menschlich sind, öffneten den Geist für Neuerungen, Kommunikation, absichtsvolles Verhalten und die Fähigkeit zum Auswählen, und
damit befreiten sie die menschliche Population von der sozialen
Zwangsjacke der natürlichen Selektion. Ob wir diese Freiheit ver-
ständig nutzen, bleibt abzuwarten. Unser Privileg und gleichzeitig unsere Bürde besteht darin, daß die Art, wie wir unsere in der Evolution
gewonnene Freiheit einsetzen, zu einem entscheidenden Faktor für
die Zukunft unserer Art und großer Teile der übrigen Welt des Lebendigen geworden ist.

Sind alle Menschen gleich erschaffen?

Am meisten waren die Gegner der Soziobiologie erzürnt über die Folgerung, es gebe in Intelligenz, Begabung und anderen geistigen Fähigkeiten angeborene individuelle Unterschiede, die man für eine
optimale Erziehung, berufliche Orientierung und gesellschaftliche Integration berücksichtigen müsse. Wer die Möglichkeit solcher Unterschiede einräumt und versucht, sie zu messen, der öffnet nach dieser
Ansicht Tür und Tor für Faschismus, Rassismus, Sexismus, kapitali-
stische Ausbeutung der Massen und andere Formen gesellschaftlicher
Diskriminierung. Was sagt die Wissenschaft dazu?

Die Antwort wird in der folgenden Anekdote deutlich. Die große
amerikanische Tänzerin Isadora Duncan soll George Bernard Shaw

einmal vorgeschlagen haben, zusammen ein Kind zu zeugen. ‹Stell dir nur vor›, sagte sie, ‹ein Kind mit meiner Schönheit und deiner Intelligenz!› Worauf der berühmte irische Dramatiker, der für seine Häßlichkeit und seine Klugheit bekannt war, höflich ablehnend geantwortet haben soll: ‹Aber was ist, wenn es meine Schönheit und deine Intelligenz bekommt?›

Jedes Kind erhält die Hälfte seiner Gene von der Mutter und die andere Hälfte vom Vater, aber um welche Gene es sich dabei jeweils handelt, läßt sich nicht vorhersagen. Wegen der raffinierten, zufälligen Chromosomenumordnungen in der Meiose, wenn aus den diploiden Vorläuferzellen die haploiden Keimzellen hervorgehen, enthält jede der etwas über 600 Eizellen, die eine Frau während ihres Lebens produziert, und jede der vielen Milliarden Samenzellen, die ein Mann erzeugen kann, mit praktisch absoluter Sicherheit eine einmalige Genausstattung. Jedes Kind, das ein Kind Paar zeugt – abgesehen von eineiigen Zwillingen, die aus einer einzigen befruchteten Eizelle entstehen –, besitzt deshalb unter Garantie eine einzigartige Kombination der elterlichen Gene. Das ist die Grundlage für die Individualität der Menschen.

Nur in einfachen Fällen, meist bei Genen, die für alle Zellfunktionen gebraucht werden, läßt sich die Vererbung aufgrund der Mendelschen Regeln voraussagen, und auch das nur statistisch. In diese Gruppe gehört eine Reihe angeborener Krankheiten, die auf Defekte eines einzigen Enzyms oder eines anderen Proteins zurückgehen; sie sind heute der vorgeburtlichen Diagnose und einer entsprechenden Beratung zugänglich. Beispiele sind unter anderem Muskelschwund, Sichelzellanämie, Tay-Sachs-Krankheit und Gaucher-Krankheit. Dagegen lassen sich Körperbau, Gesichtsausdruck und viele weitere körperliche Merkmale, aber auch geistige Eigenschaften, wie Intelligenz, mathematische Fähigkeiten, Musikalität, künstlerisches Talent oder Sprachbegabung, nicht auf einzelne Gene zurückführen, auch wenn sie vielleicht genetisch vorgegeben sein mögen. Sie hängen von einem Genmosaik ab und werden von den Zufallsereignissen bei Meiose und Befruchtung beeinflußt. Hätte eine andere Samenzelle von Leopold Mozart das Rennen zu der Eizelle gewonnen, die Anna Maria Pertl um den 1. Mai 1755 herum produzierte, wären einige der schönsten Musikstücke auf Erden niemals geschrieben worden. Das vor einigen Jahren ausgebrütete alberne Vorhaben, «Nobelpreisfähigkeiten» mit Hilfe eingefrorener Samenzellen der Preisträger zu verbreiten, gründete sich nicht nur auf eine falsche Vorstellung davon, warum ein Mensch nach Stockholm eingeladen wird, sondern auch auf Unkenntnis der Vererbungsgesetze. Die einzige wissenschaftlich haltbare Methode, ein Individuum zu verdoppeln, ist das Klonen. Bei diesem Verfahren, das der britische Biologe John Gurdon zum ersten Mal bei Amphibien anwandte[6], ersetzt man den Zellkern einer unbefruchteten Eizelle durch den einer diploiden somatischen Zelle (das heißt einer Zelle aus dem Körper). Die so «transplantierte» Eizelle entwickelt sich manchmal normal, und dann entsteht ein Individuum, das genetisch (mit Ausnahme der Mitochondriengene) mit dem Spender des Zellkerns identisch ist. Bei Säugetieren gelang die gleiche Art des Klonens jedoch bisher nicht. Von der nicht belegten Behauptung eines phantasievollen Schreiberlings abgesehen[7], hat sich noch kein Millionär auf diese Weise fortgepflanzt. In Zukunft könnte ein solcher Eingriff aber möglich werden, was zu interessanten ethischen Überlegungen führen würde. Die Diskussion ist bereits angelaufen, nachdem vor kurzem bekanntgegeben wurde, man habe Zellen aus einem durch künstliche Befruchtung entstandenen Embryo im Reagenzglas «geklont», allerdings nur bis zu einem sehr frühen Entwicklungsstadium.[8]

Die Tatsachen sind eindeutig. Wir sind alle verschieden geboren, und zu diesen Unterschieden gehören auch ungleiche angeborene Fähigkeiten. In einer vernünftig organisierten Gesellschaft würde man danach streben, daß jeder einzelne die Gelegenheit hat, sein genetisches Potential in vollem Umfang auszuschöpfen. Wie man dieses Ziel erreicht, ist eine Frage, die nur die Gesellschaft beantworten kann. Nachdem es die Unterschiede gibt, lautet die hitzig umstrittene Hauptfrage: Soll man sie ignorieren oder lieber abschätzen und berücksichtigen? In dieser Frage sind auch die Wissenschaftler trotz ihres Wunsches nach Wahrheit gespalten, denn sie beurteilen die Durchführbarkeit einer gerechten und genauen Messung der betreffenden Eigenschaften sehr unterschiedlich.

Die Biologie ethischer Werte

‹Natur- und Geisteswissenschaftler sollten gemeinsam die Möglichkeit erörtern, daß es an der Zeit ist, die Ethik vorübergehend den Philosophen aus der Hand zu nehmen und sie zu biologisieren.›[9] Dieser Satz aus Wilsons *Sociobiology* verursachte unter Natur- und Geisteswissenschaftlern mehr Aufruhr als alle anderen Teile des Buches. Der Standpunkt ist nicht neu. Er läßt sich von Aristoteles über Jean-Jacques Rousseau – ‹Der Mensch ist gut; die Gesellschaft macht ihn schlecht› – und zahlreiche weitere Philosophen der «naturalistischen» Schule verfolgen. Rückendeckung erhielt die Vorstellung von einer naturalistischen Ethik durch die Evolutionstheorie, insbesondere durch die Arbeiten des Philosophen Herbert Spencer[10], des Vaters des Sozialdarwinismus, und des Biologen Thomas H. Huxley[11], der vor allem bekannt wurde, weil er Darwin gegen Samuel Wilberforce, den Bischof von Oxford, verteidigte: ‹Ich habe lieber einen armseligen Affen zum Großvater als einen von der Natur bestens ausgestatteten Menschen, der über große Mittel und Einfluß verfügt und diese Fähigkeiten und Einflußmöglichkeiten nur dazu benutzt, Lächerlichkeit in eine schwerwiegende wissenschaftliche Diskussion zu tragen.› Diese beiden herausragenden Gestalten der viktorianischen Zeit trugen stark zur Verbreitung der Ansicht bei, die Quellen der Moral sowie ihre Grundsätze und Begrenzungen seien in der Biologie zu suchen. Spencer kam Wilson um fast ein Jahrhundert zuvor, als er 1892 auf die Notwendigkeit drängte, ‹dem Studium der Moralwissenschaft das Studium der biologischen Wissenschaft vorauszuschikken›.[12]

In ihrer striktesten Form verlangt die naturalistische Ethik nicht nur, daß der Moralkodex mit dem Wissen über Biologie und Evolution vereinbar sein muß, sondern auch, daß er sich daraus ableitet. Was von Natur aus geschieht, ist gut. Entsprechend stellte man die Klassenunterschiede der viktorianischen Gesellschaft als Folge der natürlichen Selektion und damit als moralisch gerechtfertigt dar. Und nicht nur das: Sofern herrschende Moralregeln der menschlichen Natur zu widersprechen schienen, glaubte man, man müsse sie entsprechend anpassen. Wilson und der Physiker Charles J. Lumsden von der Harvard University, den Wilson als Mitarbeiter gewann, behaupten: ‹Ausreichende Kenntnis der Gene und der geistigen Entwicklung können zu einer Form der absichtlichen gesellschaftlichen Veränderung führen, die nicht nur die Wahrscheinlichkeit des Endergebnisses verändert, sondern auch die tiefsten Empfindungen von richtig und falsch, mit anderen Worten die ethischen Grundsätze selbst.›[13] Diese Philosophie mit ihrer unausgesprochenen Drohung einer Lenkung des Gehirns wurde von den meisten etablierten Soziologen gebrandmarkt. Wegen ihrer begrifflichen Grundlagen zog sie auch die Angriffe der Philosophen auf sich.

Nach Ansicht vieler Ethik-Theoretiker machen sich die Soziobiologen der ‹naturalistischen Täuschung›[14] schuldig, die schon der schottische Philosoph Davin Hume anprangerte, ein Zeitgenosse Rousseaus und sein Freund, bis sie sich entzweiten. Der Fehler besteht laut Hume darin, daß man Vorschriften aus Beschreibungen ableitet, also das «Sollte» aus dem «Ist». Gegenstand der Ethik, so betonen die Kritiker, sind Verhaltensregeln, die sich ihrerseits auf allgemeine Prinzipien gründen. Man sollte Ethik nicht mit empirischen Beobachtungen des Verhaltens oder Verhaltensneigungen von Menschen verwechseln. Wenn die Mehrheit betrügt, heißt das noch nicht, daß Betrug gut und lobenswert ist.

Es gibt verschiedene Formen der idealistischen Ethik, die sich auf unterschiedliche Prinzipien gründen. Die stärkste Form wurzelt in der Philosophie Platons. Der berühmteste und überzeugendste Vertreter einer – allerdings ausdrücklich nicht-platonischen – Art idealistischer Werte in der Neuzeit war der deutsche Philosoph Immanuel Kant; er gründete die Ethik auf die transzendentale Idee der Freiheit und wollte, daß ethisches Verhalten letztlich auf einem einzigen «kategorischen Imperativ» beruht. Eine abgeschwächte Form der idealistischen Ethik ist relativistisch und sieht ethische Prinzipien als Gegenstand von Auswahl und Wandel. Ein ethischer Kodex kann danach zum Beispiel liberal, utilitaristisch oder egalitär sein, je nachdem, ob man die Freiheit des Einzelnen, das Glück der Mehrheit oder gesellschaftliche Gleichheit als erstrebenswertestes Ziel im Umgang der Menschen betrachtet.

Auf den ersten Blick bieten vergleichende Anthropologie und Geschichtsforschung starke Unterstützung für eine relativistische Ethik. Für die einzelnen Kulturen gelten unterschiedliche Wertsysteme. Was bei den Eskimos als grundlegende Form der Höflichkeit gilt, könnte einen Menschen in Saudi-Arabien den Kopf kosten. Auch innerhalb eines einzelnen Kulturkreises entwickelt sich der Moralkodex weiter, manchmal sogar recht schnell. Während meines eigenen Lebens habe ich starke Verschiebungen in der Einstellung zu Empfängnisverhütung, Abtreibung und – in jüngster Zeit – Sterbehilfe miterlebt. Solche Wandlungen betreffen weniger die ethischen Prinzipien selbst als vielmehr die Art, wie diese Prinzipien interpretiert und in Verhaltensregeln umgesetzt werden. Was ich während meines Lebens miterlebt habe, ist keine Veränderung in der Einstellung der Gesellschaft zur «Unantastbarkeit menschlichen Lebens»; gewandelt hat sich vielmehr die Definition menschlichen Lebens, seines Anfangs und seines Endes. Diese Veränderung wurde von den gewachsenen wissenschaftlichen Erkenntnissen beeinflußt und durch die Fortschritte der Medizin erzwungen; auch heute noch ist sie Gegenstand heftiger Diskussionen.

Relativistische, auf Evolution gegründete ethische Vorstellungen schließen Kants absolute Größen nicht notwendigerweise aus. Die Moral entwickelte sich nach und nach, zusammen mit dem menschlichen Geist. Vielleicht hat sie ihre Wurzeln sogar, wie die Soziobiologen behaupten, im Verhalten der Tiere. Möglicherweise wurden ethische Regeln im Verlauf der biologischen und vor allem der kulturellen Evolution geprägt und ausgesiebt, und zwar durch einen Prozeß des Ausprobierens, in dem ihre Wirkung auf die individuelle Fitneß und den sozialen Zusammenhalt als Selektionskriterien dienten. Aber das schließt die Möglichkeit nicht aus, daß sich in dieser Evolution auch eine wachsende Wertschätzung für absolute Maßstäbe widerspiegelt, von vage wahrgenommenen und unzureichend angewandten Vorstellungen bis hin zu besser verstandenen und vernünftig begründeten Vorschriften. Beide Entwicklungen sind nicht unvereinbar.

Unabhängig vom Inhalt der Moralsysteme stellt sich die Frage nach dem Ursprung unseres Moralempfindens. Wir unterscheiden uns vielleicht in dem, was wir für gut und schlecht halten, aber wir sind übereinstimmend der Ansicht, daß es gute Dinge gibt, die deshalb zu empfehlen sind, und schlechte, die man vermeiden sollte. Die entscheidende Frage lautet: Haben wir den Unterschied zwischen Gut und Böse *erfunden* oder *entdeckt*? Die gleiche Diskussion gibt es auch im Zusammenhang mit anderen abstrakten Vorstellungen, wie mathematischer Wahrheit, Regeln der Logik oder dem Begriff der Schönheit. Eine platonische Sichtweise für mathematische Wahrheit vertreten, wie wir bereits gesehen haben, die Mathematiker Roger Penrose [15] und Alain Connes [16], während der Neurobiologe Jean-Pierre Changeux [17] sie ablehnt. Schönheit entsteht zweifellos in den

Augen des Betrachters. Aber wie steht es mit dem abstrakten Begriff der Schönheit und dem Streben danach?

In vielen Kulturkreisen werden ethische Vorschriften von organisierten religiösen Körperschaften formuliert, oft innerhalb des Begriffsrahmens eines Glaubenssystems. Wegen ihres teilweise irrationalen Charakters sind Religionen das Ziel der Angriffe von Soziobiologen und materialistischen Neurobiologen. Dennoch überleben und gedeihen Religionen in unserer immer stärker materialistischen und hedonistischen Welt. Wilson schreibt: ‹Das ständige Paradox der Religion besteht darin, daß so viel von ihrer Substanz nachweislich falsch ist und daß sie dennoch in allen Gesellschaftssystemen eine treibende Kraft bleibt. Die Menschen wollen lieber glauben als wissen.›[18] Changeaux gibt diese desillusionierte Klage zurück: ‹Trotz des nicht verifizierbaren Charakters ihrer Inhalte und ihrer physikalischen wie historischen Implausibilität bleiben Glaubensüberzeugungen erhalten und breiten sich sogar aus.›[19] Mit diesem Paradox konfrontiert, versuchen viele Biologen und andere Naturwissenschaftler das «religiöse Phänomen» und die vielen Mythen, die es hervorgebracht hat, auf eine rationale Ebene zu holen, und erklären es mit einer Begleiterscheinung der sozialen Evolution, die das gemeinsame Überlebenspotential der Gläubigen gegenüber solchen Gemeinschaften steigerte, deren Angehörige nicht oder nicht so stark durch Glaubensüberzeugungen verbunden waren. Die Ideologie, die dabei gewinnt, ist nicht unbedingt die richtigere, sie muß nur stärker sein als die anderen. Von Bedeutung ist in diesem Zusammenhang die wachsende Anziehungskraft des religiösen Fundamentalismus.

Wir müssen uns aber auch fragen, ob es in unserem Wesen neben dem intellektuellen Hunger nach vernünftigen Erklärungen auch ein tiefes emotionales Bedürfnis nach religiösen Überzeugungen gibt. Selbst Wissenschaftler, die immer alles erklären möchten, können ohne Wertesystem nicht handeln. Die meisten bekennen sich zu dem, was der französische Biologe Jacques Monod als «Ethik des Wissens» bezeichnet hat, einen Verhaltenskodex, der sich auf das «Postulat der Objektivität» gründet und zu intellektueller Redlichkeit und dem Respekt vor Tatsachen zwingt. Der empörte Aufschrei bei einem entdeckten wissenschaftlichen Betrug – im Vergleich zu der eher lässigen Hinnahme von Steuerhinterziehung oder unredlichem Verhalten im Geschäftsleben – zeigt deutlich, welch hohe Erwartungen die Gesellschaft in ihre Wissenschaftler setzt. Und doch würde es den Wissenschaftlern schwerfallen, ihren selbstauferlegten Moralkodex rational zu begründen. Monod sagt unmißverständlich: «Das Postulat des Objektivitätsprinzips als Maßstab für wirkliches Wissen *stellt eine ethische Entscheidung dar und ist keine Beurteilung, die sich aus diesem Wissen ergibt.*> (Hervorhebungen von Monod) [20] Ist diese Entscheidung freiwillig oder die Folge einer Kantschen Verpflichtung zur Achtung der Wahrheit? Die Frage ist zumindest diskussionswürdig.

Die Ethik stellt den Wissenschaftler aber vor ein noch grundlegenderes Problem. Ein ethischer Kodex beinhaltet definitionsgemäß die Möglichkeit der Auswahl zwischen Verhaltensweisen mit unterschiedlichem moralischem Wert. Diese Voraussetzung ist kaum vereinbar mit den meisten streng materialistisch-monistischen Theorien vom Gehirn, die den freien Willen und damit die moralische Verantwortung verneinen. Ich habe in Kapitel 27 erwähnt, wie unwohl sich manche Neurowissenschaftler und Philosophen angesichts dieses Problems fühlen. In *Promethean Fire* (deutsch: *Das Feuer des Prometheus*) bringen Lumsden und Wilson ihre Überzeugung zum Ausdruck, geistige Vorgänge seien ‹identisch mit physiologischen Vorgängen im Gehirn›[21], und ‹unser gesamtes Verhalten› sei ‹tatsächlich vorbestimmt›.[22] Das hindert sie aber nicht daran, vom freien Willen als wesentlicher Eigenschaft des menschlichen Geistes zu sprechen. Ich habe nirgendwo eine Erklärung gefunden, mit der sich diese beiden Behauptungen vereinbaren lassen. Glücklicherweise besteht dazu bisher auch keine zwingende Notwendigkeit. Wir wissen noch zu wenig über den Geist des Menschen, als daß wir kategorisch feststellen können, er sei ein reines Abbild der Neuronentätigkeit und besitze keinerlei Macht, diese Tätigkeit zu beeinflussen.

Teil VII:
Das Zeitalter des
Unbekannten

30 Die Zukunft des Lebens

Wir haben ein entscheidendes Stadium in der Geschichte des Lebens erreicht. Das Anlitz der Erde hat sich in den letzten paar tausend Jahren, nach entwicklungsgeschichtlicher Zeitrechnung also innerhalb eines Augenblicks, tiefgreifend gewandelt und verändert sich immer schneller. Was früher Tausende von Generationen dauerte, geschieht heute unter Umständen in einer einzigen. Die biologische Evolution befindet sich auf dem abschüssigen Weg zu schwerwiegende Instabilität.

In mancher Hinsicht ähnelt unsere Zeit jenen großen Brüchen der Evolution, die sich durch umfangreiches Aussterben ankündigten. Aber es gibt einen Unterschied. Diesmal ist die Ursache der Instabilität weder der Einschlag eines großen Asteroiden noch ein anderes nicht kontrollierbares Ereignis; die Störung geht vielmehr vom Leben selbst aus, von einer Art, die es selbst hervorgebracht hat; diese enorm erfolgreiche Art füllt jeden Winkel des Planeten mit ihren Massen aus, wobei sie die Erde immer stärker unterjocht und ausbeutet. Und ebenfalls zum erstenmal in der Geschichte des Lebens trat an die Stelle der natürlichen Selektion – zumindest teilweise – der absichtliche Eingriff eines Angehörigen der Lebensgemeinschaft der Biosphäre. Die Tatsachen liegen vor uns, klar und unmißverständlich. Jeder kann die Botschaft lesen und daraus die offenkundigen Schlußfolgerungen ziehen.

Die natürliche Selektion ist entgleist

Die Spezies Mensch ist ein Produkt der natürlichen Selektion, entstanden durch die Begünstigung von Mutationen, die einerseits die Hände freimachten und formten, so daß sie greifen, Signale geben, Waffen schwingen, Werkzeuge herstellen und viele andere Tätigkeiten ausführen konnten, und andererseits das Gehirn so verdrahteten, daß es die Hände steuern, die Zukunft planen und mit Artgenossen kommunizieren konnte. Das Produkt ist ein Geschöpf, das in einzigartiger Weise in der Lage ist, den Verlauf der Naturvorgänge zu verändern, denen es seine Entstehung verdankt. Die Anzeichen für diese Macht sind überall zu sehen.

Das Ganze begann vor etwa 40000 Jahren. Zuvor hatten die Frühmenschen recht harmonisch mit der übrigen Biosphäre zusammengelebt. Organisiert in kleinen, herumstreifenden Horden, ernährten sie sich vorwiegend von Früchten, Beeren und anderen pflanzlichen Produkten sowie von den Tieren, die sie fangen konnten – meist Nager, Frösche, Eidechsen, Schnecken, Insektenlarven und die hilflosen Jungen der Vögel und größerer Säugetiere. Es war ein Leben von Tag zu Tag und von der Hand in den Mund, ganz und gar abhängig von dem, was die Natur gerade bot. Aber sie lernten, jeden Teil ihres Biotops auszunutzen, und wanderten je nach jahreszeitlichen und klimatischen Veränderungen von Ort zu Ort, wobei sie das natürliche Gleichgewicht selten soweit störten, daß ihre Nahrungsversorgung gefährdet war. Die Lebensweise der Jäger und Sammler – je nach Standpunkt als primitiv oder idyllisch beschrieben – war vielleicht unsicher, aber sie war umweltfreundlich.

Das änderte sich, als die Jagd erfolgreicher wurde – im Zusammenhang mit dem allgemeinen Aufblühen der Technik und dem Entstehen von Sozialstrukturen vor etwa 40000 Jahren. Zu dieser explosionsartigen Ausweitung der Kultur gehörten auch die Herstellung besserer Waffen und die Entwicklung wirksamer, auf Zusammenarbeit gegründeter Jagdmethoden, mit denen auch die größten Säugetiere erlegt werden konnten. Nach und nach trat die Großwildjagd an die Stelle des mühsamen Einfangens kleinerer Tiere, so daß sich eine neue, besonders reichhaltige Nahrungsquelle erschloß. Die üppige Versorgung begünstigte die Vermehrung und vielleicht auch die Verschwendung. Der menschlichen Ernährung dienten nur noch ausgewählte Leckerbissen, den Rest überließ man aasfressenden Tieren. Möglicherweise wurde die Jagd sogar zu einem Sport, den man nur zum Spaß betrieb. Jedenfalls reichte sie aus, um das Gleichgewicht zwischen Jäger und Beute durcheinanderzubringen. Der erste Angriff der Menschen auf die Biosphäre hatte begonnen. Innerhalb weniger tausend Jahre rotteten die Jäger in Europa und Amerika Auerochsen, Mammuts, Riesenfaultiere und andere prähistorische Tiere aus. Daß die Jagd und nicht klimatische oder andere umweltbedingte Störungen für dieses Massenaussterben verantwortlich war, zeigt sich daran, daß die Vernichtung der Arten in verschiedenen Teilen der Welt zu unterschiedlichen Zeitpunkten stattfand, die jeweils mit der Besiedelung durch den Menschen zusammenfielen.[1]

Der nächste Angriff begann eher schleichend und fast unbemerkt. Vor etwa 10 000 Jahren fand eine Gruppe von Menschen irgendwo im Nahen Osten heraus, wie man nahrhafte Pflanzen und Tiere hält bzw. aufbewahrt; dabei merkten sie, daß es nützlich ist, wenn man an einem Ort bleibt und die Nahrung zu sich holt, anstatt ihr hinterherzulaufen. Diese Siedler bauten dauerhafte Behausungen, die sie und ihre Nachkommen besser gegen rauhes Klima, gefährliche Verfolger und unfreundliche Nachbarn schützten. Sie gingen engere soziale Bindungen ein und schufen ein dichteres Geflecht von Gemeinschaftsorganisation, Arbeitsteilung und Zusammenarbeit. Dank solcher Vorteile konnten sie mehr Nachwuchs hervorbringen und großziehen, so daß sie sich schneller ausbreiteten als die Jäger und Sammler. Sobald die Zahl der Siedler die Versorgungskapazität des Landes überstieg, spaltete sich wie bei einem Bienenstock eine Gruppe ab, um in einiger Entfernung eine neue Kolonie zu gründen, wobei umherstreifende Stämme, die dasselbe Land nutzten, verdrängt oder ausgelöscht wurden. Neuesten genetischen und paläontologischen Befunden zufolge breitete sich die seßhafte Lebensweise auf diesem Weg aus und nicht durch freundschaftliche Vermischung und Technologietransfer.[2]

Die Ausbreitung ging scheinbar im Schneckentempo voran, nämlich nur mit etwa einem Kilometer im Jahr; aber sie war nicht aufzuhalten. Hektar für Hektar machten die Urwälder Weiden und Äckern Platz, von denen manche Teile durch Überweidung, Biotopzerstörung, Bodenerosion und andere Nebenwirkungen des Ackerbaus zu trockenen Wüsten wurden.[3] Hektar für Hektar wichen die reichhaltigen, verflochtenen Gemeinschaften von Mikroorganismen, Pflanzen, Pilzen und Tieren, die unter dem lebenspendenden Kronendach der großen Wälder zusammengehalten wurden, den immer gleichen und gleichförmigen Feldern mit Weizen und Gerste, den gleichen Weiden, den gleichen Rinder-, Ziegen-, Schaf- und Schweineherden, den gleichen pickenden Hühner- und Gänsescharen, den gleichen Katzen und Hunden, den gleichen Nagetieren, den gleichen Fliegen und Schaben, den gleichen Parasiten, Symbionten, Aasfressern, abbauenden Organismen und anderen Nutznießern der neuen, künstlich geschaffenen Biotope. Der menschliche Erfindungsreichtum formte die nutzbar gemachten Pflanzen und Tiere zu seltsamen Varianten, die sich in der natürlichen Selektion nie hätten durchsetzen können und die allmählich ihre wilden Vorfahren verdrängten und übertrafen.

Im Laufe weniger Jahrtausende hatte fast die gesamte Menschheit die seßhafte Lebensweise angenommen, und riesige Waldgebiete hatten landwirtschaftlichen Flächen Platz gemacht. Gleichzeitig kam es durch die Zunahme der Technik, die Geburt der modernen Wissenschaft und das Aufblühen der Industrie zu weiteren Angriffen auf die Biosphäre mit Hilfe von Bewässerung, Kunstdünger und anderen Maßnahmen, die die landwirtschaftlichen Erträge steigern und die Lebensbedingungen der Menschen verbessern sollten. Und kaum jemand machte sich Sorgen. Die Natur schien unerschöpflich zu sein, und in gewisser Weise war sie es auch beinahe, jedenfalls bis weit ins 19. Jahrhundert.

Den letzten Schlag führten die Fortschritte in Medizin und Gesundheitswesen, denn nun wurden zunehmend Menschen gerettet, die zuvor schlechter Hygiene, mangelhafter Ernährung und Krankheiten zum Opfer gefallen wären. Dank dieser Fortschritte wurde die Beschränkung der menschlichen Bevölkerung durch die natürliche Selektion vereitelt, und das führte in den letzten 150 Jahren zur Bevölkerungsexplosion. Immer mehr Mäuler waren zu stopfen, und das bedeutete immer mehr Lebensmittelproduktion, mehr zerstörte Waldflächen, mehr durcheinandergebrachte Biotope, mehr Verarmung in der Welt des Lebendigen. Die natürliche Selektion ist entgleist, aber nicht zum Stillstand gekommen. Sie wirkt weiterhin innerhalb der künstlich gezogenen Grenzen und wird von diesen Grenzen in eine Richtung gedrängt, die sich für Biosphäre und Menschheit auf lange Sicht als gefährlicher erweisen könnte als jeder Verlauf, den sie ohne äußere Einflüsse vielleicht genommen hätte. Wenn wir nicht bald etwas unternehmen, um eine Kurskorrektur herbeizuführen, könnte die natürliche Selektion grausame Rache nehmen.

Sieben Köpfe, ein Körper

Eine der zwölf Aufgaben, die Herakles der Sage nach erfüllen sollte, war die Tötung der Hydra von Lerne, eines Schlangenungeheuers, das in den Tiefen des Sumpfsees von Lerne im Süden Griechenlands lebte. Die Hydra hatte sieben Häupter – nach anderen Berichten sollen es neun, fünfzig oder auch hundert gewesen sein. Wurde ein Kopf abgeschlagen, wuchs er sofort wieder nach – eine Eigenschaft, die auch der Namensvetter des Ungeheuers besitzt, ein winziger Polyp mit erstaunlicher Regenerationsfähigkeit. Nachdem Herakles vergeblich versucht hatte, einen Kopf nach dem anderen zu töten, brachte er die Bestie schließlich mit einem gewaltigen Schlag um, der alle Köpfe gleichzeitig zerschmetterte. Die brutale Gewalt hatte gewonnen. Man fragt sich allerdings, warum Herakles nicht seinen eigenen Kopf benutzt und den Körper des Ungeheuers angegriffen hatte.

Heute steht die Menschheit einem vielköpfigen Ungeheuer gegenüber, das sie selbst geschaffen hat – Entwaldung, Verlust biologischer Vielfalt, Erschöpfung der natürlichen Ressourcen, übermäßiger Energieverbrauch, Umweltverschmutzung und der Verfall der Menschheit selbst.[4] Jeden Kopf einzeln zu bekämpfen, hilft nicht. Sie alle zusammen zu erschlagen, dürfte eine zu herkulische Aufgabe sein. Es gibt nur eine praktikable Lösung: den Körper anzugreifen – das heißt, das Verhalten der Spezies Mensch zu ändern.

Eine der Hauptgefahren für unsere Zukunft ist die Entwaldung. Über 50 Prozent aller Wälder der Erde sind schon verschwunden (mehr als die Hälfte davon in den letzten 100 Jahren), und sie schrumpfen erschreckend schnell weiter. Ursachen sind Kultivierung, Ackerbau, Holznutzung, Abbrennen und Schäden durch Dürre, sauren Regen, Baumkrankheiten und andere Übel. Große Flächen können, der schützenden Bäume beraubt, den geballten Angriffen der Elemente und der Übernutzung durch Menschen und Tiere nichts entgegensetzen. Überall schiebt sich die Wüste vor und erobert das nunmehr leblose Land. Die Sahara, die früher einmal grün war, dehnt sich heute jedes Jahr um über eine Million Hektar aus. In der Sahelzone wächst sie jährlich um fünf Kilometer. Noch schlimmer ergeht es den tropischen Regenwäldern, die jedes Jahr über 15 Millionen Hektar oder zwei Prozent ihrer Gesamtfläche verlieren (das ist ungefähr die Größe Floridas). Wenn es so weitergeht, wird es in 50 Jahren keine tropischen Regenwälder mehr geben.

Die tragischen Folgen der Entwaldung bringt uns das Fernsehen ständig ins Haus, fast sind sie schon alltäglich geworden. Die ausgemergelten Kinderkörper, die sich an flache Brüste klammern, der verzweifelte Blick der Mütter, die mageren Silhouetten alter Männer und Frauen, die auf den Tod warten, sind uns so vertraut, daß uns derartige Bilder kaum noch berühren. Aber Hungersnöte sind örtliche Tragödien. Ein großer Teil der Welt ist gut ernährt. In vielen Gegenden werden Nahrungsmittelüberschüsse produziert, Silos und Lagerhäuser quellen über, und den Bauern gibt man Geld, damit sie Flächen stillegen. Hunger ist nicht nur ein biologisches, sondern auch ein politisches und wirtschaftliches Problem. Aber das Verschwinden der Wälder hat noch andere Folgen, weniger sichtbar, aber dafür weltweit und irreparabel.

Eine davon ist der Verlust der Artenvielfalt. Wieviele biologische Arten es auf der Erde gibt, weiß niemand. In einem Aufruf zur Rettung gefährdeter Arten aus jüngerer Zeit spricht Edward O. Wilson von 1402900 katalogisierten Arten.[5] Über die Hälfte davon, nämlich 751000, sind Insekten, und dazu kommen noch 123000 andere Gliederfüßler und 106300 weitere Arten von Wirbellosen. Bei den Wirbeltieren kennt man dagegen nur 42300 Arten, von denen noch nicht einmal zehn Prozent Säugetiere sind. Die Pflanzen sind mit 248400 Arten vertreten, die Pilze mit 69000, die Protisten mit 57700 (darunter 26900 phototrophe Algen) und die Bakterien nur mit 4800. Nach übereinstimmender Ansicht sind diese Zahlen aber viel zu niedrig geschätzt. Die Welt der Bakterien ist fast völlig unerforscht. Und Millionen Insektenarten warten vermutlich noch auf ihre Beschreibung. Nach Wilsons Ansicht ‹liegt die Gesamtzahl [der lebenden Arten] auf der Erde irgendwo zwischen 10 und 100 Millionen›.[6] Robert M. May, ein Fachmann aus Oxford, bietet eine bescheidenere, aber immer noch ansehnliche Schätzung an: etwa fünf bis acht Millionen.[7]

Über die Hälfte aller bekannten Arten lebt in den tropischen Regenwäldern, die auch das wichtigste Reservoir für nicht katalogisierte Arten darstellen. Diese Lebensräume zahlen durch die Entwaldung einen gewaltigen Tribut. Nach Wilsons optimistischster Schätzung liegt die Zahl der Arten, die derzeit jedes Jahr durch die Vernichtung der Regenwälder ausgerottet wird, bei 27000, das sind 74 am Tag oder drei in jeder Stunde.[8] Diese Zahl – das Tausend- bis Zehntausendfache der geschätzten Aussterberate in prähistorischer Zeit – stellt die Zahl der bedrohten Tierarten in den gemäßigten Klimazonen, wie

Riesenpanda, Fleckenkauz oder Schlangenhalsvogel, auf die sich das Hauptaugenmerk der Naturschützer richtet, bei weitem in den Schatten – freilich ohne daß diese dadurch an Bedeutung verlieren.

Die Ausrottung lebender Arten ist nicht nur ein Schaden für Orchideenzüchter, Schmetterlingssammler und Käfernarren. Sie bedeutet den unwiederbringlichen Verlust wertvoller Information und ist damit die biologische Entsprechung zum Brand der Bibliothek von Alexandria im Jahr 641. Das Buch des Lebens wird zu einem großen Teil vernichtet, bevor man es gelesen hat, und damit gehen unersetzliche, lebenswichtige Hinweise auf die biologische Evolution und unsere eigene Vergangenheit verloren. Außerdem verschwinden Ressourcen, die möglicherweise großen praktischen Nutzen haben könnten. Vielleicht ist mit dem täglichen Schrumpfen der Biospäre schon eine wertvolle Nahrungsquelle für immer verlorengegangen oder aber ein Molekül, das Malaria, AIDS oder eine andere Geißel der Menschheit hätte heilen können.

Eine weitere bedrohliche Folge der Entwaldung ist die verringerte Abwehrkraft der Erde gegen übermäßige Kohlendioxidproduktion. Die Wälder sind die Lunge der Erde, oder besser gesagt, ihre «umgekehrte Lunge». Wenn Bäume (und andere Pflanzen) dem Licht ausgesetzt sind, verbrauchen sie Kohlendioxid, und Sauerstoff wird frei. Damit wirken sie dem Sauerstoffverbrauch und der Kohlendioxidproduktion eines großen Teils der übrigen Lebewesen entgegen; beide Vorgänge werden jedoch zunehmend verstärkt durch das Verfeuern fossiler Brennstoffe und – zum Beispiel im Amazonasgebiet – das Abbrennen lebender Bäume. Seit etwa 150 Jahren wird – mit stetig wachsender Tendenz – mehr Sauerstoff verbraucht als produziert, und umkehrt übersteigt die Produktion beim Kohlendioxid den Verbrauch. Die Sauerstoffmenge in der Atmosphäre wird von diesem Ungleichgewicht bisher kaum beeinflußt, wohl aber die Menge des Kohlendioxids, die um drei Zehnerpotenzen niedriger liegt als der Sauerstoffgehalt. Der Anteil des Kohlendioxids in der Atmosphäre ist zwischen 1958 und 1993 von 0,0315 auf 0,0360 Prozent gewachsen und steigt immer schneller; für die Zeit zwischen 2050 und 2100 rechnet man mit einem Wert von 0,060 Prozent.[9] Nach allgemeiner Ansicht kann diese Veränderung durch den sogenannten Treibhauseffekt zu einem bedeutenden Temperaturanstieg auf der Erde führen.

Ursache des Treibhauseffekts ist ein Filter – die Scheiben eines Gewächshauses oder das Kohlendioxid in der Atmosphäre –, das sicht-

bares Licht von der Sonne durchläßt, aber das Entweichen der zu-
rückgeworfenen längerwelligen Infrarotstrahlung teilweise blockiert.
Die Energie aus dem Sonnenlicht wird also festgehalten und sorgt im
Inneren des Gewächshauses beziehungsweise auf der Erdoberfläche
für einen Temperaturanstieg. Nach übereinstimmender Auffassung
der Fachleute wird der Anstieg der Kohlendioxidmenge in der Atmosphäre – sowie der Menge an Methan, das von anaeroben Mikroorganismen im Magen von Wiederkäuern gebildet wird, sozusagen ein Nebenprodukt der Rinderzucht – zu globaler Erwärmung führen. Wie
stark diese Erwärmung ist und was sie in einer Welt bedeutet, die
ohnehin abwechselnden Warm- und Eiszeiten ausgesetzt ist, wird heftig diskutiert. Manche Wissenschaftler sagen katastrophale Klimaveränderungen voraus, mit größeren Verschiebungen in Vegetation und
Biotopzusammensetzung, Abschmelzen des Polareises, Flutkatastro-
phen an den Küsten und anderen weltweiten Umwälzungen. Andere
halten die Gefahr für gering und vertrauen darauf, daß Gaia richtig reagiert. Aber wie selbst Gaias geistiger Vater, der Brite James
Lovelock, einräumt, könnte diese Reaktion zwar aus Gaias langfri-
stiger Sicht richtig sein, aber so spät kommen oder so schwach sein,
daß sie eine große Katastrophe für unsere Spezies nicht verhindert.[10]

Die Wälder spielen eine große Rolle für den Kreislauf des Wassers;
sie speichern es in gewaltigen Mengen, steuern seine Abgabe aus dem
Boden und schaffen atmosphärische Störungen, die Regenwolken
über die Landflächen lenken. Die Dürre, die in vielen Teilen der Welt
auf die Entwaldung folgte, macht eindringlich klar, wie wichtig die
«grünen Kathedralen» für den Wasserhaushalt der Erde sind. Durch
künstliche Bewässerung kann man zwar die Wüsten wieder fruchtbar
machen, aber nur unter riesigem Energieaufwand, der uns einen anderen Kopf der Hydra beschert: den übermäßigen Energieverbrauch.

Die Menschheit ist die einzige Art Lebewesen, die mehr Energie
verbraucht, als sie für Selbsterhaltung und Fortpflanzung benötigt.
Lange Zeit stammte diese zusätzliche Energie ausschließlich aus der
Welt des Lebendigen, vor allem aus dem Holz, das zum Heizen verwendet wurde, und aus den Muskeln von Tieren (und Menschen), die
Arbeit verrichteten. Später spannte man Segel auf, um den Wind
nutzbar zu machen, und mit der Energie fallenden Wassers betrieb
man Mühlen. Zu größeren Veränderungen kam es aber erst, als man
Wege fand, um Wärme in Arbeit umzusetzen – das heißt, mit der

Erfindung der Dampfmaschine. Es hat fast Symbolcharakter: Die erste derartige Maschine diente dazu, Wasser aus Kohlebergwerken zu pumpen.

Dampf und Kohle, die von Anfang an eng verbunden waren, gingen eine Partnerschaft ein, die zur Triebkraft des Industriezeitalters wurde. Dampfschiffe durchpflügten die Meere, Eisenbahnen fuhren kreuz und quer über die Kontinente, Geologen wurden angespornt, mehr Kohle zu suchen, und in den Bergwerken grub man tiefer nach den energieliefernden Flözen. Der Himmel verdunkelte sich, der Regen wurde sauer, Gebäudefassaden färbten sich schwarz und bröckelten ab, unterirdische Wassereinbrüche und Explosionen töteten Tausende von Menschen; viele weitere starben an Staublunge und Tuberkulose. Und wieder machte sich kaum jemand Sorgen. Die Menschheit hatte das Zeitalter der Energieverschwendung erreicht.

Dann kam die zweite Welle, noch vernichtender als die erste. Der Verbrennungsmotor wurde erfunden, das Ölfieber brach aus, und neue Heerscharen bohrten nach den Quellen, aus denen ihr Glück sprudeln sollte. So begann das Ford-Rockefeller-Zeitalter mit seinen Hunderten von Millionen Benzinschluckern, die heute wie Ameisen über unseren Planeten ziehen.

Da sich zu der Zeit, als die pflanzliche Photosynthese den Abbau durch Tiere überstieg, gewaltige Mengen fossiler Biomasse angesammelt hatten, konnte man die neuen Maschinen weit über die heutige Kapazität der Biosphäre hinaus entwickeln. Wie hungrig die mechanischen Sklaven auch wurden, immer war genügend Kohle und Öl da, um sie zu füttern. Ein weiterer gewaltiger Schritt war die Erfindung von Geräten, mit denen man mechanische Energie in Elektrizität umsetzen, die Elektrizität transportieren und diese später wieder in mechanische Energie, Licht und Wärme zurückverwandeln konnte. Solche Fortschritte machten jedem Haushalt und jeder Fabrik den elektrischen Strom zugänglich, der in großen, zentralen Kraftwerken durch die Verbrennung fossiler Energieträger erzeugt wurde.

In den Vereinigten Staaten verbraucht heute jeder Mann, jede Frau und jedes Kind für Transport und Komfort das Hundertfache der Energiemenge, die zum Unterhalt des Stoffwechsels gebraucht wird.[11] Ähnlich hoch ist der Verbrauch in vielen anderen Industriestaaten. Die Entwicklungsländer liegen weit zurück, aber auch sie streben nach höherem Lebensstandard um den Preis eines höheren Energieverbrauchs. Überall auf der Welt stammt der größte Teil der von Menschen verbrauchten Energie aus fossilen Brennstoffen, aus Kohle, Erdöl und Erdgas. Aber diese Energie ist nicht umsonst.

Der übermäßige Verbrauch fossiler Energie ist die Hauptursache der Kohlendioxid-Überproduktion und damit des Treibhauseffekts. Außerdem entweichen vor allem bei der Verbrennung von Kohle giftige Schwefel- und Stickoxide in die Atmosphäre – und die Hauptursachen für den sauren Regen, der Wälder und Gewässer zerstört, die Gesundheit der Menschen schädigt und das ökologische Gleichgewicht in vielen Teilen der Erde durcheinanderbringt. Außerdem sind fossile Brennstoffe, vor allem Erdöl, das wichtigste Rohmaterial der chemischen Industrie für die Herstellung von Kunststoffen und Chemikalien, die ihrerseits zur Verschmutzung der Erde beitragen. Auch Gewinnung und Transport der Produkte, die zur Deckung des wachsenden Bedarfs gebraucht werden, sind nicht ohne Gefahren – der Tagebau verunstaltet Landschaften, Kohlebergbau und Ölförderung fordern von Gesundheit und Leben der Menschen hohen Tribut, brennende Ölquellen schädigen die Umwelt, und noch größer sind die Umweltkatastrophen durch gestrandete Tanker. Am schlimmsten aber ist, daß die fossilen Brennstoffe eine nicht erneuerbare Energiequelle darstellen, die eines Tages zu Ende gehen wird. Nach Schätzungen wird die Öl- und Erdgasproduktion in wenigen Jahren ihren Höhepunkt erreichen und dann abnehmen, bis sie in etwa 100 Jahren völlig zum Erliegen kommt. Kohle ist reichlicher vorhanden, aber auch ihre Mengen sind begrenzt. Ihr Abbau dürfte in der Mitte des 21. Jahrhunderts ihren Höhepunkt erreichen, mit der Erschöpfung der Vorräte rechnet man für die Zeit zwischen 2400 und 2600.[12]

Diese Tatsachen sind allgemein bekannt und rückten durch die Energiekrise der siebziger Jahre ins Blickfeld der politisch Verantwortlichen. Schon 1976 veröffentlichte Barry Commoner von der Washington University in St. Louis, ein politisch aktiver Umweltschützer, eine gründliche Analyse der Produktion und des Verbrauchs von Energie in den Vereinigten Staaten.[13] Man braucht sein negatives Urteil über die Wirtschaftsstruktur des Landes nicht zu teilen, um die Stichhaltigkeit seiner Einwände gegen den derzeitigen Energieverbrauch zu erkennen, der unter dem Gesichtspunkt thermodynamischer Gesetzmäßigkeiten unglaublich verschwenderisch ist.

Nach Commoners Ansicht besteht der Fehler darin, daß man Energieeffizienz nur als den Anteil der verbrauchten Energie (das heißt des verfeuerten Brennstoffs) berechnet, der in nützliche Arbeit umgesetzt wird (Wirkungsgrad nach dem ersten Hauptsatz der Thermodynamik). Diese Berechnung ist, für sich betrachtet, durchaus korrekt und hat tatsächlich zur Konstruktion benzinsparender Autos, zu besser isolierten Häusern und zu anderen Energiesparmaßnahmen geführt. Zu wenig Beachtung schenken wir jedoch dem Wirkungsgrad nach dem zweiten Hauptsatz der Thermodynamik, das heißt der Frage, welche Energie unsere Gerätschaften im Verhältnis zu der Energiemenge verbrauchen, die zum Erreichen des jeweiligen Zwecks unter optimalen Bedingungen mindestens erforderlich ist. Unter diesem Gesichtspunkt ist öffentlicher Verkehr dem Individualverkehr überlegen, gleichgültig, wie gut der Wirkungsgrad der Motoren nach dem ersten Hauptsatz auch sein mag. Außerdem ist es unsinnig, mit Elektrizität zu heizen, denn dabei wird zunächst Wärme unter Verlust in Strom umgewandelt, der dann wieder zu Wärme gemacht wird. Überraschenderweise wäre es sogar energiesparender, Häuser nicht mit Brennern, sondern mit Wärmepumpen zu heizen, also mit Maschinen, die wie ein Kühlschrank Wärme unter Energieaufwand aus einer kälteren Umgebung (dem Inneren des Kühlschranks beziehungsweise der Umgebung des Hauses) in eine wärmere (in beiden Fällen das Innere des Hauses) transportieren.

Viele Forschungsanstrengungen richten sich auf die Nutzbarmachung alternativer, regenerativer und sauberer Energieträger, wie Wind, natürliche oder künstliche Wasserfälle, Gezeitenbewegungen, Meeresströmungen, heiße Quellen, geothermische Wärme und natürlich die Sonne. Man bemüht sich auch um die Entwicklung eines ungefährlichen, transportablen Brennstoffs, der eines Tages an die Stelle der fossilen Energieträger treten kann. Ideal ist in dieser Beziehung der Wasserstoff, der keine Umweltverschmutzung verursacht und zu Wasser verbrennt. Fortschritte gibt es an allen Fronten, aber der große Durchbruch fehlt. Nach allgemeiner Ansicht wäre Sonnenkraft die ideale Energiequelle für die Erde, aber ihrer großmaßstäblichen Ausbeutung stehen noch viele praktische Hindernisse im Weg. Eines der zahlreichen Probleme, die noch gelöst werden müssen, ist der diffuse und unregelmäßige Einfall des Sonnenlichts. Man müßte gewaltige Flächen bereitstellen, um das Licht zu sammeln (um den Energiebedarf der USA zu decken, wären 0,4 Prozent der Gesamtfläche des Landes erforderlich[14]), und riesige Speicheranlagen bauen, um die Energieversorgung zu sichern, wenn die Sonne nicht scheint. Vielleicht werden die Wüsten eines Tages wieder zu Leben erwachen, wenn Sonnenkollektoren Tausende von Quadratkilometern bedekken und Energie in riesige Wasserstoffabriken leiten, die Brennstoff für die ganze Welt liefern. Derzeit ist das ein Traum, aber es lohnt sich, ihn weiterzuverfolgen.

In der Zwischenzeit kann nur die Kernkraft Energie zu einem vertretbaren Preis und praktisch ohne Umweltverschmutzung liefern (von der örtlichen Aufheizung der Gewässer abgesehen). Mehrere Länder, allen voran Frankreich und Belgien, decken heute einen großen Teil ihres Bedarfs mit dieser Energieform. Viele andere, so Österreich, Schweden und die Vereinigten Staaten, waren unter dem Druck der öffentlichen Meinung gezwungen, die Entwicklung der Kernenergie einzustellen oder zu drosseln.

Die Kernenergie hat einen schlechten Ruf, und das nicht ganz zu unrecht. Nachdem sie im Inferno von Hiroshima und Nagasaki ihren ersten entsetzlichen Ausdruck fand, bleibt sie mit Weltuntergangsvisionen von Krieg und zahllosen Toten verbunden. Außerdem ist sie im Bewußtsein der Öffentlichkeit eng mit Radioaktivität verknüpft, einer unsichtbaren und beängstigenden Kraft, die bekanntermaßen Krebs, Leukämie und genetische Schäden verursacht. Darüber hinaus ist die Kernenergie nicht so sicher, wie manche Wissenschaftler und Ingenieure behauptet haben, eine Erkenntnis, für die heute die Namen Windscale, Three Mile Island und Tschernobyl stehen. Objektive Beobachter weisen darauf hin, daß nichts völlig frei von Risiken ist und daß die friedliche Nutzung der Kernenergie bisher einen bemerkenswert geringen Tribut gefordert hat – nämlich nur einen Bruchteil der Todesopfer, die jährlich allein in den Vereinigten Staaten auf das Konto von Autounfällen oder Rauchen gehen. Aber die Atomangst läßt sich nicht mit nüchternen Zahlen heilen. Dazu ist überzeugende Ingenieurarbeit notwendig.

Bei vernünftiger Betrachtung hat die Kerntechnik neben dem relativ geringen Risiko größerer Unfälle eine Reihe ernsthafter Nachteile. Sie erzeugt hochradioaktive Abfälle, die jahrtausendelang sicher gelagert werden müssen, ein Problem, das bisher nicht gelöst ist. Außerdem sind die Vorräte an Uran, dem wichtigsten Brennstoff der Kernreaktoren, weltweit begrenzt. Eine dauerhafte Lösung für dieses Problem wären theoretisch die Brutreaktoren, die mehr Brennstoff produzieren, als sie verbrauchen, aber in ihnen entsteht Plutonium, das ideale Material für selbstgebastelte Bomben, das neue Alpträume von Atompiraterie und Terrorismus heraufbeschwört.

Alle derzeit in Betrieb befindlichen Kernreaktoren beruhen auf der Kernspaltung, der Reaktion, die auch in den ersten Atombomben genutzt wurde. Die Verschmelzung von Wasserstoffatomen – der energieliefernde Prozeß der Sonne und der Wasserstoffbombe – wäre viel ungefährlicher und würde fast keine Umweltverschmutzung verursachen, aber sie erfordert sehr hohe Temperaturen in einem entsprechend abgeschirmten Reaktionsraum; in experimentellen Anlagen nähert man sich diesen Bedingungen zunehmend an, aber trotz gewaltiger Forschungsanstrengungen gelang ihre Realisierung bisher nicht. Falls es jemals möglich ist, diese Energieform zu beherrschen, werden bis dahin in jedem Fall noch Jahre oder sogar Jahrzehnte vergehen.

Der vielleicht bösartigste und am schwersten zu besiegende Kopf der Hydra ist die Umweltverschmutzung. Es gibt fast keinen Industriezweig ohne Nebenprodukte, die Luft, Flüsse, Meere und den Boden mit seinem kostbaren Grundwasser verschmutzen. Seen, in denen Schwermetalle alles Leben abtöten, Flüsse, die plötzlich mit toten Fischen bedeckt sind, Rohrleitungen, aus denen faulige Flüssigkeiten rinnen, ein Himmel voller Rauch und Smog, Wälder, in denen außer dem Krächzen der Krähen kein Laut mehr zu hören ist, Äcker, die bis auf ein paar robuste Gräser verödet sind – all das traf man früher um Fabriken herum häufig an, und manchmal ist es – sei es durch Unfälle oder Gleichgültigkeit – auch heute noch so.

Auch viele Produkte der Industrie richten Schäden an, unbeabsichtigt oder in Kauf genommen für die damit erzielten Vorteile. Überall auf der Welt wurden zum Nutzen der Bauern Pestizide versprüht, bis Rachel Carson Alarm schlug. Die Fluorchlorkohlenwasserstoffe (FCKWs) galten als ideale Kühlflüssigkeiten und Spraydosen-Treibmittel, heute dagegen sind sie verrufen – als Treibhausgase und Zerstörer der Ozonschicht, die die Erde gegen übermäßige Ultraviolettstrahlung von der Sonne schützt. Die Antibiotika, die anfangs zu recht als Wunderarzneien gerühmt wurden, erweisen sich auch als wirksames Selektionsmittel für gefährliche Krankheitserreger. Die Liste ließe sich endlos fortsetzen.

Selbst harmlose Stoffe können durch ihre schiere Menge zu Umweltgefahren werden. Die Kunststoffschachteln und Folien, in die fast jeder Supermarktartikel verpackt ist; die «Wegwerfgegenstände», von Laborgeräten bis zu Feuerzeugen, Kameras, Geschirr und Besteck; die künstlichen Materialien, die heute an zahllosen Stellen Holz oder Metall ersetzen; die Kunstfasern anstelle von Wolle, Baumwolle oder Pelz – all das gehört zur «Plastosphäre». Dieses Zeug widersteht dem biologischen Abbau, läßt sich fast nicht sauber verbrennen, sammelt sich an und verwandelt Land und Meer in Müllhalden. Müll ist eines der größten Probleme, und es überrollt sowohl die Kommunen als auch die Natur.

Schrumpfende Wälder, wachsende Wüsten, aussterbende Arten, zur Neige gehende Ressourcen, ansteigende Treibhausgase, eine durchlöcherte Ozonschicht, verschmutzte Luft, vergiftete Gewässer, stinkende Mülldeponien, strahlende Abfälle, Müllberge – die Hydra hat zu viele Köpfe.

Lord (Solly) Zuckerman, einer der einflußreichsten britischen Wissenschaftler, der sowohl 1972 in Stockholm als auch 1992 in Rio an den Umweltgipfeln teilnahm, faßte wenige Monate vor seinem Tod seine Eindrücke zusammen. ‹Wie nach Stockholm›, so schrieb er, ‹so blieb auch nach der Konferenz von Rio die Erkenntnis zurück, daß es unterschiedliche nationale Interessen gibt, daß ein Unterschied zwischen nationalen und globalen Umweltproblemen besteht, daß lang- und kurzfristige Umwelt- und Gesellschaftsfragen nicht in dieselbe Kategorie gehören, und daß die Entwicklung in den ärmeren Ländern zwangsläufig nicht nur finanzielle und verwaltungstechnische Schwierigkeiten, sondern auch neue Umweltprobleme mit sich bringt. Außerdem, so eine weitere wichtige Erkenntnis, liegen die Lösungen für die meisten Umweltprobleme fast ausschließlich im politischen und wirtschaftlichen Bereich.›[15] Das klingt nicht begeistert, sondern eher resigniert.

Im Jahr 1992 richteten die Führungsgremien der National Academy of Sciences der USA und der Royal Society in London, also der beiden angesehensten Wissenschaftsorganisationen des angelsächsischen Sprachraumes, gemeinsam einen hehren Appell an das Gewissen der Welt.[16] Die Verlautbarung beginnt mit einer düsteren Warnung: ‹Wenn sich die derzeitigen Voraussagen über das Bevölkerungswachstum als richtig erweisen und sich die Handlungsmuster der Menschen auf der Erde nicht ändern, werden Wissenschaft und Technik wahrscheinlich nicht in der Lage sein, die unwiderrufliche Zerstörung der Umwelt oder wachsende Armut in großen Teilen der Welt zu verhindern.› Leider klingen die Schlußfolgerungen des Papiers eher wie fromme Wünsche und nicht wie energische Empfehlungen: ‹Die Weltpolitik muß dringend und weltweit eine schnelle wirtschaftliche

Entwicklung, umweltverträglichere Handlungsmuster der Menschen und eine baldige Stabilisierung der Weltbevölkerung fördern.› Und die Autoren fügen hinzu: ‹Nachhaltige Entwicklung ist zu erreichen, aber nur dann, wenn man die unumkehrbare Umweltzerstörung rechtzeitig aufhalten kann.›[17]

Diese vorsichtig optimistische Stimmung teilt eine ganze Reihe von Fachleuten, insbesondere Wirtschaftswissenschaftler, Soziologen und Politikwissenschaftler. Sie schlagen zwar Alarm, trauen der Menschheit aber auch zu, sich durchzuwursteln, wie sie es schon so oft getan hat. Sie erinnern an eine Behauptung, die Thomas Malthus schon vor 200 Jahren in seinem berühmten *Essay on the Principle of Population as it Affects the Future Improvement of Society* («Versuch über die Prinzipien der Bevölkerung, und wie sie die weitere Verbesserung der Gesellschaft beeinflussen») aufstellte[18]: Er wollte bewiesen haben, daß die arithmetische Zunahme der Ressourcen mit einer geometrisch wachsenden Bevölkerung nicht Schritt halten könne. Aber Malthus sah die industrielle Revolution nicht voraus, die Ressourcen weit jenseits aller Bedürfnisse der wachsenden englischen Bevölkerung entstehen ließ und den Lebensstandard erheblich steigerte. Die Technik, so wird behauptet, ist noch nicht am Ende und kann die Menschheit vielleicht ein weiteres Mal vor dem malthusianischen Schicksal retten.

Aber die Lage ist heute eine andere als zu Malthus' Zeiten. Trotz aller Anstrengungen hat sich die Situation auf der Welt in den letzten 20 Jahren verschlechtert, und die Zukunftsaussichten sind trübe. Es ist ein einfaches Prinzip. Die Köpfe der Hydra beziehen ihre Kraft aus einem Körper, der unbarmherzig wächst. Es gibt auf der Erde zu viele von uns, und zu viele kommen Jahr für Jahr hinzu. Wenn sich das Bevölkerungswachstum fortsetzt, wird unsere Spezies zum Opfer ihres eigenen Erfolges.

Der Kern des Problems

In jeder Sekunde sterben drei Menschen, und doppelt so viele werden geboren. Noch vor 100 Jahren wäre das Verhältnis durch die Kindersterblichkeit ausgeglichen gewesen. Dank moderner Medizin und Hygiene ist es heute anders. Deshalb wächst die Weltbevölkerung jedes Jahr um 100 000 000 Menschen.[19]

Im Jahr 1825 trug der Globus eine Milliarde Menschen. Diese Zahl verdoppelte sich in 100 Jahren, verdoppelte sich nochmals in 50 Jahren und liegt jetzt (1994) bei 5,6 Milliarden; wenn es so weitergeht, wird sie 2050 bei über zehn Milliarden angelangt sein. Ob unsere empfindliche Welt dieses ungebremste Wachstum einer einzigen Spezies ertragen kann, ist keineswegs sicher. Die Frage ist nicht, ob wir die weitere Zerstörung der Erde verhindern können, was man bei strengem Glauben an die Macht von Wissenschaft und Technik vielleicht für ein erreichbares Ziel halten könnte. Die Frage ist vielmehr, ob so viele Menschen harmonisch zusammenleben können.

Wir sind keine friedliebende Schar. Mit Konflikten, Invasionen, Eroberungen, Kreuzzügen, Holocaust und Kriegen zeigt die Geschichte eine ununterbrochene Folge von Kämpfen zwischen Menschengruppen. Vergleichbare Konflikte innerhalb derselben Spezies gibt es im übrigen Tierreich nicht. Unsere Machtkämpfe haben nichts Rituelles. Wir kämpfen wirklich. Mahatma Gandhi und Mutter Teresa sind für unsere Spezies weniger repräsentativ als Alexander der Große, Dschingis Khan, Napoleon, Hitler oder der Pate. Wieviel von dieser Aggessivität genetisch bedingt und welcher Anteil erworben ist, bleibt ungeklärt. Wie die Antwort auf diese Frage auch aussehen mag, die Tatsache ist nicht zu übersehen. Wir sind aggressive Tiere. Werden wir uns fügsam dem Druck unserer wachsenden Zahl unterwerfen? Wahrscheinlich nicht.

In einem Konflikt, der bereits in Gang ist, werden die Armen auf die Wohlhabenden stoßen, insbesondere in den großen Städten. Im Jahr 2000 wird es auf der Erde 23 Städte mit über zehn Millionen Einwohnern geben, 17 davon in Entwicklungsländern.[20] Wer schon einmal in Sao Paulo oder auch in New York war, kennt die explosive Mischung aus Gesetzlosigkeit und Gewalt, die aus Armut und Verzweiflung erwächst. Weitere drohende Konflikte sind die zwischen Jungen und Alten[21], vielleicht eines Tages auch zwischen Gesunden und Kranken, insbesondere in medizinisch fortschrittlichen Ländern mit stabiler oder sinkender Bevölkerungszahl. Am beunruhigendsten aber sind die immer größere Kluft zwischen Nord und Süd und die damit einhergehenden Spannungen.[22] Als Biologe beobachte ich dabei zweierlei. Von wenigen Ausnahmen abgesehen, wächst die Bevölkerung der Entwicklungsländer schneller als ihre Fähigkeit, die Grundbedürfnisse dieser Bevölkerung zu befriedigen. Hungersnöte, Krankheitsepidemien, schlimmste Armut, soziale Unruhen, politische Instabilität und andere Übel sind auf dem Vormarsch, vorwiegend wegen des wachsenden Ungleichgewichts zwischen Bevölkerungszahl und zur Verfügung stehenden Mitteln. In den Industrieländern dagegen erfreut sich eine relativ kleine, immer älter werdende Bevölkerung eines Lebensstandards, von dem die ärmeren Bewohner im Süden nicht einmal träumen können. Die Folgen dieses Ungleichgewichts sind vorhersehbar und zeigen sich in vielen Industrieländern deutlich.

Nach der kurzfristigen Sichtweise, die Politiker sich zu eigen machen müssen, wenn sie an der Macht bleiben wollen, ist dieser Trend vielleicht nicht allzu besorgniserregend. Auf lange Sicht aber, vor dem Hintergrund der Geschichte des Lebens und der Menschheit auf der Erde, wie wir sie in diesem Buch kennengelernt haben, sind die Aussichten mehr als nur beunruhigend; sie sind entsetzlich. Wenn die Weltbevölkerung jedes Jahr um 100 Millionen Menschen wächst, und das vor allem im Süden, muß sich Druck aufbauen, und dann kann die Gegenreaktion nicht lange auf sich warten lassen. Größere Konflikte sind nicht nicht auszuschließen – man denke nur an die Vergangenheit. Wir haben uns nicht geändert. Immer noch nicht.

Die Schlußfolgerung ist unausweichlich. Wenn es uns nicht gelingt, das Bevölkerungswachstum mit vernünftiger Vorsicht zu begrenzen, *wird die natürliche Selektion uns diese Aufgabe mit brutaler Härte abnehmen*, und zwar um den Preis beispielloser Schrecken für die menschliche Bevölkerung und irreparabler Schäden für die Umwelt. Das ist die Erkenntnis aus vier Milliarden Jahren der Geschichte des Lebens auf der Erde.

Die Rolle der Wissenschaft

Vielleicht die problematischste Frage im Zusammenhang mit unserer Zukunft betrifft die Rolle der Wissenschaft, die als die beste und die schlimmste Errungenschaft der Welt bezeichnet wird, je nachdem, wie man sie anwendet. Der Nutzen der Wissenschaft umgibt uns überall. Gesundheit, Komfort, Sicherheit, Befreiung von körperlicher Mühsal, weltweite Kommunikation, unbegrenzte Speicherung von Informationen, und die gewaltige Entwicklung der Kultur, die durch diese Fortschritte möglich wurde – all das sind Produkte von Wissenschaft und Technik, die unseren jagenden und sammelnden Ahnen nicht zur Verfügung standen und die in der Mehrzahl auch unsere Vorfahren vor wenigen Jahrhunderten noch nicht kannten. Aber das gleiche gilt auch für die Übel, die heute die Zukunft der Menschheit und der Erde bedrohen.

Ist Wissenschaft gut oder schlecht? Diese Frage wird zunehmend gestellt. Nach der begeisterten Wissenschaftsgläubigkeit des 19. Jahrhunderts, als man meinte, Wissenschaft könne alles erklären und Technik alles ermöglichen, erlebt das 20. Jahrhundert eine Welle von Wissenschaftsfeindlichkeit.[23] Es würde den Rahmen dieses Buches sprengen, die vielen gesellschaftlichen, politischen, wirtschaftlichen und ideologischen Themen zu diskutieren, die sich aus solchen Fragen ergeben, aber einige Punkte sollen erwähnt werden.

Von radikalen Randgruppen abgesehen, würde wohl jeder einräumen, daß der Nutzen von Wissenschaft und Technik weit schwerer wiegt als ihre Nachteile. Wer wollte schon in die «gute alte Zeit» zurück, als die Hälfte der Kinder nicht einmal das zweite Lebensjahr erreichte, als ein Drittel der Frauen im Kindbett starb, als Pocken, Typhus, Cholera und Pest die Bevölkerung dezimierten, als die Tuberkulose ihren Tribut forderte, als Lungenentzündung, Diphtherie, Hirnhautentzündung und Kinderlähmung Millionen umbrachten oder zu Krüppeln machten, als Mangelernährung das körperliche Wachstum behinderte, als man Epileptiker mit Entsetzen betrachtete und die Opfer von Mutterkornvergiftungen als Hexen auf dem Scheiterhaufen verbrannte? Wer würde freiwillig in eine Zeit zurückkehren, in der die Menschen sich Tag und Nacht abrackern mußten, nur um am Leben zu bleiben? Sicherlich nicht die vielen Millionen, die sich noch nahe genug an dieser gefährlichen Lebensweise bewegen und aus eigener Anschauung wissen, was sie bedeutet.

Selbst wenn eine solche Rückkehr in frühere Zeiten wünschenswert wäre – möglich wäre sie nicht. Es gibt keinen Weg, um die Errungenschaften von Wissenschaft und Technik auszuradieren. Sie sind da und werden bleiben. Es ist nicht damit getan, eine Bibliothek zu verbrennen. Wissen ist weltweit verbreitet, gespeichert in Millionen «Gedächtnissen», praktisch unzerstörbar. Die Unterdrückung der menschlichen Neugier wäre innerhalb gewisser zeitlicher und räumlicher Grenzen vielleicht durchzusetzen, aber man könnte sie nicht weltweit oder dauerhaft erzwingen, ohne das Wesen der Menschen tiefgreifend zu verändern. Wissenschaft ist ein Produkt der Intelligenz, die ihrerseits ein Produkt der höheren Gehirnfunktionen ist, die ihrerseits ein Produkt der Entwicklung des menschlichen Gehirns sind, die ihrerseits ein Produkt eines genetisch festgelegten Programms ist, das seinerseits ein Produkt der Evolution und der natürlichen Selektion ist: ein unmittelbares Ergebnis der Eigenschaften, die unseren Evolutionserfolg gestaltet haben, einschließlich des Dranges zu verstehen. Selbst wenn wir es wollten, könnten wir vermutlich nicht plötzlich auf unser Erbe verzichten und die Welt nicht mehr mit Staunen betrachten, keine Fragen mehr stellen und unseren Erfindungsreichtum nicht mehr einsetzen, um sie zu beantworten. Das kann nur mit dem Ende der Spezies Mensch eintreten. Wenn die Wissenschaft unser Untergang ist, dann deshalb, weil wir als Spezies fehlerhaft sind, die Opfer eine letalen Mutation.

Diese Folgerung sollte man nicht leichtfertig ausschließen. Bei objektiver Analyse unserer Situation stößt man auf einen Fehler, der sich tatsächlich als tödlich erweisen könnte. Wir verdanken unseren Erfolg unserer Intelligenz. Das Fehlen der zugehörigen Weisheit könnte letztlich unseren Untergang bedeuten. Wir sind fähig, Wissen zu erwerben, aber wir können es nicht klug nutzen. Diese Behauptung bedarf kaum des Beweises. Man braucht nur den Fernseher einzuschalten und sich die Nachrichten anzusehen.

Der Weg zum Überleben heißt nicht weniger Wissenschaft, sondern mehr Weisheit. In dieser Hinsicht sind Wissenschaftler nicht die einzigen Ratgeber und vielleicht noch nicht einmal die besten. Weisheit hat nicht unbedingt mit Wissen oder Verstehen zu tun, ja noch nicht einmal mit Intelligenz. Ebensowenig ist sie aber auch in Unkenntnis, Dummheit, Vorurteilen oder Aberglauben zu suchen. In manchen Kreisen besteht die Neigung, sich der Suche nach der Wahrheit zu verweigern, damit man sie bequem ignorieren kann. Diese

Einstellung führt so weit, daß bestimmte Forschungsrichtungen verboten werden sollen, weil die Ergebnisse möglicherweise im Widerspruch zu vorgefaßten Meinungen oder Ideologien stehen. Solche Bestrebungen sind verständlich, aber sie sind doppelt pervers. Erstens sind sie eine Beleidigung, weil Menschen wie unreife Kinder behandelt werden, die man vor der Wahrheit schützen muß, und zweitens sind sie nutzlos. Die Wahrheit wird uns einholen, was wir auch tun mögen, um sie zu leugnen oder zu ignorieren.

Besondere Beachtung verdienen die großen Fortschritte der letzten Jahrzehnte in den Kenntnissen über Wesen und Evolution des Lebens, einschließlich unserer eigenen Spezies. Es ist dringend erforderlich, daß unsere politisch Verantwortlichen besser über die «Tatsachen des Lebens» Bescheid wissen, und zwar im wahrsten Sinne des Wortes. Wir gehören zur Biosphäre und sind zu ihren Hütern geworden. Welche anderen Einstellungen wir auch sonst haben mögen, wir können es uns nicht leisten, unsere eigene Natur zu ignorieren. Wir müssen lernen, biologisch zu denken.

Wissenschaft bietet auch die besten Chancen, unsere derzeitigen und zukünftigen Probleme zu lösen. Sicher, die Wahl der richtigen Mittel bereitet große Schwierigkeiten. Selbst wer der Ansicht ist, man solle alles wissen, was man wissen kann, wird nicht ohne weiteres fordern, man solle auch alles tun, was man tun kann. An dieser Stelle wird Weisheit am dringendsten gebraucht. Die derzeitigen Trends geben zu Hoffnungen Anlaß.

In den letzten 20 Jahren haben wir weltweit eine bemerkenswerte Steigerung des Verantwortungsgefühls erlebt. Die Ökologiebewegung verdient trotz mancher Auswüchse hohes Lob. Bemerkenswert ist auch die Bioethik-Bewegung. Krankenhäuser und Forschungseinrichtungen werden heute überall auf der Welt von interdisziplinären Gremien kontrolliert, die man immer zu Rate zieht, wenn über potentiell gefährliche Forschungen oder Therapiemethoden nachgedacht wird. Ermutigend ist auch, daß es Weltorganisationen für Fragen von Gesundheit, Umwelt, Wirtschaftsentwicklung und Bevölkerungswachstum gibt, auch wenn sie oft schwerfällig und ineffektiv arbeiten. In weniger als der Lebenszeit eines Menschen hat die Biosphäre ein Gewissen entwickelt, eine notwendige Voraussetzung für die Ausübung kollektiver, auf Kenntnissen beruhender Weisheit.

Die nächsten fünf Milliarden Jahre

Im Jahr 1953 veröffentlichte Sir Charles Galton Darwin, ein Enkel des großen Charles Darwin, ein Buch mit dem Titel *The Next Million Years* («Die nächste Million Jahre»).[24] Zufällig traten im gleichen Jahr Watson und Crick mit der Doppelhelix in die Öffentlichkeit, und der Endokrinologe Gregory Pincus war bei der Worcester Foundation in der Nähe von Boston eifrig damit beschäftigt, die biologischen Wirkungen einer Substanz zu testen, die der in Österreich geborene amerikanische Chemiker Carl Djerassi in den Labors der Firma Syntex in Mexico City synthetisiert hatte – eine Verbindung, aus der später «die Pille» werden sollte.[25] Wir sollten uns also vor Voraussagen hüten, die von zukünftigen Entdeckungen vollständig über den Haufen geworfen werden können, denn solche Entdeckungen kann man in die Überlegungen naturgemäß nicht miteinbeziehen.

Sir Charles hatte von der nächsten Million Jahre eine erstaunlich unspektakuläre Meinung – im wesentlichen handelte es sich um Fortschreibungen der Gegenwart mit ein paar Korrekturen. Er erwähnt das Bevölkerungsproblem, aber ohne Panik und mit dem bedauernden, aber resignierten Eingeständnis, Bevölkerung und Nahrungsversorgung würden sich zwar weiterhin die Waage halten, aber auf Kosten eines zwangsläufig «hungernden Randes». Er beklagt sogar die niedrige Geburtenrate in den Industrieländern, weil sie die Bollwerke der Zivilisation untergrabe. Das Energieproblem räumt er ein, Lösungen bietet er aber kaum an. Er zeigt wenig Zutrauen in die Kernenergie, hält die Nutzung der Sonnenenergie für schwierig und favorisiert noch am ehesten die Wasserkraft. Das führt zu der seltsamen Vorstellung, die Gebirgsbewohner, die die Energiequelle besäßen, würden diese gegen die lebensmittelproduzierenden Einwohner flacher Gebiete in einer Art Tauschhandel ausspielen. Umweltverschmutzung, Überbevölkerung und Verlust der Artenvielfalt werden nicht erwähnt, und es gibt keinen Hinweis auf mögliche Katastrophen, abgesehen von solchen, die durch nicht von Menschen steuerbare klimatische oder kosmische Faktoren entstehen.

Können wir heute bessere Voraussagen machen? Richard Gott, ein Astrophysiker der Princeton University, ist dieser Ansicht. In einem kürzlich erschienenen Artikel[26] bedient er sich eines von ihm so genannten kopernikanischen Prinzips, um unsere Zukunftsaussichten vorauszusagen. Unter dem kopernikanischen Prinzip versteht Richard Gott die Annahme, daß wir weder räumlich noch zeitlich etwas Besonderes sind, das heißt, wir sind nur zufällige Vertreter unseres Typs. Natürlich nicht ganz, aber das Ausmaß, in dem wir uns von diesem idealisierten Mittelwert unterscheiden, unterliegt einer statistischen Funktion, die man in die Berechnungen einbeziehen kann. Auf der Grundlage dieser Annahme berechnet Richard Gott unsere vermutliche Zukunft als einfache Funktion unserer Vergangenheit. Wenn es uns seit einer Zeit t gibt, dann besteht nach dieser Formel eine Wahrscheinlichkeit von 50 Prozent, daß es uns in $t/3$ noch gibt, nicht aber in $3t$. Auf der Ebene von 95 Prozent Wahrscheinlichkeit liegen die Werte bei $t/39$ und $39t$. Wenn man annimmmt, daß die Spezies Mensch vor 200 000 Jahren entstanden ist, ergeben sich für den 50-Prozent-Wert Zahlen von 67 000 und 600 000 Jahren, für 95 Prozent liegen sie bei 5 100 und 7,8 Millionen Jahren. Einfach ausgedrückt, besteht eine Chance von 95 Prozent, daß die Menschheit die nächsten 5 100 Jahre überlebt, aber in 7,8 Millionen Jahren ausgestorben ist. Und die Wahrscheinlichkeit steht halbe-halbe, daß wir schon in 600 000 Jahren verschwunden sind. Auffällig ist dabei, daß der untere Wert für die 95-Prozent-Ebene auf 12 Jahre sinkt, wenn man das Bevölkerungswachstum in die Berechnungen einbezieht. Vielleicht steht uns der jüngste Tag wirklich unmittelbar bevor, wie manche Straßenprediger behaupten!

Das Leben als solches schneidet in Richard Gotts Berechnungen weitaus besser ab. Nachdem es schon seit 3,8 Milliarden Jahren vorhanden ist, wird es mit 95 Prozent Wahrscheinlichkeit auch in einigen 100 Millionen Jahren noch existieren, und es hat eine Chance von 50 Prozent, die nächsten elf Milliarden Jahre zu überdauern, länger als die Zeit, in der die Erde Leben wird tragen können. Nach den neuesten kosmologischen Schätzungen wird die Erde in etwa sechs Milliarden Jahren von einer Explosion der Sonne verschlungen werden, und schon lange vorher wird sie nicht mehr bewohnbar sein.[27]

Das Leben wird erhalten bleiben, solange es auf der Erde eine ökologische Nische gibt, die das ermöglicht. Um diese Voraussage mit Gewißheit machen zu können, brauchen wir Richard Gotts Berechnungen nicht. Eine 3,8 Milliarden Jahre lange Vergangenheit zeigt uns, daß das Leben nicht nur weitergehen, sondern daß es gedeihen und sich zu größerer Vielfalt und Komplexität entwickeln wird, trotz größerer geographischer und klimatischer Veränderungen, ja sogar trotz weltweiter Katastrophen. Aus solchen Krisen scheint es sogar gestärkt hervorzugehen. Jedesmal, wenn es in der Geschichte des Lebens ein Massenaussterben gab, folgte ein zügelloses Aufblühen neuer Lebensformen.

Das Leben wird weitergehen. Aber mit uns oder ohne uns? Wie Richard Gott betont, liegt die durchschnittliche Lebensdauer für die meisten Arten zwischen einer Million und elf Millionen Jahren, und für Säugetiere beträgt sie etwa zwei Millionen Jahre. Seine Voraussage für die Zukunft unserer Spezies liegt also im richtigen Bereich. Man kann sich aber fragen, ob sich Richard Gotts Methode – die nicht unwidersprochen blieb [28] – auf den einzigartigen Fall einer Art anwenden läßt, die die gesamte Erdoberfläche bevölkert und ein gewaltiges, machtvolles, gemeinsames kulturelles Erbe in praktisch unzerstörbarer Form angehäuft hat. Dennoch kann man nicht vorhersehen, was in sehr großen Zeiträumen – eine Million Jahre umfaßt etwa 40000 Generationen – geschehen wird, wenn ein Degenerationsvorgang einsetzt, ausgelöst vielleicht durch eine größere Katastrophe. Schon in der Zeit, die wir überblicken, wurden ganze Völker ausgelöscht. Warum sollte es der Weltbevölkerung nicht eines Tages ebenso gehen?

Wenn der *Homo sapiens* ausstirbt, was wird an seine Stelle treten? Vielleicht nichts Vergleichbares, dann war die menschliche Intelligenz nur ein Aufflackern in der Dunkelheit, ein Licht, das nie wieder entzündet wird – ‹nur ein nachträglicher Einfall›, wie Stephen Jay Gould es formuliert, ‹eine Art kosmischer Unfall, glitzernder Tand am Christbaum der Evolution›.[29] Wie ich im nächsten Kapitel darlegen werde, habe ich eine andere Lesart für das Buch des Lebens, denn ich erkenne in der Evolution der Tiere die Wirkung eines starken Selektionsdrucks, der die Entstehung immer komplexerer neuronaler Netze begünstigt. Wenn unsere Spezies verschwindet, dann, so bin ich geneigt anzunehmen, wird eine andere intelligente Spezies an unsere Stelle treten, vielleicht eine mit größeren Fähigkeiten, insbesondere mit mehr Weisheit. Diese Art könnte ein unmittelbarer Abkömmling der Gattung *Homo* sein oder auf einem eigenen Evolutionsweg aus irgendeiner anderen Tierart hervorgehen. Das Leben auf der Erde hat Zeit genug, den Weg der menschlichen Spezies von unserem letzten mit den Schimpansen gemeinsamen Vorfahren tausendmal zu wiederholen, oder auch zwanzigmal die ganze Geschichte der Säugetiere. In den nächsten fünf Milliarden Jahren können noch viele wunderbare Dinge geschehen, und zweifellos werden sie auch Wirklichkeit werden.

Eine andere Möglichkeit: Vielleicht entwickelt sich unsere Spezies zu einer Art planetarem Überorganismus, einer Gesellschaft, in der die einzelnen Mitglieder einen Teil ihrer Freiheit zum Nutzen der Gesamtheit aufgeben. Etwas Ähnliches geschah bei den Protisten, die sich zu den ersten vielzelligen Lebewesen zusammenfanden, und zu einem gewissen Grad auch bei den staatenbildenden Insekten. Ich würde allerdings damit rechnen, daß der «Menschenstock» weniger gleichförmig und wesentlich raffinierter strukturiert wäre als ein Bienenstock oder ein Ameisenhaufen. Vielleicht ist eine solche Umwandlung schon im Gang.[30]

31 Was Leben bedeutet

Damit sind wir am Ende unserer Reise angelangt. Wir haben, soweit es das derzeitige Wissen erlaubt, Schritt für Schritt die Geschichte des Lebens auf der Erde nachvollzogen, von den ersten Biomolekülen bis zu der gewaltigen Fülle der heute lebenden Mikroorganismen, Pilze, Pflanzen und Tiere, einschließlich unserer eigenen Spezies. Anhand der Kenntnisse über die Kräfte und Beschränkungen, die den Verlauf dieses Abenteuers bestimmten, haben wir sogar Vermutungen über seine Zukunft gewagt. In diesem letzten Kapitel möchte ich das Biosphärengewebe unseres Planeten in einem kosmischen Zusammenhang betrachten und untersuchen, ob uns dies in einer Frage weiterhilft, die sich jeder schon einmal gestellt hat: Welche Bedeutung hat das alles? Zu Beginn möchte ich zwei gegensätzliche Standpunkte darstellen, die zufällig beide aus Frankreich stammen.

Die Geschichte von zwei Franzosen

Ich beginne mit Pierre Teilhard de Chardin[1], geboren 1881 in der gebirgigen Auvergne, nicht weit von der Quelle des Flusses Dordogne, an dessen Ufern 13 Jahre vor Teilhards Geburt die Überreste des Cro-Magnon-Menschen gefunden wurden. Er wuchs in einem jener kleinen Schösser auf, die fast jedes französische Dorf überragen und neben dem Kirchturm den zweiten Pfeiler der traditionellen Ordnung darstellen. Damit sind auch die beiden bestimmenden Faktoren in Teilhards Leben beschrieben. In den Bergen der Umgebung erwachte schon frühzeitig seine Leidenschaft für Geologie und Paläontologie, und die Wissenschaftlerlaufbahn, die dort ihren Anfang nahm, führte ihn zum Ausgraben menschlicher Überreste nach Asien und Afrika. Aus seinem beschützten, zutiefst religiösen familiären Umfeld bezog er einen unerschütterlichen Glauben, der ihn in den Priesterstand unter der strengen Disziplin des Jesuitenordens führte.

Teilhard strebte während seines ganzen Lebens danach, die widersprüchlichen Anforderungen von Naturwissenschaft und Glauben in Übereinstimmung zu bringen. Er entwickelte eine Art naturalistischer Theologie und erweckte damit das Mißtrauen seiner Vorgesetzten: Sie verboten ihm, seine Ideen zu veröffentlichen. Erst nachdem er 1955 im Halbexil in New York gestorben war, gelangten seine Schriften an die Öffentlichkeit, darunter auch sein wichtigstes Werk mit dem Titel *Le Phénomène Humain*, das er zwischen 1938 und 1940 geschrieben und 1947/48 überarbeitet hatte. Es wurde 1955 veröffentlicht.[2] Die deutsche Ausgabe erschien 1959 unter dem Titel *Der Mensch im Kosmos*.

Teilhards Philosophie ist stark von Henri Bergson (1859–1941) beeinflußt, einem überzeugten Anhänger der Evolutionstheorie, der 1927 den Nobelpreis für Literatur erhielt. In seinem 1907 erschienenen Buch *L'Evolution Créatrice* («Die schöpferische Evolution») vertritt Bergson eine vitalistische, spirituelle Sichtweise für die biologische Evolution, die nach seiner Ansicht von einer Schöpferkraft, dem *élan vital*, unausweichlich in Richtung immer größerer Komplexität getrieben wird. Teilhard übernahm diese Überzeugung und setzte an die Stelle des *élan vital* eine scheinbar eher herkömmliche, aber genauso nebelhafte «radiale Energie» (die herkömmliche, physikalisch definierte Energie nannte er «tangential»).

Nach Teilhards Vorstellung existieren Geist und Materie seit Anbeginn des Universums nebeneinander und werden durch das Zusammenwirken dieser beiden einander ergänzenden Energieformen in Richtung zunehmender Komplexität getrieben. Durch diese «Komplexifizierung» entstand automatisch das Leben, das im weiteren Verlauf rund um die Erde ein immer dichteres Geflecht von Lebewesen hervorbrachte. Den Höhepunkt erreichte diese Entwicklung der «Biosphäre» mit dem Auftauchen der Menschheit und des Bewußtseins. Der nächste Schritt, der nach seiner Vorstellung derzeit abläuft, ist die Schaffung einer «Noosphäre» (von dem griechischen Wort für Geist oder Seele), eines die ganze Erde umfassenden geistigen Gebildes, das letztlich – vielleicht zusammen mit anderen im Weltall entstandenen Noosphären – dazu bestimmt ist, auf den Punkt Omega hinzulaufen, so Teilhards «wissenschaftlicher» Name für den Gott seiner Religion.

Unser zweiter Franzose ist Jacques Monod (1910–1976).[3] Der Sproß einer bekannten Hugenottenfamilie, die mehrere einflußreiche

Philosophen und Geistliche hervorbrachte, wuchs nicht in der calvinistischen Tradition seiner Vorfahren auf. Seine Jugend verlebte er in dem sonnigen Mittelmeerstädtchen Cannes, wo sein Vater, ein bekannter Maler, sich mit seiner amerikanischen Frau niedergelassen hatte. Deshalb kam er schon in jungen Jahren sowohl mit romanischen als auch mit angelsächsischen Einflüssen in Berührung. Seine Frau, die er kurz vor dem Krieg heiratete, war Jüdin; ihr Großvater war zur Zeit des berüchtigten Dreyfus-Prozesses der «Grand Rabbin de France» gewesen, der Leiter der französisch-jüdischen Gemeinschaft.

Anfangs verteilte sich Monods Interesse auf Biologie und Musik. Er war ein ausgezeichneter Cellist, leitete einen Chor und wäre sicher, hätte er die Musikerlaufbahn eingeschlagen, ganz nach oben gelangt. Als sein älterer Bruder feststellte, daß Jacques zwar gut, aber wahrscheinlich kein Wunderkind war, bemerkte er: ‹Also wird er kein Bach werden, sondern ein Pasteur› – und dieser Stellung kam Jacques Monod tatsächlich sehr nahe. 1965 erhielt er zusammen mit seinem Lehrer André Lwoff und seinem jüngeren Mitarbeiter Francois Jacob den Medizin-Nobelpreis für ihre Arbeiten am Institut Pasteur in Paris, das er bis zu seinem Tod leitete.

Wie Teilhard, so versuchte auch Monod, die Biologie in einen größeren philosophischen Zusammenhang zu stellen, aber er ging dabei von einem ganz anderen ideologischen Rahmen aus. Er löste sich völlig von seinem religiösen Hintergrund und sprach sich später ebenso heftig gegen den Marxismus aus, nachdem er kurzfristig mit der kommunistischen Partei geliebäugelt hatte, in deren Reihen er im Zweiten Weltkrieg in der Resistance gekämpft hatte. Wie viele Franzosen seiner Generation fand er seine intellektuelle Heimat schließlich in der existentialistischen Philosophie von Jean-Paul Sartre und insbesondere von Albert Camus, für den er beträchtliche Bewunderung hegte. Auch der wissenschaftliche Hintergrund war bei Monod ganz anders als bei Teilhard. Er hatte die strenge Disziplin der Biochemie gelernt und war durch seine Untersuchungen über die Anpassung der Mikroorganismen zu einem der Väter der modernen Molekularbiologie geworden, jener Wissenschaft, die den abstrakten Theorien der Genetik und der Evolutionsbiologie die konkrete Substanz verlieh.

Monods «Aufsatz über philosophische Fragen der Biologie» mit dem Titel *Le Hasard et la Nécessité* erschien 1970. Die deutsche Übersetzung *Zufall und Notwendigkeit* kam 1971 heraus.[4] Die wichtigste philosophische Aussage dieses Werkes lautet: Die biologische Evolution wird keineswegs von *élan vital*, radialer Energie oder irgendeiner anderen geheimnisvollen Kraft gelenkt, sondern beruht ausschließlich auf zufälligen Mutationen (Zufall), die von der natürlichen Selektion (Notwendigkeit) ausgesiebt werden. Aus der Entstehung und der Evolution des Lebens, auch des intelligenten Lebens, kann man keinerlei Bedeutung, Absicht oder Planung herauslesen. ‹Das Universum›, schreibt Monod, ‹trug weder das Leben, noch trug die Biosphäre den Menschen in sich.›[5] Und er schließt mit einer Mischung aus strenger Erhabenheit und romantischem Gleichmut: ‹Der Alte Bund ist zerbrochen; der Mensch weiß endlich, daß er in der teilnahmslosen Unermeßlichkeit des Universums allein ist, aus dem er zufällig hervortrat. Nicht nur sein Los, auch seine Pflicht steht nirgendwo geschrieben. Es ist an ihm, zwischen dem Reich und der Finsternis zu wählen.›[6] Monods «Reich» hat natürlich nichts mit dem Himmel zu tun; er meint damit die «Ethik der Erkenntnis», die frei gewählte, selbstauferlegte Regel des Wissenschaftlers, die sich auf die «Forderung der Objektivität» gründet. Seine Finsternis ist jede Form des «Animismus» – mit diesem umfassenden Begriff bezeichnet er Mythen, Aberglauben, religiösen Glauben, vitalistische und teleologische Erklärungen für das Leben sowie marxistische Ideologien. Der «Alte Bund» ist die uralte Verbindung von Mensch und Natur unter der Führung der einen oder anderen Art von Animismus.

Es dürfte kaum zwei Bücher zu demselben Thema geben, die sich stärker unterscheiden als *Der Mensch im Kosmos* und *Zufall und Notwendigkeit*; dennoch haben sie eine Gemeinsamkeit. Sie wurden zum Anlaß für außergewöhnlich zahlreiche leidenschaftliche Reaktionen, manchmal zustimmend, viel öfter aber ablehnend. Insbesondere Teilhard wurde zwar von einem kleinen, fortschrittlichen Teil der katholischen Laien begrüßt, aber die Naturwissenschaftler lehnten ihn strikt ab, und das nicht ohne Grund. Ich weiß noch, wie ich sein Buch kurz nach seinem Erscheinen las: Der schwülstige Stil und die wissenschaftliche Ungenauigkeit irritierten mich sehr. Monod tut ihn mit ein paar kurzen Worten ab: Teilhards Philosophie, so schreibt er, ‹hätte es nicht verdient, daß man sich mit ihr aufhält, wäre nicht der überraschende Erfolg, den sie bis in die Kreise der Wissenschaft gefunden hat›.[7] Weiterhin bekennt Monod: ‹Mich stößt bei dieser Philosophie der Mangel an intellektueller Schärfe und Nüchternheit ab›.[8] Peter Medawar, einer der größten und philosophisch beschlagensten britischen Wissenschaftler, greift Teilhards Buch mit noch schärferen Worten an: ‹Der größte Teil davon›, so behauptet er, ‹ist Unsinn, getarnt mit viel metaphysischer Aufgeblasenheit ... Man kann es nicht ohne ein gewisses Erstickungsgefühl lesen, weil man ständig keuchend und japsend nach Sinn sucht›.[9] Der bekannte amerikanische Wissenschaftsautor Stephen Jay Gould ging sogar soweit, Teilhard des Betrugs und der Mitwirkung an der Piltdown-Fälschung zu beschuldigen, bei der man der Öffentlichkeit einen chemisch behandelten Primatenkiefer präsentierte und behauptete, er gehöre zu einem vormenschlichen «fehlenden Bindeglied».[10]

Das sind ungewöhnlich harte Geschütze gegen einen Mann, der in den Paläontologenkreisen seiner Zeit hohes Ansehen genoß und allen Berichte zufolge wohlerzogen, liebenswürdig und bescheiden war. Teilhard wird heute von den Biologen kaum gelesen und erst recht nicht anerkannt. Eine Ausnahme macht Harold J. Morowitz, ein Biochemiker der Yale University: Er hat Teilhards Sichtweise übernommen und in ein mystisches, pantheistisches Bild des Universums eingebaut.[11]

Auf freundliche Aufnahme stieß Teilhards Philosophie aber überraschenderweise bei einer Reihe von Physikern und Kosmologen, die sich mit dem ewigen Rätsel befassen: Warum ist das Universum gerade so beschaffen und nicht anders? Ihre Antwort: Damit man es kennen kann. Dieses Argument bezeichnete der amerikanische Physiker Brandon Carter 1974 als «anthropisches Prinzip» (von dem griechischen Wort für Mensch). In seiner «schwachen Form» läßt dieses Prinzip andere Universen zu, die man dann aber nicht kennen kann: Nur ein Universum wie unseres kann das intelligente Leben hervorbringen, das notwendig ist, um es zu kennen. In seiner «starken» Variante fordert das anthropische Prinzip, das Universum müsse so sein, um intelligentes Leben hervorzubringen. Nach der «Teilnehmer»-Version dieses Prinzips, die der amerikanische Physiker John A. Wheeler vertritt, ist der Beobachter sogar notwendig, damit das Universum in den Zustand der Existenz gelangt; diese Definition scheint nach einer Art rückwärts gerichteter Schöpfung zu verlangen, die der menschliche Geist nach seiner Entstehung vollzieht.

Solche Überlegungen sind in der derzeitigen Diskussion zu einem wichtigen Thema geworden – das zeigt sich unter anderem an dem 1986 erschienen gewaltigen und umfassend belegten Werk (700 Seiten, 600 mathematische Formeln, 1500 Anmerkungen und Literaturzitate) des britischen Astronomen John D. Barrow und des amerikanischen Physikers und Mathematikers Frank J. Tipler mit dem Titel *The Anthropic Cosmological Principle* («Das anthropische Prinzip der Kosmologie»)[12]. Darin führen die Autoren Belege aus Geschichte, Philosophie, Religion, Biologie, Physik, Astrophysik, Kosmologie, Quantenmechanik und Biochemie an, um ihren Standpunkt zu untermauern. Sie scheuen sich nicht von Teilhard zu sagen: ‹Der grundlegende Rahmen seiner Theorie ist tatsächlich der einzige, in dem sich der im Wandel befindliche Kosmos der modernen Wissenschaft mit einer letzten Bedeutung der Wirklichkeit zusammenführen läßt.›[13] In ihren Betrachtungen über die Zukunft des Universums sehen sie voraus, daß Leben und Geist den ganzen Kosmos durchdringen und sich im Omega-Punkt vereinigen. Abschließend stellen sie fest (Hervorhebungen von den Autoren): ‹Sobald der Omega-Punkt erreicht ist, hat das Leben die Kontrolle über *alle* Materie und Kräfte nicht nur in einem einzigen Universum, sondern in allen Universen, deren Existenz logisch möglich ist; das Leben wird sich in *alle* Raumregionen aller Universen ausgebreitet haben, die logischerweise existieren können, und es wird eine unendliche Informationsmenge gespeichert haben, darunter *alle* Einheiten des Wissens, die zu kennen logisch möglich ist. Und das ist das Ende.›[14]

Starker Tobak. Man fragt sich, welche Formulierungen Medawar, der leider 1987 starb, in seinem reichhaltigen Wortschatz gefunden hätte, um solche wissenschaftlich verpackten prophetischen Ankündigungen zu kommentieren. Aber die Physiker gerieten auf dieses schwankende Terrain, weil sie anhand ihrer Forschungen heute kosmologische Szenarien erfinden können, die weit jenseits der Phantasie der begabtesten Science-Fiction-Autoren liegen. Nach Einsteins Relativität, Plancks Quanten und Heisenbergs Unschärfe, nach Schwarzen Löchern, kosmischen Strings, Antimaterie und dem schwindelerregenden Tanz der Quarks und Gluonen wissen sie besser als jeder andere, daß die wirkliche Welt seltsamer ist als alles, was ein an menschliche Beschränkungen von Raum und Zeit angepaßtes Gehirn abbilden kann.

Ein weiterer prominenter Physiker, der sich – ohne den Begriff zu erwähnen – dem anthropischen Prinzip verpflichtet fühlt, ist Freeman Dyson, ein in England geborener amerikanischer Mitarbeiter des Institute of Advanced Studies in Princeton (wo Einstein seine letzten Lebensjahre verbrachte). In seinem Buch *Disturbing the Universe*

(«Störungen des Kosmos») schreibt er: ‹Je mehr ich mich mit dem Universum beschäftige und die Einzelheiten seines Aufbaus untersuche, desto mehr Hinweise finde ich, daß das Universum in einem gewissen Sinn gewußt haben muß, daß wir kommen. Es gibt in den Gesetzen der Kernphysik einige verblüffende Beispiele für numerische Zufälle, die offenbar dazu beitragen sollten, daß das Universum bewohnbar wird.›[15] Mit «numerischen Zufällen» meint Dyson als Vertreter des anthropischen Prinzips die Werte mehrerer physikalischer Konstanten, die, wären sie anders, die Materie für die Entwicklung von Leben ungeeignet gemacht hätten. Dyson ist zwar vorsichtiger als seine Kollegen, die ebenfalls das anthropische Prinzip vertreten, aber auch er läßt die Phantasie schweifen. Er träumt von einer Zukunft, in der die Menschen den Weltraum mit «grüner Technologie» und geeigneter entwicklungsgeschichtlicher Anpassung bereisen und besiedeln werden, und weist auf die Möglichkeit hin, es könne ‹einen universellen Geist oder eine Weltseele geben, die den von uns beobachteten Ausprägungsformen des Geistes zugrunde liegt›.[16]

Mit dieser idealistischen, «anthropischen» Sichtweise sind nicht alle Physiker und Komologen einverstanden. Betrachten wir einmal die folgenden Zitate aus *The First Three Minutes* («Die ersten drei Minuten»), einem 1977 erschienenen ‹modernen Blick auf die Entstehung des Universums› des amerikanischen theoretischen Physikers und Nobelpreisträgers Steven Weinberg: ‹Fast unwiderstehlich ist für die Menschen der Glaube, wir hätten eine besondere Beziehung zum Universum, und das menschliche Leben sei nicht nur das mehr oder weniger absurde Ergebnis einer Reihe von Zufällen, die bis auf die ersten drei Minuten zurückgehen, sondern wir seien von Anfang an irgendwie angelegt gewesen ... Es ist schwer zu glauben, daß das alles hier [die Erde, von einem Flugzeug aus gesehen] nur ein winziger Teil eines überwältigend lebensfeindlichen Universums ist ... Je mehr das Universum begreiflich erscheint, desto mehr erscheint es auch witzlos.›[17] Vielleicht hatte Weinberg das Buch von Monod nicht gelesen, als er diese Sätze schrieb (er zitiert Monod nicht). Aber abgesehen davon, daß er «absurd» statt «zufällig» und «lebensfeindlich» oder «witzlos» statt «teilnahmslos» oder – so das Wort in dem französischen Text – «indifferent» schreibt, liegt er mit seiner Schlußfolgerung erstaunlich nahe bei der von Monod, einschließlich der Projektion menschlicher Angst auf einen geistlosen Kosmos.

Monods Buch schlug nicht so hohe Wellen wie das von Teilhard. Es enthält viel reine Wissenschaft, die durch klare, einwandfreie Formulierungen für eine größere Leserschaft verständlich wird. Mit seinem Ausflug in Bereiche außerhalb der strengen Wissenschaft machte sich Monod aber auch zum Ziel breitangelegter Angriffe; manche Wissenschaftler leugneten dabei die Richtigkeit seiner Behauptung, die moderne Biologie zwinge zu seinen Schlußfolgerungen, zum Beispiel im Hinblick auf die geringe Wahrscheinlichkeit, daß Leben oder Bewußtsein entsteht. Einer davon war ich, aber die langatmige Kritik, die ich zu jener Zeit (auf französisch) schrieb, war in einer unbekannten Zeitschrift versteckt[18] und wurde vielleicht nicht einmal von Monod gelesen, obwohl ich ihm ein Exemplar schickte. Ein weiterer Kritiker war Gunther Stent, ein deutsch-amerikanischer Neurobiologe mit einem Interesse für die Geschichte der Wissenschaft und der Philosophie; er kann sich rühmen, sowohl bei Max Delbrück gearbeitet zu haben, dem Vater der modernen Molekularbiologie, als auch bei Jacques Monod. In seinem seltsamen Buch *Paradoxes of Progress* («Die Paradoxien des Fortschritts»)[19], in dem er ‹das Ende von Künsten und Wissenschaft› prophezeit, weist Stent darauf hin, Monods «Ethik der Erkenntnis» beruhe ebenso auf einem Kantschen Apriori wie die «animistischen» Ethiksysteme – was Monod nicht bestritt –, nur mit dem Unterschied, daß die Ethik der Erkenntnis selbstauferlegt sei, während sich die anderen aus einem religiösen oder ideologischen Glaubenssystem ableiten.

Die Philosophen reagierten auf Monods Eindringen in ihre Domäne heftiger und mit fast einhelligem Widerspruch, allerdings mit unterschiedlichen Begründungen. Mit ihrem Spott beschränken sie sich übrigens nicht nur auf Monod. Er erstreckt sich auch auf die meisten anderen Naturwissenschaftler, die es wagen, Grenzen zu überschreiten und das Gebiet der Philosophie zu betreten. Die britische Philosophin Mary Midgely zerpflückt beispielsweise in einem Buch von 1992 gleichermaßen Monod, Dyson und die Vertreter des anthropischen Prinzips.[20] Die Lehre ist eindeutig: Naturwissenschaftler sollen bei der Naturwissenschaft bleiben und die Philosophie den professionellen Philosophen überlassen.

Ein notwendiger Dialog

Sowohl die Naturwissenschaften als auch die Philosophie sind so anspruchsvoll, daß ein einzelner praktisch nie in beiden Bereichen gleichermaßen bewandert sein kann, außer durch Bücherweisheit und Beobachten, die ein schlechter Ersatz sind für die intime Kenntnis des Experten. Aber Naturwissenschaftler und Philosophen müssen miteinander reden. Wenn die Philosophie nicht reines Gedankentraining sein will, muß sie die Naturwissenschaft zur Kenntnis nehmen. Und Naturwissenschaftler stellen wie alle Menschen metaphysische Fragen, aber die Antworten suchen sie auf der Grundlage ihrer Kenntnisse.

Traditionell führten hauptsächlich theoretische Physiker und Mathematiker den Dialog mit den Philosophen, vermutlich weil es einen gemeinsamen Nenner der Abstraktion gibt. Das daraus erwachsende Bild vom Kosmos umfaßte alle Facetten der physikalischen Welt, von den Elementarteilchen bis zu den Galaxien; aber das Leben wurde entweder ignoriert, oder Leben und Geist wurden – manchmal unausgesprochen, manchmal auch ausdrücklich – mit einem Rückgriff auf Vitalismus und Dualismus diesem Bild nachträglich als eigene Einheiten angefügt. Das ist falsch. Leben ist ein integraler Bestandteil des Universums; es ist sogar, soweit wir wissen, sein komplexester und bedeutsamster Teil. Die Erscheinungsformen des Lebens sollten unser Weltbild bestimmen und nicht daraus verbannt werden. Diese Forderung erhebt sich ganz besonders angesichts der umwälzenden Fortschritte in unseren Kenntnissen von den grundlegenden Lebensvorgängen.

Im gesamten Verlauf dieses Buches habe ich die Geschichte des Lebens auf der Erde mit der Absicht erzählt, die zugrundeliegenden Ursachen und Triebkräfte deutlich zu machen. Daraus ergibt sich folgendes Ablaufschema: Am Anfang herrschten deterministische Faktoren vor, die mit dem Fortschreiten der Evolution zunehmend von Zufälligkeiten beeinflußt wurden, allerdings in engeren Grenzen, als man gemeinhin annimmt. Wenn wir das Gesamtbild betrachten, können wir nun die Frage stellen: Wer kam der Wahrheit näher, Teilhard oder Monod?

Der lebendige Kosmos

Das Universum ist eine Brutstätte des Lebens. Zu meiner Studienzeit galt die organische Chemie noch als geheimnisvolles Gebiet, das nur von Lebewesen betrieben wurde, einschließlich der organischen Chemiker selbst. An Vitalismus glaubten wir natürlich nicht, aber unsere Gedanken waren von einem Rest der vitalistischen Mystik geprägt. Solche Phantasien wurden durch die Weltraumchemie zerstört. Organische Chemie ist schlicht und einfach Kohlenstoffchemie, nicht geheimnisvoller als andere Gebiete der Chemie, nur viel umfangreicher wegen der einzigartigen Bindungseigenschaften des Kohlenstoffatoms. Organische Verbindungen sind überall. Sie machen bis zu 20 Prozent des interstellaren Staubes aus, und der interstellare Staub stellt 0,1 Prozent der Materie in den Galaxien.

In dieser organischen Wolke, die das Universum durchzieht, muß Leben in einer molekularen Form, die sich von der auf der Erde nicht allzusehr unterscheidet, fast zwangsläufig entstehen, sobald irgendwo ähnliche physikalische Bedingungen herrschen wie auf der Erde vor vier Milliarden Jahren. Wer behauptet, Leben sei ein höchst unwahrscheinliches und vielleicht einmaliges Ereignis, hat sich die chemischen Realitäten, die seiner Entstehung zugrunde liegen, nicht genau genug angesehen. Leben ist entweder eine unter bestimmten Bedingungen fast alltägliche Ausprägungsform der Materie, oder aber ein Wunder. Es umfaßt so viele Einzelschritte, daß es kein Zwischending sein kann.

Wenn ich recht habe, ist die Zahl der Planeten im Universum, die Leben tragen, fast ebenso groß wie die der Planeten, die im Prinzip Leben hervorbringen und erhalten können. Und diese Zahl geht, wie in Kapitel 13 erwähnt wurde, selbst nach vorsichtigen Schätzungen in die Billionen. Wenn diese Schätzungen nicht völlig danebengegriffen sind, können wir annehmen, daß es Billionen Ausgangspunkte früheren, gegenwärtigen oder zukünftigen Lebens gibt. Billionen Biosphären treiben auf Billionen Planeten durch das Universum und lenken Materie und Energie in den kreativen Lauf der Evolution. Wohin wir den Blick auch wenden, wenn wir gen Himmel sehen, irgendwo da draußen ist Leben. Diese Tatsache ändert das kosmologische Weltbild völlig. Die Erde ist kein seltsamer Splitter nahe bei einem seltsamen Stern in einer seltsamen Galaxis, verloren in einem riesigen, «teilnahmslosen» Strudel von Sternen und Galaxien, die seit dem

Urknall in Raum und Zeit herumwirbeln. Die Erde gehört zusammen mit Billionen anderer erdähnlicher Himmelskörper zu einer kosmischen Wolke aus «lebenspendendem Staub», der existiert, weil das Universum so ist, wie es ist. Wenn wir es vermeiden wollen, irgendeine Absicht zu erwähnen, können wir in rein faktischem Sinne feststellen: Das Universum ist so aufgebaut, daß diese Vielzahl lebentragender Planeten entstehen mußte. Unter den Milliarden Sternen einer Galaxis müssen viele von Planeten umkreist sein, und zumindest einige davon müssen die richtige Größe und die richtige räumliche Orientierung zu ihrer Sonne besitzen, so daß sie zu einer Wiege des Lebens werden. Das Universum ist nicht der teilnahmslose Kosmos der Physiker mit einer Prise Leben zum Ausgleich. Das Universum *ist* Leben, mit der erforderlichen Infrastruktur drumherum; es besteht zuallererst aus Billionen Biosphären, die vom übrigen Universum erschaffen und erhalten werden.

Der denkende Kosmos

In allen Biosphären wirkt die Evolution, und zwar nach den gleichen allgemeingültigen Prinzipien. Wegen des ständigen Wechselspiels zwischen zufälligen Mutationen und Umweltbedingungen, die den Verlauf der natürlichen Selektion bestimmen, können niemals zwei Biosphären die gleiche Entwicklungsgeschichte durchmachen. Die gesamte Wolke des lebenspendenden Staubes bildet ein gewaltiges kosmisches Labor, in dem das Leben seit Jahrmilliarden experimentiert. Was dabei herausgekommen sein könnte, überfordert die Phantasie. Die biologische Vielfalt der Erde mag gewaltig erscheinen, aber sie ist vielleicht nur ein kleiner Ausschnitt aus der Vielfalt des Lebens im Kosmos. Wie groß ist in diesem Gesamtzusammenhang die Wahrscheinlichkeit, daß auch andere Biosphären bewußte, denkende Lebewesen hervorbringen?

Nach Ansicht vieler Evolutionsforscher ist diese Wahrscheinlichkeit sehr gering, vielleicht sogar so gering, daß sich ein solches Ereignis im ganzen Universum nur einmal und nur durch besonderes Glück abgespielt hat. Der deutschstämmige amerikanische Biologe Ernst Mayr von der Harvard University schreibt in einem Buch über die Früchte seiner lebenslangen Erforschung der biologische Evolution ohne Zögern: ‹Als Evolutionsforscher ist man beeindruckt davon, wie unglaublich unwahrscheinlich es ist, daß sich überhaupt intelligentes Leben entwickelt hat.›[21]

Die gleiche Ansicht gibt Stephen Jay Gould in einem Buch wieder, das den Fossilien des Burgess-Schiefers (Burgess Shale) gewidmet ist, einer geologischen Formation in den kanadischen Rocky Mountains, die etwa 530 Millionen Jahre alt ist und zahlreiche Fossilien bizarr geformter Tiere enthält. ‹Wenn man das Band bis in die Entstehungszeit des Burgess-Schiefers zurückspult›, so schreibt er, ‹und es dann vom gleichen Ausgangspunkt noch einmal ablaufen läßt, wird die Chance verschwindend gering, daß die Wiederholung von etwas Ähnlichem wie der menschlichen Intelligenz gekrönt wäre.›[22] Am Ende des Buches kehrt er noch einmal zu dem Thema zurück und betont: ‹Die tiefgreifendste Erkenntnis der Biologie über Wesen, Stellung und Möglichkeiten des Menschen liegt in einer einfachen Formulierung: Er ist die Verkörperung des Zufalls.›[23]

Auch Jared Diamond hält die Menschen für einzigartig. Seine Begründung: In Australien, Neuguinea, Neuseeland und Madagaskar gibt es keine Spechte. ‹Hätten sich die Spechte nicht dieses eine Mal in Amerika oder der Alten Welt entwickelt, wäre eine riesige Nische auf der ganzen Erde schrecklich leer geblieben.›[24] Diamond ist der Ansicht, daß man sich auf die konvergente Evolution nicht verlassen kann. Die Spechte sind zwar ideal angepaßt, aber sie haben sich nur einmal entwickelt. Ähnlich muß es nach seiner Ansicht auch mit den Menschen verhalten. Also ‹müssen wir unter praktischen Gesichtspunkten in einem angefüllten Universum einzigartig und einsam sein›.[25] Und der Autor des Buches *Der dritte Schimpanse* setzt ein ernüchterndes «Gottseidank» hinzu.

Der Soziobiologe E. O. Wilson greift ebenfalls die Spechte heraus, argumentiert aber umgekehrt. ‹Spechte und spechtartige Formen›, schreibt er in *The Diversity of Life* (deutsch: *Der Wert der Vielfalt*), ‹machen das Doppelprinzip der adaptiven Radiation und der konvergenten Evolution deutlich. Während sich die Vögel in verschiedenen Teile der Erde ausbreiteten, entwickelten sich getrennte Abstammungslinien, die die Nische der Spechte besetzten.›[26] Wilson schließt zwar aber von den Spechten nicht auf die Menschen, aber in einem anderen Buch, das er zusammen mit Charles J. Lumsden verfaßte, vertritt er die Ansicht, es gebe ‹Leben im Umfeld mancher Sterne›, und vermutlich existierten dort auch fortgeschrittene Zivilisationen.[27]

Die Gründe, warum viele Evolutionsforscher das intelligente Leben für einzigartig halten, sind leicht zu verstehen. Die Menschheit ist das Endprodukt vieler Schlüsselereignisse, bei denen der Zufall eine wichtige Rolle spielte. Um nur ein paar solcher Ereignisse zu erwähnen: Zunächst mußte aus einem Prokaryoten eine primitive eukaryotische Zelle werden, eine Umwandlung, die über eine Milliarde Jahre dauerte, zahlreiche genetische Neuerungen sowie besondere Umweltbedingungen erforderte und, soweit wir wissen, möglicherweise nur einmal stattgefunden hat. Zumindest wurden bisher bei den heute lebenden Organismen nur Spuren einer einzigen eukaryotischen Abstammungslinie gefunden. Während sich dieser Übergang vom Pro- zum Eukaryoten vollzog, mußten in der Welt der Bakterien andere wichtige Ereignisse stattfinden, insbesondere die Evolution der sauerstoffproduzierenden Phototrophie und des sauerstoffverbrauchenden aeroben Lebens, später gefolgt von der Aufnahme der endosymbiontischen Vorfahren von Mitochondrien und Chloroplasten. Ausgehend von eukaryotischen Protisten mußten sich später immer komplexere Tiere entwickeln, nachdem vorher schon die Pflanzen entstanden waren, von denen sie sich ernähren konnten. Auch die sexuelle Fortpflanzung mußte beginnen. Nacheinander mußten mehrere, immer kompliziertere Körperbaupläne entstehen: zweischichtig mit Radialsymmetrie, dreischichtig mit Bilateralsymmetrie, die Umkehr der Orientierung von Mund und After, die Bildung von Coelom, Notochord und Neuralrohr, die Anpassung an das Landleben mit der aufeinanderfolgenden Entwicklung von Amphibien, Reptilien und Säugetieren, die Entstehung der Primaten und schließlich der schicksalsträchtige Schritt vom Affen zum Menschen.

Jeder dieser entscheidenden Schritte und viele andere, die sie verbinden, war nur möglich, weil sich zum richtigen Zeitpunkt und unter den richtigen Bedingungen die richtigen genetischen Veränderungen abspielten. Wäre ein einziger kleiner Vorgang abweichend verlaufen, hätte vielleicht die ganze Geschichte des Lebens anders ausgesehen. Es ist ein typisches Beispiel der historischen Zufälligkeit, wie sie sich in den bekannten «Was-wäre-wenn»-Geschichten äußert: Wenn Kleopatras Nase kürzer gewesen wäre; wenn Cromwells Harnröhre nicht von einem Sandkorn verstopft gewesen wäre; wenn ... hätte des Schicksal der Welt einen anderen Verlauf genommen. Diese Überlegung kann man nicht angreifen, ohne das festgefügte Gebäude der modernen Evolutionstheorie zu zerstören. Die Schlußfolgerung lautet unbestreitbar: Würde das Ganze hier oder woanders noch einmal von vorn beginnen, wäre das Endergebnis nicht das gleiche. Aber um wieviel anders wäre es?

Um diese Frage zu beantworten, müssen wir das berücksichtigen, was ich die Beschränkungen des Zufalls genannt habe. Die Evolution wirkt nicht in einer Welt der unbegrenzten Möglichkeiten, in der nur die Würfel entscheiden, welche Möglichkeit verwirklicht wird. Ich möchte einige dieser Beschränkungen nennen:

1. Mutationen sind keine echten Zufallsereignisse in dem Sinne, daß sie ausschließlich vom Zufall bestimmt werden. Manche Abschnitte des Genoms sind für mutagene Einflüsse empfindlicher als andere, und diese Empfindlichkeit schwankt ihrerseits je nach genetischen und umweltbedingten Einflüssen. Die Mutationsfähigkeit der Gene wurde von der natürlichen Selektion in ein Netzwerk von Reaktionen eingefügt, die alle auf diese oder jene Weise die Mutierbarkeit der Gene so hemmen oder fördern, wie es für den Organismus von Vorteil ist. Diese komplexe Steuerung war für manche Wissenschaftler sogar Anlaß zu Spekulationen über «selektive» oder «adaptive» Mutationen.[28]

2. Nicht alle genetischen Veränderungen sind gleichermaßen bedeutsam. Nach übereinstimmender Ansicht sind einfache Punktmutationen, die nur zum Austausch eines Nucleotids in einer Nucleinsäure oder einer Aminosäure in einem Protein führen, für die sogenannte Makroevolution – also für die Evolution, um die es hier geht – kaum einmal von Bedeutung. An den wirklich kreativen Mutationen sind in den meisten Fällen größere DNA-Abschnitte beteiligt, die verdoppelt, umgedreht, verschoben oder auf andere Weise neu geordnet werden.

3. Nicht alle Gene haben als Ziel von Mutationen die gleiche Bedeutung. Gene, die bei größeren Evolutionsschritten betroffen sind, gehören häufig zur kleinen Klasse der Regulationsgene, wie zum Beispiel die homöotischen Gene. Normale, der «Grundversorgung» dienende Gene sind dagegen nur selten beteiligt. Verblüffenderweise war entwicklungsgeschichtlicher «Fortschritt» oftmals nicht vom Erwerb, sondern vom Verlust von Enzymen begleitet. Wir Menschen sind in dieser Hinsicht besonders verarmt – deshalb müssen wir mit der Nahrung so viele Vitamine und essentielle Nährstoffe aufnehmen, die von sogenannten «niederen», biochemisch aber reicher ausgestatteten Lebensformen produziert werden.

4. Dann ist da der Organismus, in dem sich die Mutation ereignet. Genetische Veränderung kann nur im Zusammenhang mit einem Organismus auf die Evolution wirken. Die Möglichkeiten für lebensfähige Abwandlungen sind durch die vorhandenen Körperbaupläne eingeschränkt. Wenn einmal eine Richtung eingeschlagen wurde, verengt sich das Spektrum der in Zukunft möglichen Veränderungen, und mit jedem weiteren Evolutionsschritt wird es immer kleiner. Das ist die Erklärung, warum einzelne Abstammungslinien auftreten und warum sich die Evolution innerhalb solcher Linien oft beschleunigt. Ein Lehrbuchbeispiel ist die Evolution der Pferde. Und besonders eindrucksvoll stellt sich der Übergang vom Affen zum Menschen dar.

5. Im Zusammenhang mit der zuvor genannten Einschränkung gibt es auch einen historischen, hierarchischen Faktor. Auf jeder Komplexitätsebene gewinnt eine andere Art genetischer Veränderungen an Bedeutung. Ich möchte nur einige Beispiele nennen: In einem sehr frühen Stadium der Entstehung des Lebens waren diejenigen Abwandlungen am wichtigsten, durch die sich die Genauigkeit der RNA-Replikation verbesserte. Der Übergang vom Pro- zum Eukaryoten setzte die Bildung bestimmter Strukturproteine wie Actin und Tubulin voraus, damit die Zellen größer werden konnten. In der Entwicklung der vielzelligen Tiere erwiesen sich die Zelladhäsionsmoleküle (CAMs) und die Substratadhäsionsmoleküle (SAMs) als die geschwindigkeitsbestimmenden Neuerungen. Und so weiter. Jedes Evolutionsstadium hatte seinen eigenen Mutationstyp.

6. Zu diesen zahlreichen inneren Voraussetzungen kommt die entscheidende Bedeutung der Umwelt hinzu. Manche genetischen Veränderungen sind nützlich, und bleiben, unter bestimmten Bedingungen, in der natürlichen Selektion erhalten bleibt. Sehr oft macht ein Umweltfaktor den entscheidenden Unterschied aus. Bei der Beschreibung der Evolution von Tieren und Pflanzen sind wir vielen Beispielen für größere Veränderungen begegnet, die durch klimatische oder geologische Umbrüche ausgelöst wurden. Ein bedeutsames Beispiel aus unserer eigenen Entwicklungsgeschichte ist der Übergang vom Wald zur Savanne, der für die Menschwerdung eine Schlüsselrolle gespielt haben dürfte.

7. Und schließlich ist nicht jede Mutation, die von der natürlichen Selektion beibehalten wird, gleichermaßen bedeutend. Die meisten Veränderungen wirken sich tatsächlich nur geringfügig auf den Evolutionsverlauf aus, weil sie lediglich zur sekundären Artenvielfalt bei-

31.1 Der Baum des Lebens in zwei verschiedenen Ansichten.
Links ist er so gezeichnet, wie er sich uns gewöhnlich darbietet, mit einer
üppigen Krone höchst vielfältiger Verzweigungen, die den Stamm verdeckt.

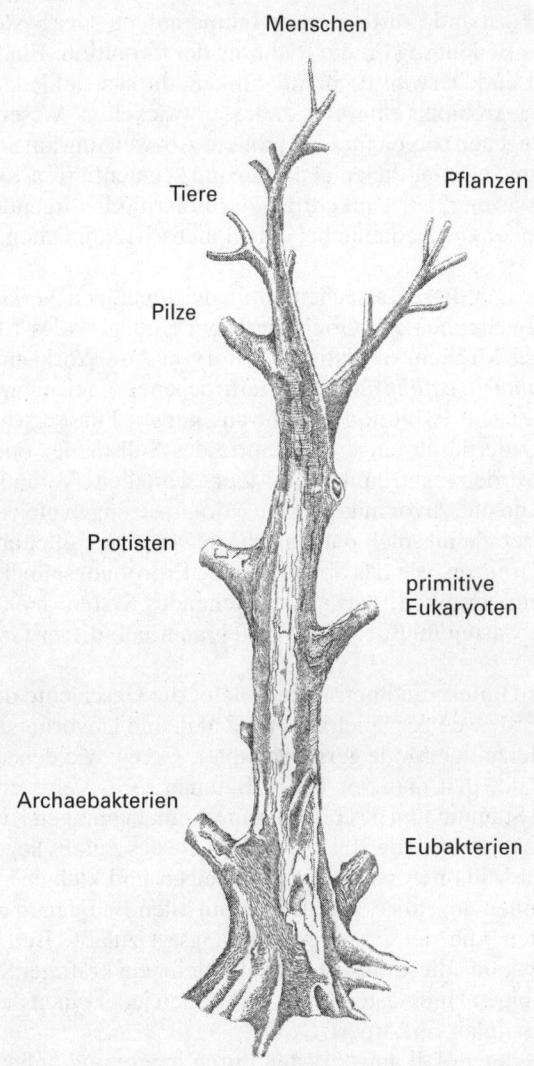

Menschen

Tiere

Pflanzen

Pilze

Protisten

primitive
Eukaryoten

Archaebakterien

Eubakterien

Die Zeichnung rechts zeigt den gleichen Baum ohne Krone. Jetzt erkennt man deutlich den Stamm, der zu immer größerer Komplexität emporstrebt. (Zeichnungen von Ippy Patterson.)

tragen. Die meisten feinen Verästelungen und Zweige des Lebensstammbaums sind einfach nur das: Variationen desselben Themas,
Ursachen für Lust und Frust – je nach Temperament – der Systemati-
ker, aber ohne Bedeutung für die Richtung der Evolution. Ein klassi-
sches Beispiel sind Darwins berühmte Finken, die sich auf jeder Insel
des Galapagos-Archipels ein wenig anders entwickelten. Wesentliche
Mutationen dagegen sorgen für eine größere Abzweigung am Stammbaum, wie zum Beispiel diejenigen, die zum segmentierten Körperbauplan der Würmer, zur Umkehrung der Polarität bei irgendeinem
Ringelwurm oder zur Neotenie bei einem menschenähnlichen Affen
führten.

Sichtbar werden diese Tatsachen im ungleichmäßigen Verlauf der
Evolution, den Stephen Jay Gould und sein Kollege Niles Elredge
vom American Museum of Natural History in New York mit dem
Begriff *punctuated equilibrium* («unterbrochenes Gleichgewicht»)
bezeichneten.[29] Die Evolution besteht aus kurzen Phasen schneller
Veränderung, die durch lange Abschnitte des Stillstandes oder des
langsamen Werdens getrennt sind. Zur schnellen Veränderung
kommt es, wenn alle zuvor angeführten Voraussetzungen gleichzeitig
erfüllt sind. Der Zufall spielt dabei nach wie vor eine Rolle, aber innerhalb von Grenzen, die das Spektrum der Erprobungsmöglichkei-
ten so weit einschränken, daß ein entstehendes System manchmal
Jahrmillionen warten muß, bis der Würfel innerhalb dieser Grenzen
fällt.

Vor diesem Hintergrund betrachtet, bietet die Geschichte des Lebens auf der Erde weniger Spielraum für Zufall und Unvorhersagbarkeit, als die derzeitige Mode gern behauptet. Genau wie den sprich-
wörtlichen Wald, den man vor lauter Bäumen nicht sieht, erkennt
man auch den Stammbaum des Lebens unter seinem üppigen Kronendach nicht (siehe Abbildung 31.1). Die Domäne des Zufalls liegt weitgehend in den Millionen von äußeren Zweigen und kleinen Ästen,
denn dort können unzählige Variationen mit allen Bauplänen durchgespielt werden, die der jeweilige Ausgangsast zuläßt. Betrachtet
man den Baum ohne diese äußere Vielfalt, bleibt ein kräftiger Stamm
mit relativ wenigen Hauptästen übrig, von denen jeder einen deutlich
veränderten Bauplan verkörpert.

Hier wurde der Zufall am stärksten durch innere und äußere Beschränkungen kanalisiert, so daß die Evolution manchmal fast zum
Stillstand kam, bis sich die richtige Mutation ereignete. An dieser

Vorstellung tröstet mich die Tatsache, daß die richtige Mutation – oder zumindest *eine* richtige Mutation – tatsächlich stattfand, wenn die Umstände es verlangten. Erinnern wir uns nur noch einmal an ein Beispiel: Als ein Protein benötig wurde, dessen Moleküle durch Selbstmontage in den Zellen ein kräftiges Gerüst aufbauen konnten, gab es nicht nur eine geeignete Mutation, sondern sogar zwei: Actin und Tubulin entstanden. Man sollte mich hier bitte nicht mißverstehen. Ich berufe mich nicht auf das Eingreifen irgendeiner Macht, die die richtige Mutation erzeugte, *weil* sie gebraucht wurde. Meine Aussage lautet vielmehr: Die Mutationen, die Actin und Tubulin entstehen ließen, waren wahrscheinlich recht unspektakuläre Ereignisse, die zufällig den Jackpot trafen, als die Zeit reif war. Das gleiche gilt wahrscheinlich auch für andere Schlüsselereignisse der Evolution, allerdings bei weitem nicht für alle. Andere Mutationen hätten, wären sie zuerst entstanden, andere Verzweigungen entstehen lassen, die sich in andere Richtungen weiterentwickelt hätten. In meiner Rekonstruktion ist eine Menge Platz für die Entwicklung anders geformter Stammbäume auf den anderen Planeten, auf denen das Leben Fuß gefaßt hat. Bestimmte Richtungen dürften allerdings einen so entscheidenden Selektionsvorteil beinhalten, daß sie auch anderswo mit hoher Wahrscheinlichkeit auftreten werden.

Eine Sonderstellung nimmt in dieser Hinsicht vermutlich die Richtung ein, die zur Bildung polyneuraler Schaltkreise führt, denn mit ihr sind besonders große Vorteile verbunden. Wenn erst einmal so etwas wie ein Neuron entstanden ist, müssen sich fast zwangsläufig immer komplexere neuronale Netze bilden. Der Trend zu einem größeren Gehirn und damit zu mehr Bewußtsein, Intelligenz und Kommunikationsfähigkeit ist im Ast der Tiere am Baum des Lebens das beherrschende Prinzip, und auf anderen lebentragenden Planeten könnte es durchaus genauso sein. Andererseits muß der Körper, der dem Gehirn dient und von ihm gesteuert wird, einem menschlichen Körper nicht ähneln, obwohl er vermutlich ebenfalls geeignete Mittel zum Wahrnehmen, Handeln und Kommunizieren besitzt.

Meine Schlußfolgerung lautet: Wir sind nicht allein. Vielleicht wird nicht jede Biosphäre im Universum denkende Gehirne hervorbringen. Aber ein beträchtlicher Teil der vorhandenen Biosphären hat Intelligenz entwickelt oder ist auf dem Weg dahin, manche von ihnen vielleicht in einer Form, die der unseren voraus ist. In den sechziger Jahren beschäftigten sich einige Wissenschaftler ernsthaft mit dieser

Möglichkeit. Sie konnten die NASA sogar davon überzeugen, beträchtliche Summen in die Suche nach außerirdischer Intelligenz (SETI) zu investieren.[30] Heute genießt dieses höchst unsichere Projekt weniger Ansehen, unter anderem weil die Zweifel an der Existenz außerirdischer Intelligenz wachsen und vor allem weil man der Ansicht ist, man solle dringenden «irdischen» Problemen, wie Umweltverschmutzung, AIDS und anderen gesellschaftlichen Übeln, höhere Priorität beimessen. Mit dem zweiten Grund bin ich einverstanden, nicht aber mit dem ersten.

Nach der von mir vertretenden Sichtweise liegt es im Wesen des Lebens, Intelligenz hervorzubringen, wenn Ort und Zeit es erlauben. Überall um uns herum im Weltall gibt es kleine Inseln, wo denkende Wesen ihren Geist allein und gemeinsam benutzen und damit Kulturen schaffen wie wir. Bewußtes Denken gehört zum kosmologischen Weltbild, und zwar nicht als seltsame Randerscheinung, die eine Besonderheit unserer Biosphäre darstellt, sondern als grundlegende Erscheinungsform der Materie. Hervorgebracht und erhalten wird das Denken vom Leben, das seinerseits vom Kosmos hervorgebracht und erhalten wird.

Besteht irgendeine Chance, daß diese kleinen Inseln des Denkens miteinander kommunizieren und ihre Kulturen teilen können? Nach den Gesetzen der Physik ist das in vernünftigen Zeiträumen nur einem winzigen Teil des kosmischen Denkens möglich. Mit dem schnellsten Kommunikationsmittel, das heißt mit irgendeiner Art von Radiosignalen, die sich mit Lichtgeschwindigkeit bewegen, könnten wir innerhalb eines Menschenlebens nur mit Zivilisationen kommunizieren – das heißt, eine Botschaft aussenden und eine Antwort empfangen –, die nicht mehr als etwa 30 Lichtjahre entfernt sind. Wenn wir zukünftige Generationen heranziehen, könnten wir diesen Bereich auf ein paar hundert Lichtjahre ausdehnen, viel weiter aber sicherlich nicht. Vergleicht man diese Entfernungen mit dem Durchmesser unserer Galaxis (etwa 100000 Lichtjahre), dann erkennt man, daß wir zwangsläufig nur zu wenigen Sternsystemen in unserer eigenen Galaxis Zugang haben, also zu einem winzigen Bruchteil des Universums mit seinen Milliarden anderer Galaxien, die Millionen oder Milliarden Lichtjahre von uns entfernt sind. Mit riesigem Glück könnten wir vielleicht Kontakte zu einer oder zwei anderen Zivilisationen herstellen – was eine ganz außerordentliche Leistung wäre; deshalb das SETI-Projekt –, aber der größte Teil des denkenden Kosmos, selbst innerhalb unserer eigenen Galaxis, liegt für immer außerhalb unserer Reichweite. Eine breitgestreute kosmische Kommunikation würde eine Ausnahme vom grundlegenden Postulat der Einsteinschen Relativitätstheorie erfordern, wonach sich nichts schneller bewegen kann als das Licht.

Die ewig erfindungsreichen Physiker haben Möglichkeiten durchgespielt, wie man Einsteins Regel umgehen könnte: Sie sprechen von Tachyonen, Hyperraum und gekrümmten Räumen, aber solche Phantasien gehören noch ins Reich der Science-fiction. Platoniker wie Penrose weisen auf den unmittelbaren Kontakt zwischen dem Geist und der «Platonischen Welt»[31] hin, erwähnen aber nicht die Möglichkeit, daß zwei Geister auf diese Weise kommunizieren. Die Vereinigung der Geister in Teilhards «Noosphäre» oder in Dysons «Weltseele» ist derzeit nicht mehr als ein poetisches Bild. Aber genauso wäre Lucy die Vorstellung vom Satellitenfernsehen erschienen, hätte sie die Fähigkeit besessen, sich diese Möglichkeit auszudenken. Wer kann sagen, was die Zukunft noch bereithält?

Ein Universum voller Bedeutung

Vielleicht sieht es so aus, als hätte ich für Teilhard und gegen Monod Partei ergriffen, aber das stimmt nicht; wissenschaftlich fühle ich mich Monod viel näher. Ich habe mich aber für ein bedeutungsvolles und gegen ein bedeutungsleeres Universum ausgesprochen, und zwar nicht weil ich es mir so wünsche, sondern weil ich die verfügbaren wissenschaftlichen Befunde in dieser Weise lese; vieles davon war Monod nicht bekannt, der aber wiederum wußte schon mehr als Teilhard. Außerdem habe ich versucht, die gesamte Geschichte des Lebens einzubeziehen, nicht nur den Teil davon, den ich am besten kenne – eine gefährliche, aber notwendige Aneignung eines wenig vertrauten Terrains.

Die Gründe, warum ich das Universum für bedeutungsvoll halte, liegen in dem, was für mich eingebaute Notwendigkeiten sind. Monod betonte, wie unwahrscheinlich Leben und Geist sind und daß der Zufall bei ihrer Entstehung die beherrschende Rolle gespielt habe – daher das Fehlen eines Plans im Universum, daher seine Absurdität und Sinnlosigkeit. Meine Lesart für die Tatsachen ist eine andere. Sie weist dem Zufall die gleiche Funktion zu, aber innerhalb so enger Beschränkungen, daß Leben zwangsläufig entsteht, nicht nur einmal, sondern viele Male. Auf Monods berühmten Satz ‹das Universum trug weder das Leben, noch trug die Biosphäre den Menschen in sich›[32] antworte ich: ‹Du irrst. Sie taten es sehr wohl.›

Selbst wenn Leben und Geist selten wären, wären sie immer noch ehrfurchtgebietende Erscheinungsformen der Materie. Ihre Produkte – die ganze biologische Vielfalt, die ganze menschliche Kultur – würden immer noch Gefühle der Verehrung und des Staunens verursachen.

Die Vorstellung von der kosmischen Absurdität mag für Wissenschaftler einen Reiz haben, weil sie an dem Syndrom des «gebrannten Kindes» leiden. Jahrhundertelang haben wir uns in der Überzeugung gesonnt, wir seien die Herren einer Welt, die nur für uns existiert. Kopernikus stieß uns von diesem Podest, und mit jeder neuen wissenschaftlichen Erkenntnis schwand unsere Bedeutung weiter. Die Erde verließ ihre Stellung in der Mitte des Kosmos und wurde zu einem schlichten Planeten, der die Sonne umkreist. Die Sonne selbst ist, wie sich herausstellte, einer von Hunderten von Milliarden Sternen in einer von Hunderten von Milliarden Galaxien, ein Staubkorn, verloren in der Weite des Universums. Der letzte Schlag kam von Darwin. Die Menschheit wurde von ihrer selbsternannten Spitzenstellung an das äußerste Ende eines Zweiges gestoßen, der mit Millionen anderen Zweigen aus dem Baum des Lebens sprießt. Es war eine Lektion in Demut, die Mißtrauen gegenüber äußeren Autoritäten und gegenüber der eigenen inneren Sicherheit erzeugte. Wir sind Skeptiker geworden.

Man kann diese Lektion aber auch überstrapazieren. Man sollte daraus keine «Menschheitsschelte» machen, bei der man sich auf die Wissenschaft beruft, um die menschliche Spezies herabzuwürdigen und die Ansicht zu rechtfertigen, für uns sei im großen Plan der Dinge kein Platz, oder es gebe gar keinen Plan der Dinge, in den wir passen könnten. Der Philosoph William Barrett, in Amerika der wichtigste Vertreter des europäischen Existentialismus, prangerte an, was er für ‹eine der größten Ironien der neueren Geschichte› hält: ‹Die Struktur, die am deutlichsten die Macht des Geistes zeigt, führt dennoch zur Verunglimpfung des menschlichen Geistes.›[33] Vor ihm hatte der in Ungarn geborene britische Wissenschaftler und Philosoph Michael Polanyi geschrieben: ‹Es ist der Gipfel der intellektuellen Perversion, wenn man unsere Stellung als höchstentwickelte Lebensform auf der Erde und unsere Entstehung durch einen Evolutionsvorgang im Namen der wissenschaftlichen Objektivität als wichtigstes Problem der Evolution anprangert.›[34]

Wenn das Universum nicht bedeutungsleer ist, was bedeutet es dann? Für mich findet sich diese Bedeutung im Aufbau des Universums, das nun einmal so ist, daß es auf dem Weg über Leben und Geist das Denken hervorbringt. Denken wiederum ist eine Fähigkeit, durch die das Universum in der Lage ist, über sich selbst zu reflektieren, seine eigene Struktur zu entdecken und so immanente Größen, wie Wahrheit, Schönheit, Tugend und Liebe, zu erfassen. Das ist die Bedeutung des Universums, wie ich es sehe.

Wichtig ist an dieser Sichtweise nicht die absolute Wahrheit, die uns auf unserer Entwicklungsstufe vermutlich nicht zugänglich ist, sondern die Suche nach Wahrheit. Ebenso gibt es keine absolute Schönheit, sondern ein gemeinsames Streben nach Schönheit; keine absolute Tugend, sondern eine gemeinsame Sehnsucht nach Tugend. Man braucht sich nur ansehen, was die Völker in unterschiedlichen Teilen der Welt und zu unterschiedlichen Zeiten für schön oder für gut gehalten haben oder halten. Als wichtigste Botschaft ergibt sich daraus für mich die Toleranz für andere und die Demut für mich selbst. Ich habe gewaltiges Vertrauen in die moderne Wissenschaft, der ich mein Leben gewidmet habe. Ich glaube aber auch, daß Wissenschaft nicht hochmütig sein sollte. Vielleicht ist der menschliche Geist nur ein Bindeglied – oder sogar ein Seitenast – in einem Evolutionsepos, das noch bei weitem nicht am Ende ist und eines Tages durchaus einen Geist hervorbringen könnte, der viel leistungsfähiger ist als unserer. Nach den Vorhersagen über die Lebensdauer der Sonne hat die denkende Biosphäre allein auf unserem Planeten noch fünf Milliarden Jahre Zeit, das Tausendfache des Weges vom Affen zum Menschen. Wir müssen uns in das Geheimnis fügen.

Epilog

Ich habe als Musterbeispiele die beiden Persönlichkeiten Monod und Teilhard einander gegenübergestellt, und mit ihnen zwei Philosophien, von denen eine die Absurdität, die andere die Bedeutung vertritt. Jeder von uns ist selbst aufgerufen zu wählen. Sollen wir wie Macbeth ausrufen, das Leben sei ‹ein Märchen, erzählt von einem Idioten, voller Lärm und Wut, und ohne Bedeutung›? Oder sollen wir es lieber mit Hamlet halten: ‹Es gibt mehr Dinge zwischen Himmel und Erde, Horatio, als sich eure Schulweisheit träumen läßt›?

Ich habe meine Wahl genannt und auch die Gründe dafür. Obwohl sich diese Gründe auf Wissenschaft gründen, sind sie nicht frei von Voreingenommenheit. Teilhard, der fromme Jesuit, strebte mit ganzer Kraft danach, in der Welt des Lebendigen objektive Belege für seinen Glauben zu finden. Monod, der stolz verzweifelnde Existentialist, wollte mit der gleichen Leidenschaft, daß die Welt des Lebendigen sein Gefühl der Isolation und Absurdität untermauerte. Mit Sicherheit hielten beide sich selbst für völlig ehrlich und intellektuell streng. Es wäre töricht von mir, wollte ich behaupten, ich sei immun gegen Voreingenommenheit, nachdem derart große Geister sich von ihren Vorurteilen nicht freimachen konnten.

Die letzten Worte möchte ich zwei anderen Franzosen überlassen. In Pascals *Pensées* findet sich folgende Botschaft Gottes an den Forscher: ‹Sei getrost; du würdest nicht nach mir suchen, wenn du mich nicht schon gefunden hättest.›[35] Nicht jeder wird in der Botschaft Trost oder auch nur eine Bedeutung sehen. Wer sich lieber von der Metaphysik fernhält, ist vielleicht wie Medawar[36] damit zufrieden, den abschließenden Rat zu befolgen, den Voltaire seiner Candide in den Mund legte: ‹Wir müssen unseren Garten bestellen.›[37]

Anmerkungen

Die Nummern der Literaturhinweise in den Anmerkungen beziehen sich auf den Abschnitt «Weiterführende Literatur» (S. 515–527).

Vorwort

Das Motto stammt aus einem Text von Einstein, der ursprünglich in der Zeitschrift *The Forum* im Oktober 1930 erschien; er ist nachgedruckt in M. Hill (Hrsg.) *Wise Men Worship*. New York (E. P. Dutton) 1931. S. i.

Einleitung

1. Daten über die vergleichende Sequenzanalyse des Cytochrom *c* aus R. E. Dickerson und I. Geis. *Structure and Action of Proteins*. Menlo Park, Calif. (Benjamin/Cummings) 1969. S. 64–65.
2. In seinem historischen Werk *On the Origin of Species by Natural Selection* (London, Murray, 1859, S. 81) [deutsch: *Die Entstehung der Arten durch natürliche Zuchtwahl*; reprographischer Nachdruck der 9., 1920 bei der E. Schweizerbart'schen Verlagsbuchhandlung erschienenen Auflage. Darmstadt (Wissenschaftliche Buchgesellschaft) 1992] definiert Darwin die natürliche Selektion als ‹Erhaltung vorteilhafter Variationen und die Zurückweisung schädlicher Variationen›. In heutigen Begriffen ausgedrückt, heißt das: In einer Population genetisch verschiedenartiger Organismen, die um die gleichen begrenzten Ressourcen konkurrieren, verdrängen diejenigen Lebewesen, die – aus welchem Grund auch immer – die erbliche Fähigkeit besitzen, die größte Zahl ähnlich ausgestatteter Nachkommen hervorzubringen, allmählich die anderen. Dieser Vorgang gilt als Triebkraft der biologischen Evolution. Weitere Informationen finden sich bei M. Ruse. *Darwinism Defended*. Reading, Mass. (Addison-Wesley) 1982.
3. Allgemeinverständliche Darstellungen der Hinweise auf das hohe Alter des Lebens, die sich aus Mikrofossilien und Stromatolithen ableiten lassen, finden sich in Literaturhinweis 7 sowie bei L. Margulis und L. Oledzenski (Hrsg.) *Environmental Evolution*. Cambridge, Mass. (MIT Press)

1992. Fachspezifischere, detailliertere Übersichtsdarstellungen finden sich in Literaturhinweis 1.

4. Isotope sind Atome des gleichen Elements mit unterschiedlicher Atommasse. Sie besitzen die gleiche Zahl an Protonen und Elektronen, unterscheiden sich aber durch die Zahl der Neutronen im Atomkern. Das Kohlenstoffisotop ^{12}C hat in der Hülle sechs Elektronen und im Kern jeweils sechs Protonen und Neutronen, bei ^{13}C sind es dagegen sechs Protonen und sieben Neutronen. Bei der Kohlenstoffassimilation durch phototrophe Organismen wird das leichtere Isotop bevorzugt eingebaut. Durch Messungen der Mengenverhältnisse der beiden Isotope in alten Kohlenstoffablagerungen kann man also Rückschlüsse darauf ziehen, ob zu der Zeit, als die Ablagerungen entstanden, biologische Aktivität vorhanden war. Einzelheiten über die Methode und die mit ihr erzielten Ergebnisse finden sich in Literaturhinweis 1.

5. Vermutungen über die Verhältnisse auf der Erde in den ersten 800 Millionen Jahren ihres Bestehens hängen stark davon ab, welche Theorie für die Entstehung der Erde man zugrunde legt. Siehe G. Arrhenius in *Earth, Moon and Planets* 37 (1987): 187–189.

6. In Literaturhinweis 5 gibt R. Shapiro einen informativen, kritischen und unterhaltsamen Überblick über die wichtigsten Theorien zur Entstehung des Lebens.

7. F. Hoyle und N. C. Wickramasinghe beschrieben ihre Theorie in *Lifecloud*. New York (Harper & Row) 1978.

8. Die Hypothese der gerichteten Panspermie vertritt F. H. Crick in *Life Itself*. New York (Simon & Schuster) 1981 [deutsch: *Das Leben selbst. Sein Ursprung, seine Nutzer*. München (Piper) 1983].

9. Alan Truscott, der Bridge-Kolumnist der *New York Times*, berichtete von zwei Fällen, in denen eine Farbe beim Austeilen vollständig in eine Hand gelangte; wie er mir aber erklärte, kann man die Möglichkeit, daß die Karten zuvor entsprechend sortiert wurden, nicht ausschließen.

10. Literaturhinweis 64, S. 145.

11. Hoyles Vergleich mit der Boeing 747 ist zitiert in Literaturhinweis 5, S. 127.

Kapitel 1

1. Die Entstehung der Erde wird in Literaturhinweis 2 diskutiert. Die Bedingungen auf der Urerde sind in den Literaturhinweisen 1 und 4 dargestellt. Mit dem gleichen Thema beschäftigen sich auch mehrere Beiträge in Literaturhinweis 8. Siehe auch Anmerkung 5 zur Einleitung.

2. Es wäre andererseits auch möglich, daß Phosphat auf der präbiotischen Erde in löslicherer Form vorlag. Diese Ansicht vertreten G. Arrhenius,

B. Gedulin und S. Mojzsis; nach ihrer Ansicht ist die Bildung von Apatit von Lebewesen abhängig. Siehe C. Ponnamperuma und J. Chela-Flores (Hrsg.) *Proceedings: Conference on Chemical Evolution and the Origin of Life*. Hampton, Va. (Deepak Publishing) 1993.

3. Die These, das Leben sei bei niedrigen Temperaturen entstanden, wurde mehrfach von S. L. Miller vertreten, dem Pionier der abiotischen Chemie. Siehe seinen Beitrag in Literaturhinweis 7, S. 1–28.

4. Informationen über die hydrothermalen Schlote in der Tiefsee und die vielfältigen Lebensformen, die sie beherbergen, sind zusammengestellt bei N. G. Holm (Hrsg.) *Marine Hydrothermal Systems and the Origin of Life*. Norwell, Mass. (Kluwer) 1992. Siehe auch die Rezension von A. Lazcano über Holms Buch in *Science* 260 (1993): 1154–55, und die spannende Vermutung von T. Gold, in den heißen Tiefen der Erde können eine riesige Biosphäre verborgen sein (*Proc. Natl. Acad. Sci. USA* 89 [1992]: 6045–49). Eine Reihe neuer Organismenarten, die zu dieser besonderen, heißen Biosphäre gehören, isolierte der deutsche Mikrobiologe Karl O. Stetter. Eine zusammenfassende Darstellung seiner ersten Befunde findet sich in Literaturhinweis 8, S. 195–219.

5. Das Zitat stammt aus einem Brief von Charles Darwin an seinen Freund, den Botaniker Joseph Dalton Hooker; er ist abgedruckt in F. Darwin (Hrsg.) *The Life and Letters of Charles Darwin*. Bd. 2. New York (D. Appleton) 1887.

6. Siehe A. I. Oparin. *The Origin of Life on Earth*. 3. Aufl. New York (Academic Press) 1957.

7. Dieser historische Aufsatz erschien in *Nature* 171 (1953): 737–38. Gegensätzliche persönliche Berichte über die Entdeckung finden sich in J. D. Watson. *The Double Helix*. New York (Atheneum) 1968, neu aufgelegt und zusammen mit Aufsätze herausgegeben von G. S. Stent, New York (Norton) 1980, [deutsch: *Die Doppel-Helix*, Rowohlt 1966 und 1993] und in F. Crick. *What Mad Pursuit*. New York (Basic Books) 1988 [deutsch: *Ein irres Unternehmen*. München (Piper) 1990].

8. Stanley Millers klassischer Aufsatz erschien in *Science* 117 (1953): 528–29.

9. Siehe H. Urey. *The Planets: Their Origin and Development*. New Haven (Yale University Press) 1952.

10. Eine ausgezeichnete zusammenfassende Darstellung der abiotischen Chemie geben J. Oró, S. L. Miller und A. Lazcano in *Annu. Rev. Earth Planet Sci.* 18 (1990): 317–56. Eine Zusammenfassung des ganzen Gebietes findet sich im Artikel von S. L. Miller in Literaturhinweis 7, S. 1–28.

11. Die extraterrestrische Chemie ist zusammenfassend dargestellt bei S. Green in *Annu. Rev. Phys. Chem.* 32 (1981): 103–38. Auch mehrere Beiträge in Literaturhinweis 8 beschäftigen sich mit Weltraumchemie.

12. A. H. Delsemme faßte seine Ansichten zusammen in *Orig. Life Evol. Biosph.* 21 (1992): 279–98.

13. Der 1892 geborene J. B. S. Haldane ist als einer der besten und vielseitigsten britischen Wissenschaftler und Denker unvergessen. Er leistete wichtige Beiträge zur Populationsgenetik und Evolutionstheorie und schrieb zahlreiche scharfsinnige Aufsätze zu den verschiedensten Themen. Außerdem war er militantes Mitglied der kommunistischen Partei und wurde zu einem großen Bewunderer Indiens, wo er auch seine letzten Lebensjahre verbrachte. Über den Ursprung des Lebens schrieb er nur einen Artikel, der aber großen Einfluß erlangte. Er erschien 1929 in *The Rationalist Annual* (siehe J. B. S. Haldane. *On Being the Right Size and Other Essays.* Hrsg. J. M. Smith. Oxford/New York (Oxford University Press) 1985. S. 101–12).

14. In einem frühen Artikel über Proteinsynthese in *Symp. Soc. Exp. Biol.* 12 (1958): 138–63, definiert Crick das zentrale Dogma so: ‹Damit ist gesagt, daß «Information», die einmal ins Protein gelangt ist, nicht wieder herauskommen kann. Genauer gesagt, ist der Informationstransfer von Nucleinsäure zu Nucleinsäure oder von Nucleinsäure zu Protein möglich, aber von Protein zu Protein oder von Protein zu Nucleinsäure ist er unmöglich.›

15. Informationen über Ribozyme finden sich bei T. R. Cech in *Sci. Am.* 255, No. 5 (1986): 64–75 [deutsch: *Spektrum der Wissenschaft* 1 (1987): 42–51].

16. W. Gilbert in *Nature* 319 (1986): 618.

17. W. Gilbert in *Cold Spring Harbor Symp. Quant. Biol.* 52 (1987): 903.

18. Über RNA-ähnliche Moleküle siehe L. E. Orgel in *Nature* 358 (1992): 203–9.

19. PNA ist beschrieben in Artikeln von D. Y. Cherny et al. in *Proc. Natl. Acad. Sci. USA* 90 (1993): 1667–70; und von P. Wittung et al. in *Nature* 368 (1994): 561–63.

20. Mehrere Zitate von Fachleuten über die Schwierigkeiten einer präbiotischen RNA-Synthese sind wiedergegeben in Literaturhinweis 6, S. 129. Siehe auch G. F. Joyce in *New Biologist* 3, No. 4 (1991): 399–407; eine fachlich anspruchsvollere Sammlung von Artikeln findet sich bei R. F. Gesteland (Hrsg.) *The RNA World.* Cold Spring Harbor, N. Y. (Cold Spring Harbor Laboratory Press) 1993.

21. Genauer erläutere ich meine Argumente für die Übereinstimmung in dem Artikel «The RNA World: Before and After?» in *Gene* 135 (1993): 29–31.

Kapitel 2

1. J. Oró in *Biochem. Biophys. Res. Commun.* 2 (1960): 407–12.
2. R. Shapiro in *Orig. Life Evol. Biosp.* 18 (1988): 71–85.
3. J. D. Bernal, ein hervorragender britischer Physikochemiker und Kristallograph, ist der Autor von *The Origin of Life*. London (Weidenfeld and Nicholson) 1968; es war eines der ersten Bücher über dieses Thema.
4. J. P. Ferris und G. Ertem in *Science* 257 (1992): 1387–89.
5. Siehe Anmerkung 5 zur Einleitung.
6. G. Wächtershäuser beschriebt seine Theorie in *Microbiol. Rev.* 52 (1988): 452–84, und in *Proc. Natl. Acad. Sci. USA* 87 (1990): 200–4. Eine Kritik an der Theorie von C. de Duve und S. L. Miller erschien in *Proc. Natl. Acad. Sci. USA* 88 (1991): 10014–17. Eine Erwiderung schrieb Wächtershäuser in *Proc. Natl. Acad. Sci. USA* 91 (1994): 4283–87.
7. R. E. Eakin in *Proc. Natl. Acad. Sci. USA* 49 (1963): 360–66.
8. Die Möglichkeit, daß Proteinkatalysatoren am Protostoffwechsel beteiligt waren, beschreiben L. Dillon in *The Genetic Mechanisms and the Origin of Life*. New York (Plenum Press) 1978, F. Dyson in *Origins of Life*. Cambridge (Cambridge University Press) 1985 [deutsch: *Die zwei Ursprünge des Lebens*. München (Droemer Knaur) 1990], und R. Shapiro in Literaturhinweis 5.
9. Über die Bildung von «Proteinoiden» berichteten erstmals S. W. Fox und K. Harada in *Science* 128 (1958): 1214. Eine neuerer Bericht über Fox' Arbeiten findet sich in seinem Buch *The Emergence of Life*. New York (Basic Books) 1988.
10. T. Wieland stellte seine Arbeiten dar in H. Kleinkauf, H. von Döhren und L. Jaenicke (Hrsg.) *The Roots of Modern Biochemistry*. Berlin (Walter de Gruyter) 1988. S. 213–21.
11. Über die Entdeckung des Acetyl-Coenzyms A berichteten F. Lynen und E. Reichert in *Angew. Chem.* 63 (1951): 47–48.
12. Einen Überblick über die Bedeutung der Gruppenübertragung bei der Biosynthese findet sich in Kapitel 8 von Literaturhinweis 12.
13. T. Wieland und W. Schäfer in *Angew. Chem.* 63 (1951): 146–47, und in *Liebigs Annal. Chem.* 576 (1952): 104–9.
14. Die Synthese von Bakterienpeptiden aus Thioestern ist zusammenfassend dargestellt bei H. Kleinkauf und H. von Döhren in *Annu. Rev. Microbiol.* 41 (1987): 259–89. F. Lipman äußert Gedanken über die Bedeutung dieses Mechanismus für die Evolution in *Science* 173 (1971): 875–84.
15. Die Synthese wichtiger Thiole unter den vermutlichen präbiotischen Bedingungen sind beschrieben in zwei Artikeln von S. L. Miller und G. Schlesinger in *J. Mol. Evol.* 36 (1993): 302–7, 308–14.
16. Die Möglichkeit einer Beteiligung katalytischer Multimere am Protostoffwechsel wird diskutiert in Literaturhinweis 6.

17. Über die katalytischen Wirkungen von Aminosäuregemischen berichten A. Bar-Nun, E. Kochavi und S. Bar-Nun in *J. Mol. Evol.* 39 (1994): 116–22.

Kapitel 3

1. F. M. Harold. *The Vital Force: A Study of Bioenergetics*. New York (W. H. Freeman) 1986. S. 168.
2. C. E. Folsome. *The Origin of Life: A Warm Little Pond*. San Francisco (W. H. Freeman) 1979. Siehe auch H. J. Morowitz. *Cosmic Joy and Local Pain: Musings of a Mystic Scientist*. New York (Scribner's) 1987, und *Beginnings of Cellular Life*. New Haven (Yale University Press) 1992.
3. Siehe P. S. Braterman, A. G. Cairns-Smith und R. W. Sloper in *Nature* 303 (1983): 163–64, und Z. K. Borowska und D. C. Mauzerall in *Orig. Life* 17 (1987): 251–59.
4. Einzelheiten über die Bändereisenerze finden sich in Literaturhinweis 1.
5. E. Drobner et al. in *Nature* 346 (1990): 742–44.
6. Siehe den Übersichtsartikel über Eisen-Schwefel-Proteine von R. Cammack in *Chem. Scripta* 21 (1983): 87–95. Erwähnenswert ist auch der Aufsatz von R. V. Eck und M. O. Dayhoff in *Science* 152 (1966): 363–66; die Autoren zeigen, daß ein urtümliches, bakterielles Eisen-Schwefel-Protein ursprünglich aus einem Tetrapeptid hervorgegangen sein könnte. Diese Tatsache weist darauf hin, daß am Protostoffwechsel sehr kleine Peptide beteiligt gewesen sein könnten. Siehe auch Anmerkung 15 zu diesem Kapitel.
7. Die Unterscheidung zwischen energiereichen und energiearmen Bindungen traf F. Lipmann in einem richtungsweisenden Artikel in *Adv. Enzymol.* 1 (1941): 99–162.
8. Die Bedeutung des anorganischen Pyrophosphats für die heutigen Lebewesen und seine mögliche Beteiligung an der präbiotischen Energieübertragung wurden zusammenfassend dargestellt von H. G. Wood (S. 581–602) sowie von H. Baltscheffsky, M. Baltscheffsky und M. Lundin (S. 917–22) in H. Kleinkauf, H. von Döhren und L. Jaenicke (Hrsg.) *The Roots of Modern Biochemistry*. Berlin (Walter de Gruyter) 1988.
9. Zur vulkanischen Entstehung von Polyphosphaten siehe Y. Yamagata et al, in *Nature* 352 (1991): 516–19. G. Arrhenius beschrieb kürzlich mineralisch katalysierte Mechanismen der Polyphosphatsynthese, die in präbiotischer Zeit eine Rolle gespielt haben könnten. Siehe Anmerkung 5 zur Einleitung.
10. Die Bedeutung der Thioester in präbiotischer Zeit wird in Literaturhinweis 6 im einzelnen diskutiert. Siehe auch meinen Artikel in Literaturhinweis 8, S. 1–20.

11. A. Weber in *J. Mol. Evol.* 18 (1981): 24–29, und *BioSystems* 15 (1982): 183–89.

12. Siehe Kapitel 1, Anmerkung 5.

13. Einen guten Überblick über thermophile Bakterien und ihre Stammesgeschichte, die auf einen sehr alten Ursprung hinweist, gibt K. O. Stetter in seinem Beitrag zu Literaturhinweis 8, S. 195–219. Siehe auch Kapitel 1, Anmerkung 4.

14. A. Weber in *Orig. Life* 15 (1984): 17–27.

15. L. Kerscher und D. Oesterhelt in *Trends Biochem, Sci.* 7 (1982): 371–74. Siehe auch Anmerkung 6 in diesem Kapitel.

16. Die Verknüpfung von Eisen und Schwefel kennzeichnet auch Wächtershäusers Modell (siehe Anmerkung 6 zu Kapitel 2). Membranen aus Eisensulfid als präbiotische Energieüberträger diskutieren Michael J. Russell und seine Mitarbeiter von der Universität Glasgow in *Terra Nova* 5 (1993): 343–47, und in *J. Mol. Evol.* 39 (1994): 231–43.

Kapitel 4

1. Siehe Anmerkung 1 zu Kapitel 2.

2. P. G. Stoks und A. W. Schwartz in *Geochim. Cosmochim. Acta* 45 (1981): 563–69.

3. A. Eschenmoser und E. Loewenthal in *Chem. Soc. Rev.* 21 (1992): 1–16.

4. Die Reaktion, durch die ATP erstmals mit Hilfe eines Thioesters entstanden sein könnte, sieht so aus:
   $$R{-}S{-}CO{-}R' + AMP + PP_i \rightleftarrows R{-}SH + R'{-}COOH + ATP$$
   In der Richtung von rechts nach links dient diese Reaktion heute allgemein zur Aktivierung von Säuren, wobei das Coenzym A die Stelle von R—SH einnimmt.

5. Siehe Anmerkung 10 zu Kapitel 1.

6. Siehe das Kapitel von H. B. White III in J. Everse, B. Anderson und K.-S. You (Hrsg.) *The Pyridine Nucleotide Coenzymes*. New York (Academic Press) 1982. S. 1–17.

7. S. L. Miller und L. E. Orgel. *The Origins of Life*. Englewood Cliffs, N. J. (Prentice-Hall) 1973. S. 185.

8. Ich habe mehrmals gehört, wie Miller den Ausdruck «robust» in Vorträgen benutzte. Gedruckt habe ich ihn nie gesehen.

9. In seinem Beitrag in Anmerkung 7 zu diesem Kapitel (S. 1–28) kritisiert Miller ebenfalls die Vorstellung, die Entstehung des Lebens müsse sehr lange gedauert haben. Er bezeichnet eine Zahl von 10000 Jahren als plausibel. Aber das gilt für den gesamten Vorgang. Meine Schätzung von einigen Jahren oder noch weniger bezieht sich auf die Zeit bis zum Auftauchen von RNA.

Kapitel 5

1. Siehe Anmerkung 14 zu Kapitel 1.
2. Der entscheidende Satz, der zu jener Zeit aber unbeachtet blieb, steht in einem kurzen Aufsatz von E. Chargaff in *Experientia* 6 (1950): 201–9. Er lautet: ‹Bemerkenswert ist aber – ob es mehr als ein Zufall ist, kann man bisher nicht sagen –, daß das molare Verhältnis der gesamten Purine und der gesamten Pyrimidine sowie auch von Adenin zu Thymin und von Guanin zu Cytosin in allen bisher untersuchten Desoxypentose-Nucleinsäuren nicht weit von 1 entfernt ist.› In seiner Autobiographie mit dem Titel *Heraclitean Fire*. New York (Rockefeller University Press) 1978 [deutsch: *Das Feuer des Heraklit. Skizzen aus einem Leben vor der Natur*. München (dtv) 1995] berichtet Chargaff, wie er als jemand, der immer alles schrecklich kompliziert machte, ‹die Gelegenheit verpaßte, in die verschiedenen Ruhmeshallen der wissenschaftlichen Museen einzugehen› (S. 98).
3. Siehe Anmerkung 7 zu Kapitel 1.
4. Literaturhinweis 11, S. 180.
5. S. Spiegelmans bahnbrechende Arbeiten sind zusammenfassend dargestellt in *Amer. Sci.* 55 (1967): 221–64.
6. L. E. Orgel in *Proc. R. Soc. London B* 205 (1979): 435–42, und *J. Theor. Biol.* 123 (1986): 127–49.
7. M. Eigen et al. in *Sci. Am. 244*, No. 4 (1981): 88–118 [deutsch: *Spektrum der Wissenschaft* 6 (1981): 36–56].
8. Literaturhinweis 22.
9. M. Eigen und R. Winkler-Oswatitsch in *Naturwissenschaften* 68 (1981): 282–92.
10. A. M. Weiner und N. Maizels in *Proc. Natl. Acad. Sci. USA* 84 (1987): 7383–87.
11. Am auffälligsten ist die Wechselwirkung zwischen RNA und Arginin, beschrieben von M. Yarus in *Science* 240 (1988): 1751–58.
12. Höchstwahrscheinlich existierten D- und L-Aminosäuren in der präbiotischen Zeit nebeneinander. Insbesondere die katalytischen Multimere meines Modells (siehe Kapitel 2) enthielten vermutlich beide Typen von Aminosäuren (genau wie die Bakterienpeptide, beispielsweise Gramicidin S, die von den heutigen Lebewesen aus Thioestern hergestellt werden).
13. Um es mit den Worten von F. Crick zu sagen (*J. Mol. Biol.* 38 [1968]: 367–79): ‹Man kann sich durchaus vorzustellen, daß der primitive Apparat überhaupt kein Protein enthielt, sondern ausschließlich aus RNA bestand› (S. 50).
14. H. F. Noller, V. Hoffarth und L. Zimniak in *Science* 256 (1992): 1416–19.

Kapitel 6

1. Eigen nahm eine theoretische Untersuchung solcher Rückkopplungs-schleifen vor, die er «Hyperzyklen» nennt (siehe Anmerkung 7 zu Kapitel 5). S. A. Kauffman dehnte diese Studien auf komplexe Systeme aus (Literaturhinweis 62).
2. F. Lipman in *Essays in Biochemistry* 4 (1968): 1–24.
3. Übersichtsartikel: D. D. Buechter und P. Schimmel in *Crit. Rev. Biochem.* 28 (1993): 309–22 und M. E. Saks, J. R. Sampson und J. N. Abelson in *Science* 263 (1994): 191–97.
4. Ich habe diese urtümlichen Wechselwirkungen zwischen Aminosäuren und RNA unter der Bezeichnung «zweiter genetischer Code» beschrieben (*Nature* 333 [1988]: 117–18).
5. Siehe Anmerkung 9 zu Kapitel 5.

Kapitel 7

1. Siehe Anmerkung 7 zu Kapitel 5.

Kapitel 9

1. Siehe Anmerkung 6 zu Kapitel 1.
2. Eine Zusammenfassung über ‹dreiundvierzig Jahre experimenteller Untersuchungen› gibt A. L. Herrera in einem kurzen Aufsatz in *Science* 96 (1942): 14.
3. Siehe Anmerkung 9 zu Kapitel 2.
4. Siehe Anmerkungen 1 und 2 zu Kapitel 3.
5. Den «Mythos von der Ursuppe» demontierten C. R. Woese (*J. Mol. Evol.* 13 [1979]: 95–101), C. B. Thaxton, W. L. Bradley und R. L. Olsen (*The Mystery of Life's Origin*. New York [Philosophical Library] 1984), R. Shapiro (Literaturhinweis 5), G. Wächtershäuser (*Microbiol. Rev.* 52 [1988]: 452–84) und andere.
6. Siehe Anmerkung 7 zu Kapitel 5 (S. 101).
7. Im Gegensatz zu den Van-der-Waals-Kräften, die die Anziehung zwischen unpolaren Molekülen bestimmen, bezeichnet man die elektrostatischen Anziehungs- und Abstoßungskräfte oft auch als Coulomb-Kräfte, nach dem französischen Physiker, der sie entdeckte. Beide Kräfte sind für die Struktur der Makromoleküle und alle möglichen Wechselwirkungen zwischen Molekülen von entscheidender Bedeutung. Die in Kapitel 5 erwähnten Wasserstoffbrücken beruhen auf einer besonderen Art elektrostatischer Anziehung.

8. G. Blobel in *Proc. Natl. Acad. Sci. USA* 77 (1980): 1496–1500.
9. T. Cavalier-Smith in *Ann. N. Y. Acad. Sci.* 503 (1987): 55–71.
10. Die unterschiedlichen Membranen, die in den Billionen Zellen eines komplexen Organismus (beispielsweise im menschlichen Körper) vorhanden sind, stammen alle durch vielfache Zellteilung von den entsprechenden Membranen der befruchteten Eizelle ab. Die Membranen werden also über die weibliche Linie kontinuierlich von einer Generation zur nächsten weitergegeben. Es gibt Grund zu der Annahme, daß ein gewisses Maß an topologischer Information, bei der die Membranen als Matrizen für neue Membranen dienen, auf diesem Weg übertragen wird.
11. Wer sich für die Geschichte des Penicillins interessiert, hat vielleicht Spaß an D. Wilson. *Penicillin in Perspective*. London (Faber & Faber) 1976, in dem versucht wird, zwischen Mythen und Tatsachen zu unterscheiden.

Kapitel 10

1. Bei anaeroben Gärungsvorgängen – wie der alkoholischen Gärung mit der Umwandlung von Glucose in Ethanol oder der Milchsäuregärung mit der Umwandlung von Glucose in Milchsäure – werden Elektronen von der Ebene A zur Ebene B übertragen, wobei ATP entsteht; der Vorgang ist von Thioestern abhängig, und aus der Glucose entsteht dabei die Brenztraubensäure, die auf der Ebene B als Elektronenakzeptor dient; aus ihr bilden sich als Endprodukte der Gärung entweder Ethanol oder Milchsäure und Kohlendioxid. Durch diese Zweiteilung des Stoffwechselweges über die Ebenen A und B kann die Gärung ablaufen, ohne daß ein äußerer Akzeptor (Sauerstoff) die Elektronen aufnehmen muß.

Kapitel 12

1. C. F. Amabile-Cuevas und M. E. Chicurel in *Amer. Scient.* 81 (1993): 332–41.
2. C. R. Woese in *Sci. Am.* 244, No. 6 (1981): 98–122 [deutsch: *Spektrum der Wissenschaft* 8 (1981): 74–91] und *Microbiol. Rev.* 51 (1987): 221–71.
3. C. R. Woese, O. Kandler, und M. L. Wheelis in *Proc. Natl. Acad. Sci. USA* 87 (1990): 4576–79.
4. Nach einem neueren Übersichtsartikel von O. Kandler (*Progr. Botan.* 54 [1993]: 1–24) sind *alle* sehr altertümlichen Prokaryoten thermophil, sowohl bei den Archae- als auch bei den Eubakterien. Dies ist ein sehr stichhaltiges Argument für einen themophilen Vorfahren.
5. P. Forterre et al. in *BioSystems* 28 (1993): 15–32.
6. M. Sogin in *Curr. Opin. Genet. Dev.* 1 (1991): 457–63.

Kapitel 13

1. Informationen über die Möglichkeit von außerirdischem Leben finden sich bei G. Feinberg und R. Shapiro. *Life Beyond Earth*. New York (William Morrow) 1980, R. T. Hood und J. S. Trefil. *Are We Alone?* New York (Scribner's) 1981, und R. Breuer. *Contact with the Stars*. San Francisco (W. H. Freeman) 1982. Das erste Buch endet mit der Schlußfolgerung, das Universum sei voller Leben. Die anderen beiden sind deutlich weniger optimistisch. Frank Drake, einer der Pioniere bei der Suche nach außerirdischer Intelligenz (SETI), gab kürzlich einen zum Teil autobiographischen Bericht über seine Arbeiten; er wurde in Zusammenarbeit mit D. Sobel verfaßt und trägt den Titel *Is Anyone Out There?* New York (Delacorte Press) 1992 [deutsch: *Signale von anderen Welten. Mit dem NASA-SETI-Projekt auf der Suche nach fremden Intelligenzen*. Bad Homburg (Bettendorf) 1994]. Siehe auch die Rezension dieses Buches von R. N. Bracewell in *Science* 258 (1992): 1012–14.
2. Wer sich für die neue Wissenschaft der Computermodelle von Lebensvorgängen und für das Mekka dieser Forschungsrichtung, das Santa Fe Institute, interessiert, hat die Wahl zwischen zwei kürzlich erschienenen Büchern, die beide sehr locker und journalistisch geschrieben sind (Literaturhinweise 60 und 61); hinzuzufügen wäre noch S. Levy. *Artificial Life: The Quest for a New Creation*. New York (Cape/Pantheon) 1992 [deutsch: *KL – Künstliches Leben aus dem Computer*. München (Droemer Knaur) 1993]. Gehaltvoller ist der Bericht in Literaturhinweis 62. Wer in Eile ist, kann auf zwei Aufsätze zurückgreifen: S. A. Kauffman in *Sci. Am.* 265, No. 2 (1991): 78–84 [deutsch: *Spektrum der Wissenschaft* 10 (1991): 90–99], oder R. Ruthen in *Sci. Am.* 268, No. 1 (1993): 130–140].
3. Literaturhinweis 62.
4. Literaturhinweis 62, S. 232. Die Geschichte der Vorstellung vom «Rand des Chaos» wird in Kapitel 3 von Literaturhinweis 61 beschrieben.

Kapitel 14

1. Die erste Beschreibung der Repressorhypothese findet sich in einem bahnbrechenden Aufsatz von F. Jacob und J. Monod in *J. Mol. Biol.* 3 (1961): 318–56. Einen persönlichen Bericht über die Entdeckung gibt Jacob in seiner Autobiographie *La Statue Intérieure*. Paris (Editions Odile Jacob) 1987.
2. F. M. Burnet. *Clonal Selection Theory of Acquires Immunity*. Cambridge (Cambridge University Press) und Nashville, Tenn. (Vanderbilt University Press) 1959.

3. Näheres über Archaebakterien findet sioch in folgenden Übersichtsartikeln und Büchern: W. J. Jones, D. P. Nagle und W. B. Whitman in *Microbiol. Rev.* 51 (1987): 135–77, C. Edwards (Hrsg.) *Microbiology of Extreme Environments.* New York (McGraw-Hill) 1990, M. J. Danson, D. W. Hough und G. G. Lunt (Hrsg.) *The Archaebacteria*, London (Portland Press) 1992, und O. Kandler in *Progr. Botan.* 54 (1993): 1–14.
4. Ibid.
5. Siehe Anmerkung 3 zur Einleitung.
6. J. W. Schopfs neueste Befunde sind beschrieben in *Science* 260 (1993): 640–46.

Kapitel 15

1. W. Zillig, P. Palm und H.-P. Klenk in Literaturhinweis 8, S. 181–93.
2. Die Hypothese von einem eukaryotischen Urahnen mit einem DNA-Genom, der den Prokaryoten vorausging, stammt von P. Forterre et al. (Anmerkung 5 zu Kapitel 12). Die Hypothese von einem ähnlichen Vorfahren mit RNA-Genom beschrieben H. Hartman in *Specul. Sci. Technol.* 7 (1985): 77–81 und in etwas anderer Form M. Sogin (Anmerkung 6 zu Kapitel 12).
3. Die Endosymbiontentheorie ist schon über 100 Jahre alt. Wiederbelebt wurde sie von L. Margulis (damals L. Sagan) in *J. Theor. Biol.* 14 (1967): 225–74. Sie erweiterte die Theorie später in *Origin of Eukaryotic Cells.* New Haven (Yale University Press) 1970 (siehe Literaturhinweis 23) und in Zusammenarbeit mit D. Sagan in *Micro-Cosmos.* New York (Summit Books) 1986. In Zusammenarbeit mit M. McMenamin brachte sie kürzlich eine englische Übersetzung von *Concepts in Symbiogenesis* heraus (New Haven, Yale University Press, 1992), das 1979 in der Sowjetunion erschienen war; in diesem Buch faßt L. N. Khakhina die Arbeiten russischer Biologen zusammen, die Anfang des 20. Jahrhunderts die Vorstellung von der Endosymbiose entwickelten. Viele interessante Beiträge zu dem Thema finden sich auch in: J. J. Lee und J. F. Fredrick (Hrsg.) *Endocytobiology III* (*Ann. N. Y. Acad. Sci.* 503 [1987]), P. Nardon et al. (Hrsg.) *Endocytobiology IV.* Paris (Institut National de la Recherche Agronomique) 1990, und H. Hartman und K. Matsumo (Hrsg.) *The Origin and Evolution of the Cell.* Singapur (World Scientific) 1992.
4. Ein Mikrofossil, das vermutlich von einer eukaryotischen Alge stammt, fanden T.-M. Han und B. Runnegar (*Science* 257 [1992]: 232–35) in einer 2,1 Milliarden Jahre alten eisenhaltigen Gesteinsformation in Michigan. Sollte sich bestätigen, daß es sich hier um einen Eukaryoten handelt, müßte man den Zeitpunkt für die Aufnahme der Endosymbionten um mindestens 500 Millionen Jahre weiter in die Vergangenheit verlegen.

5. Meine Beschreibung von *Giardia* gründet sich zum größten Teil auf die Arbeiten von K. S. Kabnick und D. A. Peattie, zusammengefaßt in ihrem Aufsatz in *Amer. Sci.* 79 (1991): 34–43. Eine andere Sichtweise vertreten M. E. Siddall, H. Hong und S. S. Desser in *J. Protozool.* 39 (1992): 361–67. Über die Altertümlichkeit von *Giardia* berichteten M. L. Sogin et al. in *Science* 243 (1989): 75–77.

6. Obwohl die Flagellen der Bakterien und Eukaryoten denselben Namen tragen, handelt es sich in chemischem Aufbau, Struktur und Funktion um völlig unterschiedliche Gebilde. Um Verwirrung zu vermeiden, tritt L. Margulis (siehe Literaturhinweis 26) seit langem dafür ein, die Flagellen und Cilien der Eukaryoten unter dem Begriff «Undulipodien» zusammenzufassen, der aus der alten deutschen Literatur stammt. Bisher hat sich dieser Vorschlag jedoch nicht allgemein durchgesetzt.

7. Es gibt in der Literatur keine Beschreibung, wonach *Giardia* tatsächlich Bakterien aufnimmt. Eindeutigen Hinweisen zufolge kann sich dieser Organismus jedoch Material aus seiner Umgebung einverleiben und in seinem Inneren verdauen. Außerdem sind mehrere enge Verwandte von *Giardia* bekanntermaßen gierige Bakterienfresser. Meine Beschreibung von *Giardia* auf der Jagd liegt innerhalb der Grenzen des poetisch Erlaubten.

8. Der Ausdruck «wütender Räuber» (*fierce predator*) stammt aus *Micro-Cosmos* (siehe oben, Anmerkung 3), S. 129.

9. M. McCarthy, der letzte noch lebende Angehörige des berühmten Trios, gab eine faszinierende Beschreibung seiner historischen Entdeckung in *The Transforming Principle*. New York (Norton) 1985.

10. Der Diplomonadenfachmann G. Brugerolle (*Protistologia* 11 [1975]: 111–18) erklärt, *Giardia* besitze keinen nachweisbaren Golgi-Apparat; er vermutet deshalb, daß sich dieser Zellbestandteil noch nicht gebildet hatte, als sich die Vorfahren von *Giardia* von der Hauptlinie der Eukaryoten trennten. Ein charakteristisches, mit dem Golgi-Apparat verbundenes Sekretionssystem ist jedoch nachweisbar, wenn sich *Giardia* auf die Einkapselung vorbereitet und dazu eine Außenhülle aus Kohlenhydraten und Protein aufbaut. Siehe F. D. Gillin, D. S. Reiner und M. McCaffery in *Parasitology Today* 7 (1991): 113–16.

11. Zur Altertümlichkeit der Microsporidia siehe C. R. Vossbrinck et al. in *Nature* 326 (1987): 411–14.

12. Zur Evolution des Mitoseapparats siehe D. F. Kubai in *Int. Rev. Cytol.* 43 (1975): 167–227, und I. B. Heath in *Int. Rev. Cytol.* 64 (1980): 1–80.

Kapitel 16

1. Wachstum in Verbindung mit einer Faltung der Oberfläche kommt auch bei Zellen mit Zellwand vor. Es wurden Riesenbakterien beschrieben, die von einer Zellwand umschlossen sind. Zu ihnen gehören ein freilebendes Schwefelbakterium, das von E. Fauré-Frémiet und C. Rouiller isoliert wurde (*Exp. Cell Res.* 14 [1958]: 29–46), und ein Parasit aus dem Darm von Fischen, beschrieben von K. D. Clements und S. Bullivant (*J. Bacteriol.* 173 [1991]: 5359–62) und eindeutig als Prokaryot identifiziert von E. R. Angert, K. D. Clements und N. R. Pace (*Nature* 362 [1993]: 239–41). Beide Arten besitzen eine stark gefaltete Zellmembran.
2. Die Theorie, wonach die Entwicklung eines primitiven Eukaryoten im Zusammenhang mit dem Erwerb der Phagocytose stand, wurde erstmals formuliert von C. de Duve und R. Wattiaux (*Annu. Rev. Physiol.* 28 [1966]: 435–92). Unabhängig davon wurde sie auch vertreten von R. Y. Stanier (*Symp. Soc. Gen. Microbiol.* 20 [1970]: 1–38) und weiterentwikkelt von T. Cavalier-Smith (*Ann. N. Y. Acad. Sci.* 503 [1987]: 17–54). Siehe auch Literaturhinweis 6.
3. K. S. Kabnick und D. A. Peattie in *Amer. Sci.* 79 (1991): 34–43. Eine abweichende Ansicht vertreten M. E. Siddall, H. Hong und S. S. Desser in *J. Protozool.* 39 (1992): 361–67; sie erwähnen die Haploidie nicht und schreiben die beiden Zellkerne einer verzögerten Zellteilung zu.
4. Über das entscheidende Experiment zur Herstellung der ersten monoklonalen Antikörper berichteten G. Köhler und C. Milstein in *Nature* 231 (1975): 87–90. Einen allgemeinen Überblick über das Thema gibt J. W. Golding, *Monoclonal Antibodies: Principles and Practice*, 2. Aufl. New York (Academic Press) 1987.

Kapitel 17

1. Siehe aber Anmerkung 4 zu Kapitel 15.
2. *Lorenzos Öl* erzählt die Geschichte der Eltern eines Jungen mit Adrenoleukodystrophie, die verzweifelt nach einer Heilungsmethode suchen. Der Film ist hervorragend, könnte aber eine gefährlich irreführende Botschaft übermitteln, und das gerade zu einer Zeit, da die medizinische Forschung besonders vielversprechend aussieht, während sie paradoxerweise gleichzeitig zum Ziel vieler irrationaler Angriffe wird. Siehe die Rezension von F. Rosen in *Nature* 361 (1993): 695.
3. Siehe den Übersichtsartikel von M. Müller in *J. Gen. Microbiol.* 129 (1993): 2879–89. Siehe auch T. Fenchel und B. J. Finlay in *Amer. Sci.* 82 (1994): 22–29.
4. Siehe Anmerkung 15 zu Kapitel 4 und das Kapitel von L. Margulis in

L. Margulis und L. Olendzenski (Hrsg.) *Environmental Evolution*. Cambridge, Mass. (MIT Press) 1992. S. 173–99.

5. Die Abstammung des eukaryotischen Zellkerns von einem Endosymbionten vermuteten H. Hartmann in *Specul. Sci. Technol.* 7 (1985): 77–81, und in etwas abgewandelter Form M. Sogin (siehe Anmerkung 6 zu Kapitel 12).

6. F. Jacob in *Science* 196 (1977): 1161–66.

7. Mikrotubuli sind aus zwei Typen von Bausteinen namens α- und β-Tubulin aufgebaut; diese sind aber eng verwandt und stammen vom gleichen Vorläufermolekül ab.

Kapitel 18

1. Manche Bakterienkolonien verhalten sich wie echte Organismen, so J. A. Shapiro in *Sci. Am.* 258, No. 6 (1988): 82–89 [deutsch: *Spektrum der Wissenschaft* 8 (1988): 52–59].

2. G. M. Edelman, *Topobiology*. New York (Basic Books) 1988.

Kapitel 19

1. Manchen Hinweisen zufolge könnten Bakterien sich schon vor 1,2 Milliarden Jahren an Land festgesetzt haben. Siehe R. J. Horodyski und L. P. Knauth in *Science* 263 (1994): 494–98.

2. Einen ausgezeichneten Überblick über die Evolution von Pflanzen und Pilzen gibt Literaturhinweis 16. Einfacher zu lesen, dabei informativ und unterhaltsam ist Literaturhinweis 24.

3. Die große Krise des Perm ist in Literaturhinweis 21 beschrieben. Weitere Befunde beschreiben I. H. Campbell et al. in *Science* 258 (1992): 1760–63.

4. Literaturhinweis 16, S. 556–57.

5. P. O. Wainright et al. in *Science* 260 (1993): 340–42.

6. Siehe Anmerkung 11 zu Kapitel 9.

Kapitel 20

1. Als allgemeines Nachschlagewerk über die Evolution der Tiere empfehle ich Literaturhinweis 18. Eine vereinfachte, unterhaltsame Darstellung bietet Literaturhinweis 24.

2. Eine umfassende, kritische Analyse der «biogenetischen Grundregel» gibt S. J. Gould in Literaturhinweis 17.

3. Hohle, kugelförmige Gebilde aus vielen Zellen, die eine Zellschicht dick sind, findet man bei manchen Bakterien (siehe Anmerkung 1 zu Kapitel 18) und einigen Algenarten; ein Lehrbuchbeispiel für eine solche Alge ist *Volvox*.

4. Die stammesgeschichtlichen Verwandtschaftsverhältnisse zwischen Diploblasten und Triploblasten sind nach wie vor nicht gesichert. Nach allgemeiner Auffassung trennten sich die beiden Gruppen sehr früh, aber ob sie vom gleichen Protisten oder von verschiedenen Protisten-Vorfahren abstammen, ist nicht geklärt. Befunde von R. Christen in *EMBO J.* 10 [1991]: 499–503, ‹schließen nicht die Möglichkeit aus, daß Triploblasten und Diploblasten unabhängig voneinander aus unterschiedlichen Protisten hervorgegangen sind›. Nach Angaben von P. O. Wainright in *Science* 260 (1993): 340–42, stammen alle Tiere von einem einzigen Choanoflagellaten ab, der auch der Vorfahr der Pilze war.

5. Eine schöne Zusammenfassung der Arbeiten über den Fadenwurm *Caenorhabditis elegans* ist der Artikel von M. Pines in Literaturhinweis 25, S. 30–38.

6. Neuere Befunde über die «kambrische Faunenexplosion» finden sich in folgenden Artikeln: A. H. Knoll in *Sci. Am.* 265, No. 4 (1991): 64–73 [deutsch: *Spektrum der Wissenschaft* 12 (1991): 100–109], J. S. Levinton in *Sci. Am.* 267, No. 5 (1992): 84–91 [deutsch: *Spektrum der Wissenschaft* 1 (1993): 54–63], A. H. Knoll und M. R. Walter in *Nature* 356 (1992): 673–78, A. H. Knoll in *Science* 256 (1992): 622–27, S. C. Morris in *Nature* 361 (1993): 219–25, und S. A. Bowring et al. in *Science* 261 (1993): 1293–98.

7. Knolls Theorie, wonach die «kambrische Faunenexplosion» mit dem Anstieg des Sauerstoffgehalts in der Atmosphäre zusammenhängt, ist in den oben genannten Artikeln beschrieben (siehe Anmerkung 6).

8. Siehe Anmerkung 3 zur Einleitung.

9. Claude Bernards wichtigstes Werk ist die *Introduction à l'Etude de la Médecine Expérimentale*, die 1865 in Paris erschien.

Kapitel 21

1. Eine einfache Einführung in die komplizierte Materie der homöotischen Gene findet sich in dem Artikel von P. Radetsky in Literaturhinweis 25, S. 18–29.

2. Siehe Anmerkung 2 zu Kapitel 20.

Kapitel 22

1. Die Geschichte der Entdeckung des Quastenflossers wird in Literaturhinweis 24 erzählt.
2. Zallingers Wandgemälde ist mit einer Reihe interessanter Erläuterungen wiedergegeben in V. Scully, R. F. Zallinger und J. H. Ostrom. *The Age of Reptiles*. New York (Abrams) 1990.
3. Frühe Beschreibungen der Iridium-Anomalie finden sich in den Literaturhinweisen 21 und 24. Persönlich gefärbte Berichte über die Forschungen zur Iridium-Anomalie geben L. W. Alvarez in seiner Autobiographie *Adventures of a Physicist*. New York (Basic Books) 1987, und W. Alvarez und F. Asaro in ihrem Kapitel in J. Bourriau (Hrsg.) *Understanding Catastrophe*. Cambridge/New York (Cambridge University Press) 1992. S. 28–56. Neuere Hinweise, daß Chicxulub die Einschlagstelle des Meteoriten ist, der vermutlich zum Aussterben der Dinosaurier und vieler anderer Arten führte, finden sich bei V. L. Sharpton et al. in *Science* 261 (1993): 1564–67.
4. Vollständig lautet der Satz von Pasteur: ‹Dans le champs de l'observation, le hasard ne favorise que les esprits préparés.›

Kapitel 23

1. Alfred Lotka und Vito Volterra waren zwei Biomathematiker, die Anfang der zwanziger Jahre theoretische Untersuchungen zu den wechselseitigen Einflüssen von Räuber-Beute-Populationen anstellten. Ihre Studie ist heute ein Klassiker. Siehe Literaturhinweis 26.
2. J. F. Kasting in *Science* 259 (1993): 920–26.
3. J. Lovelock entwickelte seine Gaia-Hypothese in Literaturhinweis 26. In Literaturhinweis 61 beschreibt der Wissenschaftsautor R. Lewin seinen Besuch bei Lovelock und seine Unterhaltung mit ihm.
4. Ein Porträt von Lynn Margulis und ihrer Unterstützung für die Gaia-Hypothese findet sich in einer netten Darstellung von C. Mann in *Science* 252 (1991): 378–81.
5. Der im Dezember 1993 verstorbene Wissenschaftler, Arzt und Beamte Lewis Thomas wird vor allem durch seine einzigartigen charakteristischen wissenschaftlich-poetischen Aufsätze in Erinnerung bleiben, die in *The Lives of a Cell*. New York (Viking) 1974, und mehreren anderen Büchern gesammelt sind. Das Zitat stammt aus dem Vorwort von Literaturhinweis 26, S. x.
6. F. Dyson, *From Eros to Gaia*. New York (Pantheon) 1992. S. 344.
7. Literaturhinweis 26, S. 236.

Kapitel 24

1. W. Gilbert in *Nature* 271 (1978): 501, und in *Science* 228 (1985): 823–24.

2. L. E. Orgel und F. H. Crick in *Nature* 284 (1980): 604–7.

3. Die Theorie von der egoistischen DNA – die Bezeichnung geht auf den Titel eines Buches von R. Dawkins zurück (Literaturhinweis 22) – wurde weiterentwickelt von W. F. Doolittle und C. Sapienza in *Nature* 285 (1980): 601–3, und von Orgel und Crick (siehe oben, Anmerkung 2). Siehe auch Kapitel 9 in Literaturhinweis 19.

4. Literaturhinweis 22, S. 47.

5. Über Befunde, wonach Gene intervenierende Sequenzen enthalten, die in den RNA-Transkripten entfernt werden, berichteten gleichzeitig S. M. Berget, C. Moore und P. A. Sharp in *Proc. Natl. Acad. Sci. USA* 74 (1977): 3171–75, und L. T. Chow et al. in *Cell* 12 (1977): 1–8. Siehe auch J. A. Witkowski in *Trends Biochem. Sci.* 13 (1988): 110–13.

6. Siehe oben, Anmerkung 1.

7. Es gibt immer mehr Indizien, daß Proteine aus Modulen aufgebaut sind. Ein Teil der Befunde ist zusammengefaßt bei E. M. Stone und R. J. Schwartz (Hrsg.) *Intervening Sequences in Evolution and Development*. New York (Oxford University Press) 1990. Siehe auch den Artikel von M. Go und M. Mizutani in H. Hartman und K. Matsuno (Hrsg.) *The Origin and Evolution of the Cell*. Singapur (World Scientific) 1992, und den Übersichtsartikel von R. F. Doolittle und P. Bork in *Sci. Am.* 269, No. 4 (1993): 50–56 [deutsch: *Spektrum der Wissenschaft* 12 (1993): 40–49]. Eine Reihe solcher Module sind Pro- und Eukaryoten gemeinsam, das heißt, sie könnten auf jene Frühzeit zurückgehen, in der die Gene erstmals zusammengesetzt wurden (siehe P. Green et al. in *Science* 259 [1993]: 1711–16). Interessanterweise enthalten die Proteinmodule, die auch Domänen oder Motive genannt werden, häufig einen Abschnitt, der an der Bindung eines anderen Moleküls, wie NAD oder DNA, beteiligt ist; das erklärt ihre entwicklungsgeschichtliche Stabilität. Unterschiedliche Ansichten herrschen jedoch in der Frage, inwieweit Exons die Einheiten sind, die die Module codieren.

8. W. Gilbert, M. Marchionni und G. McKnight in *Cell* 46 (1986): 151–54.

9. Siehe den Übersichtsartikel von B. Dujon in *Gene* 82 (1989): 91–114.

10. B. McClintock faßte ihre Arbeit in ihrem Nobelpreisvortrag zusammen. Siehe *Les Prix Nobel 1983*. Stockholm (Almquist & Wiksell) 1984. S. 174–93.

11. Nach einem neueren Aufsatz von A. Stoltzfus et al. in *Science* 265 (1994): 202–7, ‹ist die Exontheorie der Gene nicht haltbar.›

12. Die Schätzung von etwa 7000 Exons findet sich in einem Artikel von R. L. Dorit, L. Schoenbach und W. Gilbert in *Science* 250 (1990): 1377–82. Kritik an der dabei verwendeten Methode äußerte R. F. Doolittle in

Science 253 (1991): 677–79; die Erwiderung der Autoren findet sich ibid., 679–80.

Kapitel 25

1. Mary Leakey erzählte die Geschichte der Fußspuren von Laetoli in *Nation. Geogr.* 155 (1979): 446–57. In diesem Artikel spricht sie nur von zwei Individuen. Ein drittes erwähnt sie in einem Bericht für das niederländische Sammelwerk *De Evolutie van de Mens*. Maastricht (Natuur en Techniek) 1981.
2. Über die Entdeckung von Lucy berichtet D. Johanson in Literaturhinweis 32.
3. Sehr gut lesbare Berichte über den Ursprung des Menschen finden sich in den Literaturhinweisen 31, 32 und 34. Als Einführung in das Thema eignen sich die Artikel von B. Wood in *Nature* 355 (1992): 783–90, K. S. Thomson in *Amer. Sci.* 80 (1992): 519–22, und P. Andrews in *Nature* 360 (1992): 641–46. Mehr Einzelheiten über die jüngere Evolution des Menschen finden sich in M. C. Corballis. *The Lopsided Ape*. New York (Oxford University Press) 1991, in C. Willis. *The Runaway Brain*. New York (Basic Books) 1993, und in Literaturhinweis 33. Eine nette romantisierende und hübsch illustrierte Schilderung des Ursprungs und der Evolution der Frühmenschen sowie ihrer Lebensweise geben P. Angela und A. Angela in *The Extraordinary Story of Human Origins*, aus dem Italienischen übersetzt von G. Tonne (Buffalo, N. Y., Prometheus Books, 1993). Dieses Buch, das weitgehend im Stil eines historischen Romans geschrieben ist, gründet sich auf handfeste wissenschaftliche Befunde und enthält Gespräche mit vielen führenden Fachleuten auf diesem Gebiet.
4. Das Hin und Her um die afrikanische Eva kann man in folgenden Artikeln verfolgen: R. L. Cann, M. Stoneking und A. C. Wilson in *Nature* 325 (1987): 31–36, C. B. Stringer in *Sci. Am.* 263, No. 6 (1990): 98–104 [deutsch: *Spektrum der Wissenschaft* 2 (1991): 112–21], L. Vigilant et al. in *Science* 253 (1991): 1503–7, A. C. Wilson und R. L. Cann in *Sci. Am.* 266, No. 4 (1992): 68–73 [deutsch: *Spektrum der Wissenschaft* 6 (1992): 72–79], A. G. Thorne und M. H. Wolpoff in *Sci. Am.* 266, No. 4 (1992): 76–83 [deutsch: *Spektrum der Wissenschaft* 6 (1992): 80–87], A. Gibbons in *Science* 257 (1992): 873–75, und J. Klein, N. Takahata und F. Ayala in *Sci. Am.* 269, No. 6 (1993): 78–83 [deutsch: *Spektrum der Wissenschaft* 2 (1994): 56–63. Siehe auch Literaturhinweis 34 und *The Runaway Brain* von C. Willis (siehe oben, Anmerkung 3). Bestätigung für einen einzigen Ursprung der Menschen in Afrika kam von D. M. Waddle in *Nature* 368 (1994): 452–54, A. M. Bowcock et al., ibid., 455–57, und Y. Coppens in *Sci. Am.* 270, No. 5 (1994): 88–95.

5. P. Lieberman, E. S. Crelin und D. H. Klatt in *Amer. Anthropol.* 74 (1972): 287–307, und P. Lieberman. *On the Origin of Language*. New York (Macmillan) 1975.

6. Die Entdeckung eines fossilen Zungenbeins in Israel gilt als Argument gegen Liebermans Behauptung, die Neandertaler hätten nicht sprechen können. Siehe B. Arensburg et al. in *Nature* 338 (1989): 758–60. Mehrere Autoren haben sich für die Neandertaler eingesetzt, die demnach zu Unrecht als primitiv gelten. Siehe zum Beispiel Literaturhinweis 34 und *The Runaway Brain* von C. Willis (siehe oben, Anmerkung 3).

7. Literaturhinweis 33.

Kapitel 26

1. Eine ausgezeichnete Einführung in Struktur und Entwicklungsgeschichte des menschlichen Gehirns findet sich in Literaturhinweis 42. Eiligen Lesern gibt Literaturhinweis 46 einen guten Überblick über das Thema.

2. Über Paley und seine Theologie berichtet Literaturhinweis 20.

3. Ibid.

4. Nur 1829 Einzelschritte, verteilt auf etwa 400000 Generationen könnten ausgereicht haben, damit aus einem flachen Bereich mit lichtempfindlichen Zellen, die zwischen einer transparenten Schutzschicht und einer dunklen Pigmentschicht lagen, ein ansehnliches, kameraähnliches Auge mit Brechungslinse wurde, so das Ergebnis einer Computersimulation von D.-E. Nilsson und S. Peiger, veröffentlicht in *Proc. R. Soc. B* 256 (1994): 53–58. Siehe auch den Kommentar zu dieser Arbeit von R. Dawkins in *Nature* 368 (1994): 691–92.

5. Darwins religiöse Voreingenommenheit wird diskutiert bei J. H. Brooke in J. Durant (Hrsg.) *Darwinism and Divinity*. Oxford/New York (Basil Blackwell) 1985. S. 40–75.

6. Siehe Anmerkung 5 zu Kapitel 20.

7. D. H. Hubel und T. N. Wiesel in *Sci. Am.* 241, No. 3 (1979): 150–62 [deutsch: *Spektrum der Wissenschaft* 11 (1979): 36–56].

8. Literaturhinweis 38.

9. G. M. Edelman gab eine genaue Beschreibung seiner Theorie in *Neural Darwinism*. New York (Basic Books) 1987 [deutsch: *Unser Gehirn – ein dynamisches System. Die Theorie des neuronalen Darwinismus*. München (Piper) 1993]. In Literaturhinweis 47 umreißt er die Theorie so, daß sie für ein größeres Publikum verständlich ist.

10. F. Crick in *Trends Neurosci.* 12 (1989): 240–48.

11. Literaturhinweis 38, 272.

12. H. Keller, *The World I Live In*. New York (Century) 1908. [deutsch: *Meine Welt. Blind, taub und optimistisch*. München (dtv) 1994].

13. Die Neotenie wird in Literaturhinweis 17 im einzelnen dargestellt.
14. Literaturhinweis 33, S. 48.

Kapitel 27

1. Siehe *The Mind's Eye*, eine Sammlung von Artikeln aus der Zeitschrift *Scientific American*, mit einer Einleitung von J. M. Wolfe (New York, W. H. Freeman, 1986) und Literaturhinweis 48.
2. In *The Remembered Present: A Biological Theory of Consiousness*. New York (Basic Books) 1989, erklärt G. M. Edelman im einzelnen seine Theorie des Bewußtseins. Das Buch ist die Fortsetzung seines Werkes *Neural Darwinism* (siehe Anmerkung 9 zu Kapitel 26). In allgemein verständlicher Form faßt Edelman seine Ansichten in Literaturhinweis 47 zusammen; eine tiefsinnige Rezension von O. Sacks über das letztgenannte Buch findet sich in der *New York Review of Books*, 8. April 1993, S. 42–49. Angenehm zu lesen ist auch der Artikel «Dr. Edelman's Brain» von Steven Levy in der Zeitschrift *New Yorker*, 2. Mai 1994, S. 62–73.
3. Eine kurze Geschichte des Behaviorismus und seiner Verdrängung durch eine neue Kognitionswissenschaft findet sich in Literaturhinweis 39. Interessant ist auch die kürzlich erschienene Biographie *B. F. Skinner: A Life* von D. W. Bjork (New York [Basic Books] 1993)
4. D. Griffin erläuterte seine Vorstellungen in den Literaturhinweisen 35, 37 und 44. Siehe auch M. S. Dawkins. *Through Our Eyes Only? The Search for Animal Consciousness*. New York (W. H. Freeman) 1993 [deutsch: *Die Entdeckung des tierischen Bewußtseins*. Heidelberg (Spektrum Akademischer Verlag) 1994].
5. Jane Goodall berichtet diese Geschichte in *The Chimpanzees of Gombe: Patterns of Behavior*. Cambridge, Mass. (Harvard University Press) 1986 [deutsch: *Wilde Schimpansen*. *Verhaltensforschung am Gombe-Strom*. Reinbek (Rowohlt-Taschenbuchverlag) 1991].
6. Literaturhinweis 40.
7. In seinem Buch *A History of the Mind*. New York (Simon & Schuster) 1992, unterstreicht N. Humphrey den Unterschied zwischen der physikalischen Zeit als einer reinen Abfolge von Augenblicken und der subjektiven Zeit, einer Folge überlappender Abschnitte von einer bestimmten Dauer.
8. In *Consciousness Explained*. Boston (Little, Brown) 1991 [deutsch: *Philosophie des menschlichen Bewußtseins*. Hamburg (Hoffmann und Campe) 1994], nimmt D. C. Dennett verbreitete Vorstellungen vom Bewußtsein so auseinander, daß davon kaum etwas übrigbleibt.
9. Patricia Smith Churchland kommt das seltene Verdienst zu, daß sie versuchte, Neurobiologie und Philosophie zusammenzuführen, zwei Fachge-

biete, die sehr dazu neigen, sich abzugrenzen. In ihrem Buch *Neurophilosophy*. Cambridge, Mass. (MIT Press) 1986, verteidigt sie das Dogma vom «eliminativen Materialismus», das auch ihr Mann Paul M. Churchland vertritt (*Matter and Consciousness: A Contemporary Introduction to the Philosophy of Mind*. Cambridge, Mass. [MIT Press] 1984). Die Anspielungen auf die «Volkspsychologie» stammen aus ihrem Buch (S. 299 ff.).

10. Literaturhinweis 45, S. 3.
11. Ibid.
12. Literaturhinweis 47, S. 157.
13. Literaturhinweis 48, S. 284.
14. Descartes zögerte die Veröffentlichung seines *Discours de la Méthode* von 1633 bis 1637 hinaus, nachdem er von Galileis Verurteilung durch den Heiligen Stuhl gehört hatte. Um diesem Schicksal zu entgehen, erklärte er in dem Buch sehr vorsichtig, es handele sich nur um ein Gedankenspiel und keinesfalls um Behauptungen über die Wahrheit. Nach einem Kernsatz seiner Theorie kann man die Körper von Menschen und Tieren als völlig automatisch funktionierende Maschinen betrachten, die vom Gehirn über in den Nerven kreisende «animalische Geister» koordiniert werden. Die Menschen unterscheiden sich danach von den Tieren durch die unsterbliche Seele, den Sitz von Intelligenz und Bewußtsein, die mit den «animalischen Geistern» in der Zirbeldrüse in Verbindung steht.
15. Literaturhinweis 36.
16. P. J. G. Cabanis faßte seine Ideen zusammen in *Traité du Physique et du Moral de l'Homme* (1802).
17. Der in Holland geborene J. Moleschott lehrte vorwiegend in Deutschland. Seine materialistischen Ansichten legte er in seinem Buch *Der Kreislauf des Lebens* (1852) dar.
18. Siehe oben, Anmerkung 8.
19. G. Ryle. *The Concept of Mind*. London (Hutchinson) 1949 [deutsch: *Der Begriff des Geistes*. Stuttgart (Philipp Reclam) 1969].
20. A. Koestler. *The Ghost in the Machine*. New York (Macmillan) 1967.
21. *Consciousness Explained* (siehe oben, Anmerkung 8), S. 268.
22. Siehe oben, Anmerkung 2.
23. *The Remembered Present* (siehe oben, Anmerkung 2), S. 308.
24. Literaturhinweis 47, S. 79–80.
25. *The Remembered Present* (siehe oben, Anmerkung 2), S. 260.
26. Literaturhinweis 48, S. 3.
27. Ibid., S. 285.
28. Literaturhinweis 45, S. 212.
29. Ibid., S. 112.
30. R. Sperry. *Science and Moral Priority*. New York (Columbia University Press) 1983. S. 79.

31. Ibid.
32. Literaturhinweis 43, S. 404.
33. Ibid.
34. Ibid., S. 408.
35. Ibid., S. 399.
36. Ibid., S. 438.
37. In seinem Buch *Biophilosophie aus erkenntnistheoretischer Sicht* (Stuttgart [Gustav Fischer Verlag] 1968) entwickelt B. Rensch eine ‹panpsychistische, identistische, polynomistische› Theorie des Geistes (S. 235 ff.).
38. Ibid., S. 175.
39. Ibid., S. 187.
40. Ibid., S. 246.
41. Johannes 8: 32.
42. *Neurophilosophy* (siehe oben, Anmerkung 9), S. 299 ff.
43. Literaturhinweis 42, S. 187–92.
44. Literaturhinweis 36, S. 565.
45. Literaturhinweis 45, S. 26.
46. Ibid., S. 227.
47. Ibid., S. 228.

Kapitel 28

1. P. Marler in *Amer. Sci.* 58 (1970): 669–73, und P. Marler und S. Peters in *Science* 146 (1981): 1483–86.
2. Wiedergegeben in D. R. Griffin, Literaturhinweis 44, S. 41. Ursprünglich wurde über die sahnetrinkenden Meisen berichtet von J. Fisher und R. A. Hinde in *Brit. Birds* 42 (1949): 347–57, und von R. A. Hinde und J. Fisher in *Brit. Birds* 44 (1951): 393–96.
3. Literaturhinweis 36, S. 36–50.
4. Literaturhinweis 45.
5. Literaturhinweis 47, S. 216.
6. F. Crick und C. Koch in *Sci. Am.* 267, No. 3 (1992): 152–59 [deutsch: *Spektrum der Wissenschaft* 11 (1992): 144–55].
7. Literaturhinweis 48, S. 314.
8. Literaturhinweis 43, S. 158 ff. und 426 ff.
9. Literaturhinweis 41.
10. Literaturhinweis 39. Eine aktuelle Darstellung der Geschichte der künstlichen Intelligenz findet sich in Literaturhinweis 63. Einen guten Überblick über die Simulation neuronaler Netze und den Zusammenhang mit der künstlichen Intelligenz geben J. D. Cowan und D. H. Sharp in *Daedalus* 117, No. 1 (1988): 85–121.

11. Seine Darwin-Roboter beschrieb Edelman in *The Remembered Past* (siehe Anmerkung 2 zu Kapitel 27).
12. Literaturhinweis 48, S. 282.
13. Ibid., S. 283.

Kapitel 29

1. Literaturhinweis 50.
2. Literaturhinweis 22.
3. Einen ausgezeichneten Überblick über die Debatte gibt Literaturhinweis 51, eine Sammlung von Aufsätzen pro und kontra die neue Lehre. Wichtige Werke von seiten der Soziobiologie sind die Literaturhinweise 52 und 53 sowie das eher fachspezifische Buch *Genes, Mind and Culture* von C. J. Lumsden und E. O. Wilson (Cambridge, Mass. [Harvard University Press] 1981); die andere Seite ist vertreten in den Literaturhinweisen 54 und 55.
4. Das wichtigste Werk über Ethik von Herbert Spencer ist *The Principles of Ethics*. New York (D. Appleton) 1892.
5. Die Beziehung zwischen Genen und Verhalten bei Menschen und Tieren wird im einzelnen diskutiert in einem Sonderheft von *Science* 264 (1994): 1685–1739.
6. J. B. Gurdon in *Sci. Am.* 219, No. 6 (1968): 24–35.
7. Das Buch *In His Image* von D. Rorvik (Philadelphia/New York [Lippincott] 1978) erzählt die Geschichte eines Millionärs, der angeblich erfolgreich geklont wurde. Der Autor ‹schützt die Identität der Beteiligten›. Andererseits ist seine Geschichte mit einer umfangreichen wissenschaftlichen Dokumentation ausgestattet und deshalb interessant zu lesen – ob sie nun stimmt oder nicht.
8. Über die gelungene Klonierung menschlicher Embryonen – bis zu einem sehr frühen Entwicklungsstadium – berichteten J. L. Hall und Mitarbeiter von der George Washington University School of Medicine in Washinton, D. C. Siehe R. Kolberg in *Science* 262 (1993): 652–53.
9. Literaturhinweis 50, S. 562.
10. Siehe oben, Anmerkung 4.
11. T. H. Huxley schrieb *Evolution and Ethics*. New York (D. Appleton) 1894. Die Geschichte der historischen Begegnung mit dem Bischof Wilberforce erzählt er in einem Brief an einen Freund, zitiert von G. de Beer in *Charles Darwin*. Garden City, N. Y. (Doubleday) 1964. S. 167.
12. Literaturhinweis 51, S. 23.
13. Literaturhinweis 53, S. 179.
14. A. Flew, Literaturhinweis 51, S. 141–62.
15. Literaturhinweis 43.

16. Literaturhinweis 41.
17. Ibid.
18. Literaturhinweis 50, S. 561.
19. Literaturhinweis 41, S. 254.
20. Literaturhinweis 64, S. 176.
21. Literaturhinweis 53, S. 76.
22. Ibid., S. 174.

Kapitel 30

1. Die Bedeutung der jagenden Menschen für das Aussterben großer Säugetiere wird erörtert in den Literaturhinweisen 21, 29 und 33.
2. L. L. Cavalli-Sforza, P. Menozzi und A. Piazza in *Science* 259 (1993): 639–46.
3. Näheres über die Landwirtschaft als «zweischneidiges Schwert» in Literaturhinweis 33.
4. Literaturhinweise 57, 58 und 59.
5. Literaturhinweis 29, S. 136.
6. Ibid., S. 346.
7. R. M. May in *Sci. Am.* 267, No. 4 (1992): 42–48 [deutsch: *Spektrum der Wissenschaft* 12 (1992): 72–81].
8. Literaturhinweis 29, S. 280.
9. Der Kohlendioxidgehalt der Atmosphäre wird seit 1958 vom Mauna Loa Observatory in Hawaii gemessen. Die Kurve, die seinen stetigen Anstieg zeigt, ist wiedergegeben in Literaturhinweis 58, S. 5.
10. Literaturhinweis 26, S. 156–59.
11. Literaturhinweis 57, S. 164.
12. Ibid., S. 176.
13. B. Commoner. *The Poverty of Power*. New York (Knopf) 1976.
14. Literaturhinweis 57, S. 185.
15. Lord Zuckerman in *Nature* 358 (1992): 273.
16. Der gemeinsame Appell der Royal Society in London und der Academy of Sciences der USA erschien 1992 unter dem Titel *Population Growth, Resource Consumption, and a Sustainable World*.
17. Glücklicherweise folgten auf den Appell energischere Handlungen, allerdings immer noch nur in Form von Empfehlungen. Vertreter von 58 Wissenschaftsakademien aus der ganzen Welt verabschiedeten 1993 bei einer Tagung in New Delhi einen gemeinsamen Aufruf und forderten darin aktive staatliche Maßnahmen und Initiativen, um ‹Nullwachstum der Bevölkerung innerhalb der Lebenszeit der heutigen Kinder› zu erreichen. Siehe *Population Summit of the World's Scientific Academies*. Washington, D. C. (National Academy Press) 1994.

18. Das Buch von Malthus, das Darwin stark beeinflußte, erschien erstmals 1798 (in deutscher Sprache 1807).

19. Das Bevölkerungsproblem wird in mehreren bereits zitierten Büchern erörtert. Es ist das zentrale Thema in P. Ehrlichs 1968 erschienenem Buch *The Population Bomb* (Literaturhinweis 49), gefolgt von *The Population Explosion* (Literaturhinweis 65), dessen erstes Kapitel die Überschrift trägt: ‹Warum ist nicht jeder so erschreckt wie wir?›

20. Literaturhinweis 57, S. 293.

21. S. J. Olshansky, B. A. Carnes und C. K. Cassel in *Sci. Am.* 268, No. 4 (1993): 46–52.

22. T. F. Homer-Dixon, J. H. Boutwell und G. W. Rathjens in *Sci. Am.* 268, No. 2 (1993): 38–45 [deutsch: *Spektrum der Wissenschaft* 4 (1993): 36–45].

23. Angefangen mit J. Rifkins *Algeny* (New York [Viking] 1983) greifen immer mehr Bücher die Naturwissenschaft und insbesondere die Biologie als perversen Mythos und gefährliche Macht an. Siehe zum Beispiel M. Midgley. *Evolution as a Religion*. London/New York (Methuen) 1985, R. C. Lewontin. *Biology as Ideology*. New York (HarperCollins) 1991 [deutsch: *Die Gene sind es nicht ... Biologie, Ideologie und menschliche Natur*. Weinheim (Psychologie Verlags Union) 1988], B. Appleyard. *Understanding the Present*. London (Picador) 1992, R. Hubbard und E. Wald. *Exploding the Gene Myth*. Boston (Beacon Press) 1993, sowie die Literaturhinweise 54, 55, 66 und 67. Andere Ansichten als Gegengewicht finden sich bei B. D. Davis. *Storm Over Biology*. Buffalo, N. Y. (Prometheus Books) 1986, M. F. Perutz. *Is Science Necessary?* New York (Dutton) 1989 [deutsch: *Ging's ohne Forschung besser?* 2. erw. Aufl. Stuttgart (Wissenschaftliche Verlagsgesellschaft) 1988], J. E. Bishop und M. Waldholz. *Genome*. New York (Simon & Schuster) 1990 [deutsch: *Landkarte der Gene. Das Genom-Projekt*. München (Droemer Knaur) 1991], B. D. Davis (Hrsg.) *The Genetic Revolution*. Baltimore (Johns Hopkins University Press) 1991, R. Shapiro. *The Human Blueprint*. New York (St. Martin's Press) 1991 [deutsch: *Der Bauplan des Menschen*. Frankfurt (Insel) 1995], G. Holton. *Science and Anti-Science*. Cambridge, Mass. (Harvard University Press) 1993, und P. R. Gross und N. Levitt. *Higher Superstition: The Academic Left and Its Quarrels with Science*. Baltimore (Johns Hopkins University Press) 1994. Siehe auch die Literaturhinweise 28 und 30.

24. C. G. Darwin. *The Next Million Years*. London (Rupert Hart-Davis) 1953

25. C. Djerassi. *The Pill, Pygmy Chimps and Degas' Horse*. New York (Basic Books) 1992 [deutsch: *Die Mutter der Pille*. Zürich (Hoffmans) 1992].

26. J. R. Gott III in *Nature* 363 (1993): 315–19.

27. Literaturhinweis 3.

28. In einem Artikel, der am 14. Juli 1993 auf der «offenen» Seite der *New York Times* erschien und die Überschrift *Horoscopes for Humanity?* («Horoskope für die Menschheit?») trug, schreibt der Physiker und Schriftsteller Eric J. Lerner aus Lawrenceville in New Jersey: ‹Mr. Gotts Vorhersage ist wie eine astrologische Prophezeiung Pseudowissenschaft, ein reines Zahlenspiel, das ein nicht einleuchtendes Argument tarnen soll.› Siehe auch *Nature* 368 (1994): 106–108.

29. S. J. Gould, *Wonderful Life*. New York (Norton) 1989. [deutsch: *Zufall Mensch. Das Wunder des Lebens als Spiel der Natur*. München (dtv) 1994].

30. Diese Ansicht vertritt G. Stock in *Metaman: The Merging of Humans and Machines into a Global Superorganism*. New York (Simon & Schuster) 1993.

Kapitel 31

1. Näheres über Leben und Philosophie von Teilhard findet sich in Literaturhinweis 65 und in H. J. Morowitz. *Cosmic Joy and Local Pain*. New York (Scribner's) 1987. Eine Biographie von Teilhard schrieb C. Cuénot. *Teilhard de Chardin: A Biographical Study*. Baltimore (Helicon) 1965.

2. *Le Phénomène Humain* von Teilhard de Chardin erschien 1955 bei Edition du Seuil in Paris. [deutsch: *Der Mensch im Kosmos*. München (C. H. Beck) 1959.]

3. Biographische Einzelheiten von Jacques Monod finden sich in Literaturhinweis 11 und in *The Statue Within* (New York [Basic Books] 1988), der Autobiographie von Monods Mitarbeiter François Jacob.

4. Literaturhinweis 64.

5. Ibid., S. 145–146.

6. Ibid., S. 180.

7. Ibid., S. 31.

8. Ibid., S. 32.

9. Sir Peter Medawar (1915–1987), der 1960 für seine immunologischen Arbeiten den Nobelpreis erhielt, verfaßte mehrere Bücher über Wissenschaft und Philosophie. Seine kritische Rezension von Teilhards Buch erschien in *Mind* 70 (1961): 99–106, und wurde abgedruckt in seinem Werk *Pluto's Republic* (New York [Oxford University Press] 1982. S. 242–51). Der zitierte Satz stammt aus der ersten Seite der Rezension.

10. S. J. Gould in *Natural History* (August 1980): 8–28. Nach Angaben des altgedienten südafrikanischen Paläoanthropologen Phillip V. Tobias ist der Vorwurf unbegründet. Die Schuldigen der Piltdown-Verschwörung sind mittlerweile mit ziemlicher Sicherheit identifiziert: Es waren Charles Dawson, ein örtlicher Amateurarchäologe, der die gefälschten Knochen

«entdeckte», und Sir Arthur Keith, ein angesehener Anatom, der den Fälschungen die Echtheit bescheinigte. Siehe *The Sciences* 34, No. 1 (1994): 38–42.

11. H. J. Morowitz. *Cosmic Joy and Local Pain* (siehe oben, Anmerkung 1).
12. Literaturhinweis 65.
13. Ibid., S. 204.
14. Ibid., S. 677.
15. Literaturhinweis 68, S. 250.
16. Ibid., S. 252.
17. S. Weinberg. *The First Three Minutes*. New York (Basic Books) 1977. S. 148 [deutsch: *Die ersten drei Minuten. Der Ursprung des Universums*. Neuaufl. München (dtv) 1994].
18. Meine Kritik an Monods Buch erschien unter dem Titel *Les Contraintes du Hasard* in der zweiten Ausgabe des Jahres 1972 von *Revue Générale* (einem belgischen Kulturmagazin), S. 15–42.
19. G. Stent. *Paradoxes of Progress*. San Francisco (W. H. Freeman) 1978.
20. Literaturhinweis 67.
21. E. Mayr. *Toward a New Philosophy of Biology*. Cambridge, Mass. (Harvard University Press) 1988. S. 69.
22. S. J. Gould. *Wonderful Life* (siehe Anmerkung 29 zu Kapitel 30), S. 14.
23. Ibid., S. 320.
24. Literaturhinweis 33, S. 192.
25. Ibid., S. 195.
26. Literaturhinweis 29, S. 99.
27. Literaturhinweis 53, S. 53.
28. Einen aufschlußreichen Überblick über die «genetische Intelligenz» gibt D. S. Thaler in *Science* 264 (1994): 224–25.
29. S. J. Gould und N. Elredge feierten kürzlich den 21. Geburtstag ihrer Theorie, die einen ungleichmäßigen Evolutionsverlauf an die Stelle des angeblich von Darwin postulierten allmählichen Übergangs setzt (*Nature* 366 [1993]: 223–27). Ein anderer Standpunkt findet sich in Literaturhinweis 20 in einem Kapitel mit der Überschrift «Puncturing Punctalism».
30. Das SETI-Projekt wurde schon in Kapitel 13 erwähnt.
31. Siehe Anmerkung 8 zu Kapitel 28.
32. Literaturhinweis 64, S. 145–46.
33. Literaturhinweis 66, S. 75.
34. M. Polanyi. *The Tacit Dimension*. New York (Doubleday) 1966. S. 47.
35. ‹Console toi, tu ne me chercherais pas si tu ne m'avais trouvé› ist aus Blaise Pascals *Pensées*, Abschnitt VII, 553.
36. P. B. Medawar. *The Limits of Science*. New York (Harper & Row) 1984. S. 99.
37. ‹Il faut cultiver notre jardin› ist der letzte Satz von Voltaires *Candide*.

Glossar

Actin Ausschließlich bei Eukaryoten vorkommendes Strukturprotein; bildet helicale Doppelstrangfasern, die ein Hauptbestandteil des Cytoskeletts sind und in Verbindung mit Myosin Bewegungssysteme bilden. → Myosin.

Adenin Purinbase, die in DNA und RNA vorkommt. → Basenpaarung, Desoxyribonucleinsäure, Guanin, Purine, Ribonucleinsäure.

ADP Adenosindiphosphat, eine Verbindung aus AMP und einer Phosphatgruppe, die über eine Pyrophosphatbindung angekoppelt ist. → AMP, ATP, Pyrophosphat.

aerob Bezeichnung für eine Lebensweise, zu der Sauerstoff erforderlich ist. → anaerob.

Agonist Substanz, die eine biologische Wirkung ausübt. → Rezeptor.

aktiver Transport Transport chemischer Substanzen durch Membranen entgegen einem Konzentrationsgefälle und/oder einem Membranpotential, angetrieben meist durch Hydrolyse von ATP, manchmal auch durch protonenmotorische Kraft. → ATP, Membranpotential, protonenmotorische Kraft, Pumpe.

Alkohol Verbindung mit einer Hydroxylgruppe. → Hydroxylgruppe.

Allantois Zum Embryo gehörende Haut bei amniotischen Eiern, die an Gasaustausch und Ausscheidung beteiligt ist.

Allel Variante eines Gens. → Gen.

Aminogruppe —NH_2, charakteristische Gruppe der Aminosäuren.

Aminosäure Verbindung mit einer Amino- und einer Carboxylgruppe, Baustein der Peptide und Proteine. → Aminogruppe, Carboxylgruppe, Peptid, Protein.

Amnion   Embryonalhaut; umschließt einen flüssigkeitsgefüllten Hohlraum, in dem sich bei Reptilien, Vögeln und Säugetieren der Embryo entwickelt.

AMP   Adenosinmonophosphat; Ribonucleotid mit Adenin als Base. → Adenin, ADP, ATP, Ribonucleotid.

amphipathisch   gleichbedeutend mit → amphiphil.

amphiphil   Eigenschaft von Molekülen mit einem hydrophilen und einem hydrophoben Ende. → hydrophil, hydrophob.

anaerob   Bezeichnung für eine Lebensweise ohne Sauerstoff. → aerob.

Angiospermen   → Bedecktsamer.

Anticodon   Basentriplett in der Transfer-RNA; bei der Proteinsynthese verbindet sich die mit einer Aminosäure beladene Transfer-RNA, die am Ribosom in die richtige Position gebracht wurde, durch spezifische Basenpaarung des Anticodons mit dem Codon in der Messenger-RNA, das eine bestimmte Aminosäure festlegt. → Aminosäure, Basenpaarung, Codon, Messenger-RNA, Protein, Ribosom, Transfer-RNA, Translation.

Antigen   Substanz, die in der Regel für den Organismus fremd ist und eine Immunantwort auslöst. → Antikörper.

Antikörper   Protein, das vom Immunsystem als Reaktion auf eine andere Substanz, das Antigen, gebildet wird und sich spezifisch mit diesem verbindet. → Antigen.

Archaea   Nach der neuen Klassifikation, die der amerikanische Mikrobiologe Carl Woese von der University of Illinois vorgeschlagen hat, der Begriff für die Archaebakterien. → Archaebakterien, Bakterien.

Archaebakterien   Große Gruppe von Prokaryoten, die als eigenes Organismenreich oder Domäne gilt. → Eubakterien.

Atmung   Nutzung von Sauerstoff als Elektronenakzeptor (Zellatmung) oder das Einatmen von Luft, die den Sauerstoff enthält, der diese Funktion erfüllen soll. → Elektronentransport.

Atmungskette   → Elektronentransportkette.

Atomkern Der Kern eines Atoms aus Protonen und Neutronen. → Elektron, Isotope, Neutron, Proton.

ATP Adenosintriphosphat; Verbindung aus ADP und einer Phosphatgruppe, die über eine Pyrophosphatgruppe angekoppelt ist. ATP ist wegen seiner zwei endständigen Pyrophosphatbindungen der zentrale biologische Energieüberträger. → ADP, AMP, Phosphorylierung, Pyrophosphat.

ATP-Synthase Membranproteinkomplex, der mit Hilfe der protonenmotorischen Kraft, die durch einen «abwärts» gerichteten Elektronentransport erzeugt wird, aus ADP und anorganischem Phosphat ATP bildet. → ADP, ATP, Elektronentransportkette, Phosphorylierung, protonenmotorische Kraft, Substratkettenphosphorylierung.

Autotrophie Fähigkeit, ausschließlich mit einfachen anorganischen Ausgangsstoffen, wie Kohlendioxid, molekularem Stickstoff oder Nitrat, Sulfat und so weiter, zu wachsen und sich zu vermehren. → Chemoautotrophie, Heterotrophie, Phototrophie.

Axon Nervenfaser, über die ein Neuron seine Wirkung ausübt. → Dendrit, Neuron, Synapse.

Bakterien Im allgemeinen Sprachgebrauch – und auch in diesem Buch – gleichbedeutend mit Prokaryoten. Nach Woeses neuer Einteilung (→ Archaebakterien) synonym mit Eubakterien. → Eubakterien, Prokaryoten.

Basenpaarung Die auf chemischer Komplementarität beruhende Verbindung von Adenin mit Uracil oder Thymin und von Guanin mit Cytosin in den Nucleinsäuren.

Bedecktsamer (Angiospermen) Blütenpflanzen, die Früchte hervorbringen. → Blüte, Frucht, Nacktsamer.

Befruchtung Vereinigung der männlichen Keimzelle (Samenzelle) mit der weiblichen Keimzelle (Eizelle). → Eizelle, Gameten, Samenzelle, sexuelle Fortpflanzung.

biogenetische Grundregel Prinzip, das der deutsche Biologe und Philosoph Ernst Haeckel im 19. Jahrhundert formulierte: Danach folgt die Ontogenie in einigen Schritten der Phylogenie. → Ontogenie, Phylogenie.

Biosphäre Die Gesamtheit aller Lebewesen auf der Erde.

Blastopore Öffnung, durch die die Gastrula, ein frühes Embryonalstadium, mit der Außenwelt in Verbindung steht. Wird bei den Protostomiern zum Mund und bei den Deuterostomiern zum After. → Blastula, Deuterostomier, Gastrula, Protostomier.

Blastula Form des Embryos in einem frühen Entwicklungsstadium: kugeliger Sack, der sich später abflacht und zur doppelwandigen Gastrula zusammenfaltet. → Gastrula.

blaugrüne Algen → Cyanobakterien.

Blüte Geschlechtsorgan der Bedecktsamer. → Bedecktsamer, Frucht.

Botenstoff Substanz, die eine andere Zelle beeinflußt. → Hormon, Neurotransmitter.

Carboxylgruppe —COOH, charakteristische Gruppe aller organischen Säuren.

Centriol Zellstruktur, die mit dem Basalkörper an der Verankerungsstelle der eukaryotischen Cilien und Flagellen verwandt ist. → Cilium, Flagelle, Undulipodien.

chemische Gruppe Charakteristischer Teil eines Moleküls.

Chemoautotrophie Eigenschaft autotropher Organismen, die die Energie für ihre Stoffwechselvorgänge aus dem Elektronentransport zwischen einem anorganischen Donor und Sauerstoff bzw. einem anderen anorganischen Akzeptor beziehen. → Autotrophie.

Chemotaxis Bewegung einer Zelle auf eine Substanz zu (positive Chemotaxis) oder von ihr weg (negative Chemotaxis).

Chiralität Eigenschaft von Molekülen, die in zwei Formen mit spiegelbildlicher räumlicher Anordnung vorkommen, wie zum Beispiel die D- und L-Aminosäuren. → Aminosäure, Protein.

Chlorophyll Mit dem Häm verwandtes Porphyrinderivat, das aber Magnesium anstelle des Eisens enthält; Chlorophyll ist das grüne, lichtabsorbierende Pigment, das als wichtigster Katalysator für die Phototrophie dient. → Häm, Phototrophie.

Chloroplasten Lichtverwertende Organellen der phototrophen Eukaryoten. Entstanden in der Evolution aus endosymbiontischen Cyanobakterien:

dichte, längliche Körperchen, etwa 1/5000 Millimeter groß, umgeben von zwei Membranen und angefüllt mit Grana, kleinen Stapeln aus flachen Membranbeuteln (Thylakoide), in denen die membranassoziierten Photosysteme I und II mit den zugehörigen Elektronentransportketten liegen. → Chlorophyll, Cyanobakterien, Elektronentransportkette, Endosymbiont, Photosystem I, Photosystem II.

Chordaten Tiere, die in mindestens einem Entwicklungsstadium ein Notochord besitzen. In diese Gruppe gehören alle Wirbeltiere und einige weniger entwickelte Formen. → Notochord.

Chromosom Zellbestandteil, der DNA enthält. Die Chromosomen der Eukaryoten liegen im Zellkern und sind in der Mitose als kompakte Stäbchen sichtbar. Prokaryotische Chromosomen sind ringförmig und haben eine einfachere Struktur. → Mitose.

Cilium (Mehrzahl: Cilia, eingedeutscht Cilien) Kurze, rhythmisch schlagende Ausstülpung eukaryotischer Zellen, die der Fortbewegung dient; besteht aus Mikrotubuli und anderen Bestandteilen, die genauso angeordnet sind wie in den eukaryotischen Flagellen. → Centriol, Flagelle, Mikrotubulus, Undulipodien.

Cis-Spleißen Verbindung zweier Abschnitte eines RNA-Moleküls nach dem Entfernen des dazwischenliegenden Introns. → Intron, RNA-Spleißen, *Trans*-Spleißen.

Clathrin Strukturprotein; lagert sich zu den typischen Korbstrukturen zusammen, die bei bestimmten Formen der Membraneinstülpung und Vesikelbildung eine Rolle spielen. → Cytoskelett, Endocytose, Vesikeltransport.

Codon Basentriplett in der Messenger-RNA, das eine Aminosäure oder das Ende einer Proteinkette (drei der 64 möglichen Codons) codiert. → Aminosäure, Anticodon, Basenpaarung, genetischer Code, Messenger-RNA, Translation.

Coelom Von Mesodermzellen ausgekleidete Körperhöhle, die man zumindest in einem Entwicklungsstadium bei allen Tieren findet, außer bei Diploblasten und primitiven Würmern. → Diploblasten, Mesoderm, Triploblasten.

Coenzym Organische Verbindung, oft mit einem Vitamin als Hauptbestandteil, die in enzymkatalysierten Reaktionen als Cofaktor dient. Die meisten Coenzyme sind entweder Elektronen- oder Gruppenüberträger. → Trägermolekül, Enzym, Vitamin.

Coenzym A   Pantetheinhaltige Thiolverbindung, die in einer Reihe von Synthesereaktionen mit organischen Säuren als Gruppenüberträger wirkt. → Trägermolekül, Gruppenübertragung, Pantethein, Thiol.

cotranslationaler Transport   Transport eines Proteins durch eine Membran, der stattfindet, während das Protein noch synthetisiert wird. → posttranslationaler Transport, Signalsequenz.

Coulomb-Kraft   Elektrostatische Kraft, die für die Anziehung entgegengesetzt geladener oder polarisierter Molekülgruppen und für die Abstoßung gleich geladener oder polarisierter Gruppen veranwortlich ist. → hydrophil, Van-der-Waals-Kräfte.

Crossing-over   Austausch homologer DNA-Abschnitte während der Meiose. → Meiose, Rekombination.

Cyanobakterien   Phototrophe Bakterien, die die Photosysteme I und II enthalten und deshalb dem Wasser mit Hilfe der Lichtenergie Wasserstoff entziehen können, wobei molekularer Sauerstoff frei wird. Vorfahren der Chloroplasten. → Chlorophyll, Chloroplasten, Photosystem I, Photosystem II, Phototrophie.

Cytochrom   Hämhaltiges Protein, das bei Elektronentransportreaktionen als Überträger dient. Das bekannteste Protein dieser Gruppe ist das Cytochrom c. → Trägermolekül, Elektronentransport, Häm.

Cytomembransystem   Membransystem in Eukaryotenzellen. Besteht aus zahlreichen sackähnlichen Strukturen, die untereinander durch ständige Verbindungen oder Vesikeltransport in Kontakt stehen. → endoplasmatisches Reticulum, Endosom, Golgi-Apparat, Lysosom, Vesikeltransport.

Cytoplasma   Der gesamte Inhalt einer Eukaryotenzelle mit Ausnahme des Zellkerns.

Cytosin   Pyrimidinbase in DNA und RNA. → Basenpaarung, Desoxyribonucleinsäure, Pyrimidine, Ribonucleinsäure, Thymin, Uracil.

Cytoskelett   Stützstrukturen aus Protein im Inneren der Eukaryotenzellen. → Actin, Clathrin, Mikrotubulus, Tubulin.

Cytosol (Zellsaft)   Der unstrukturierte Teil des Cytoplasmas.

Darwinsche Selektion   → natürliche Selektion.

Dendrit Bäumchenähnlicher Fortsatz eines Neurons, der Signale empfängt. → Axon, Neuron, Synapse.

Desoxyribonucleinsäure (DNA) Nucleinsäure aus Desoxyribonucleotiden; Speicherform für die genetische Information aller Zellen und vieler Viren. → Desoxyribonucleotid, Ribonucleinsäure.

Desoxyribonucleotid Nucleotid mit Desoxyribose als Zucker mit fünf Kohlenstoffatomen. → Desoxyribose, Nucleotid.

Desoxyribose Zucker mit fünf Kohlenstoffatomen, charakteristischer Bestandteil der DNA. Entspricht der Ribose, bei der an Position 2 ein Sauerstoffatom steht. → Desoxyribonucleinsäure, Desoxynucleotid, Nucleotid, Ribose.

Determinismus Prinzip, wonach gleiche Ursachen immer die gleichen Wirkungen haben, so daß sich Ereignisse vollständig durch die vorausgehenden Ursachen erklären lassen.

Deuterostomier Tiere, bei denen die Blastopore im Laufe der Embryonalentwicklung zum After wird. In diese Gruppe gehören die Chordaten und einige weniger entwickelte Formen (Protochordaten) sowie die Stachelhäuter. → Blastopore, Chordaten, Protostomier.

Differenzierung Vorgang, bei dem eine Stammzelle die charakteristischen Eigenschaften eines bestimmten Zelltyps annimmt.

Diploblasten Tiere, die aus einer zweischichtigen Embryonalstruktur (Ektoderm und Entoderm) entstehen. In diese Gruppe gehören Placozoa, Schwämme, Hohltiere und verwandte Organismen. → Ektoderm, Entoderm, Triploblasten.

diploid Eigenschaft einer Zelle mit zwei Chromosomensätzen. → Chromosom, haploid.

DNA → Desoxyribonucleinsäure.

DNA-Polymerase Enzym, das in der DNA-Replikation die DNA aufbaut.

Doppelbefruchtung Charakteristischer Vorgang der Verschmelzung zweier haploider Zellen sowie einer haploiden und einer diploiden Zelle bei der Bildung einer Frucht aus einer Blüte. → diploid, Befruchtung, Blüte, Frucht, haploid.

Doppelhelix Die charakteristische Struktur der DNA mit zwei umeinander gewundenen, komplementären Strängen, die durch Basenpaarung zusammengehalten werden. → Basenpaarung, Desoxyribonucleinsäure.

Doppelschicht → Lipiddoppelschicht.

Dotter Nährstoffe in einer Eizelle. → Eizelle.

Dualismus Erstmals von Descartes vertretenes Prinzip, wonach Körper und Geist beim Menschen zwei getrennte, über das Gehirn verknüpfte Gebilde sind. → Monismus.

Dynein ATP-spaltendes Protein, das in den Cilien und Flagellen in Verbindung mit den Mikrotubuli als Bewegungselement dient. → Cilium, Flagelle, Mikrotubulus, Undulipodien.

Eizelle Die weibliche Keimzelle. → Befruchtung, Gamet, sexuelle Fortpflanzung, Samenzelle.

Ektoderm Zellschicht im Embryo, aus der die Haut und ähnliche Strukturen sowie das Nervengewebe hervorgehen. → Entoderm, Mesoderm.

Elektron Negativ geladenes Elementarteilchen mit etwa $1/2000$ der Masse eines Protons. Neben Protonen und Neutronen, die sich im Atomkern befinden, sind Elektronen der dritte Atombaustein; sie befinden sich in der Atomhülle. → Atomkern, Neutron, Proton.

Elektronenakzeptor → Elektronentransport.

Elektronendonor → Elektronentransport.

Elektronentransport Entscheidender Stoffwechselvorgang, durch den Elektronen von einem Donor zu einem Akzeptor verschoben werden. → Redoxreaktion, Phosphorylierung.

Elektronentransportkette Kette aus mehreren Elektronenüberträgern, die in eine Membran eingelagert und so aufgebaut ist, daß die Elektronen von einem Überträger zum nächsten weitergereicht werden. Wichtiger Mechanismus für die biologische Energieübertragung. → ATP-Synthase.

Elektronenüberträger → Trägermolekül, Coenzym, Elektronentransport.

Endocytose Aufnahme von Substanzen aus der Umgebung einer Zelle durch Einstülpung der Membran, die sich – manchmal mit Hilfe von Clathrin – abschnürt und in der Zelle ein Vesikel mit dem eingefangenen Material bildet. → Clathrin, Exocytose, Phagocytose, Pinocytose.

endoplasmatisches Reticulum (ER) Teil des Cytomembransystems der Eukaryotenzellen; besteht aus flachen Membransäcken oder Vesikeln, in denen Proteine, die für Lysosomen oder Sekretion bestimmt sind, vorübergehend gespeichert werden und die ersten Schritte der Weiterverarbeitung durchlaufen; aus dem ER gelangen sie in den Golgi-Apparat. → Cytomembransystem, glattes ER, Golgi-Apparat, Lysosom, Protein, rauhes ER, Sekretion, Vesikeltransport.

Endosom Membranumhülltes Vesikel im Zellinneren, das bei der Endocytose aus der Zellmembran entsteht. → Endocytose.

Endosymbiont Eine in der Regel prokaryotische Zelle, die als stabiler Bestandteil in eine eukaryotische Zelle aufgenommen wurde. Mehrere Zellorganellen, nämlich Mitochondrien, Chloroplasten sowie vielleicht auch die Peroxisomen und Hydrogenosomen, stammen von endosymbiontischen Bakterien ab. → Chloroplast, Hydrogenosom, Mitochondrium, Peroxisom.

Entoderm Zellschicht im Embryo, aus der die Auskleidung des Verdauungskanals und ähnliche Gewebe hervorgehen. → Ektoderm, Mesoderm.

Enzym Katalytisch wirksames Protein, das am Stoffwechsel beteiligt ist. → Katalyse, Protein.

Epigenese Vorgang, durch den sich Eigenschaften, die nicht genau genetisch festgelegt sind, während der Entwicklung ausprägen. Ein epigenetischer Vorgang ist beispielsweise die Verknüpfung der Neuronen im Gehirn.

ER → endoplasmatisches Reticulum.

Ester Substanz, die durch die Verbindung der Carboxylgruppe einer organischen Säure mit der Hydroxylgruppe eines Alkohols entsteht; bei der Ausbildung der Esterbindung (—O—CO—) wird Wasser frei. → Carboxylgruppe, Hydroxylgruppe, Thioester.

Esterlipid Lipid, dessen Fettsäuren über Esterbindungen mit den Hydroxylgruppen des Glycerins verbunden sind. → Glycerin, Lipid.

Ether Substanzen, die durch die Verbindung der Hydroxylgruppen zweier Alkoholmoleküle unter Wasserabspaltung entstehen, wobei sich die Etherbindung (—O—) bildet. → Hydroxylgruppe.

Etherlipid Lipid, in dem sich von Fettsäuren abgeleitete Alkohole über Etherbindungen mit den Hydroxylgruppen des Glycerins verbinden. → Glycerin, Lipid.

Eubakterien Große Gruppe von Prokaryoten, die als eigenes Organismenreich oder Domäne gilt. → Archaebakterien, Bakterien.

Eukaryoten Gruppe von Lebewesen, zu der alle Protisten, Pflanzen, Pilze und Tiere, einschließlich des Menschen, gehören; die großen Zellen der Eukaryoten enthalten einen abgegrenzten Zellkern und ein Cytoplasma mit Membranen, Cytoskelettelementen und meist auch Mitochondrien, Peroxisomen und – bei Algen und Pflanzen – Chloroplasten. → Chloroplasten, Cytomembransystem, Cytoskelett, Mitochondrien, Zellkern, Peroxisomen, Prokaryoten.

Exocytose Umkehr der Endocytose: Der Inhalt von Vesikeln aus dem Zellinneren wird durch Verschmelzung von Vesikel- und Zellmembran nach außen entladen. → Endocytose.

Exon Exprimierter Teil eines gestückelten Gens. → Intron, RNA-Spleißen, gestückelte Gene.

Flagelle Bei Prokaryoten ein starrer, helicaler Stab aus Protein, der die Zelle durch Drehung um seine Achse vorantreibt. Bei Eukaryoten ein langer, wellenförmig schlagender Bewegungsfortsatz, der nach dem gleichen Prinzip wie die Cilien aus Mikrotubuli und anderen Bestandteilen aufgebaut ist. → Cilium, Undulipodien.

Frucht Samenhaltige Struktur, die sich bei Bedecktsamern nach der Befruchtung aus der Blüte entwickelt. → Bedecktsamer, Blüte, Doppelbefruchtung.

Gamet Haploide Keimzelle. → Befruchtung, Eizelle, haploid, Samenzelle, sexuelle Fortpflanzung.

Gärung Stoffwechselvorgang, bei dem ein Zwischenprodukt als Akzeptor für die Elektronen eines anderen Zwischenprodukts dient, so daß kein äußerer Elektronenakzeptor gebraucht wird. → Elektronentransport, Stoffwechsel.

Gastrula Form des Embryos in einem frühen Entwicklungsstadium; aus der Blastula entstehende, doppelwandige Tasche, die über die Blastopore mit der Umgebung in Kontakt steht. → Blastopore, Blastula.

Gen Einheit der Erbinformation.

Gendrift Ausbreitung von Mutationen in der Evolution ohne Auswahl durch die Selektion. → Mutation, natürliche Selektion,

Generationswechsel Bei Pflanzen eine Form der Entwicklung, bei der abwechselnd haploide, gametenproduzierende, aus Sporen entstandene Organismen und diploide, sporenproduzierende, aus einer befruchteten Eizelle hervogegangene Generationen auftreten. → diploid, Eizelle, Befruchtung, Gamete, haploid, Spore.

genetischer Code Die Beziehungen zwischen den Aminosäuren, aus denen die Proteine entstehen, und den Nucleotidtripletts (Codons), die in der Messenger-RNA die Aminosäuren festlegen. → Aminosäure, Codon, Messenger-RNA, Translation.

Genom Gesamtheit der Gene eines Organismus. → Genotyp.

Genotyp Diesen Begriff, der das gleiche meint wie Genom, benutzt man zur Bezeichnung der verborgenen genetischen Information, die für die exprimierten Eigenschaften eines Lebewesens verantwortlich ist. → Phänotyp.

gestückelte Gene Gene aus zwei oder mehreren Exons (Teilen, die exprimiert werden), die durch Introns (Teile, die nicht exprimiert werden) getrennt sind. → Exon, Intron, RNA-Spleißen.

glattes ER Teil des endoplasmatischen Reticulums, dessen Membranen nicht mit Ribosomen besetzt sind und deshalb im Querschnitt glatt aussehen. → endoplasmatisches Reticulum, rauhes ER, Ribosom.

Glycerin Verbindung aus drei Kohlenstoffatomen, die drei Hydroxylgruppen tragen; wichtiger Bestandteil der Lipide. → Esterlipid, Etherlipid, Hydroxylgruppe, Lipid, Phospholipid.

Golgi-Apparat Teil des Cytomembransystems, benannt nach dem italienischen Wissenschaftler, der ihn entdeckte; besteht aus einem Stapel flacher Membransäckchen, in denen neu synthetisierte, für Lysosomen und Sekretion bestimmte Proteine weiterverarbeitet werden. → Cytomembransystem, endoplasmatisches Reticulum, Lysosom, Protein, Sekretion.

gramnegative Bakterien Bakterien mit zwei Außenmembranen, die in einem von dem dänischen Bakteriologen Hans Christian Joachim Gram entwickelten Test negativ reagieren.

grampositive Bakterien Bakterien mit einer einzigen Außenmembran, die im Gram-Test positiv reagieren. → gramnegative Bakterien.

Gruppenüberträger → chemische Gruppe, Gruppenübertragung, Trägermolekül.

Gruppenübertragung Wichtiger Typ biochemischer Reaktionen, bei denen eine chemische Gruppe von einem Donor auf einen Akzeptor übertragen wird. → chemische Gruppe, Trägermolekül.

Guanin Purinbase, die in DNA und RNA vorkommt. → Adenin, Basenpaarung, Desoxyribonucleinsäure, Purine, Ribonucleinsäure.

Gymnospermen → Nacktsamer.

Häm Porphyrinderivat mit einem Eisenatom in der Mitte des Moleküls, das in Verbindung mit einem Protein (Häm-Protein) bei Elektronenübertragung, Sauerstofftransport und ähnlichen Reaktionen mitwirkt. → Chlorophyll, Cytochrom, Elektronentransport.

haploid Eigenschaft von Zellen mit einem einfachen Chromosomensatz. → diploid.

heiße unterseeische Quellen Spalten im Meeresboden, durch die heißes Wasser unter Druck aus dem Erdinneren strömt.

Hermaphrodit Lebewesen mit männlichen und weiblichen Genitalien.

Heterotrophie Eigenschaft von Organismen, die von anderen Lebewesen produzierte organische Nährstoffe brauchen, um zu überleben und sich zu entwickeln. → Autotrophie.

Hirnrinde Gefaltetes Nervengewebe an der Oberfläche des Gehirns, das besonders bei höheren Primaten und Menschen stark entwickelt ist.

Homöobox Entwicklungsgeschichtlich konstante Sequenz aus 180 Nucleotiden, die in vielen Regulationsgenen vorkommt und den DNA-bindenden Teil der zugehörigen Regulationsproteine codiert. → homöotisches Gen, Transkriptionsfaktor.

Homöostase Fähigkeit von lebenden Organismen, manche ihrer physikalischen und chemischen Eigenschaften durch Selbstregulation konstant zu halten.

homöotisches Gen Regulationsgen mit einer Homöobox-Sequenz. → Homöobox.

horizontale Genübertragung Übertragung von Genen zwischen Lebewesen, im Gegensatz zum vertikalen Gentransfer von den Eltern zu den Nachkommen.

Hormon Botenstoff, der mit dem Blut oder anderen Körperflüssigkeiten von den Zellen die ihn produzieren, zu denjenigen transportiert wird, auf die er wirkt. → Botenstoff.

Hydrogenosom Membranumhülltes Organell im Cytoplasma mancher Protisten und Pilze mit der charakteristischen Fähigkeit, molekularen Wasserstoff zu erzeugen. Stammt möglicherweise von Endosymbionten ab. → Endosymbiont.

Hydrolase Enzym, das eine Hydrolysereaktion katalysiert. → Hydrolyse.

Hydrolyse Spaltung einer chemischen Bindung mit Hilfe eines Wassermoleküls.

hydrophil Eigenschaft aller elektrisch geladenen oder polarisierten Moleküle (einschließlich des Wassers selbst), Wasser zu binden. → amphiphil, hydrophob.

hydrophob Eigenschaft aller unpolaren Substanzen, Wasser abzuweisen. → amphiphil, hydrophil, Van-der-Waals-Kräfte.

Hydroxylgruppe —OH, charakteristische Gruppe der Alkohole.

Hydroxylion Das negativ geladene OH⁻-Ion, das zusammen mit einem Wasserstoffion (Proton) bei der Dissoziation von Wasser entsteht. → Proton.

Intron Wird auch intervenierende Sequenz genannt. Genabschnitt, der transkribiert und später aus der RNA ausgeschnitten wird, so daß er nicht exprimiert wird. → Exon, RNA-Spleißen, gestückelte Gene.

Ion   Atom oder Molekül, das durch Verlust oder Aufnahme von Elektronen elektrisch geladen ist.

Isotope   Atome desselben Elements mit unterschiedlicher Atommasse. Isotope besitzen die gleiche Anzahl an Protonen und Elektronen, unterscheiden sich aber durch die Zahl der Neutronen im Atomkern. → Elektron, Neutron, Proton.

Katalysator   Substanz, die eine chemische Reaktion beschleunigt und selbst dabei nicht verbraucht wird. Den Vorgang nennt man Katalyse. → Enzym, Ribozym.

Keimung   Beginn der Entwicklung eines ruhenden Pflanzenembryos.

Kerogen   Aus Kohlenwasserstoffen bestehendes geologisches Material organischen Ursprungs (Bitumen).

Klon   Population gleichartiger Zellen, die durch Zellteilung aus einer einzigen Ausgangszelle entstanden sind.

Kohlenhydrate   Wichtige Gruppe von Naturstoffen, zu der die einfachen Zucker und ähnliche Substanzen sowie kompliziertere, aus diesen Molekülen aufgebaute Verbindungen gehören.

Kohlenwasserstoff   Chemische Verbindung aus Kohlenstoff und Wasserstoff; typischer Bestandteil von Erdöl.

Kondensationsreaktion   Chemische Reaktion, bei der sich zwei Moleküle unter Wasserabspaltung verbinden.

kondensierendes Agens   Substanz, die Wasser entzieht und so Kondensationsreaktionen unterstützt.

Konjugation   Vorübergehende Verbindung von zwei Bakterienzellen mit Austausch genetischen Materials. → Pilus, Plasmid.

konvergente Evolution   Unabhängige Entstehung des gleichen Merkmals in zwei oder mehr Abstammungslinien während der Evolution.

Lipid   Fettähnliche Verbindung.

Lipiddoppelschicht Charakteristische Grundstruktur aller biologischen Membranen; besteht aus zwei Lagen amphiphiler Lipidmoleküle, die mit ihren hydrophoben Seiten verbunden sind. → amphiphil.

Liposom Künstlich hergestelltes Bläschen aus einer oder mehreren Lipiddoppelschichten.

Lysosom Membranbläschen; enthält verschiedene hydrolytische Enzyme, die am besten in saurem Milieu wirken; dient in allen Eukaryotenzellen der Verdauung im Zellinneren. → Cytomembransystem, Endocytose, endoplasmatisches Reticulum, Golgi-Apparat, Verdauung.

Lysozym Enzym, das Murein hydrolysiert. → Murein.

Meiose Besondere Art der mitotischen Teilung bei der Reifung der Keimzellen, durch die aus einer einzelnen diploiden Zelle nach Verdoppelung des Genoms vier haploide Zellen hervorgehen. → Befruchtung, Crossing-over, diploid, Eizelle, Gamet, Mitose, Samenzelle.

Membran Flächige biologische Struktur aus einer Lipiddoppelschicht und eingelagerten Proteinen. → Lipiddoppelschicht.

Membranpotential Elektrochemisches Ungleichgewicht, entsteht durch unterschiedliche elektrische Ladungen auf den beiden Seiten einer Membran. → Protonenpotential.

Mesoderm Zellschicht des Embryos bei Triploblasten, aber nicht bei Diploblasten; Ursprung vieler innerer Gewebe, wie Muskeln, Bindegewebe, Blut und Knochen. → Diploblasten, Ektoderm, Entoderm, Triploblasten.

Messenger-RNA RNA-Molekül, das ein Protein codiert. → Codon, genetischer Code, Translation.

Microbody Morphologische Bezeichnung für membranumhüllte Organellen im Zellinneren, die meist die Funktionseigenschaften von Peroxisomen besitzen. → Peroxisom.

Mikrotubulus (Mehrzahl: Mikrotubuli) Röhrenförmige Hohlstruktur aus 13 seitlich aneinandergelagerten Fäden aus Tubulin; dient bei Eukaryoten unter anderem als Baustein für Cytoskelett, Mitoseapparat, Cilien und Flagellen. → Centriol, Cilium, Cytoskelett, Flagelle, Mitose, Neurotubulus, Tubulin, Undulipodien.

Mitochondrien (Einzahl: Mitochondrium) Von Endosymbionten abstammende Organellen in den meisten Eukaryotenzellen; spielen eine große Rolle für Zellatmung und Energiegewinnung. Mitochondrien sind recht dichte, längliche Körperchen, die etwa 1/10000 Millimeter messen; sie sind von zwei Membranen umhüllt, deren innere die Bestandteile der phosphorylierenden Atmungsketten enthält und zu vielen Einstülpungen, den Cristae, gefaltet ist. → Atmung, Endosymbiont, Phosphorylierung.

Mitose Teilung des eukaryotischen Zellkerns mit Hilfe eines komplizierten Spindelapparats aus Mikrotubuli. → Mikrotubulus.

Mitoseapparat → Mitose.

Mitosespindel → Mitose.

Monismus Philosophische Lehre, die im Gegensatz zum Dualismus davon ausgeht, daß Körper und Geist des Menschen ein einziges Gebilde sind. → Dualismus.

monoklonaler Antikörper Antikörper aus einer Population gleichartiger Moleküle, hergestellt von einem Lymphocytenklon, der von einer einzigen Zelle abstammt. → Antikörper, Klon.

Multimer Eine in diesem Buch verwendete Bezeichnung für Kettenmoleküle mittlerer Länge, die vorwiegend aus Aminosäuren bestehen; Multimere sind aber nicht so regelmäßig gebaut wie Peptide und enthalten neben den 20 Aminosäuren der Proteine möglicherweise auch andere Bestandteile. → Oligomer, Peptid, Polymer.

Murein Hauptbestandteil der Zellwand von Eubakterien. → Eubakterien, Lysozym, Zellwand.

Mutation Genveränderung, die bei der Replikation weitergegeben wird. → Gen, Gendrift, natürliche Selektion.

Myosin ATP-spaltendes Protein, das in Verbindung mit Actin in Muskelfasern und anderen motorischen Zellbestandteilen für Bewegung sorgt. → Actin.

Nacktsamer (Gymnospermen) Samenproduzierende Pflanzen, deren Samen nicht in eine Frucht eingeschlossen sind. → Bedecktsamer.

natürliche Selektion   Wird auch Darwinsche Selektion genannt. Natürlicher Auslesevorgang, durch den Organismen, welche mehr Nachkommen hervorbringen, genetisch andersartige Organismen mit geringerem Fortpflanzungserfolg allmählich verdrängen. → Mutation.

Neotenie   Beibehaltung jugendlicher Merkmale durch Verzögerung der körperlichen Entwicklung.

Neuralrohr   Vom Ektoderm abstammende Struktur des Embryos, die sich bei höheren Tieren zum Zentralnervensystem weiterentwickelt. → Ektoderm.

Neuron   Nervenzelle mit einem Zellkörper, einem Fortsatz zum Aussenden von Signalen (Axon) und einem oder mehreren verzweigten Fortsätzen (Dendriten) zum Aufnehmen von Impulsen. → Axon, Dendrit, Synapse.

Neurotransmitter   Chemische Substanz, die vor allem an Synapsen ausgeschüttet wird und zur Übermittlung des Nervenimpulses an die Nachbarzelle beiträgt. → Botenstoff, Synapse.

Neurotubulus   Besondere Art eines Mikrotubulus; Stützstruktur in den Fortsätzen der Neuronen. → Mikrotubulus.

Neutron   Elementarteilchen im Atomkern mit der Masse eines Protons, aber ohne elektrische Ladung. → Atomkern, Elektron, Isotope, Proton.

Notochord   Stabförmige Struktur auf der Rückenseite, die bei niederen Chordaten als Rückgrat dient und diese Funktion bei Wirbeltieren in der Embryonalentwicklung ebenfalls vorübergehend hat. → Chordaten.

Nucleinsäure   Langes kettenförmiges Molekül aus vielen verknüpften Nucleotiden. → Desoxyribonucleinsäure, Nucleotid, Ribonucleinsäure.

Nucleolus   Struktur im Zellkern der Eukaryoten, in der RNA transkribiert und weiterverarbeitet wird. → Zellkern, ribosomale RNA, Transkription.

Nucleotid   Molekül aus einer Purin- oder Pyrimidinbase, einem Zucker mit fünf Kohlenstoffatomen (Ribose oder Desoxyribose) und einer Phosphatgruppe; Baustein der Nucleinsäuren. → Desoxyribonucleinsäure, Desoxyribose, Nucleinsäure, Purine, Pyrimidine, Ribonucleotid, Ribose.

Nucleus   → Zellkern.

Oligomer Molekül aus einer kleinen Zahl gleicher oder ähnlicher Untereinheiten. → Multimer, Polymer.

Ontogenie Entwicklungsgeschichte eines einzelnen Lebewesens, im Gegensatz zur Phylogenie, der Evolutionsgeschichte einer Organismengruppe. → biogenetische Grundregel Phylogenie.

Organismus am Verzweigungspunkt Art von Lebewesen, aus dem durch Mutation ein neuer Zweig des Evolutionsstammbaums hervorging.

osmotischer Druck Kraft, die durch die Neigung eines Lösungsmittels (zum Beispiel Wasser) entsteht, aus einer Umgebung mit geringerer Konzentration gelöster Substanzen in eine solche mit höherer Konzentration zu diffundieren.

Oxidation Entfernen eines oder mehrerer Elektronen oder Wasserstoffatome (Elektronen + Protonen) aus einem Atom oder Molekül. → Elektron, Proton, Reduktion.

oxidative Phosphorylierung Vorgang, durch den der Aufbau von ATP aus ADP und anorganischem Phosphat mit einem Elektronentransportprozeß verbunden ist; meist, aber nicht immer, dient Sauerstoff als endgültiger Elektronenakzeptor. → ATP, ATP-Synthase, Elektronentransport, Substratkettenphosphorylierung.

Ozon Gas, dessen Moleküle aus drei Sauerstoffatomen (O_3) bestehen; bildet in der oberen Atmosphäre eine Schicht, die die Erde vor zuviel ultravioletter Strahlung schützt.

Pantethein Komplexe Thiolverbindung, die als Pantetheinphosphat entweder zusammen mit einem Protein oder als Teil des Coenzyms A vorkommt und bei einer Reihe von Synthesereaktionen unter Beteiligung organischer Säuren als Gruppenüberträger dient. → Coenzym A, Gruppenübertragung, Thiol, Trägermolekül.

Peptid Verbindung aus zwei oder mehr verknüpften Aminosäuren, entstanden durch Peptidbindungen (—CO—NH—), bei denen sich die Carboxylgruppe einer Aminosäure unter Wasserabspaltung mit der Aminogruppe der nächsten verbindet. → Aminogruppe, Aminosäure, Carboxylgruppe, Polypeptid, Protein.

periplasmatischer Raum Zwischenraum zwischen Innen- und Außenmembran gramnegativer Bakterien. → gramnegative Bakterien.

Peroxisom Membranumhülltes Organell in Eukaryotenzellen, das möglicherweise von einem Endosymbionten abstammt; wirkt beim Stoffwechselumsatz von Wasserstoffperoxid und ähnlichen Reaktionen mit. → Endosymbiont, Microbody.

Phagocyt Zelle, die zur Nährstoffversorgung im wesentlichen auf Phagocytose und die Verdauung des aufgenommenen Materials in den Lysosomen angewiesen ist. → Lysosom, Phagocytose, Verdauung.

Phagocytose Fähigkeit einer Zelle, große Gegenstände zu umschließen und in sich aufzunehmen. → Endocytose, Pinocytose.

Phänotyp Die exprimierten Eigenschaften eines Organismus, im Gegensatz zur verborgenen genetischen Information des Genotyps. → Genotyp.

Phospholipid Phosphathaltige, fettähnliche Verbindung mit amphiphilen Eigenschaften; typischer Bestandteil der Lipiddoppelschicht biologischer Membranen. → amphiphil, Lipiddoppelschicht, Membran.

Phosphorylierung Allgemein die Anheftung einer Phosphatgruppe an ein Molekül; insbesondere der mit Elektronentransport gekoppelte Aufbau von ATP aus ADP und anorganischem Phosphat. → ATP, ATP-Synthase, Elektronentransport, oxidative Phosphorylierung, Substratkettenphosphorylierung.

Photophosphorylierung Phosphorylierung mit Hilfe von Licht. → Phosphorylierung.

Photosynthese Aufbau biologischer Moleküle mit Hilfe der Lichtenergie. → Phototrophie.

Photosystem I Der ursprünglichere katalytische Apparat zur Nutzung der Lichtenergie; kommt bei allen chlorophyllabhängigen phototrophen Organismen vor. → Phototrophie.

Photosystem II Höher entwickelter katalytischer Apparat, der dem Wasser mit Hilfe der Lichtenergie Wasserstoff entzieht, wobei molekularer Sauerstoff frei wird; fehlt bei manchen phototrophen Bakterien, ist aber bei Cyanobakterien, eukaryotischen Algen und grünen Pflanzen vorhanden. → Chloroplasten, Cyanobakterien, Phototrophie.

Phototrophie   Wird auch Photoautotrophie genannt; Autotrophie mit Hilfe von Licht. → Autotrophie, Chemoautotrophie.

Phylogenie   Entwicklungsgeschichte einer Gruppe von Lebewesen, im Gegensatz zur Ontogenie, der Entwicklung eines Individuums. → biogenetische Grundregel Ontogenie.

Pilus (Mehrzahl: Pili)   Langer, biegsamer, haarähnlicher Fortsatz auf der Oberfläche mancher Bakterienzellen; wirkt beim Aneinanderheften der Zellen und bei der Konjugation mit. → Konjugation.

Pinocytose   Fähigkeit einer Zelle, Flüssigkeitstropfen aufzunehmen. → Endocytose, Phagocytose.

Placozoa   Kleiner Organismenstamm mit den einfachsten Diploblasten; umfaßt vermutlich die urtümlichsten Tiere. → Diploblast.

Plasmamembran   oder Zellmembran. Die Membran, die alle Zellen umhüllt.

Plasmid   Kleines, ringförmiges Stück DNA, das bei bestimmten Bakterien neben dem Chromosom vorhanden ist und durch Konjugation übertragen werden kann. → Konjugation.

Polymer   Molekül aus einer großen Zahl gleicher oder ähnlicher Untereinheiten. → Multimer, Oligomer.

Polynucleotid   → Nucleinsäure.

Polypeptid   Makromolekül aus zahlreichen Aminosäuren, die durch Peptidbindungen verknüpft sind. → Aminosäure, Peptid, Protein.

Polyphosphat   Molekül aus zahlreichen Phosphatgruppen, die durch Pyrophosphatbindungen verknüpft sind. → Pyrophosphatbindung.

Polysaccharid   Makromolekül aus zahlreichen Zuckermolekülen oder ähnlichen Untereinheiten. → Kohlenhydrate.

posttranslationaler Transport   Transport eines Proteins durch eine Membran nach Beendigung der Synthese des Proteins.

Prokaryoten Mikroorganismen des Bakterientyps, werden den Eukaryoten gegenübergestellt. → Eukaryoten.

Protein Makromolekül aus zahlreichen Aminosäuren, die alle zu einer Gruppe von 20 L-Aminosäuren gehören und durch Peptidbindungen verknüpft sind. → Aminosäure, Chiralität, Peptid, Polypeptid.

Protisten Bezeichnung für alle eukaryotischen Einzeller. → Eukaryoten.

Proton Positiv geladenes Elementarteilchen mit der Masse eines Neutrons, fast 2000mal größer als ein Elektron; Protonen und Neutronen sind die Bestandteile aller Atomkerne. Ein einzelnes Proton ist der Kern des Wasserstoffatoms. Das Wasserstoffion H^+ entsteht durch Verlust des Elektrons aus einem Wasserstoffatom oder zusammen mit einem Hydroxylion bei der Dissoziation von Wasser. → Elektron, Hydroxylion, Isotope, Neutron, Atomkern.

protonenmotorische Kraft Kraft, die entsteht, wenn sich Protonen längs eines Protonenpotentials bewegen. → ATP-Synthase, Protonenpotential.

Protonenpotential Energieunterschied, entsteht durch ungleiche Verteilung von Protonen und positiven elektrischen Ladungen (Membranpotential) auf den beiden Seiten einer Membran. → Membranpotential, Proton, protonenmotorische Kraft.

Protonenpumpe In die Membran eingelagertes System, das Protonen «gewaltsam» durch die Membran bringt; die dafür benötigte Energie stammt aus der ATP-Spaltung oder aus dem Elektronentransport. → Pumpe.

Protostoffwechsel Gesamtheit der chemischen Reaktionen, die dem entstehenden Leben zugrunde lagen, bevor sich der enzymkatalysierte Stoffwechsel entwickelte. → Stoffwechsel.

Protostomier Tiere, bei denen aus der Blastopore in der Embryonalentwicklung der Mund entsteht. In diese Gruppe gehören alle Wirbellosen mit Ausnahme der Stachelhäuter. → Blastopore, Deuterostomier.

Pumpe Aktives Transportsystem. → aktiver Transport.

Purine Gruppe organischer Basen, zu der die beiden Nucleinsäurebausteine Adenin und Guanin gehören. → Basenpaarung, Nucleinsäure, Nucleotid.

Pyrimidine Gruppe organischer Basen, zu der die drei Nucleinsäurebausteine Cytosin, Uracil (nur in der RNA) und Thymin (nur in der DNA) gehören. → Basenpaarung, Nucleinsäure, Nucleotid.

Pyrophosphat Molekül aus zwei Phosphatgruppen, die sich unter Abspaltung eines Wassermoleküls verbunden haben.

Pyrophosphatbindung Bindung zwischen den Phosphatgruppen in Pyrophosphat und Polyphosphaten; verbindet auch die drei endständigen Phosphatgruppen des ATP und dient dort als wichtigster biologischer Energieüberträger. → ATP, Polyphosphat, Pyrophosphat.

rauhes ER Teil des endoplasmatischen Reticulums, dessen Membranen mit Ribosomen besetzt sind und deshalb im Querschnitt rauh aussehen. → endoplasmatisches Reticulum, Ribosom, glattes ER.

Redoxreaktion Elektronentransport, durch den die Oxidation eines Elektronendonors immer mit der Reduktion eines Elektronenakzeptors verbunden ist. → Elektronentransport, Oxidation, Reduktion.

Reduktion Aufnahme eines oder mehrerer Wasserstoffatome (Protonen + Elektronen) durch ein Atom oder Molekül. → Elektron, Oxidation, Proton. In der Zellbiologie die Halbierung der Chromosomenzahl während der Meiose («Reduktionsteilung»). → diploid, haploid, Meiose.

Rekombination Umordnung von DNA-Molekülen durch Austausch homologer Abschnitte, unter anderem beim Crossing-over. → Crossing-over.

Replikase Virusenzym, das RNA-Moleküle repliziert. → Replikation, Virus.

Replikation Verdoppelung von Nucleinsäuren durch Synthese eines Moleküls, das zu einem Matrizenstrang des gleichen Nucleinsäuretyps (DNA oder RNA) komplementär ist. → Basenpaarung.

Repressor Molekül (meist ein Protein), das die Transkription bestimmter Gene blockiert. → Transkription.

Retrovirus Virus mit einem Genom aus RNA, das von dem Virusenzym Reverse Transkriptase in eine komplementäre DNA umgeschrieben und in dieser Form repliziert und exprimiert wird. → Reverse Transkriptase, Virus.

Reverse Transkriptase   Charakteristisches Enzym der Retroviren, das die umgekehrte Transkription katalysiert. → Enzym, Retrovirus, umgekehrte Transkription.

Rezeptor   Substanz, meist in die Zelloberfläche eingelagert, durch die ein Agonist seine biologische Wirkung ausübt. → Agonist.

Ribonucleinsäure (RNA)   Nucleinsäure aus Ribonucleotiden, die – außer bei manchen Viren – durch Transkription an der DNA entsteht und vor allem zur Proteinsynthese und zum RNA-Spleißen dient. → Messenger-RNA, Ribonucleotid, ribosomale RNA, Ribozym, RNA-Spleißen, Transfer-RNA, Transkription, Virus.

Ribonucleotid   Nucleotid mit Ribose als Zuckeranteil. → Nucleotid, Ribose.

Ribose   Zucker mit fünf Kohlenstoffatomen, Bestandteil der Ribonucleotide und der RNA.

Ribosom   Kompaktes Körperchen von ca. 1/500000 Millimeter Durchmesser, an dem in allen lebenden Zellen die Proteine gebildet werden. Besteht aus zwei unterschiedlich großen Untereinheiten, die ihrerseits aus RNA- und Proteinmolekülen zusammengesetzt sind. → Protein, ribosomale RNA.

ribosomale RNA   RNA-Bestandteil der Ribosomen. → Nucleolus, Ribonucleinsäure, Ribosom.

Ribozym   Katalytisch aktive RNA. → Enzym, Katalyse, Ribonucleinsäure.

RNA   → Ribonucleinsäure.

RNA-Replikase   → Replikase.

RNA-Spleißen   Verbinden von zwei RNA-Abschnitten, die entweder aus verschiedenen Molekülen (*Trans*-Spleißen) stammen oder aber aus demselben Molekül, aus dem das zwischen ihnen liegende Intron entfernt wird (*Cis*-Spleißen). → *Cis*-Spleißen, Exon, gestückelte Gene, Intron, *Trans*-Spleißen.

Samen   Struktur, die den Pflanzenembryo zusammen mit Nährstoffen in einer schützenden Hülle enthält. Bei den Nacktsamern liegen die Samen frei, bei den Bedecktsamern dagegen sind sie in eine Frucht eingeschlossen. → Bedecktsamer, Frucht, Nacktsamer.

Samenzelle   Die männliche Keimzelle. → Befruchtung, Eizelle, Gamet, sexuelle Fortpflanzung.

Säure   Chemische Verbindung, die in wäßriger Lösung Wasserstoffionen abgibt. Typisches Kennzeichen organischer Säuren ist die Carboxylgruppe. → Carboxylgruppe, Proton.

Sekretion   Ausscheidung von im Zellinneren produzierten Substanzen in die Umgebung. Insbesondere die Sekretion von Proteinen ist bei Prokaryoten abhängig von co- oder posttranslationalem Transport durch die Zellmembran; bei Eukaryoten erfolgt sie über cotranslationalen Transport durch die Membran des rauhen ER, gefolgt von Weiterverarbeitung und Transport durch das glatte ER, den Golgi-Apparat und die sekretorischen Vesikel, die ihren Inhalt mittels Exocytose entladen. → cotranslationaler Transport, Exocytose, glattes ER, Golgi-Apparat, posttranslationaler Transport, rauhes ER.

Sequenzieren   Bestimmung der Nucleotidsequenz in Nucleinsäuren und der Aminosäuresequenz in Proteinen. → Nucleinsäure, Protein.

sexuelle Fortpflanzung   Art der Fortpflanzung, bei der haploide Keimzellen (Ei- und Samenzelle) zu einer diploiden befruchteten Eizelle verschmelzen. → Befruchtung, diploid, Eizelle, Gamet, haploid, Meiose, Samenzelle.

Signalsequenz   Aminosäuresequenz, die das Protein während oder nach der Synthese an seinen Bestimmungsort innerhalb oder außerhalb der Zelle dirigiert. → cotranslationaler Transport, posttranslationaler Transport.

Spleißen   → RNA-Spleißen.

Spore   Geschützte, ruhende Form eines pro- oder eukaryotischen Mikroorganismus. Bei Pflanzen eine geschützte, haploide Keimzelle, die sich bei günstigen Umweltbedingungen zu einer gametenproduzierenden Struktur oder einem ganzen Organismus entwickelt. → diploid, Gamet, Generationswechsel, haploid.

Stoffwechsel Die Gesamtheit der chemischen Reaktionen, die in einem Lebewesen ablaufen. → Enzym.

Stomata (Spaltöffnungen) Öffnungen in den Blättern von Pflanzen, die der Aufnahme von Kohlendioxid und der Freisetzung von Sauerstoff dienen.

Stromatolith Schichtgestein aus versteinerten, übereinanderliegenden Bakterienmatten; die oberste Schicht bilden phototrophe Bakterien.

Substratkettenphosphorylierung Der gekoppelte Vorgang zur Herstellung von ATP aus ADP und anorganischem Phosphat (oft über Thioester) mit Hilfe der Energie, die durch den «bergab» verlaufenden Elektronentransport zwischen einem Stoffwechselsubstrat und einem Elektronenüberträger entsteht. → ATP, ATP-Synthase, Elektronentransport, Phosphorylierung, Thioester.

Synapse Verbindung zwischen dem Axon eines Neurons und dem Dendriten eines zweiten Neurons. Die Kommunikation erfolgt in der Regel durch einen Neurotransmitter, der über einen kleinen Zwischenraum, den synaptischen Spalt, vom Axon zum Dendriten diffundiert. → Axon, Dendrit, Neuron, Neurotransmitter.

Thioester Verbindungen, die entstehen, wenn sich die Carboxylgruppe einer organischen Säure unter Wasserabspaltung mit der Thiolgruppe eines Thiols zu einer Thioesterbindung (—S—CO—) verbindet. → Carboxylgruppe, Ester, Substratkettenphosphorylierung, Thiol.

Thiol Verbindung, die die Thiolgruppe —SH enthält. → Thioester.

Thymin 5-Methyluracil, eine Pyrimidinbase, die nur in der DNA vorkommt. → Basenpaarung, Cytosin, Pyrimidine, Ribonucleinsäure, Uracil.

Trägermolekül (Carrier) Stoffwechsel-Cofaktor für Elektronentransport oder Gruppenübertragungen. → Coenzym.

Transfektion Künstliches Einschleusen von DNA in eine Zelle.

Transfer-RNA RNA, die in der Proteinsynthese als Transportmittel für eine bestimmte Aminosäure dient; jede Transfer-RNA trägt ein Nucleotidtriplett (Anticodon), das von einem Codon der Messenger-RNA erkannt wird, wenn es sich am Ribosom in der richtigen Position befindet. → Anticodon, Basenpaarung, Codon, Messenger-RNA, Protein, Ribosom, Wobble.

Transkriptase Enzym, das die Transkription katalysiert. → Enzym, Transkription.

Transkription Synthese von RNA an einer DNA-Matrize. → Basenpaarung, umgekehrte Transkription.

Transkriptionsfaktor Substanz (meist ein Protein), die die Transkription der DNA kontrolliert und so die Genexpression steuert.

Translation Die «Übersetzung» der in der Nucleotidsequenz eines Gens enthaltenen Information in die Aminosäuresequenz des zugehörigen Polypeptids oder Proteins. → genetischer Code, Polypeptid, Protein.

Trans-Spleißen Verbinden zweier getrennter RNA-Moleküle. → *Cis*-Spleißen, RNA-Spleißen.

Treibhauseffekt Festhalten von Lichtenergie in Form von Wärme durch atmosphärische Gase (zum Beispiel Kohlendioxid oder Methan), die wie das Glasdach eines Gewächshauses sichtbares Licht mit geringerer Wellenlänge einfallen lassen, das Entweichen der längerwelligen Infrarotstrahlung aber teilweise verhindern.

Triploblasten Tiere, die aus einer dreischichtigen Embryonalstruktur (Ektoderm, Entoderm und Mesoderm) hervorgehen; in diese Gruppe gehören alle Tiere außer den Diploblasten. → Diploblasten, Ektoderm, Entoderm, Mesoderm.

Tubulin Proteinbaustein der Mikrotubuli. → Mikrotubulus.

umgekehrte Transkription Synthese von DNA an einer RNA-Matrize. → Basenpaarung, Transkription.

umgekehrter Elektronentransport Der durch die Spaltung von ATP oder durch protonenmotorische Kraft angetriebene Transport von Elektronen «bergauf», von einem Donor auf niedrigerem Energieniveau zu einem Akzeptor auf einer höheren Ebene. → ATP, Elektronentransport, protonenmotorische Kraft.

Undulipodien Sammelbezeichnung für die Cilien und Flagellen der Eukaryoten. → Cilium, Flagelle, Mikrotubulus.

Uracil Pyrimidinbase, die nur in der RNA vorkommt. → Cytosin, Pyrimidine, Ribonucleinsäure, Thymin.

Van-der-Waals-Kraft Über kurze Entfernungen wirkende Anziehungskraft zwischen hydrophoben Molekülgruppen. → Coulomb-Kraft, hydrophob.

Verdauung Abbau komplexer Nährstoffmoleküle durch Hydrolyse. → Hydrolyse.

Vesikeltransport Stofftransport zwischen membranumhüllten Räumen im Zellinneren mit Vesikeln, die sich von einem Hohlraum abschnüren und mit einem anderen verschmelzen. → Cytomembransystem.

Virus Infektiöses Partikel aus einem membran- oder proteinumhüllten DNA- oder RNA-Genom, das die Bestandteile des Virus codiert. Manche Viren enthalten weitere Bausteine, und in ihrem Genom liegen zusätzliche Gene. Insbesondere die RNA-Viren müssen die Replikase oder Reverse Transkriptase mitbringen, die sie für ihre Replikation brauchen. Viren dringen in eine pro- oder eukaryotische Zelle ein und vermehren sich in ihrem Inneren mit Hilfe des dort vorhandenen Enzym- und Stoffwechselapparats, was oft zu Schädigungen oder zum Absterben der infizierten Zelle führt. → Replikase, Retrovirus, Reverse Transkriptase.

Vitamin Lebensnotwendige Verbindung, die ein Organismus mit der Nahrung aufnehmen muß, weil es sie nicht selbst herstellen kann.

Wasserstoffbrückenbindung Besonderer Typ elektrostatischer Anziehungskraft zwischen einer wasserstoffhaltigen Gruppe und einer negativ geladenen oder polarisierten Gruppe.

Wasserstoffion → Proton.

Wobble («Wackeln», «Schlupf») Bei der Paarung von Codon und Anticodon die ungenaue Paarung der dritten Base im Codon mit einer nicht komplementären Base des Anticodons. Auf diese Weise können manche Anticodons mehrere Codons erkennen; deshalb ist die Zahl der verschiedenen Transfer-RNAs geringer als die Zahl der Codons. → Anticodon, Basenpaarung, Codon, Transfer-RNA.

Zellausscheidung Freisetzung des Inhalts alter Lysosomen oder Verdauungsvakuolen durch Exocytose. → Exocytose, Lysosom.

Zellkern Zentraler Bestandteil der Eukaryotenzellen, der die Chromosomen und die Enzymsysteme für Replikation und Transkription der DNA sowie für die Weiterverarbeitung der RNA enthält. → Chromosom, Replikation, Transkription.

Zellsaft → Cytosol.

Zellteilung Teilung einer Zelle in zwei Tochterzellen, nachdem zuvor das genetische Material verdoppelt wurde.

Zellwand Feste Hülle der meisten Prokaryotenzellen, die bei Eubakterien aus Murein und bei Archaebakterien aus anderen Verbindungen besteht. → Archaebakterien, Eubakterien, Murein.

zentrales Dogma Regel, die von dem Physiker und Molekularbiologen Francis Crick formuliert und so benannt wurde. Danach fließt molekulare Information von Nucleinsäuren zu Nucleinsäuren oder zu Proteinen, aber nicht von Proteinen zu Proteinen oder zu Nucleinsäuren.

Zygote Die von einer Samenzelle befruchtete Eizelle. → Befruchtung, diploid, Eizelle, Gameten, haploid, Samenzelle, sexuelle Fortpflanzung.

Zymogen Inaktiver Vorläufer eines hydrolytischen Enzyms (Hydrolase). → Hydrolase.

Weiterführende Literatur

Aufgeführt ist hier eine kleine Auswahl von Büchern mit hohem Informationsgehalt und guter Darstellung. Weitere Quellen sind im Abschnitt «Anmerkungen» genannt.

Kosmologie und Geochemie

1. Schopf, J. W. (Hrsg.) *Earth's Earliest Biosphere*. Princeton, N. J. (Princeton University Press) 1983.
Dieses umfangreiche Werk ist eine Goldgrube für wertvolle Informationen. Für den Laien ist es möglicherweise zu speziell.

2. Smoluchowski, R. *The Solar System*. New York (Scientific American Books) 1983 [deutsch: *Das Sonnensystem. Ein G2V-Stern und neun Planeten*. 2. Aufl. Heidelberg (Spektrum Akademischer Verlag) 1989].
Ein reichhaltig illustriertes Buch über die Entstehung und die wichtigsten Eigenschaften von Sonne und Planeten.

3. Friedman, H. *Sun and Earth*. New York (Scientific American Books) 1986 [deutsch: *Die Sonne*. Heidelberg (Spektrum Akademischer Verlag) 1987].
Dieses Buch, eine Ergänzung des zuvor genannten, bietet eine reizvolle Beschreibung der Sonne und ihrer Einflüsse auf die Erde.

4. Schlesinger, W. H. *Biogeochemistry*. San Diego (Academic Press) 1991.
Dieses Werk, eigentlich ein Lehrbuch für Studenten, ist ein trockenes, aber lehrreiches und gut belegtes Nachschlagewerk über die gegenseitigen Einflüsse von Geochemie und Leben.

Der Ursprung des Lebens

5. Shapiro, R. *Origins: A Skeptic's Guide to the Creation of Life on Earth*. New York (Summit Books) 1986 [deutsch: *Schöpfung und Zufall: Vom Ursprung der Evolution*. München (Goldmann) 1991].
Zwar etwas veraltet, aber ein unterhaltsamer und kritischer Überblick über

die konkurrierenden Theorien zur Entstehung des Lebens und nach wie vor eine sehr gute Einführung in das Thema. Mit Fotos der wichtigsten auf diesem Gebiet tätigen Wissenschaftler und einer Anzahl persönlicher Interviews.

6. de Duve, C. *Blueprint for a Cell*. Burlington, N. C. (Neil Patterson Publishers, Carolina Biological Supply Company) 1991 [deutsch: *Ursprung des Lebens*. Heidelberg (Spektrum Akademischer Verlag) 1994].
Die erste Hälfte des Buches ist eine gedrängte Beschreibung der wichtigsten Eigenschaften, die allen Zellen gemeinsam sind. Im zweiten Teil wird der Ursprung des Lebens kritisch erörtert. Dort sind die im vorliegenden Buch präsentierten Theorien detaillierter erläutert.

7. Schopf, J. W. (Hrsg.) *Major Events in the History of Life*. Boston (Jones & Bartlett) 1992.
Sechs Kapitel von verschiedenen Fachleuten, im Niveau geeignet für Studenten der ersten Semester; beschäftigt sich mit einigen wichtigen Vorgängen in der Evolution des Lebens.

8. Trân Thanh Vân, J.; Mounolou, J. C.; Schneider, J.; McKay, C. (Hrsg.) *Frontiers of Life*. Gif-sur-Yvette (Frankreich) (Editions Frontières) 1992.
Berichte von einer Tagung, zu der im Oktober 1991 zahlreiche Kosmologen, Physiker, Chemiker, Biologen und Theoretiker mit Interesse an der Entstehung und frühen Evolution des Lebens im französischen Blois zusammenkamen.

Biochemie

9. Horton, H. R.; Moran, L. A.; Ochs, R. S.; Rawn, J. D.; Scrimgeour, K. G. *Principles of Biochemistry*. Englewood Cliffs, N. J. (Neil Patterson Publishers, Prentice-Hall) 1993.
Hält, was der Titel verspricht: verständlich, aktuell und hübsch illustriert.

10. Stryer, L. *Biochemistry*, 3. Aufl. New York (W. H. Freeman) 1988 [deutsch: *Biochemie*. Heidelberg (Spektrum Akademischer Verlag) 1991].
Setzte bei seinem erstmaligen Erscheinen 1975 neue Maßstäbe für Lehrbücher. Verständlich geschrieben und regelmäßig aktualisiert – nach wie vor ein sehr beliebtes Buch.

Zell- und Molekularbiologie

11. Judson, H. F. *The Eighth Day of Creation: The Makers of the Revolution in Biology*. New York (Simon & Schuster) 1979 [deutsch: *Der 8. Tag der Schöpfung*. Wien/München (Meyster) 1980].
Eine ausgezeichnete Geschichte der Molekularbiologie, vorwiegend auf der Grundlage von Interviews mit den wichtigsten Persönlichkeiten, und geschrieben in einem lebhaften, journalistischen Stil.

12. de Duve, C. *A Guided Tour of the Living Cell*. New York (Scientific American Books) 1984 [deutsch: *Die Zelle*. Heidelberg (Spektrum Akademischer Verlag) 1988].
In Form eines Besuchs durch «Cytonauten» versucht dieses reichhaltig illustrierte Buch, Struktur und Funktion als zusammenhängende Einheit der Zellorganisation darzustellen, wobei dem Energieumsatz besondere Beachtung geschenkt wird.

13. Darnell, J.; Lodish, H.; Baltimore, D. *Molecular Cell Biology*, 2. Aufl. New York (Scientific American Books) 1986 [deutsch: *Molekulare Zellbiologie*. Berlin (Walter de Gruyter) 1994].
Als dieses hervorragende Lehrbuch 1983 herauskam, dehnte es die Molekularbiologie erstmals auf eukaryotische Zellen aus. Es enthält interessante Ausflüge in die Immunologie, Entwicklungsbiologie und Neurobiologie.

14. Alberts, B.; Bray, D.; Lewis, J.; Raff, M.; Roberts, K.; Watson, J. D. *Molecular Biology of the Cell*. 3. Aufl. New York (Garland) 1994 [deutsch: *Molekularbiologie der Zelle*. 3. Aufl. Weinheim (VCH) 1995].
Dieses Lehrbuch ist mit dem zuvor genannten in Themenspektrum, Niveau und Qualität vergleichbar, verteilt aber die Gewichtung der einzelnen Themen ein wenig anders. Oft ist es nützlich, in beiden nachzusehen.

15. Watson, J. D.; Hopkins, N. H.; Roberts, J. W.; Steitz, J. A.; Weiner, A. M. *Molecular Biology of the Gene*. 2 Bde. 4. Aufl. Menlo Park, Calif. (Benjamin/Cummings) 1987.
Ein Klassiker, den Watson erstmals 1965 herausbrachte; wurde später stark erweitert und beschreibt die Molekularbiologie der Pro- und Eukaryoten. Besonders eingehend werden die Biochemie und Molekularbiologie der RNA erörtert.

Evolution

16. Scagel, R. F.; Bandoni, R. J.; Rouse, G. E.; Schofield, W. B.; Stein, J. R.; Taylor, T. M. C. *An Evolutionary Survey of the Plant Kingdom*. Belmont, Calif. (Wadsworth) 1966.
Von einigen überholten Theorien abgesehen, bietet dieses Nachschlagewerk, das mit wunderschönen Zeichnungen illustriert ist, einen höchst wertvollen Überblick über die Evolution der Pflanzen sowie der einzelligen Algen und Pilze.

17. Gould, S. J. *Ontogeny and Phylogeny*. Cambridge, Mass. (Harvard University Press) 1977.
Eine fachkundige Abhandlung über den Zusammenhang zwischen Individualentwicklung und Evolution, angeregt durch die «biogenetische Grundregel» des deutschen Biologen und Philosophen Ernst Haeckel.

18. Keeton, W. T. *Biological Science*. 2 Bde. 5. Aufl. New York (Norton) 1993.
Ein gutes, umfassendes Lehrbuch über die gesamte Biologie. Legt das Schwergewicht zu Recht auf allgemeine Gesichtspunkte und nicht auf taxonomische Einzelheiten.

19. Dawkins, R. *The Extended Phenotype*. San Francisco (W. H. Freeman) 1982.
Begleitung und Ergänzung zu dem zuvor erschienenen *Egoistischen Gen* desselben Autors (Literaturhinweis 22).

20. Dawkins, R. *The Blind Watchmaker*. New York (Norton) 1986 [deutsch: *Der blinde Uhrmacher. Ein neues Plädoyer für den Darwinismus*. München (Droemer/Knaur) 1990].
Eine gute Darstellung der Darwinschen Theorie, geschrieben von einem begeisterten Anhänger, der überzeugt ist, ‹daß unsere eigene Existenz früher das größte aller Geheimnisse war, daß sie aber heute kein Geheimnis mehr darstellt, weil das Rätsel gelöst ist›.

21. Stanley, S. M. *Extinction*. New York (Scientific American Books) 1987 [deutsch: *Krisen der Evolution*. Heidelberg (Spektrum Akademischer Verlag) 1988].
In der Geschichte des Lebens auf der Erde kam es immer wieder zum Massenaussterben. Dieses Buch versucht, eine Verbindung zwischen den paläontologischen Hinweisen auf solche Vorgänge und ihren möglichen Ursachen herzustellen; meist handelt es sich um Klimaveränderungen in Verbindung mit tektonischen Bewegungen der Erdkruste.

22. Dawkins, R. *The Selfish Gene*. New York (Oxford University Press) 1976; erweiterte Neuauflage 1989 [deutsch: *Das egoistische Gen*. Erg. und erw. Neuaufl. Heidelberg (Spektrum Akademischer Verlag) 1994]. Dieses Buch eines jungen, kompromißlosen Darwinisten stellte die «Tyrannei der Gene» auf eine solide theoretische Grundlage. Gleichzeitig provozierte es viel Widerspruch, weil es die Theorie auch auf Evolution und Verhalten der Menschen übertrug.

23. Margulis, L. *Symbiosis in Cell Evolution*. San Francisco (W. H. Freeman) 1981, 2. Aufl. 1992.
Die erste Auflage dieses Werkes war ein Meilenstein in der Entwicklung der heute allgemein anerkannten Theorie, daß Mitochondrien und Chloroplasten aus Endosymbionten hervorgegagngen sind.

24. Ward, P. D. *On Methuselah's Trail*. New York (W. H. Freeman) 1992 [deutsch: *Der lange Atem des Nautilus*. Heidelberg (Spektrum Akademischer Verlag) 1993].
Eine amüsant geschriebene, höchst lesenswerte Einführung in das Thema «lebende Fossilien und die großen Ereignisse des Massenaussterbens».

25. *From Egg to Adult*, report No. 3. Bethesda, Md. (Howard Hughes Medical Institute) 1992.
Dieses schmale Bändchen mit sechs kurzen, sehr gut illustrierten Artikeln konzentriert sich ganz auf die Geheimnisse der Entwicklung von Tieren und auf die vielversprechenden neuen Methoden der Molekularbiologie, mit denen man diese Rätsel lösen möchte.

Biologische Vielfalt und Ökologie

26. Lovelock, J. *The Ages of Gaia*. New York (Norton) 1988 [deutsch: *Das Gaia-Prinzip*. Frankfurt (Insel) 1993].
Der Vater der Gaia-Theorie vertritt seine Ansichten in reizvoll-beredter Ausdrucksweise, wobei Poesie und Wissenschaft nicht immer klar zu unterscheiden sind.

27. Wilson, E. O. (Hrsg.) *Biodiversity*. Washington, D. C. (National Academy Press) 1988 [deutsch: *Ende der biologischen Vielfalt?* Heidelberg (Spektrum Akademischer Verlag) 1992].
Berichte vom National Forum on BioDiversity, das 1986 in den USA von der National Academy of Sciences und der Smithsonian Institution einberufen wurde. Die Teilnehmer kamen aus sehr unterschiedlichen Berufsfeldern: Unter ihnen waren Labor- und Freilandforscher, Wirtschaftsfachleute, Politiker, Philosophen und sogar Dichter.

28. Botkin, D. B. *Discordant Harmonies*. New York (Oxford University Press) 1990.
Ein Ökologe stellte Tatsachen und Theorie im Licht seiner eigenen beunruhigenden Erlebnisse gegenüber. Insbesondere weist er darauf hin, daß Leben und Umwelt durch komplexe Wechselbeziehungen verbunden sind.

29. Wilson, E. O. *The Diversity of Life*. Cambridge, Mass. (Harvard University Press) 1992 [deutsch: *Der Wert der Vielfalt. Die Bedrohung des Artenreichtums und das Überleben des Menschen*. München (Piper) 1995].
Ein führender Biologe zeigt, daß die Verwüstungen, die der Mensch in der biologischen Vielfalt anrichtet, wesentlich größere Schäden verursachen als die Naturkatastrophen, die in der Vergangenheit größere Aussterbeereignisse einleiteten. Sein gut belegter Appell verdient Gehör.

30. Lewis, M. W. *Green Delusions*. Durham, N. C. (Duke University Press) 1992.
Ein ehemaliger radikaler Umweltschützer zerpflückt den «Öko-Radikalismus» und unterscheidet dabei fünf Varianten: antihumanistischen Anarchismus, Primitivismus, humanistischen Öko-Anarchismus, Öko-Marxismus und Öko-Feminismus. Die Ausführungen sind unterhaltsam, aber nicht besonders aktuell, denn sie beschäftigen sich im wesentlichen mit unbedeutenden Randgruppen der Ökologiebewegung.

Ursprünge des Menschen

31. Leakey, R. E.; Lewin, R. *Origins*. New York (Dutton) 1977 [deutsch: *Wie der Mensch zum Menschen wurde*. Hamburg (Hoffmann und Campe) 1978].
In diesem Buch gibt Richard Leakey, Sohn des berühmten kenianischen Wissenschaftlerehepaars Louis und Mary Leakey, der selbst ebenfalls ein angesehener Paläoanthropologe ist, in Zusammenarbeit mit dem Wissenschaftsautor Roger Lewin einen lebhaften, persönlichen Bericht über die Suche nach den Ursprüngen des Menschen.

32. Johanson, D. C.; Edey, M. *Lucy: The Beginnings of Humankind*. London (Granada) 1981 [deutsch: *Lucy. Die Anfänge der Menschheit*. 2. Aufl. München (Piper) 1994].
Die Geschichte des 3,5 Millionen Jahre alten Weibchens Lucy, erzählt von ihrem Entdecker, dem Amerikaner Donald Johanson, der Leakeys wichtigster Konkurrent bei der Suche nach menschlichen Überresten ist.

33. Diamond, J. *The Rise and Fall of the Third Chimpanzee*. London (Radius) 1991 [deutsch: *Der dritte Schimpanse. Evolution und Zukunft des Menschen*. Frankfurt (Fischer) 1994].
Ein Zoologe mit besonderem Interesse an den Vögeln Neuguineas wirft einen unbarmherzigen Blick auf die menschliche Spezies, ihre seltsamen Eigenschaften und die Gründe für ihren außergewöhnlichen Evolutionserfolg, die auch die Ursache für ihren Untergang sein könnten. Der Autor steuert einen Kurs zwischen reinem Pessimismus und vorsichtigem Optimismus.

34. Leakey, R. E.; Lewin, R. *Origins Reconsidered*. New York (Doubleday) 1992 [deutsch: *Der Ursprung des Menschen*. Frankfurt/M. (S. Fischer) 1993].
Eine aktualisierte Version von Nr. 31 mit stärker philosophischem Einschlag. Das Buch gibt ebenso wie das von Johanson und Edey (Nr. 32) auch einen kleinen Einblick in die Dramen und Rivalitäten bei der Suche nach den Ursprüngen des Menschen.

Gehirn und Geist

35. Griffin, D. *The Question of Animal Awareness*. New York (Rockefeller University Press) 1976.
Ein führender Verhaltensforscher beschäftigt sich mit dem Tierverhalten, um Entstehung und Entwicklung des Bewußtseins aufzuklären. Siehe auch Literaturhinweise 37 und 44.

36. Popper, K. R.; Eccles, J. C. *The Self and Its Brain*. New York (Springer International) 1977 [deutsch: *Das Ich und sein Gehirn*. 4. Aufl. München (Piper) 1994].
Ein Philosoph und ein Neurobiologe, beide auf ihrem Gebiet führend, erklären im einzelnen ihr «Argument für den Interaktionismus». Die beiden ersten Abschnitte wurden jeweils von einem der beiden Autoren getrennt geschrieben; der dritte und letzte Teil besteht aus zwölf Dialogen zwischen den beiden. Das Buch ist eine eindrucksvolle Lektüre und verdient weiterhin Beachtung, auch wenn seine Hauptthese – eine dualistische Sichtweise für die Beziehung zwischen Geist und Gehirn – heute von den meisten Fachleuten abgelehnt wird. Siehe auch Literaturhinweis 42.

37. Griffin, D. *Animal Thinking*. Cambridge, Mass. (Harvard University Press) 1984 [deutsch: *Wie Tiere denken*. München (BLV Verlagsgesellschaft) 1985].
Ein weiteres Buch über das Hauptthema des Autors. Siehe auch Literaturhinweise 35 und 44.

38. Changeux, J.-P. *L'Homme Neuronal*. Paris (Librairie Artème Fayard) 1983 [deutsch: *Der neuronale Mensch. Wie die Seele funktioniert*. Reinbek b. Hamburg (Rowohlt) 1984].
Eine ausgezeichnete Darstellung der Gehirnfunktion für interessierte Laien. Vertritt eine streng materialistische Sichtweise für das Gehirn. Siehe auch Literaturhinweis 41.

39. Gardner, H. *The Mind's New Science*. New York (Basic Books) 1985 [deutsch: *Dem Denken auf der Spur. Der Weg der Kognitionswissenschaft*. Stuttgart (Klett-Cotta) 1989].
In dieser «Geschichte der kognitiven Revolution» präsentiert ein Fachmann für Psychologie eine tiefgreifende Analyse der menschlichen Intelligenz und der Versuche, sie durch Computer zu ersetzen.

40. Delbrück, M. *Mind from Matter?* Palo Alto, Calif. (Blackwell Scientific Publications) 1986).
Diese Texte gehen auf eine Reihe von Vorträgen zurück, die der Autor kurz vor seinem Tod 1981 hielt, und wurden von seinen Schülern zu einem Buch zusammengestellt. Sie bieten interessante Einblicke in das Gehirn-Geist-Problem durch einen Physiker, der anerkanntermaßen zum Vater der modernen Molekularbiologie wurde.

41. Changeux, J.-P.; Connes, A. *Matière à Pensée*. Paris (Odile Jacob) 1989 [deutsch: *Gedankenmaterie*. Berlin (Springer) 1992].
Ein interessanter Dialog zwischen einem kompromißlos materialistischen Neurobiologen (siehe Literaturhinweis 38) und einem Mathematiker mit eher platonischen Ansichten über mathematische Wahrheit. Siehe in diesem Zusammenhang auch Literaturhinweis 43.

42. Eccles, J. C. *Evolution of the Brain: Creation of the Self*. London/New York (Routledge) 1989 [deutsch: *Die Evolution des Gehirns – Die Erschaffung des Selbst*. 2. Aufl. München (Piper) 1992].
Diese verständliche, gut belegte Einführung in Struktur und Funktion des menschlichen Gehirns durch einen Neurobiologen und Nobelpreisträger gibt dem Autor noch einmal die Gelegenheit, sein Festhalten am kartesianischen Dualismus darzustellen. Siehe auch Literaturhinweis 36.

43. Penrose, R. *The Emperor's New Mind*. New York (Oxford University Press) 1989 [deutsch: *Computerdenken*. Heidelberg (Spektrum Akademischer Verlag) 1991].
In diesem ehrgeizigen Buch erörtert ein führender Mathematiker das Gehirn-Geist-Problem in dem riesigen Zusammenhang von Mathematik, Quantenmechanik und theoretischer Physik. Der Autor glaubt, er habe in

einem ungelösten Problem der Quantenmechanik das Schlupfloch gefunden, durch das der Geist sich in die deterministische Funktion der Neuronen einschleichen könnte. Seine philosophischen Ansichten stehen entschieden in der Nachfolge Platons.

44. Griffin, D. *Animal Minds*. Chicago (University of Chicago Press) 1992. Fortsetzung der Bücher in Literaturhinweis 35 und 37. Man beachte die Reihenfolge der Titel, von Bewußtheit über Denken zum Geist.

45. Searle, J. R. *The Rediscovery of the Mind*. Cambridge, Mass. (MIT Press) 1992 [deutsch: *Die Wiederentdeckung des Geistes*. Zürich (Artemis) 1995].
Dieses Buch eines Philosophen gibt eine leicht verständliche, informative und kritische Übersicht über die moderne Literatur zu den Themen Gehirn und Geist. In der Analyse kommt kaum ein führender Vertreter des Gebietes ungeschoren davon. Der Autor definiert nützliche Richtlinien für weitere Forschungen, ohne daß aber ein Ende in Sicht wäre.

46. *Mind and Brain*. Sonderausgabe von *Scientific American* 276, No. 3 (1992): 48–159 [deutsch: *Gehirn und Geist* (Spektrum Spezial 1). Heidelberg (Spektrum der Wissenschaft) 1993].
Eine Sammlung gut lesbarer Artikel zu verschiedenen Aspekten des Geist-Gehirn-Problems mit einer ausgezeichneten Einführung von G. Fischbach.

47. Edelman, G. M. *Bright Air, Bright Fire*. New York (Basic Books) 1992 [deutsch: *Göttliche Luft, vernichtendes Feuer*. München (Piper) 1995].
Der Autor, der zunächst für die Aufklärung der Antikörperstruktur den Nobelpreis erhielt und seine Aufmerksamkeit später dem menschlichen Gehirn zuwandte, faßt hier für ein allgemeines Publikum seine Befunde zusammen, die er zuvor schon in drei sehr fachspezifischen Büchern dargelegt hatte; seine Arbeiten betreffen die Verschaltung und Funktionsweise des Gehirns. Selbst in dieser Vereinfachung ist das Buch nicht leicht zu lesen, aber es bietet ein breites Spektrum von Ideen, die von einer darwinistischen Sichtweise ausgehen.

48. Crick, F. *The Astonishing Hypothesis: The Scientifc Search for the Soul*. New York (Scribner's) 1994 [deutsch: *Was die Seele wirklich ist. Die naturwissenschaftliche Erforschung des Bewußtseins*. Zürich (Artemis) 1994].
Der Autor, der zusammen mit James D. Watson durch die Entdeckung der Doppelhelixstruktur der DNA weltberühmt wurde, faßt hier die Ergebnisse seiner späteren Forschungen am Gehirn zusammen. Das Buch, das zum größten Teil den Mechanismen des Sehens gewidmet ist, führt eine beeindruckende Reihe von Tatsachen zugunsten der ‹erstaunlichen Hypothese› auf, daß Geist und Bewußtsein nichts anderes sind als das Produkt der Neuronen-

funktion. Seine Schlußfolgerung: Die ‹wissenschaftliche Suche nach der Seele› – ein Thema, das er kaum erwähnt – führt zu nichts.

Gesellschaftliche und politische Fragen

49. Ehrlich, P. R. *The Population Bomb*. New York (Ballantine) 1968.
Eines der ersten Bücher, das eine wirklich alarmierende Warnung vor den Gefahren der Bevölkerungsexplosion aussprach. Siehe auch Literaturhinweis 56.

50. Wilson, E. O. *Sociobiology: The New Synthesis*. Cambridge, Mass. (Harvard University Press) 1975.
Diese umfassende Übersicht über das Sozialverhalten der Tiere versucht, die Entstehung von Verhaltensmerkmalen unter dem Gesichtspunkt der Darwinschen Selektion zu erklären. Die Ausweitung dieses Verfahrens auf das Verhalten der Menschen hatte einen empörten Aufschrei zur Folge. Siehe Literaturhinweis 51.

51. Caplan, A. L. (Hrsg.) *The Sociobiology Debate*. New York (Harper & Row) 1978.
Eine Sammlung fesselnder Aufsätze, zusammengestellt aus der jüngeren Literatur oder geschrieben als Antwort auf Wilsons *Sociobiology* (Literaturhinweis 50).

52. Wilson, E. O. *On Human Nature*. Cambridge, Mass. (Harvard University Press) 1978.
Unbeirrt von dem Trommelfeuer der Angriffe entwickelt der Autor mit mehr und nachdrücklicheren Einzelheiten seine Sicht vom Verhalten der Menschen als Produkt der natürlichen Selektion.

53. Lumsden, C. J.; Wilson, E. O. *Promethean Fire*. Cambridge, Mass. (Harvard University Press) 1983 [deutsch: *Das Feuer der Prometheus*. München (Piper) 1984].
Eine für ein breiteres Publikum bestimmte, geraffte Version eines umfangreicheren Fachbuches, in dem sich der Physiker Lumsden und der Biologe Wilson gemeinsam im Rahmen einer etwas verwässerten soziobiologischen Doktrin mit der Entwicklungsgeschichte des menschlichen Geistes und dem Spannungsfeld zwischen Genen und Umwelt auseinandersetzen.

54. Lewontin R. C.; Rose, S.; Kamin, L. J. *Not in Our Genes*. New York (Pantheon) 1984 [deutsch: *Die Gene sind es nicht ... Biologie, Ideologie und menschliche Natur*. Weinheim (Psychologie Verlags Union) 1988].

Ein leidenschaftlicher Angriff auf die Soziobiologie durch einen amerikanischen Genetiker, einen britischen Neurobiologen und einen amerikanischen Psychologen, mit solider wissenschaftlicher Grundlage, aber auch mit stark politischen Untertönen.

55. Levins, R.; Lewontin, R. *The Dialectical Biologist*. Cambridge, Mass. (Harvard University Press) 1985.
Dieses Buch ist noch radikaler als das zuvor genannte. Es versucht die verborgenen gesellschaftlichen und politischen Vorurteile aufzuzeigen, die der herkömmlichen, «bürgerlichen» Wissenschaftsmethodik zugrunde liegen. Die Autoren haben keine Bedenken, ihre eigenen, eindeutig marxistischen Vorurteile offenzulegen. Ein dialektisches Meisterwerk, das zum Nachdenken zwingt, auch wenn es den «Ungläubigen» vielleicht nicht überzeugt.

56. Ehrlich, P. R.; Ehrlich, A. H. *The Population Explosion*. New York (Simon & Schuster) 1990.
Enttäuscht von der geringen Reaktion der Öffentlichkeit auf seine frühere Warnung (Literaturhinweis 49) läutet Paul Ehrlich, diesmal zusammen mit seiner Frau Anne, noch dringender die Alarmglocken: ‹1968 brannte die Zündschnur; jetzt ist die Bevölkerungsbombe hochgegangen.›

57. Piel, G. *Only One World, Our Own to Make and to Keep*. New York (W. H. Freeman) 1992 [deutsch: *Erde im Gleichgewicht. Wirtschaft und Ethik für eine Welt*. Stuttgart (Klett-Cotta) 1994].
Ein nüchterner, mit vielen Tatsachen gespickter Bericht über die weltweiten Probleme; der Autor war 40 Jahre lang Verleger von *Scientific American*.

58. Gore, A. *Earth in the Balance*. Boston (Houghton Mifflin) 1992 [deutsch: *Wege zum Gleichgewicht*. Frankfurt/M (S. Fischer) 1992].
Al Gore, der damalige Senator und heutige Vizepräsident der USA, beschäftigt sich im wesentlichen mit den gleichen Themen wie Piel (Literaturhinweis 57), aber mit mehr missionarischem Eifer und weniger handfesten Tatsachen. Er schließt mit einem leidenschaftlichen politischen Plädoyer für einen umweltorientierten globalen Marshallplan.

59. Kennedy, P. *Preparing for the Twenty-First Century*. New York (Random House) 1993 [deutsch: *In Vorbereitung auf das 21. Jahrhundert*. Frankfurt (Fischer) 1993].
Anders als die beiden zuvor genannten Werke betrachtet dieses Buch unsere Lage aus dem Blickwinkel eines Wirtschaftswissenschaftlers; das Schwergewicht liegt nicht nur auf globalen Fragen, sondern auch auf den besonderen Problemen der wichtigsten großen Regionen auf der Erde.

Komplexität

60. Waldrop, M. M. *Complexity: The Emerging Science at the Edge of Order and Chaos*. New York (Simon & Schuster) 1992 [deutsch: *Inseln im Chaos. Die Erforschung komplexer Systeme*. Reinbek (Rowohlt) 1993].

61. Lewin, R. *Complexity: Life at the Edge of Chaos*. New York (Macmillan) 1992 [deutsch: *Die Komplexitätstheorie. Wissenschaft nach der Chaosforschung*. Hamburg (Hoffmann und Campe) 1993].

Zwei Wissenschaftsautoren legten gleichzeitig Bücher über dasselbe Thema vor, nämlich über eine Denkfabrik namens Santa Fe Institute. Auch die Titel sind fast gleich, und es werden dieselben Personen beschrieben. Zwangsläufig gibt es also eine Menge Überschneidungen, aber man findet auch Unterschiede. Nr. 60 beschäftigt sich vorwiegend mit Gründung und Geschichte des Instituts, Nr. 61 dagegen legt das Schwergewicht mehr auf die Arbeiten, die derzeit dort laufen. Beide Bücher vermitteln ein Gefühl von Spannung und Aufregung, das für frisch Bekehrte in abgehobenen Glaubensrichtungen typisch ist.

62. Kauffman, S. A. *The Origins of Self-Organization and Selection in Evolution*. New York (Oxford University Press) 1993.

In diesem Fachbuch gibt einer der führenden Wissenschaftler aus dem Santa Fe Institute einen gedrängten Bericht über seine Versuche, die innere Neigung komplexer Systeme zur Selbstorganisation unter bestimmten Bedingungen nachzuzeichnen – die Evolution «am Rand des Chaos». Anhand vieler Beispiele zeigt er die biologische Bedeutung solcher Vorgänge, die nach seiner Ansicht eine unentbehrliche Ergänzung der Darwinschen Selektion darstellen.

63. Crevier, D. *AI: The Tumultous History of the Search for Artificial Intelligence*. New York (Basic Books) 1993 [deutsch: *Eine schöne neue Welt? Die aufregende Geschichte der künstlichen Intelligenz*. Düsseldorf (Econ) 1994].

Ein begeisterter Bericht über die Geschichte dieses neuen Wissenschaftsgebiets, geschrieben von einem Insider. Siehe auch Literaturhinweis 39.

Philosophie

64. Monod, J. *Le Hasard et la Nécessité*. Paris (Edition du Seuil) 1970 [deutsch: *Zufall und Notwendigkeit*. 6. Aufl. München (Piper) 1983].

In diesem Buch, das bei seinem Erscheinen umfangreiche Diskussionen auslöste, vertritt ein Vorreiter der modernen Biologie (der 1976 starb) eine stoische, romantisch-verzweifelte existentialistische Sichtweise in bezug auf die

Stellung des Menschen. Ein wenig überholt, aber immer noch eine lohnende Lektüre.

65. Barrow, J. D.; Tipler, F. J. *The Anthropic Cosmological Principle*. New York (Oxford University Press) 1986.
In diesem umfangreichen Werk führen die Autoren Belege aus Geschichte, Philosophie, Religion, Biologie, Physik, Astrophysik, Kosmologie, Quantenmechanik und Biochemie an, um eine allgemeine Theorie zu begründen, die es in mehreren Formulierungen gibt: Danach ist das Universum so, wie es ist, weil es andernfalls kein intelligentes Leben gäbe, welches das Universum kennen könnte.

66. Barrett, W. *Death of the Soul: From Descartes to the Computer*. Garden City, N. Y. (Anchor Press/Doubleday) 1986.
Ein Philosoph zeigt auf, wie sich das Nachdenken der Menschen über sich selbst immer weiter von den Tatsachen entfernt hat, und zwar so weit, ‹daß man in der Diskussion einen intellektuellen Standpunkt einnehmen und begründen kann, den man vermutlich nicht leben könnte›. Das Buch bietet auch eine für Laien nützliche Einführung in die Philosophie von drei Jahrhunderten. Es ergänzt hervorragend den Literaturhinweis 45.

67. Midgley, M. *Science as Salvation*. London/New York (Routledge) 1992.
In diesem klugen Buch, das sich in der Mitte zwischen Abhandlung und Schmähschrift bewegt, versucht eine angesehene Philosophin, die Naturwissenschaften in ihre Schranken zu weisen. Es drückt viel von dem Mißtrauen aus, das die Naturwissenschaft in den letzten Jahren erweckt hat und sollte deshalb für jeden Naturwissenschaftler eine Pflichtlektüre sein.

68. Dyson, F. *Disturbing the Universe*. New York (Harper & Row) 1979.
In diesem unterhaltsamen, im wesentlichen autobiographischen Bericht denkt ein Physiker auf der Grundlage seiner vielfältigen Erfahrungen über ein breites Spektrum von Problemen nach, unter anderem über die Funktion der Naturwissenschaft in der Gesellschaft und über die Stellung von Leben und Geist im Universum.

Index